식물의 무기영양

제2판

식물의 무기영양

제2판

Emanuel Epstein
University of Calfornia, Davis

Arnold J. Bloom
University of Calfornia, Davis

역자소개 김진호 • 강상재 • 강원희

월드 사이언스
www.worldscience.co.kr

식물의 무기영양 제2판

인쇄 | 2011년 2월 15일
발행 | 2011년 2월 28일
공역 | 김진호 • 강상재 • 강원희

발행인 | 박선진
발행처 | 도서출판 월드사이언스
등록번호 | 제16-1601호
등록일자 | 1988년 2월 12일

주소 | 서울특별시 서초구 방배동 864-31 월드빌딩 1층
전화 | 02) 581-5811~3
FAX | 02) 521-6418
E-mail | worldscience@hanmail.net
URL | http://www.worldscience.co.kr

정가 22,000원
ISBN 978-89-5881-175-6

이 도서의 국립중앙도서관 출판시도서목록(CIP)은 e-CIP 홈페이지(http://www.nl.go.kr/cip.php)에서 이용하실 수 있습니다. (CIP제어번호: CIP2011000765)」

Dennis Robert Hoagland
1884–1949

Pioneer of the modern era of research on the mineral nutrition of plants. (Reproduced by permission of the Director, The Bancroft Library.)

역자소개

- **김진호**
  경북대학교 생태환경대학 생태환경시스템학부 교수
- **강상재**
  경북대학교 생태환경대학 생태자원응용학부 교수
- **강원희**
  강원대학교 농업생명과학대학 원예학과 교수

저자서문

PREFACE

초판의 저술을 재촉했던 이유와 같이 식물의 무기영양 초판 발행 후 오랜 기간이 지나 2판이 발행되었다. 2판의 발행이 지연된 것은 전적으로 대표저자인 나의 책임이며, 나의 연구에 대한 열정이 2판 발간의 필요성에 대한 확신보다는 우선했기 때문이다. 지금 이러한 필요성은 어느 때보다 크며, 이점을 인식시켜준 공동저자에게 감사를 드린다.

식물의 무기영양에서는 식물이 식물과 인간을 포함한 식물을 먹는 소비자를 구성하는 화학원소의 대부분을 얻고 이용하는 과정에 대해 다룬다. 생물학은 장족의 발전을 해왔고 또한 발전중이며, 식물의 무기영양은 생물학의 일부분이다. 그러한 본질적인 요소이외에 식물영양학은 농업과 임업, 초지관리, 환경 책무, 그리고 식물재배와 동물사육 및 인류 복지를 위한 기타 활동에도 중요하다. 인구는 이미 60억을 넘어 금세기 중반에는 약 100억에 도달할 것이다. 지금처럼 그때에도 인간에 필요한 화학원소의 대부분은 식물의 무기영양 작용을 통해 식물로부터 육상 생물권에 공급될 것이다. 이들 작용은 글자그대로 지구상 생명체의 뿌리이다.

이 책을 저술함에 있어 여러 계층의 독자 즉, 식물생리학과 식물생화학, 식물분자생물학 전공의 대학생과 대학원생, 그리고 식물영양학과 식물생리학, 생태학 분야의 연구자, 식물무기영양의 주요 사실과 현재 판단에 대한 설명 등을 활용할 필요가 있는 토양학과 농학, 원예학, 채소학, 임학, 초지학, 환경학, 기타 분야의 학생 및 연구자를 염두에 두었다.

이들 독자와 이들의 필요를 유념하여 저자들은 다음 지침에 따라 이 책을 저술했다.

1. 학생과 연구자는 책을 읽을 때 전체적인 면을 보아야 한다. 즉 정보의 특정 부분만을 참고해서는 안 된다. 이 말은 이 책은 백과사전과 같은 완벽함을 의도하지 않았다는 뜻이다.
2. 앞에서 말한 바와 같이 이 책은 아주 선별적일 수밖에 없고, 따라서 아주 흥미롭고 귀중한 자료가 제외될 수밖에 없는 것은 당연하다. 현존하는 자료 중에서 자료의 선택은 어느 정도 우

연과, 획득의 용이함, 변덕스러운 기억에 좌우될 수밖에 없었다. 의도적으로 아주 다양한 실험 식물재료와 실험 방법을 포함시켰다. 새로운 자료와 옛날자료 중에서 흔히 그렇듯이 옛 실험보다 새로운 자료가 실험적으로 더 정확하고 해석이 더 정교할 때는 새로운 자료를 우선적으로 선택했다. 그러나 식물의 무기영양의 역사를 제일 첫 장에 다루었고, 고전적 또는 최초 기고는 책 전반에 걸쳐 언급했다. 후속 연구 또는 문헌 고찰은 기념비적 출판의 흥분을 전해주지 못한다. 이러한 문헌을 포함시키는 것도 모든 학문과 마찬가지로 이들 학문은 단순한 사실을 모은 것 이상의 의미가 있으며, 곧 식물무기영양학은 동적이며 지속적으로 발전하는 학문임을 알려준다.

3. 이 책은 대체로 고등 녹색식물의 무기영양을 다룬다. 그러나 세포내 작용을 설명할 때 저자들은 다른 생명체의 실험 결과도 활용했다. 왜냐하면 이 책에서 중요한 점은 기본적인 과정이지 특정 부류의 식물이 아니기 때문이다.
4. 넓은 의미에서 식물무기영양은 토양-식물 상호작용과 상당부분 토양미생물에 대해 설명을 하고 있기 때문에 토양학의 많은 부분뿐만 아니라 사실상 질소와 인, 황을 포함한 중간 대사 화합물을 포함하는 식물생리학과 식물생화학, 식물분자생물학 거의 전체를 아우른다고 할 수 있다. 이 책은 생리와 대사의 "초기" 즉 "획득" 측면을 나타내는 식물의 무기영양활동에 더 집중적으로 다룬다. 그 이유는 식물 무기물대사의 이런 측면이 결국 식물의 광물 즉 무기물 영양이라는 특이적 주제임이 확인되기 때문이다. 보통 대사와 유전자 작용의 중간 측면을 강조하는 일반 식물생리학과 식물생화학, 분자생물학 교재에서는 무기물 대사를 간략하게 설명하고 만다.
5. 이 책은 학생과 연구자를 위해 저술되었으며, 따라서 논문에 대한 참고문헌을 첨부했으므로, 각 서술에 대해 엄밀하게 검증할 수 있으며 또 독자들은 이 책에 설명한 것 보다 더 많은 정보를 원한다면 특정 주제에 대한 안목을 넓힐 수 있다.
6. 저자들은 상충되는 견해 중에서 주저함 없이 특정 견해를 지지했다. 왜냐하면 저자들은 이런 종류의 책의 저자들은 독자들에게 논문으로부터 발췌한 온갖 결론과 추측을 무책임하게 제공하는 대신 심사숙고한 결정을 내려줘야 한다고 믿기 때문이다.

이 책은 비록 두 명의 저자가 저술했지만 엄청난 협동작업 —즉, 생물학과 농학, 환경학— 의 산물이다. 저자들은 별쇄본과 질문에 대한 답변, 책에 삽입할 재료의 송부 등을 도와준 전 세계의 동료 연구자들에게 진심어린 감사를 일일이 드릴 수는 없다. 캘리포니아(Davis) 대학 도서관의 방대한 소장 자료의 중요성은 말로 표현할 수 없다. 우리 대학의 동료와 공동연구자들은 기꺼이 쟁점에 대해 토의해 주었다. 학부생과 대학원생, 박사후연구원들도 많은 도움이 되었다. 그들이 없었다면 이 책은 출간되지 못했을 것이다. 공동저자는 안식년동안 저술기회를 제공해준 캘리포니아 Berkeley대학의 Lewis Feldman 교수의 호의에 감사드린다. 주 저자는 자료정리의 도움을 준 Hanh Nguyen에게 사의를 표한다.

저자들은 도움과 의견을 준 Andy Sinauer와 Sinauer 연구팀의 다음 요원들 즉, Chelsea Holbabird와 Christopher Small, Jefferson Johnson, Joan Gemme, David McIntyre에게 감사드린다.

저자들은 인내를 가지고 성원을 보내준 배우자 Peggy와 Joy에게도 고마움을 전한다.

EMANUEL EPSTEIN
ARNOLD J. BLOOM
UC, Davis
July, 2004

역자서문

PREFACE

기존의 식물영양학 교재로 국내외의 여러 명저들과 그 번역본들이 출간되어 있으나 대부분 상당히 고전적인 내용을 포함하고 있고 발간시기가 오래되어 최근의 연구성과를 충분히 반영하지 못하고 있다. 역자들이 그 동안 대학에서 식물영양학 강의를 담당하면서 이러한 점의 보완이 필요하다고 느끼는 즈음에 월드사이언스로부터 Epstein과 Bloom 교수의 'Mineral Nutrition of Plants' 의 번역을 제의받고 감히 번역을 결심하게 되었다.

Epstein과 Bloom 교수의 '식물의 무기영양' 은 여러 식물영양학 교재 중 가장 최신의 연구성과를 반영한 저술이며 기존의 저서에는 다루지 않던 일부 분야를 포함하고 있다.

역자들이 2004년도에 출판된 본서의 번역을 결심하고 번역작업에 착수하여 초고를 완성한 것은 몇 해 전이지만 번역자의 개인적인 사정으로 인해 출판이 많이 늦어지게 되었으며, 이는 전적으로 번역자의 잘못이다.

번역에 임하다보면 여러 문제점이 수반되는 것이 현실이다. 그중 하나가 전문용어의 선택이다. 기존 식물영양학이나 생물학 등의 관련분야에서 번역되지 않은 용어와 새롭게 사용되는 용어의 등장, 그리고 식물과 미생물, 동물 등의 학명은 한국어로 번역되지 않은 용어가 적지 않고 서적마다 번역용어가 다른 경우가 많아 정확한 어휘 선택에 어려움이 많았던 까닭에 용어의 제정 및 통일 작업의 필요성을 절감하기도 했다.

전문용어는 기존의 식물영양학 관련 서적과 한국생물과학협회의 생물학사전과 생물학 용어집, 여러 식물생리학 교재, 대한화학회의 우리말 효소명명법 등을 참고하여 가급적 한국어로 번역하려고 노력하였으나 자료의 한계와 번역자들의 노력부족 등으로 인해 원어를 사용할 수밖에 없는 경우가 적지 않아 번역 체계의 일관성에 차질이 생기기도 했다.

또 번역과정에서 저자의 저술의도를 훼손하지 않고 가독성을 높이면서도 저자의 표현의미를 충분히 독자들에게 전달하여야 함에도 역자들의 천학으로 인해 원저의 내용을 훼손하지는 않았는지 그리고 교정 과정에서 오류가 없지 않은지 심히 우려가 된다. 이러한 점들에 대해서는 여러 교수님과 연구원, 학생들의 지적과 조언을 겸허히 수용하여 추후 개정판에서는 바로잡고자 하니 넓은 아량으로 이해해 주길 바란다.

아무튼 역자들은 이 책이 식물영양학의 원리와 최근의 진전 내용을 배우고 이해하는데 미약하나마 도움이 되었으면 한다.

끝으로 이 책의 번역과 출판을 허락해 주시고 애써주신 월드 사이언스 박선진 사장님과 직원 여러분께 심심한 사의를 표한다.

2011년 2월
대표역자 김진호

목차
CONTENTS

1부 원소

1 소개 및 역사 • 3

2 식물영양의 배지 • 17

3 식물의 무기성분 • 41

2부  수송

4 식물의 양분흡수 • 69

5 물과 양분의 상향이동 • 99

6 먹이와 양분의 하향이동 • 141

3부 대사와 생육

7 질소와 황: 두 양분 이야기 • 163

8 무기물 대사 • 201

11 생태학과 환경 스트레스 • 301

12 큰 그림: 과거, 현재, 미래 • 355

1부

원소

1 소개 및 역사

식물 무기영양학의 영역

식물의 무기영양학에서는 식물이 무기양분을 획득하는 방법과 이들 양분이 식물의 생명활동에서 담당하는 기능에 대해 다룬다. 학문적으로 식물영양학은 식물생리학이라는 대주제의 한 세부분야에 속한다. 식물영양학에서 화학원소들의 대사적 및 생화학적 기능은 식물생리학과 식물생화학, 식물분자생물학의 여러 측면과 관련이 있다. 한편 식물영양학에서 식물뿌리와 그 뿌리의 화학적 환경 사이에 일어나는 상호작용은 생태학과 관련이 있다. 식물은 공기로부터 탄소를, 그리고 물로부터 수소를, 대기와 물로부터 산소를 얻기 때문에, 보통 이들 세 원소는 식물영양학에서 다루지 않는다.

환경으로부터 "양분의 채굴"

식물영양은 지구상의 생명계와 인간사에 있어 대신할 것이 없을 만큼 그 역할이 중요하다. 모든 생명체는 화학원소들의 원자로 구성되어 있다. 지구상에서 이들 원소는 암석과 해양, 대기 중에 들어있다. 응집체(aggregates)와 용액, 기체—풍화되어 토양이 되는 암석(rocks); 대기를 통해 호수와 하천, 토양에 물을 공급해주는 해양(oceans); 그 자체로서의 대기—와 같은 이들 단순한 화합물로부터 생명계(living world)는 야자와 파인애플, 쌀과 아메리카삼나무(red wood), 및 쥐와 인간을 구성하는데 필요한 원소들을 얻는다.

그러나 모든 생명체가 자신을 구성하는 원재료를 이처럼 일차적으로 얻을 수 있는 것은 아니다. 다른 유기체가 이미 합성해 놓은 복잡한 고-에너지 화합물에 의존하지 않고 주변 환경으로부터 간단한 무기화합물과 이온을 얻을 수 있는 것은 녹색식물(green plants)과 특정 미생물뿐이다. 이러한 자급자족이 가능한 유기체를 독립영양생물(autotrophs)이라 하며, 이는 독립영양생물이 "미리 만들어 놓은" 유기 대사산물을 이용해야하는 종속영양생물(heterotrophs)과 대비된다. 외부 환경으로부터 1차적으로 에너지와 화학 원소를 얻는 가장 중요한 유기체는 광합성 능력이 있는 유기체(photosynthetic organisms)이며, 이들은 해양과 하천, 호수의 조류(algae)와 특정 세균, 그리고 육상의 녹색식물이다.

이들 식물의 활동을 통해서 탄소와 질소, 칼륨, 인, 황, 마그네슘, 그리고 기타 필수 영양소는 먼저 무기 환경으로부터 흡수된 후 살아있는 세포와 조직의 구성성분이 된다. 이렇게 일차적으로 흡수된 양분과 기타 원소는 분해자(decomposers) 또는 초식동물과 같은 소비자(consumers)의 세포 속으로 들어가고, 이어서 초식동물로부터 육식동물로, 그리고 다시 분해자를 거쳐 무기물로 되돌아간다(그림 1.1). 전체적인 생명계는 식물들과 그 식물들이 주변의 생육환경으로부터 무기물을 동화하는 능력에 의존한다.

지구상 전체 생물량(biomass)의 대부분은 육지에 존재한다(Bowen 1966). 육상생물의 경우에, 태양으로부터 에너지를 얻고 토양으로부터 자원을 얻는 고등 녹색식물이 독립영양생물이며, 사람을 포함한 나머지는 이들 녹색식물을 먹이로 생존한다. "모든 고기는 풀로부터 만들어 진다." 즉, 생명의 그물(web of life)은 땅이라는 베틀(loom)로 직조된다.

전이

대부분의 조류와 기타 수생식물의 세포는 모두 그들이 생육하고 있는 액상환경(aqueous

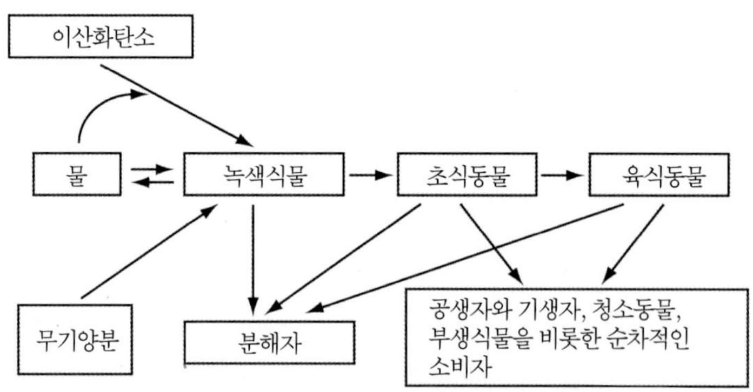

그림 1.1 생물권에서의 양분의 흐름 도표에는 대기중으로 유기물의 연소에 의해 무생물적으로 유입되는 이산화탄소와 모든 유기체의 호흡에 의해 유입되는 이산화탄소, 그리고 광합성에 의해 방출되는 산소와 호기성 호흡에 의해 흡수되는 산소는 나타내지 않았다.

medium)에 노출되어 있으며, 물과 용질을 직접 액상환경으로부터 흡수한다. 이에 비해 육상(terrestrial) 녹색식물의 조직은 대부분 물과 무기양분을 공급해주는 토양으로부터 멀리 떨어져 있다. 예를 들어, 아메리카삼나무의 가장 높이 위치한 가지는 그 뿌리가 물과 용해된 양분을 흡수하는 토양으로 부터 100m이상이나 떨어져 있다. 육상식물은 식물체(plant body)내에서 물과 용질의 장거리 수송(long-distance transport) 즉, 전이(translocation)를 효율적으로 해주는 정교한 구조(structures)와 메커니즘(mechanisms)을 가지고 있다. 따라서 물질의 전이는 식물영양에서 또 다른 중요한 주제이다.

원소의 기능

만약 식물에 필수적인 화학원소중의 하나가 충분하지 못하거나 또는 흡수가 불량한 화학적 조성이어서 이 원소가 결핍되면 식물의 대사과정이 교란된다. 마침내는 이들 대사교란으로 생육저해나 잎의 황화 또는 안토시안계 색소발현(purpling), 기타 이상증상 등의 가시적 증상이 식물에 나타난다. 이러한 양분결핍증상은 특정 원소별로 어느 정도 고유의 특색을 나타내지만, 결핍 정도(severity)와, 특정 식물 종 또는 계통(strain), 여러 환경 요인에 따라서도 달라진다.

특정 원소의 과다 농도로 인한 독성 조건(toxic conditions)의 생성은 물론, 양분결핍으로 인한 이상증상(disorders)의 발생과 그 이상증상의 원인이 양분결핍(nutritional deficiencies)임을 확인함으로써 원소들이 식물대사에서 기능을 수행함을 알 수 있다. 탄소와 산소, 수소, 질소 등의 특정 원소는 살아있는 식물체를 구성하는 주요 화합물에 다량으로 함유되어 있는 성분이다. 실제로 이들 네 가지 원소는 생체중(fresh weight)으로 살아있는 대부분 식물의 약 95%를 차지한다(3장). 이들은 물을 구성하는 원소인 동시에 식물세포 중 탄수화물(carbohydrates)과 단백질(proteins), 지질(lipids)의 대부분을 차지하는 원소이다.

식물체를 구성하는 나머지 원소는 많다. 이들 원소는 비록 농도는 건물중(dry weight)으로 1~2%에서 몇 ppb 정도에 불과하지만, 식물이 제 기능을 수행하는 데에는 식물체의 대부분을 차지하는 원소들 못지않게 필수적이다. 구조화합물(structural compounds)과 동적 대사산물(dynamic metabolites)을 구성하는 원소들은 식물영양의 또 다른 주요 주제인 흡수 및 전이 과정에도 관여한다.

유전과 환경

마지막으로 영양활동(nutritional activities)을 비롯한 식물의 모든 생리적 활동

(physiological activities)은 그 식물의 유전적 특성(genetic makeup)과 그 식물이 서식하고 있는 환경에 의해 좌우된다. 식물의 영양생리(nutritional physiology)에 있어 이들 두 인자간의 상호작용은 특히 흥미로우며, 그 까닭은 고등식물의 주된 무기적 환경(mineral medium)인 토양은 아주 다양하기 때문이다(2장). 식물은 이러한 다양한 토양조건에 유전적 그리고 생리적으로 적응한다. 식물체가 나타내는 무기영양의 유전적 · 생태적 측면은 IV장에서 다룬다.

식물영양학 연구의 역사

고대에 인간은 상당한 농업적 경험을 축적해왔으나 오늘날과 같은 실험을 통한 식물학은 없었다. 과학의 도래가 지체된 것은 모든 물질은 4가지 "원소(elements)" 즉, 흙과 물, 공기, 불로 구성되었다고 주장한 그리스의 자연철학자(natural philosopher)인 Aristotle(384–322B.C.)가 주창한 사변철학(speculative scheme)이 보편적으로 통용되었기 때문이었다. 비록 또 다른 그리스 철학자인 Democritus(약 460–370BC)가 현대의 개념에 훨씬 접근한 물질의 원자론(atomic theory)을 발전시켰지만, 16세기 현대 실험과학(experimental science)이 대두될 때 까지 Aristotle의 추론이 약 2000년 동안 지배했다.

최초로 식물영양학에 대한 정량적인 실험을 수행한 공로가 있는 학자는 벨기에 의사였던 B. van Helmont(1580–1644)이다. 그가 식물을 구성하는 물질의 출처(source)에 대해 조사한 실험은 유명하다(Gabriel and Fogel, 1955).

> 나는 모든 채소[물질]는 즉시 그리고 본질적으로 물에 들어있는 원소에서만 생긴다는 것을 이 실험에서 알았다. 나는 질그릇 항아리에 건조기에서 말린 흙 200lb를 넣고 물을 부은 후 5lb. 무게의 버드나무를 심었다. 5년 후 그 질그릇에서 자란 나무의 무게는 169lb와 3oz이었다. 그러나 질그릇을 빗물 또는 필요할 때면 증류수만으로 항상 촉촉하게 유지하였다. 질그릇은 컸으며 땅에 묻어두었다. 그리고 날리는 먼지가 흙과 혼합되는 것을 막기 위해 주석을 입히고 구멍을 많이 뚫은 철판으로 그릇의 테두리를 덮었다. 나는 4년간 낙엽의 무게를 계산하지 않았다. 마지막으로 그릇의 흙을 다시 건조해보니 약 2oz가 모자란 200lb로 동일함을 알았다. 따라서 나무와 껍질, 뿌리는 물만으로 생육했음을 알 수 있었다.

이 실험은 훌륭하며, 잘 설계되었고, 면밀하게 수행되었으며, 정확하게 기술되었다. 만약 결론이 완전히 틀렸다하더라도, 우리는 새로운 학문의 선구자인 실험자를 비난할 수 없다. Leonardo da Vinci(1452–1519)도 비슷한 실험을 했지만 실험결과에 대한 설명을 그의 노트에 적어놓고 발표하지는 않았다(Bodenheimer 1958). Robert Boyle(1627–1691)은 *회의적 화학자(The Sceptical Chymist)*에서 비슷한 실험을 한 것을 기술하고 있으며 도출한 실험 결과는 같았다(Russel and Wild 1988). van Helmont가 실험한지 약 100년이 지나서야 광합성을 통한 탄소동화작용의 기본적인 사실이 이해되었다.

런던의대 교수인 John Woodward(1655–1728)는 무기물이 식물의 생육에 중요하다는 것을 인식했다. 그는 식물체에 들어가는 대부분의 물은 "식물체 내부의 구멍을 통해 대기 중으로 배출되며, 육상 물질의 많은 부분은 물과 섞여 물을 따라 식물체의 상부로 이동된다. 그리고 식물체는 물에 함유된 그 물질의 함량이 많고 적음에 따라 그만큼 많게 또는 그만큼 적게 증가한다" 고 결론지었다(Russel 1988). 이러한 결론은 Woodward가 식물은 증류수보다는 용해된 고체를 함유하는 물에서 더 잘 자람을 발견한 실험에 근거하고 있다.

영국 성직자인 Stephen Hales(1677–1761)는 1727년 그 당시로서는 아주 정교하게 *식물정역학(Vegetable Staticks)*이라는 제목의 책을 출판했다. *즉, 이는 채소의 수액에 관한 몇몇 정적인 실험(statical experiment)에 대한 저술이며, 식물의 생장(Vegetation)과 관련한 박물연구의 서술이다. 아울러 아주 다양한 화학-정역학적 실험에 의해 공기를 분석하고자 시도한 표본이며, 왕립협회의 여러 회의에서 발표되었다*(Hales 1727). 이는 식물 생리학에 있어 상당한 횟수의 실험에 대해 기술하고 토론한 최초의 책이다. Hales는 정확한 측정을 하기위해 열정을 쏟았으며 이 책의 표제인 "정역학" 은 정량적인 실험과 측정을 나타낸다.

Hales는 특히 식물체의 "수액" 에 관심을 가지고, 식물이 흡수하고 증산한 물의 양을 측정하였다. 그는 이 양을 물이 흡수된 뿌리표면적 그리고 물이 증산된 엽면적과 관련시켜 설명하였고, 단위 뿌리표면적과 단위 엽면적을 통한 물의 상대적 이동속도(velocity)를 계산하였다. 그는 근압(root pressure)에 관한 많은 실험을 수행했고, 설명과 그림으로 근압을 너무나 잘 설명했기 때문에 현대의 연구자들이 실험을 재현하는데 아무런 문제가 없을 정도이다(그림 1.2). Stephen Hales를 최초의 식물생리학자라 불러도 무방할 것이다. 미국식물생리학회(American Society of Plant Physiologists)가 수여하는 최고상을 그의 공적을 기려 Stephen Hales상이라 부른다.

Stephen Hales와 그 이전의 연구자들은 공기가 식물의 구성물질을 어느 정도 공급해 준다는 것을 짐작을 했었지만, 공기 조성과 연소(combustion) 현상에 대한 실질적인 개념이 없었으므로 식물의 생육에 기여하는 본질에 관해서는 이해할 수 없었다. 동시대의 다른 연구자들과 마찬가지로 Stephen Hales는 "열소설(phlogiston theory)" 을 믿었다. 그 이론에 따르면 모든 가연성 물질은 " 열소(phlogiston)"라는 물질로 된 화합물이다. 연소와 동시에 열소는 방출되고 " 금속성 회분(calces)(재)" 이 남는다. 이런 개념들은 18세기 후반에 본질적으로 현대적인 견해에 의해 퇴출되었다.

Joseph Priestley(1733~1804)는 산화수은(mercuric oxide)을 가열하여 산소를 제조했

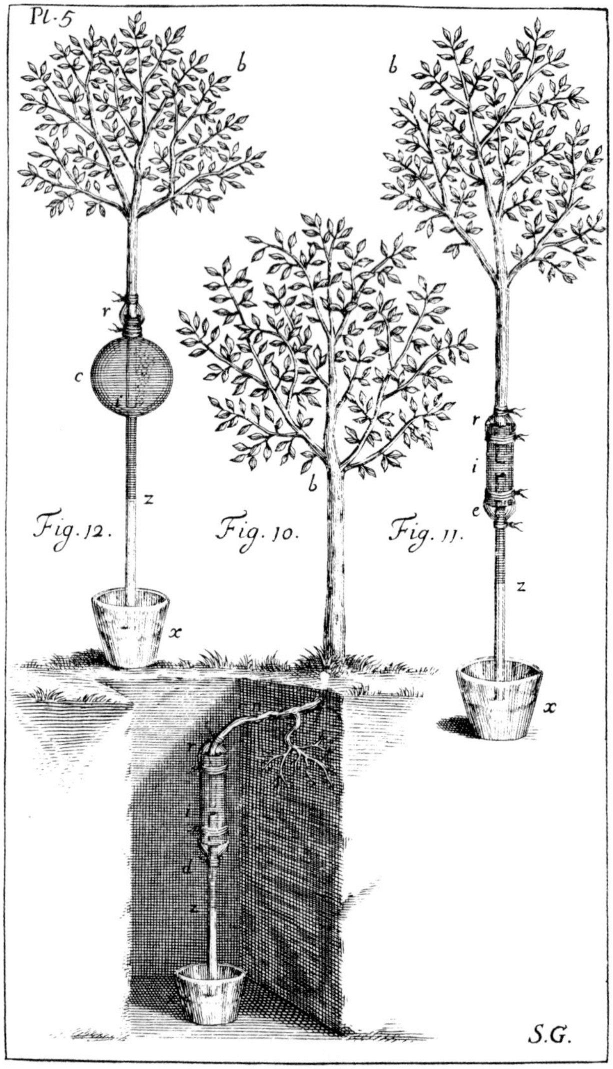

그림 1.2 Stephen Hales의 실험 "나무가 수분을 흡입하는 힘을 어떻게 알아내는가... 1723년 8월 13일 아주 건조한 해에 나는 더위에 타는 듯한 무성한 배나무 뿌리 쪽을 1/2피트 깊이로 파고, 직경이 *n*인 1/2인치 길이의 뿌리를 노출시켰다(그림10). 나는 그 뿌리 끝 *i*를 절단하고, 남아있는 줄기 *i n*을 직경 1인치 길이 8인치의 유리관 *d r*속에 집어넣고 신속하게 *r*에 접착시켰다. 유리관의 하부의 길이 *d z*는 18인치이며 내경은 1/2인치이다. 이어서 유리관의 아래쪽 끝 *z*를 뒤집어 가장 높게 하여 물로 가득채운 후, 곧장 작은 끝부분 *z*를 수은이 담긴 용기 *x*에 담구었다. 유리관 끝 *z*를 막았던 손가락을 떼었다. 뿌리는 물을 아주 왕성하게 빨아올려 6분 만에 수은은 유리관 *d z*를 따라 *z*만큼(즉 8인치)이나 올라갔다"(Hales 1727).

지만, 평생 동안 열소설을 신봉했다. 그의 생전에 이미 폐기된 그릇된 화학이론에 근거해 연구한 불리한 조건에도 불구하고 Priestley는 화학과 생리학에 중요한 공헌을 했다. 그는 산화수은(II)을 가열할 때 방출되는 것과 동일한 기체를 녹색식물이 방출하는 것을 관찰함으로써 광합성(photosynthesis) 과정을 규명하는데 첫발을 내디뎠다. Jan Ingen-Houze(1730-1799)는 네덜란드 의사로서 생전 많은 기간을 영국에서 보냈으며 Priestley의 실험을 재현했고 빛이 녹색식물의 산소발생에 필수적이라는 중요한 발견을 했다. Priestley와 마찬가지로 그도 자기의 실험결과를 잘못 해석했다.

광합성을 상당히 정확하게 이해한 최초의 연구자는 스위스 성직자이며 사서이자 과학자인 Jean Senebier(1742–1809)이었다. 그는 물에 담근 녹색 잎이 방출한 산소의 양은 물속에 용해된 이산화탄소의 농도에 비례함을 알았다. 그의 선배 연구자들과 마찬가지로 그는 산소와 *이산화탄소*라는 용어를 사용하지는 않았지만, 빛이 녹색 잎의 특정 물질과 결합하여 "고정된 공기"(이산화탄소)를 "열소가 제거된 공기"(산소)로 분해한다고 추측했다. 그럼에도 불구하고 Senebier는 열소설이 여전히 화학자와 생리학자들의 사고를 지배하고 있을 때 광합성으로 간주할 수 있는 연구를 계속했다. 그러나 열소설은 18세기를 넘기지 못했다.

열소와 그 외의 그릇된 개념의 오류를 불식하고 현재 우리가 이해하는 화학의 근본개념(basic tenet)을 확립한 사람은 프랑스인 Antoine-Laurent Lavoisier(1743–1794)였다. 그는 화학반응에서 어떤 원소도 창조되지 않으며, 어떤 원소도 다른 원소로 변화되지 않으며, 어떤 원소도 파괴되지 않는다고 단언하였다. 화학반응은 원소들의 조합이 변화되는 것이다. Lavoisier는 기본적으로 현대적인 형태와 같은 화학적 원소 명명법을 고안했다. 그는 현대 화학과 생리학, 생화학의 확고한 기틀을 마련했다.

Lavoisier의 화학적 혁명은 과학분야에서 만큼 정치적으로도 혁명적이었던 시기(18세기 후반)의 국가(프랑스)에서 일어났다. 그는 왕립협회(royal establishment)의 회원이었으며 프랑스 혁명의 격변기에 체포되어 1794년 5월 8일 단두대에서 처형되었다. "그들이 Lavoisier의 목을 자르는 것은 일순간밖에 걸리지 않지만, 그와 같은 사람이 다시 나오려면 백년가지고도 모자랄 것이다."(동시대 사람의 말, Browne에 인용되어 있음 1944). Lavoisier의 눈부신 삶과 업적에 대해서는 Poirier(1996)를 참고하면 된다.

식물영양학 연구에 Lavoisier의 새로운 화학을 십분 활용한 최초의 과학자는 스위스의 화학자이자 자연주의자인 Nicholas Theodore de Saussure(1767–1845)였다. 그의 연구는 그 후 다른 사람들의 후속 연구와 함께 토양유래 원소의 식물뿌리에 의한 흡수에 관한 우리들의 이해의 폭을 넓혔다. 그는 1804년에 발간된 식물에 대한 화학적 연구(Recherches Chimiques sur la Vegetation)이라는 제목의 책에 이 연구결과를 기록했고, 1845년 죽기직전까지도 중요한 기고를 계속했다.

De Saussure는 새로운 화학적 지식을 면밀하게 실험에 옮겼음은 물론 실험 결과도 조심스럽게 해석하였다. 그는 "......이처럼 새롭고 또 복잡한 주제에 대해 해석하는 것은 의심할 바 없이 큰 위험을 수반한다."는 것을 충분히 알고 있었으므로(Browne 1944), 실험결과의 범위를 벗어나는 추론을 내리려는 유혹을 뿌리쳤다. 그러나 근거가 확실하다고 느낄 경우에는 확고한 결론을 내렸다. De Saussure는 가끔은 확실한 근거를 가졌으며, 현재 우리가 당연하게 여기는 식물영양에 관한 많은 현상들을 인식하고 있었다. 그는 여뀌(lady' s thumb)

(*Polygonum persicaria*)를 단일 염류와 몇 가지 유기용질이 함유된 용액에서 키웠고, 이들 여러 용해된 물질은 식물에 의해 같은 양이 흡수되지 않음을 관찰했다. 그러므로 그는 식물에 의한 용질흡수의 선택성을 발견한 사람이라 할 수 있다. 그는 또 필수원소론(principles of essentiality)을 제창하기도 했다. 식물이 흡수하는 어떤 원소들은 필수원소가 아니라고 인정했고, 일부는 없어서는 안 된다고 주장했다. 그는 여러 식물종의 재에 들어 있는 화학적 조성을 실은 표를 최초로 발표했다.

토양으로부터 유래하는 원소들의 중요성에 관해 De Saussure가 내린 결론은 19세기 초반에 열띤 논쟁을 불러일으켰다. 독일 학자 Carl S. Sprengel(1787–1859)과 A.F. Wiegmann (1771–1853)은 De Saussure의 견해를 입증하는 자료를 얻었다. 토양에서 흡수한 양분의 중요성에 관한 Sprengel의 연구는 특히 의미가 있었다. 그는 "토양은 거의 모든 점에서 유리할 것이다. 그러나 간혹 식물의 먹이가 되는 필수적인 *단 한가지의 원소(one single element)*가 부족하기 때문에 생산성(productivity)이 떨어지는 경우가 있을 것이다." (Browne 1944)라고 기술했다. 여기에는 독일의 화학자 Justus von Liebig자신은 물론 많은 저자들이 Liebig의 업적이라고 잘못 알고 있는 최소율의 법칙(the law of minimum)이 명확히 언급되어있다. Sprengel의 업적은 van der Ploeg과 Böhm, Kirkham(1999)이 기록하고 있으며, 이들은 최소율의 법칙을 "Sprengel-Liebig의 최소율의 법칙" 이라고 올바르게 부르고 있다.

19세기 중반과 후반에 식물영양과 토양-식물체 상호작용에 관한 연구는 프랑스의 Jean-Baptiste Boussingault(1802–1887)의 업적에서 최고조에 도달한다. 그는 농학(agricultural science)의 토대를 새롭게 다졌다는 평가를 받고 있으며 실제로도 그러하다. 그의 저술 중 상당 부분은 현대의 독자들에게 예측과 접근방식에 있어서 근본적으로 현대적이라는 인상을 준다. 이전의 학자들과는 달리 Boussingault는 작물의 원소 조성을 연구하는데 만족하지 않고 작물이 흡수한 각 원소의 양과 식물이 자라는 토양과 양분환경(fertilizer medium)으로부터 빠져나간 양 사이의 수지(balance)를 강조했다. 그는 작물의 화학적 조성을 나타내는 많은 표를 발간했고, ha당 제거되는 여러 원소의 양을 계산했다. 또 비료와 토양개량제가 작물과 토양간의 원소들의 수지에 미치는 영향에 관한 연구를 수행했다. 이러한 연구는 그 이후 "...이 ...의 수량과 조성에 미치는 영향(the Effect of ... on Yield and Composition ...)" 이라는 제목으로 발간된 수많은 연구의 시발점이었다.

콩과식물이 대기 중의 질소를 고정한다는 "확실한" 증거를 최초로 제시한 사람이 Boussingault임은 널리 인정되고 있다. 그러나 초기의 학자들은 콩과식물이 질소를 획득하는 특별한 능력을 지닌다는 것에 대해 회의적으로 생각했고, 그리고 콩과작물의 질소고정능

그림 1.3 Giessen에 있는 Liebig의 실험실 (삽화, 1842년 Carl Friedrich Wilhelm Trautshold)

력 보유에 대한 결과에 대해 Liebig가 맹렬하게 비판하자 Boussingault는 자신의 견해가 틀린 것으로 생각했다. Boussingault가 질소고정에 대한 결론을 내리게 된 동기는 붉은토끼풀(red clover)과 완두콩은 질소가 없는 토양에서 재배하면 탄소와 수소, 산소이외에 상당량의 질소를 흡수했지만, 밀과 귀리는 같은 조건에서 조금도 질소를 얻지 못했다는 결론을 얻었기 때문이었다. 콩과작물이 얻은 질소는 "대기에서 유래되긴 했으나 나는 그 동화과정이 일어나는 정확한 방식은 말하기가 어렵다" (Aulie 1970). Aulie는 Boussingault에 대해 훌륭하게 기술했으며 질소의 초기 연구에 대한 그의 업적을 인정하고 있다.

독일의 Justus von Liebig(1803-1873)는 당대 최고의 유기화학자였다(그림1.3). 영국과학발전협회(British Association for the Advancement of Science)는 그를 초대하여 유기화학에 관한 초고를 작성하여 1840년 학회에서 발표하도록 했다. 이 초청강연회를 계기로 그는 *유기화학의 농업과 생리학에의 응용(Organic Chemistry in its Applications to Agriculture and Physiology)*이라는 제목의 책을 저술했다. 이 책은 판을 거듭하여 출간되었으며, 수개국어로 번역되었고, 심대한 영향을 미쳤다. 1840년 초판이 발간될 때만해도 Liebig 자신은 농화학과 식물영양학 분야에서 그 자신이 실제로 수행한 연구는 없었다. 그러나 이러한 상황에도 불구하고 그가 "채소류의 생육에 적용되는 화학적 원리(the application of chemical principles to the growth of vegetables)" 에 관한 연구를 한 최초의 연구자라는 사실을 부인할 수 없다. 바로 그의 저서가 이러한 공적에 대한 그의 자격을 입증해 주는 가장 좋은 반증이었다. 왜냐하면 그 책은 Saussure와 Sprengel, Boussingault, 그 외 여러 명의 연구결과를 단순하게 편집했기 때문이다.

Liebig가 내린 판단과 해석은 이따금씩 오류가 있었고, 다른 연구자들이 이미 확립한 올바른 결론을 부정하는 경우도 많았다. 예를 들어 그는 콩과식물이 대기로부터 질소를 얻고 비콩과식물은 질소를 얻지 못한다는 Boussingault의 결론에 대해 비난했다. 대신 모든 식물은 대기로부터 암모니아 형태의 질소를 흡수한다고 주장했다. 그는 유기물이 부패되어 암모니아가 생긴다고 생각했다. de Saussure의 선택적 용질흡수(selective solute absorption)에 대한 명확한 증거가 제시된 후 거의 반세기가 지나서 Liebig는 "토양내 용질내의 모든 물질은 식물 뿌리가 흡수하며, 이는 스펀지가 용액과 그 용액에 포함된 모든 것을 비선택적으로 빨아들이는 것과 꼭 같다"고 기술했다(Browne 1944). 그리고 "모든 알칼리성 염기는 다른 염기로 대체할 수 있으며, 각 염기의 기능은 같다"는 Liebig의 주장은 추측에 불과하며 그것이 기술된 당시에 조차도 신뢰성이 없었다.

Liebig가 식물영양학에 기여한 큰 공로는 그가 "부식설(humus theory)"을 최종적으로 종식시킨 것이다. 부식설은 식물이 흡수하는 탄소는 토양의 유기물에서 제공된다는 것이다. 그는 토양에서 가용성 무기성분이 공급된다고 믿었다. 이것은 새로운 결론이 아니었다. 왜냐하면 de Saussure와 Sprengel, Boussingault도 같은 결론을 내렸지만 Liebig의 단정적이고 권위있는 글쓰기 방식과 그의 견해를 선전한 적극성 때문에 마침내 "비료의 무기설(mineral theory of fertilizers)"이 인정을 받게 되었다. 1840년 그의 책 초판이 발간된 후 Liebig와 그의 많은 제자들, 동료연구자들은 식물의 무기 구성성분에 관한 실험을 하기위해 방향을 전환했고, 그 결과 초판에서 잘못 고려했던 많은 표현들이 개정판에서 삭제되었다. 개량된 분석방법이 고안되었고, Liebig는 그보다 앞선 연구자들이 얻은 것보다 훨씬 더 정확한 식물의 무기조성에 관한 지식을 얻었다. Liebig의 업적은 Browne와 Bradford, Vickery(1942)에 기술되어 있다.

1843년 J.B. Lawes와 J.H. Gilbert는 현재 유명한 Rothamsted 연구소를 영국에 설립했다(그림1.4). 이들이 시작한 토양비옥도(soil fertility)와 식물영양에 관한 실험은 아직도 계속되고 있다. 해를 이어 작물을 재배한 토양의 양분공급은 감소하며 그 토양에서 재배한 작물의 수량도 감소한다는 확실한 증거를 얻었다. 화학비료 형태의 무기양분을 첨가함으로써 토양비옥도와 작물수확량이 유지되었다(Reed 1942; Russel and Wild 1988).

1840년 Liebig의 저서가 처음 발간되고 Rothamsted 연구소가 설립된 이후 수 십 년 동안 식물영양에서의 공중 질소의 역할에 관한 연구가 계속되었고, 많은 연구자들은 콩과식물

그림 1.4 영국 Rothamsted연구소의 비료시험광경에 대한 항공촬영 사진

이 공기 중의 유리 질소를 고정할 수 있다는 확신을 얻었다. 그러나 그 주제는 여전히 해결되지 않았으며 콩과식물의 질소고정을 성공적으로 입증한다는 것은 어려워보였다. 왜냐하면 온갖 실험으로도 질소고정의 효과를 입증하지 못했기 때문이다. 그러다가 독일 과학자인 Hellriegel과 Wilfarth는 1886년 세균이 콩과식물의 근류(뿌리혹)를 형성하는데 관여하는 것을 발견했다고 발표하였다. 러시아 식물학자인 Woronin은 그 보다 앞서 콩과식물의 근류에는 세균이 들어있다는 것을 발견했지만, 그 역할은 알 수 없었다. Hellriegel과 Wilfarth는 대조군으로 살균토양을 그리고 완두콩이 잘 자라는 토양 침출수를 접종한 토양을 사용하여 완두콩을 재배했다. 접종을 하지 않은 대조군에서는 근류가 형성되지 않았고 생육이 되지 않았다. 접종을 한 토양의 식물체는 근류를 형성했고 생육도 정상적이었다. 실험자들은 콩과식물은 공중질소를 고정하지만 공생 세균이 감염할 경우에만 그렇다는 결론을 내렸다. 비콩과식물은 유리 질소를 고정하지 않고 전적으로 토양내의 고정 질소만을 이용한다. 이 연구로 1838

년 Boussingault가 처음 도출한 결론이 최종적으로 확인되었다.

과학은 상호협동적(cooperative)이고 누적적인(accumulative) 노력의 산물이며, 생물학적 질소고정(biological nitrogen fixation)과 같은 많은 발견은 명백히 어느 한 연구자나 연구팀의 공적이 될 수 없다. 생물학적 질소고정의 연구에 지대한 공헌을 한 R.H. Burris는 그 발견에 대한 철저한 기록을 남겼다(Burris 1998).

18세기 말엽에 Senebier는 광합성의 주요 사실을 확립하였고, 19세기 말엽에는 생물학적 질소고정의 주요 사실에 대한 일람표가 작성되었다. 식물영양학의 또 다른 측면인 뿌리에 의한 양분흡수는 19세기에 상당히 명쾌하게 밝혀졌다. Liebig는 토양수분(즉, 토양용액)(soil solution)에는 칼륨과 인산, 암모늄이 없다는 결론을 내렸다. 그는 식물은 이들 양분이 용액으로 식물에 공급되면 시들어 죽는다는 견해를 피력했다. 대신 그는 토양 입자의 표면으로부터 토양입자에 접촉하고 있는 뿌리표면으로 양분이 직접 이동되는 것으로 생각했다. 이 견해는 그 후 1930년대 초에 Berkeley의 H. Henry의 연구팀에 의해 더 정교하게 정리되었다.

그러나 1869년에 독일 식물학자 Julius von Sachs는 토양의 고상(solid phase)은 식물의 영양에서 완전히 없어도 됨을 입증했다. 그는 그 당시에 필수 원소로 알려진 주요 무기양분을 공급해주는 염 용액을 조제하였는데, 그 당시 그는 몰랐지만 다량원소의 용액에는 오염물질로 존재하는 적당량의 필수 미량원소를 극미량 포함하고 있었다. 이들 영양액(nutrient solution)으로 그는 식물을 성숙기까지 키웠다. W. Knop은 1860년대 초에 또 다른 영양액을 고안하였으며, 그 후 수경재배로 식물을 키우는 것은 식물영양학에서 필수적인 기술이 되었다. 이들 연구를 통해 토양용액의 화학적 조성에 관한 연구와 더불어 뿌리가 흡수할 수 있는 양분의 주요 공급원으로서 토양용액의 중요성이 강조되었다.

Hoagland와 Broyer(1936)는 약간 수정하여 아직까지 사용하고 있는 영양액(암모늄이 들어있는 용액과 암모늄을 함유하지 않은 두 가지 용액)을 조제했다. Hoagland(1884~1949)는 현대 식물영양학 시대의 선구자였다. 그의 저서 *식물의 무기영양에 관한 강의(Lectures on the Inorganic Nutrition of Plants)* (1944)는 고전이 되었다. 이 책은 1900년대 중반에 정립된 식물영양학에 대해 기술하고 있다. Arnon(1950)은 Hoagland가 무기물의 식물영양학 분야에 지대한 기여를 했음을 인정하는 글을 남겼다.

식물영양학의 발전사에 대해 자세하게 알고 싶은 독자를 위한 몇 가지 유용한 참고자료가 있다. 제목이 암시하는 바와 같이 Bodenheimer의 *생물학의 역사(History of Biology)* (1958)는 Magner(1994)와 마찬가지로 광범위한 주제에 대해 다루고 있지만 도움이 된다. Reed(1942)의 식물학(plant science) 약사는 재미있으며 특히 무기영양에 관한 측면을 다루고 있다. Browne(1944)가 편집한 자료집은 원전에서 발췌한 재미있는 읽을거리이다. Russel(1988)이 저술한 책의 첫 번째 장에서는 식물영양학과 토양-식물 상관관계에 대한 연구사에 대해 간략하게 조사해 두고 있다. Epstein(2000)은 필수원소의 발견에 대해 간략하게 언급하고 있다.

참고문헌

Arnon, D. I. (1950) Dennis Robert Hoagland: 1884 1949. Science 112: 739-742. Aulie, R. P. (1970) Boussingault and the nitrogen cycle. *Proceedings of the American Philosophical Society* 114: 435-479.

Bodenheimer, F. S. (1958) *The History of Biology: An Introduction*. Dawson, London.

Bowen, H. J. M. (1966) T*race Elements in Biochemistry*. Academic Press, London.

Browne, C. A. (1944) *A Source Book of Agricultural Chemistry*. Chronica Botanica, Waltham, MA.

Browne, C. A., R. Bradfield, and H. B. Vickery (1942) *Liebig and after Liebig: A Century of Progress in Agricultural Chemistry*. Moulton, F. R., cd. American Association for the Advancement of Science, publication no. 16. AAAS, Washington, DC.

Burris, R. H. (1998) Discoveries in biological nitrogen fixation. In: *Discoveries in Plant Biology*, Vol. 1. Kung, S. D., and S.-F. Yang, eds. World Scientific, Singapore. pp. 257-278.

Epstein, E. (2000) The discovery of the essential elements. In: D*iscoveries in Plant Biology*, Vol. 3. Kung, S. D., and S.-F. Yang, eds. World Scientific, Singapore. pp. 1-16.

Gabriel, M. L., and S. Fogel (1955) *Great Experiments in Biology*. Prentice-Hall, Englewood Cliffs, NJ.

Hales, S. (1727) V*egetable Staticks*. W. and J. Innys, London.

Hoagland, D. R. (1944) *Lectures on the Inorganic Nutrition of Plants. Chronica* Botanica, Waltham, MA.

Hoagland, D. R., and T. C. Broyer (1936) General nature of the process of salt accumulation by roots with description of experimental methods. *Plant Physiology* 11: 471-507.

Jenny, H. (1980) *The Soil Resource: Origin and Behavior*. Ecological Studies, vol. 37. Springer, New York.

Magner, L. N. (1994) *A History of the Life Sciences*, 2nd Edition. Dekker, New York.

Poirier, J. P. (1996) *Lavoisier, Chemist, Biologist, Economist*. University of Pennsylvania Press, Philadelphia.

Reed, H. S. (1942) *A Short History of the Plant Sciences*. Ronald Press, New York.

Russell, E. J., and A. Wild (1988) *Russell's Soil Conditions and Plant Growth*, 11th Edition. Wild, A., ed. Longman Scientific & Technical, Burnt Mill, Harlow, Essex, England; copublished in the United States with John Wiley & Sons, New York.

van der Ploeg, R. R., W. Bohm, and M. B. Kirkham (1999) On the origin of the theory of mineral nutrition of plants and the law of the minimum. *Soil Science Society of America Journal* 63: 1055-1062.

2 식물영양의 배지

영양배지의 종류

식물과 물질을 교환하는 환경의 일부분을 배지(media)라고 한다. 식물은 아주 다양한 배지에서 생육할 수 있다. 해양에서 식물은 모든 세포를 3.5%(W/V)의 염수에 가깝게 유지하지만, 원형협곡 분지(cirque-basin)의 호수에 서식하는 식물은 거의 순수한 물에서 서식한다. 강어귀와 해안가, 습지대의 식물은 물에 잠기고 대기에 노출되는 과정을 반복한다. 육상에서, 식물은 토심이 깊은 충적토(alluvial soils)뿐만 아니라 노출된 바위에 뿌리를 내리고 있다. 햇빛과 물이 있는 곳이라면 지구상의 어떠한 후미진 곳(nook)이나 생태적 지위(niche)도 녹색식물이 정착할 수 없는 곳은 없다.

이 책의 핵심인 육상 고등식물은 몸의 두 부분이 영구적으로 전혀 다른 배지에서 서식한다는 점, 즉 지상부는 대기 중에 그리고 뿌리는 토양 속에 있다는 점에서 생명체가운데서도 독특하다. 5장과 6장에 다룰 이러한 양극단적인 성질(polarity) 때문에 지상부와 뿌리 간에는 물질의 이동을 유지하기 위한 정교한 구조와 메커니즘이 필요하다. 많은 점에서 육상식물의 지상부와 뿌리는 절대적 공생관계로 살아가는 두 유기체와 같다.

육상식물의 지상부는 대기로부터 다양한 물질을 얻는다. 탄소를 기초로 하는 생활에서, 무엇보다 먼저 지상부는 탄소의 주된 급원인 이산화탄소 기체를 흡수(absorption)한다. 또 대기는 호기성 호흡에 사용되는 산소를 식물의 조직에 공급해준다. 명확하지는 않지만 대기로부터 지상부에 응축되는 안개방울 또는 이슬 형태의 물이 공급된다(Rundel 1982). 지상부는 대기로부터 기체상태(즉, 기체상 이산화황과 암모니아는 지상부에 들어가 조직내부의 수분에 용해되어 각각 황산 이온과 암모늄 이온을 형성한다.) 또는 강수에 용해된 이온상태[즉, 바닷가의 식물은 바닷물의 비산에 의한 나트륨과 염소, 기타 원소를 흡수하며, "순환염(cyclic salt)"은 지구를 순환하며 비와 눈 형태로 육지로 되돌아온다.]의 무기원소를 얻을 수 있다. 마지막으로 어떤 식물의 지상부는 무기물을 획득하는데 아주 기묘한 방법을 사용하기도 한다. 끈끈이주걱(Venus 's-flytrap)(Dionaea spp.)과 벌레잡이통풀(pitcher plant)(*Darlingtonia* spp.)과 같은 식물은 곤충을 잡아먹고 소화시킴으로써 질소와 기타 양분을 획득한다(Darwin 1859; Heslop-Harrison 1978; Luttge 1983; Adamec 1997; Ellison and Gotelli 2001). 12장에서는 무기영양의 배지인 대기의 역할에 대해 더 자세하게 다룬다.

토양 속에 정착하고 있는 뿌리와 기타 식물부위들(예, 뿌리줄기)은 육상식물의 생육에 필요한 대부분의 물과 무기 양분을 흡수한다. 뿌리와 뿌리를 둘러싼 토양간의 밀접한 상관관계에 대해서는 다음 절에서 다룬다.

토양

토양(soil)은 육상식물의 무기영양에 필요한 주된 배지이다. 토양수분속의 무기물은 일반적으로 이동성이 없다. 무기물이 토양입자에서 방출된 지점으로부터 뿌리의 흡수 부위까지 이동하는 거리는 측정결과 몇 마이크로미터(10^{-6} μm)에서 간혹 몇 미터나 된다. 이 사실은 소나무는 몇 킬로미터 떨어진 발전소에서 방출되는 이산화황을 흡수할 수 있다고 앞에서 설명한 대기 중에서의 과정과는 대조적이다.

토양 중에서 무기성분의 이동성이 상대적으로 떨어진다고 해서 토양을 단순한 정적 실체(static entity)라고 하기는 어려우며, 실제로도 그렇지 않다. 대기 또는 호수와 해양 등의 수생계에 비해 토양은 아주 불균일한 배지이다. 토양의 고상(solid phase)과 기상(liquid phase), 액상(liquid phase) 비율은 비슷하다. 토양의 중요한 성질은 공간은 물론 시간별로 신속하게 변화한다. 예를 들어 토양의 질소함량은 몇 밀리미터 떨어진 부위와 하루 중 시점에 따라 수천 배의 차이가 날 수 있다. 토양내 생물학적 유기체의 밀도와 다양성은 지상부 또는 수생계(aquatic system)의 어느 유기체보다 수백 수천 배나 많다. 토양의 물리적, 화학적, 생물학적 요인간의 상호작용은 역동적이기 때문에 "토양생태계(soil ecosystem)" (Richard 1974)나 "지하생태계(belowground ecosystem)" (Marshall 1977)에 관한 저서의 발간이 촉진되었다. 식물뿌리 주변에 있으면서 식물뿌리와의 물질교환에 가장 밀접하게 관여하는 토양 부위를 근권(rhizosphere)이라 부른다(Hinsinger 1998; Pinton, Varanini, Nannipieri 2001). 근권은 실험 조작을 하기 어렵고 실험조작에 대해 민감한 까닭에 생태계중에서도 가장 연구가 미진

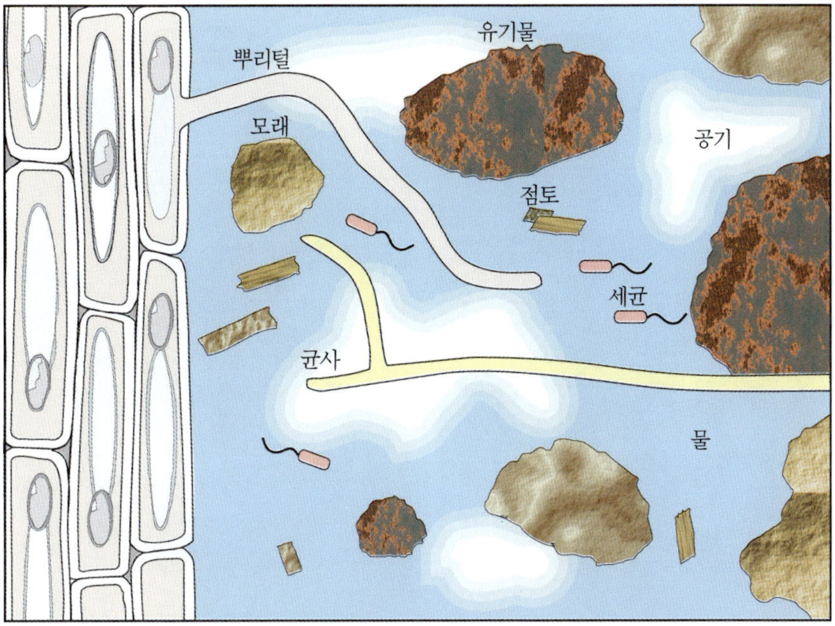

그림 2.1 일부 주요 구성요소로 나타낸 근권 토양전체에 걸쳐 기체와 액체, 고상(즉, 무기물과 유기물, 여러 종류의 유기물)이 흩어져 있다. 좌측에 나타낸 것은 뿌리세포이다.

하다(Epstein 1977; Foster, Rovira, Cock 1983). 바로 우리 발아래의 토양에서 일어나는 과정이 심해나 극지역의 만년설(ice caps)보다 정보가 부족하다.

토양을 구성하는 주요 요소는 무기물과, 용질을 함유하는 물(즉, 토양수분), 기체, 생명체, 유기물의 5가지이다(그림 2.1). 이들 각 구성요소가 토양 중에서 차지하는 양은 각각의 토양과 그 조건에 따라 크게 달라진다. 예를 들어 강우 직후에는 물이 모든 공극(voids)을 차지하며, 그 후 물이 토양과 심토의 더 아래 층위로 배수되면서, 고체 입자사이의 틈새로 공기가 빨려 들어간다. 여러 토양의 유기물 함량은 사질토양(sandy soils)에서는 사실상 0%에 가까우나 흑니토(muck soils)나 이탄토(peat soils)에는 90%나 된다.

토양에 있어서 입경(particle size)은 중요한 특징을 나타낸다. 토양의 무기물은 주로 알루미늄산화물과 규소산화물이다. 토양의 유기물에는 아미노기와 카복실기, 하이드록실기가 결합되어 들어있다. 이러한 무기 및 유기 분자 때문에 토양입자의 표면에 고정된 음전하가 형성된다. 입자의 평균크기가 작을수록, (1) 단위 토양부피당 입자가 더 많으며, (2) 음전하를 띠는 표면적이 더 크며(그림 2.2), (3) 토양과 양전하를 띠는 이온들(즉, 양이온교환복합체) 또는 극성용매인 물간의 상호작용이 더 커 질것이다. 따라서 토양은 입경에 따라 개략적으로 분류할 수 있다(표 2.1).

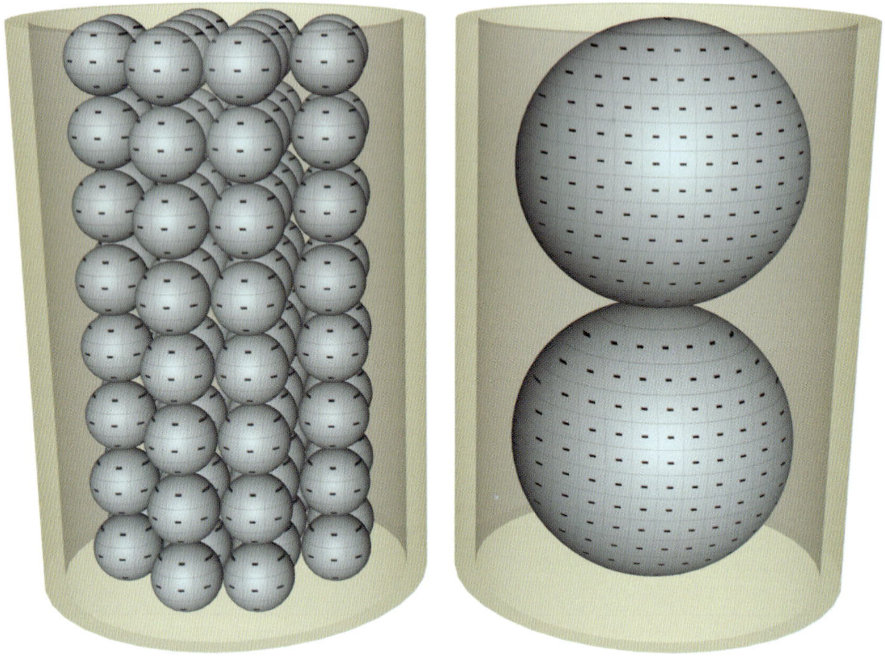

그림 2.2 입경이 다른 토양에서 부피와 표면적간의 상관관계 온대 토양에서 고정된 음전하는 입자 표면을 둘러싸고 있다. 토양 입자가 작으면, 이들 음전하는 좌측의 부피에서처럼 더 많이 노출된다. 그러므로 토양의 양이온교환용량은 입경이 감소할수록 증가한다.

토양은 용해도가 낮은 염을 용해시킴으로써, 그리고 토양입자에 결합된 이온들(주로 양이온들)을 토양용액내의 이온들이 치환함으로써 끊임없이 고상으로부터 토양용액으로 무기물을 방출한다. 토양입자에 대한 양이온의 결합력은 나트륨>암모늄>칼륨>마그네슘>칼슘>수소의 순이다. 그러나 각 양이온의 비율은 토양별로 큰 차이가 있다. 보통 토양용액내의 주된 양이온은 칼륨과 칼슘, 마그네슘이다. 나트륨 이온은 반건조 지역(semi-arid regions)에 많으며, 수소와 알루미늄은 산성토양에 많다. 용액내의 양이온들은 고체 양이온교환 복합체(cation exchange complex)에 흡착된 양이온과 자유롭게 교환된다. 식물생육을 가능하게 할 수 있는 토양에서 질산과 인산, 황산, 염소와 같은 음이온은 토양용액에서 틀림없이 발견된다. 이들 음이온은 토양용액에서 유리 형태로 존재하므로 같은 당량의 양이온이 반드시 그 용액 내에 존재한다. 따라서 생육이 왕성한 식물체의 뿌리는 많은 이온을 함유하는 묽은 용액에 뿌리를 담그고 있는 셈이다.

고형인 토양물질의 용해와 이온교환은 철저히 그 토양의 물리화학적 원리에 따라 즉, 생명체의 간섭을 받지 않고 일어날 수 있다. 그러나 토양의 많은 동적 성질은 직 · 간접적인 뿌리의

표 2.1 여러 토양형의 특성

토양	입경(μM)	표면적 (m^2g^{-1})	모양	응집력	수분팽창력	양이온교환용량 ($meq100g^{-1}$)[a]
조사	2,000–200	<1	구상	미미함	미미함	<3
세사	200–20	1–10	구상	미미함	미미함	3–7
미사	20–2	10–100	불규칙 구상	낮음	낮음	6–12
점토[b]						
카올리나이트	5–1.0	5–20	육각 결정	낮음	낮음	3–15
일라이트	2–0.1	100–200	불규칙 박편	보통	보통	15–40
몬모릴로나이트	1–0.01	700–800	불규칙 박편	높음	높음	80–100

출처: Brady and Weil 1998

[a] ($meq100g^{-1}$)는 토양 100g당 하전의 밀리당량을 나타낸다.

[b] 카올리나이트, 일라이트, 먼모릴로나이트는 3가지 형태의 주요 규산염점토이다.

활동에서 유래한다. 즉 직접적으로는 뿌리가 토양을 통해 성장해나가면서 주변의 물과 무기물, 산소를 흡수하며 글자그대로 큰 영향을 미친다는 점에서, 그리고 간접적으로는 뿌리와 그 뿌리에 붙어있는 식물체는 토양 식물상(flora)과 동물상(fauna)을 유지시켜 주는 유기 탄소의 주요 급원이라는 점이다. 정상적인 기능을 수행할 때 뿌리는 당과 아미노산을 포함한 광범위한 유기화합물을 배출한다(Fan et al. 1997). 그리고 대부분의 뿌리는 물론 영년생 식물의 뿌리조차 죽어서 해마다 교체된다(Caldwell 1978). 죽어있건 살아있건 뿌리의 이화작용(catabolism)과 뿌리삼출액(root exudates)은 세균과 균류, 원생동물, 지렁이, 절지동물, 선충을 포함한 많은 토양유기체의 생육에 필요한 먹이가 된다. 따라서 보통 뿌리는 정말 많은 이러한 유기체로 둘러 쌓여있다. 뿌리와 미생물의 호흡에 의해 방출된 이산화탄소는 토양을 산성화시키며 토양의 고상으로부터 토양용액 속으로의 무기물 용해를 촉진시킨다. 또 뿌리와 미생물은 인산가수분해효소(phosphatase) 등의 효소와 말산(malic acid) 등의 유기산(organic acids)을 방출하며, 이들 유기산은 각각 인산과 철의 용해를 촉진한다(Kochian 2000). 이러한 생물학적 활동은 토양의 물리성과 화학성에 지대한 영향을 미친다. 미생물의 활동에 대해서는 12장에서 자세히 다룬다.

토양용액(soil solution)은 육상식물에게 가장 중요한 양분의 공급원이다. 토양용액은 묽은 용액이므로, 만약 토양입자가 고상으로부터 무기물을 지속적으로 방출하지 않거나, 또 토양미생물이 유기물을 쉽게 분해하지 않으면, 곧 고갈될 것이다. 예를 들어 식물을 토양용액의 인산농도가 약 30 μM로 일정한 토양에서 6주간 생육시킨다. 생육종료 후 식물의 인산함량을 근거로 계산하면 토양용액내의 인산 음이온은 매일 10회나 완전히 새로 생성되었음을 알 수 있다

(Stout and Overstreet 1950). 캘리포니아의 일년생 초지에서, 비록 식물과 미생물에 의한 암모늄의 일중 흡수량은 토양용액 내에서의 양과 같았지만, 질산은 너무 신속하게 흡수되어 질산 농도는 낮거나 검출되지 않았다(L.E. Jackson, Schimel, and Firestone 1989). 토양용액은 장사가 잘되는 패스트푸드 식당과 같다. 즉 햄버거는 만들자마자 곧장 팔리기 때문에 저장 창고에 쌓일 겨를이 없다. 따라서 양분의 유효도(nutrient availability)를 나타내는 데는 양분총량(pool size)보다 토양용액을 통한 유동량(flux rate)을 측정하는 것이 더 적절하다.

토양학을 개괄적으로 소개한 저서로는 Brady and Weil(2002)와 Singer and Munns(2002)가 있다. 광범위한 관점으로 다룬 것으로는 Hillel(1991)의 권위있는 저서만한 것이 없다.

토양속의 뿌리

양분은 토양 내에서 이동성이 상대적으로 낮아 보통은 토양용액 내의 그 함량이 낮기 때문에 근계(root systems)는 뿌리의 표면적을 아주 크게 하여 토양 매트릭스와 밀접하게 접촉하도록 정교하게 발달되어 있다. 잔디 하부나 삼림, 실제로 식물이 생육하는 곳이면 어디든 토양을 조사해보면 뿌리가 놀랄 정도로 광범위하게 토양 속에 분지되어 있음을 알 수 있다.

Dittmer(1937)는 면적 30 cm^2 깊이 56cm의 상자에 4달 동안 키운 한 개의 호밀(*Secale cereale*)식물에 물을 부드럽게 살포하여 식물체의 근계로부터 흙을 떼어 내었다. 토양에 접하고 있는 전체 뿌리표면적은 639 m^2였으며, 연결한 전체 뿌리는 623 km나 되었다. Weaver와 그 연구팀(1968)은 프레이리 토양(prairie soils)의 살아있는 뿌리는 그물처럼 얽혀있다고 기술하였다. 레이스 모양으로 뒤엉켜 섬유모양을 하고 있는 목초와 광엽초본(forbs)의 뿌리가 그들이 제시한 그림에 생생하게 나타나있다. 토양 배지를 통한 뿌리의 증식량은 3년 후 0.3 m 깊이의 초본 뿌리의 건물중이 ha당 big bluestem(*Andrepogon gerardii*; 그림 2.3)은 15톤(M/T)이며 blue grama(*Bouteloua gracilis*)는 4.4 톤으로써 상당한 차이가 있었다는 그들의 발견에서 명확해졌다.

지구전체로 보면 식물 뿌리의 실제 길이와 표면적, 무게는 믿기 어려울 정도이다. R. B. Jackson과 Mooney, Schulze(1997)는 전 세계적으로 세근(fine roots)(물과 양분을 가장 활발히 흡수하는 뿌리)의 전체 길이는 2.47×10^{15} km이며, 표면적은 199×10^{7} km^2, 무게는 40.8×10^{15}g이라고 보고하였다. 좀더 자세하게 말해서 지구로부터 태양까지의 평균거리는 1.5×10^{8} km에 조금 못 미치므로 앞서 언급한 뿌리의 길이는 지구-태양간의 거리보다 1,650만 배나 길다는 점을 생각해 보라.

그림 2.3 일년생 밀(*Triticum aestivum*)과 영년생 Big Bluestem(*Andropogon gerardii*)의 근계 밀 뿌리는 약 60cm에 불과하지만 big bluestem의 뿌리는 150 cm 이상이다.[Karena Schmidt는 식물체를 채취하였고, Scott Bontz는 사진을 찍었으며, 토지연구소(Land Institute)의 Jerry Glover는 그림을 제공했다.]

그림 2.4 Alabama주 Auburn시에 소재한 Auburn대학의 소재 근관찰관 우측의 계단은 지상에서 연결되며, 좌측의 유리창을 통해 토양 속에서 자라는 뿌리를 관찰할 수 있다.

Dittmer와 Weaver의 선구적인 연구이래로 토양내의 뿌리를 연구하는 방법은 발전되어 왔다. Böhm(1979)과 Caldwell과 Virginia(1989)은 근계연구에 사용되는 일반적인 기술을 기록하고 있다. 근계연구에 가장 정교한 설비가 근관찰관(rhizotron)이며, 여기에는 지하 통로가 설치되어 있어 뿌리를 관찰할 수 있다(그림 2.4). 유사한 방법으로는 유리 또는 아크릴소재의 관[뿌리 관찰경(root periscopes) 즉 소형 근관찰관(minirhizotrons)]을 토양에 묻고 광학장치 또는 소형 비디오카메라를 관을 따라 내려 보내 뿌리 생육을 여러 깊이에서 조사한다(그림 2.5). 이 방법은 몇 가지 단점 중에서 특히, 주변효과(edge effect) 즉, 관의 벽과 접하고 있는 뿌리가 관찰대상이 되는 단점이 있다. 따라서 이들 뿌리의 생육은 토양에 완전히 뿌리를 내

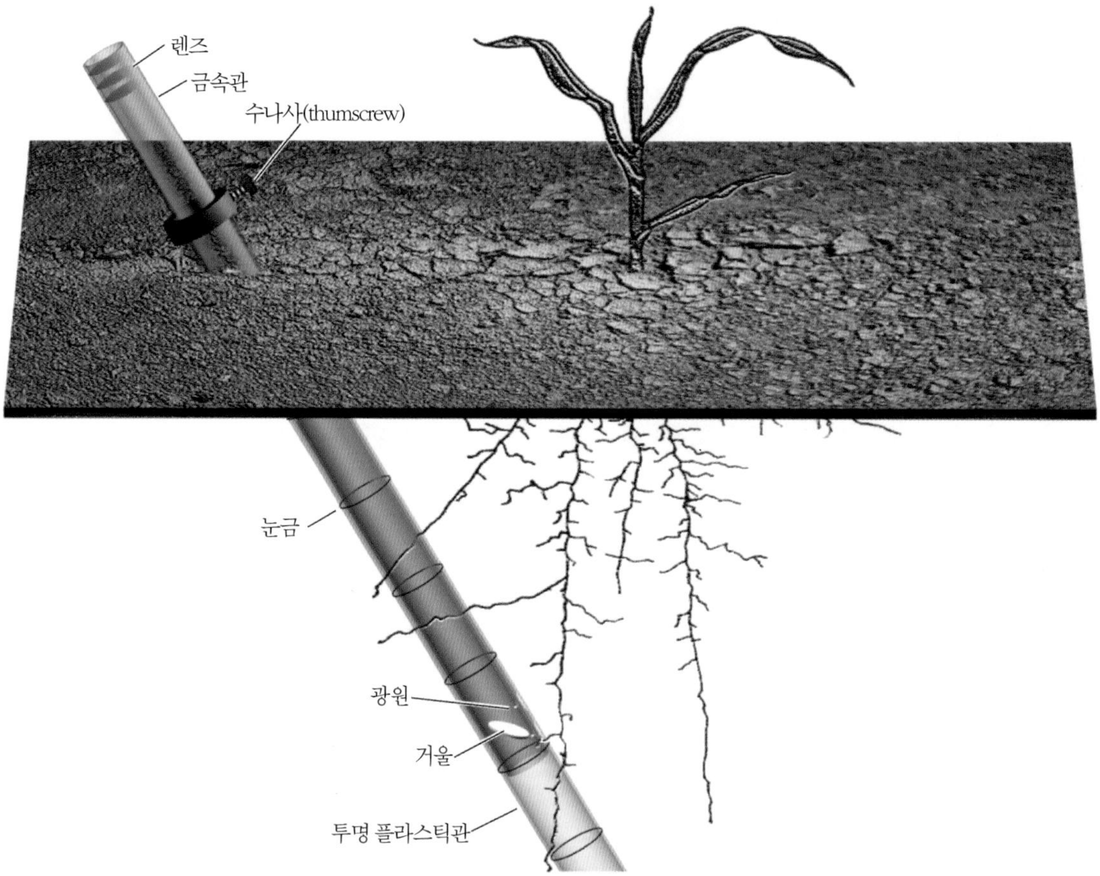

그림 2.5 귀리 유묘근처에 설치된 소형 근관찰관 투명한 플라스틱 관속에 꽂은 금속관을 수나사로 고정시킨다. 금속관에는 플라스틱관의 표면을 따라 생육하는 뿌리를 관찰하는데 필요한 광학장치가 들어있다. 플라스틱관의 표면에 그은 짙은 색의 눈금은 금속관의 위치를 잡는데 도움이 된다. 광학장치(optical system)에는 렌즈와 거울, 광원이 들어있다. 대부분의 현대의 장비에는 렌즈대신 소형 TV 카메라가 장착되어 상을 얻는다.

리고 있는 정상적인 상황의 뿌리와는 다르기 때문에 영향을 받을 수 있다.

뿌리가 토양 속을 통해 증식해 나가는 것 이외에, 뿌리의 여러 특징으로 인해 뿌리와 토양 간의 접촉이 긴밀하게 증가한다는 것이 현재 알려져 있다. 이들 일부 특징은 아주 특이적이고 비교적 드물게 나타나며, 다른 특성은 거의 공통적으로 나타난다. 공통적인 특징은 뿌리털과 점액(mucilage), 프로테오이드, 균근 협생(mycorrhizal association)이다. 뿌리털은 표피세포가 관상으로 신장된 것으로서 보통 뿌리선단으로부터 조금 떨어진 거리에 형성된다. 뿌리털은 대부분의 식물에서 나타나며, 토양과 접촉하는 표피세포의 전체 표면적을 효과적으로 증가시킨다(Itoh and Barber 1983; Peterson and Farquhar 1996). 점액은 뿌리와 뿌리 주변의 미생물상(microflora)의 공동 활동에 의해 생성되는 점액성 물질을 일컫는다. 점액은 주로 다당류로 구성된다(Watt, McCully, and Jeffree 1993). 점액은 토양내 뿌리뻗음을 촉진하고 뿌리주위에의 미생물번식을 돕는다고 생각된다. 프로테오이드 뿌리(proteoid root)는 측근이 높은 밀도로 뭉쳐있는 형태이며, 프로테아과(Proteaceae)의 특징이다(그림 9.11). 이들은 주로 양분이 결핍된 토양에서만 발달하며, 따라서 인 그리고 아마도 철과 망간 등 다른 원소들의 흡수를 촉진시킬 것이다. 균근(mycorrhizae)은 거의 모든 육상 식물의 뿌리에 감염하는 진균성 공생자(fungal symbiont)이다. 균근은 뿌리로부터 토양 속으로 연장되는 균사라고 부르는 미세한 관상의 필라멘트로 구성되어 있어, 인과 기타 원소, 그리고 물의 흡수를 촉진시킬 수 있다. 또 균사는 다른 기능도 수행하며, 11장에서 다루는 바와 같이 생태학적으로도 중요하다.

그러므로 뿌리는 식물이 토양으로부터 필수 양분을 얻을 수 있게 해주는 기관이다. 뿌리의 정상적인 기능에 필요한 만큼의 토양부피와 뿌리가 긴밀하게 접촉하고 있는 이유는 식물체가 생육과정중의 대부분을 정주생활(sessile life)을 하기 때문이다. 광합성과 질소고정 등의 기능을 위해서는 식물은 이동을 할 필요가 없지만, 토양으로부터 무기 양분을 1차적으로 획득하기 위해서는 식물은 이동을 할 필요가 있다. 인간과 기타 육상 동물들은 진화를 통해 자유롭게 이동할 수 있게 되어 주위 환경으로부터 직접 무기 양분을 획득하지 않아도 된다. 이처럼 정주생활에서 벗어남으로서 감각기관 및 조화된 신체운동이 진화되기에 이르렀고, 그에 따라 중추신경계가 필요하게 되었고 뇌가 발달되었다. 인간의 지성 및 감정의 기쁨과 슬픔은 궁극적으로 토양에 뿌리를 내리고 있으면서 움직이지 않는 조용한 식물체로부터 인간이 무기 양분을 얻을 수 있었느냐 없었느냐에 기인한다. Raven and Edwards(2001)에 의하면 뿌리는 데본기(Devonian times)(약 4억1천만년에서 3억9천5백만년 전)초부터 진화되어 왔다.

우주예찬론자의 생각: 만약 우주 어딘가에서 고체의 땅위에 지적 생명체가 발견된다면, 그곳에서도 지구에서와 마찬가지로 생명의 세계는 식물과 동물의 두 가지 "계(kingdoms)"로 구

성될 것이다. 정주성인 식물체만이 고체 배지로부터 생명이라는 기계에 필요한 많은 무기원소들을 흡수할 수 있으며, 이들 식물체를 먹고 사는 유기체만이 이동성, 감각기관, 및 이미 언급한 후속 단계로 진화하여, 마침내 지각능력을 지닌 존재가 출현했다(Epstein 1973).

인공배지

토양은 이처럼 복잡하고 이질적인 배지이므로 면밀한 실험적 조절을 하기 어렵다. 특히 뿌리를 감싸고 있는 용액에 대한 정의는 명확하지 않다. 뿌리와 미생물이 물과 양분, 산소를 흡수하고

표 2.2 식물생육에 쓰이는 형체 배지

명칭		특성
모래 또는 자갈	산 처리후 세척한 균일한 크기의 입자	저렴; 수분보유력 나쁨; 뿌리 채취가 용이
펄라이트(perlite)	백색을 띠는 팽윤된 막힌 공극의 흑요석 (volcanic glass)(규산 알루미늄-칼륨-나트륨 염)	비중이 낮음; 중량의 2–6배의 수분을 흡수하나, 수분 보유력은 낮음; pH는 중성; 화학반응성이 없음; 자극적인 미세먼지를 생성함
버미큘라이트	연갈색의 팽윤된 얇은 판형의 규산 마그네슘-알루미늄-철염)	비중이 낮음; 중량의 6–7배의 수분을 흡수하나 배수력이 낮음; pH는 원료와 처리과정에 따라 6–6.5의 범위; 화학반응성이 없으나 이온을 치환함.
소성 점토 (TURFAC)	가열하여 고도의 다공성을 지닌 용융구조를 형성하는 소성 점토(calcined clay); 고양이용 깔짚으로도 사용됨.	비중이 큼; 고가; 수분보유력 좋음; 중성의 pH; 수명이 김; 양이온교환용량이 큼.
한천(아가로오스)	페트리 디쉬에 사용되는 첨가물	반투명; 고가; 여러 가지 양분이 혼입되어 있음.
암면(rock wool)	현무암(basalt rock)으로 직조한 섬유	경제적임; 보통의 수분보유력
발포체(foam)	폴리페놀 또는 유레아폼, 폴리스타이렌 폼	가벼움; 고가; 중량의 6–7배의 수분흡수; 산성인 pH를 중화시켜야함; 통기성 좋음
이탄	혐기성 늪에서 얻는 숙성된 유기질 토양으로서 사초나 갈대, 풀, 이끼 등의 섬유질로 구성됨.	컨테이너(container) 제작에 가장 널리 사용됨. 출처에 따라 아주 다양함. pH는 3–7.5정도이며 수분보유력은 시간이 변함에 따라 크게 달라짐. 유기물을 방출하며, 이온교환능력이 있음.
수피(bark)	파쇄한 침엽수 또는 활엽수의 나무껍질	가격이 저렴함. 수분보유력이 낮으며, pH는 산성임. 독성물질을 감소시키기 위해 숙성시켜야함. 질소를 부동화시킴.
톱밥	제재산업의 부산물	가격이 저렴함. 배수가 양호함. 알칼리성을 띠는 경우도 있음.
야자껍질 섬유(coir)	코코넛 열매의 딱딱한 껍질을 구성하는 섬유	통기성이 양호함. 간혹 염이나 호르몬을 방출함. 질소를 부동화시킴.
친수성 겔	전분 또는 아크릴 고분자	고가임. 자체 중량의 약 150배의 물을 흡수함. 흡수하면 팽윤되어 공극을 열린 상태로 유지시킴. 물의 일부는 너무 강하게 결합되어 식물에 이용되지 못함.

이산화탄소와 수많은 유기화합물을 방출하면서 활발한 활동을 함과 동시에 토양의 고상과 액상 간에 끊임없는 물질교환이 일어나기 때문에, 토양용액은 개개의 뿌리마다 그리고 시시각각 차이가 난다. 의미있는 실험을 하기 위해서는 관련 변수를 조절하는 것이 필수적이다. 그러므로 식물을 다루는 과학자들은 뿌리환경을 더 쉽게 조절하기 위해 더 단순하고 어느 정도 반응성이 없는 재료를 사용해왔다.

여러 종류의 고형 배지(solid media)는 뿌리에 필요한 물과 양분, 산소를 용이하게 공급해줄 수 있다. 식물연구에 쓰이는 고형 배지의 종류는 고양이용 깔짚(cat litter)로부터 겔상의 다당류에 이르기까지 아주 많다(표 2.2). 불행하게도 정도차이는 있지만 어떤 배지도 뿌리 환경 전체를 균일한 조건으로 유지시키지 못하며, 대부분의 배지에는 미량원소 등의 오염물질(contaminants)이 포함되어 있다. 토양 배지의 최고 결점은 뿌리 채취시의 뿌리 손상이 불가피하다는 점이다. 균일성 증가와 오염 회피의 필요성, 그리고 뿌리 채취의 필요성 때문에 수경재배(hydroponics)라고도 하는 양액재배(solution culture)의 발달이 가속화되었다.

식물의 양액재배 기술은 Knop과 Sachs가 1860년대에 도입한 이래 근본적인 변화는 없다(1장). 전형적인 형태(그림 2.6과 2.7A)는 식물체의 뿌리가 필요한 영양 원소를 함유하는 용액(양액)에 잠기도록 고정시키는 것이다. 압축 공기관을 통해 공기방울 형태로 양액에 계속 산소를 공급(oxygenation)해준다. 만약 양액내의 모든 필수 영양소와 pH, 산소가 적정 수준으로 유지되면 식물은 대부분의 비옥한 토양에서와 마찬가지로 그 배지에서 잘 자랄 수 있다.

양액재배의 조건은 아주 쉽게 조절할 수 있다. 뿌리주위의 양분과 기체 농도를 거의 실시간단위로 감시하고 조절할 수 있으며, 잠재 오염물질을 검출한계 이하로 낮출 수 있고, 항생물질을 첨가하여 미생물의 활동을 조절할 수 있고, 미량의 제초제나 식물 호르몬과 같은 화합물을 뿌리표면에 효과적으로 전달할 수 있다. 또 정확한 시간과 손상을 최소화하면서 식물체를 화학적 조성이나 동위원소 조성이 다른 한 용액에서 다른 용액으로 옮길 수 있다. 양액재배의 단점은 토양이나 고체배지에서 자라는 식물의 두드러진 특징인 뿌리털의 발달이 더디거나, 감소하거나, 전혀 없다는 것이다. 그 까닭은 여러 가지 요인 때문이다. 예를 들어 양액내의 뿌리는 양분의 균일한 유효도가 비교적 균일한 용액에 놓이게 되고, 기체-액체 계면(gas-liquid interface)에 노출되지 않으며, 기계적 방해를 거의 받지 않는다. 그러나 양액재배는 뿌리털이 부족하다는 단점이 있지만 비판의 여지가 있는 조사방법보다는 낫다.

식물체의 뿌리털 생성을 많게 하기위한 3가지 변형된 방법에는 박막수경(nutrient film technique)과 분무경법(aeroponics), 저면담액배수장치(ebb-and flow system)가 있다. 박막수경의 경우 얇은 양액이 식물 뿌리가 자라나가는 표면을 따라 흐른다(그림 2.7B). 기경법 장

그림 2.6 36가지 식물의 이온흡수를 예측한 양액공급장치 본체는 아크릴판으로 만들었으며 물 재킷으로 둘러싸인 36개의 큐벳이 있다. 큐벳의 용적은 63mL이다. 간단하게 두개의 큐벳만을 왼쪽 (A)에 나타내었으며, 큐벳의 상세한 그림은 오른쪽 (B)에 나타내었다. 양액은 (1) 60L의 주 탱크로부터 (2) 자석으로 연결된 원심화학적 펌프를 거쳐, (3) 냉각수조(표시안함)속의 스테인리스스틸 열교환 코일을 거쳐, (4) PVC 분배 다기관을 거쳐, (5) 각 개별 뿌리 큐벳으로 연결되는 36개의 수경액 방출기 중의 하나를 거쳐, (6) 각 큐벳 내의 공급관을 거쳐, (7) 큐벳의 넘침관으로, (8) 용액을 주 탱크 속으로 되돌리는 다기관을 통해 흐른다. 각 큐벳은 용액에 산소를 공급하고 혼합하는 확장된 폴리에틸렌 기포석이 들어있다. 각 큐벳의 바닥에는 솔레노이드 밸브로 연결되는 출구가 있다. 순수 흡수량을 측정하기 위해 큐벳을 통한 흐름을 정지시키고 큐벳 속의 용액이 식물체에 의해 전부 흡수되게 한다. 용액이 고갈될 무렵에 솔레노이드에 전류를 흘리고 수거실 내부가 진공상태가 되면 공급관을 통해 시료관속으로 용액이 빨려 들어간다. 알짜 흡수량을 계산할 때 농도 변화를 용적으로 곱하고 고갈기간으로 나눈다.(Bloom 등 1998)

치에는 양액을 끌어올려 위에서 뿌리는 회전식 깔때기(spinning funnel) 또는 매달려있는 뿌리의 주위에 양액의 미세한 비말(mist)을 발생시키는 고압 살포기를 사용한다(그림 2.7C). 저면담액배수장치에서는 주기적으로 양액에 뿌리를 담그고 이어서 용액을 배출시킨다(그림 2.7D).

이들 장치는 두 가지 큰 결점이 있다. 첫째, 이들 장치는 펌프(pumps)와 분무기(sprayers)와 같은 부품이 들어있으며, 이들은 자주 보수를 해주어야 한다. 둘째, 신속하게 식물을 생육시키는데 필요한 양분 농도는 양액재배에서보다 몇 배 더 높다. 이러한 문제점은 박

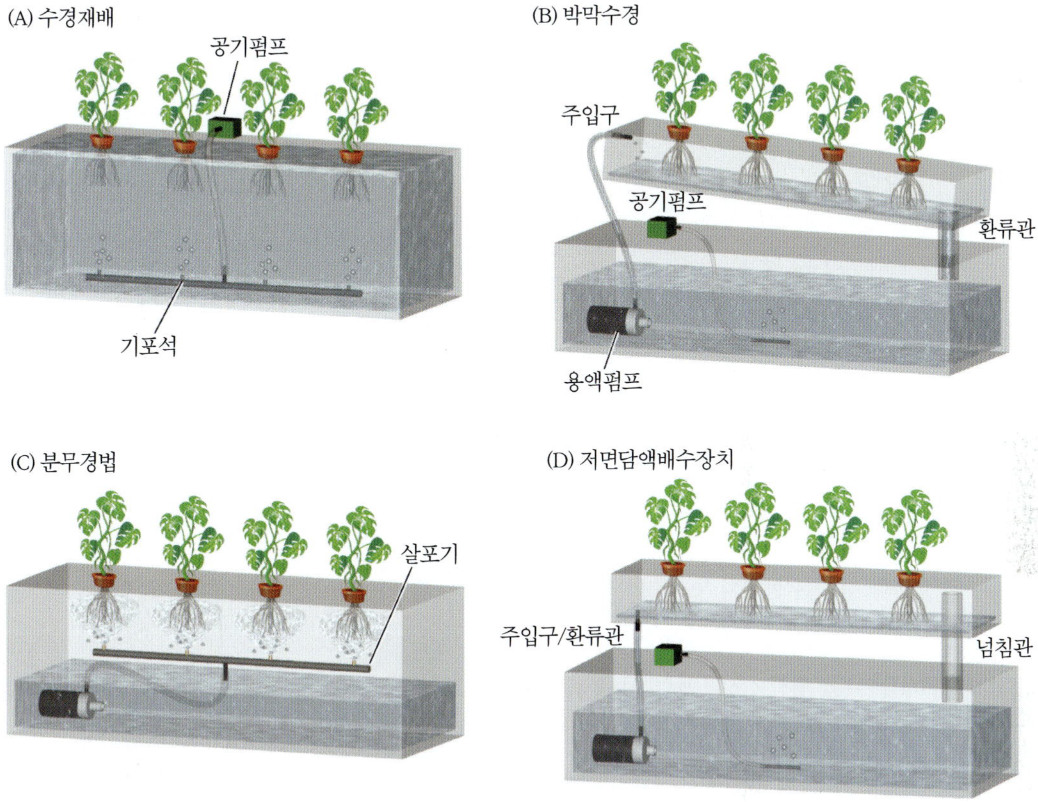

그림 2.7 다양한 양액재배 장치 (A) 양액을 함유하는 탱크상부에 줄기 기저부를 고정한 표준형 수경재배 장치. 기포석(air stone)에 의해 용액은 산소가 충분히 공급된다. (B) 양액박막 기술에서 용액펌프에 의해 양액은 주탱크로부터 경사진 탱크 바닥을 따라 공급되고 환류관(return tube)을 따라 주탱크로 되돌아온다. (C) 기경법의 한 종류는 고압펌프가 탱크에 들어있는 뿌리에 양액을 살포하는 방식이다. (D) 저면담액배수장치에서 펌프를 사용하여 주기적으로 식물 뿌리가 들어있는 상부의 용기를 양액으로 채운다. 펌프작동을 중단하면 용액은 펌프를 거쳐 주탱크로 흘러나온다.

막수경이나 분무경법, 저면담액배수장치에서 뿌리에 접한 용액의 용량이 적으므로 뿌리가 양분을 흡수하여 양분이 쉽게 고갈되고, 따라서 양분의 수준을 명확하게 규정하기 어렵다는 것을 시사한다. 이러한 문제점 때문에, 이들 세 가지 방식은 연구목적으로 뿌리를 쓸 수 없었다.

비록 앞서 논의한 것은 인공 배지의 단점에 관한 것이지만, 그럼에도 불구하고 이들 배지는 토양보다는 뿌리의 환경을 더 잘 조절할 수 있으며, 따라서 해충발생이 적고 더 지속적으로 수확할 수 있다. 이 때문에 인공 배지는 비용이 많이 소요됨에도 불구하고 상업적 온실에 광범위하게 쓰인다. Resh(2004)는 상업적 생산자와 애호가 모두를 위해 자재에 대한 많은 실질적인 조언과 공급처를 곁들여 수경재배를 통한 식량생산(hydroponic food production)에 대해 면밀하게 기술하였다. 그럼에도 불구하고 고형 부품을 사용하지 않는 단순 양액재배는 여전히 식물의 무기영양에 대한 연구에 선호되는 기술이다.

양액

배지(medium)는 식물체 배양에서 핵심은 아니다. 배지는 단지 뿌리에 양액을 공급하기 위한 비활성계(inert system)에 불과하다. 그간 양액 조성의 확립을 위해 많은 노력이 경주되어 왔다. 여러 가지 조성의 양액을 사용하여 식물을 성공적으로 재배할 수 있었으며, 비록 옛날부터 이러한 "최선의(best)" 또는 "균형잡힌(balanced)" 만능의 식물약을 찾아 왔음에도 불구하고, 다른 모든 염 농도와 비율의 조성보다 의심할 바 없이 우수한 특별한 조성의 양액을 발견할 가능성은 거의 없다(예, Shive 1915; Homes 1963: Ingestad 1971; De Rijck and Schrevens 1999).

양액에는 양이온 형태의 세 가지 다량원소 즉, 칼륨과 칼슘, 마그네슘이 함유되어 있어야 한다. 음이온 형태의 두 가지 다량원소 즉, 인산과 황산도 들어있어야 한다. 양액에서는 질소를 양이온인 암모늄이나 음이온인 질산, 또는 두 가지 형태로 공급한다. 그러나 대부분의 양액에서는 주로 질산을 사용한다. 따라서 세 가지 염 즉, 질산칼륨과 인산칼슘, 황산마그네슘으로 필요한 다량원소를 모두 공급해 줄 수 있지만, 네 가지 염을 사용하는 것이 더 바람직한 이유는 이온의 농도와 비율을 조절하기가 더 용이하기 때문이다. 또 양액은 미량이지만 적량의 미량원소도 공급하여야 하고 pH가 적절하여야 한다. 이에 대해서는 다음 절에서 다룬다.

Hoagland와 Arnon(1950)은 식물의 무기영양에 대한 연구결과 전 세계적으로 실험실에서 널리 사용되는 두 가지 양액을 개발했다. Hoagland 용액 1은 질소원으로 질산만을 사용하며, 용액 2 즉, 변형 Hoagland 용액은 pH 조절을 더 용이하게 하기위해 암모늄과 질산을 같이 함유하고 있다. 표 2.3의 조성(formulations)은 Hoagland 용액 2의 변형이다. 많은 종의 식물이 이 용액에서 잘 생육하였다. Hewitt(1966)은 식물 양액의 조성에 관해 가장 종합적으로 편집하였다.

식물 분자생물학에 대한 관심이 고조되면서 식물 조직배양용으로 개발된 MS 즉, Murashige-Skoog(Murashige and Skoog 1962)과 Gamborg(Gamborg, Miller, and Ojima 1968)와 같은 조성의 배지가 전식물 배양(whole-plant culture)에 채택되었다. 식물에 필요한 양분이 같다는 전제조건하에서 이들 배지는 Hoagland 용액과 동일한 다량원소와 미량원소를 함유하지만, 계대배양(tissue culture lineage)을 위해서는 일반적으로 당과 아미노산, 비타민, 식물호르몬을 함유한다. 그러므로 많은 유전자발현 연구는 외부에서 공급되는 화학에너지와 복잡한 유기화합물에 의존하는 유기체 즉, 종속영양생물(heterotrophs)로 생육

표 2.3 식물재배용으로 변형된 Hoagland 양액의 조성

화합물	분자량 (g/mol)	저장용액의 농도 (μM)	저장용액의 농도 (g/L)	최종용액 L당 저장용액의 용량(mL)	원소	원소의 최종농도 (μM)	원소의 최종농도 (ppm)
다량원소							
KNO_3	101.10	1,000	101.10	6.0	N	16,000	224
					K	6,000	235
$Ca(NO_3)_2 4H_2O$	236.16	1,000	236.16	4.0	Ca	4,000	160
$NH_4H_2PO_4$	115.08	1,000	115.08	2.0	P	2,000	62
$MgSO_4 \cdot 7H_2O$	246.47	500	123.24	2.0	S	1,000	32
					Mg	1,000	23
미량원소							
KCl	74.55	25	1.864	2.0	Cl	50	1.77
H_3BO_3	61.83	12.5	0.773		B	25	0.27
$MnSO_4 \cdot H_2O$	169.01	1.0	0.169		Mn	2.0	0.11
$ZnSO_4 \cdot 7H_2O$	287.54	1.0	0.288		Zn	2.0	0.11
$CuSO_4 \cdot 5H_2O$	249.68	0.25	0.062		Cu	0.5	0.03
H_2MoO_4 (85% MoO_3)	161.97	0.25	0.040		Mo	0.5	0.03
NaFeDTPA (10% Fe)	558.50	53.7	30.0	0.3–1.0	Fe	16.1–53.7	1.00–3.00
선택[b]							
$NiSO_4 \cdot 6H_2O$	262.84	0.25	0.066	2.0	Ni	0.5	0.03
$Na_2SiO_3 \cdot 9H_2O$	284.20	1000	284.20	1.0	Si	1,000	28

[a] 다량원소는 저장용액으로부터 각각 첨가하여 양액제조 과정중의 침전을 방지한다. 혼합저장용액은 철을 제외한 모든 미량원소를 함유하도록 구성된다. 철은 sodium ferric diethylenediaminepentaacetate(상표명 Ciba-Geigy Sequestrene 330 Fe); 옥수수와 같은 일부 식물은 다량의 철을 필요로 한다.

[b] 니켈은 보통 다른 화학물질에 오염물로 존재한다. 따라서 니켈은 일부러 첨가하지 않아도 된다. 규소가 필요하다면 먼저 첨가하고, HCl로 pH를 조절하여 낮추어 다른 원소의 침전을 방지한다. Epstein(1994)은 규소는 양액에 일상적으로 포함되어야 한다고 주장했다.

하는 식물에서 수행될 수밖에 없다. 그러나 식물이 대부분의 다른 생명체와 구분되는 점은 햇빛과 공기, 물, 무기 양분만으로 생육할 수 있는 자가영양성(autotrophy)이라는 점이다. 양액 조성에 대해 더 많은 것이 밝혀지면 미래 유전자발현 연구가 한층 용이해질 것이다.

양액의 pH

토양용액의 pH는 4 또는 그 이하의 강산성 토양에서부터 8 또는 그 이하의 강알칼리 토양에 이르기까지 다양하다(Walker et al. 1964; Mengel and Kirkby 2001). 일부 식물종은 강산성 또는 강알칼리 토양에서 특히 잘 적응하여 생육한다(11장). 그러나 대부분의 식물종은 5~7사이의 pH 범위에서 가장 생육이 좋으므로, 양액의 pH는 대부분 이 범위이다.

영양 배지의 pH는 두 가지 측면에서 중요하다. 첫째로 pH는 산화-환원평형과 여러 원소의 이용형태는 물론 여러 구성요소의 용해도에 영향을 미친다(그림 2.8). 예를 들어 산소가 공급되는 pH 8이상의 용액에서 철(Fe^{3+}) 이온은 주로 불용성 수산화철 즉, $Fe(OH)_3$로 침전되어 식물이 흡수할 수 없게 된다. 여러 중금속 이온의 용해도와 산화상태도 pH의 영향을 크게 받는다(Lucas and Davis 1961; Hodgson 1963). 음이온의 경우, 인산의 이온형태는 pH에 의해 좌우된다. pH4에서 인산 음이온은 주로 $H_2PO_4^-$의 형태이지만, pH9에서는 1.5%를 제외한 모든 인산은 HPO_4^{2-} 형태를 취한다(Larson 1967). 이들 이온 종의 화학적 행동과 물리적 행동은 어느 것도 같지 않다. 둘째, 배지의 pH는 식물의 뿌리 특히, 뿌리 표피세포와 피층세포에 영향을 미친다. 이들 pH의 영향은 이온의 흡수를 다루는 4장에서 다룬다.

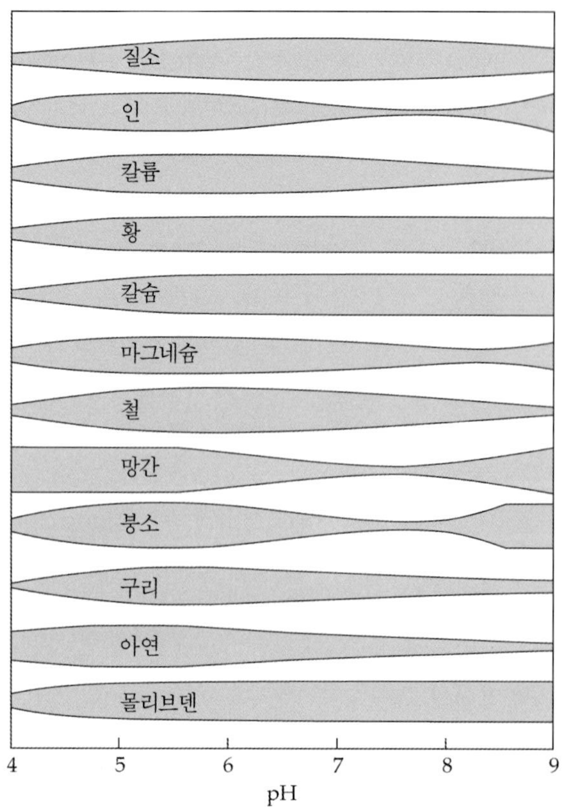

그림 2.8 pH가 토양용액내 식물에 대한 여러 이온의 유효도에 미치는 영향 짙은 색으로 표시한 부위의 넓이는 상대적 유효도를 나타낸다.(Lucas와 Davis 1961)

양액의 삼투퍼텐셜

열역학법칙(the law of thermodynamics)에 따르면 특정 물질의 자유에너지 퍼텐셜(free-energy potential)은 물질의 농도에 비례하여 증가하며, 그 물질은 퍼텐셜이 높은 지역에서 퍼텐셜이 낮은 지역으로 이동하여 최종적으로 농도평형에 도달한다. 양액에 용질을 첨가하면 용액내의 수분농도가 감소하여 그 퍼텐셜이 감소한다. 이 사실은 순수한 물은 통과하지만 용질은 통과하지 못하는 막으로 용액을 순수한 물과 분리하면, 물은 막을 통과하여 용액을 함유하는 용기 속으로 들어갈 것임을 의미한다(그림 2.9). 삼투현상이라 부르는 이 과정은 되돌릴 수 있으며, 용액에 압력을 가하여 용액의 자유에너지 퍼텐셜이 막 반대편의 순수한 물의 퍼텐셜보다 더 높게 만듦으로써, 물을 막을 통해 용액으로부터 순수한 물속으로 방출할 수 있다. 이 과정을 역삼투(reverse osmosis)라 부르며 이 방법을 사용하여 바닷물로부터 음용수를 산업적 규모로 제조한다. 막반대편으로 물이 알짜 이동하는 것을 방지하는데 필요한 압력은 크기는 같지만 부호는 반대이며, 이를 그 용액의 삼투퍼텐셜(osmotic potential)이라 한다.

식물 또는 토양수분 관계는 다음의 용어(Kramer and Boyer 1995)로 표시한다.

$$\Psi_w = \Psi_s + \Psi_p + \Psi_m + \Psi_g$$

여기서 Ψ_w는 식물 또는 토양의 자유에너지 퍼텐셜 또는 수분퍼텐셜(free energy or water potential), Ψ_s는 물에 용해된 용질이 나타내는 삼투퍼텐셜, Ψ_p는 압력퍼텐셜

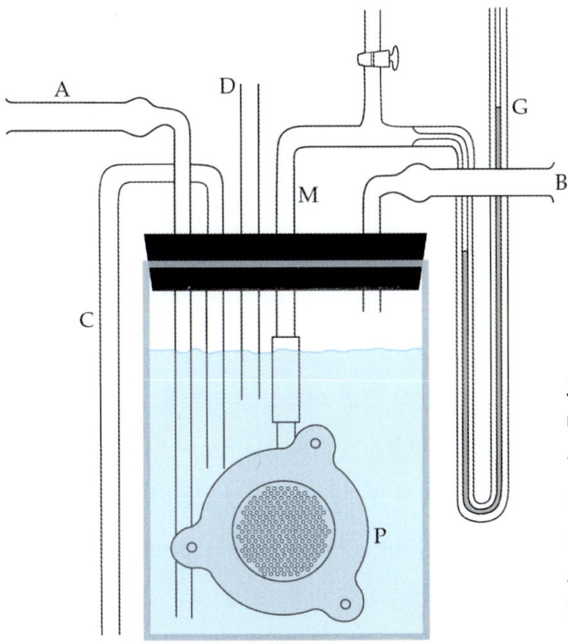

그림 2.9 Donnan과 Harris(1911)가 고안한 인공반투막 삼투압계 삼투압계(osmometer)를 코르크로 막은 약 1300mL의 유리 용기속에 매단다. 코르크에는 수은 압력계(G)에 연결되는 관(M)과 CO_2를 제거한 공기를 통과시키는 두개의 소다 석회관(A와 B), 액체를 삼투계 외부와 교환하기 위한 두개의 관(C와 D)을 꽂았다. 반투성의 황산지로 다공성 은판(P) 뒤를 봉했다.

(pressure potential) 또는 팽압, Ψ_m은 콜로이드와 다공성 표면에 물을 결합시키는 부착력 및 응집력에서 생기는 매트릭퍼텐셜(matric potential), Ψ_g는 중력퍼텐셜(gravitational potential)이다. 압력퍼텐셜(pressure poteutial)은 식물에서 주요 인자이지만 토양에서는 거의 무시해도 좋을 정도이다. 반대로 매트릭퍼텐셜은 식물에서는 미미하지만, 토양에서는 주요 인자이다.

수분퍼텐셜의 단위는 단위 용적당 에너지로 나타내며, 압력과 같은 단위이다. 관례상 식물이나 토양의 수분퍼텐셜은 압력 단위 즉, 메가 파스칼(Mega Pascals, MPa)이나 바(bars) (1MPa = 10bars = 1,080 dynes/cm^2 = 9.87기압)로 표시한다. 퍼텐셜은 임의로 기준점을 정한 상대적 수치이다. 현재 1기압에서의 순수한 물의 퍼텐셜을 0으로 정한다. 수분부족(water stress) 상태에서 식물은 더 시들어 팽압(turgor pressure)이 감소하는 반면, 식물체 내의 양분은 더 농축되어 삼투퍼텐셜이 감소한다. 식물 내부의 수분퍼텐셜이 주변 토양의 수분퍼텐셜에 비해 감소하면, 식물의 뿌리는 토양으로부터 수분을 더 잘 흡수할 수 있다.

비염류 배지에서 생육하는 식물의 전형적인 삼투퍼텐셜은 −0.5 ~ −2.0MPa 정도이지만, 식물종간에 그리고 심지어 상이한 배지에서 생육하는 동일 식물종의 다른 개체간에도 큰 차이가 난다. 대부분의 전통적인 양액의 삼투퍼텐셜은 −0.05 ~ −0.1MPa사이이다. 예를 들어 표 2.3에 있는 양액의 삼투퍼텐셜은 온도와 pH, 기타 인자에 의해 달라지지만 −0.074MPa가량이다. 비염류 지역과 수분 공급이 적절한 조건에서 토양용액의 삼투퍼텐셜도 −0.074MPa정도이지만, 다음 절에서 다루는 것과 같이 이온조성은 다르다.

토양용액과 양액의 차이점

표 2.3에 기술한 것과 같은 전통적인 배양용액은 토양용액에 비해 비교적 농도가 높다. 실제로 Hoagland는 대부분의 식물이 삼투 스트레스를 나타내지 않고 견딜 수 있을 정도의 최고농도로 배지의 양분량을 설정했다. Reisenaur(1966)는 토양용액의 화학적 조성을 조사하였다(표 2.4). 표를 잘 살펴보면 많은 토양용액시료에서 다량원소 양이온과 음이온의 농도는 100ppm(0.01%)이하임을 알 수 있다.

양액(표 2.3)과 토양용액(표 2.4)내의 몇 가지 양분 이온들의 농도를 비교해두었다. Reisenauer가 열거한 절반 이상의 토양용액에서 칼륨의 농도는 50 ppm 즉, 1,280 μM을 넘지 않았다. 영양용액의 칼륨 농도는 약 5배나 높다. 거의 모든 토양용액 시료에는 인산염 형태의 인이 0.0~0.5 ppm(0~16 μM) 정도 함유되어 있지만, 영양용액에는 62 ppm(2,000 μM)으로 100배 이상 높았다. 토양은 간혹 영양용액보다 칼슘과 황의 농도가 더 높은 경우가 있다. 토

표 2.4 토양용액내의 무기 양분

원소(시료수)	농도(ppm)	시료의 비율(%)	원소(시료수)	농도(ppm)	시료의 비율(%)
칼륨 (155)	0–10	7.7	NO_3^-태 질소 (879)	0–25	4.9
	11–20	11.0		26–50	14.3
	21–30	12.9		51–100	28.8
	31–40	12.9		101–150	32.2
	41–50	10.3		151–200	10.5
	51–60	7.7		201–300	2.7
	61–80	11.6		301–400	4.9
	81–100	10.3		401–500	1.0
	101–200	10.3		501–1000	0.4
	>200	5.2		>1000	0.4
칼슘 (979)	0–50	23.1	PO_4^{3-}태 인 (149)	0–0.03	25.0
	51–100	54.6		0.031–0.06	18.8
	101–200	8.1		0.061–0.10	16.8
	201–300	2.4		0.101–0.15	12.1
	301–400	1.9		0.151–0.20	2.7
	401–500	3.8		0.201–0.25	2.0
	501–600	1.8		0.251–0.30	4.0
	601–700	1.5		0.301–0.40	6.0
	701–800	0.9		0.401–0.50	4.0
	801–1000	1.3		>0.50	8.1
	>1000	0.4			
마그네슘 (337)	0–25	9.2	SO_4^{2-}태 황 (693)	26–50	21.4
	0–25	16.5		26–50	40.1
	51–100	38.1		51–100	38.6
	101–200	25.2		101–200	38.6
	201–300	0.9		201–400	1.3
	301–500	0.6		401–500	0.1
	501–700	1.8		601–1000	0.1
	701–1000	0.0		1001–2000	0.3
	>1000	2.4		>2000	0.3

출처: Reisenauer 1966

양용액내의 이온의 농도표를 작성해보면 특정 토양과 토양용액 채취 방법에 따라 특정 원소의 농도에 큰 차이가 남을 알 수 있다(Smethurst 2000). 간단한 식물조차 그 뿌리주변의 이온 환경이 공간적으로나 시간적으로 크게 차이가 난다. 그러므로 그처럼 아주 이질적인 배지로부터 이온을 획득하는 뿌리세포막은 어떤 다른 세포막과도 비길 수 없는 듯한 능력을 지니고 있다(4장). Barber(1995)는 토양내 양분의 식물에 대한 유효도(availability)에 대해 정량적인 측면을 중심으로 설명하였다.

식물은 통상적인 양액의 조성과는 달리 고농도의 양분을 요구하지 않는다. 칼륨과 인, 질소에 관한 많은 연구결과에 따르면, 만약 양분의 유효도가 0.1 ppm 정도라면 식물은 정상적인 생육이 가능하며 식물의 조직내에 이들 양분을 적정한 농도로 함유함이 입증된다. 이러한 사실을 근거로 일부 연구자들(Ingestad 1982)은 양분공급의 농도(concentration)보다는 양분공급의 속도(*rate*)가 중요한 인자임을 강조하였다. 이 사실은 현대의 소매이론(philosophy of retailing)과 비슷하다. 즉, 가게에 어떤 모델이건 한개 또는 두개의 품목만 진열해 놓지만, 만약 특정 품목이 팔리면 도매상에서 즉각 보충해 놓는다. 표준 조성비의 양액 농도가 높은 이유는 식물이 양분을 흡수하여 고갈시킴에 따라 중앙 공급원으로부터 양분을 보충하기가 실험상으로 어렵기 때문이다. 즉, 실험자는 양액을 시간단위보다는 주단위로 교체하는 것이 더 쉽다. 이러한 어려움을 해결하기 위해 몇몇 연구자들은 대량의 묽은 순환용액으로부터 양분을 흡수하는 식물체가 소수에 불과한 양액재배장치를 사용하였고, 그 순환용액에 양분의 농도를 목표로 정한 낮은 수준으로 유지하기 위해 정기적으로 보충해준다. 이미 언급한 바와 같이 토양 내에서 토양용액은 고상이 가용화되어 지속적으로 보충된다. 그러나 대부분의 식물 연구에서 양분농도는 아주 과다하거나 부족할 정도로 너무 변화가 심하게 설정되었다.

참고문헌

Adamec, L. (1997) Mineral nutrition of carruvorous plants: A review. *Botanical Review* 63: 273-295.

Barber, S. A. (1995) *Soil Nutrient Bioavailability: A Mechanistic Approach*, 2nd Edition. Wiley, New York.

Bloom, A. J., L. B. Randall, P. A. Meyerhoff, and D. A. St. Clair (1998) The chilling sensitivity of root ammonium influx in a cultivated and wild tomato. *Plant, Cell and Environment* 21: 191-199.

Bohm, W. (1979) *Methods of Studying Root Systems*. Springer, Berlin.

Brady, N. C., and R. R. Weil (2002) *The Nature and Properties of Soils*, 136h Edition. Prentice Hall, Upper Saddle River, NJ.

Caldwell, M. M. (1978) Root structure: The considerable cost of belowground function. In:

Plant Population Biology. Solbrig, O. T., S. Jain, G. B. Johnson, and P. H. Raven, eds. Columbia University Press, New York. pp. 408 427.

Caldwell, M. M., and R. A. Virginia (1989) Root systems. In: *Plant Physiological Ecology: Field Methods and Instrumentation*. Pearcy, R. W., J. R. Ehleringer, H. A. Mooney, and P. W. Rundel, eds. Chapman and Hall, New York. pp. 367-398.

Darwin, C. (1875) *Insectivorous Plants*. Murray, London.

De Rijck, G., and E. Schrevens (1999) Chemical feasibility region for nutrient solutions in hydroponic plant nutrition. *Journal of Plant Nutrition* 22: 259-268.

Dittmer, H. J. (1937) A quantitative study of the roots and root hairs of a winter rye plant (*Secale cereale*). *American Journal of Botany* 24: 417-420.

Donnan, F. G., and A. B. Harris (1911) The osmotic pressure and conductivity of aqueous solutions of Congo-red and reversible membrane equilibria. *Journal of the Chemical Society* 99: 1554-1577.

Ellison, A. M., and N. J. Gotelli (2001) Evolutionary ecology of carnivorous plants. T*rends in Ecology & Evolution* 16: 623-629.

Epstein, E. (1973) Roots. *Scientific American* 228(5): 48-58.

Epstein, E. (1977) The role of roots in the chemical economy of life on earn. *Bioscience* 27: 783-787.

Fan, T. W. M., A. N. Lane, J. Pedler, D. Crowley, and R. M. Higashi (1997) Comprehensive analysis of organic ligands in whole root exudates using nuclear magnetic resonance and gas chromatography-mass spectrometry. *Analytical Biochemistry* 251: 57-68.

Foster, R. C., A. D. Rovira, and T. W. Cock (1983) *Ultrastructure of the Root-Soil interface*. American Phytopathological Society, St. Paul, MN.

Gamborg, O. L., R. A. Miller, and K. Ojima (1968) Nutrient requirements of suspension culture of soybean root cells. *Experimental Cell Research* 50: 151-158. Heslop-Harrison, Y. (1978) Carnivorous plants. *Scientific American* 238(00): 104 115.

Hewitt, E. J. (1966) *Sand and Water Culture Methods Used in the Study of Plant Nutrition*, Revised 2nd Edition. Commonwealth Agricultural Bureaux, Farnham Royal (Bucks), England.

Hillel D. (1991) *Out of the Earth: Civilization and the Life of the Soil*. The Free Press, New York.

Hinsinger, P. (1998) How do plant roots acquire mineral nutrients? Chemical processes involved in the rhizosphere. *Advances in Agronomy* 64: 225-265.

Hoagland, D. R., and D. I. Arnon (1950) The Water-Culture Method for Growing Plants without Soil. *California Agricultural Experiment Station Circular* 347. In College of Agriculture, University of California, Berkeley.

Hodgson, J. F. (1963) Chemistry of the micronutrient elements in soils. *Advances in Agronomy* 15: 119-159.

Homes, M. V. (1963) The method of systematic variations. *Soil Science* 96: 380-386.

Ingestad, T. (1971) A definition of optimum nutrient requirements in birch seedlings. II. *Physiologia Plantarum* 24: 118-125.

Ingestad, T. (1982) Relative addition rate and external concentration: Driving variables used in plant nutrition research. *Plant, Cell and Environment* 5: 443-453.

Itoh, S., and S. A. Barber (1983) Predicted and observed uptake by 6 plant species as related to root hairs. *Agronomy Journal* 75: 457-461.

Jackson, L. E., J. P. Schimel, and M. K. Firestone (1989) Short-term partitioning of mmonium and nitrate between plants and microbes in an annual grassland. *Soil Biology and iochemistry* 21: 409-415.

Jackson, R B., H. A Mooney, and E. D. Schulze (1997) A global budget for fine root biomass, surface area, and nutrient contents. *Proceedings of the National Academy of Sciences of the United States of America* 94: 7362-7366.

Kochian, L. V. (2000) Molecular physiology of mineral nutrient acquisition, transport, and utilization. In: *Biochemistry and Molecular Biology of Plants.* Buchanan, B. B., W. Cruissern, and R L. Jones, eds. American Society of Plant Physiologists, Rockville, MD. pp. 1204-1249.

Kramer, P. Land J. S. Boyer (1995) *Water Relations of Plants and Soils.* Academic Press, San Diego, CA

Larson, S. (1967) Soil phosphorus. *Advances in Agronomy* 19: 151-210.

Lucas, R E., and J. F. Davis (1961) Relationships between pH values of organic soils and availabilities of 12 plant nutrients. *Soil Science* 92: 177-182.

Lüttge, U. (1983) Ecophysiology of carnivorous plants. In: *Physiological Plant Ecology. III. Responses to the Chemical and Biological Environment*. Lange, O. L., ed. Encyclopedia of Plant Physiology, New Series, Vol. 12C. Springer, Berlin. pp.489-517.

Marshall, J. K., ed. (1977) *The Belotoground Ecosystem: A Synthesis of Plant -Associated Processes.* US/IBP Interbiome Committee on Primary Production, Range Science Department, Colorado State University, Fort Collins.

Mengel, K., and E. A Kirkby (2001) *Principles of Plant Nutrition*, 5th Edition. Kluwer Academic, Dordrecht, Netherlands.

Murashige. T., and F. Skoog (1962) A revised medium for rapid growth and bioassays with tobacco tissue cultures. *Physiologia Planiarum* 15: 473-497.

Peterson, R L., and M. L. Farquhar (1996) Root hairs: Specialized tubular cells extending root surfaces. *Botanical Review* 62: 1-40.

Pinton, R, Z. Varanini, and P. Nannipieri (2001) *The Rhizosphere: Biochemistry and Organic Substances at the Soil-Plant Interface.* Dekker, New York.

Raven, J. A, and D. Edwards (2001) Roots: Evolutionary origins and biogeo—chemical significance. *Journal of Experimental Botany* 52: 381-401.

Reisenauer, H. M. (1966) Mineral nutrients in soil solution. In: *Environmental Biology.* Altman, P. L., and D. S. Dittmer, eds. Federation of American Societies for Experimental Biology, Bethesda, MD. pp. 507-508.

Resh, H. M. (2004) *Hydroponic Food Production*, 6th Edition. Newconcept Press, Mahwah, NJ.

Richards, B. N. (1974) *Introduction to the Soil Ecosystem. Longman*, Harlow, England.

Rundel, P. W. (1982) Water uptake by organs other than roots. In: *Physiological Plant Ecology. IT. Water Relations and Carbon Assimilation.* Lange, O. L., P. S. Nobel, C. B. Osmond, and H. Ziegler, eds. Encyclopedia of Plant Physiology, New Series, Vol. 12B. Springer, Berlin. pp. 111-134.

Shive, J. W. (1915) A three-salt nutrient solution for plants. *American Journal of Botany* 2: 157-160.

Singer, M. Land D. N. Munns (2002) *Soils: An Introduction*, 5th Edition. Prentice Hall, Upper Saddle River, NJ.

Smethurst, P. J. (2000) Soil solution and other soil analyses as indicators of nutri—ent supply: A review. *Forest Ecology and Management* 138: 397-411.

Stout, P. R., and R. Overstreet (1950) Soil chemistry in relation to inorganic nutrition of plants. *Annual Review of Plant Physiology* 1: 305-342.

Walker, R. B., E. T. Wherry, and W. F. Bennett (1964) Soil pH: Spermatophytes. In: *Biology Data Book*. Altman, P. L., and D. S. Dittmer, eds. Federation of American Societies for Experimental Biology, Washington, DC. p. 442.

Watt, M., M. E. McCully, and C. E. Jeffree (1993) Plant and bacterial mucilages of the maize rhizosphere: Comparison of their soil binding properties and hints chemistry in a model system. *Plant and Soil* 151: 151-165.

Weaver, J. E. (1968) Prairie Plants and Their Environment: *A Fifty-Year Study in the Midwest*. University of Nebraska Press, Lincoln.

3 식물의 무기성분

물

생명체는 해양(oceans) 또는 조수웅덩이(tidal pools)의 수생환경에서 먼저 발생되었으며, 물은 여전히 생명세포의 활동이 일어나는 보편적인 매체이다. 우리는 서식지를 기준으로 육상 생명체와 수상 생명체를 구분하지만, 생리적으로 모든 생명체는 수상 생명체이다, 왜냐하면 생명체의 모든 세포는 물속에서 그리고 물이 충만해야만 기능을 할 수 있기 때문이다. 즉, 물은 "삶의 기반(matrix)" 이다(Ball 2001). 사막에서와 같이 물 공급이 부족한 곳에서, 식물뿐만 아니라 동물의 군집밀도는 아주 낮다. 식물의 생육은 강수량(rainfall)이 매년 1,000cm 이상이나 되는 열대우림(rain forests)지역에서 가장 왕성하다.

수생식물은 물에 잠겨서 살아가지만, 육상식물은 보통 뿌리만 물에 접촉하고 있다. 육상식물은 진화과정을 통해 높은 나무의 가장 위쪽 잎까지도 물을 공급할 수 있는 복잡한 구조와 메커니즘이 정교하게 발달되었다.

식물의 생체는 일반적으로 약 80~90%의 물로 구성되어 있다. 나무의 심재(heartwood)와 같은 죽어있는 세포는 수분함량이 훨씬 낮으며, 종자의 수분함량은 몇 %에 불과한 경우도 있다. 그러나 이러한 종자는 물을 흡수해야만 발아가 가능하다. Kramer와 Boyer(1995)는 여러 식물 재료의 수분함량을 조사하였다. 물은 무엇보다 중요하기 때문에, 결합된 수소와 산소 원자들은 살아있는 식물의 구성성분으로서 모든 다른 원소보다 많다.

모든 물질 중에서 하필 물이 생명체의 배지이며 기반인 이유는 무엇인가? 여기서 생명체의 환경에 적합할 수밖에 없는 물의 독특한 성질 몇 가지에 대해서만 소개한다.

첫째, 지구상의 물은 약 1.25 × 10^{24}g으로 풍부하므로 지구표면에 균일하게 펴면 2.5km 깊이의 층을 형성할 수 있다. 둘째, 대부분의 지구표면에 형성되는 온도에서 물은 액체라는 사실이다. 기체는 동적이고 형태가 없으므로 유기화된 단위를 생성시키지 못하며, 고체는 생명활동에 필수적인 화학적 활성과 동적성향을 나타내기에는 너무 단단하다.

물은 열용량(heat capacity)이 크므로 온도조절(temperature buffer) 물질로서 적합하다. 즉, 일정량의 물이 비교적 많은 열량을 얻거나 잃어 일정량의 온도변화를 일으킨다. 그러므로 생명체는 화학적 항상성(chemical homeostasis) 즉, 정상상태(steady state)를 교란할 수 있는 급격한 온도변화로부터 보호된다. 온도조절에 또 중요한 것은 물의 증발잠열(latent heat of vaporization)이 높다는 것이다. 즉, 일정량의 물을 증발시키기 위해서는 온도에 따라 차이가 있지만 물 1g당 500~600cal의 많은 열이 투입되어야 한다. 이 수치는 어떤 다른 액체보다 높다. 이러한 성질은 생명체에게 물의 소실을 최소화하고 소실되는 물 분자당 최대의 냉각효과를 제공한다는 두 가지 중요한 이점이 있으며, 그 이유는 물이 증발할 때 얻는 열은 주변 환경(식물조직)에서 빼앗아오기 때문이다.

물은 습윤한 세포가 공기와 접한 부위 그리고 액상이 지질막과 접한 부위에서 별개의 경계를 유지시켜주기 때문에, 물의 표면장력(surface tension)이 아주 크다는 것은 또 다른 중요한 성질이다. 물의 큰 표면장력 때문에 강우 또는 관수후 토양입자사이의 공극을 채운 물의 대부분이 배수될 때 토양입자표면에 수분막의 보유가 촉진된다. 이러한 현상을 일으키는 요인인 응집력(cohesiveness)은 5장과 6장에서 다루는 주제인 식물체를 통한 물의 이동에도 중요하다.

물은 알려진 가장 좋은 용매(solvent)이다. 몇몇 물질은 물에 전혀 용해되지 않지만, 생물학적으로 중요한 대부분의 물질은 아주 잘 용해된다. 식물의 무기영양 측면에서 물에 대한 무기염의 높은 용해도는 특히 중요하다. 식물의 생육은 식물체내부로와 식물체를 통한 무기 원소의 지속적인 소통에 의해 좌우되며, 물이외의 어떤 다른 용매도 이들 무기 양분을 운반할 수 있는 능력이 없다. 물의 점도는 꽤 낮다. 이러한 성질 때문에 무기 이온을 비롯한 용질이 신속히 확산될 수 있으며, 관다발계의 좁은 통로를 통해 물이 신속히 유동될 수 있다.

물의 많은 독특한 성질은 저에너지 결합인 수소결합에서 유래하며, 수소결합에서 수소원자들은 두 다른 원자들 사이에 "공유(sharing)" 하는 "다리(bridge)" 를 형성한다. 수소결합의 결과로 물 분자는 서로 느슨하게 결합되어, 아래 그림과 같이 응집체(aggregates)를 형성한다.

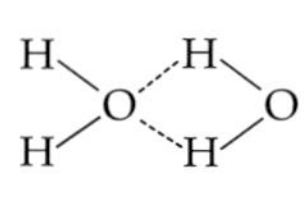

점선은 두 물 분자사이의 수소결합을 나타낸다. 물의 높은 증발잠열 및 높은 표면장력 등의 성

질로 반영되는 물의 안정성은 이 결합을 끊는데 에너지가 필요하기 때문이다.

건물

식물의 생체를 60°C에서 24~48시간 건조시키면 남는 건물은 본래 생체중(fresh or wet weight)의 약 10%~20%가 된다. 식물체의 화학적 분석결과는 보통 생체중보다는 건물중(dry weight)으로 표시한다. 그 이유는 생체중은 변화가 더 심하며 일중 시간대와 대기 중의 습도, 토양내 유효 수분함량, 온도, 풍속, 기타 요인에 따라 변화되기 때문이다.

식물체 건물중의 90%이상은 탄소와 수소, 산소가 차지한다. 옥수수와 같은 작물종은 탄수화물에서와 같이 이들 원소를 거의 비슷한 비율(탄소1, 수소2, 산소1) 즉, CH_2O(표3.1)로 함유하고 있다. 이러한 유사성은 건물의 대부분이 주로 탄수화물 중합체인 섬유소(cellulose)로 구성된 세포벽이라는 사실을 반영해준다. 그 세포벽은 세포라는 살아있는 기계의 대부분을 구성

표 3.1 유기체와 물질의 원소 조성

	건물(%)				
원소	옥수수, *Zea mays*[a]	사람, *Homo sapiens*[b]	탄수화물, 자당	지방, 올레산	단백질, 다수
O	44.43	14.62	51.42	11.33	24
C	43.57	55.99	42.10	76.54	52
H	6.24	7.46	6.48	12.13	7
N	1.46	9.33	—	—	16
Si	1.17	0.005	—	—	—
K	0.92	1.09	—	—	—
Ca	0.23	4.67	—	—	—
P	0.20	3.11	—	—	—
Mg	0.18	0.16	—	—	—
S	0.17	0.78	—	—	1
Cl	0.14	0.47	—	—	—
Al	0.11	—	—	—	—
Fe	0.08	0.012	—	—	—
Mn	0.04	—	—	—	—
Na	—	0.47	—	—	—
Zn	—	0.010	—	—	—
Rb	—	0.005	—	—	—

[a] Miller 1938

[b] Hawk와 Oser 1965에서 다시 계산

하는 단백질과 기타 화학적 성분을 함유하는 세포질을 둘러싸고 있다. 그러나 중량면에서 세포질과 그 속의 액포와 같은 생명력이 없는 소기관들은 건물을 구성하기는 하나 구성비율은 적다.

무기물 조성

만약 식물 생체중의 10~20%만(15%라 치자) 건물이고 건물의 10%를 제외한 모든 것이 탄소와 수소, 산소라면, 식물을 구성하는 모든 다른 원소들은 대략 $0.15 \times 0.10 = 0.015$ 즉, 생체중의 1.5%에 불과하다는 결론이다. 이들 원소는 식물체의 무기 조성물임을 나타낸다. 즉, 주위환경 주로 토양으로부터 흡수한 질소와 인, 황, 칼륨, 칼슘, 마그네슘, 규소, 기타 원소의 함량이다.

무기원소의 분석을 위해 먼저 건조시킨 식물체를 회화 또는 분해하고, 유기탄소화합물을 제거한 후, 재 또는 분해액내의 목적 원소를 분석한다. 회화과정중 휘산에 의해 소실될 수 있는 질소와 황, 기타 원소를 분석하기 위해서는 특별한 방법과 주의가 필요하다. 즉, 이들 원소를 분석하기 위해서는 습식분해(wet digestion) 방식이 더 좋다. Westmann(1990)의 저서인 *토양검정과 식물분석*(Soil Testing and Plant Analysis) 및 Cunniff(1995)의 *AOAC 국제공인분석법*(Official Methods of Analysis of AOAC International)은 권위 있는 지침서이다. 후자의 저서에서 AOAC는 미국 공인분석화학자협회(Association of Official Analytical Chemists)의 약자이다. 이 책은 정기적으로 보완되어 사용자들에게 새롭고 개정된 분석법을 알려준다.

필수원소와 기타 미량원소

특정 원소가 식물에 존재한다는 것은 이 원소 자체가 그 식물체의 생명활동에 필수적인 역할을 담당한다는 것을 의미하지는 않는다. 토양에는 많은 화학 원소가 들어있으므로, 아주 감도가 좋은 방법을 사용하여 임의로 채취한 토양시료에서 원소 주기율표에 나오는 대부분의 원소를 검출할 수 있다. 그러므로 토양에서 생육하는 식물은 대부분의 원소들(즉, 흡수 메커니즘이 필수 원소와 기타 원소를 완벽하게 구분할 수 없기 때문에 흡수되는 기타 원소는 물론 생육에 필수적인 원소들)을 최소한 소량이나마 함유한다.

이 시점에서 특정 원소가 필수원소로 분류되는지 필수적인 원소가 아닌지를 구분하는 기준을 분명하게 해보자. 만약 특정 원소가 식물체의 구조 또는 화합물, 대사산물에 절대적인 요소라고 알려져 있으면, 그 원소는 필수원소임이 분명하다. 어떤 식물도 물 없이는 번식할 수 없으므로, 수소와 산소는 필수원소이다. 마찬가지로 질소(예, 아미노산류)와 인(예, ATP, ribulose-1,5-bisphosphate), 황(예, 시스테인, 메티오닌), 마그네슘(예, 클로로필), 여러 다른 원소도 필수원소이다.

그러나 역사적으로 학자들은 해당 원소를 배제한 조성의 영양용액에서 식물을 재배하여 무기원소의 필수성 여부를 확립했다(Epstein 2000). 현재 널리 인용되는 필수원소에 대한 공식적인 정의는 Arnon과 Stout(1939a)이 발표하였다.

> 특정 원소가 필수원소가 되기 위해서는 (*a*) 그 원소의 결핍으로 인해 식물이 생활환의 영양생장 또는 생식생장단계를 완성하지 못하여야 하며, (*b*) 이러한 결핍증상은 당해 원소에 대해 특이적이며, 그 원소를 공급함으로써만 예방되거나 회복되며, (*c*) 그 원소는 토양 또는 기타 생육배지의 불리한 일부 미생물학적 또는 화학적 조건을 교정할 수 있는 효과와는 전혀 별개로 직접 해당 식물의 영양에 관여하여야 한다.

이러한 시험을 위해 해당 원소를 생육배지의 조성에서 제외하거나 적정수준이하의 양 또는 농도에서 식물을 재배한다. 약 19세기 중반까지도 식물학자들은 실험기술이 부족해서 원소들을 마음대로 제거한 명확한 배지에서 식물을 키울 수 없었다. 이러한 상황은 양액재배기술의 발달과 함께 변화되어, 연구자들은 영양 원소들이 필수적인지 아닌지를 확립할 수 있게 되었다(Hoagland 1944; Stout 1956; Epstein 2000).

이미 언급한 원소의 필수성을 정의하기에는 어려움이 있다(Epstein 1994, 1999). Arnon과 Stout(1939a)의 첫 번째 기준은 특정 원소의 결여로 인해 식물이 완전한 생활환을 완성할 수 있다면 그 원소는 필수원소가 아니다. 그러나 식물은 "필수" 영양소가 아주 심각하게 부족해도 생활환을 완성할 수 있다. 다른 어떤 원소도 특정 원소를 대체할 수 없다는 두 번째의 기준은 대체되는 특정 원소는 "결핍" 됨을 의미한다. 그러므로 이 기준은 첫 번째 기준과 같은 뜻이다. 마지막으로, 특정 원소가 불리한 환경조건을 단순히 보완하기보다는 식물의 영양에 직접 관여해야 한다는 세 번째 기준은 여러 원소들의 필수성을 입증하는 과정에서 절대적으로 소홀하게 취급되어 왔다. 예를 들어 Warington(1923)이 잠두(broad bean)에 붕소가 필수원소임을 발견했을 때, 비록 그녀나 어느 누구도 "붕소는 식물의 영양에 직접적으로 관여한다"는 어떠한 증거를 제시하지 못했음에도 불구하고, 그 당시와 그 이후 아무도 그 발견의 타당성에 대해 이의를 제기하지 않았다.

Arnon-Stout이 정의한 결핍을 고려하여, 우리는 그 정의를 대신해서 다음 내용으로 대체하고자 한다.

> 특정 원소가 다음의 하나 또는 두 가지 기준을 만족시키면 그 원소는 필수원소이다. (1) 그 원소는 식물의 구조나 대사에 필요한 내재 구성요소인 특정 분자의 일부이다. (2) 식물에서 그 원소가 심각하게 부족하면 식물은 원소가 심각하게 부족하지 않은 식물과 비교할 때 식물의 "기능(performance)" 즉, 정상적인 생육과 발달, 생식의 장애가 나타난다.

다량원소

연구자들이 양액의 조성을 변화시킬 수 있게 된 후, 1860년대까지만 해도 양액재배로 키운 식물은 최소한 다음의 7가지 무기원소 즉, 질소(nitrogen)와 인(phosphorus), 황(sulfur), 칼륨(potassium), 칼슘(calcium), 마그네슘(magnesium), 철(iron)을 함유하는 배지에서만 잘 자랄 수 있을 것이라고 인식되었다. 그때까지 탄소는 공기로부터 흡수된다고 알고 있었고, 따라서 물을 구성하는 원소를 비롯한 열 가지 원소를 필수 원소(즉 영양소)로 간주하였다. 그 후 19세기 말까지 이 고전적인 필수원소의 목록에 전체적인 동의를 얻어 추가된 원소는 없었다. 철을 제외하고 이들 원소는 비교적 다량 필요하며, 따라서 이들 원소를 다량영양소(macronutrient elements) 또는 간단히 다량원소(macronutrients)라 부른다.

미량원소

Kentucky의 J.S. McHargue는 1920년대에 발표한 양액재배를 통한 면밀한 실험을 근거로 망간(manganese)은 식물의 필수 영양원소라고 결론지었으며, 후속 연구를 통해 이러한 결론을 입증했다. 필요한 망간의 양은 그 당시 필수원소로 알려진 다른 원소보다 적었다. 고전적인 열 가지 원소 중 한 원소 즉, 철만이 상대적으로 소량 필요했다. 이렇게 소량 필요로 하는 원소를 9가지 다량원소와 구분하여 미량원소(micronutrients)라 부른다.

영국 Oxford의 Katherine Warington은 1920년대에 붕소(boron)가 여러 콩과식물종에 필수 미량원소임을 밝혔으며, California 대학의 A.S. Sommer와 C.B. Lipman은 붕소는 비콩과식물에도 필수 원소임을 증명했다. Lipman의 연구팀은 곧 아연(zinc)과 구리(copper)를 필수미량원소의 목록에 추가하였다. 그리하여 1931까지 고전적인 열 가지 필수영양원소이외에, 붕소와 구리(copper), 망간(manganese), 아연(zinc)의 4가지 원소가 더 필요한 것으로 알려졌다.

1930년대 말 D.R. Hoagland가 주도하는 California대학의 식물영양실험실에서 연구하던 P.R. Stout와 D.I. Arnon은 영양용액으로부터 오염 원소를 제거하는 기술을 완성하였고, 1939년 토마토 식물에 몰리브덴(molybdenum)이 필수미량원소임을 확실하게 입증하는 증거를 발표할 수 있었다(Arnon and Stout 1939b). 몰리브덴은 이제 전체 식물에 필수 원소임이 인정되고 있다(Stout 1956; Stout and Johnson 1956). 영양용액 1L당 약 0.1mM(10ppb)의 저농도의 몰리브덴으로도 몰리브덴 결핍증상의 발생을 방지할 수 있다. 이러한 사실로부터 식물의 미량원소 요구량에 관한 실험에서 우연한 오염을 방지할 필요가 있음을 알 수 있다(Arnon and Stout 1939b; Stout and Arnon 1939; Hoagland 1944).

T.C. Broyer와 P.R. Stout이 주도하는 California 대학의 연구진이 최초로 토마토 식물(Broyer등 1954)과 그 후 많은 다른 식물종(Johnson 등 1957)에 대해 염소(chlorine)가 필요함을 증명한 1954년에서야 그 외의 미량원소가 추가로 필요함이 발견되었다. 염소의 양적인 요구량은 다른 어떤 미량원소의 요구량보다 상당히 높기 때문에, 염소의 필요성이 다른 미량원소의 필수성보다도 더 일찍 밝혀지지 않은 점은 이상하다. 이 의문은 식물은 바다에 인접한 지역이 아니더라도 대기로부터 상당량의 염소를 획득할 수 있다는 것으로 어느 정도 설명할 수 있다.

니켈(nickel)은 식물의 필수 원소목록에 가장 최근인 1980년대에 추가되었다(Welch 1981; Eskew, Welch, and Cary 1983; Brown, Welch, and Cary 1987). 양적으로 니켈의 요구량은 미미하며, 이 책을 저술할 시점에 포장에서 니켈 결핍증은 미국의 Gulf Coast 평원에서 서식하는 피칸 나무(pecan trees, *Carya illinoensis*)에서만 나타났다(Wood, Reilly, and Nyczepin 2003).

Mordtvedt 등(1991)은 농업에 있어서의 미량원소에 대한 종합적인 저서를 발간했고, Welch(1995)는 식물의 미량원소 영양에 대해 정밀하고 종합적으로 고찰했다.

고등식물의 상대적 원소 요구량

필수원소에 대해 설명한 바와 같이 고등식물은 17가지 원소 즉, 탄소와 수소, 산소, 질소, 인, 황, 칼륨, 칼슘, 마그네슘, 철, 망간, 아연, 구리, 붕소, 몰리브덴, 염소, 니켈을 필요로 함을 알았다. 그러나 어떤 식물은 또 다른 원소를 추가적으로 필요로 하는 반면, 어떤 조건하의 다른 식물은 이들 원소 중의 한 두 가지를 필요로 하지 않을 수 있다. 또 다른 식물들은 위의 필수원소를 어떤 원소가 대신하기도 한다. 이제 필수원소의 예외적인 면에 대해 설명하고자 한다.

Na: 나트륨

나트륨(sodium)은 일반적으로 녹색식물에 필요가 없다고 알려져 있다. 그럼에도 불구하고 염류토양(saline soils)에 자생하는 어떤 염생식물(halophytes)은 NaCl을 충분히 공급할 때 생육이 가장 좋다. *Halogeton glomeratus*(salt lover)는 미국 서부지역 수백만 ha에 달하는 초지에 분포하고 있는 독초이다. 이 염생식물종의 염 요구량은 아주 많으므로 이 식물에서 나트륨은 다량원소라고 간주할 수 있다(Williams 1960). C_4와 CAM 탄소고정 경로(carbon fixation pathways)를 거치는 식물의 경우에 나트륨은 카복실화(carboxylation)의 최초 기질인 포스포에놀피루베이트(phosphoenol-pyruvate, PEP)를 재생하는데 필수적인 미량원소(Brownell 1979)이다(Johnstone, Grof, and Brownell 1988). 나트륨이 결핍되면 이들 식물은 황백화현상(녹색 조직의 황색화)과 괴사(necrosis)(조직의 사멸)를 나타내거나 꽃을 맺지 못한다.

Se: 셀레늄

셀레늄(selenium)은 일반적으로 식물에 독성을 나타낸다. 그럼에도 불구하고 셀레늄 함량이 높은 토양에 자생하는 일부 식물은 고농도의 셀레늄을 축적할 뿐만 아니라 저항성을 나타낼 뿐만 아니라 심지어 요구하기도 한다(Rosenfeld and Beach 1964; Shrift 1969). 이런 식물, 예를 들어 콩과의 황기(*Astragalus racemosus*)와 기타 황기(*Astragalus*)속의 다른 식물종들은 셀레늄 지표식물(indicator plant)의 역할을 한다(Läuchli 1993). 셀레늄이 필수원소일 가능성은 Minorsky(2003)가 간략하게 다루고 있다.

Co: 코발트

고등녹색식물의 일반적인 코발트(cobalt) 요구량은 확립되지 않았지만, 콩과식물과 같은 질소고정세균의 숙주가 되는 식물은 특별한 경우이다. 이러한 식물이 암모늄이나 질산, 아미노산을 이용할 수 있으면 코발트를 요구하지 않는다. 반면 이들 식물이 질소급원으로 대기 중의 질소를 이용하면 코발트는 이들의 생육에 필수원소이다(Reisenauer 1960; Ahmed and Evans 1961; Evans and Kliewer 1964). 코발트를 필요로 하는 것은 질소고정세균이지 숙주인 고등식물이 아니다. 코발트는 질소를 고정하는 박테로이드(bacteroids)내에서 작용하는 효소 복합체인 코발라민(cobalamin) (비타민 B_{12} 및 관련 대사산물)의 구성성분이다.

Si: 규소

대부분의 토양광물은 규산염(silicates)과 규반염(aluminosilicates)이기 때문에 규소(silicon)는 산소 다음으로 토양에 많이 함유되어 있다. 여러 토양 규산염의 용해도는 크게 차이가 나기 때문에, 토양용액내의 규소 농도도 큰 차이가 난다. 식물체내의 규소함량도 식물종과 토양환경, 기타 요인에 따라 크게 달라진다.

식물체내에 두루 존재함에도 불구하고 규소는 두 경우 즉, 특정 조류(algae)와 속새(horsetail 또는 scouring rushes)를 제외하고는 필수원소로 취급하지 않는다. 규조류와 민물 및 해양 조류, 일부 황갈색 조류(yellow-brown algae) 또는 golden algae는 무정형 규소($SiO_2 \cdot nH_2O$) 구조인 아름다운 세포외 *피각(frustule)*을 형성하며(Round, Crawford, and Mann 1990), 규소는 이들 조류에 필수원소이다(Darley and Volcani 1969; Lewin and Reimann 1969). 관다발식물 중에서 속새(*Equisetaceae*)는 규소를 요구한다(Chen and

표 3.2 동물의 필수 무기 원소

생화학적 메커니즘에 의해 확인되는 필수 원소		생리적 손상에 의해 확인되는 필수 원소	
다량원소			
칼슘	염소		
인	칼륨		
나트륨	마그네슘		
미량원소			
철	코발트	불소	비소
요오드	몰리브덴	크롬	리튬
구리	셀레늄	바나듐	납
망간	아연	규소	붕소
			니켈

출처: Uthus and Seaborn 1996 and O'Dell and Sunde 1997.

Lewin 1969) 이들 식물도 옛날에는 그들의 재에 까칠까칠한 규소입자를 함유하고 있어 항아리와 냄비를 닦는데 사용했기 때문에 그릇 닦는 골풀(*scouring rushes*)이라고도 불렀다. 뒷장에서 설명하겠지만, 규소는 식물에서 특히, 스트레스 환경에 대해 중 요한 역할을 수행한다. 그러므로 Epstein(1999)은 규소를 "준-필수(quasi-essential)" 원소로 지정해야한다고 주장했다. 찬성 근거는 모든 식물은 아니지만 많은 식물에 있어서 그리고 많은 환경조건에서 이미 앞에서 언급한 필수원소의 새로운 정의의 두 번째 부분에 해당한다는 것이다.

이번 절을 마감하면서 척추동물의 무기영양에 대해 간단하게 언급하고자 한다. 표3.2를 이제껏 다룬 원소 목록과 비교해 보면 동물과 식물의 무기양분 요구량은 상당부분 일치함을 알 수 있다. 상당한 차이도 발견할 수 있다. 무엇보다 O'Dell과 Sunde(1997)는 질소와 황을 무기영양원소로 간주하지 않는다. 왜냐하면 식물과는 달리 동물은 이들 두 원소를 음식물에 함유된 유기물 형태로 얻는다. 나트륨과 염소는 동물과 식물의 영양에서 다량원소이다. 요오드는 동물에게는 필수원소지만, 식물에 대해서는 필수원소로 알려지지 않았다. 코발트와 셀레늄은 동물에 대해서는 필수원소임이 알려졌지만 식물에서는 이미 언급한 것과 같이 확실치 않다. 마지막으로 불소(fluorine)와 크롬(chromium), 비소(arsenic), 리튬(lithium), 납(lead), 바나듐(vanadium)이 고등식물에 필수원소인지는 명확한 증거가 없다.

기타 원소

모든 토양에서 생육한 식물에는 소량의 많은 다른 원소가 함유되어 있지만(Market 1993;

Kabata-Pendias and Pendias 2001), 정제한 용액을 사용하여 실험한 결과 이들 원소는 없어도 좋음을 알았다. 마찬가지로 이러한 원소를 비필수원소(nonessential)이라고 부르는 것은 적절하지 않으며, *필수원소라고 알려지지 않았다*거나 *외형상 비필수원소*라는 표현이 더 적절하다. 고도로 정제한 무기 용액조차 해당 원소를 검출 불가능한 만큼 미량 함유하고 있으며, 이들 용액에서 생육하는 식물은 용액으로부터 이 정도의 소량을 흡수함으로써 도움을 받는다.

예를 들어 Woolley(1957)는 가능한 모든 기술을 사용하여 규소를 세심하게 결제한 용액에서 생육시킨 토마토 식물로 면밀하게 실험하였다. 그 식물체를 분석한 결과, 조직 건물 g당 0.15mM의 규소를 함유하고 있었다. 의도적으로 규소를 첨가한 식물은 대조군과 생육차이가 없

표 3.3 식물 조직내 원소의 적정농도

원소	화학기호	원자량	농도(건물중) µmol g^{-1}	농도(건물중) ppm 또는 %	원자의 니켈에 대한 상대적 수
미량원소					
니켈	Ni	58.69	0.001	0.05 ppm	1
몰리브덴	Mo	95.95	0.001	0.1 ppm	1
코발트	Co	58.94	0.002	0.1 ppm	2
구리	Cu	63.54	63.54	6 ppm	100
아연	Zn	65.38	0.30	20 ppm	300
나트륨	Na	22.91	0.40	10 ppm	400
망간	Mn	54.94	1.0	50 ppm	1,000
붕소	B	10.82	2.0	20 ppm	2,000
철	Fe	55.85	2.0	100 ppm	2,000
염소	Cl	35.46	3.0	100 ppm	3,000
다량원소					
규소	Si	28.09	30	0.1%	30,000
황	S	32.07	30	0.1%	30,000
인	P	30.98	60	0.2%	60,000
마그네슘	Mg	24.32	80	0.2%	80,000
칼슘	Ca	40.08	125	0.5%	125,000
칼륨	K	39.10	250	1.0%	250,000
질소	N	14.01	1000	1.5%	1,000,000
산소	O	16.00	30,000	45%	30,000,000
탄소	C	12.01	40,000	45%	40,000,000
수소	H	1.01	60,000	6%	60,000,000

출처: Stout 1961로부터 수정

었다. 이 실험으로부터 규소는 "비필수원소이다"라기 보다는, 만약 규소가 필수원소라면 요구량은 조직의 건물 g당 0.15mM미만이라는 결론을 내릴 수 있다. 11장에서는 필수원소로 알려지지 않았음에도 불구하고 식물영양 특히, 식물생태학(plant ecology)에서 중요한 원소에 대해 다룰 것이다.

정량적 고려사항

이제 필수 영양원소의 존재량에 대해 알아보자. 식물종과 조건이 달라지면 원소들의 농도와 비율은 달라질 것이다. 그럼에도 불구하고 많은 식물 재료에 대한 수많은 분석자료를 근거로 각 원소의 개략치를 설정할 수 있다. 표3.3에는 이들 수치가 나타나 있으며, 식물체에서 일반적으로 발견되는 상대값이 증가하는 순으로 원소들을 열거하였다. 이와 같은 표를 통해 다음과 같이 설명할 수 있다.

- 표에는 모든 고등식물에 일반적으로 필수원소라고 알려진 원소들만 나타내었다. 규소는 "준-필수원소"이다.
- 뿌리는 관례적인 식물 무기분석에 포함되지 않기 때문에, 표는 작물의 지상부 재료(주로 잎)에 대한 분석자료를 바탕으로 작성하였다. 작물의 양분 함량은 야생식물의 양분함량보다 훨씬 더 폭넓게 연구되어 있다.
- 표에서 그 이상의 농도에서는 대부분의 식물이 생육제한을 받을 것 같지 않는 역치농도(threshold concentrations)를 알 수 있다.

식물체내 무기원소의 실제 농도는 유전형과 토양, 기타 인자에 의해서 크게 달라진다. 표3.4에 흔히 발견되는 농도범위를 나타내었다. 표에는 모든 고등식물에 필수원소로 알려지지 않은 여러 원소와 어떤 식물에도 필수원소인 것으로 알려지지 않은 알루미늄 한 원소가 포함되어 있다. 각 원소(특히, 나트륨과 붕소, 염소)의 농도범위가 넓지만 수치가 이보다 더 높거나 낮을 수도 있다.

결핍과 조직 분석

만약 식물조직내의 필수원소의 농도가 최적 생육에 필요한 수준이하로 떨어지면, 식물은 그 원소가 결핍되었다고 말한다. 토양 내에 그 원소 또는 기타 양분 기질의 농도가 낮거나, 또는 만약 그 원소가 식물에 흡수되지 못하는 화학적 형태로 존재한다면, 결핍증이 나타난다. 간혹 다른 원소의 농도가 과다하면 특정 양분의 흡수율이 너무 감소되므로 식물에서 특정 양분이 결핍되게 된다. 다른 원소의 "길항(antagonistic)"작용으로 야기되는 이러한 "유도(induced)" 결핍

표 3.4 작물체내 무기양분의 농도 범위

원소	농도범위(건물중)	비고
질소(%)	0.5–6	필수 다량원소
인(%)	0.15–0.5	
황(%)	0.1–1.5	
칼륨(%)	0.8–8	
칼슘(%)	0.1–6	
마그네슘(%)	0.05–1	
철(ppm)	20–600	필수 미량원소
망간(ppm)	10–600	
아연(ppm)	10–250	
구리(ppm)	2–50	
니켈(ppm)	0.05–5	
붕소(ppm)	02–800	
염소(ppm)	10–80,000	
몰리브덴(ppm)	0.1–10	
코발트(ppm)	0.05–10	질소고정식물에서 필수원소
나트륨(%)	0.001–8	일부식물에서 필수원소; 많은 식물에서 준-필수원소
규소(%)	0.1–10	
알루미늄(%)	0.1–500	필수원소로 알려진바 없음. 간혹 독성을 나타냄.

증은, 길항 원소가 고농도로 존재하지 않는다고 하더라도, 기질 속에 특정 양분이 식물생육에 적정한 농도로 존재할 때도 발생할 수 있다.

조직에 필수원소가 결핍되면, 대사와 생육에 광범위한 변화가 일어난다. 먼저 그 원소가 정상적으로 관여하는 대사과정이 둔화된다. 각 대사반응은 복잡하게 상호 연관되어 얽혀있는 전체적인 대사조직의 한 부분이기 때문에, 즉각 관여하는 과정이외의 과정들은 차례로 영향을 받는다. 따라서 결핍이 지속적이고 심각한 조건에서는 마침내는 전체적인 대사양상이 교란된다. 이러한 양분결핍의 생화학적 · 대사적인 측면에 대해서는 8장에서 다룬다.

12세기 초까지, 유일하게 인식되고 있는 무기원소 결핍은 다량원소인 질소와 인, 칼륨 결핍이었으며, 화학비료 시용(chemical fertilization)에 보통 N-P-K의 3요소만을 고려하였다. 그 이후 다른 다량원소 결핍 그리고 특히 미량원소 결핍의 중요성과 정도가 극적으로 명백해졌다.

결핍증상은 아주 심각하면 어느 정도 독특한 증상을 나타낸다. 이러한 증상을 잘 알고 있으면 농부와 농업전문가는 포장에서 양분 결핍을 확인하는데 도움이 된다. 여러 결핍증상은 다음 절에서 다룬다. 결핍에 의해 정상적인 대사가 교란되면 식물의 성장이 둔화되고 수확량이 감소한다. 이러한 성장둔화는 어떠한 명확한 결핍증상도 발달하지 않거나 또는 그런 증상이 나타나기 훨씬 전에 발생한다. 식물을 재배하는 이들에게 이 점은 당연히 중요한 문제이며, 조직분석 기술은 식물자체로부터 그 작물의 양분상태(nutrient status)에 관한 정보를 얻는 수단으로 개발되었다.

조직분석에 의해 작물의 영양상태를 평가함에 있어 기본적이고 가장 널리 사용되는 개념은 임계농도(critical concentration)이다. 임계농도는 최적 생육에 필요한 양분수준 바로 이하의 식물 조직내의 양분 농도를 말한다. 이 개념은 그림 3.1에 나타나 있다. 양분 수준이 임계농도 이하인 결핍영역에서, 수확량은 토양 또는 배양액의 양분 공급이 증가함에 따라 급격하게 증가한다. 식물이 흡수하는 양분을 매번 추가로 증가시킬 때마다, 그에 따라 추가로 성장이 증가하며, 따라서 조직의 단위 질량당 양분량(편의상 농도라고 부른다)은 거의 일정하게 유지된다. 전이지역(transion zones)을 넘어서면, 그 원소의 흡수는 생육 배지에 양분을 추가 공급함으로써 더욱 증가하지만, 성장은 일정하게 유지되므로 양분은 더 이상 성장을 제한하는 인자가 아니다. 그 결과 식물이 추가로 흡수한 양 때문에 조직내 양분의 농도는 사치흡수(luxury consumption) 수준으로 증가한다. 많은 저자들은 수년에 걸쳐 양분공급이 수확량에 미치는 영향에 대해 고찰하였으며(Smith 1986; Munson and Nelson 1990; Bennet 1993; Marschner 1995), 9장에서 다룬다.

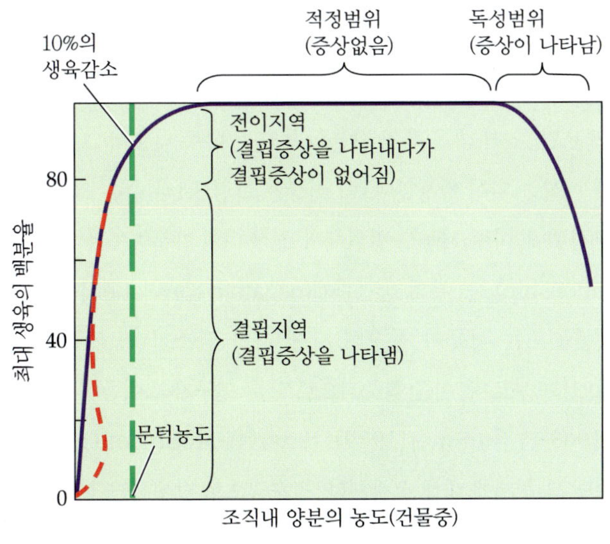

그림 3.1 조직내 양분의 농도변화에 따른 식물의 생육곡선 저농도에서 모든 생육은 정지된다. 농도가 증가함에 따라 생육은 현저하게 증가한다. 어떤 경우(짧은 파선)에는 양분의 농도는 식물이 급격하게 생육함에 따라 희석된다(Steenbjerg 효과). 특정 임계농도에서 식물은 최대 생육의 90%에 이른다. 식물의 생육은 양분의 농도가 독성을 나타낼 때까지의 일정 농도범위까지는 최대로 지속된다.

그림 3.1에 나타낸 곡선은 임계농도를 측정하려고하는 양분이외의 모든 양분을 충분하게 공급한 토양(또는 영양용액)에서 식물을 재배하여 얻는다. 이 양분을 낮은 수치로부터 조직의 농도가 임계농도일 것으로 예측되는 수준이상까지 단계별로 일련의 용기에 첨가한다. 식물체를 낮은 공급범위의 식물이 결핍증상을 나타낼 때까지 생육시킨다. 식물체를 수확하고 수확량을 측정하여, 조직의 성분을 분석한다. 그림 3.1에 나타낸 것과 같이 곡선을 그리면 임계농도가 결정된다(Ulrich and Hills 1990).

임계농도를 이용하여 특정 양분의 작물에 대한 공급이 적절한지 아닌지를 측정하기 위해 임계농도를 사용하는 방법은 단연 농부와 영농지도사, 작물진단실험실에서 가장 널리 쓰인다. 다른 방법도 있으며, 여기서는 그중 한 가지만 간단하게 언급하겠다. 바로 보통 DRIS라는 영양 진단 및 시비량 추천 종합체계(Diagnosis and Recommendation Integrated System)의 두문자(acronym)이다(Summer 1979; Elwali and Gascho 1984; Savoy and Robinson 1990a). 이 방법은 작물의 영양상태를 확립함에 있어 임계농도법보다 더 정확하다고 알려져 있다. 이 방법은 식물조직내 원소의 비(ratio) 예를 들어, N/P와 P/S, K/N 등의 비에 기초하고 있다. 이들 비율은 비교적 식물 연령의 영향을 받지 않고 특정 작물에 적용할 수 있는 양분 "수지(nutrient balances)"를 나타내는 것으로 알려져 있다. 특정 작물에 대한 수많은 분석자료에 근거하여 결정된 비는 양분의 충족(sufficiency) 또는 결핍을 나타내 주는 지표가 된다. 이 방법은 지표를 설정하기 위해 수많은 분석을 해야만 한다. 특정 양분비(nutrient ratios) 중 여러 비에 대한 생리학적인 이론적 근거는 명확하지 않은 경우도 있다. 기준(norms)은 식물연령(plant age)과 장소(location)와 비교적 무관하다는 주장은 의심스러우며(Savoy and Robinson 1990b; Jones 1993), 따라서 양분 처리에 대한 반응을 예측한 수치도 역시 의심스럽다. Reuter와 Robinson, Dutkiewicz(1997)는 "다른 예측 기법(predictive techniques)보다 전체적으로 타당하다는 처음의 주장은 지지를 받지 못했다."고 결론을 내렸다.

다시 임계농도에 대해 고찰해보면, 조직 내의 특정 양분의 농도는 아주 낮으며 그 식물이 그 양분에 대한 결핍이 심각할 때 이상한 일이 발생한다. 이 현상은 그림 3.1과 같은 그래프에 나타난다. 이 그림의 짧은 파선의 경우에, 아주 저농도 범위에서 조직 내의 양분농도와 성장 간에는 역의 상관관계(inverse relationship) 즉, 부의 상관관계(negative correlation)가 있음을 주목하라. 즉, 조직 내의 양분농도는 식물이 성장해 감에 따라 감소한다. 이 현상을 Steenbjerg 효과(Steenbjerg effect)라 부르며, 이를 집중적으로 다룬 연구자의 이름에서 따왔다. Steenbjerg와 Jakobson(1963)과 Summer(1979), Savoy와 Robinson(1990b), Jones(1993) 등의 여러 연구자들도 그 문제에 대해 고찰했다. 필수적으로 발생하는 것은 성장에 의한 희석작용(dilution by growth)이다. 특정 양분의 유효도가 아주 낮을 때, 그 양분을 약간 더 많이 공급하면 그에 비례해서 성장은 더 촉진되며, 따라서 단위 식물체당 식물체내의 양분 함량(즉, 식물체의 조직 내의 농도)은 실제로 감소한다. 그 양분의 유효도를 더욱 증가시키면, 상황은 반전되어 식물체내의 양분 농도는 임계농도와 그 이상까지 증가한다.

체관부에서 이동성이 좋아서 식물체내에 쉽게 재분배되는 칼륨이나 질소와 같은 원소들의 엽중 농도는 일반적으로 식물체 전체의 칼륨 또는 질소의 상태를 나타내는 좋은 지표이며, 생리적 기능 및 생육 지표와 밀접한 상관관계가 있다. 체관부에서 이동성이 없는 원소들의 경우에, 엽분석(leaf analysis)을 통해서는 다른 기관의 영양상태(nutritional status)를 알아낼 수 없다.

식물의 영양상태를 식물체의 어느 부위가 가장 잘 나타내주는지, 이것이 식물의 연령에 따라 어떻게 변하는지, 어떤 포장 시료채취방법이 가장 좋은지, 생육기간 중 몇 회나 분석해야 하는지를 결정하려면 각 작물에 대한 세심한 연구가 수행되어야 한다. 분석조사의 정확도(precision)와 비용도 고려해야할 인자들이다. 만약 분석결과 특정 양분(예, 질산)의 농도가 임계농도 또는 그 이하로 감소하면, 추비(supplementary fertilization)를 적절한 시기에 실시함으로서 수확량의 감소 또는 품질 손상을 방지할 수 있다. Bennet(1993)와 Reuter, Robinson, Dutkewicz(1997)이 편집한 저서에는 많은 작물종에 대한 양분의 임계농도가 광범위하게 편집되어 있다. Jones(1991)는 식물조직 내의 미량원소 분석과 관련한 문제점들에 대해 다루고 있다.

우리는 이미 식물조직분석은 야생종보다 작물종에 대해 더 집중적으로 수행되었음을 알고 있다. 그러나 전통적인 작물이외의 식물들도 이런 방법으로 조사되었음을 알아야 한다. 예를 들어 Drechsel과 Zech(1991)은 광엽 열대수목(broad-leaved tropical trees)의 조직 내 양분(그리고 알루미늄)의 농도를 표로 나타내었다. 이들 저자는 삼림식물종에 관한 기타 연구에 관해서도 언급하였다.

결핍증상: 종합고찰

필수양분의 결핍에 의해 야기되는 대사교란(8장)은 결국은 가시적인 이상증상(visible abnormalities)으로 나타난다. 식물의 전체적인 성장과 발달이 영향을 받으며, 특유의 거시적인 증상(macroscopic symptoms)이 나타나고, 세포구조의 외관은 현미경 또는 전자현미경으로 연구할 수 있는 변화를 보인다.

식물의 전체적인 외관과 국지적인 특이적 증상은 숙달된 관찰자가 결핍을 확인하는데 중요한 수단이다. 예를 들어 철 결핍증상은 많은 작물에서 꽤 유사하며, 이 원소의 결핍되었음을 알아낼 수 있는 유일한 수단일 경우도 있다. Bergmann(1992)과 Bennett(1993)을 포함한 여러 저자들은 그 점을 염두에 두고 양분결핍에 걸린 식물의 그림과 사진을 많이 발간하였다. 이들 결핍증상에 관한 도감의 일부는 Malavolta(1962)의 열대작물에 관한 도감과 같이 몇몇 특정 작물들이나 심지어 키위 과실(*Actinidia deliciosa*) 등의 한 가지 특정 작물에 대해 다루고 있다(Smith, Asher, and Clark 1987).

그러나 가시적 결핍증상(visible deficiency symptoms)은 특정 영양원소의 결핍을 입증하는 여러 가지 방법 중의 하나에 불과함을 명심해야 한다. 여러 가지 인자들이 복합적으로 작용하기 때문에 증후만으로 진단하기에는 상당히 예측하기가 어렵다. 이들 중 더 중요한 인자에 대해 여기에서 설명한다.

특정 원소의 결핍증상은 작물에 따라 크게 다르기 때문에 한 식물종의 결핍증상을 알더라도 다른 식물종의 동일한 결핍증상을 확인하는데 거의 도움이 되지 못한다. 예를 들어 많은 종류의 과수(fruit trees)와 일부 일년생 작물(annual crops)의 아연 결핍(zinc deficiency)은 잎이 작아지는 증상을 야기한다(소엽증은 적절한 표현이다). 결핍증상이 심한 식물의 잎은 정상 잎 크기의 몇 분의 1에 불과하다. 한편 옥수수(corn)에서는 새로 나오는 어린잎에서 가장 많이 나타나는 앞 전체의 황백화(white bud, general chlorosis)가 가장 특징적인 증상이다. 옥수수의 황백화에 숙달된 사람이 같은 기준으로 복숭아나 감귤나무의 소엽증 증상을 아연결핍이라고 진단해서는 안 될 것이다. 같은 식물종이더라도 품종에 따라 특정 원소의 결핍증상이 다르게 나타난다.

한 가지 원소의 결핍에 의해 나타나는 상이한 증상만이 진단을 복잡하게 하는 요인이 아니며, 유사한 또는 동일한 증상이 상이한 원소들의 결핍에 의해 나타날 수도 있다. 예를 들어 질소와 황 결핍은 둘 다 황백화를 일으키므로, 숙련된 관찰자조차도 관찰결과만을 근거로 이들 원소의 결핍증상을 구분하지 못하는 경우도 있다.

세 번째 어려움은 포장에서 발생하는 결핍은 수량을 감소시키고 작물의 품질을 훼손할 만큼 심각함에도 불구하고, 가시적 증상은 너무 미약해 쉽게 확인 할 수 없다는 사실이다. 결핍증상에 관한 서적에 일반적으로 사진과 그림으로 나타낸 아주 심각한 결핍증상은 포장에서 명확하게 나타나지 않는 결핍증상을 다뤄야 하는 사람에게는 도움이 되지 않는 경우가 많다.

여러 원소가 결핍되면 여러 모로 복잡해진다. 식물체는 두개 또는 그 이상의 원소에 의한 결핍증상을 나타낼 수 있으며, 그렇게 되면 결핍증이 독자적으로 나타날 때보다 결핍을 확인하기가 더 어려워진다. 마지막으로, 전혀 원소결핍이 아닌 조건이 결핍증상으로 오인할 수 있는 증상을 일으킬 수 있다. 원소의 독성에서부터 세균이나 곰팡이, 또는 바이러스 감염에 이르는 여러 가지 요인들이 이러한 "의사 결핍증상(simulated deficiency symptoms)"을 발생시킬 수 있다.

여기에 요약한 바와 같이 양분결핍의 가시적 진단은 복잡하기 때문에 장기간의 관찰과 경험을 통해 작업 현장에서 부닥치는 그러한 결핍증상을 구분하는 법을 익힌 식물영양학 전문가와 영농지도사, 숙달된 농부 등의 전문가들만이 성공적으로 수행할 수 있다. 진단을 할 때 그들은 그 지역의 토양조건에 관한 지식을 참고하기도 하며, 식물체 분석과 부족하다고 추측되는 양분을 처리하는 실험을 수행하여 그들이 내린 결론을 점검한다.

결핍증상: 개별 원소

B: 붕소

성장 중인 선단(tips)이 붕소(boron) 결핍에 의해 손상되어 죽기도 한다. 붕소 결핍이 있는 식물의 조직은 그림 3.2의 그림과 같이 단단하고 마르며 바삭바삭해진다("brittle stem"). 잎은 뒤틀리고, 줄기는 거칠고 갈라지며 간혹 피목(lenticel) (corky ridge 또는 spot) 구조가 생기기도 한다. 개화도 심각한 영향을 받는다. 만약 열매가 열리면, 열매는 줄기에서 나타나는 증상과 비슷한 증상을 보인다. 뿌리도 많은 피해를 입으며, 세균과 곰팡이 감염은 뿌리와 지상부에서 붕소결핍의 2차적 결과로 일어나기도 한다.

Ca: 칼슘

칼슘(calcium)결핍증은 분열부위(meristematic regions)와 어린잎에서 가장 먼저 그리고 가장 심하게 나타난다. 이들 조직에서의 칼슘 요구량은 많은 것 같으며, 오래되고 성숙한 조직에 함유된 칼슘은 그 부위에서 고정화되는 경향이 있으므로, 어리고 생육이 왕성한 부위로 쉽게 전이되지 않는다(6장과 9장). 그림 3.2와 같이 생장부위가 손상되거나 죽는 고사병(dieback), 꽃과 발달중인 열매에서는 "배꼽썩음병(blossom-end rot)"이 나타난다. 뿌리의 성장은 심각한 피해를 입는다. 많은 칼슘결핍 토양은 산성이므로, 칼슘결핍은 본래 낮은 pH에서 용해되는 알루미늄과 망간 등의 금속 이온과 수소 이온이 독성을 나타내는 수준까지 증가하는 현상이 동반될 수 있다. 손상된 뿌리는 세균과 곰팡이의 감염을 받기 쉽다.

Cl: 염소

염소(chlorine)가 필수원소임은 토마토를 사용한 실험에서 밝혀졌다. 토마토의 염소 결핍증상은 초기에는 어린잎이 청록색과 광택을 띠는 것이다. 낮에 햇빛이 강할 때 어린잎의 선단이 시들어 축 처지며, 밤이나 선선하고 구름 낀 날에는 회복된다. 결핍이 진행됨에 따라, 잎에 특유의 "갈색화(blonzing)"가 나타나고, 이어서 황백화와 괴사가 진행된다(그림 3.2). 결핍이 심한 경

그림 3.2 양분결핍증상: B, Ca, Cl, Cu, Fe, K 토마토 식물을 표기한 한 가지 원소가 결핍된 영양용액에서 재배한다. 붕소결핍 식물(A)과 구리결핍 식물(D)에는 적정수준의 10%를 공급하였지만, 칼슘결핍 식물(B)과 염소결핍 식물(C), 철결핍 식물(E), 칼륨결핍 식물(F)에는 용액에서 해당 원소를 결제하였으므로, 식물은 전적으로 종자에 저장된 원소만으로 생육했다.

우에 식물체는 가늘어지고 생육이 둔화된다. 시들음(wilting)과 탈색(discoloration)(갈색화), 괴사는 다른 식물종에서도 관찰된다(Johnson et al 1957; Ozanne, Wooley, and Broyer 1957). 염소결핍은 노지 토양에서 생육하는 두 가지 밀(*Triticum aestivim*과 *T. turgidum*) 식물종에서만 관찰되었다(Engel, Bruebaker and Emborg 2001).

Cu: 구리

구리(copper) 결핍증상은 식물종에 따라 큰 차이가 있다. 잎은 가장자리가 말려 올라가면서 황백화나 짙은 청록색을 띤다(그림 3.2). 나무 수피가 거칠어지고 수포가 생기며, 수피의 "발진(exanthema)"의 균열에서 점성물질(gum)이 분비된다. 간혹 어린 가지는 고사되고, 그 결과 새로운 가지가 훨씬 뒤편의 겹눈(multiple buds)에서 발생하여 덥수룩한 모양을 띤다. 개화(flowering)와 열매형성(fruiting)이 억제되고, 일년생 식물은 발달이 되지 않고 유묘단계에서 죽을 수 있다.

Fe: 철

어린잎 전체의 황백화는 철(iron) 결핍을 가장 잘 나타내주는 증상이다(그림 3.2). 초기에는 엽맥이 녹색을 띠지만, 최종적으로는 결핍이 관찰되는 대부분의 식물종에서 엽맥도 황백화된다. 철 결핍은 과수에서 많이 나타난다. 토양내의 탄산칼슘 함량이 높아 발생하는 철 결핍을 석회-유도성 황백화(lime-induced chlorosis)라 한다.

K: 칼륨

많은 식물종에서 칼륨이 결핍되면 인산 결핍에서와 같이 잎은 짙은 녹색이나 청록색을 띤다. 괴사(necrotic) 반점이라 부르는 죽은 조직으로 된 작은 반점이 잎에 발달하기도 한다. 또 가장자리의 괴사나 엽소현상(leaf scorch)(그림 3.2)도 관찰된다. 성장이 정상적이지 못하며, 결핍이 심하면 싹의 선단과 측면이 죽는다(고사병).

Mg: 마그네슘

칼슘과는 달리, 마그네슘(magnesium)은 식물의 성숙한 부위로부터 어리고 활발히 성장하는 부위로 쉽게 전이된다. 그 결과 결핍증상은 성숙된 잎에서 먼저 나타난다. 잎 가장자리의 황백화가 보편적인 증상이며, 간혹 다양한 색소의 발달이 수반되기도 한다(그림 3.3A). 황백화는 반점(patch) 또는 백반(blotch)으로 시작해서 이후에 합쳐져서 잎의 가장자리와 선단까지 확

그림 3.3 양분결핍증상: Mg, Mn, Mo, N, P, S, Zn 토마토 식물을 표시한 한 가지 원소가 결핍된 영양용액에서 재배했다. 마그네슘(A) 또는 망간(B), 몰리브덴(C), 질소(D), 인(E), 황(F), 아연(G)을 용액에서 결제하였으므로 식물은 전적으로 종자에 저장된 원소만으로 생육하였다.

산된다. 마그네슘 결핍은 식물종에 따라 너무나 다양한 증상이 나타나므로 일반화해서 설명하는 것은 다른 원소들보다 훨씬 더 어렵다.

Mn: 망간

망간(manganese) 결핍증상은 작물종간에 큰 차이가 난다. 잎의 엽맥사이에 황백화 현상이 나타나며, 엽맥은 철 결핍 초기단계와 흡사하게 황색 또는 연녹색 배경에 녹색 형태를 띤다(그림 3.3B). 잎에 괴사반점이나 줄무늬[귀리의 "회색반점(gray speck)"]가 나타나며, 콩과식물의 종자에서는 자엽의 배 또는 인접한 내부표면에 괴사가 일어난다. 일부 식물종의 잎은 기형이 된다. 심한 경우에 식물의 성장은 심각하게 둔화된다.

Mo: 몰리브덴

몰리브덴(molybdenum) 결핍은 토마토에서 처음 확인되었으며 토마토와 기타 식물종의 엽맥사이에 황백화를 발생시킨다. 엽맥은 연녹색을 띠며, 망간 결핍과 비슷하게 잎에 얼룩덜룩한 반점이 생긴다(그림 3.3C). 잎의 가장자리는 말려 올라가는 경향이 있다. 결핍이 심해지 괴사현상이 일어나며, 식물 전체의 생육이 멈춘다. 십자화속(brassica)의 엽신(leaf blade)은 괴사되고 붕괴되어, 중륵(midrib)을 따라 잎모양이 많이 감소되어 회초리 모양을 이룬다("편상엽증")(whiptail).

식물에 암모늄태의 질소를 공급하면 질산을 질소원으로 공급할 때 보다 식물은 몰리브덴을 적게 필요로 한다. 왜냐하면 몰리브덴은 질산 동화(nitrate assimilation)에 필요한 효소인 질산환원효소(nitrate reductase)의 보조인자이기 때문이다(7장). 몰리브덴은 세균 공생자를 함유하는 뿌리혹을 지니는 식물에서 공생질소고정을 하는데도 필수적인 원소이다. 이런 식물이 질소고정을 통해 질소를 이용할 때, 몰리브덴이 결핍되면 식물에 질소결핍을 일어나 질소결핍증상이 나타난다.

N: 질소

가뭄을 제외하고 어떠한 결핍도 질소 결핍만큼 큰 영향을 미치지 않는다. 전체잎의 황백화와 백화 현상(etiolated habit)이 가장 특징적인 증상이다(그림 3.3D). 성장은 지연되고 더디며, 식물의 외형은 힘이 없으며 가늘어진다. 간혹 열매의 색이 아주 좋아진다. 질소는 오래된 부위로부터 생육이 왕성한 더 어린 부위로 전이되기 때문에, 식물체의 부위가 오래될수록 영향을 더 받는다.

그림 3.4 니켈이 충분한 조건(왼쪽)과 결핍된 조건(오른쪽)에서 키운 피칸나무 (Bruce Wood 제공)

Ni: 니켈

니켈이 필수원소임은 실험용액에서 오염물질로 포함된 니켈을 제거하려는 극단 조치를 통해서만 발견되었다. 결핍증상으로 잎 가장자리의 황백화, 조기노화, 종자착생의 감소를 관찰 할 수 있다. 포장에서의 니켈 결핍은 미국 남동부의 피칸나무 한 작물에서만 발견되었다. 결핍증상으로는 컵 모양의 작은 잎("mouse-ear")과 성장감소, 푸석푸석해지는 목질부 등이 있다. 그림3.4에는 극단적인 사례가 나타나있다(Wood, Reilly, and Nczepir 2003). 결핍은 토양 중의 니켈함량이 낮거나 토양 중의 망간 함량이 높음으로써 야기된다.

망간을 더 광범위하게 다룬 문헌으로는 Marschner(1995)의 거의 백과사전 같은 저서와 Mortvedt등(1991)의 농업에서의 미량원소에 관한 종합적인 저서가 있다.

P: 인

짙은 녹색 또는 청녹색 잎은 많은 식물종의 인산결핍에서 가장 먼저 나타나는 증상의 하나이다(그림 3.3E). 간혹 적색과 분홍, 갈색 색소가 잎에 특히, 엽맥을 따라 생긴다. 성장이 감소하며, 결핍이 심해지면 식물체는 생육이 멈춘다.

S: 황

황 결핍증상은 일반적으로 질소 결핍증상과 비슷하다. 식물체는 황백화되고, 가늘어지며, 성장이 불량해진다(그림 3.3F). 황과 질소는 둘 다 단백질의 구성원소이기 때문에, 이러한 유사점은 놀랄만한 일이 아니다. 그러나 질소와는 달리 황은 대부분의 식물종의 어린잎에서 쉽게 재이동되지 않기 때문에, 질소결핍이 더 오래된 잎에서 일어나는 것에 비해 황 결핍에 의해 야기되는 황백화는 일반적으로 어린잎에서 먼저 일어난다. 그럼에도 불구하고 많은 식물종에서 황백화는 모든 잎에서 동시에 일어나거나 또는 심지어 더 오래된 잎에서 먼저 일어난다.

Zn: 아연

"소엽증(little leaf)"과 "총생(rosette)"은 과수의 전형적인 아연 결핍증상이다. 이들 두 증상은 조직이 정상적으로 성장하지 못하여 발생한다. 잎이 펼쳐지지 못하면 소엽증이 발생되고, 절간(internodes)이 신장되지 못하면 연속하고 있는 마디의 잎들이 너무 가까워져 총생 증상이 나타난다. 일부 식물종의 잎은 황백화되지만, 다른 식물종의 잎은 짙은 녹색이나 청녹색을 띤다. 잎이 뒤틀리고 괴사될 수 있다(그림 3.3G). 아연 결핍이 심하면 개화와 열매형성이 크게 감소되고, 식물전체가 성장을 멈추고 기형이 된다.

참고문헌

Ahmed, S., and H. J. Evans (1961) The essentiality of cobalt for soybean plants grown under symbiotic conditions. Proceedings of the National Academy of Sciences of the United States of America 47: 24-36.

Arnon, D. I., and P. R. Stout (1939a) The essentiality of certain elements in minute quantity for plants with special reference to copper. Plant Physiology 14: 371-375.

Arnon, D. I., and P. R. Stout (1939b) Molybdenum as an essential element for higher plants. Plant Physiology 14: 599~02.

Ball, P. (2001) *Life's Matrix: A Biography of Water.* University of California Press, Berkeley.

Bennett, W. F. (1993) *Nutrient Deficiencies and Toxicities in Crop Plants.* APS Press, St. Paul, MN.

Bergmann, W. (1992) *Nutritional Disorders of Plants: Visual and Analytical Diagnosis.* Fischer, Jena.

Brown, P. H., R. M. Welch, and E. E. Cary (1987) Nickel: A micronutrient essential for higher plants. *Plant Physiology* 85: 801-803.

Brownell, P. F. (1979) Sodium as an essential micronutrient element for plants and its possible role in metabolism. *Advances in Botanical Research* 7: 118-224.

Brayer, T. C., A. B. Carlton, C. M. Johnson, and P. R. Stout (1954) Chlorine: A micronutrient element for higher plants. *Plant Physiology* 29: 526-532.

Chen, C. H., and J. Lewin (1969) Silicon as a nutrient element for *Eguisetum arvense. Canadian*

Journal of Botany 47: 125-131.

Cunniff, P., ed. (1995) *Official Methods of Analysis of AOAC International*, 16th Edition, 2 vols. Association of Official Analytical Chemists, Arlington, VA.

Darley, W. M., and B. E. Volcani (1969) Role of silicon in diatom metabolism. A silicon requirement for deoxyribonucleic acid synthesis in the diatom *Cylindrothecafusiformis Reimann and Lewin*. *Experimental Cell Research* 58: 334-342.

Drechsel, P., and W. Zech (1991) Foliar nutrient levels of broad-leaved tropical trees A tabular review. *Plant and Soil* 131: 29-46.

Elwali, A. M. O., and G. J. Gascho (1984) Soil testing, foliar analysis, and DRIS as guides for sugarcane fertilization. *Agronomy Journal* 76: 466-470.

Engel, R. E., L. Bruebaker and T. J. Emborg (2001). A chloride deficient leaf spot of durum wheat. *Soil Science Society of American Journal* 65: 1448-1454.

Epstein, E. (1994) The anomaly of silicon in plant biology. *Proceedings of the National Academy of Sciences of the United States of America* 91: 11-17.

Epstein, E. (1999) Silicon. *Annual Review of Plant Physiology and Plant Molecular Biology* 50: 641-664.

Epstein, E. (2000) The discovery of the essential elements. In: *Discoveries in Plant Biology*, Vol. 3. Kung, S. D., and S.-F. Yang, eds. World Scientific, Singapore. pp. 1-16.

Eskew, D. L., R. M. Welch, and E. E. Cary (1983) Nickel: An essential micro nutrient for legumes and possibly all higher plants. *Science* 222: 621-623.

Evans, H. J., and M. Kliewer (1964) Vitamin B_{12} compounds in relation to the requirements of cobalt for higher plants and nitrogen-fixing organisms. *Annals of the New York Academy of Sciences* 112(2): 735-755.

Hawk, P. B., and B. L. Oser (1965) *Hawk's Physiological Chemistry*, 14th Edition. Blakiston Division of McGraw-Hill, New York.

Hoagland, D. R. (1944) *Lectures on the Inorganic Nutrition of Plants*. Chronica Botanica, Waltham, MA.

Johnson, C. M., P. R. Stout, T. C. Broyer, and A. B. Carlton (1957) Comparative chlorine requirements of different plant species. *Plant and Soil* 8: 337-353.

Johnstone, M., C. P. L. Grof, and P. F. Brownell (1988) The effect of sodium nutrition on the pool sizes of intermediates of the C_4 photosynthetic pathway. *Australian Journal of Plant Physiology* 15: 749-760.

Jones, J. B., Jr. (1991) Plant tissue analysis in [sic] micronutrients. In: *Micronutrients in Agriculture*, 2nd Edition. Mortvedt, J. J., F. R. Cox, L. M. Shuman, and R. M. Welch, eds. Soil Science Society of America, Madison, WI. pp. 477-521.

Jones, J. B. (1993) Modern interpretation systems for soil and plant analyses in the United States of America. *Australian Journal of Experimental Agriculture* 33: 1039-1043.

Kabata-Pendias, A., and H. Pendias (2001) *Trace Elements in Soils and Plants*, 3rd Edition. CRC Press, Boca Raton, FL.

Kramer, P. J., and J. S. Boyer (1995) *Water Relations of Plants and Soils*. Academic Press, San Diego, CA.

Läuchli, A. (1993) Selenium in plants: Uptake, functions, and environmental toxicity. *Botanica*

Acta 106: 455-468.

Lewin, J., and B. E. F. Reimann (1969) Silicon and plant growth. *Annual Review of Plant Physiology* 20: 289-304.

Malavolta, E., H. P. Haag, P. A. F. Mello, and M. O. C. Brasil Sobr (1962) *On the Mineral Nutrition of Some Tropical Crops*. International Potash Institute, Berne, Switzerland.

Markert, B. (1993) Occurrence and distribution of chemical elements in plants?Outlook and further research plans. *Toxicological and Environmental Chemistry* 40: 31-41.

Marschner, H. (1995) *Mineral Nutrition of Higher Plants*, 2nd Edition. Academic Press, London.

Miller, E. C. (1938) *Plant Physiology*, 2nd Edition. McGraw-Hill, New York.

Minorsky, P. V. (2003) Selenium in plants. *Plant Physiology* 133: 14-15.

Mortvedt, J. J., F. R. Cox, L. M. Shuman, and R. M. Welch, eds. (1991) *Micronutrients in Agriculture*, 2nd Edition. Soil Science Society of America, Madison, WI.

Munson, R. D., and W. L. Nelson (1990) Principles and practices in plant analysis. In: *Soil Testing and Plant Analysis*, 3rd Edition. Westerman, R. L., ed. Soil Science Society of America, Madison, WI. p. 784.

O'Dell, B. L., and R. A. Sunde, eds. (1997) *Handbook of Nutritionally Essential Mineral Elements*, Vol. 2 of *Clinical Nutrition in Health and Disease*. Dekker, New York.

Ozanne, P. G., J. T. Woolley, and T. C. Broyer (1957) Chlorine and bromine in the nutrition of higher plants. *Australian Journal of Biological Sciences* 10: 66-79.

Reisenauer, H. M. (1960) Cobalt in nitrogen fixation by a legume. *Nature* 186: 375-376.

Reuter, D. J., J. B. Robinson, and C. Dutkiewicz, eds. (1997) *Plant Analysis: An Interpretation Manual*. Inkata Press, Melbourne, Australia.

Rosenfeld, I., and O. A. Beath (1964) *Selenium: Geobotany, Biochemistry, Toxicity, and Nutrition.* Academic Press, New York.

Round, F. E., R. M. Crawford, and D. G. Mann (1990) *The Diatoms: Biology & Morphology of the Genera*. Cambridge University Press, Cambridge.

Savoy, H. J., and D. L. Robinson (199Oa) DRIS diagnoses of nutrient sufficiencies and deficiencies in dallisgrass grown on relatively fertile and infertile soils in a greenhouse. *Communications in Soil Science and Plant Analysis* 21: 1367-1379.

Savoy, H. J., and D. L. Robinson (199Ob) Norm range size effects in calculating diagnosis and recommendation integrated system indices. *Agronomy Journal* 82: 592-596.

Shrift, A. (1969) Aspects of selenium metabolism in higher plants. *Annual Review of Plan t Physiology* 20: 475-494.

Smith, F. W. (1986) Interpretation of plant analysis: Concepts and principles. In: *Plant Analysis: An Interpretation Manual. Reuter*, D. J., and J. B. Robinson, eds. Inkata Press, Melbourne, Australia. pp. 1-12.

Smith, G. S., C. J. Asher, and C. J. Clark (1987) *Kiwifruit Nutrition: Diagnosis of Nutritional Disorders*, 2nd Edition. Agpress, Wellington, New Zealand.

Steenbjerg, F., and S. T. Jakobsen (1963) Plant nutrition and yield curves. *Soil Science* 95: 69-88.

Stout, P. R. (1956) Micronutrients in crop vigor. *Agricultural and Food Chemistry* 4: 1000-1006.

Stout, P. R. (1961) Micronutrient needs for plant growth. *Proceedings of the Ninth Annual*

California Fertilizer Conference 9: 21-23.

Stout, P. R., and D. I. Arnon (1939) Experimental methods for the study of Me role of copper, manganese, and zinc in the nutrition of higher plants. *American Journal of Botany* 26: 144-149.

Stout, P. R., and C. M. Johnson (1956) Molybdenum deficiency in horticultural and field crops. *Soil Science* 81: 183-190.

Sumner, M. E. (1979) Interpretation of foliar analyses for diagnostic purposes. *Agronomy Journal* 71: 343-348.

Ulrich, A., and F. J. Hills (1990) Plant analysis as an aid in fertilizing sugarbeet. In: *Soil Testing and Plant Analysis*, 3rd Edition. Westerman, R. L., ed. Soil Science Society of America, Madison, WI. pp. 429-447.

Uthus, E.O. and C.D. Seaborn (1996) Deliberations and evaluations of the approaches, endpoints and paradigms for dietary recommendations of Me other trace elements. *The Journal of Nutrition* 126: 2452s-2459s.

Warington, K. (1923) The effect of boric acid and borax on the broad bean and certain other plants. *Annals of Botany* 27: 629-672.

Welch, R. M. (1981) The biological significance of nickel. *Journal of Plant Nutrition* 3: 345-356.

Welch, R. M. (1995) Micronutrient nutrition of plants. *Critical Reviews in Plant Sciences* 14: 49-82.

Westerman, R. L., ed. (1990) *Soil Testing and Plant Analysis*, 3rd Edition. Soil Science Society of America, Madison, WI.

Williams, M. C. (1960) Effect of sodium and potassium salts on growth and oxalate content of *Halogeton*. *Plant Physiology* 35: 500-505.

Wood, B. W., C. C. Reilly, and A. P. Nyczepir (2003) Nickel corrects mouse-ear. *The Pecan Grower* 14: 3-5.

Woolley, J. T. (1957) Sodium and silicon as nutrients for the tomato plant. *Plant Physiology* 32: 317-321.

2부

수송

4 식물의 양분흡수

막의 필요성

앞 장에서는 식물의 원소조성(3장)과 식물이 생육하는 배지(2장)에 대해 알아보았다. 두 장의 내용을 비교해 보면, 식물의 조성은 주변 배지의 조성과 완전히 다르다는 놀라운 결론에 도달하게 된다. 예를 들어 칼륨은 식물체 건물의 약 1%를 차지하므로 식물체내에서 가장 풍부한 무기 양이온이지만, 토용용액내의 칼륨 농도(표 2.4)는 0.005%(50ppm 즉, 1.28mM) 미만인 경우가 많으며 칼슘과 마그네슘 농도보다 낮은 경우도 있다. 건조 및 반건조지역 토양의 나트륨 농도는 칼륨 농도보다 훨씬 많지만, 이들 토양에서 자라는 작물의 조직에는 거의 항상 나트륨보다는 칼륨이 훨씬 많이 함유되어 있다. 마찬가지로 해양 조류는 나트륨 농도가 칼륨 농도보다 몇 배나 훨씬 많은 환경에서 살아가지만(표 4.1), 내부의 칼륨 농도를 나트륨 농도보다 훨씬 높게 유지시킨다[이번 장의 모델계인 조류(Algae as Model Systems) 참조].

만약 두 용액—즉, 토양용액—을 몇 미터 거리로 떼어 놓으면, 대류(convection)와 확산(diffusion)과정을 통한 용액들의 이동은 너무 늦기 때문에 두 용액은 분리되어 각 용액의 조성이 오랫동안 유지될 수 있다. 그러나 식물세포와 외부 배지사이의 거리는 몇 분의 1 마이크로미터(1/1,000,000m) 정도에 불과하다. 이러한 짧은 거리에서는 용매와 용질 모두가 열교반(thermal agitation)되면 두 용액은, 불투과성 장벽이 존재하여 자유 확산을 방해하지만 않는다면, 신속하게 혼합될 것이다. 세포의 원형질막(plasma membrane)(간혹 plasmalemma라고도 한다)이 그러한 장벽에 해당한다.

표 4.1 20℃, 밀도 1.024763kgL^{-1}, 삼투퍼텐셜 −2.4MPa인 바닷물의 조성

조성	g kg^{-1}	몰L^{-1}
H_2O	964.831	53.54223
Cl^-	19.353	0.55940
Na^+	10.781	0.48068
SO_4^{2-}	2.712	0.02894
Mg^{2+}	1.284	0.05415
Ca^{2+}	0.412	0.01054
K^+	0.399	0.01047
HCO_3^-	0.126	0.00211
Br^-	0.067	0.00084
$H_2BO_3^-$	0.026	0.00043
Sr^{2+}	0.008	0.00009
F^-	0.001	0.00007

출처: Pilson(1998)

원형질막이 없다면, 식물세포는 외부환경에 의해 교란될 것이다. 식물은 축적하는 건물 g당 50~2000g의 물을 증산(transpiration)한다(5장). 식물을 통한 물의 이러한 이동은 물에 용해된 용질을 뿌리의 표면으로 운반하며, 이 과정을 용적유동(mass flow 또는 bulk flow)이라 한다. 비록 물속의 용질은 희박하지만, 물의 양이 아주 많으므로 뿌리표면으로 전달되는 용질의 양은 상당하다. 원형질막은 이들 용질이 무제한으로 들어오지 못하게 막아주는 역할을 한다(Hoagland 1944).

육상식물은 못과 호수, 석호의 가장자리에 서식하는 조류(algae) 선조로부터 진화했다(Graham 1993). 이들 얕은 물에 용해된 무기원소들은 국지적 기후와 고도, 주변 및 하부의 암반, 일시적인 물의 용적변화에 따라 변화된다. 그러나 세포대사에는 내부 환경을 특정의 물리적 · 화학적 범위로 유지하려는 항상성(homeostasis)이 필요하다. 정교한 원형질막과 그 원형질막이 부여하는 항상성은 복잡한 생명체의 진화에 선결조건이었다.

막의 구조

대표적인 생물막인 원형질막은 주로 인지질(phospholipid)(그림 4.1)인 지질 이중층(double layer) 그리고 그에 결합된 단백질로 구성되어 있다. 지질분자는 분자의 한편에 무극성이며 소수성인(물을 싫어하는) "꼬리(tail)"와 다른 한편에 극성이며 친수성인(물을 좋

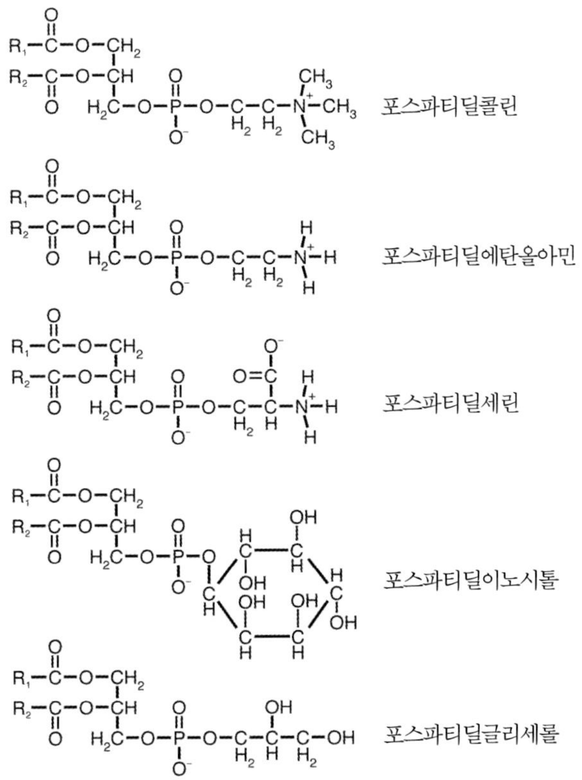

그림 4.1 식물의 막에서 발견되는 주요 인지질 이들 인지질은 각 분자 그림의 오른쪽에 나타낸 극성 머리기가 상이하다. 각각의 부류에는 무극성 꼬리, 즉 각 그림의 왼쪽에 "R_1"과 "R_2"로 표시한 탄소원자 사슬로 구분되는 여러 종류가 있다.

아하는) "머리(head)"를 지니고 있다(그림 4.2). 막내에서 지질의 두 층은 꼬리가 막의 중간에서 서로 내부를 향하고 있으며, 머리가 막 양쪽 면의 용액 쪽으로 바깥을 향하도록 배열되어 있다(그림 4.3). 막 지질의 꼬리는 탄소원자가 14~24개인 두개의 지방산 사슬(fatty acids)이다. 한개 또는 두개 모두의 사슬에는 탄소 원자사이에 하나 또는 그 이상의 이중결합이 들어있으며, 이중결합 때문에 한 지질과 인접 지질들의 접촉성(packing)에 영향을 주는 지질분자의 구부러짐(kinks)이 부여되어 막의 전체적인 유연성이 결정된다. 지방산 사슬은 글리세롤(glycerol)로 구성된 머리에 공유결합으로 연결되어 있다. 인지질의 경우, 이 글리세롤은 인산기(phosphate group)에 공유결합되어 있으며, 인산기는 다시 세린(serine)과 콜린(choline), 이노시톨(inositol)과 같은 또 다른 기와 결합되어 있다(그림 4.1). 막의 각 지질 분자는 인접한 지질분자에 결합되지 않고 자유롭게 측면으로 확산되거나 위아래로 부침한다. 반면 지질이 막의 한쪽에서 다른 쪽으로 뒤집히는 경우는 드물다.

막 단백질은 인지질 이중층(phospholipid bilayer)에 묻혀있거나(즉, 내재성단백질), 이온결합에 의해 막 표면에 결합되어 있거나(즉, 주변단백질), 지질 꼬리에 박혀있다(즉, 지방산에 결합된 단백질과 페닐기에 결합된 단백질, 이노시톨 포스파티드산에 박혀있는 단백

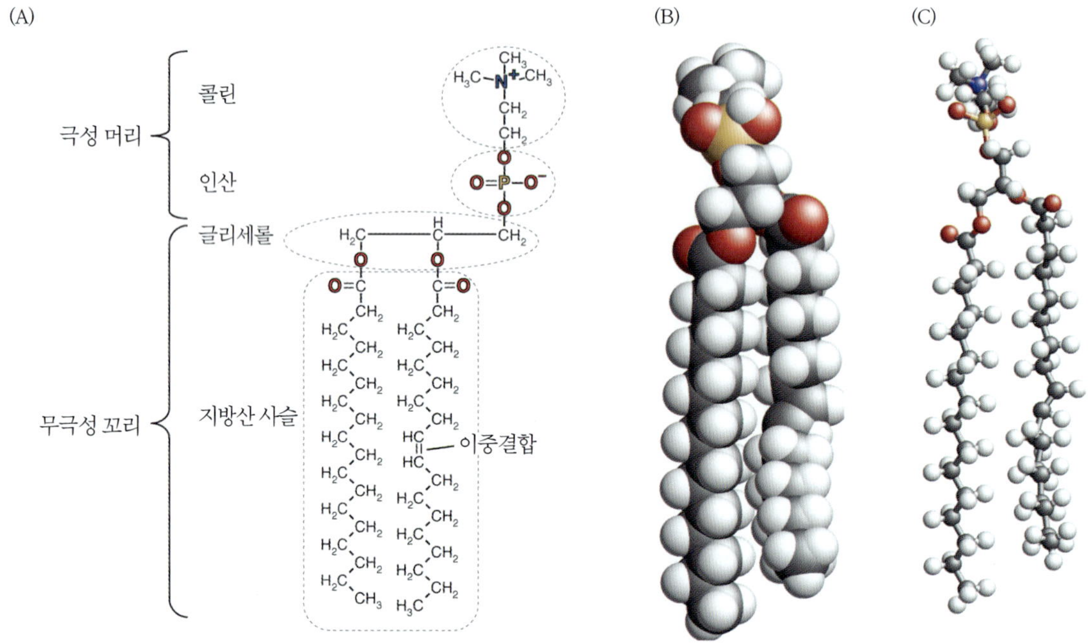

그림 4.2 식물에서 발견되는 포스파티딜콜린인 레시틴 인지질인 레시틴을 분자 구조식(A)과 공간충전모형(B), 공-막대모형으로 나타내었다. 흰색은 수소, 회색은 탄소, 푸른색은 질소, 붉은색은 산소, 오렌지색은 인을 나타낸다(B,C).

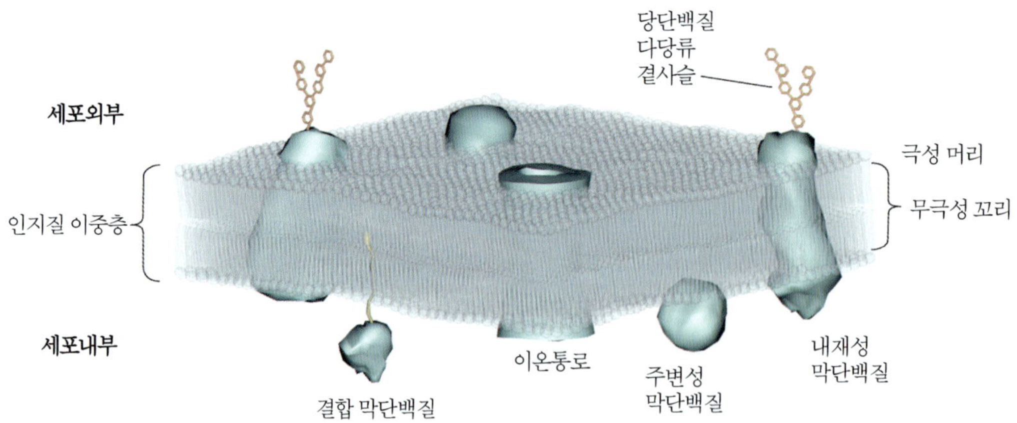

그림 4.3 원형질막의 구조 원형질막은 이온통로와 같은 내재성 단백질, 주변성 단백질, 및 인지질이나 지방산, 지질에 결합된 단백질을 포함하는 막단백질과 지질이중층으로 구성되어 있다. 많은 내재성 단백질은 세포외부의 표면에 결합된 당단백질 다당류 곁사슬을 지니고 있다.

질)(그림 4.3). 내재성 단백질(integral protein)은 보통 막을 관통하여 막 내면의 용액에 단백질의 일부 부위가 노출되어 있고 용액의 외부에 다른 일부 부위가 노출되어 있다. 그러나 단백질의 대부분은 지질이중층에 파묻혀있다. 그러한 단백질은 이번 장의 후반에 설명하는 바와 같이 막을 통한 소수성 물질의 수송을 담당한다. 주변 막단백질(peripheral membrane proteins)에는 미세소관(microtubules)과 같은 세포골격 요소들을 막에 결합시키는 단백질도 있다. 지질-꼬리를 지닌 막단백질은 호르몬과 같은 외부 신호의 수용체 역할도 한다. 막단백질의 외부표면에 당 중합체(소당류인 당단백질)가 결합되어 있는 경우도 있다. 이들 당 중합체는 세포인식(cell recognition)에 중요한 고유의 신호를 각 세포에 부여해 준다.

물은 압력 퍼텐셜과 삼투퍼텐셜의 기울기에 따라 인공 및 생물학적 막의 지질이중층을 서서히 통과한다(Finkelstein 1987). 그러나 식물은 여러 조절방식을 이용하여 조직내부로의 물 이동을 촉진한다는 증거가 증가하고 있다(Steudle 2000; Zwieniecki, Melcher, and Holbrook 2001). 한 가지 조절 방식은 물의 통로역할을 하는 내재성 막단백질인 아쿠아포린(aquaporin)에 의해 매개되는 것 같다. 아쿠아포린의 특징은 타 생명체 특히, 포유류의 적혈구 세포에서 잘 규명되어 있다. 식물의 경우에 아쿠아포린이 많은 막은 아쿠아포린이 적은 막보다 물의 투과성이 10~50배나 크다. 아쿠아포린이 적도록 형질전환시킨 애기장대(*Arabidopsis*) 식물의 물 투과성은 급격히 감소한다(Kaldenhoff et al. 1998). 아쿠아포린은 Maurel과 Chrispeels(2001)와 10장에 설명되어 있다.

아토플라스트와 세포벽

원형질막은 세포의 내부 즉, 원형질체(protoplast)와 세포 외부공간 즉, 아포플라스트(apoplast)를 구분하는 주 경계이다. 그러나 식물세포의 대사활동은 원형질막에서 중단되는 것이 아니라, 원형질체와 아포플라스트에서 여러 물자가 활발하게 교환된다(Canny 1995). 특히 원형질체는 그 세포벽을 조성하는데 필요한 모든 재료와 효소를 아포플라스트 내부로 분비한다.

세포벽(cell wall)은 식물체를 기계적으로 제한하며, 식물과 동물을 구별하는 주요 구조 중의 하나이다. 인간의 관점에서 보면 세포벽은 식물의 이동성(mobility)과 신장(expansion)을 제한하는 거추장스러운 존재이다. 그러나 식물학적 관점에서 보면 세포벽으로 인해 식물이 엄청난 압력과 장력을 견딜 수 있었기 때문에 식물은 지구상에서 단연코 가장 크고 오래된 생명체가 될 수 있었다. 1차적으로 세포벽은 주로 섬유소 미세섬유(cellulose microfibrils)(그

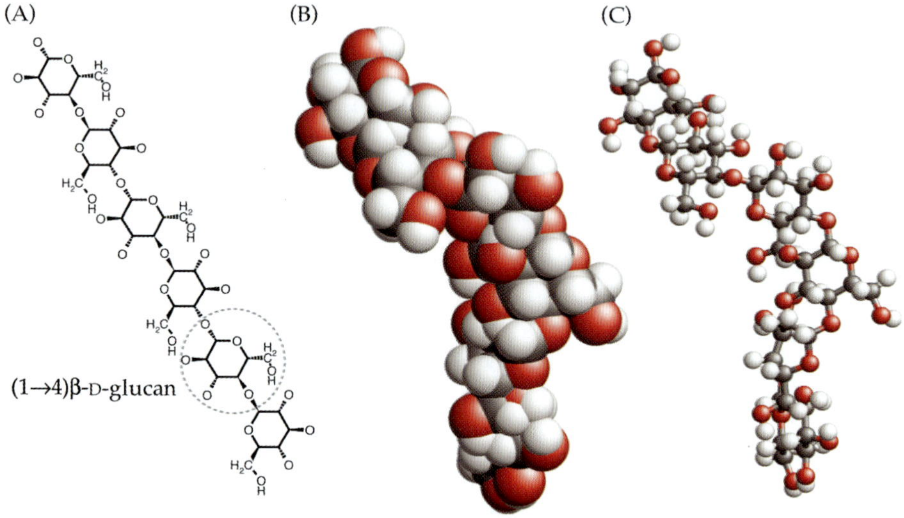

그림 4.4 섬유소 분자 섬유소 분자의 일부를 (A) 분자 구조식과 (B) 공간충전모형, (C) 공–막대 모형으로 나타내었다.

림 4.4)로 구성되어 있으며, 다당류(polysaccharides) (hemicellulose와 펙틴질)와 단백질성 물질(그림 4.5)의 매트릭스에 파묻혀있다. 미세섬유는 수소결합(hydrogen bonding)에 의해 서로 연결되어 있기 때문에 세포벽은 기계적 강도가 증가한다. 펙틴질(pectic substances)의 다당류인 갈락튜론산(galacturonic acid)의 카복실기(---COO^-)로 인해 세

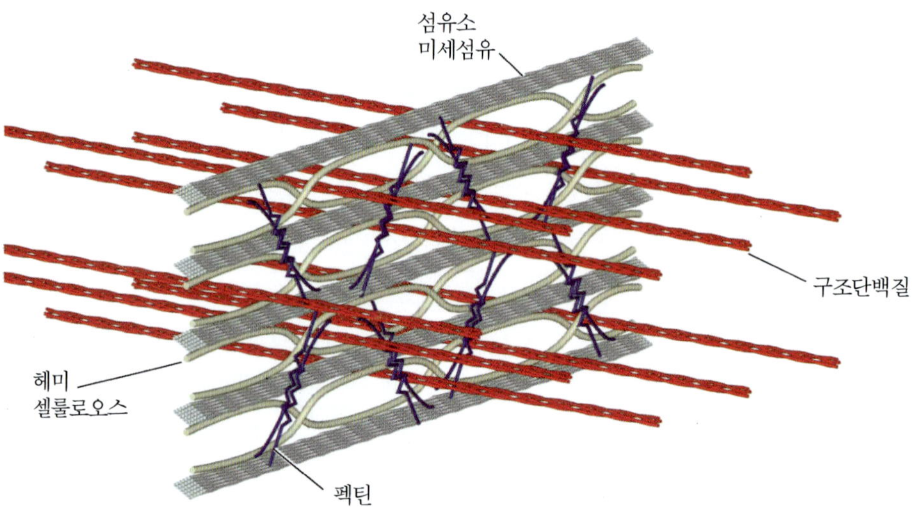

그림 4.5 식물세포벽의 구조 36개의 섬유소 분자의 미세섬유는 헤미셀룰로오스와 펙틴, 구조단백질로 교차결합되어 있다.

포벽에 고정된 음전하가 형성되므로 세포벽은 양이온교환능력을 지닌다. 이러한 교환부위는 대부분 수소와 칼슘 이온으로 채워지며, 세포벽을 통한 이온수송에 관여한다. 8장에서 다루겠지만 규소도 여러 세포벽을 구성하는 중요한 요소이다. 마지막이지만 절대로 소홀히 할 수 없는 물은 세포벽 전체 무게의 70%를 차지한다(Hall, Floers, and Roberts 1982).

용질은 대부분의 세포벽을 거의 방해받지 않고 통과한다. 그러나 일부세포 특히, 물이나 양분의 이동을 조절하는 표피 또는 내피세포의 세포벽에는 각피질(cutin)이나 코르크질(suberin)과 같은 소수성을 띠는(즉, 물을 밀어내는) 왁스성 물질(waxy substances)이 들어 있다. 이들 세포에도 원형질연락사(plasmodesmata)라고 하는 공극(perforations)이 있어 이들 세포질의 가닥들을 통해 인접 세포의 원형질체가 연결된다(Ehlers and Kollmann 2001; Haywood, Kragler, and William 2002). 세포는 원형질연락사를 통해 물질 특히, 단백질과 전령 RNA(messenger RNA)등의 거대분자를 수송(macromolecule transport)하기 때문에, 여러 막을 통과해야 할 필요가 없다. 원형질연락사가 식물의 구석구석까지 정보분자(information molecules)를 전달하는 능력은 식물이 단순한 세포차원의 생명체가 아니라는 견해를 입증해 주며(Lucas and Wolf 1993), 또 식물 무기영양의 초점인 식물외부-환경의 경계면의 중요성을 강조해준다. 이 주제에 대해서는 5장에서 자세하게 다룬다.

식물세포의 구조

식물세포의 원형질은 세포질이라고 부르는 액상(aqueous phase)과 핵과 액포, 엽록체, 미토콘드리아, 골지체, 퍼옥시솜(peroxysome)을 비롯한 세포소기관(organelles)이라 부르는 막으로 둘러싸인 물체로 구성되어 있다. 어린 세포에는 액포막(tonoplasts)이라 불리는 막으로 둘러싸인 저장 세포소기관인 액포(vacuoles)가 많다(그림4.6). 세포가 성숙함에 따라 액포는 유착되어 중앙에 한 개의 커다란 액포를 형성하여, 한 개의 연속적인 액포막에 의해 세포질과 중앙의 액포가 분리된다. 액포 속의 액상에는 주로 당과 아미노산 등의 분자량이 적은 유기용질과 무기 이온, 그리고 일부 효소가 들어있다(Marty 1999).

식물세포의 구조를 보면 외부 용액으로부터 한 이온이 중심의 액포에 도달하려면 차례로 여러 지역을 통과해야함을 알 수 있다. 이것은 그림 4.7의 여러 개의 작은 액포를 지니는 피층세포의 동결식각 전자현미경사진(freeze-etch electron micrograph)에 생생하게 나타나있다. 첫째, 이온은 현미경사진의 좌측 하단에 나타난 부서진 부위인 세포벽을 통과해야만 한다. 그 다음에 이온은 세포벽과 접한 외부 원형질막을 통과해야만 한다. 넓게 펼쳐진 원형질막은 세포벽이 벗겨져 나간 표면의 모습이다. 이 막을 통과하면 이온은 세포질에 도달한다. 세포질은 현미경사진의 우측상부의 1/4을 차지하고 있으며 원형질막이 제거됨으로써

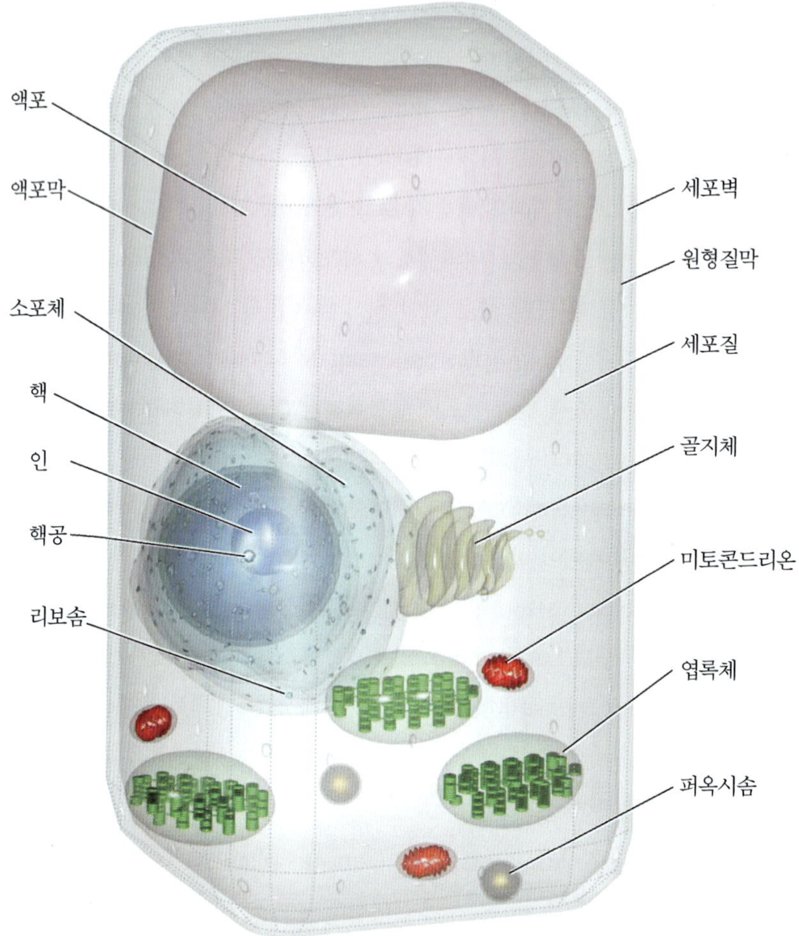

그림 4.6 식물 잎의 엽육세포 엽육세포의 특징적인 세포소기관들과 막, 막을 통한 연락체계[즉, 원형질연락사와 핵공(nuclear pores)]가 나타나있다.

노출되었다. 마지막으로 이온은 액포막을 지나 액포속으로 들어간다. 액포막은 세포질내부에 돔형 구조로 나타나있다.

용질의 수동수송과 능동수송

용적유동(mass flow)과 확산(diffusion), 토양이나 세포벽에서의 양이온교환과 같은 용질의 수동적 이동의 특징들은 (1) 조직의 대사활동과는 무관하며, (2) 가역반응이 쉽게 일어나며, (3) 선택성이 없다는 것이다. 이러한 과정은 살아있는 조직에서와 같이 죽은 세포에서도 쉽게 일어난다. 증발에 의해 토양표면으로 이동된 용질은 강우 후에 더 깊이 용탈될 수 있다.

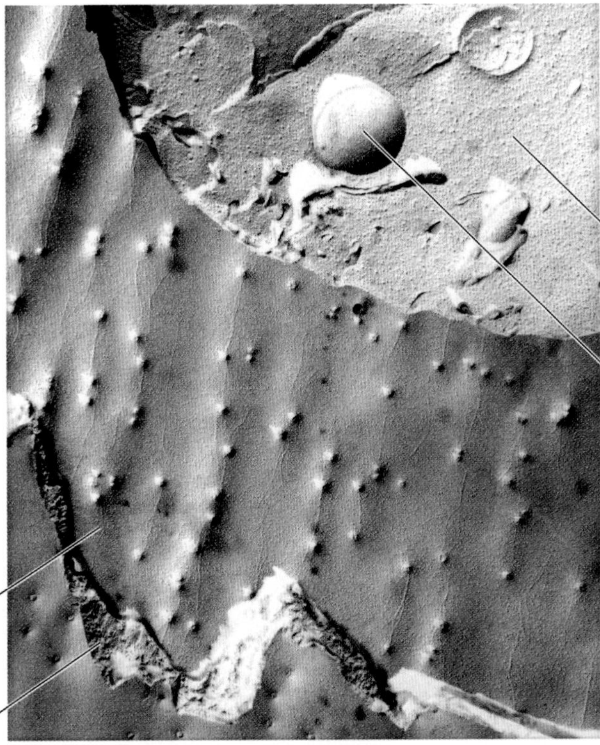

그림 4.7 양파(*Allium cepa*)뿌리 선단의 피층세포의 동결식각 전자현미경사진 이 현미경사진은 세포벽과 원형질연락사, 세포질을 보여주고 있다. 배율 x21,000

즉 아포플라스트속으로 확산되어 들어간 용질은 다시 확산되어 나올 수 있으며, 세포벽 카복실기의 음전하 부위에 결합된 양이온은 쉽게 다른 양이온으로 치환될 수 있다. 토양 또는 식물세포벽의 이와 같은 양이온교환 과정은 화학 실험실이나 공장의 합성 이온교환수지(synthetic ion exchange resins)에서 일어나는 이온교환과 다르지 않다. 토양 입자나 식물세포벽의 2가 또는 3가 양이온은 1가 양이온보다 더 강하게 흡착되며, 각 이온들의 흡착력은 이액순위(lyotropic series)($Al^{3+} = H^{+} > Ca^{2+} > Mg^{2+} > K^{+} = NH_4^{+} > Na^{+}$)와 같다. 그러나 이러한 흡착력의 차이는 그 체계가 선택성이 아주 높다는 것을 의미하지 않는다. 오히려 어떤 양이온은 다른 양이온을 쉽게 대체한다(Epstein and Leggett 1954).

이러한 신속하고 가역적인 이온의 이동은 아포플라스트 또는 세포벽 공간에서 일어난다. 이것은 효모 세포로 연구를 한 Conway와 Downey(1950)가 처음 제시하였다. 이들은 "외부 공간(outer space)"은 쉽고 가역적으로 칼륨과 염소를 비롯한 많은 용질에 노출될 수 있음을 알았고, 그 공간을 효모 세포벽에서 확인하였다. 5장에서 상세하게 다루겠지만 식물

뿌리에서 그 공간은 세포의 외피층을 넘어서 보통 카스파리띠(Casparian strip)가 있는 내피까지 이어진다. 식물생리학자들은 확산과 이온교환이 일어날 수 있는 이 공간에 대해 겉보기 자유공간(apparent free space) 또는 그냥 자유공간(free space)이라는 용어를 채택했다.

뿌리의 용질수송에 있어 이 공간이 중요한 점은 이 자유공간내의 용액이 바로 인접한 기질이며, 식물은 이 기질로부터 양분과 기타 원소를 표피 및 피층세포의 원형질막을 통해 수송하여 흡수한다는 점이다. 그 후 양분과 기타 원소는 "내부"(막의 내부) 공간에 위치한다. 세포벽은 음전하를 띠기 때문에, 이 세포벽 부위에 흡착된 양이온들(특히 Ca^{2+}과 Zn^{2+}같은 2가 양이온)은 저장되어 있는 셈이며, 그 곳으로부터 H^+또는 기타 이온들과의 교환에 의해 원형질막을 건너서 세포 내부 즉, "내부 공간(inner space)"으로 수송된다.

Epstein과 Leggett(1954)는 세포벽의 양이온교환부위는 양이온의 창고역할을 한다는 증거를 제시했다. 이들은 절단한 보리 뿌리를 $^{89}SrCl_2$용액에 담갔으며, 여기서 스트론튬-89(Strontium-89) 방사성동위원소는 칼슘의 유사체(analog)로 사용되었다. Epstein 등은 신속하고 가역적으로 흡수된 스트론튬 방사성 동위원소의 양은 몇 시간에 걸쳐 감소했으며, 그와 동시에 비교환성이 된 양도 증가하였음을 알았다. 이 사실은 이들 이온이 세포 내부로 수송되었음을 시사한다. 세포벽 양이온교환 복합체의 이러한 기능을 입증하는 다른 증거로 2가 다량원소인 마그네슘에 대한 Rengel(1990)의 증거도 있다.

앞서 설명한 피상적인 교환과정과는 달리, 식물의 무기물 조성은 (1) 대사작용(metabolic process)에 의존하며, (2) 쉽게 가역반응이 일어나지 않고 주로 일방향적(unidirectional)이며, (3) 선택성이 높은, 과정들에 의해 결정된다. 이들 특징은 양이온과 음이온, 하전을 띠지 않은 용질에도 동일하게 적용된다. 그러므로 식물에 의한 용질의 흡수 또는 수송과정을 설명하려면 용적유동과 확산, 이온교환이외의 다른 메커니즘을 이용해야 한다. 종합적 능동수송의 범주에 속하는 이러한 메커니즘 때문에 식물의 화학조성과 그 배지의 화학조성에 차이가 생긴다.

용질의 세포와 조직 속으로의 능동수송

능동수송(active transport)은 1차 및 2차 능동수송으로 구분할 수 있다. 1차 능동수송(primary active transport)에서는, 막을 통해 이온을 수송하는 내재성 막단백질의 입체배열(conformation)이 에너지가 소비되면서 변화된다(즉, ATP의 가수분해에 의해 작동하는 양성자 펌프). 2차 능동수송(secondary active transport)에서는, 에너지가 소비되면서 세포내의 구획(compartments)간에 국지적으로 전기화학적 기울기(electrochemical gradient)가 변화되고, 이 변화에 의해 이온은 선택적인 내재성 막단백질을 통해 이동된다

(즉, 양성자-질산 공동수송). 이 과정의 선택성은 이온이 일시적으로 특이적 단백질 결합부위에 결합되는 메커니즘에 의해 부여된다. 이와 같은 메커니즘은 당과 silicic acid 등의 중성용질(neural solutes)의 수송에도 적용된다. 1차이건 2차이건 이온의 능동수송은 용적유동과 확산, 이온교환과 같은 엄격한 물리적 과정과는 다르다. 왜냐하면 후자의 과정에서는 이온의 이동은 대사와 무관하며 특정 용질 또는 용질들에 대한 특이성이 없기 때문이다.

용질이 능동적으로 수송되는 생리적 메커니즘은 생명체간에 고도의 연관이 있었다. 따라서 식물의 수송체계에 관한 최근의 연구는 더 집중적으로 연구된 미생물과 동물계를 이용해서 얻은 정보에 크게 의존한다. 그러나 미생물과 동물은 상당부분 유기성 물질을 섭취함으로써 양분을 얻는다. 이러한 물질은 미생물과 동물에게 고도로 농축된 양분을 공급해준다. 반면에 식물은 주변 환경 즉, 주로 토양용액 내의 상당히 양분이 빈약한 무기질 "광석(ores)"으로부터 양분을 "채굴(mining)" 해야만 한다. 그러므로 식물은 농도 기울기(concentration gradients)를 거슬러서 용질을 흡수하는 것이 일반적이다. 아마도 이런 이유 때문에 용질의 능동수송에 관한 거의 모든 현대적 개념은 식물에 대한 실험에서 유래되었다.

모형계인 조류

20세기를 통해 미국 농업은 독일에서 공급한 칼륨("포타슘")에 크게 의존했다. 1차 세계대전으로 칼륨 공급이 중단되자 칼륨의 대체 공급원을 찾기 시작했다. 이 노력의 결과 U.C. Berkeley의 D.R. Hoagland는 미국 태평양 연안을 따라 발견되는 칼륨이 풍부한 거대 켈프(kelp)가 칼륨을 대체 공급해 줄 수 있을 가능성에 대해 연구했다(Hoagland 1944). 그는 켈프 속의 여러 이온 함량은 켈프 주변의 해수 속의 이온 함량과는 근본적으로 다름을 관찰하였다. 특히, 켈프와 해수의 칼륨 농도는 각각 약 200mM과 10mM이었다. 켈프와 해수의 나트륨 농도는 각각 약 50mM과 450mM로 정반대의 결과를 나타내었다. 이 결과가 Hoagland의 호기심을 자극한 이유는 칼륨과 나트륨이 둘 다 켈프 세포내에 많이 흡착되거나 침전되지 않는 1가 양이온이었고, 또 Hoagland는 칼륨 축적과 나트륨 배출을 당시의 주류 이론인 확산-삼투설(diffusion-osmosis theory)로는 설명할 수 없었기 때문이었다. 이 이론에 따르면 세포내부로 용질이 이동해 들어갈 때 이온들이 확산되어 세포 물질에 선택적으로 흡착된다.

Hoagland와 Davis(1923, 1929)의 발견에 따르면 해양 조류인 *Valonia*의 거대세포(large cells)와 담수 조류인 *Nitella*의 거대한 절간세포(internodal cells) 내부로 이동하는 이온(특히, 브롬 음이온)은 빛이 존재하면 증가하고 온도에 따라 변화했으며, 이는 세포호흡에서와 유사하다. 뿌리 내부로의 이온 수송은 호흡에 의해 좌우된다는 결론은 1930년대 초기에 보리(Hoagland and Broyer 1936)와 밀(Lundegardh 1946)에 대한 실험결과로 입증되었다. 확산-삼투에 의한 용질의 이동에는 호흡이 직접적으로 관여하지 않는다.

이 기간동안, 세포막 내외의 이온 분포는 전기화학적 기울기에 의해 좌우된다는 인식이 증가하고 있었다. 일찍이 Nernst(1893)는 10판이나 발간되었고 마지막 판이 1921년에 출간된 저서, 아보가드로 법칙과 열역학적 관점의 이론화학(*Theoretische Chemie vom Standpunkte der Avogadro' schen Regel und der Thermodynamik*)에서 이러한 전위의 열역학 이론(thermodynamic theory)에 대해 요약하였다(Nernst는 평균 3년마다 개정판을 발간하였으며, 이는 현대 교재보다 몇 십 배 빠르다). 이 이론에 따르면 한 용질 J의 전기화학적 전위(joule · mol^{-1})는 다음과 같다.

$$\tilde{\mu}_J = \tilde{\mu}_J^0 + RT \cdot \text{In}[J] + zFE + \bar{V}_j P \tag{4.1}$$

여기서 $\tilde{\mu}_J^0$는 표준상태(이 다음 식에서는 없어지는 용어)에서의 전기화학적 전위 J(joules · $coulomb^{-1}$)이며, R은 기체상수(8.314 joules · mol^{-1}), T는 온도(K 즉, Kelvin), $[J]$은 J의 농도(mol · m^{-3}), Z는 용질의 알짜 전하, F는 Faraday 상수(96,500 coulombs · mol^{-1}), E는 배지의 전기적 전위(volts = joules · $coulomb^{-1}$), $\bar{V}_j$는 계에 첨가된 용질 J의 mol당 부피(m^3 · mol^{-1})변화, P는 압력(joule · m^{-3})이다(Nobel 1999). 마지막 부호 $\bar{V}_j P$는 2장에서 다룬 삼투퍼텐셜 Y_t을 나타내며, 각 세포에서는 다른 부호와 비교할 때 적다. 만약 용질이 반투성막의 내부와 외부에 분포되면, 막내외의 J의 전기화학적 기울기는 다음과 같다.

$$\Delta\tilde{\mu}_J = RT \cdot \text{In}\left(\frac{[J_i]}{[J_o]}\right) + zF \cdot E_m \tag{4.2}$$

여기서$[J_i]$와 $[J_0]$는 각각 막 내부와 외부의 농도이며, Em은 막 전위를 나타낸다. 만약 $\Delta\tilde{\mu}_J$가 양의 값이면, 그 용질은 세포를 빠져나가기 쉽다. 그에 반해 이 값이 음이면, 그 용질은 세포 속으로 들어가려는 경향을 나타낸다. $\Delta\tilde{\mu}_J$가 0에 가까우면, 알짜 이동은 없으며, 그 계는 평형상태에 있다고 말한다. 평형상태에서 형성되는 막전위(membrane potential)를 Nernst 전위(Nernst potential)라 부른다. 예를 들어 25° C에서 막내외의 1가 이온의 농도차이가 10배이면 59mV의 Nernst 전위가 생성된다. 이 때문에 양성자(H^+)를 선택적으로 투과시키는 막으로 된 pH 전극은 25° C에서 pH 1단위(즉, 10배의 농도차이)당 59 mV의 전위를 생성한다.

신경전도에 관한 연구를 수행하는 동물생리학자들이 모형계(model system)로써 해양 조류인 *Valonia*와 담수 조류인 *Nietella*에 관심을 가지게 된 이유는 이들 생명체가 전기적 자극에 반응성이 있고 그 당시의 생리학적 기술을 적용할 수 있는 거대한 세포를 지녔기 때문

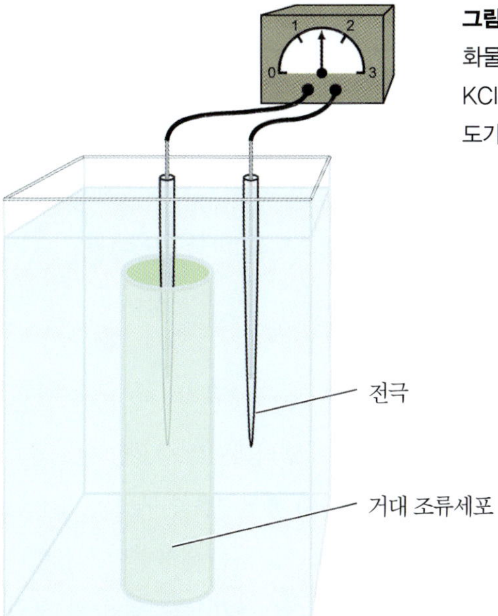

그림 4.8 거대 조류세포의 막 전위를 측정하기 위한 실험장치 전극(염화물-처리 은제 철사를 유리관내부의 특정 지점까지 삽입하고 진한 KCl 용액으로 채웠다)을 세포내부와 담금용액에 위치시킨다. 전극에 감도가 높은 전압계를 연결하면 전기적 전위의 차이를 측정할 수 있다.

이었다. 막 전위는 *Valona*와 *Nietella* 세포 속으로 조잡한 세포내 전극(intracellular electrode)을 삽입하여 Blinks(1930a; 1930b)가 처음 기록했다. 이러한 전기적 성질은 막이 두 지질층을 지님을 시사하며, 이미 Danielli와 Davson(1935)이 기술한 2중층 막 모형의 발전을 촉진시켰다.

오징어의 거대축색세포(squid giant axon cell)(Young 1936)가 발견되어 Massachusetts의 Woods Hole의 Cole과 Curtis(1938b) 및 영국 Plymouth의 Hodgkin과 Huxley(1939)는 신경전도의 연구에 거대 조류 세포대신 동물을 사용할 수 있게 되었다. 그러나 이들 연구진은 오징어를 구할 수 없을 때는 그 이후에도 거대 조류세포를 계속 사용했다. 실제로 Cole과 Curtis(1938a)가 원형질막 내외의 전기적 변화가 이온 투과성의 변화로부터 기인하는 방식에 대해 처음 입증한 것은 *Nietella*에 대해서였다. 이들은 염화칼륨을 채운 가는 모세관을 거대 조류세포 또는 오징어 축색(squid axon) 단편의 중심축을 따라 삽입한 후 외부의 염화칼륨 농도를 달리하여 세포내부와 외부용기 간의 전기적 전위를 기록했다(그림 4.8). 칼륨 농도가 높을 때, 전기적 전위의 측정값은 Nernst방정식으로 예측한 칼륨 농도와 막전위 간의 로그-직선형 상관관계(log-linear relationship) 값과 일치했다. 그러나 칼륨 농도가 낮으면 이러한 상관관계는 성립되지 않았다. 저농도에서 측정치를 일치했키기 위해, Goldman(1943)은 여러 이온들의 투과성과 농도에 기초하여 방정식을 유도했다.

$$E_m = \frac{RT}{F} \ln \left(\frac{P_{K^+}[K^+]_o + P_{Na^+}[Na^+]_o - P_{Cl^-}[Cl^-]_o}{P_{K^+}[K^+]_i + P_{Na^+}[Na^+]_i - P_{Cl^-}[Cl^-]_i} \right) \quad (4.3)$$

여기서 P_{K^+}는 K^+에 대한 막투과성, P_{Na^+}는 Na^+에 대한 막투과성, P_{Cl^-}은 Cl^-에 대한 막투과성을 나타낸다. Goldman 방정식에는 다른 이온들에 대한 부호도 들어갈 수 있지만, K^+와 Na^+, Cl^-가 다른 이온들보다 투과성이 더 크고 농도가 더 높으므로, 다른 이온들의 기여도는 일반적으로 무시한다.

뿌리의 용질수송

제2차 세계대전이 끝난 핵시대의 여명기에 이용할 수 있게 된 생리적으로 중요한 원소들의 방사성 동위원소 추적자(radioactive tracers)는 식물과 동물의 용질수송 연구에 큰 도움이 되었다. 이 책의 한 저자는 방사성 동위원소를 이용하는 이 도구를 십분 활용하여 식물뿌리 내부로의 이온수송에 대해 연구했다. 표준방법(standard protocol)은 5일 동안 보리(*Hordeum vulgare*)의 유묘를 묽은 황산칼슘 용액(0.2mM $CaSO_4$)에서 키우고, 뿌리를 절단하여, 시료 1.00g씩을 한쪽이 트인 무명천(cheesecloth)으로 만든 "티백(tea bag)"으로 감쌌다(그림4.9)(Epstein, Schmid, and Rains 1963). 각 티백에 연결된 실끈으로 시료를 정확한 시간간격으로 실험용액의 안과 밖으로 옮길 수 있다. 뒤에 더 자세하게 설명할 이 기술

그림 4.9 뿌리의 이온 흡수 측정법 절단한 보리 뿌리시료 1.00g을 무명천 티백으로 싸고 산소공급 장치가 있는 실험용액에 담근다. 실제실험에서 플라스크를 항온수조에 담근다.

(technique)을 이용하면 용질의 축적정도를 신속하게 측정할 수 있다.

Epstein과 Hagen(1952)은 뿌리가 흡수하는 칼륨과 루비듐(rubidium) 방사성 동위원소의 양을 측정하여 최초로 효소반응속도론(enzyme kinetics)으로 뿌리의 이온수송에 대해 기술했다. 효소는 일시적으로 효소-기질 복합체를 형성함으로써 기질을 생성물로 변화시키는 촉매이다. 한 효소의 활성은 포화 반응속도론(saturation kinetics)에 의하면 기질농도에 따라 달라진다. 즉, 기질농도가 낮을 경우 반응속도는 기질농도가 증가함에 따라 거의 직선적으로 증가하며, 기질농도가 높을 경우 반응속도는 기질농도와는 무관하게 된다. 그 이유는 복합체의 모든 반응부위가 거의 기질에 의해 이미 점유되었기 때문이다. 보통 뿌리 용질수송의 반응속도론은 유사하며, 이는 메커니즘이 유사함을 나타낸다고 생각된다. 두 경우 모두, 특정 기질(각각 용질 또는 유기성 기질)은 활성매체(active agent)(수송단백질 또는 촉매)에 결합하며, 활성매체에 의해 촉진되는 과정(수송 또는 촉매작용)을 거친 후, 활성매체는 다시 유리되어 반응을 반복한다. 수송단백질(transporters)에 의해 매개되는 유동(flux)과 효소에 의해 매개되는 촉매작용의 차이점은 두 종류의 활성매체가 촉진하는 과정이 다르다는 것이다. 수송단백질은 기질이온을 막의 한편에서부터 막의 다른 편으로 이동시키는 반면, 효소는 기질분자를 다른 분자로 화학적으로 변환시킨다. 수송단백질과 효소에 의해 촉진되는 과정들의 이런 차이는 분자수준의 현상이 근본적으로 다름을 의미하지 않는다. 많은 효소반응은 전달반응(transfer reactions)이며, 또 예를 들어 양성자펌프(proton pump)에 의해 촉진되는 현상은 인산기를 한 화합물로부터 다른 화합물로 전달하는 효소인 kinase의 현상과 근본적으로 비슷하다.

수송단백질에 의해 매개되는 유동 속도는 효소촉매에 의한 속도와 같이 두 인자에 의해 좌우된다. 하나는 용량인자(capacity factor)로서 모든 가능한 수송단백질 부위가 기질 이온과 결합할 때의 최대 수송량을 나타내며, 다른 하나는 강도인자(intensity factor)로서 특정 이온 농도에서 실제로 점유되는 수송단백질 부위의 분획을 나타낸다. 용량인자 V_{max}는 실험자료로부터 계산할 수 있으며, 그 값은 고농도의 용질에서 점근적으로 도달하는 최대 흡수속도이다(그림 4.10). 이 속도는 수송단백질 부위의 전체 농도와 막 내 수송단백질의 전환속도를 곱한 값이다. 용질의 농도[S]에서 점유부위의 분획 θ인 강도인자는 Langmuir흡착등온식(adsorption isotherm)으로 다음과 같이 나타낸다.

$$q = \frac{[S]}{K_m + [S]} \tag{4.4}$$

여기서 K_m은 수송단백질-용질 복합체의 해리상수(dissociation constant)이다. 반대방향으

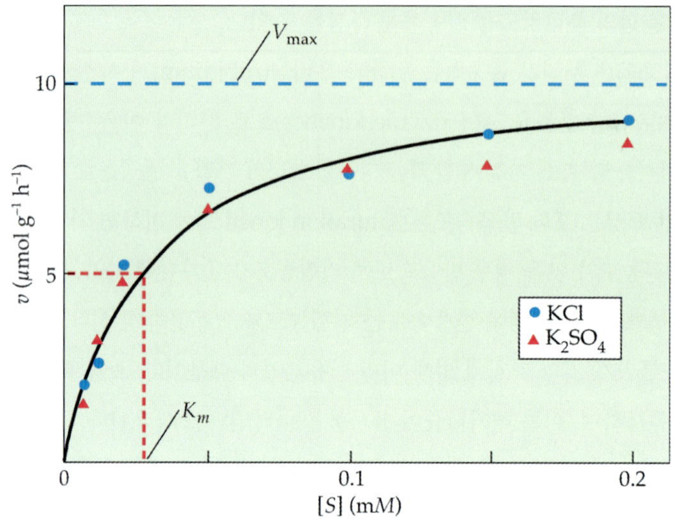

그림 4.10 K^+농도([S])에 따른 보리 뿌리의 칼륨 흡수(v) KCl과 K_2SO_4 형태로 공급할 때의 K^+흡수속도(v)를 용질의 농도[S]에 따라 나타내었다. 실선은 Michaelis-Menten 방정식에 가장 잘 부합한다. 푸른 파선은 최대 속도인 V_{max}를 나타낸다. 붉은 파선은 최대속도의 1/2에서의 농도 즉, K_m을 나타내며, 이는 수송계의 K^+에 대한 친화성과 역의 관계에 있다. K_m = 0.0023mM; V_{max} = 10.0mmolg^{-1} 뿌리생체중 h^{-1}

로의 역류가 없다는 가정 하에서, 흡수(absorption) 속도 v는 용량인자와 강도인자의 곱으로 나타낸다.

$$v = V_{max}\left(\frac{[S]}{K_m + [S]}\right) \tag{4.5}$$

이것은 Michaelis-Menten방정식[수학적으로 직각쌍곡선(rectangular hyperbola)에 대한 방정식]이며, 기질 농도와 효소촉매반응 속도의 관계를 나타내며, 용질농도[S]의 변화에 따른 용질수송 속도 v에도 적용할 수 있다. 그림 4.10의 칼륨흡수에 대한 이러한 관계를 나타내는 선은 Michaelis-Menten방정식을 그린 것이며 설명문에 변수(V_{max}와 K_m)를 나타내었다. 이러한 곡선을 등온식(isotherm)이라 부른다.

용질의 농도가 [S]일 때 관찰된 흡수속도 v가 이론적인 최대속도(V_{max})의 절반(즉, v = 1/2 V_{max})일 경우를 생각해 보자.

$$\begin{aligned}\frac{V_{max}}{2} &= V_{max}\left(\frac{[S]}{K_m + [S]}\right)\\ K_m + [S] &= 2[S]\\ K_m &= [S]\end{aligned} \tag{4.6}$$

즉, Michaelis상수인 K_m은 최대흡수속도의 절반일 때의 용질의 농도이다. 이 값이 적을수록 그 용질에 대한 수송단백질 부위의 친화성은 크다. 용질농도의 범위가 K_m보다 훨씬 아래일 경우, 즉, 용질이 비교적 수송단백질 부위를 더 적게 채울 경우, 용질 흡수는 용질의 농도가 증가함에 따라 거의 직선적으로 증가함을 주목하라(그림 4.10).

Epstein과 Hagen(1952)의 보리에 대한 연구결과에 의하면 뿌리는 각 용질에 대해 별개의 수송계를 지님을 알 수 있다. 이들 수송계는 일반적으로 두 부류로 나눌 수 있다. 그러나 이들 두 범주의 수송 메커니즘을 명확하게 기술할 수 있게 된 것은 1960년대 초에 일어난 다음과 같은 발전이 있었기 때문이다.

첫째, 그 당시까지만 해도 식물 뿌리의 이온흡수를 연구하던 연구자들은 KNO_3 또는 KBr, NaCl과 같은 1가 음이온과 결합한 1가 양이온 염류만을 함유하는 배지에서 대부분의 실험을 수행했다. 그러나 1961년 이온수송 메커니즘의 선택성을 유지하려면 뿌리가 잠겨있는 용액내에 칼슘 이온(Ca^{2+})이 필수적으로 존재해야한다는 사실이 밝혀졌다(Epstein 1961). 더 자세하게 말하면 Ca^{2+}이온이 없을 경우에 나트륨 이온(Na^+)(Ca^{2+}이 존재할 때 K^+ 흡수에 거의 영향을 주지 않는 Na^+ 농도에서도)은 칼륨 이온(K^+)(또는 그 유사체인 루비듐, Rb^+)의 흡수를 심각하게 저해했다. 이같이 이온 선택성의 훼손은 Ca^{2+}이 결핍된 용액에 노출된 후 수분이내에 나타났다(그림 4.11). Ca^{2+}이 존재함으로써 낮은 pH로 인한 Rb^+흡수저해 현상도 완화되었다(Rains, Schmid, and E. Epstein 1964). 선택적 이온수송계를 유지하는데 Ca^{2+}이 필수적이라는 그러한 증거가 발표된 이래로 관련 실험에 Ca^{2+}을 포함시키는 것은 관례가 되었다.

둘째, 실험상의 흡착기간은 본래의 공식화된 효소반응속도론(enzyme kinetics)에서와 마찬가지로 가능하면 짧아야 한다(Segel 1993). 효소 촉매작용에 관한 단기간의 실험 과정 중, 생성물은 많이 축적되지 않으므로 촉매반응 과정을 늦추는 되먹임 메커니즘(feedback

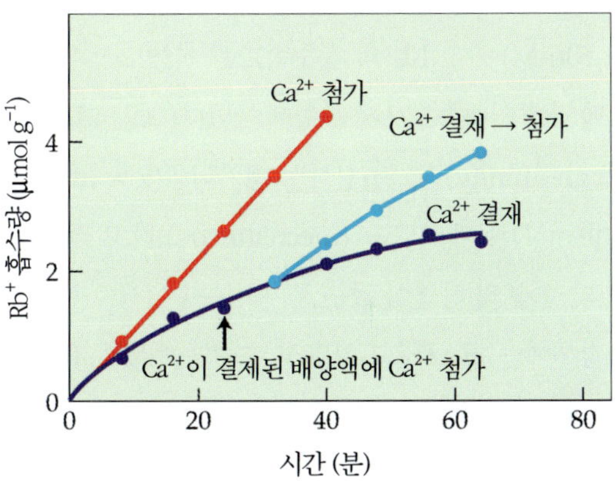

그림4.11 Ca^{2+}의 존재 유무와 NaCl 존재시 시간에 따른 보리 뿌리의 루비듐 흡수 RbCl 농도는 1mM, NaCl 농도는 20mM, $CaCl_2$의 존재시 농도는 0.1mM이었다. 루비듐은 칼륨의 유사체로 사용되었다.

mechanism)은 최소화된다. Michaelis상수가 기질과 결합부위간의 친화성을 반영해 주는 것은 초기속도를 측정할 때뿐이다. 담체 반응속도론(carrrier kinetics)에서 "생성물(products)"은 수송된 기질(즉, 세포내 이온들)이며, 이들 기질은 되먹임 메커니즘을 통해 최종적으로 물질흡수 속도를 낮춘다. 따라서 반응속도론 실험의 흡수 기간은 10~20분 정도로 짧아야 하며(Epstein, Rains, and Elzam 1963; Huang et al. 1992), 흡수속도는 그 기간동안에는 일정하다는 것을 실험적으로 입증해야만 한다. 또 단기간의 실험으로 알 수 있는 것은 흡수속도 측정은 뿌리 세포의 원형질막을 통한 초기흡수(initial absorption)속도를 반영하는 것이지 그 이후의 내부세포막을 통한 수송을 반영하는 것이 아니라는 사실이다(Welch and Epstein 1968, 1969).

셋째, 단기적 실험을 수행할 때 실험기간의 말기에 세포벽에 느슨하게 결합된 이온을 제거해줄 필요가 있다. 음이온들은 물로 잠깐 세척하면 충분하지만, 그렇게 해서는 세포벽의 음전하부위에 강하게 흡착된 양이온을 제거할 수 없다. 이들 이온을 제거하지 않으면 신속하게 교환되는 양이온들이 뿌리 "내부"의 총량 중의 상당부분을 차지할 수 있다. 이러한 난점을 해결하는 기술은 흡수실험에 방사성 동위원소로 표지한 이온을 사용하는 것이다. 이어서 표지하지 않은 이온에 노출시켜 신속하게 교환성 양이온(exchangeable cations)을 탈착시키는 것이다. 그렇게 되면 시험의 종료시점에서 조직에 남아있는 이온들은 원형질막을 통과해 세포내부로 수송되어 서서히 교환되는 이온들뿐일 것이다(Epstein, Rains, Schmid 1962; Epstein, Schmid, and Rains 1963).

넷째, 초기 실험에서 배지내의 이온농도는 일반적으로 토양용액에서보다 훨씬 높았으며, 연구된 농도범위는 너무 좁았다. Rb^+농도범위(0.002~50mM, 즉, 25,000배의 차이)가 넓은 실험용액에서 Rb^+흡수속도를 조사한 결과 두 별개의 흡수 메커니즘이 작용함이 분명하게 밝혀졌다(Epstein, Rains, and Elzam 1963). Rb^+농도가 낮을 경우(최대 0.2~0.5 mM)에 흡수속도는 Michaelis-Menten kinetics가 적용되어(그림 4.10) 약 0.2mM Rb^+에서 더 이상 증가하지 않았다. 더 높은 농도범위(최대 50mM)에서, Rb^+의 흡수속도는 저농도 범위에서 작용하는 메커니즘에 의해 점근적으로 도달되는 최대속도보다도 훨씬 높았다(그림 4.12).

두 K^+흡수 메커니즘 즉, 고-친화성(high-affinity) 및 저-친화성 메커니즘(low-affinity mechanism)을 각각 메커니즘1(mechanism 1)과 메커니즘2(mechanism 2)라고 부른다. 이러한 이원성(duality)은 거의 모든 이온의 수송 및 하전이 없는 분자의 수송에서도 관찰되었다. 질산과 같은 일부 이온의 흡수의 경우에는 HATS(고-친화성 수송계, high-affinity transport system)와 LATS(저-친화성 수송계, *low*-affinity transport system)를 쓰기도 한다.

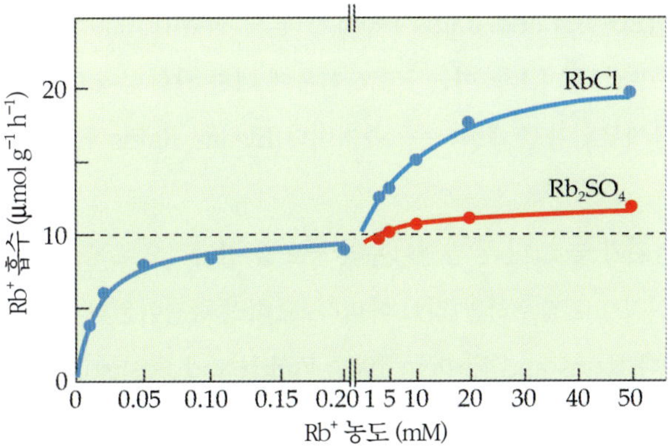

그림 4.12 Rb^+를 RbCl 또는 Rb_2SO_4 형태로 공급했을 때 Rb^+ 농도에 따른 보리 뿌리의 루비듐 흡수 굵은 선은 Michaelis-Menten 방정식이 각각 0.2mM이하와 0.5mM이상의 농도에 대한 자료에 가장 잘 부합된다. 파선은 고-친화성 메커니즘1에 의한 Rb^+흡수의 최대속도를 나타낸다. 이 두 범위에 대한 농도 단위는 다름을 유념해야 한다. 루비듐을 칼륨의 유사체로 사용하였다 (Epstein, Rains, Elzam 1963).

이 두 수송 메커니즘은 확연히 구분된다. 메커니즘1의 경우에 반대이온(counter-ion) 역할을 하는 음이온의 동일성(identity) 또는 흡수속도는 영향을 미치지 않는다(그림 4.10). 이 특수한 실험에서 K^+(또는 Rb^+)는 염화물(Cl^-) 또는 황산염(SO_4^{2-})으로 존재했다. 뿌리는 SO_4^{2-}을 Cl^-보다 훨씬 더디게 흡수하지만, K^+흡수속도는 같았다. K_2SO_4농도가 높을 경우, K^+ 흡수속도는 고-친화성 메커니즘에 의한 최대 속도보다 약간 밖에 높지 않았다. 이는 Cl^-이 반대이온일 경우에 K^+ 흡수속도가 더 높았던 것과는 분명하게 대비되는 것이다(그림 4.12). 그러므로 동반 음이온(accompanying anion) 종들에 대한 저-친화성 메커니즘 2의 감수성(sensitivity)은 메커니즘1과 차이가 있었다. 이 주제에 대해서는 11장 염류 스트레스에서 다시 다룰 것이다.

고농도 범위에 걸쳐 더 면밀하게 흡수에 대해 조사한 결과 두 메커니즘은 또 다른 차이점이 있었다. Epstein과 Rains, Elzam(1963)의 보고에서, 이들은 메커니즘 2는 메커니즘 1과 마찬가지로 단순한 Michaelis-Menten 반응속도론이 적용된다고 생각했다. 후속 연구결과 메커니즘2에는 막-관통(trans-membrane) 담체에 여러 이온결합부위가 있음을 시사하

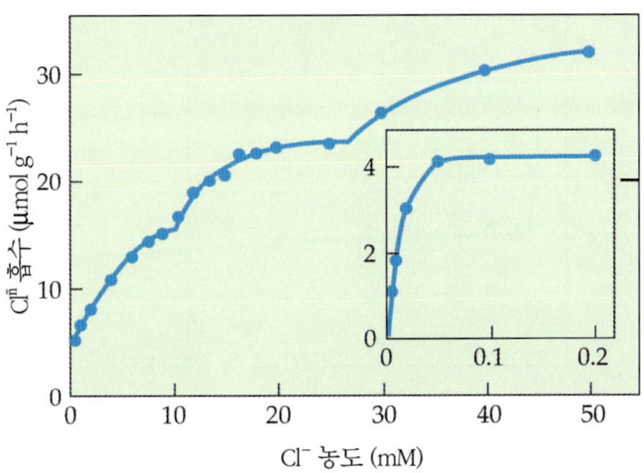

그림 4.13 염소 농도에 따른 보리 뿌리의 염소 흡수 작은 네모는 저농도에서의 자료를 나타낸다.(자료제공; Elzam, Rains, and Epstein 1964)

는 미세구조가 있음이 확인되었다(Epstein and Rains 1965). 고농도 범위(0.5~50mM)에 걸친 Cl^-흡수속도도 역시 복잡했으며(그림 4.13), 이는 "염소 이온에 대한 친화성이 아주 크지는 않지만 상당한 차이가 있는 담체부위가 존재한다는" 증거이다(Elzam, Rains, Epstein 1964).

이에 반해 특정 이온의 농도범위가 높고 다른 경쟁이온의 농도를 점진적으로 증가시킬 때, 첫 번째 이온의 흡수속도는 점진적으로 감소하는 것이 아니라, 오히려 경쟁이온의 농도가 증가함에 따라 단계적으로 감소한다(Rains and Epstein 1967; Welch and Epstein 1968). 이러한 증거는 저-친화성 메커니즘에 많은 이온결합부위가 있다는 결론을 입증해준다.

두 메커니즘의 또 다른 차이점은 선택성이다. Na^+이온은 고-친화성 메커니즘1에서 K^+ 흡수를 아주 미약하게 방해하지만, 메커니즘 2에서는 K^+흡수를 강력하게 방해한다(Epstein, Rains, and Elzam 1963). 앞 단락에서 논의할 때 고농도 범위에 걸친 흡수 곡선(isotherm)의 미세구조에 대해 다루었다. 동일한 접근방식(즉, 기질 이온의 농도를 특정값에 고정시키고 잠재적 경쟁이온의 농도를 점진적으로 높여가며 흡수속도를 측정하는 방식)을 사용해서 저- 및 고-친화성 메커니즘의 선택성을 비교할 수 있다. 그림 4.14에 나타낸 실험에서 기질 이온은 5.0 mM의 Na^+였다. K^+농도가 0.5 mM(고-친화성 K^+ 수송 메커니즘1을 포화시키는 수준, 그림 4.10)이면 Na^+ 흡수량은 급격하게 감소했지만, K^+농도가 더 높으면 더 이상 거의 영향을 미치지 않았다. 이 실험으로 K^+가 없을 경우에 고농도로 존재하는 Na^+은 고-친화성 메커니즘 1에 의해 실제로 흡수되지만, K^+가 0.5 mM일 경우에 이 메커니즘은 K^+에 의해 완전히 선점되어 Na^+을 배제(이 메커니즘은 Na^+에 대한 치화성이 낮기 때문에)함을 알 수 있다. 0.5 mM K^+이상의 농도에서 K^+이 Na^+흡수에 추가로 영향을 미치지 않는 것은 Na^+에 대해 친화성이 더 높은 Na^+ 수송 메커니즘이 존재함을 의미하며, 우리는

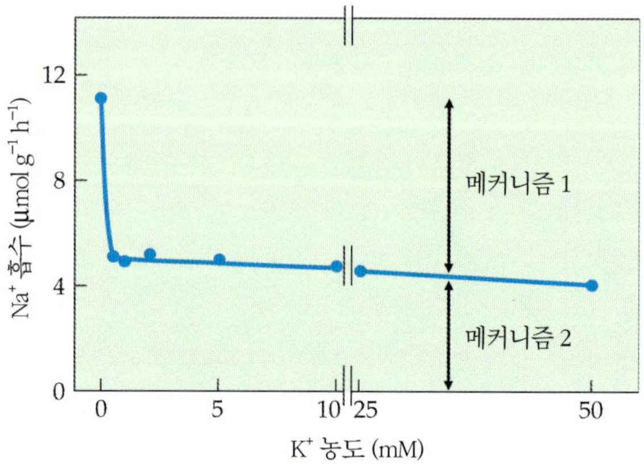

그림 4.14 영양용액에 5.0mM의 Na^+와 여러 농도의 K^+을 함유할 때 뿌리에 의한 나트륨 흡수 메커니즘 2에 의해 K^+존재에 별로 영향을 받지 않고 Na^+이 흡수되는 반면, 메커니즘1에 의해서는 K^+이 없을 때만 Na^+이 수송된다(Welch and Epstein 1968).

이미 메커니즘 2를 통한 알칼리 양이온 흡수가 그 기능을 수행함을 보았다. 그러므로 이 실험에서의 총 Na^+ 흡수량은 각각 메커니즘 1과 2의 영향을 받는 두 부분으로 명확하게 구분된다. 그러므로 특정 이온에 대한 수송 메커니즘의 이원성을 보다 일반적인 상승 곡선과는 전혀 다른 방법으로 입증할 수 있다. 이 주제는 Epstein(1973)이 더 상세하게 설명하고 있다.

여러분은 왜 저자들이 효소반응속도론(enzyme kinetics)이라는 형식으로 이온수송을 꽤 상세히 설명하는지, 그리고 왜 고-친화성 및 저-친화성 메커니즘의 차이를 특히 강조하는지 궁금할 것이다. 그 이유는 방금 설명한 근거는 논쟁의 여지가 있으며, 또한 (1) 저-친화성 K^+흡수 메커니즘은 액포막에 있는 반면, 고친화성 메커니즘은 원형질막에 존재할 수 있으며, (2) 두 메커니즘중의 하나는 뿌리표면에 서식하는 미생물에 의한 이온흡수 메커니즘일 수 있으며, (3) 두 메커니즘은 다른 형태의 세포나 조직이 작용하기 때문일 수 있으며, (4) 이온흡수는 단일 메커니즘에 의해 진행될 수 있으며, 고-친화성과 저-친화성 메커니즘으로 구분하는 것은 타당하지 않을 수 있다는 등의 다른 가설이 있기 때문이다. 이들을 포함한 다른 어떤 이론도 연구가 진행됨에 따라 옳지 않음이 입증되었다. 10장에서 다루겠지만 더욱이 독자적인 분자생물학 기법만으로 현재 이원성 메커니즘 체계가 타당하다는 증거가 제시되고 있다. 10장에서 우리는 몇몇 수송 메커니즘은 분자친화성 스위치(molecular affinity switch)를 통해 고-친화성 및 저-친화성의 두 방식으로 작동할 것이라는 증거에 대해 다룰 것이다.

세균이나 곰팡이 등의 가장 간단한 생명체조차 각 용질에 대한 여러 별도의 수송계를 지닌다. 전체 유전체(genome)의 염기서열이 확인된 최초의 원핵생물인 *Hemophilus influenzae*의 경우에 1,743개의 유전자중 10%이상이 수송 단백질을 암호화한다. 마찬가지로 효모(yeast)의 경우에 6,000개 유전자의 1/3이 수송단백질을 암호화한다. 수송에 관여하는 유전체의 비율과 수송계의 높은 중잉성(extensive redundancy)을 보면 이들 과정이 생명을 유지하는데 얼마나 중요한지를 알 수 있다.

에너지 짝지음

방사성동위원소가 1950년대에 뿌리의 이온흡수에 관한 연구에 진전을 가져왔다면, 그 후 해양연구소(marine stations)에서의 기술적인 발달로 신경생물학(neurobiology)의 발견이 촉발되고 있었다(Cole 1968). 직경이 사람 머리카락 굵기의 1/100에 불과한 침을 장착한 미세전극(microelectrodes)을 사용하여 개개의 조류세포와 고등식물의 세포에 대한 막전위를 기록할 수 있게 되었다(Hope 1951; Walker 1955; Kishmoto 1957). 이러한 측정을 통해

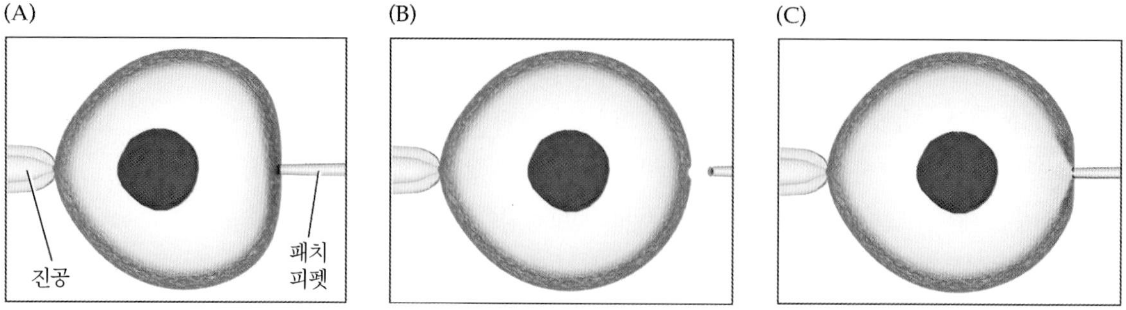

그림 4.15 세포의 패치고정법 (A) 좌측의 큰 피펫으로 진공을 걸어 세포위치를 고정시키고, 우측의 작은 피펫을 세포 표면에 댄다. 패치 피펫의 유리와 막이 높은 저항에 의해 봉인되면, (B) 패치 피펫을 당겨내어 막의 일부가 찢어져 피펫 끝을 덮거나, (C) 패치 피펫을 덮고 있는 막에 구멍을 내어 피펫이 세포에 접하도록 할 수 있다.

휴면상태에서 원형질막 내외의 막전위는 −100에서 −300mV였으며, 이는 투과성이 가장 높은 이온의 Nernst 전위보다 훨씬 더 음의 값이었음을 알 수 있었다(Etherton and Higinbotham; Salyman 1965).

최근 패치고정법(patch-clamping)으로 막내외의 이온 이동을 더 세밀하게 관찰할 수 있게 되었다(tanner and Caspari 1996; Ward 1997; White et al. 1999; Poole 2002). 패치고정실험에서 연구자들은 세포벽을 제거한 후, 미세전극 피펫을 세포막에 압착시켜 피펫의 유리와 막 사이를 높은 저항으로 봉한다(그림4.15A). 일부 실험에서는 피펫을 세포로부터 당겨내면 피펫 선단이 작은 막 조각(patch)으로 덥히게 된다(그림4.15B). 다른 실험에서는 피펫으로 패치 구멍을 내면 작은 패치가 제거된 전체 세포에 대한 측정을 할 수 있다(그림 4.15C). 전기증폭기(electronic amplifier)로 미세전극을 통해 전류를 조절하여 패치 또는 세포 내외의 막전위를 일정한 전압으로 유지시킨다(전위고정, voltage-clamp). 이 전류는 원형질막 내외의 모든 능동 및 수동 이온유동의 합을 나타내기 때문에, 패치나 세포가 담겨 있는 배지를 변화시키는 것은 어느 이온의 유동때문인지를 결정할 수 있는 핵심이다. 패치고정법은 단일 단백질 분자의 입체배열이 막전위에 어떻게 영향을 미칠 수 있는지를 점검하기에 감도가 충분했으며, 이 때문에 식물생리학자은 이온을 수송하게 하는 화학적 기울기뿐만 아니라 전기적 기울기도 고려할 수 있게 되었다.

미토콘드리아 내에서의 ATP생성을 설명하기 위해 처음 제시된 Mitchell(1961)의 화학삼투설(chemiosmotic hypothesis)은 곧장 식물의 용질수송에도 적용될 수 있음이 밝혀졌다. 이 가설은 모든 세포막은 양성자(H^+)를 투과시키지 못하므로, 세포는 양성자를 막너머로 능동적으로 펌프질하여 양성자 농도기울기를 형성함으로써 에너지를 저장할 수 있다. 세

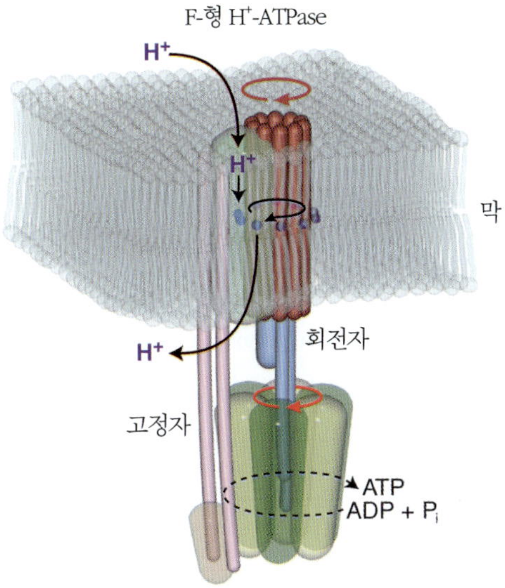

그림 4.16 미토콘드리아와 엽록체에서 발견되는 F-형 H^+-ATPase 양성자(H^+)는 펌프를 통과하면서 펌프의 일부를 회전시킨다(회전자). 이 회전에 의해 ADP와 P_i가 서로 가까워져 ATP가 생성된다. 펌프의 다른 부위는 움직이지 않는다(고정자, stator).

포는 이들 양성자가 그 전기화학적 기울기를 따라 막을 통해 다시 흘러가게 하고 이 흐름을 현재 H^+-ATPase라 부르는 내재성 막단백질(integral membrane proteins)을 통한 ATP 생성과 연계시킴으로써 이 에너지를 회수한다(Sze 1985; Assmann 2001).

현재 분자생물학과 X-선 결정학(X-ray crystallography)이 결합하여 H^+-ATPase과 같은 내재성 막단백질의 구조-기능의 상호작용에 관한 환상적인 그림을 얻을 수 있다(그림 4.16). 고등식물의 액포 H^+-ATPase는 모든 진핵생물의 미토콘드리아와 모든 광합성 진핵생물의 엽록체에서 발견되는 F^+-ATPase와 밀접한 관련이 있다. H^+-ATPase는 약 19개의 폴리펩타이드 소단위들로 구성된 복합 단백질이다. F^+-ATPase의 경우에, 양성자가 고농도 부위로부터 내부 미토콘드리아 막(또는 엽록체의 틸라코이드 막)을 가로질러 저농도 부위로 흐를 때, 양성자는 ATPase내의 통로를 통과하면서 단백질의 여러 소단위를 회전시킨다. 이들 일부 소단위는 ADP 및 P_i와 복합체를 형성하며, 소단위가 회전할 때 소단위의 입체배열이 변화됨으로써 ADP와 P_i에서 ATP가 생성된다. 이 과정은 개울에 물레바퀴를 설치하고 방아를 돌리기 위해 바퀴의 회전운동을 이용하여 높은 에너지를 얻는 것과 유사하다. 액포막 H^+-ATPase는 반대로 작용하는 것 같다. 즉, ATP가 ADP와 Pi로 가수분해되면 소단위의 일부가 회전되고, 그에 따라 농도 기울기에 역행해서 세포질로부터 액포속으로 양성자를 펌프질한다.

비록 원형질막 H^+-ATPase는 액포 H^+-ATPase와 기질이 같지만, 이들의 구조와 메커니즘은 다르다. 원형질막 H^+-ATPase는 세포질내에서 한 개의 양성자 및 한 개의 ATP와 복합체를 형성하는 한 개의 폴리펩타이드 단위로 구성되어 있다. 이 ATP는 ADP와 인산기로

표 4.2 식물세포의 여러 구획내 주간의 개략적인 pH와 막전위

구획	pH	막전위(mV)
아포플라스트	5.5	0
세포질	7.4	-120
액포	5.5	-90
엽록체		
스트로마	8.2	-120
관강	6.0	-200
미토콘드리아		
매트릭스	8.0	-80
막사이	7.0	-240

분해되며, 인산기는 수송단백질의 세포질쪽에 있는 아미노산 잔기에 결합된다. 아미노산이 인산화되면, 원형질막 H^+-ATPase는 입체배열이 변화되어 양성자와 복합체를 형성하고 있는 수송단백질의 일부가 막의 외부쪽으로 뒤집힌다. 양성자가 막 외부로 방출되면, 아미노산 잔기의 인산기가 제거(dephosphorylation)되고, 수송단백질에 있는 양성자 복합체 형성부위는 막 내부의 원래 위치로 되돌아가서, 다시 그 과정을 반복한다. 그 결과 ATP가 소비될 때 마다 양성자 한 개가 농도 기울기에 역행해서 세포외부로 펌프질되어 나온다.

액포막과 원형질막의 H^+-ATPases 및 관련 양성자 수송단백질의 작용을 통해, 세포는 여러 구획내의 pH와 막전위를 조절한다(표 4.2). 아포플라스트의 pH는 대부분 약 5.5의 약산성인 반면, 세포질의 pH는 약 7.4의 약알칼리성이다. 즉, 세포질의 전기화학적 전위는 아포플라스트를 기준으로 약 −120mV이다. 액포는 강산성(pH가 1.0정도로 낮다)인 경우도 있지만, 그 pH는 대부분 약 5.5이며 전기화학적 전위는 아포플라스트를 기준으로 약 −90mV이다. 세포는 양성자 농도 기울기와 막전위에 저장된 에너지를 이용하여 다른 용질을 수송시킨다(Palmgren 2001).

용질수송단백질

전통적인 관점에서 보면, 용질수송단백질은 펌프(pumps)와 담체(carriers), 통로(channels)로서의 특징을 나타낸다. 펌프는 용질을 전기화학적 퍼텐셜 기울기를 거슬러 이동시키며, 따라서 용질이동에 ATP의 가수분해에 의해 방출되는 대사 에너지를 사용한다. 펌프는 막을 통한 하전의 알짜 이동 유무에 따라 H^+-ATPase같은 전기발생적(electrogenic) 수송단백질 또는 유기 화합물을 액포 속으로 이동시키는 ATP-결합 카세트(ATP-binding cassette, ABC)같은 전기적 중성(electro-neutral) 수송단백질로 구분된다.

전기발생적 펌프조차 세포를 전기적 중성에서 크게 벗어나게 하지 않는다. Nernst 방정식에 따르면, 한 세포내에서 100,000개의 음이온마다 음이온이 1개 더 많으면(즉, 양이온에 의해 하전이 상쇄되지 않은 음이온) 막전위는 100mV씩 감소한다. 세포질 외부로 양성자를 펌프질하면 전기화학적 기울기가 형성되어, 다른 양이온을 배출(예, H^+/Na^+ 반대수송) 시키거나 음이온을 유입(예, H^+/NO_3^- 공동수송)시킬 수 있다. 이러한 용질이동을 담당하는 내재성 막단백질을 담체라 부른다. 담체는 특정 용질에 대한 친화성이 높고, 그 용질에 대한 특이성이 높고, 초당 10^3정도로 분자를 수송하며, 용량이 작다는 점에서 메커니즘1의 수송단백질과 같은 양상을 나타낸다.

통로는 용질 수송단백질의 세 번째 부류이다. 이들 또한 내재성 막단백질이며, 이를 통해 용질은 전기화학적 기울기에 반응해서 막을 통과한다. 통로는 모든 용질에 대한 친화성이 낮고, 어떠한 용질에 대해서도 특이성이 낮으며, 초당 10^8개의 용질분자를 수송할 정도로 용량이 크다는 점에서 메커니즘 2의 수송단백질처럼 작용한다. 그러나 수송단백질에 대해 더 많은 것을 배우겠지만, 담체와 통로의 구분은 모호한 경우가 많다. 즉, 어떤 조건에서는 전통적으로 통로로 간주되었던 것이 담체의 특징을 나타내거나, 그 반대인 경우가 있다.

이에 관한 좋은 예는 애기장대(*Arabidopsis thaliana*) 뿌리의 K^+ 통로이다(Hirsch et al. 1998). 칼륨 통로의 구조에 대해서는 Doyle 등(1998)이 잘 기술하였다. 모든 K^+통로는 근본적으로 K^+이 통과하는 중심 공극의 구조가 같은 듯하다. 이들 통로의 선택성은 $K^+ \approx Rb^+ > Cs^+ >> Na^+$ 순이며, 이 때 K^+에 대한 투과성은 Na^+보다 10,000배 이상 크다.

현재 X-선 결정학을 이용한 자세한 구조분석결과 어떻게 *Streptomyces lividans*의 K^+ 통로가 물리적으로 유사한 양이온들 가운데 K^+을 선택해서 K^+통로를 통해 열린 물관에서의 확산작용과 맞먹는 속도로 K^+을 이동시킬 수 있는지를 보여준다(그림 4.17). 이 통로는 4개의 동일한 뒤집힌 원추형 즉, 원뿔형의 소단위로 구성되어 있다(Hirsch et al. 1998). 이 통로의 외부 즉, 원추형의 넓은 부위는 음전하로 덮여있으며, 이 음전하는 K^+과 같은 양이온을 끌어당겨서 K^+에서 물분자를 완전히 배제시키고 좁은 공극 속으로 흘려보낸다. 공극의 이러한 부위는 물이 제거된 K^+이온과 정확하게 맞으며, K^+이온을 내부 깊숙이 끌어당기는 강한 음전하가 배열되어 있다. 또 다른 K^+이온이 공극내부로 빨려 들어오면, 그 K^+의 양전하의 반발력에 의해 첫 번째 K^+이온이 공극 더 깊숙이 밀려들어간다. 세 번째 K^+이온이 통로에 들어올 때면, 첫 번째 이온은 벽이 더 많은 소수성 아미노기로 구성되는 공극의 더 넓은 부위 속까지 밀려들어간다. 여기서 첫 번째 K^+이온은 막 안쪽에 효과적으로 존재하는 용액으로 다시 수화되어 통로를 벗어나 세포질 속으로 자유롭게 확산된다. 이 과정은 좌우로 흔들리

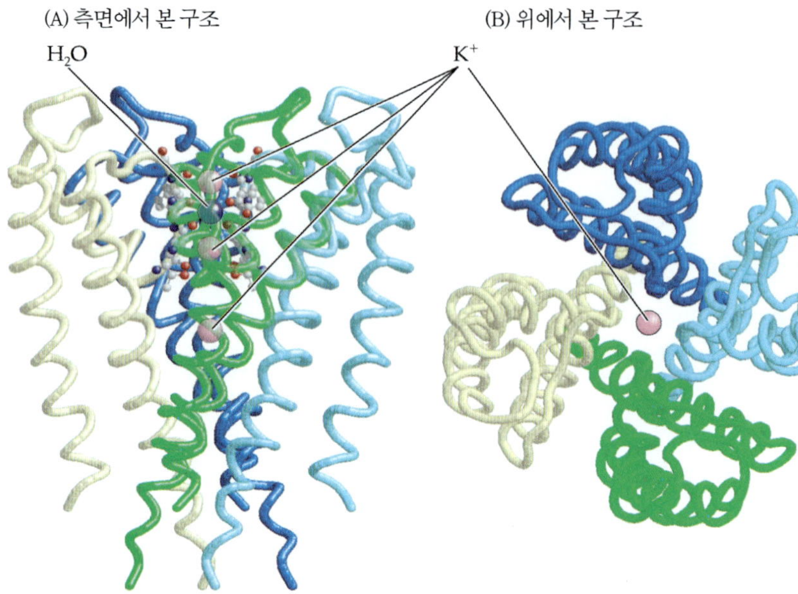

그림 4.17 원핵생물의 칼륨 통로 원핵생물(prokaryote)의 칼륨 통로를 (A) 세포의 외부가 위쪽인 측면에서 본 구조와 (B) 세포의 외부에서 공극 속으로 들여다본 위에서 본 구조로 나타내었다. (A) 세포외부의 고리모형은 칼륨을 끌어당기는 음전하가 노출된 아미노산을 지니고 있다.

는 구슬 베어링의 줄이 달린 탁상용 장난감의 이미지를 연상시킨다. 즉, 이 장난감은 첫 번째 베어링이 흔들려 베어링 꾸러미(pack)와 충돌하면, 베어링을 매달고 있는 낚싯줄이 끊어지면서 달려있던 마지막 베어링이 튕겨나간다. 이러한 K^+ 통로의 여러 가지 변형체는 원추형 입구에 문이 달려있어 막전위에 따라 열리고 닫힌다. 그러므로 조건에 따라 이 형태의 통로가 초당 10^3개의 K^+ 또는 10^8개의 K^+ 이온을 통과시킬지가 결정된다.

앞서 고농도 범위에서 뿌리에 의한 이온흡수 속도를 나타내는 곡선에서 관찰된 미세구조(굴곡)에 대해 다루었다(예, 그림 4.13). 결론적으로 고농도에서 작동하는 수송메커니즘은 특정 이온에 대한 상호작용이 약간 다른 다수의 결합부위를 지닌다고 할 수 있다. 아름다운 X-선 결정학을 이용한 이온통로에 관한 연구로 이제 단일 이온통로 내에 다수의 결합부위가 있다는 직접적인 증거를 얻을 수 있다.

수송단백질을 부호화한다고 알려진 다수의 식물유전자에 대해서는 현재 연구가 진행 중이다. 이들 중 대부분은 다른 생명체로부터 분리한 수송단백질의 DNA 서열의 상동성(homology)을 통해 또는 이형상보성(heterologous complementation)을 통해 확인되었다. 이형상보성의 경우에, 특정 용질의 수송 능력이 결여된 미생물(주로 효모)의 변이주를 식물(주로 애기장대)의 DNA 단편을 이용하여 형질전환시킨다. 수송기능을 회복한 형질전환 개체들—예를 들어 저농도의 용질에서 생존하는 개체들—을 분리하고, 개체들 속의 수송능력 회복에 관여하는 식물의 DNA단편 서열을 결정한다. 일단 수송단백질 유전자로 추정되는 유전자를 확인한 후, 발현 연구를 수행하여 어디에, 언제, 얼마만큼의 유전자가 전사되었는지 결정한다. 10장에서 식물 무기영양의 분자생물학과 관련한 최신기술수준에 대해 다룰 것이다.

이번 장에서는 주로 1가 양이온 특히, 칼륨의 수송에 대해 다루었다. 특정 원소의 이온(주로 철이지만 철만은 아니다)의 흡수의 경우에, 많은 토양에서 이들 이온의 낮은 용해도와 그에 따른 뿌리가 흡수할 수 있는 낮은 이용성을 극복할 수 있는 특별한 수송 메커니즘이 발달했다. 무기물 대사를 다루는 8장에서 이 주제에 대해 다시 언급할 것이다.

이번 장에서 우리는 원형질막 특히, 토양용액에 노출된 뿌리세포의 원형질막을 통한 이온의 흡수에 관해 중점적으로 다루었다. 이 주제를 그토록 강조하는 이유를 설명하겠다. 토양용액내의 이온은 생물권의 일부가 아니다. 일단 이온이 뿌리의 세포벽 속으로 확산되어도, 그 이온은 여전히 생물권의 일부가 아니다. 즉, 이온은 다시 확산되어 나올 수 있으며, 또는 양이온이 세포벽에 흡착되면, 양이온은 다른 양이온과 교환되어 토양용액으로 되돌아 나올 수 있다. 그러나 뿌리세포의 원형질막을 통과해 수송되면, 양이온은 생물권의 일부가 된다. 양이온은 이제 뿌리세포의 세포질속에 있으며 5장과 6장에서 다루는 바와 같이 많은 경로를 택할 수 있다. 그 경로중 하나는 사람이나 동물이 섭취할 수 있는 식물체 부위로 통한다. 인간을 포함해서 육상생명체에 필수적인 거의 모든 영양소는 이번 장에서 다룬 과정 즉, 식물뿌리세포의 원형질막을 통한 수송을 통해 생물권 속으로 처음 들어간 무기원소들이다. 이들 과정은 글자그대로 지구상 생명체의 근원이다.

참고문헌

Assmann, S. M. (2001) From proton pump to proteome. Twenty-five years of research on ion transport in higher plants. *Plant Physiology* 125: 139-141.

Blinks, L. R. (1930a) The direct current resistance of *Nitella*. *Journal of General Physiology* 13: 495-508.

Blinks, L. R. (1930b) The direct current resistance of *Valonia*. *Journal of Gene-ral Physiology* 13: 361-378.

Canny, M. J. (1995) A new theory for the ascent of sap-cohesion supported by tissue pressure. *Annals of Botany* 75: 343-357.

Cole, K. S. (1968) *Membranes, Ions and Impulses: A Chapter of Classical Biophysics*. University of California Press, Berkeley.

Cole, K. S., and H. Curtis (1938a) Electrical impedance of Nitella during activity. *Journal of General Physiology* 22: 37-64.

Cole, K. S., and H. Curtis (1938b) Electrical impedance of the squid giant axon during activity. *Journal of General Physiology* 22: 649-670.

Conway, E. J., and M. Downey (1950) An outer metabolic region of the yeast cell. *Biochemical Journal* 47: 347-355.

Danielli, J. F., and H. Davson (1935) A contribution to the theory of permeability of thin films. *Journal of Cellular and Comparative Physiology* 5: 495-508.

Doyle, D. A., J. M. Cabral, R. A. Pfuetzner, A. L. Kuo, J. M. Gulbis, S. L. Cohen, B. T. Chait, and R. MacKinnon (1998) The structure of the potassium channel: Molecular basis of K+ conduction and selectivity. *Science* 280: 69-77.

Ehlers, K., and R. Kollmann (2001) Primary and secondary plasmodesmata: Structure, origin, and functioning. *Protoplasma* 216: 1-30.

Elzam, O. E., D. W. Rains, and E. Epstein (1964) Ion transport kinetics in plant tissue: Complexity of the chloride absorption isotherm. *Biochemical and Biophysical Research Communications* 15: 273-276.

Epstein, E. (1961) The essential role of calcium in selective cation transport by plant cells. *Plant Physiology* 36: 437 444.

Epstein, E. (1973) Mechanisms of ion transport through plant cell membranes. *International Review of Cytology* 34: 123-168.

Epstein, E., and C. E. Hagen (1952) A kinetic study of the absorption of alkali cations by barley roots. *Plant Physiology* 27: 457-474.

Epstein, E., and J. E. Leggett (1954) The absorption of alkaline earth cations by barley roots: Kinetics and mechanism. *American Journal of Botany* 41: 785-791.

Epstein, E., and D. W. Rains (1965) Carrier-mediated cation transport in barley roots: Kinetic evidence for a spectrum of active sites. *Proceedings of the National Academy of Sciences of the United States of America* 53: 1320-1324.

Epstein, E., D. W. Rains, and O. E. Elzam (1963) Resolution of dual mechanisms of potassium absorption by barley roots. *Proceedings of the National Academy of Sciences of the United States of America* 49: 684-692.

Epstein, E., D. W. Rains, and W. E. Schmid (1962) Course of cation absorption by plant tissue. *Science* 136: 1051-1052.

Epstein, E., W. E. Schmid, and D. W. Rains (1963) Significance and technique of short-term experiments on solute absorption by plant tissue. *Plant and Cell Physiology* 4: 79-84.

Etherton, B., and N. Higinbotham (1960) Transmembrane potential measurements of cells of higher plants as related to salt uptake. *Science* 131: 409-410.

Finkelstein, A. (1987) *Water Movement through Lipid Bilayers, Pores, and Plasma Membranes: Theory and Reality*. Distinguished Lecture Series of the Society of General Physiologists, Vol. 4. Wiley, New York.

Goldman, D. E. (1943) Potential, impedance and rectification in membranes. *Journal of General Physiology* 27: 37-60.

Graham, L. E. (1993) *Origin of Land Plants*. Wiley, New York.

Hall, J. L., T. J. Flowers, and R. M. Roberts (1982) *Plant Cell Structure and Metabolism*, 2nd Edition. Longman, London.

Haywood, V., F. Kragler, and W. J. Lucas (2002) Plasmodesmata: Pathways for protein and ribonucleoprotein signaling. *Plant Cell* 14: 303-325.

Hirsch, R. E., B. D. Lewis, E. P. Spalding, and M. R. Sussman (1998) A role for the AKT1 potassium channel in plant nutrition. *Science* 280: 918-921.

Hoagland, D. R. (1944) *Lectures on the Inorganic Nutrition of Plants*. Chronica Botanica, Waltham, MA.

Hoagland, D. R., and T. C. Broyer (1936) General nature of the process of salt accumulation by roots with description of experimental methods. *Plant Physiology* 11: 471-507.

Hoagland, D. R., and A. R. Davis (1923) Further experiments on the absorption of ions by plants, including observations on the effect of light. *Journal of General Physiology* 6: 47-62.

Hoagland, D. R., and A. R. Davis (1929) The intake and accumulation of electrolytes by plant cells. *Protoplasma* 6: 610-626.

Hodgkin, A. L., and A. F. Huxley (1939) Action potentials recorded from inside a nerve fibre. *Nature* 144: 710-711.

Hope, A. B. (1951) Membrane potential differences in bean roots. Australian *Journal of Scientific Research Series* B 4: 265-274.

Huang, Z.-Z., X. Yan, A. Jalil, D. Norlyn Jack, and E. Epstein (1992) Short-term experiments on ion transport by seedlings and excised roots: Technique and validity. *Plant Physiology* 100: 1914-1920.

Kaldenhoff, R., K. Grote, J.-J. Zhu, and U. Zimmermann (1998) Significance of plasmalemrna aquaporins for water-transport in Arabidopsis thaliana. *Plant Journal* 14: 121-128.

Kishimoto, U. (1957) Studies on the electrical properties of a single plant cell. Internodal cell of *Nitella flexilis*. *Journal of General Physiology* 42: 1167-1187.

Lucas, W. J., and S. Wolf (1993) Plasmodesmata: The intercellular organelles of green plants. *Trends in Cell Biology* 3: 308-315.

Lundegardh, H. (1946) Transport of water and salts through plant tissues. *Nature* 157: 575-577.

Marty, F. (1999) Plant vacuoles. *Plant Cell* 11: 587-599.

Maurel, C., and M. J. Chrispeels (2001) Aquaporins. A molecular entry into plant water relations. *Plant Physiology* 125: 135-138.

Mitchell, P. (1961) Coupling of phosphorylation to electron and hydrogen transfer by a chemi-osmotic type of mechanism. Nature 191: 144-148.

Nernst, W. (1893) *Theoretische Chemie vom Standpunkte der Avogadro'schen Regel und der Thermodynamik*. Enke, Stuttgart.

Nobel, P. S. (1999) *Physicochemical and Environmental Plant Physiology*, 2nd Edition. Academic Press, San Diego, CA.

Palmgren, M. G. (2001) Plant plasma membrane H^+-ATPases: Powerhouses for nutrient uptake. *Annual Review of Plant Physiology and Plant Molecular Biology* 52: 817-845.

Pilson, M. E. Q. (1998) *An Introduction to the Chemistry of the Sea*. Prentice-Hall, Upper Saddle River, NJ.

Poole, R. J. (2002) Patch clamp studies in plants. In: *Plant Physiology Online*. Taiz, L. and E. Zeiger, eds. Sinauer Associates, Sunderland, MA, http: //www.plantphys.net/article.php?ch=6&id=50&PHPSESSID= 3ed20219 Ob38c967dl218600fccOff71, accessed March 18, 2003.

Rains, D. W., and E. Epstein (1967) Sodium absorption by barley roots: Its mediation by mechanism 2 of alkali cation transport. *Plant Physiology* 42: 319-323.

Rains, D. W., W. E. Schmid, and E. Epstein (1964) Absorption of cations by roots. Effects of hydrogen ions and essential role of calcium. *Plant Physiology* 39: 274-278.

Rengel, Z. (1990) Net Mg^2+ uptake in relation to the amount of exchangeable Mg^{2+} in the Donnan free space of ryegrass roots. *Plant and Soil* 128: 185-189.

Segel, I. H. (1993) *Enzyme Kinetics: Behavior and Analysis of Rapid Eguilibrium and Steady State Enzyme Systems*. Wiley, New York.

Slayman, C. L. (1965) Electrical properties of *Neurospora crassa*. Effects of external cations on the intracellular potential. *Journal of General Physiology* 49: 69-72.

Steudle, E. (2000) Water uptake by plant roots: An integration of views. *Plant and Soil* 226: 45-56.

Sze, H. (1985) H+-translocating ATPases: Advances using membrane vesicles. *Annual Review of Plant Physiology* 36: 175-208.

Tanner, W., and T. Caspari (1996) Membrane transport carriers. *Annual Review Plant Physiology and Plant Molecular Biology* 47: 595-626.

Walker, N. A. (1955) Microelectrode experiments on Nitella. *Australian Journal of Biological Sciences* 8: 476-489.

Ward, J. M. (1997) Patch-clamping and other molecular approaches for the study of plasma membrane transporters demystified. *Plant Physiology* 114: 1151-1159.

Welch, R. M., and E. Epstein (1968) The dual mechanisms of alkali cation absorption by plant cells: Their parallel operation across the plasmalemma. *Proceedings of the National Academy of Sciences of the United States of America* 61: 447-453.

Welch, R. M., and E. Epstein (1969) The plasmalemma: Seat of the type 2 mechanisms of ion absorption. *Plant Physiology* 44: 301-304.

White, P. J., B. Biskup, J. T. M. Elzenga, U. Homann, G. Thiel, F. Wissing, and F. J. M. Maathuis (1999) Advanced patch-clamp techniques and single-channel analysis. *Journal of Experimental Botany* 50: 1037-1054.

Young, J. Z. (1936) Structure of nerve fibres and synapses in some invertebrates. *Cold Spring Harbor Symposium in Quantitative Biology* 4: 1-6.

Zwieniecki, M. A., P. J. Melcher, and N. M. Holbrook (2001) Hydrogel control of xylem hydraulic resistance in plants. *Science* 291: 1059-1062.

5 물과 양분의 상향이동

세포수송과 장거리수송

이제까지는 세포의 수송 생리에 대해 다루었다. 세포가 광합성을 하며 물과 양분을 외부배지로부터 흡수할 때, 화학적 수송이 일어나야 하는 거리는 세포 차원을 벗어나지 않는다. 이는 단세포 조류와 심지어 세포 가닥이나 납작한 판형으로 구성된 다세포 조류의 경우에도 마찬가지이다. 이러한 생명체에서도 외부배지로부터 세포 2~3개 넓이이상 멀리 떨어져 있는 세포는 없다. 이 정도의 짧은 거리는 용질과 기체의 확산을 통해 쉽게 극복될 수 있다.

약 4억년 이전의 실루리아기(Silurian) 말기/데본기(Devonian) 초기동안에 식물은 조상대대의 수용액상의 집에서 출현하여 육지를 점거하기 시작하였다(12장). 이 주요한 진화과정(epstein 1977; Graham 1993; Karol et al. 2001)에서 이전에 동일한 세포에 의해 수행되었던 두 가지 기능 즉, 탄소의 획득 그리고 물과 무기 양분의 획득이 공간적으로 분리되었다. 식물체의 일부는 물과 양분을 빛이 없어서 광합성이 불가능한 토양으로부터 흡수해야만 했고, 식물체의 또 다른 부분은 빛에 노출되어 있어 물과 무기물의 공급원으로부터 분리된 채 지상에 존재해야만 했다. 이렇게 유기 및 무기 영양 기능이 부분적으로 분리되어 있어 화학물질의 장거리수송이나 전이에 필요한 구조와 메커니즘이 정교하게 진화되어야만 했다. 광합성의 결과로서 합성된 유기성 식량은 식물체의 토양 속에 갇힌 부분으로 이동되었어야만 했고, 토양으로부터 획득한 물과 무기 양분은 상부의 광합성 기관으로 운반되어야 했다. 더욱이 식물체가 토양 표면위로 뻗어있을 수 있기 위해서는 즉, "햇빛을 받기 위해서는" (King 1997) 구조적인 지지 기관이 발달해야 했다. 마지막으로, 복잡한 식물체(complex plant body)가 완성되려면 성장과 발달과정 중 많은 과정이 통합되고 조절되어야 했기 때문에, 호르몬과 기타 생장조절물질(growth regulators)이 이동되어야 했다.

현미경으로 관찰하면, 지상부의 광합성 세포(photosynthetic cells)의 대부분은 조류 세포(algae cells)와 크게 다르지 않다. 식물의 육지 점거를 가능케 한 문자그대로의 근본적인 출발을 의미하는 것은 뿌리의 진화였다. 육상 유관식물(terrestrial vascular plant)이 생명체 중에서 독특한 점은 이들은 두 가지 아주 다른 배지에서 존재하기 때문에 물과 용질의 장거리 여행을 위해 구조적 및 기능적으로 적응해야만 하는 두 부위를 지닌다는 것이다(2장 및 Epstein 1977).

액체와 용해된 물질이 특정 계 내부의 한 구획으로부터 다른 구획으로 이동되어야만 할 때, 각 구획을 분리하는 칸막이내의 공극을 찾는 것이 당연하다. 만약 더 먼거리에 걸쳐서 수송이 되어야 한다면, 관(pipes)이나 도관(conduits)을 찾으리라 기대할 수 있을 것이다. 실제로 고등식물은 전이를 촉진하는 그러한 구조를 가지고 있다. 이번 장에서는 전이와 특별히 관련이 있는 해부학적 특성에 대해 간단히 복습하고, 이어서 물관부에서의 전이과정과 그 과정들을 설명하기 위해 만들어진 가설에 대해 설명한다. 체관부에서의 수송은 다음 장에서 다룬다.

공극과 관, 경로

발달중인 세포에서 처음 형성되는 1차 세포벽(primary cell wall)에는 1차 벽공역(primary pit field)이라 부르는 얇은 지역이 있다. 2차 세포벽(secondary cell wall)을 겹쳐 놓으면 1차 세포벽을 완전히 가리지는 못한다. 오히려 2차 세포벽에는 통상적으로(항상 그렇지는 않다) 1차 세포벽의 1차 벽공역과 잘 맞아 떨어지는 벽공(pit)이 있다. 벽공은 2차 세포벽의 두꺼워지지 않아서 전면에서 보면 벽공의 바닥에 벽공막(pit membrane)이라 부르는 1차 세포벽이 보이는 지역이다. 이 칸막이를 막(*membranes*)이라 부르는 것은 잘못임을 명심해야 한다. 4장에서 설명한 것과 같이 벽공막은 기능적인 막이 아니라 특수한 세포벽 구조이다.

세포의 2차 세포벽에 벽공이 있는 곳에는 보통 그에 상응하는 벽공이 인접한 세포에 존재하여, 두 벽공은 쌍 즉, 벽공쌍(pit pair)을 이룬다. 벽공쌍은 한 개의 동일한 벽공막을 공유하며, 두 세포의 1차 세포벽으로 구성된다(그림5.1). 벽공과 벽공쌍의 형태는 다양하다. 세포벽에서의 이들의 배열은 식물에 따라 아주 다양하며, 같은 식물에서도 조직에 따라 상당히 다르다(Esau 1977; Fahn 1990).

1차 벽공역과 벽공은 이번 장의 주제인 전이(translocation)와 관련하여 중요하다. 얇은 벽공막을 통해 원형질연락사(plasmodesmata, 단수형은 plasmodesma)라 부르는 미세한 세

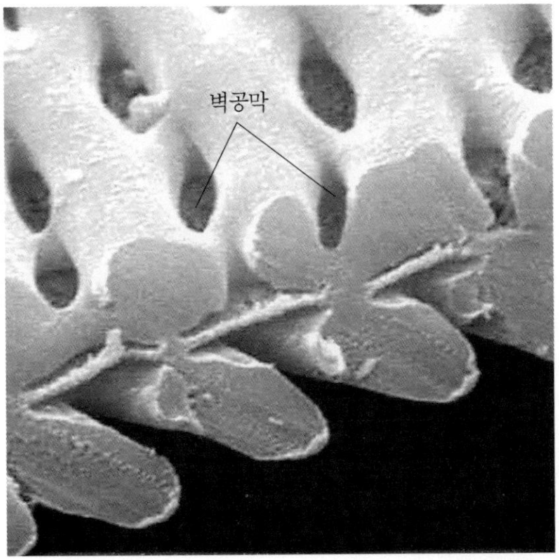

그림 5.1 내자작나무(*Betula nigra*)의 두 물관부 도관 사이의 벽공막 벽공막은 위에서 보면 회색이다. 흰색은 절단시에 생기는 인위구조이다.(SEM제공; Utah 대학의 J.Sperry)

포질 가닥(strand)들이 뻗어있다. 각 원형질연락사는 인접한 세포들의 원형질체를 연결해준다.

따라서 식물세포의 원형질체는 모두 상호연결되어 연속체(continuum)를 형성하며, 이를 심플라스트 경로(symplastic pathway)라 부른다(그림 5.2). 물과 용액내의 물질은 원형질연락사를 통해 한 세포의 원형질체로부터 다음 세포의 원형질체 속으로 각 세포의 원형질막을 통과하지 않고 주로 확산과 삼투현상에 의해 이동할 수 있다. 그 까닭은 두 인접한 세포의 원형질막도 원형질연락사의 공극을 통해 연결되기 때문이다(그림 5.3).

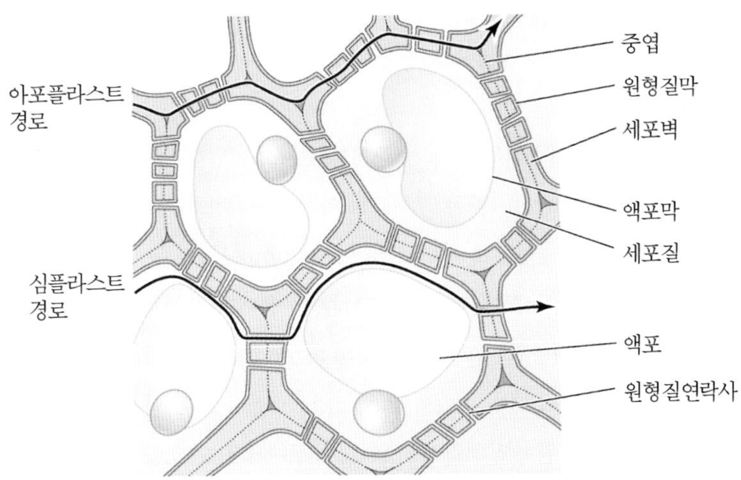

그림 5.2 물 이동의 심플라스트 및 아포플라스트 경로를 나타내는 뿌리 피층의 횡단면의 일부 (Esau 1977)

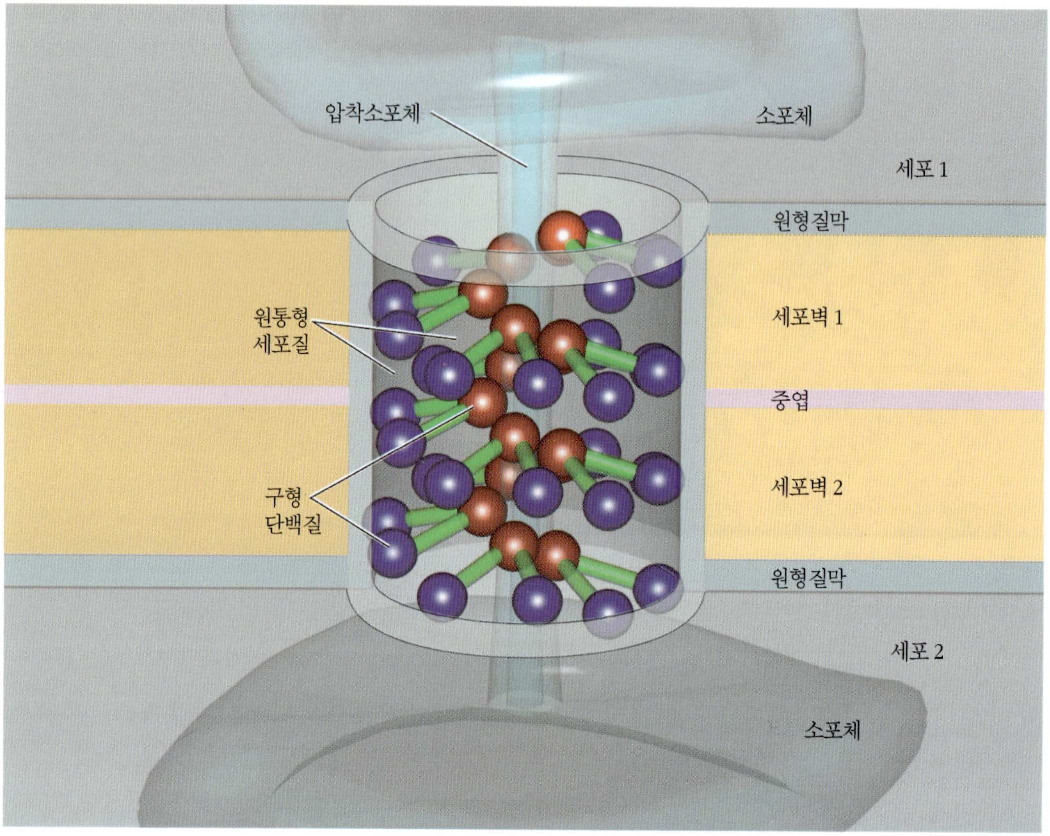

그림 5.3 두 세포를 연결하는 원형질연락사 원형질연락사의 중앙에는 한 세포의 세포체와 다른 세포의 세포체를 연결하는 통로인 압착소포체가 있다. 원형질막(PM)과 압착소포체간의 공간인 원통형세포질는 PM과 압착소포체(각각 푸른색과 붉은색으로 나타냄)에 교차결합되어 고정된 구상단백질에 의해 미세통로로 나뉜다.(Lucas, Yoo, and Kragler 2001)

원형질연락사의 구조는 복잡하며, 식물계 전체에 걸쳐서 균일하지는 않다. 원형질연락사는 한번이상 진화한 것 같다(Raven 1977). 그러므로 여기서는 일반화하여 설명하겠다. 1차(즉, 분지되지 않은) 원형질연락사는 이전에 데스모관(desmotubule)으로 불린 중앙 구조를 가지고 있지만, 데스모관 대신 압착소포체-단백질 복합체라는 용어가 제안되고 있다(Lucas and Wolf 1993). 또 이런 구조를 원형질연락사 ER 요소(plasmodesmata ER component)(Epel 1994)와 압착소포체(appressed ER)(Lucas, Yoo, and Kragler 2001)와 같은 다른 용어로도 부를 것을 제안하고 있다. 원형질연락사는 인접한 두 세포의 소포체(endoplasmic reticulum, ER)가 가닥 또는 원통(따라서 막 구조이다)을 이루고 있으며, 구상단백질(globular proteins)이 얇게 파묻혀 있다. 이 복합체는 원형질연락사에 의해 연결되는 두 세포의 원형질막에 의해 형성된 슬리브(sleeve) 속에 들어있다. 원형질막에도 부분적으로 구상단백질이 결합되어 있다. 원형질막의 외부 슬리브와 중앙의 압착소포체-단백질 복합체 사이의 공간이 원통형세포질(cytoplasmic annulus)이라 부르는 미세통로(microchannel)이며, 이 미세통로를 통해 세포에서 세포로 용질이 통과한다.(원형질막과 소포체-단백질 복합체 자체도 세포간 용질이동의 통로가 될 수 있다.) 이들 세포소기관의 구조와 기능, 진화에 대한 상세한 문헌으로는 Lucas and Wolf(1993); Lucas, Yoo, Kragler(2001); Roberts and Oparka (2003)가 있다.

원형질연락사를 통한 세포에서 세포로의 수송은 모든 세포가 수분과 용해된 무기물로부터 멀리 떨어져있지 않은 작은 식물에게는 적합하다. 그러나 실제로 장거리 전이를 위해서 더 효율적인 적응방식이 발달되어야 한다. 이 적응방식은 긴 관 즉, 도관(conduits)의 형태를 취하는 것이며, 따라서 도관을 지니는 진화된 육상식물을 총체적으로 관다발식물(tracheophytes) 즉, "관을 가진 식물"이라 부른다. 이에 반해 이러한 효율적인 장거리 수송방식이 결여된 선태식물류(bryophytes)(우산이끼와 이끼)는 크기가 작으며, 늪(fens)과 소택지(bogs)와 같은 습윤한 서식지에 국한되어 있다.

관다발식물의 도관계는 관다발계(vascular system)라 불리며, 물관부(xylem)와 체관부(phloem)로 구성된다. 이들은 둘 다 복잡한 조직이다. 지금부터는 주로 전이와 연관된 그러한 세포형태에 국한하여 간략하게 복습하고자 한다.

물관부에는 두 종류의 도관 즉, 가도관(tracheids)과 물관(vessels)이 있다. 먼저 발달한 가도관은 두 가지 중 더 원시적 형태이며, 대부분의 하등 유관속 식물과 대부분의 나자식물에서 발견되는 유일한 파이프형 구조이다. 가도관은 좁은 신장된 세포이며, 많은 벽공을 가지고 있다(그림5.4). 가도관의 길이는 몇 분의 1mm에서 10mm남짓까지 다양하다. 가도관은 끝부분에서 다른 가도관과 접촉하고 있고 그 접촉면적은 다양하며, 벽공쌍으로 서로 연결된다. 통도요소(conducting elements)인 가도관의 한계는 가도관을 통해 장거리 이동되는 물질이 벽공을 가로질러 세포에서 세포로 이동할 때 많은 구획을 뚫고 지나가야한다는 점이다.

물관에서는 이러한 제약은 극복된다. 물관은 가도관으로부터 진화되었으며, 약 2억5천만년전인 이첩기(Permian)까지 거슬러 올라가는 것으로 기록되어있다(Li, Taylor, and Taylor 1996). 물관은 발달과정 중 신장생장을 거의 하지 않고 비대생장을 하는 세포들로 구성되는 물관요소(vessel members)로 이루어져 있다. 그러므로 물관은 가도관보다는 짧지만 직경은 훨씬 크다. 물관의 약간 비스듬한 끝 벽은 다른 물관요소와 연결되어 결국에는 공극이 형성되고 간혹 완전히 사라지는 경우도 있기 때문에(그림 5.4), 수많은 이러한 물관요소는 긴 관 즉, 파이

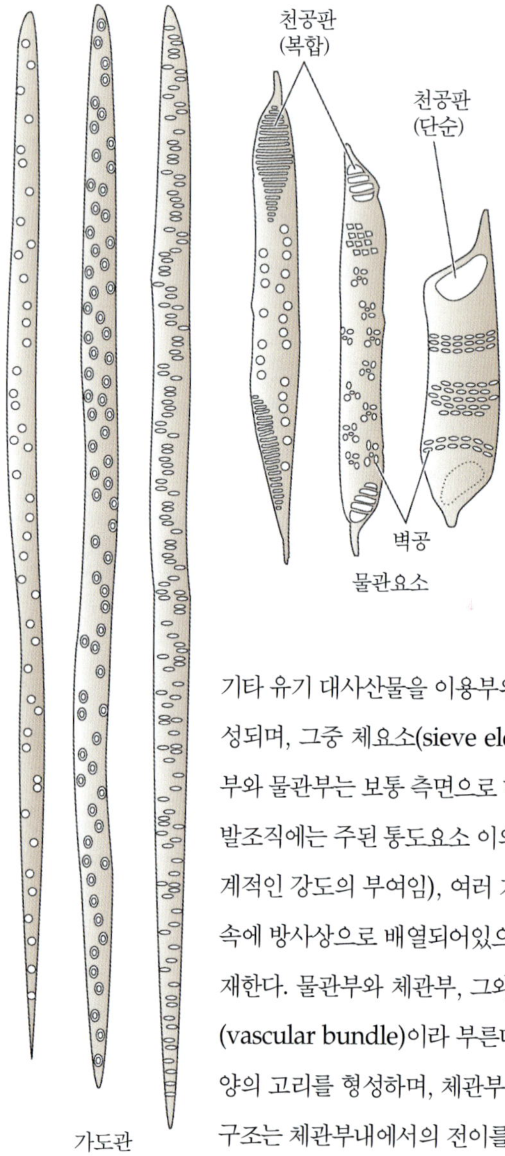

그림 5.4 피자식물의 2차 물관부의 세포형태 (Taiz and Zeiger 2002)

프 형태를 취하게 된다. 이들(그리고 각각의 요소는 아니고)을 물관이라 부른다. 성숙되고 정상적인 기능을 발휘하는 물관(vessels)에서는 물관을 구성하는 각 물관요소의 독자성(individuality)이 유지되지 못하며, 발달과정 최종단계에서 물관을 형성시켜 주는 원형질체가 죽는다. 따라서 성숙된 물관은 긴 관 형태를 하여 물과 용질의 흐름에 대한 저항이 최소화된다. 물관계의 발달이 좋은 피자식물은 물과 양분의 상향 흐름의 속도는 물관이 없는 나자식물보다 훨씬 빠르다.

체관부는 주로 녹색조직의 합성부위로부터 탄수화물과 기타 유기 대사산물을 이용부위로 수송하는 기능을 담당한다. 체관부는 여러 종류의 세포로 구성되며, 그중 체요소(sieve elements)가 수송에 가장 특이적으로 적합하게 분화되었다. 체관부와 물관부는 보통 측면으로 나란히 겹쳐져서 관다발조직(vascular tissue)을 형성한다. 관다발조직에는 주된 통도요소 이외에 유조직세포(parenchyma tissue)와 섬유소(주된 기능은 기계적인 강도의 부여임), 여러 기타 세포형태가 들어있다. 보통 체관부와 물관부는 뿌리와 줄기 속에 방사상으로 배열되어있으며, 물관부는 중심에 더 가까이 위치하며 체관부는 표면쪽에 존재한다. 물관부와 체관부, 그와 관련한 유조직을 포함하고 있는 관다발 조직의 가닥을 관다발(vascular bundle)이라 부른다. 쌍자엽식물의 뿌리에서 관다발의 물관부는 유착되어 파도 모양의 고리를 형성하며, 체관부 가닥은 이 고리외부에 함입되어 있다. 체관부 특히, 체관요소의 구조는 체관부내에서의 전이를 다루는 다음 장에서 설명한다.

조직과 기관

장거리수송과 관련한 세포적인 특성에 대해 언급하였으므로 이제 물질이 식물체를 통해 이동하는 조직과 기관의 구조에 대해 알아본다. 그림 5.5에 밀 뿌리의 횡단면의 일부를 나타내었다. 표피(epidermis)는 가장 바깥층이다. 표피아래에는 피층(cortex)이 존재하며, 피층은 비교적 크고 느슨하게 배열되어 있고, 수많은 거대한 세포간 공극을 지니는 유조직 세포로 구성되어 있다. 그러나 피층의 가장 안쪽 층의 구조는 다르다. 이를 내피(endodermis)라 부르며, 세포가 촘촘하게 배열되어 원통 모양을 취하고 있다. 이들 세포의 가장 두드러진 특징은 카스파리띠(Casparian strip 또는 band)이다. 코르크질이 함유된 1차 세포벽으로 구성된 이 띠는 세포를 나이테에 접선이 되도록 절단하는 연륜접선단면 절삭(tangential cut)에 의해 가로방향으로 절단된다. 이 띠는 내피 세포를 완전히 에워싸고 있으므로 뿌리를 가로질러 세포벽내부로 방사상 방향으로 이동하는 어떤 물질이라도 부닥치게 된다. 카스파리띠는 납질의 소수성 물질인 코르크질을 함유하기 때문에 세포벽내부로의 용질의 진행을 차단하므로 용질은 내피세포의 원형질체를 통해 이동할 수밖에 없게 된다(4장).

중심주(stele)는 원통형을 하고 있는 뿌리조직의 가장 안쪽부위이며, 관다발조직을 지니고 있다. 중심주의 제일 바깥층은 내초(pericycle)이며, 내피와 접하고 있다. 피자식물과 나자식물의 측근(lateral roots)들은 내초세포에서 시작되어 피층쪽으로 성장해 나와 최종적으로 표피를 뚫고 나온다.

관다발조직(vascular tissue)의 배열은 식물에 따라, 또 심지어 한 식물체에서도 생육단계와 특정 기관에 따라 다르다. 식물체를 통한 복잡한 관다발 조직의 경로는 여기서 상세히 설명하지 않으며, Esau(1977)와 Fahn(1990)이 잘 설명하고 있다. 관다발 경로의 일부로는 간혹 전략적 소통지점(traffic points), 특히 이탈되는 엽적(foliar traces)에 위치하는 특수한 수송세포(transfer cells)가 있다(Pate and Gunning, 1972; Offler et al, 2003). 이들 세포벽에는 많은 함입부(invagination) 즉, 벽내면 돌출물(wall ingrowth)이 있어 세포벽과 세포벽에 접한 원형질막의 면적이 증가한다. 그에 따라 세포와 세포간의 물과 용질 수송이 촉진된다.

잎의 관다발 조직은 한개 또는 그 이상의 관다발을 함유하는 잎맥(vein)으로 구성되어 있다. 단일 잎맥은 주로 침엽수(conifers)의 침에서 볼 수 있다. 피자식물의 잎에서 잎맥분포의

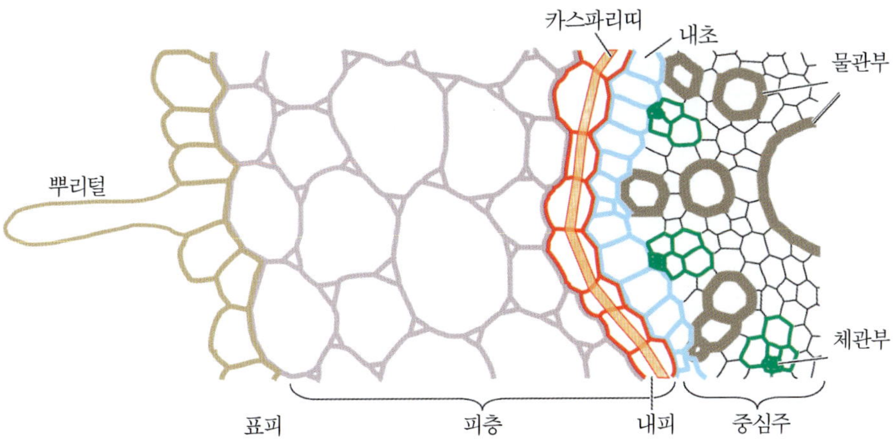

그림 5.5 밀 뿌리 횡단면의 일부 (Esau 1977.)

두 가지 주요 형태는 쌍자엽식물에서 흔히 볼 수 있는 망상 구조(reticulate pattern)와 단자엽식물의 특징인 평행구조(parrallel arrangement)이다. 그러나 단자엽식물에서도 평행맥(parallel veins)은 횡맥(cross veins)에 의해 교차연결되어 줄사다리를 연상시키는 망상구조를 형성한다.

잎의 내부 구조는 식물의 분류군(group)에 따라 큰 차이가 있으나, 잎맥과 세맥(veinlet)이 망상구조로 교차연결되어 있으므로 도관계의 요소들이 잎의 모든 광합성 세포와 가까이 있는 것이 보편적인 특징이다. 그러므로 용질이 확산에 의해 가장 가까운 통도조직으로부터 모든 잎 세포로 이동되어야 하는 거리는 세포 2~3개의 직경에 불과하다(Wylie 1939, 1946; Esau 1977). 우리는 용질이 짧은 거리만을 이동하는 수생 서식지의 단순한 식물에는 복잡한 통도조직이 결여되어 있음을 이미 지적했다. 그러한 짧은 거리의 수송은 확산으로 쉽게 설명할 수 있다. 말단의 작은 다발(bundles)은 보통 다발초(bundle sheath)와 접하고 있다(Fahn 1990). 이들 다발초들은 물관부를 통해 잎으로 전달된 용질을 가장 먼저 수용하는 부위이며 이들 용질이 엽육세포(주된 광합성 조직)로 재분배되는 것을 촉진하는 특수한 세포로 구성되어 있다.

그림 5.6은 전형적인 피자식물 잎의 횡단면이다. 상부와 하부의 표피층은 엽육을 감싸고

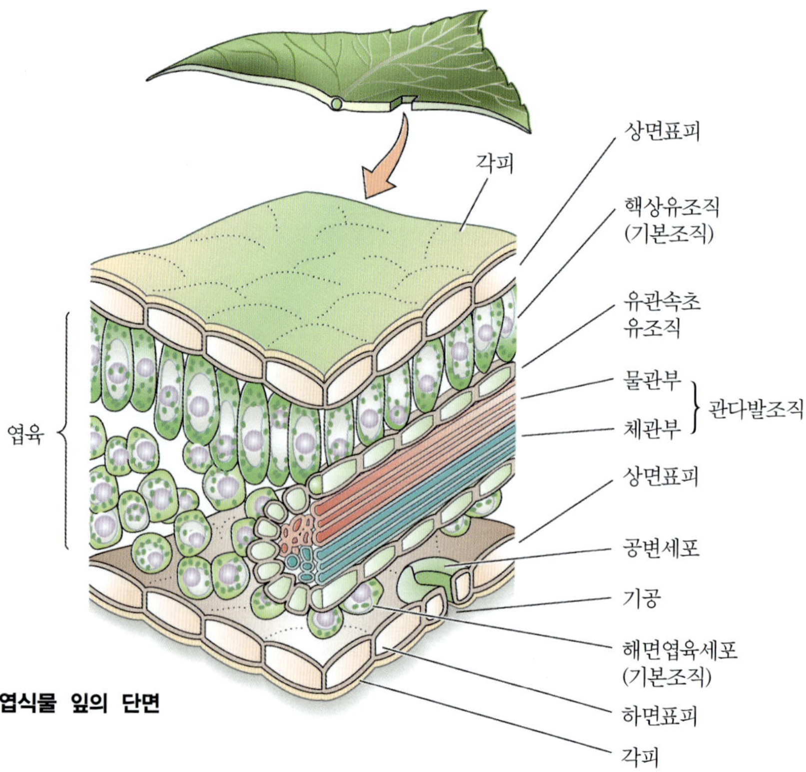

그림 5.6 전형적인 C_3 쌍자엽식물 잎의 단면
(Taiz and Zeiger 2002)

있다. 엽육은 상부 즉, 향축면(adaxial) 표피인근의 책상유조직(palisade parenchyma)으로 분화되거나, 책상 층과 하부 즉, 배축면(abaxial) 표피사이의 해면유조직(spongy parenchyma)으로 분화되는 경우가 있다. 엽육세포 특히, 해면유조직 사이에는 큰 세포간의 공간이 있다. 결과적으로 세포 표면의 액상 물과 잎의 세포간 공극의 기체상 대기사이의 계면은 아주 크다. 잎의 내부표면의 총면적은 잎의 외부표면보다 10배나 20배, 심지어 30배나 더 클 수 있다.

표피는 세포가 조밀하게 형성된 층이며, 간혹 2~3개의 층으로 된 경우도 있다. 표피는 수송과 관련한 두 가지 주요 특징 즉, 각피(cuticle)와 기공(stomata)을 지니고 있다.

각피는 주로 표피세포의 외부 벽(간혹 두꺼운 경우도 있다)을 덮고 있는 각피질(cutin)(지질 중합체)과 왁스(wax)로 구성된 층이다(Kolattukudy 1996). 각피는 물 투과성이 별로 좋지 않으므로 습윤한 잎 내부와 외부 공기사이에 장벽을 형성한다(Rieder and Schreiber 2001). 많은 식물종에서 각피는 왁스로 덮여 있기 때문에 수분 소실이 감소된다. 그림 5.7은 잎 표면에서 각피의 위치를 나타낸 것이며, 그림 5.8은 완두(*Pisum sativum*) 잎의 왁스이다. 각피와 그 역할에 대해서는 Kerstiens(1996)의 편저에서 상세하게 다루고 있다.

각피가 잎 표면으로부터의 수분소실을 제한하는 한편으로, 잎과 대기 간에 산소와 이산화탄소를 교환하는 수단도 존재해야만 한다. 이러한 교환은 주로 그리고 어떤 경우에는 전적으로 하부 표피에 존재하는 공극인 기공을 통해 주로 일어난다. 많은 저자들은 기공의 영문 용어인 *stoma*(단수형)와 *stomata*(복수형)를 각각 *stomate*와 *stomates*로 표기한다. 표피내 기공의 상세한 구조와 위치는 다양하지만, 전형적으로 기공은 두개의 신장모형의 공변세포(guard cells)와 연관 세포들이 측면에 붙어있는 공극으로 구성된다. 공변세포의 수분함량이 변하면, 두개의 공변세포는 세포간의 개폐를 조절함으로써 대기와 잎 내부간의 연결정도를 조절한다. 보통 기공의 바로 아래에는 엽육세포가 없는 큰 빈 공간이 존재한다(기공밑 공간, substomatal chamber). 기공이 열리고 닫히는 메커니즘에 대해서는 8장의 칼럼에서 다루고 있다. Hinkley

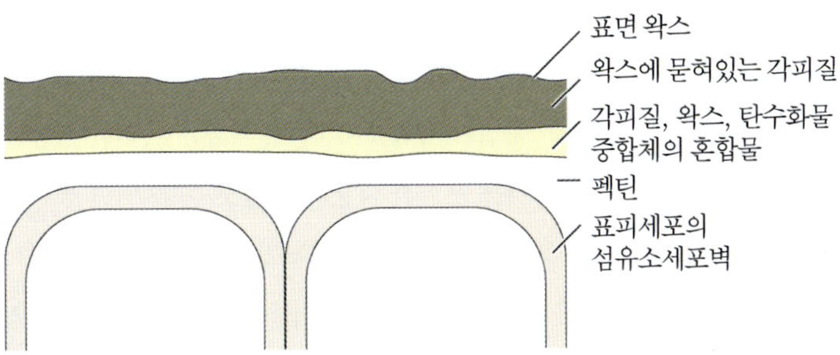

그림 5.7 잎 표면의 구조 표면외부로부터 내부방향으로 표면 왁스, 그리고 왁스에 혼합된 각피질, 약간의 각피질과 왁스, 미량의 단백질과 함께 탄수화물 중합체를 함유하는 혼합 층, 펙틴, 표피세포의 섬유소 세포벽이 존재한다.(Kolattukudy 1984)

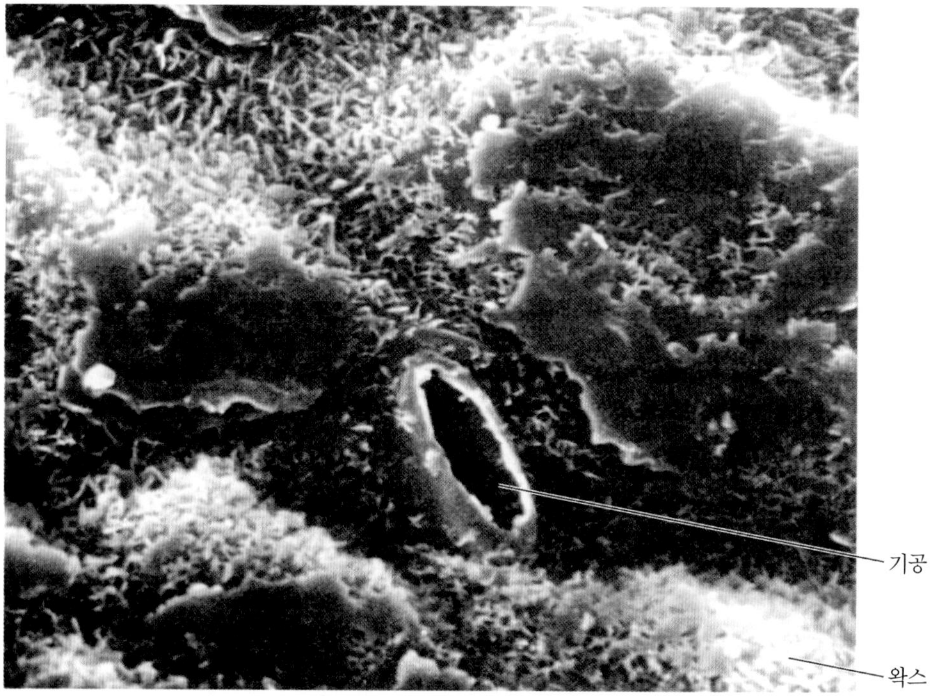

그림 5.8 완두(*Pisum sativum*)잎의 표면 이 현미경사진에서 왁스판과 spicules, 그리고 기공을 덮고 있는 고리모양의 왁스 침적을 볼 수 있다. SEM 배율 ×3,000.(자료제공 Y. Heslop-Harrison and J. Heslop-Harrison.)

and Braatne(1994)와 Zeiger 등(2002)은 기공을 그 구조의 생화학적 측면에서부터 생태적 측면에 이르기까지 폭넓게 다루고 있다.

식물체내 물의 이동

경로

식물체내 물질의 이동 중에서 물의 이동은 순수하게 양적으로 단연코 두드러진다. 이는 식물이 본래 액상배지로부터 진화되어 출현한 직접적인 결과이다. 육상에서 햇빛과 공기에 노출된 광합성 기관은 건조에 노출되게 되었다. 그 결과 각피(cuticle)가 잎 표면의 상부에 방수막으로 발달되었다. CO_2 기체는 자유롭게 잎 안 밖으로 출입이 가능해야 하며, 기공은 이러한 기능을 수행하기 위해 적응한 형태이다. O_2와 주로 수증기를 포함한 다른 기체들도 이들 열린 공간을 통해 이동한다. 증산된 물은 토양으로부터 식물체 속으로 물이 들어감으로써 보충된다. 따라서 물은 토양으로부터 뿌리속으로, 그리고 줄기를 통해, 잎 속으로 흘러들어간다. 최종적으로 잎의 엽육세포의 표면에서 물은 증발 또는 증산되어, 기공을 통해 대기 중으로 확산된다.

식물이 살아가는 동안 식물체를 통해 이동되고 대기 중으로 이런 방식으로 소실되는 물의 전체량은 아주 많다. Briggs와 Shantz(1914)는 여러 식물종이 식물체 단위 건물을 생산할 때 소요되는 물의 무게를 측정하였다. 이 "수분 요구량(water requirement)" 은 식물 g당 약 200g H_2O에서 1,000g H_2O이상으로 차이가 있었다. 현재는 생산된 식물체 단위당 사용된 물의 양으로 나타내기보다는 이 값의 역수 즉, 수분이용효율(water use efficiency)로 나타내는 것이 더 일반적이다. 이 값은 사용된 물 단위당 생성된 식물재료의 양이며, 다음 식으로 계산한다.

$$\mathrm{WUE} = \frac{D}{W} \tag{5.1}$$

여기서, WUE는 수분이용효율(water use efficiency)이며, D는 생산된 식물체 건물의 중량(g), W는 사용된 물의 중량(g)이다. 그러면 위에서 언급한 "수분 요구량" 은 0.005에서 0.001 또는 그 이하의 수분이용효율에 해당한다.

이들 수치로 명확하게 알 수 있는 것은 증산은 비경제적인 과정으로서, 두 상충되는 요구 사이에서 적절하게 조화된 결과이다. 즉, 축축한 녹색 세포의 햇빛에 대한 노출의 필요성과 CO_2가 이들 세포로 확산되도록 하는 열린 경로의 필요성 때문에, 불가피하게 대기 중으로 물이 증산될 수 밖에 없다. 그러나 증산은 뿌리로부터 지상부의 조직으로 무기 양분의 이동을 촉진시키는 기능과 잎을 냉각시키는 기능을 담당한다.

처음 물이 뿌리 속으로 들어갈 때 주로 뿌리선단 뒤의 2~3 cm 부위를 통해 들어간다. 이곳은 대사가 가장 활발한 부위이며 뿌리털이 가장 많은 부위이기도 하다. 독립된 하나의 식물이 근계조차도 복잡하고 분지된 구조를 하고 있으며, 수분흡수량은 뿌리의 축을 따라 큰 차이가 난다(Varney and Canny 1993; Frensch, Hsiao, and Steudle 1996).

수목(trees)의 뿌리 특히, 정단 뒷부분의 오래된 조직은 점차적으로 코르크화(suberization)되므로 투수성이 떨어지게 된다. 이러한 불투수성은 절대적인 것은 아니며, 물과 양분의 유동은 뿌리의 활성이 떨어지는 이들 부위를 통해서도 상당부분 일어난다(Kramer and Boyer 1995). 이 과정은 수목의 뿌리뿐만 아니라 다른 영년생 식물에서도 특히 두드러진다. 그들의 코르크화되지 않은 뿌리는 광범위하지 않으며, 수명이 너무 짧으므로 이들 식물을 유지시킬 만큼의 충분한 물과 양분을 공급하지 못한다. 그러므로 더 오래되고 코르크화된 뿌리도 물과 양분을 흡수하여 "새로운" 혹은 "성장하는" 세근(fine roots)에 의해 흡수되는 양을 증대시켜준다.

오래전부터 물이 뿌리를 가로질러 중심주를 향해 방사상으로 이동할 때, 물은 저항이 가장 적은 경로를 택한다고 즉, 물은 피층 세포벽사이의 자유(즉, 아포플라스트) 공간을 통해 이동한다고 생각되어 왔다(Weatherley 1982). Steudle과 Frensch(1996)는 이에 대한 상세하고 수정된 설명을 하고 있다.) 원형질막을 지나 원형질체와 액포 속으로의 삼투이동은 일반적으로 뿌리를 통해 이동하는 전체 물의 양중 일부분이 우회하는 것이다. 내피에서 세포벽을 통한 유동은 카스파리띠에 의해 차단되며, 물은 내피의 세포질을 거쳐 중심주속으로 이동되어야만 한다. 이 때문에 호흡을 방해하는 유해물질과 함께 산소결핍이 뿌리를 통한 물의 유동을 심각하게 감소시킨다(Holder and Brown 1980). 투과성이 있는 세포벽을 통한 수동적 유동(passive flow)은 그처럼 민감하지 않다. 내피에서 유입되는 물은 심플라스트 공간을 횡단해야만 하므로 대사에 영향을 미치는 인자들의 영향을 받게 된다.

내피를 지나면, 물은 세포벽을 자유롭게 통과하여 관다발조직 속으로 들어가서 물관부에서 상향 이동된다. 그러나 체관부와 심지어 비관다발 조직을 통해서는 이동이 한층 더 제한된다. 또 물은 측면으로 신속하게 이동된다는 증거가 있다. 예를 들어 3년생 버드나무(*Salix* sp.)가 흡수한 3중수소(^{3}H)로 표지한 물은 체관부에서 두드러지게 확인되었다(Wray and Richardson 1964). 물의 주된 이동경로는 물관부이기 때문에, 이러한 결과는 이들 두 조직사이에 신속한 측면 이동이 일어남을 시사한다.

관다발조직은 뿌리에서 물이 줄기를 통해 엽병과 엽맥 속으로 이동되는 주된 경로이다. 잎에서 분지되고 교차연락된 잎맥(veins)과 세맥(veinlets)이 관다발계의 요소들을 모든 엽육세포에 가깝게 해준다. 물이 엽육 구석구석까지 이동되는 것은 마치 물이 뿌리의 피층을 통해 이동되는 것과 거의 같이 즉, 주로 조직의 아포플라스트공간으로 이동한다. 물은 엽육세포의 표면에서 증발하고, 이어 수증기는 넓은 세포간 공극(pores)을 통해 확산되어, 최종적으로 기공을 통해 외부 대기 중으로 방출된다. 각피증산(cuticular transpiration)도 어느 정도 일어난다(Riederer and Schreiber 2001). 잎 각피(leaf cuticle)내 공극과 도관(canals)이 많이 존재한다는 사실(Miller 1986)은 물의 소실은 이들 공극을 통해서도 일어남을 시사한다. 물이 잎 밖으로 소실되는 세 번째 경로는 배수조직(hydathodes)을 통한 경로이며, 이 과정은 근압(root pressure)과 관련하여 다음절에서 설명한다.

메커니즘

증산(transpiration)은 물리적인 과정이다. 물이 잎으로부터 증발되면 잎의 수분함량이 감소한다. 그에 따라 뿌리에서부터 잎에 이르기까지 수분 퍼텐셜의 기울기가 형성된다. 그 결과로 정수압차이(hydrostatic differential)가 형성되기 때문에 토양 → 뿌리 → 관다발조직 → 잎 → 대기로 구성되는 상호연결된 계를 통해 물이 유동된다. 이 사실은 그 계의 물은 장력(즉, 음압)을 받고 있으며 물 분자들 사이에 대단히 큰 응집력(cohesive forces)이 작용하기 때문임을 의미한다.

식물내에서 수액(sap)이 이동되는 응집설(cohesion theory)이라 부르는 과정에 대한 이러한 견해는 최초로 Askenasy(1985)와 Dixon과 Jolly(1914)가 독자적으로 주창하였으나, 그 후 Renner(1915)가 한층 더 세련되고 식물학적으로 적절한 증거를 제시하였다. 양치류의 포자낭(sporangia)을 사용한 독창적인 실험으로, Renner는 물이 30MPa이나 되는 장력을 받을 수 있음을 알았다. 물관부내의 음압(negative pressure) 측정에 관한 그 이후의 연구결과는 California 대학 Scripps 해양연구소의 Scholander와 그 연구진(1965)이 발표한 흥미로운 논문에 발표되었다. 그들은 압력상자(pressure chamber)(판매상들은 '압력통' 이라는 용어를 더 좋아한다)안에 가스로 압력을 가한 고등식물의 자른 가지를 이용하여 절단면에서 수액을 빠져나오게 하는데 필요한 압력을 측정하였다(그림 5.9). 이 압력(음의 부호로 나타냄)을 가지가 절단되기 이전에 가지 속에 존재하던 압력과 같다고 간주한다. 고등식물내의 장력은 8MPa정도로 Renner의 양치류 포자낭만큼 두드러지지는 않았지만, 그럼에도 불구하고 의미가 있었다. 이 방법은 Ritchie(19750와 Steudle과 Jeschke(1983), Frensch와 Hsiao(1993), Kramer와 Boyer(1995), Tomos와 Leigh(1999)에 의해 수정되고 정교해졌다. 뒤편에 열거한 저자들

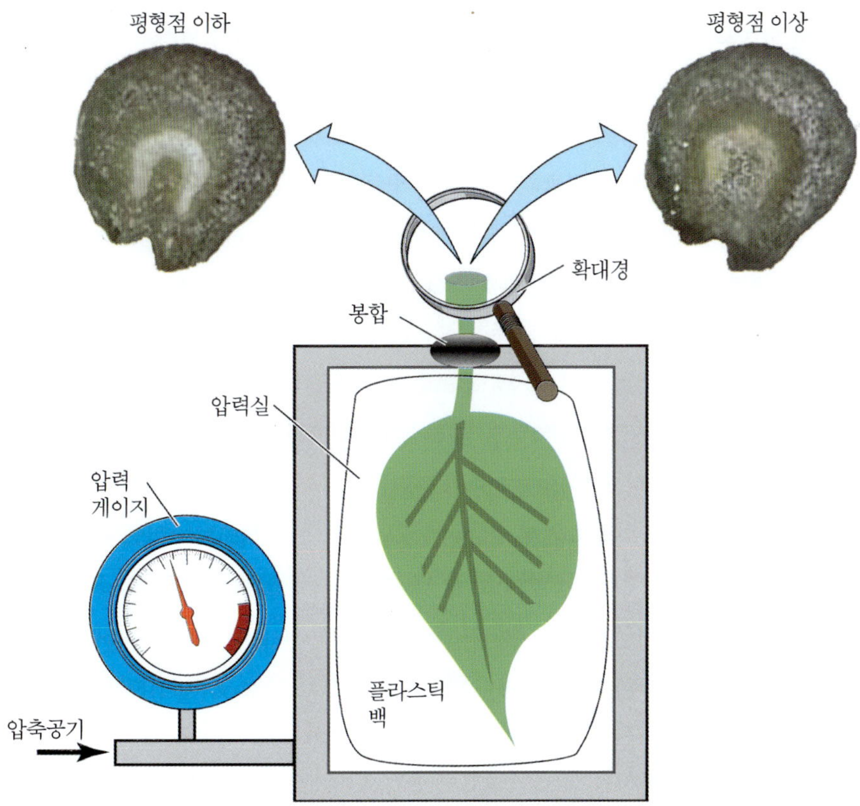

그림 5.9 Scholander의 압력상자 확대 그림은 평형압 이하와 이상에서의 잎 줄기의 절단면을 나타낸다.(자료제공; K. Shackel)

은 개개 세포내의 물과 용질간의 관계를 측정할 수 있게 하는 압력탐침(pressure probe)이라는 장치에 대해 다루고 있다. 식물의 수분관계에 대해 가장 최근에 종합적으로 설명한 것은 Kramer와 Boyer(1995)의 저서이다. Lange 등(1982)은 이 분야의 전문가들이 쓴 전문화된 장(chapters)으로 구성된 식물의 물과 탄소 관계에 관한 책을 편집하였다. Tyree와 Zimmermann의 저서(2002) *'물관부의 구조와 수액의 상승(Xylem Structure and the Ascent of Sap)'* 에는 목본성 식물을 중심으로 물관부의 구조와 물과 용질의 장거리수송에 있어서의 물관부의 기능이 잘 설명되어 있다.

지금까지 다룬 응집설(cohesion theory)은 오랫동안 거부할 수 없는 권위를 누려왔지만, 몇몇 학자들은 최근 "수액의 상승"에 대한 이러한 설명에 의문을 제기했다. 이들은 주로 공동현상(cavitation)이 발생한다는데 초점을 맞추고 있다. 즉, 물관부내의 장력이 충분히 상승하면, 기포형성 즉, 공동현상(embolism = cavitation)에 의해 물기둥(water column)의 연속성이 파괴되어 물관(xylem vessel)내 물의 상향이동이 중단된다. 이 과정은 수목에서 가장 활발하게 연구되었는데, 그 까닭은 물관부내의 물기둥이 높으며 그에 따라 특히, 나무가 가뭄 스트레스(drought stress)를 받는 상황에서는 물기둥 내에 엄청난 장력이 발생하기 때문이다(Jackson and Grace 1994). 가뭄이외에 동결과 염류화도 키 큰 나무가 중력에 대항해서 물을 끌어 올릴 때 극복해야하는 스트레스이다(Zimmermann 2002). 이들 저자는 수액의 상승에 기여하는 겔-상 화합물 형성과 삼투적 및 전기화학적 구동력, 근압, 모세관력(capillary forces)과 같은 또 다른 메커니즘에 대해 다루고 있다. 이들은 "다중력설(multiforce theory)을 이용하면 지구상의 생명체는 고도로 준안정 상태(metastable state)에 있는 물에 의존한다는 응집설과 관련된 문제점을 극복할 수 있다"고 주장한다. Harvey와 van den Driessche (1997)은 공동현상에 영향을 미치는 영양학적 인자들을 포함해서 환경적인 인자들을 고려했다.

Canny(1995, 1998)도 응집설의 타당성에 대해 의문을 제기했다. 그는 물관부 유조직 세포를 포함한 식물 세포들은 삼투계(osmometer) 역할을 한다는 사실에 주목한다(2장). 즉, 식물세포는 액포내 용액의 삼투압으로 인해 팽창되어 있고, 그에 따라 세포벽은 서로서로 압력을 가하고 있다. 이 팽압으로 인해 내부 조직에 압력이 발생한다. 그러므로 물관과 접하고 있는 유조직세포는 물관내부의 압력을 상승시키며, 그에 따라 물관내 물의 장력은 감소된다. 따라서 이러한 "보상압력(compensating pressure)" 때문에 물관 내에 공동현상이 일어날 가능성이 감소되고, 공동현상이 일어나더라도 공동현상(embolism)이 제거된다.

이에 반해 Milburn(1996)은 "최근에 발표된 증거에 의하면... 응집설의 기능에 대해서는 의심할 여지가 없다"는 결론을 내리고 있다. Steudle(2001)과 Tyree(1997), Wei와 Steudle,

Tyree(1999), Tyree와 Cochard(2003)도 응집설에 대한 증거는 확실하며 명확하다는 결론을 내리고 있다.

분명한 것은 증산중인 식물체 내에서의 물과 마찬가지로, 이러한 이동 메커니즘에 관한 견해도 유동적이다. 생물권의 영향으로 가장 많은 양의 물질이 전달되는 과정 즉, 토양수분의 대기 중으로의 방출작용에 관해 여전히 많은 불확실한 점이 존재한다는 점을 감안하면 이는 당연한 것이다. 이들 문제점 중 다수는 새로운 연구의 진전으로 곧 밝혀질 것이다. 온실 또는 인위적으로 조절되는 생장상, 포장에서도 충분히 사용할 수 있는 작은 핵자기공명 분광계(NMR spectrometer)가 개발되었다(Van As et al, 1994). 며칠간 연속으로 자동으로 작동하는 이 기기를 사용하면 식물체를 통한 물의 흐름을 완전히 비파괴적으로 측정할 수 있다. 그러므로 광도와 상대습도, 기타 인자들에 의한 변이의 영향을 지속적으로 점검할 수 있다.

비록 대부분의 조건에서 고등식물을 통한 전체 물의 대부분은 증산에 의해 이동되지만, 증산이 아주 적은 경우와 뿌리에 의한 염류 흡수가 유리한 경우에 물이 식물체 속으로 들어가고 식물체를 통해 이동되는 또 다른 메커니즘은 근압(root pressure)이다. 뿌리가 흡수할 수 있는 이온을 적량 함유하는 습윤하고 따뜻한 토양에 놓여있고, 잎이 습윤한 대기 중에 노출되어 있으면, 물은 뿌리 속으로 들어가, 물관부 속으로 이동하여, 잎에 도달하고, 최종적으로 배수조직－일액(guttation liquid)이 방출되는 통로역할을 하는 변형된 기공－을 통해 발산된다(2부 도입부의 사진 참고). 이러한 물 이동의 메커니즘에 대해서는 연구가 많이 되었다. 일반적인 기술은 뿌리를 자르고 여러 조건에서 절단면으로부터 방출되는 물관부 일비액(exudate)의 양과 그 조성을 조사하는 것이다. 이 기술을 사용하면 증산은 실험결과에 영향을 주는 인자가 아님을 알 수 있다.

이러한 물의 이동에 가장 널리 인정되는 메커니즘은 다음과 같다. 즉, 뿌리는 능동적으로 염을 흡수하여 물관부요소 내부로 전달한다. 그 결과 내부에 삼투압기울기가 형성된다. 따라서 물관부내의 수분퍼텐셜은 외부 용액보다 낮아지며, 물은 삼투압에 의해 물관부속으로 들어가서, 물관부내에 정수압(hydrostatic pressure) 즉, 근압을 형성시킨다. 물관부내 정(+)의 압력을 형성시키는 이런 조건은 식물이 활발하게 증산을 하여 물관부내에 부(−)의 압력이 생성될 때 나타나는 조건과는 정반대이다. 그러므로 근압으로 인한 물의 이동은 이온의 능동수송에 의해 형성되는 삼투기울기(osmotic gradient)를 따라 일어나는 수동적 이동이다(Sabinin 1925; Crafts and Broyer 1938; Arisz, Helder, and Van Nie 1951; Kramer and Boyer 1995)

근압은 단자엽식물에서 중요하다. Davis(1961)는 야자나무에서 근압을 측정하였고, 그로서 근압에 의해 10m 이상의 높이로 물을 공급할 수 있음을 확인했다. 이는 이들 식물의 수분경제에 근압이 중요한 역할을 함을 시사한다.

White(1938)는 기내 배양한 토마토 뿌리에 대한 실험으로 60m 높이의 물기둥을 올리기에 충분한 아주 높은 근압이 형성될 수 있음을 입증하였다. 이것은 토마토 식물의 가장 높은 잎에 물을 공급하는데 필요한 것보다 상당히 더 큰 힘이다. 만약 이러한 근압이 일상적인 현상이라면, 근압은 증산과 함께 식물에서 수액의 상승에 기여하는 중요한 인자일 수 있다(Rufelt 1956; Meyer, Greacen, and Alston 1978).

이온의 상향이동

경로

물과 마찬가지로 이온은 뿌리 피층의 자유공간 내부로 손쉽게 침투해 들어가 내피까지 도달하며, 내피에 있는 카스파리띠에 의해 진행이 방해된다(Nagahashi, Thomson, and Leonard 1974; Steudle and Peterson 1998; Schroder et al. 2002). 이러한 확산에 의한 이동은 그림 5.10의 A단계에 나타낸 바와 같이 당연히 양방향성(bidirectional)이다. 내초에서 발생한 분지근이 온전한 형태의 내피를 관통하고 있는 곳에서 내피 세포벽을 통한 이동은 중단될 수 있다(Dumbroff and Peirson 1971; Peterson, Emanuel, and Humpreys 1981). 피층세포는 4

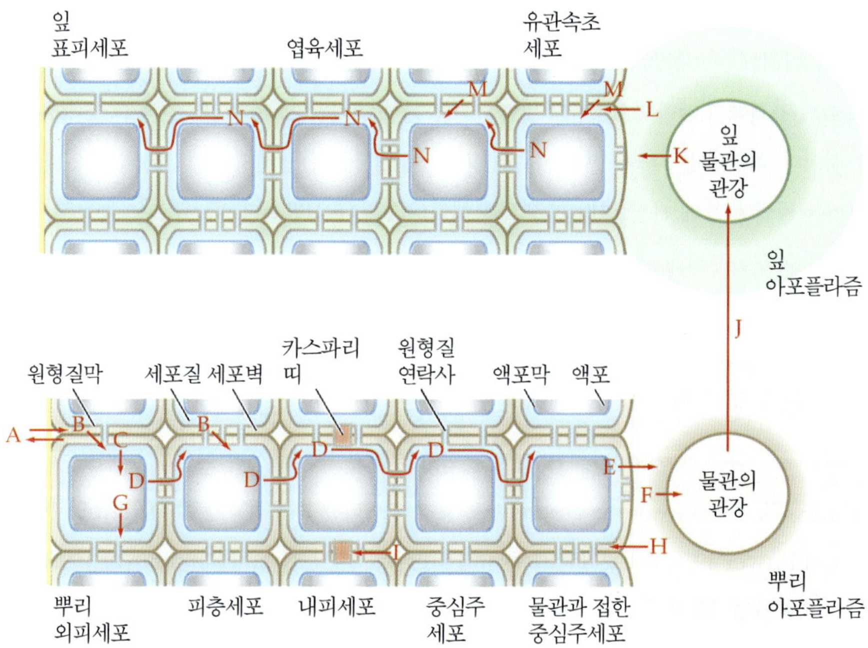

그림 5.10 무기양분의 이동 이 그림은 (A) 토양용액으로부터, (B-D)뿌리를 지나 중앙의 관다발 중심주의 물관 속으로, (E,J) 물관을 통해, (K-N) 잎세포 속으로 이동되는 무기 양분의 경로를 나타낸다.(Epstein 1998)

장에서 다루었던 과정을 통해 피층의 자유공간으로부터 이온을 얻을 수 있다. 최초로 피층세포 속으로 들어오는 과정은 원형질막을 가로질러 세포질로 들어오는 것이다(그림 5.10의 B단계). 일단 피층세포에 도달하면, 두 가지의 주된 경로를 거친다. 하나는 액포막을 통해 액포 속으로 들어가며(C단계), 다른 하나는 세포질속에서 원형질연락사를 통해 인접 세포로 들어간다(즉, 심플라스트 이동)(D단계).

이러한 "이동경로의 분지(fork in the road)" 에 대한 증거는 T.C. Broyer(1950)가 처음 제안했다. 보리의 근계를 5mM의 KBr 용액에 6시간 담근 후, 브롬 방사성 동위원소로 표지해 놓은 화학적으로 동일한 용액에 옮겼다. 6시간 더 경과한 후 뿌리에서 배어나온 수액의 방사성 브롬의 농도와 절단면에서 배출된 용액내의 방사성 브롬(radiobromide)의 농도를 측정하였다. 배어나온 수액은 주로 뿌리세포의 액포내 용액을 대표하며, 일비액은 물관부에 들어있던 용액을 대표하는 것으로 간주하였다.

물관부내의 방사성 브롬의 농도는 액포 수액의 약 2배인 것으로 드러났다. 따라서 다음과 같이 유추할 수 있다. 조직이 비방사성 브롬 용액에 있었던 첫 번째 기간에 브롬을 이미 흡수한 액포는 두 번째 기간에는 방사성 브롬을 잘 흡수하지 못한다. 그 이유는 액포는 닫힌 계(closed system)이며 액포에 축적되는 전체 용량이 한계가 있기 때문이다. 최종적으로 중심주와 물관부의 통도요소에 도달하는 심플라스트경로(그림 5.10의 E와 F 단계)는 용액이 절단면으로부터 배어나오기 시작하기 때문에 열린계(open system)이다. 손상되지 않은 식물에서 용액은 지상부로 이동되어 올라간다. 그러므로 처음 막을 통과해서 표피 또는 피층의 세포질 속으로 수송된 이온들은 어떠한 막도 통과하지 않고 원형질연락사를 통해 세포로부터 세포를 지나 심플라스트내에서 이동된다고 볼 수 있다. 즉, 이온들은 주로 액포를 우회한다. Broyer의 결론을 입증하는 다른 자료는 Brouwer(1959)와 Helder(1958, 1964), Läuchli와 Epstein(1971)이다.

그러나 이온이 일단 뿌리세포의 액포 속으로 전달되면 그곳에 밀폐되어 다시는 나오지 않는다고 가정해서는 안 된다. 실제로 뿌리의 액포가 이미 특정 이온으로 가득 차있고 그 뿌리가 계속 외부 배지로부터 동일 이온을 흡수할 때, 액포 내의 이온들은 심플라스트 내의 이온들과 서서히 치환되며, 그에 따라 지상부로 수송될 수 있다(그림 5.10의 G단계). 뿌리세포의 액포 내에 있는 이온들은 액포막을 통해 동일한 하전을 지닌 세포질내의 다른 종류의 이온들과도 치환될 수 있다(예, 액포의 수소 이온과 세포질내의 나트륨 이온). 식물체를 그 원소가 없는 배지로 옮김으로써 배지 내에 이온이 공급되지 않도록 차단할 때, 그 이온이 뿌리 일비액에 지속적(감소는 하되)으로 존재한다는 사실은 그 이온이 액포로부터 심플라스트속으로 꾸준히 방출됨을 시사한다. 액포 내의 이온이 심플라스트속으로 재방출되고 이어서 물관부로 수송된다는 증거는 많은 식물종과 여러 원소의 이온들에서 관찰되었다. 그 사실은 일반적인 현상이다. Hodges

와 Vaadia(1964a,b); Crossett(1966); Lauchli와 Epstein(1971); Anderson과 Goodwin, Hay(1974); Smith(1979); Pitman(1982); Jeschke et al.(1983)을 참고하라.

외부 배지로부터 중심주 속으로 이온이 이동하는 두 메커니즘은 심플라스트를 우회하는 것이다. 뿌리의 정단부위는 물관부가 분화되어 있지 않다. 그러므로 용질은 대류와 확산에 의해 정단부위의 아포플라스트 공간 속으로 그리고 뿌리의 기부에 더 가까운 부위에 발달해 있는 물관부의 세포벽과 관강 속으로 이동한다(Peterson, Swanson, and Hull 1986; Schroder et al. 2002).

둘째 이미 언급한 바와 같이 분지근이 내초(중심주의 가장 바깥 세포층)에서 발생하여 내피를 관통하고 있는 곳에서, 이온과 기타 용질은 중심주와 외부 배지사이의 아포플라스트 세포벽 공간을 통해 이동할 수 있다(Dumbroff and Peirson 1971; Peterson, Emanuel, and Humphreys, 1981).

일단 중심주에 들어오면 이온은 중심주 세포(stelar cells)의 원형질막을 건너 세포질로부터 중심주의 아포플라스트공간으로 들어가 최종적으로 심플라스트를 떠난다(그림 5.10의 E단계). 이후 이온들은 쉽게 물관 속으로 들어가(F단계), (물관 자체는 아포플라스트의 일부임), 지상부를 향해 이동(또는 절단한 뿌리를 사용한 실험에서는 일비액이 절단부위 끝을 향해 이동)한다. 이온 중 일부는 자유롭게 확산되기 때문에 중심주의 아포플라스트 전체로 확산된다(H단계). 그러나 이온들은 내피의 카스파리띠 때문에 아포플라스트를 통해 외부 배지로는 다시 확산되지 않는다(I단계).

위에서 설명한 바에 따르면, 뿌리를 통과한 이온들은 최종적으로 물관부에 도달하며, 이곳에서 이온들은 주로 물의 이동경로인 증산류(transpiration stream)를 따라 지상부로 상향 이동된다. Stout와 Hoagland(1939)는 고전적인 실험으로 실제 물관부는 이러한 이온 이동의 주된 경로임을 입증하였다. 이러한 실험은 무기원소의 방사성 동위원소를 추적자(tracers)로 사용한 최초의 식물생리학적 실험에 속한다.

그들은 한 실험에서 작은 버드나무를 영양용액에서 키웠다. 가지의 수피를 세로방향으로 베고 파라핀 종이를 목질부(wood)와 수피사이에 삽입하여 물관부와 체관부를 분리하는 불투과성 막을 만들었다. 가지를 파라핀 종이로 싸서 수분 손실을 방지했다. 그 후 칼륨 방사성 동위원소 $^{42}K^{+}$를 영양용액에 첨가하고, 5시간 후에 줄기를 그림 5.11과 같이 절단했다. 목질부와 수피 절단면의 칼륨의 방사성 동위원소 함량을 측정하였다. 결과(그림에 요약되어 있다)는 띠의 위와 아래의 목부와 수피에 거의 동일한 농도가 검출되었지만, 파라핀 막이 수피(체관부)와 목질부(물관부)를 분리한 곳에서는 거의 모든 칼륨 방사성 동위원소가 물관부에 존재하였다. 따라서 물관부는 칼륨이 줄기를 따라 상향 이동하는 주된 경로임이 밝혀졌다. 그러나 체관부속으

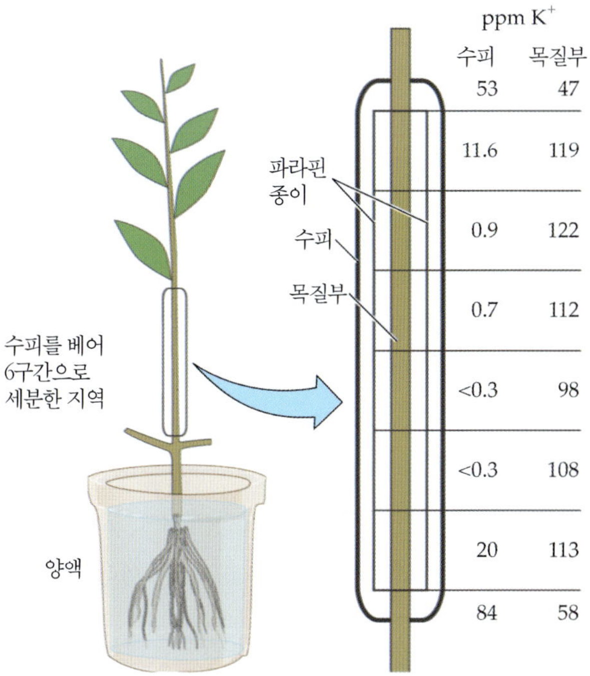

그림 5.11 버드나무 줄기에서 방사성 동위원소 표지 칼륨의 상향이동 측정실험 (After Stout and Hoagland 1939)

로의 신속한 측방향 이동도 정상적으로 일어난다는 사실은 불투과성 슬리브로 목질부와 분리되지 않은 수피 절단면에서 얻은 결과로 알 수 있다. 방사성 동위원소로 표지한 나트륨과 인으로도 동일한 결과를 얻었다.

물관부 속에서 상향이동하면서(그림 5.10의 J단계), 이온들은 최종적으로 잎 말단의 세맥에 도달하고, 세맥으로부터 자유롭게 이동하여(K 단계) 엽육세포의 세포벽 공간 즉, 잎의 아포플라스트로 들어간다(L 단계). 따라서 이들 세포는 뿌리의 피층 세포가 뿌리의 자유공간 속에 용액에 잠겨있는 것과 마찬가지로 이온들의 용액에 잠기게 된다. 뿌리의 피층세포와 같이, 잎의 엽육세포는 능동적 이온수송 메커니즘에 의해 그들 세포 주변의 용액으로부터 이온을 축적한다(M 단계; 4장). 그러므로 잎 세포의 세포질에 도달하기 이전에 대부분의 이온들은 원형질막을 가로질러 세포외부 공간으로부터 최소한 두 번 즉, 첫 번째는 뿌리세포에 의해서, 그리고 또 잎 세포에 의해서 세포질속으로 수송되어야만 한다. 일단 잎 세포의 세포질속으로 유입되면, 이온들은 이미 뿌리에서의 방사상 이동에 대해 설명한 것과 같이 심플라스트경로를 통해 세포에서 세포을 이동한다(N 단계).

네덜란드 연구자인 W.H. Arisz와 그 연구진은 잎 조직 내에서 이온의 심플라스트 이동에 대해 활발하게 연구하였다(Helder 1967). 이들은 담수 수생식물인 나사말(tape grass, *Vallisneria spiralis*)의 잎 조각을 사용했다. 이 식물에서 외부용액으로부터 이온들을 직접 흡수하는 것은 잎의 정상적인 기능이다. 이 실험에서 잎(즉, 흡수 부위) 조각의 일부를 방사성 동위원소 표지 이온을 함유하는 용액에 넣고, 다른 부위(즉, 무처리 부위)를 물에 넣었다. 이어 표지된 이온이 흡수 부위로 이동하고 잎의 무처리 부위로 전이되는 것을 조사했다. 그 결과 흡수 부위에 흡수된 표지된 이온들이 무처리 부위에 도달할 때, 무처리 부위로부터 주위의 물 속으로 현저한 누출은 없었음이 밝혀졌다. 이 사실은 세포질 내에서 이온들이 이동했으며, 즉, 세포벽 공간을 통해 확산되면 무처리 부위 주위의 물속으로 누출될 것이라는 증거이다. 잎의 아포플라스트 내에 이온이 어느 정도 확산되었지만, 이 실험의 경우에는 확산경로는 너무 길어서 관찰된 모든 이동은 실제로 심플라스트를 통한 것이었다.

메커니즘: Crafts-Broyer 가설과 그 이상

"식물체내 무기 용질과 물의 흡수와 이동에 관한 엄청난 양의 연구에도 불구하고, 그 과정에 대한 메커니즘은 아직도 모호하다"(Crafts and Broyer 1938). "[물관 속으로의] 이러한 분비과정은 무기물 전이 분야의 모든 과정 중에서 가장 덜 알려진 과정 중의 하나이다"(Biddulph 1951)." "물관 속으로의 염의 방사상 수송 메커니즘에 대해 20~30년 전보다 오늘날 더 많이 알려진 것이 없다는 결론을 내리게 됨을 유감스럽게 생각한다."(Yu and Kramer 1967). "물관부로의 이온방출에 관한 연구는 실험결과를 해석하는 것이 어렵다는 특징이 있다..... 그 계는 간혹 Heisenberg의 불확실성 원리(uncertainty principle)의 생물학적 사례에서 예측될 수 있는 좌절감을 보여준다."(Pitman 1977). "이온과 유기용질의 방출['*물관부 적재(xylem loading)*']은 명확하지 않다"(Marschner 1995). "심플라스트로부터 물관부속으로 이온 방출을 조절하는 과정에 대한 명확한 견해는 없다"(Clarkson 1996). "물관부 적재의 과정은 수 십년 동안 숙고대상이었다"(Köhler and Raschke 2000). 60년의 기간에 걸친 이러한 표현들이 시사하는 바는 꽤 단순한 문제—즉, 양분과 기타 용질이 중심주의 심플라스트 공간으로부터 중심주의 아포플라스트와 물관 속으로 이동하는 과정—를 해결하기 위해 식물생리학자들이 엄청난 어려움을 겪었다는 점이다.

이들 우울한 감회를 최초로 싣고 있는 논문에서, Crafts와 Broyer는 이온들이 물관부의 도관요소(conducting elememts) 속으로 측방향 수송(lateral transfer)된다는 가설을 제안하였다. 물관부 일비액은 일반적으로 외부용액보다 더 높은 농도의 염을 포함하고 있으므로, 이온의 능동수송 메커니즘이 외부용액과 생명력이 없는 물관사이의 어느 지점에서 작용하는 것이 분명하다. 이 사실은 여러 가지 방법으로 뿌리의 대사를 방해하면 관다발 조직과 지상부로의 이온 전이가 억제됨을 보여주는 실험으로도 입증된다(Hoagland 1944; Brower 1965; Läuchli and Epstein 1971; Läuchli, Spurr, and E. Epstein 1971; Anderson 1976;

Pitman 1977, 1982).

Crafts와 Broyer(1938)에 따르면 피층세포의 세포질 속으로 이온을 흡수하는 것은 염을 고농도로 물관부에 축적시킬 수 있는 유일한 능동수송 단계이다. 이들은 피층 내부는 생리적 조건이 유리하다는 점에 주목한다. 즉, 피층은 외부용액에 가까울 뿐만 아니라 세포사이의 공간(intercellular space)이 크기 때문에, 통기(aeration)는 물론 호흡으로 발생하는 이산화탄소 방출이 원활하게 일어난다. 이에 반해 중심주는 피층에 둘러싸여 있어, 산소 공급원으로부터 멀리 떨어져 있고, 주변의 이산화탄소 농도가 더 높게 되는데, 그 까닭은 피층은 내부에 위치하며 이 부위에서 세포는 촘촘히 쌓여있기 때문이다. 중심주 세포는 O_2/CO_2비가 불리하기 때문에 피층세포보다 대사가 활발하지 못하며, 능동적으로 축적하는 피층세포의 막과는 달리 중심주의 막은 투과성이 있다. 따라서 이 관점에 따르면 중심주의 막은 중심주의 아포플라스트 속으로 용질을 누출시킨다.

이러한 점들을 고려하면, Crafts-Broyer 가설은 다음과 같이 정리할 수 있다. 이온들은 피층 세포에 의해 능동적으로 흡수된다. 일단 세포질에 들어오면 이온들은 심플라스트 내부에서 확산되어, 원형질연락사를 통해 세포에서 세포로 이동된다. 중심주에 도달하면, 이온들은 중심주 세포의 투과성 원형질막을 통해 세포질 밖으로 누출되어 세포벽과 물관 속으로 들어간다. 이온들은 내피의 벽에 있는 카스파리띠 때문에 세포벽 공간을 통해 외부용액 속으로는 다시 확산되지 못한다.

그 가설의 핵심은 외피와 피층 세포의 세포질속으로의 능동수송이 물관부 속으로의 이온 수송에서 유일한 대사적 집적 단계(metabolic collection step)라고 가정하는 것이다. 그 이후 심플라스트 내부에서의 이동은 수동적이며, 확산 기울기에 의해 일어난다. 그 결과 물관부내의 염 농도는 피층세포의 세포질보다 더 낮지만, 외부용액보다는 더 높은 경우가 많다. 이러한 조건들은 물관부 내부로 물의 삼투압에 의한 유동을 촉진하여, 뿌리압을 형성시킨다. 중심주의 아포플라스트와 물관 내부로의 양분 적재(loading)는 수동적인 과정이라는 견해에 대해 아직도 지지하는 사람이 많다(Kohler and Raschke 2000).

Crafts-Broyer 가설이 이온이 뿌리를 지나 물관부 내부로 측방향 이동되는 여러 측면을 설명하는데 성공했음에도 불구하고, 그 가설이 발표된 후 오래 뒤에 언급된 위에서 인용한 표현에서 그 문제가 아직 해결되지 않았다는 느낌을 받는다. 이렇게 만족스럽지 못 한데는 여러 가지 이유가 있다. 뿌리가 방사성 동위원소로 표지한 이온들을 흡수하면, 뿌리의 횡단면에 방사성물질이 분포되는 것을 확인할 수 있다. 표지한 물질의 농도는 피층보다 중앙의 중심주에서 더 높은 경우가 흔히 있다. 이러한 결과는 많은 종류의 이온에 대해서 그리고 여러 기술을 사용함으로서 도출되었다. 예를 들어 Yu와 Kramer(1967, 1969)는 초기연구에서 옥수수 뿌리에서 방사성 동위원소로 표지한 $H_2PO_4^{2-}$와 Cl^-, Rb^+의 수송에 대한 연구를 수행했다. 그들은 뿌리를 방사성 동위원소가 함유된 용액에 담그고, 중심주와 피층을 분리하여 동위원소의 농도를 측정했다. 저자들은 중심주 조직은 피층 조직과 마찬가지로 신속하게 이온을 흡수함을 발견했다. 그러므로 그들의 결과는 중심주는 누출계(leaky system)라고 Crafts와 Broyer가 이전에 내린 결론을 입증하는데 실패했다.

Läuchli(1967)는 그 당시로서도 여전히 새로운 방법으로 이 문제를 해결했으며, 그는 전자탐침분석기(electron probe analyzer)를 사용하여 옥수수 뿌리의 횡단면에 걸쳐 여러 원소들의 분포를 조사했다. 그 기기를 사용하면 조직의 단면을 좁은 전자빔(electron beam)(넓이가 5 x 10^{-7}m에 불과하다)으로 정밀하게 주사(scanning)할 수 있으며, 이들 전자가 시료속의 표적 원자(target atoms)들을 가격하면 표적 원소 고유의 특이적인 X-선이 방출된다. 시료는 저온조(cryostat)(급속동결)기술로 조제함으로써 가용성 물질의 확산으로 인한 인위구조(artifact)의 형성을 최소화할 수 있다. 이 기술을 사용하여 방사성 동위원소 표지법으로 얻은 결과와 동일한 결과를 얻을 수 있었다. 즉, 칼륨과 인의 농도는 피층내부보다 중심주내부에서 더 높았다. 이들 결과는 Läuchli와 Spurr, Epstein(1971)에 의해서도 입증되고 발전되었다.

메커니즘: 내피와 중심주, 줄기, 잎

이전의 표제에서 검토한 증거는 '중심주는 누출계' 라는 Crafts-Broyer가설의 일부에 대해 심각한 의문을 제기한다. 이를 근거로 다음과 같이 이온들은 Crafts와 Broyer(1938)가 제안한 바와 같이 표피와 피층세포의 세포질속에 축적됨으로써 먼저 흡수되고, 이어서 심플라스트 이동이 진행되지만, 이어서 피층의 가장 내부 층(내피) 또는 중심주 조직 그 자체가 이온들을 물관부의 도관요소 속으로 전달하는 일에 능동적으로 참여한다는 견해를 도출하였다. 이러한 견해는 현재 수용되고 있지만, 물관부 도관(xylem conduits) 속으로 분비되는 상세한 메커니즘은 아직 명확하게 확립되지 않았다.

한 가지 견해는 내피는 이온을 중심주와 물관부속으로 펌프질하는 주역(active agent)이라는 것이며, 또 간혹 물관부 반대편의 내피에서 발견되는 얇은 벽으로 된 "통과 세포(passage cells)"가 이 수송에 영향을 줄 것이라는 것이다(Peterson and Enstone 1996). 그러나 이러한 가설을 입증해 주지 못하는 증거도 있다. 더 오래된 목본성 식물 뿌리의 내피는 2차생장의 발달과정중 사라지는 것으로 생각되지만, 그러나 그러한 뿌리에서도 뿌리압이 형성되는 것으로 나타났다(O' Leary and Kramer 1964). 뿌리압은 배지내의 염농도보다 물관부의 염농도가 높아 발생하기 때문에, 내피가 결여된 이들 뿌리에서 이온은 능동적으로 펌프질되어 물관부 내부로 들어온 것이 분명하다.

어떻게 물관부 내부로 이온이 펌프질되어 들어가는가 하는 문제에 대해 Hylmö(1953)는 또 다른 해답을 제시했다. 그는 물관(vessels)을 형성시키는 현상에 주목했다. 물관은 세포가 길게 배열되어 형성된다. 각 물관 요소의 상부 끝에 있는 가로방향의 세포벽은 결국에는 구멍이 뚫리거나, 사실상 사라진다. Hylmö의 가설에 따르면 원형질막은 그 부위에서 파손되지만 물관요소의 아래 부위에는 존재한다. 따라서 위부분이 뚫린 시험관 형태의 세포질 체계는 정상적인 기능을 할 것이다. 또 이온을 흡수하여 상부끝을 통해 위쪽의 성숙한 물관요소 속으로 전달할 것이다.

이 "시험관(test tube)" 모형에서 물관부 "관(pipe)"의 관강은 액포에 해당하므로, 정상적인 기능을 하는 물관요소가 흡수한 이온들을 저장하는 저장고(recipient)역할을 한다. 벽압(wall pressure)대신에 "뿌리압"을 생성시키는 물의 삼투적 유입으로 인해 정수압(hydrostatic pressure)이 발달한다. 특정 물관요소는 잠시 동안만 정상적인 기능을 유지할 것이다. 하부의 가로방향의 세포벽이 파열되면 물관요소는 세포질이 없는 상부의 죽은 물관의 일부분이 되고, 그 바로 아래의 물관요소가 같은 방식으로 활발하게 이온수송 역할을 담당할 것이다.

Hylmö는 이러한 체제를 입증하는 확실한 증거를 제시하지 못했다. 그럼에도 불구하고 일찍이 지지를 받았으며(Higinbotham 등, 1973), 오랫동안 외면당했지만 최근에 한층 더 주목을 받고 있다(McCully, Canny, and Van Steveninck 1987; McCully and Canny 1989; McCully 1995).

그러나 많은 연구자들은 중심주의 유조직 세포는 원형질막을 통한 흡수와 유사한 과정으로 이온을 분비하지만 그와는 방향이 반대라고 해석하고 있다. 이온들은 일단 중심주의 아포플라스트 속으로 분비된 후 앞선 표제어에서 설명한 바와 같이 아포플라스트의 일부인 성숙한 물관 속으로 자유롭게 이동한다. 많은 실험과 관찰결과가 이 가설이 옳음을 입증한다. Crafts-Broyer 가설을 다룬 앞 절에서 이미 논의한 바와 같이, 중심주내의 이온 농도는 피층보다 훨씬 더 높을 것이며, 물관에 가까운 중심주의 유조직 세포내 농도는 가장 높을 것이다. 이러한 관찰결과를 예측할 수 있는 가설의 근거는 이들 세포가 이온들을 중심주의 심플라스트 외부로 전달하고 또 중심주의 아포플라스트 공간속으로 분비하는데 능동적으로 관여한다는 점이다.

이 현상을 입증하는 또 다른 증거는 Hylmö의 "시험관" 가설과 관련하여 이미 언급했다. 많은 화합물들은 뿌리에 의한 이온들의 흡수를 저해하지 못했음에도 불구하고 물관부 속으로의 이온 전달을 저해했다(Pitman 1977). 이러한 결과를 가장 단도직입적으로 설명한다면 이들 화합물은 뿌리가 흡수한 이온들이 중심부의 아포플라스트 속으로 분비되는 것을 방해한다는 것이다(즉, 그림 5.10의 E단계). 만약 이러한 가설이 옳다면, 다음과 같이 물관에 도달하는 이온들은 최소한 두 번에 걸쳐 원형질막을 통해—즉, 첫 번째는 표피 또는 피층 세포의 원형질막을 건너서

(그림 5.10의 B단계)와 최종적으로 중심주 유조직 세포의 원형질막을 건너서(E단계)—능동적으로 수송된다는 결론을 내릴 수 있다. B단계는 뿌리 심플라스트 속으로의 유입(entry)을, 그리고 E단계는 뿌리 심플라스트로부터의 유출을 나타내며, 두 단계는 모두 대사적으로 능동수송과정이다. Crafts-Broyer의 체계와 이 가설의 주된 차이점은 중심주내 심플라스트로부터의 유출 방식에 있다. Crafts와 Broyer는 유출 방식이 확산이라고 간주한 반면, 방금 요약한 체계에서는 유출방식이 대사적으로 능동적이며 아마도 담체나 통로에 의해 매개되는 듯하다(De Boer and Wegner 1997). 10장에서 중심주 세포로부터 중심주의 아포플라스트 공간과 물관 속으로 이온이 분비되는 분자생물학적 증거에 대해 다룰 것이다. 앞에서 다룬 잎 세포까지의 전 경로에 관한 이온이동 메커니즘을 돌이켜보면(그림 5.10), 잎 세포의 세포질에 도달하는 이온은 최소한 세 번—즉, 그림 5.10의 B단계와 E단계, M단계—능동적으로 수송됨을 의미한다.

이 세 단계 중 어느 것이 물관부 속으로의 이온수송 속도를 결정하는 제한인자가 하는 의문이 제기된다. 가능성이 가장 높은 것은 중심주로부터의 분비, 또는 잎의 엽육세포에 의한 흡수보다는 중심주 내부로의 최초의 흡수과정이다. Läuchli와 Epstein(1971)은 뿌리를 절단한 옥수수(*Zea mays*)가 흡수하는 염소의 양과 물관부 일비액에 전이되는 양에 대해 연구했다. 브롬(bromide)은 염소의 경쟁적 저해제(competitive inhibitor)로 알려져 있기 때문에, 그들은 브롬이 염소 흡수에 미치는 영향과 브롬이 전이에 미치는 영향을 비교했다. 그 영향은 아주 유사하였는데, 이 사실은 흡수과정이 전체과정의 속도를 결정하는 제한인자임을 시사한다. 달리 표현하면 중심주에서의 분비과정이나 엽육에서의 흡수단계는 비교적 신속하다(Schaefer, Wildes, and Pitman 1975). 정상상태(steady state)(이미 액포가 이온으로 채워져 있음)에서, 흡수된 이온은 물관부속으로 신속하게 전달된다. 즉, 그에 따라 뿌리의 심플라스트는 비교적 염 농도가 낮게 유지되어 이온을 신속하게 지속적으로 흡수할 수 있다.

물관에 도달하여 물관요소의 관강에 용해된 이온들은 증산류 또는 뿌리압 유동에 의해 상부로 수송된다(그림 5.10). 물관과 가도관의 벽은 음전하를 띠고 있으므로, 양이온의 농도와 하전부위에 대한 친화성에 따라 양이온 교환이 일어난다. 그 결과 두개의 양전하를 지녀서 음전하 부위에 강하게 흡착되는 칼슘(Ca^{2+})과 아연(Zn^{2+})같은 이온들은 단순한 집단유동 메커니즘에 의해서 뿐만 아니라 일련의 치환과정에 의해 상승한다. 실제로 이 과정은 물관벽에서의 표면 이동이며, 양이온들은 양이온교환칼럼에서처럼 음이온 부위에서 흡착과 탈착을 반복한다(Hewitt and Gardner 1956; Bell and Biddulph 1963; Ferguson and Bollard 1976; Petit and Van 1978). McGrath와 Robson(1984)은 라디아타 소나무(*Pinus radiata*) 유묘의 줄기를 통한 아연의 이동에 대한 실험으로 유익한 예를 제시했다.

특정 2가 및 3가 양이온 특히, 철(Fe^{3+})과 기타 중금속 이온들은, 유기 복합체로 킬레이트화(chelation)되어 용액상태로 존재하지 않으면, 물관과 가도관 벽에 흡착되어 심각하게 이동이 저해된다(Tiffin and Brown 1962; Longeragan 1981; Rogers and Guerinot 2002). 카드뮴(Cd^{2+})과 같은 독성의 2가 양이온조차 물관부에서 아주 이동성이 높은 것으로 알려져 있다(Gong, Lee, and Schroeder 2003; Reid, Dunbar, and McLaughlin 2003).

토양 배지로부터 좀 떨어져 있는 모든 조직의 생명세포는 관다발조직에 의해 공급된 무기양분을 얻는다. 이 사실은 오래된 코르크화된 뿌리 부위의 조직세포들은 물론 줄기, 가지, 엽병 및 과경(fruit stalk)의 물관요소에 가까운 세포들을 포함해서 지상부의 모든 세포에도 적용된다. 이들 세포는 4장에서 다룬 능동수송과 선택적 수송과정에 의해 물관부내 용액으로부터 이온을 빼낸다. 그리하여 이들 세포는 증산류로부터 이온을 수탈하며, 간혹 증산류의 이온조성을 현격하게 변화시키기도 한다.

물관부를 통해 이동하는 용액은 제일먼저 뿌리의 윗 부위[즉, 기부(proximal)]와 하부 줄기에 있는 세포들에 도달한다. 따라서 세포들이 용액으로부터 이렇게 이온들을 선택적으로 제거하는 것은 용액의 조성에 영향을 준다는 점에서 특히 중요하다. 최초의 이온 흡수와 그 이후 물관부 속으로의 수송을 담당하는 수송과정의 선택성과 함께, 이러한 이온의 선택적인 제거(selective withdrawal)는 지상부의 나머지 부위에 공급되는 용액의 조성에 큰 영향을 미친다.

많은 식물종의 지상부내 나트륨 농도가 낮은 이유는 주로 이 원소가 뿌리 세포내에 보유되고 또 하부 줄기의 물관부에 붙어있는 유조직 세포에 의해 물관부로부터 제거되기 때문이다. 예를 들어 Wallace와 Hemaidan, Sufi(1965)는 강낭콩(bushbean, *Phaseolus vulgaris*) 식물을 통기를 하면서 ^{22}Na로 표지한 0.1mM NaCl 용액에 24시간 동안 방치했다. 24시간 후 뿌리 건물 g당 방사성 동위원소 표지 나트륨의 농도는 2.28 μM이었으나, 줄기의 농도는 0.04 μM, 잎의 농도는 0.01 μM이었다. 용액내의 나트륨 농도가 더 높으면 더 많은 양의 나트륨이 지상부에 도달했는데, 그 까닭은 뿌리와 줄기내 세포의 나트륨 보유(retention) 용량이 초과되었기 때문일 것이다. 이 주제는 식물의 염 문제를 다루는 11장에서 다시 설명할 것이다.

나트륨 구별에 대해 다룬 위의 논의는 중요한 점을 강조하고 있다. 세포 수준에서 이온들이 구별됨이 분명할 때(4장), 이온들이 장거리에 걸쳐 수송되면 한층 더 명확히 구별될 가능성이 있다. 그 이유는 이온용액(ion solution)이 도관(conduits)을 통해 이동할 때 수송 경로에 있는 많은 세포들이 제거 과정에 참여하기 때문이다. 분명한 것은, 지상부로부터 나트륨을 배제하는 경향이 있는 식물의 경우에, 도관과 접하고 있는 세포들은 물관부 수액으로부터 나트륨을 제거하는 반면, 지상부로 나트륨을 쉽게 전이시키는 식물의 경우는 나트륨을 제거하지 못한다. 이 사실은 오래전에 핀란드 연구자인 Collander(1941a,b)에 의해 제안되었다. 그는 생태형(ecological types)과 분류군(taxonomic groups)이 서로 다른 21종의 식물을 특정 양이온

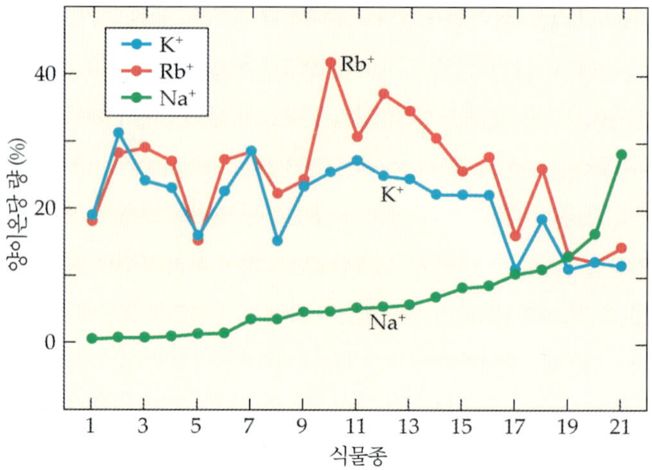

그림 5.12 21가지 식물종의 K^+과 Rb^+, Na^+ 당량 백분율 식물종을 Na^+함량이 증가하는 순으로 배열했다. 1.메밀속(*Fagopyrum*); 2.옥수수속(*Zea*); 3.해바라기속(*Helianthus*); 4.명아주속(*Chenopodium*); 5.수송나물속(*Salsola*); 6.완두속(*Pisum*); 7.담배속(*Nicotiana*); 8.감자속(*Solanum*); 9.시금치속(*Spinacia*); 10.귀리속(*Avena*); 11.참취속(*Aster*); 12.양귀비속(*Papaver*); 13.왕고들빼기속(*Lactuca*); 14.창질경이(*Plantago lanceolata*); 15.전동싸리(*Melilotus*); 16.나비나물속(*Vicia*); 17.갯능쟁이속(*Atriplex*); 18.들갓속(*Sinapis*); 19.퉁퉁마디속(*Salicornia*); 20.seaside plaintain(*Plantago maritime*); 21.mountuin spinach(*Atriplex hortense*)

이 같은 농도로 들어있는 용액에서 재배하는 단순하면서도 정밀한 고전적인 실험을 수행했다. 그의 실험중 하나에서 양이온인 칼륨과 루비듐, 나트륨의 양액내 농도는 모두 2mM로서 동일했다. 약 2개월간 생육시킨 후 모든 식물의 지상부를 분석했다.

이 시험결과는 그림 5.12에 나타나있다. 여러 식물종의 지상부 이온 함량의 절대값이 달랐기 때문에, Collander는 연구대상인 각 원소의 농도를 "양이온당량 백분율(cation eauivalent percentage)"로 나타내어 결과를 일반화하였다. 이 값은 지상부 조직의 단위 건물중당 그 양이온의 밀리당량을 모든 양이온의 밀리당량 합에 대한 백분율로 나타낸 것이다. 그림 5.11에는 여러 사항을 그림으로 나타내었다. 현 상황에서 주요한 것은 대부분의 식물종에서 지상부의 나트륨 함량은 다른 두 원소의 함량보다 훨씬 낮았다는 점이다. 식물종간의 나트륨 함량 차이는 뿌리보다는 지상부에서 훨씬 현저했으며, 이는 장거리에 걸친 전이가 이러한 차이에 영향을 준다는 중요한 사실을 강조해준다(Collander1941a). 결과는 이미 논의된 증거에 근거하여 예측한 바와 같으며, 이는 대부분의 식물종에서 물관과 접하고 있는 살아있는 유조직세포는 물관을 통해 이동하는 용액으로부터 나트륨을 제거함을 시사한다. Pate와 Jeschke(1995)는 줄기가 식물에서 이온(과 다른 용질)의 장거리 이동에서 담당하는 역할에 대해 폭넓게 다루었고, de Boer와 Wegner(1997)는 물관부 유조직 세포의 역할에 대해 다루었다.

그림 5.12는 또 다른 중요한 점을 제시한다. 만약 두 원소가 이온의 화학적 친화성(chemical affinity)이 너무 비슷해서 세포수준에서의 이온수송 메커니즘이 이온들을 효과적으로 구분하지 못하면, 그 원소들도 식물체 내에서 장거리에 걸쳐 분배(long-distance distribution)될 때 서로 유사한 경향을 나타낼 것이라 예측할 수 있다. 분명히 이러한 예측은 Collander의 실험에 근거하고 있다. 그림 5.12를 보면 Collander가 실험한 식물체내에서 두

알칼리 양이온(alkali cations) 즉, 칼륨과 루비듐의 분배는 "식물체는, 다른 두 특정 원소의 동위원소(isotopes)를 구분하지 못하는 것과 마찬가지로, 어떤 의미에서 K와 Rb을 '구분' 하지 못 한다."는 것을 시사함을 알 수 있다(Collander1941b). 그는 알칼리토류 원소(alkaline soils)인 칼슘과 스트론튬의 경우에도 유사한 일반화된 결론을 내렸다. 그 이후 수집된 많은 증거는 이미 4장에서 일부 다루었으며 그가 내린 결론이 합당함을 입증한다.

그러나 루비듐과 스트론튬은 보통 생리적으로 중요하지 않은 희토류 원소(rare elements)이다. 식물체는 앞서 기술한바와 같이 필수원소와 일부 필요하지 않은 원소들도 아주 선택적으로 수송한다. 그 결과 잎의 물관부 최말단에 최종적으로 도달하는 용액은 생명력이 왕성한 세근(rootlets)의 흡수부위에 있는 물관부 속으로 들어가는 용액과는 조성이 아주 다를 것이다. 잎에서 엽육세포는 물관부를 통해 전달된 용액으로부터 무기물을 제거한다. 이들 세포에 의한 흡수과정은, 광존재 하에서 에너지를 미토콘드리아의 호흡에서 얻는 대신 광합성에서 직접 얻는 것만 제외하면, 다른 식물조직의 흡수과정과 동일한 듯하다. 이렇게 무기물이 제거되면, 일액현상을 나타내는 식물(guttating plants)이 방출하는 용액은 잎에 무기물을 공급하는 엽병의 물관부내에 있는 용액보다 농도가 더 묽을 것이다. 즉 잎을 통과함으로써 염은 물관부 수액으로부터 제거된다(Klepper and Kaufmann 1966; Clarkson 1974). 이와는 반대로, 엽육세포는 잎의 아포플라스트속으로 이온들을 방출함으로써 일액내 이온들의 농도를 높일 것이다(Dieffenbach, Kramer, and Luettge 1980).

몇 가지 주목할 점과 문제점

이제까지 이온들이 뿌리 속으로 들어와 잎으로 이동되기까지의 전체 경로와 메커니즘에 대해 다루었다. 이제 증거가 불충분하거나, 상충되거나, 혹은 불충분하면서도 상충되는 이들 과정의

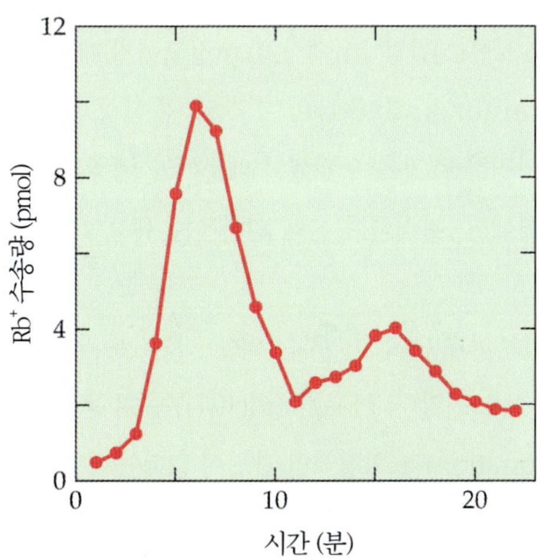

그림 5.13 절단한 옥수수 뿌리를 통한 Rb^+의 전이 방사성 루비듐을 뿌리를 따라 두 지점에 처리하고 기저부위의 절단면 끝 부분으로부터 1분 간격으로 수집한 일비액내의 방사성 동위원소의 양을 검량했다.(Epstein and Norlyn 1973.)

몇 가지 측면에 대해 알아보자. 이들 중 하나는 이온들이 뿌리를 통해 중심주 쪽으로 측방향 이동되고 이어서, 물관을 따라 상향 이동되는 상대속도에 관한 것이다. Epstein과 Norlyn(1973)은 양액에 옥수수 유묘를 키웠다. 이후 뿌리를 절단하고 신속하게 양액으로부터 들어내어, 방사성 동위원소로 표지한 루비듐(^{86}Rb) 용액에 침지한 1cm 넓이의 펠트 밴드를 사용하여 1분 동안 뿌리를 따라 두 지점에 처리했다. 다음에 뿌리를 방사성동위원소로 표지하지 않은 양액에 옮기고, 용액위로 노출된 뿌리 절단면의 일비액을 1분 간격으로 모았다. 그림 5.13은 그가 수행한 많은 실험중의 한 결과이다. 방사성 루비듐 일비액에는 두 개의 피크가 존재했다. 첫 번째는 절단면에 가까이 처리한 루비듐 피크이며, 두 번째는 절단면에서 멀리 처리했으므로 수직이동 거리가 더 먼 루비듐 피크이다. 처리시기로부터 측정한 각 피크의 출현 시간은 뿌리 속으로의 방사상 수송(radial transport)시간과 절단면의 끝으로의 종축수송(longitudinal transport) 시간을 합한 것이다. 이러한 서로 다른 종축방향의 두 가지 요소를 측정했기 때문에, 방사상 및 종축방향의 루비듐 이동 속도를 계산할 수 있다. 저자들은 ^{82}Br로 표지한 브롬을 사용하여 비슷한 실험을 수행했다. 이미 다룬바와 같이 부분적으로 심플라스트경로의 이동인 방사상이동의 속도는 두 이온의 경우에 현저한 차이는 없었다. 종축방향의 이동속도는 음이온인 브롬보다 양전하를 띤 양이온인 루비듐이 훨씬 낮았다. 이는 루비듐은 물관의 음하전을 띤 세포벽에 흡착됨으로써 속도가 줄었음을 의미한다. 음전하를 띤 브롬은 물관을 통해 용액이 이동할 때 자유롭게 움직일 수 있다.

단일 계(single system)내에서 이온수송의 방사상이동 및 종축이동 속도를 연구하는데 이에 필적하는 실험 방법은 없는 것 같다. 이들 실험에서 측정한 방사상이동 속도는 시간당 2cm 정도이며 이는 수생 피자식물인 나사말(*Vallisneria spiralis*)의 잎 조직 내 염소의 심플라스트 이동 속도(즉, 1~4cm)와 잘 일치한다(Arisz and Wiersema 1966). 물관부내에서의 속도에 대해 Epstein과 Norlyn이 얻은 값(35~103cm/hr^{-1})은 문헌에 보고된 대부분의 값 중에서 낮은 범위에 해당한다. 그 까닭은 이동속도가 보통 시간당 1m에서 몇 m정도이기 때문에 물관부내 물의 이동속도와 거의 비슷한(Kramer and Boyer 1995) 증산중인 식물(Zimmermann 1983)을 대상으로 대부분의 이러한 측정을 수행했기 때문이라 예측된다. 지상부를 절단한 뿌리의 이온 일비액에 관한 실험에서, 이러한 증산에 의한 이온유동의 증가는 물론 나타나지 않았다.

관련 주제—즉, 증산이 양분과 기타 무기 이온의 흡수에 기여하는 역할—를 다룬 문헌에는 많은 정보가 있지만, 그 해석에 동의하지 않는 정보도 많다. Hoagland(1944)는 이 문제를 최초로 철저히 분석하여 이온 흡수는 증산(transpiration)과 직접적인 관련이 없다는 결론을 내렸다. 40년 후 Schultz와 Bloom(1984)은 두 식물종의 유묘에 의한 암모늄과 질산 흡수에 관한 실험을 통해 동일한 결론을 도출했다. 그들은 지상부 주위의 습도를 변하시킴으로써 식물을 통한 물의 유동을 실험적으로 변화시켰고, 물의 유동과 질산 또는 암모늄 이온들의 흡수 간에는 상관관계가 없음을 밝혔다. Tanner와 Beevers(2001)는 해바라기 식물(*Helianthus annuus*)을 양액에서 키우고, 한 편에는 증산을 최소한으로 줄이면서 12시간동안 밤에만 양분을 공급했고, 다른 한 편에는 낮에만 양분을 공급했다. 두 처리구의 식물 간에 증산량의 차이가 컸음에도 불구하고 두 처리구의 식물들은 생육은 동일하게 좋았다. Tanner등은 Schulze와 Bloom(1984)과 마찬가지로 증산은 무기물의 장거리 수송에 필요하지 않다는 결론을 내렸다.

그러나 앞의 단락에서 우리는 증산이 식물의 줄기위로 신속히 이온들을 밀어 올릴 수 있는 속도에 대해 언급했다. 뿌리에 의해 일단 흡수된 이온이 이처럼 신속하게 제거되면, 뿌리 조직 내의 이온 농도가 비교적 낮게 유지되고 그에 따라 흡수 속도도 높게 유지됨으로써, 간접적으로 이온흡수 속도가 영향을 받을 가능성이 크다. 증산의 이러한 간접적인 역할은 Hoagland(1944)에 의해 명확하게 인정되었다. 즉, "증산으로 인해 영양 염류가 장거리에 걸쳐 신속히 수송되고 뿌리로부터 염이 신속히 제거되며, 그에 따라 지속적이고 능동적인 상향부 통도조직 속으로 염이 지속적이고 활발하게 이동되기에 유리한 조건이 형성된다."

그러나 다른 연구자들은 뿌리에서의 이온의 흡수와 수송에 증산이 우리가 이제까지 다뤄온 것 보다 한층 더 중요한 역할을 한다고 주장했다. Petterson(1960, 1066)은 물과 이온 유동 간에는 직선적인 상관관계를 보여주는 실험에 관해 고찰하였고, 증산은 이온의 흡수에 현저하고 직접적인 역할을 한다는 결론을 내렸다. 1960년대의 다른 연구자들, 그중에서도 특히 Brower(1965)와 Weatherley(1969)도 증산은 뿌리에서 이온의 전달을 촉진시키는 현저한 효과가 있다고 생각했다. 이에 관한 더 많은 예는 Pitman(1982)이 고찰했다. 그럼에도 불구하고 뿌리 내부로의 그리고 뿌리를 가로지르는 이온수송을 다룬 일부 고찰에서 증산의 역할에 대해 언급조차 하지 않고 있는 것은 현재의 공감대가 어떠한지를 반영해 준다(Luttge 1983; Lauchli 1984). 대부분의 무기원소의 경우에, 증산은 최소한 토양과 같이 보편적으로 비교적 이온 농도가 낮을 경우에는 뿌리를 통한 이온의 흡수와 수송에 간접적인 영향만 미친다는 결론이 일반적으로 타당한 것 같다. 생태생리학적 관찰결과는 이러한 결론을 입증한다(Grubb 1977).

그러나 생물학에서 일반화는 위험할 수 있다. 칼슘과 같은 특정 원소의 경우에 증산은 중요할 수 있다. 칼슘의 대부분(전부는 아니다)은 아포플라스트 즉, 세포벽 공간을 통해서 전 경로에 걸쳐 어떠한 능동적 수송단계를 거치지 않고 식물체 속으로 이동한다. 뿌리 내피의 카스파리띠는 일반적으로 이처럼 수동적이며 비선택적으로 이온이 식물내부로 침입하는 것을 방지한다. 그러나 이온들은 코르크화된 내피층이 없는 뿌리의 정단을 통해 들어가서, 아포플라스트를 통해 정단 방향(acropetal)(상향)으로 전이되어 분화된 물관에 도달한다(Ferguson and

Clarkson 1976). 칼슘 요구량이 많은 식물인 콩과식물의 경우, 완전히 분화가 된 내피를 통해서도 아포플라스트 경로가 존재한다고 제안되었지만(Chino 1981), 그러한 견해는 현재 우리가 알고 있는 내피가 불투과성이라는 사실과 상반된다. 또한 앞서 언급한바와 같이 내초에서 뻗어 나온 곁뿌리가 표피를 뚫고 나오는 곳에서, 전적으로 아포플라스트 경로를 통한 이온흡수가 가능하다(Dumbroff and Peirson 1971; Peterson, Emanuel, and Hymphreys 1981).

칼슘이 뿌리에 의해 흡수되어 물관부의 통도요소 내부로 이동되는 경로와 메커니즘은 더 정교해야함이 분명하다. 일단 물관에 들어오면, 칼슘의 전이는 다른 대부분의 원소들에 비해 물의 유동에 의한 영향을 더 많이 받는다. 이는 주로 두 가지 요인 즉, 세포의 칼슘 이온 흡수가 제한적이며 또 칼슘의 체관부내 이동이 어렵다는데 기인한다(6장).

칼슘의 식물체를 통한 전이는 상당부분 물의 이동에 비례할 것이라 예상된다. 이는 물이 주로 증산에 의해 이동되는지 아니면 뿌리압에 의해 이동되는지에 따라 그에 비례할 것이다. 이러한 예측을 입증하는 증거가 있다. 예를 들어 Palzkill과 Tibbitts, Williams(1976)가 실시한 실험에서 양배추(*Brassica oleracea*)의 속잎은 증산이 촉진되는 조건[물을 결구의 가장 바깥측 잎("겉잎")으로 돌리는 경향이 있다]에서 ^{45}Ca으로 표지한 칼슘을 거의 함유하지 않았다. 증산을 최소화함으로써 뿌리압을 증가시키면, 칼슘은 속잎으로 쉽게 이동된다. Wiebe와 Schaetzler, W. Kuehn(1978)도 양배추의 결구에서 칼슘 흡수는 물의 이동 양상과 같았음을 발견했다. 증산을 하는 겉잎의 칼슘 농도는 건물중의 10%에 달했으며, 속잎은 겉잎의 1/10에 불과했다. 그러므로 칼슘 결핍증("엽소현상")은 양배추의 겉잎보다 속잎에서 더 많았다. 이처럼 칼슘의 수송에 물의 이동이 중요하다 것을 Tibbitts(1979)는 더 많은 예를 들어 고찰했다.

그렇다고 해서 칼슘의 식물체 내부로의 수송과 식물체를 통한 수송(transport)은 전적으로 수동적이고, 아포플라스트를 경유하며, 막수송은 전혀 관여하지 않는다고 가정해서는 안된다(Cholewa and Peterson 2004). Macklon과 Sim(1981)에 의하면 세포질의 칼슘 농도는 마이크로몰 수준으로 아주 낮으며, 능동적 배출펌프(efflux pump)에 의해 그렇게 유지된다. 만약 이러한 배출펌프가 내피를 지나서도 작동한다면, 펌프는 칼슘을 중심주의 세포벽 공간속

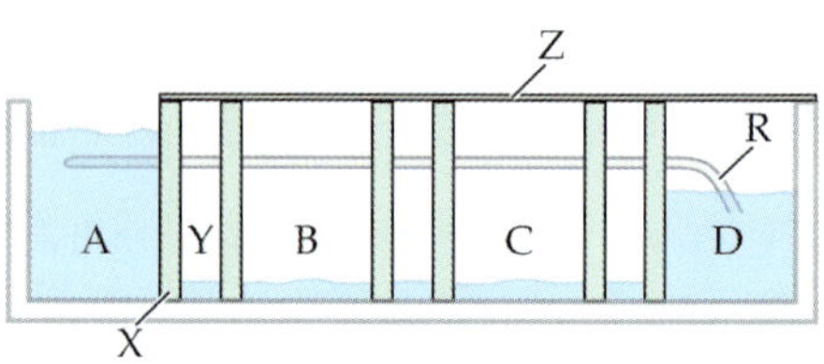

그림 5.14 절단한 뿌리를 통한 종축방향의 수송을 연구하는데 쓰이는 장치 장치는 (A) 시험용액이 들어있는 처리구획과, (B,C) 소량의 물이 들어있어 대기 습도를 유지하거나 시험용액으로 채워진 중간구획. (D) 용액을 수거하는 마지막 구획, (R) 정단끝이 구획A에 있고 기저부위가 구획D에 있는 뿌리, (X) 라놀린과 석유젤리의 혼합물로 채워진 칸막이, (Y) 소량의 물이 들어있는 보호공간, (Z) 물로 적신 여지로 구성되어 있다.(Singh and Jacobson 1977.)

으로 유입시킨 다음, 그 이후의 칼슘 전이에 중요한 역할을 하는 물의 흐름(stream)속으로 전달할 것이다. 심플라스트로부터 배출된다는 것은 그 이전에 심플라스트 내부로 들어감을 의미하며, 또 실제로 심플라스트 내부로 들어가며 이 과정은 최소한 간접적으로 대사에 의해 조절된다는 증거가 있다. 칼슘의 능동수송은 10장에서 다룬다.

칼슘은 흡수된 후에도 그 이동은, 우리가 지금까지 그 중요성을 인식한 바와 같이, 물의 유동방향에 전적으로 좌우되지는 않는다. 이는 Singh과 Jacobson(1979)이 도식화하였다. 이들은 아크릴 판으로 만든 여러 구획으로 나뉜 실험조에 보리 뿌리를 넣었다(그림 5.14). 뿌리들은 각 구획의 칸막이에 뚫린 구멍을 통해 뻗어 나온다. 중간의 구획 B와 C중 하나를 0.5mM $^{45}CaCl_2$ 용액으로 채우면, ^{45}Ca은 주로 절단면 쪽을 향해 기저방향으로 이동되었고, 이러한 이동은 호흡에 의한 전자전달에서 산화적 인산화를 짝풀림(uncoupling)하는 대사저해제인 2,4-dinitrophenol (DNP)에 의해 감소되었다. 이러한 뿌리 기저부위 끝(basal end) 쪽으로의 극성이동(polar translocation)은, 뿌리의 정단(apex)을 절단하여(양쪽 끝이 열려있을 때) 삼투압에 의해 물이 기저부위 말단쪽으로 이동되지 않게 했을 경우에도, 일어났다. De Guzman과 Dela Fuente(1984)는 연구결과 해바라기(*Helianthus annuus*)의 하배축 절편에서도 칼슘은 극성이동됨을 알았다. 그러나 이동방향은 향정단성(acropetal) 즉, 정단 방향이었다. 그러므로 뿌리는 물론 지상부에서의 극성이동은 지상부의 정단을 향한다. 생장조절호르몬인 옥신(auxin)은 해바라기 하배축을 이용한 실험에서 칼슘이동을 촉진했다(뿌리와 지상부에서 옥신 자체는 칼슘과는 반대방향으로 이동한다.). 칼슘은 뿌리 끝을 가로질러 측방향으로 이동하기도 하며, 이러한 이동은 뿌리가 중력에 반응한 결과이다. 극성의 종축수송과 같이 칼슘의 이러한 측방향 수송은 대사저해제에 의해 크게 저해된다(Lee, Mulkey, and Evans 1983). 이러한 양방향 이동을 일으키는 메커니즘에 대한 연구는 아직도 진행 중이다. 우리는 칼슘이 예외적이고 심지어 독특한 많은 특징을 나타내며 또 칼슘에 관해 많은 부분이 아직 당혹스럽고 앞으로 명확하게 규명되어야하기 때문에 칼슘의 전이에 대해 좀 상세하게 다루었다.

옥신이외의 다른 생장조절제도 이온의 이동에 관여하지만, 그 역할은 명확하지 않다. 압시스산(abscisic acid, ABA)은 적절한 사례이다. Behl과 Jeschke(1979) 그리고 Hartung과 Jeschke(1999)는 ABA와 이온 수송간에 일어나는 몇몇 억제작용과 몇몇 촉진작용을 포함한 많은 상호작용에 대해 다루었다. 그러나 일부 관찰결과는 상반되며, 특정 이온의 수송은 다른 이온이 영향을 받는 것과는 달리 ABA의 영향을 받지 않을 수 있다.

적절한 설명을 필요로 하는 또 다른 현상은 전이의 일주기성(periodicity)이다. 다른 생리과정과 같이 이온의 전이는 간혹 일주기적 반복(diurnal 혹은 circadian rhythm)에 의해 조절되기도 한다. Hanson과 Biddulph(1953)의 실험에서 강낭콩 식물(*Phaseolus vulgaris*)의 상단

부위로 전이되는 루비듐과 인산염의 양은 정오에 최고에 달했고 자정 무렵에 최저에 달했다. Parsons와 Kramer(1974)는 면화(*Gossypium hirsutum*) 실험에서 상단을 절단한 근계에서 분비되는 일비액의 양은 일주기성을 나타냄을 알았다. 염(일비액의 전기전도도로 측정한 전체 염) 농도도 변화되었으며, 일비액의 양이 최소일 때 가장 높았다. 결과적으로 단위시간당 수송되는 염의 총량은 꽤 일정하게 유지되었다. 지상부를 절단한 이같은 여러 실험으로 이온의 유동은 증산이라는 인자가 배제되었으므로 주로 이러한 일주기성을 따른다는 것이 명확하다. 물 유동의 일주기성은 삼투압으로 인한 이온 유동의 일주기성 때문에 발생한다. 전이의 주기성은 지상부로부터의 신호에 의해 동조된다. 전이의 주기성은 식물을 암소에 보관하여 정상적인 주야 순환을 차단할 때도 일정기간 유지되며, 이 현상은 Grossenbacher(1939)와 Skoog, Broyer, Grossenbacher(1938)가 처음 발견했다. 그러나 Parsons와 Kramer(1974)가 식물을 8일이상 지속적으로 밝은 곳에 보관하자 일주기성은 없어졌으며, 이는 최종적으로 신호가 미약해졌음을 시사한다. Le Bot와 Kirkby(1992)는 토마토에서 양분 흡수(질산과 칼륨)의 주야간 변동(diurnal fluctuation)에 관한 증거를 제시했고, Kramer와 Boyer(1995)는 이 주제와 관련하여 추가로 자료를 제시하였다. 일주기성 반복에 대해서는 McClung(2001)이 종합적으로 다루고 있다.

또 다른 난제는 많은 식물 뿌리의 외피에 카스파리띠가 존재하는 것이다(Peterson 1988). 이들 카스파리띠는 앞에서 기술한 내피의 카스파리띠와 유사하지만, 표피아래의 세포층인 하피(hypodermis)에 존재한다. 카스파리띠가 있는 하피를 외피(exodermis)라 부른다. 외피의 존재는 외부 배지로부터 흡수한 용질이 아포플라스트 경로를 통해서만 외피의 세포벽과 카스파리띠까지 이동하는 것을 의미하는가? 이는 피층세포가 토양용액으로부터 양분과 기타 용질을 처음 흡수할 때 관여하지 않음을 의미하는데, 그 이유는 양분과 기타 용질은 피층세포의 원형질막에 도달할 수 없기 때문이다. 아니면 외피의 카스파리띠는 내피의 카스파리띠만큼 불투과성이 아닐 수 있다. 아직까지 어느 경우에 대해서도 확실하게 입증해주는 근거는 없다. 비슷한 문제는 벼 뿌리의 기저부위에서 하피의 바로 아래에 위치하는 후막섬유(sclerenchymatous fibers)층에서도 발생한다. 이 섬유층은 옥수수에는 존재하지 않는다(Colmer and Bloom 1998). 벼의 섬유층은 목질화되어 있으므로 뿌리의 피층 세포에 의한 이온 흡수를 어렵게 한다. 벼는 습지 곡류작물로서 후막섬유층은 뿌리로부터 산소가 확산되어 소실되는 것을 방지하는 물리적 장벽 역할을 한다.

식물부위에 상처(wounding)를 입힘으로써 야기되는 효과와 상처부위로부터 어느 정도 떨어진 거리에 있는 막과 이온수송의 행동에서 나타나는, 아직 설명하지 않았던, 효과에 대해 간단히 언급함으로써 종결하고자 한다. 프랑스 연구자 Desbiez의 연구진(1984)은 관상식물인 코스모스(*Bidens pilosus*)의 자엽을 바늘로 찌르면 그 자엽 자체에는 아무런 변화가 없이 하배

축과 뿌리에 여러 이온이 재분배된다고 보고하였다. 그러한 관찰결과와 관련된 것은 감자(*Solanum tuberosum*)와 토마토(*Lycopersicon esculentum*)의 잎에 상처를 내면 그 식물의 더 상부에 있는 잎의 원형질체는 막의 원형(integrity)을 잃게 된다는 Walker-Simmons등(1984)의 실험일 것이다. 그 영향은 하부 잎에 상처를 준 4시간이내에 나타났다. 손상된 하부 잎과 영향을 받은 상부 잎 사이의 거리는 몇 cm에 불과했다. 식물체내의 이온 수송 그 자체에는 영향이 없는 것으로 조사되었지만, 그러한 영향은 영향을 받은 잎의 막 원형이 외형상 손상되기 때문인 것 같다. 이 두 가지 조사에서 식물체의 상처부위로부터 영향을 받은 부위로 전달되는 신호의 본질은 밝혀지지 않았다.

잎 밖으로의 이동

잎의 엽육세포는 뿌리에서 최초로 흡수한 무기 이온을 받아들이는 가장 먼 부위이다. 이들 세포내의 이온들과 잎의 물관부 및 세포벽 공간내의 이온들은 두 가지 가능한 경로 중에서 한가지 경로만을 택한다. 즉, 이온들은 식물체를 이탈하거나, 또는 식물체내에서 재이동될 수 있다. 재이동(retranslocation)에 대해서는 체관부 수송에 관해 다루는 다음 장에서 설명할 것이다. 잎 내부의 이온들이 식물체로부터 분리되는 메커니즘은 세탈(leaching)과 일액현상(guttation), 염 배출(salt excretion), 낙엽(leaf fall)이다.

세탈

잎의 엽육세포는 뿌리의 피층세포가 용액에 잠겨있는 것과 아주 흡사하게 염 용액 즉, 아포플라스트 공간의 용액에 잠겨있다. 그러나 뿌리 피층의 자유공간에 있는 용액(free space solution)은 자유공간 용액의 연장이라 할 수 있는 토양용액과 확산에 의해 신속하게 교환되는 반면, 잎 아포플라스트의 용액은 공기와 접하고 있다. 상황이 이러한 한, 자유공간 용액내의 이온들은 생명세포에 의해 흡수될 수 있지만, 뿌리 피층의 이온들과는 달리 밖으로 쉽게 확산되어 소실되지 않는다.

그러나 이 상황은 비가오거나 스프링클러 관수(sprinkler irrigation)를 하면 변화된다. 이제 세포벽내의 용액은 외부의 끊임없이 보충되는 "세척(wash)" 용액과 교환될 수 있다. 실제로는 그러한 교환은 잎의 각피(cuticle)와 왁스성 물질의 분비 때문에 방해된다. 그럼에도 불구하고 각피는 완전하게 불투과성이 아니며, 균열과 틈새가 있다(Miller 1986). 결과적으로 이온들은 비나 안개, 또는 스프링클러 관수를 할 때 세탈되어 나올 수 있다(Tukey 1970).

이러한 세탈에 대한 설명은 세탈은 수동적 확산과정(passive diffusional process)이며, 그리고 그렇게 제거된 이온들은 엽육세포의 "내부" 공간("inner" space)으로부터가 아니라 잎의 세포벽 공간으로부터 나온다는 가정에 근거한다. 이에 대한 증거는 장기간의 강우조건에서도 잎이 지속적인 기능을 수행한다는 것이며, 잎의 지속적인 기능 수행은 만약 칼륨과 같은 세포내의 양분이 세탈되면 가능치 못할 것이다.

동결(freezing)과 같은 잎의 손상으로 칼륨과 기타 양분이 세탈되어 다량 유실되는 것은 곧, 잎 세포의 원형질막이 지니는 정상적인 확산장벽으로서의 기능이 훼손되었다는 것을 보여주는 증거이다. 노화에 의해 막의 원형이 손상되어도 같은 효과가 나타난다(Wetselaar and Farquhar 1980).

양분의 세탈은 특히 반복적이고 지속적이며 맹렬한 강우가 일상적인 열대지역에서 식물의 무기물 경제(mineral economy)에 아주 중요하다. 이는 더욱이 선진 농법으로 분무와 스프링클러 관수, 인공 안개사용을 포함하는 곳에서는 우려할 문제이다.

일액현상

이번 장의 앞부분에서 소개한 일액현상(guttation)은 뿌리압이 높고 증산이 낮을 때 발생한다. 일액(guttation liquid)이 방출되는 공극 즉, 배수조직은 기공이 변형된 공극이지만, 기공과는 달리 닫히지 않는다. 일액은 잎에서 세포외 아포플라스트 용액으로부터 염을 약간 제거하며, 이러한 손실은 간혹 식물의 무기영양에 나쁜 영향을 미친다(Ivanoff 1963).

염배출

해안과 염류 사막(saline deserts)의 식물과 같은 고농도의 염에 일상적으로 노출되는 많은 식물은 염을 지상부(주로 잎)의 표면으로 배출(excretion)하는 구조와 메커니즘을 보유하고 있으며, 지상부로부터 염은 바람과 물의 작용을 통해 최종적으로 제거된다. 이러한 기능을 지닌 가장 정교하고 전문화된 구조는 염류샘(salt gland)이다. 이들 염류샘은 갯질경이과(*Plumbaginaceae*)와 *Frankeniaceae*의 두 과의 종과 이들 과에 속하지 않는 일부 속(예, *Avicennia*, *Aegialitis*, *Spartina*, *Tamarix*)에서 나타난다. 염의 배출에 대해서는 염류조건에 대한 식물의 반응과 관련하여 11장에서 설명한다.

낙엽

동물에는 액상 물과 용질의 처리용량이 있다. 식물에서는 일액현상과 염 배출에 의해 상(phase)변화없이 물이 처리되며, 이들 과정은 대부분의 식물에서 물과 무기물 경제에 중요하지 않다. 육상 고등식물에 들어가는 물의 대부분은 수증기 형태로 식물체 밖으로 배출된다. 앞서 논의한 바와 같이, 물이 증발되는 용액은 식물체내부를 상승하는 동안 그리고 잎 내부에서 염류가 제거되지만, 결코 무기물이 완전히 제거되지는 않는다. 물이 증발함에 따라, 염은 잎의 아포플라스트 공간에 남게 된다. 질소와 인과 같은 이러한 이동성이 높은 원소는 재분배될 수 있고, 이들 원소의 결핍으로 인해 노화가 진행되며(Thomas and Stoddart 1980), 그에 따라 탈리(abscission)와 낙엽현상(leaf fall)이 일어난다. 한편 생육기간동안 증산중인 잎이 점진적으로 무기화(mineralization)되면 잎이 노화되어 마침내는 탈리가 촉진된다. 잎이 떨어지면 잎에 함유된 염류가 식물체로부터 제거된다. 무엇보다도 낙엽현상은 무기 폐기물을 처리하고 재순환하는 메커니즘이다.

참고문헌

Anderson, W. P. (1976) Transport through roots. In: *Transport in Plants II*. Luttge, U. and M. G. Pitman, eds. *Encyclopedia of Plant Physiology*, New Series, Vol 2B. Springer, Berlin. pp. 129-151.

Anderson, W. P., L. Goodwin, and R. K. M. Hay (1974) Evidence for vacuole involvement in xylem ion supply in the excised primary roots of two species, *Zea mays and Allium cepa. In: Structure and Function of Prirnary Root Tissues*. Kolek, J., cd. Veda Publishing House of the Slovak Academy of Sciences, Bratislava, Slovakia. pp. 379-388.

Arisz, W. H. and E. P. Wiersema (1966) Symplasmatic long distance transport in *Vallisneria* plants investigated by means of autoradiograms. IA. Substances translocated. *Koninklijke Nederlandse Akademie van Wetenschappen. Proceedings Series C* 69: 223-241.

Arisz, W. H., R. J. Helder, and R. Van Nie (1951) Analysis of the exudation process in tomato plants. *Journal of Experimental Botany* 2: 275-297.

Askenasy, E. (1895) Uber das Saftsteigen. *Verhandlungen der Heidelberg Naturhistorie-Medizinisches Vereins, n.s.* 5: 325-345.

Behl, R. and W. D. Jeschke (1979) The action of abscisic acid on transport, accumulation, and uptake of potassium ions and sodium ions in excised barley (*Hordeum distichon* cultivar Kocherperle) roots: Effect of the accompanying anions. *Zeitschrift fur Pflanzenphysiologie* 95: 335-354.

Bell, C. W. and O. Biddulph (1963) Translocation of calcium. Exchange versus mass flow. *Plant Physiology* 38: 610-614.

Biddulph, O. (1951) The translocation of minerals in plants. In: *Mineral Nutntion of Plants*. Truog, E., ed. The University of Wisconsin Press Madison WI. Do. 261-275.

Briggs, L. and H. Shantz (1914) Relative water requirements of Slants. *Journal of Agricultural Research* 3: 1-63.

Brouwer, R. (1959) Diffusible and exchangeable rubidium ions in pea roots. *Acta Botanica Neerlandica* 8: 68 76.

Brouwer, R. (1965) Ion absorption and transport in plants. Annual Review of *Plant Physiology* 16: 241-266.

Brayer, T. C. (1950) Further observations on the absorption and translocation of inorganic solutes using radioactive isotopes with plants. *Plant Physiology* 25: 367-376.

Canny, M. J. (1995) A new theory for the ascent of sap-cohesion supported by tissue pressure. *Annals of Botany* 75: 343-357.

Canny, M. J. (1998) Transporting water in plants. *American Scientist* 86: 152-159.

Chino, M. (1981) Species differences in calcium and potassium distributions within plant roots. *Soil Science and Plant Nutrition* 27: 487-503.

Cholewa, E. and C. A. Peterson (2004) Evidence for symplastic involvement in Me radial movement of calcium in onion roots. *Plant Physiology* 134: 1793-1802.

Clarkson, D. T. (1974) *Ion Transport and Cell Structure in Plants*. Wiley, New York.

Clarkson, D. T. (1996) Root structure and sites of ion uptake. In: *Plant Roots: Me Hidden Half*. Waisel, Y., A. Eshel, and U. Kafkafi, eds. Dekker, New York. pp. 483-496.

Collander, R. (1941a) The distribution of different cations between root and shoot. *Acta botanica Fennica* 29: 3-12.

Collander, R. (1941b) Selective absorption of cations by higher plants. *Plant Physiology* 16: 691-720.

Colmer, T. D. and A. J. Bloom (1998) A comparison of NH_4^+ and NO_3^- net fluxes along roots of rice and maize. *Plant, Cell and Environment* 21: 240-246.

Crafts, A. S. and T. C. Broyer (1938) Migration of salts and water into the xylem of the roots of higher plants. *American Journal of Botany* 25: 529-535.

Crossett, R. N. (1966) The movement of rubidium across the root of *Hordeum vulgare* PLY. *New Phytologist* 65: 443-458.

Davis, T. A. (1961) High root pressures in palms. *Nature* 192: 277-278.

De Boer, A. H. and L. H. Wegner (1997) Regulatory mechanisms of ion channels in xylem parenchyma cells. *Journal of Experimental Botany* 48: 441-449.

De Guzman, C. C. and R. K. Dela Fuente (1984) Polar calcium flux in sunflower Helianthus annuus hypocotyl segments. 1. The effect of auxin. *Plant Physiology* 76: 347-352.

Desbiez, M. O., P. Giot-Wirgot, J. M. Frachisse, and T. Gaspar (1984) Pricking-induced redistribution of mineral constituents in *Bidens pilosus*: Interaction with a lithium pretreatment. *Comptes Rendus de l'Academie des Sciences, Serie III, Sciences de la Vie* 299: 17-20.

Dieffenbach, H., D. Kramer, and U. Luttge (1980) Release of guttation fluid from passive hydathodes of intact barley *Hordeum vulgare* plants. 1. Structural and cytological aspects. *Annals of Botany* 45: 397-402.

Dixon, H. H. and J. Jolly (1914) Transpiration and the ascent of sax in plants. *Proceedings of the Royal Society of London* 57: 3-5.

Dumbroff, E. B. and D. R. Peirson (1971) Probable sites for passive movement of ions across the endodermis. *Canadian Journal of Botany* 49: 35-38.

Epel, B. L. (1994) Plasmodesmata: Composition, structure and trafficking. *Plant Molecular Biology* 26: 1343-1356.

Epstein, E. (1977) The role of roots in the chemical economy of life on earth. *BioScience* 27: 783-787.

Epstein, E. (1998) How calcium enhances plant salt tolerance. *Science* 280: 1906-1907.

Epstein, E. and J. D. Norlyn (1973) The velocities of ion transport into and through the xylem of roots. *Plant Physiology* 52: 346-349.

Esau, K. (1977) *Anatomy of Seed Plants*, 2nd Edition. Wiley, New York.

Fahn, A. (1990) *Plant Anatomy*, 4th Edition. Pergamon Press, Oxford, New York.

Ferguson, I. B. and E. G. Bollard (1976) The movement of calcium in woody stems. *Annals of Botany* 40: 1057-1065.

Ferguson, I. B. and D. T. Clarkson (1976) Simultaneous uptake and translocation of magnesium and calcium in barley *Hordeum vulgare* roots. *Planta* 128: 267-269.

Frensch, J. and T. C. Hsiao (1993) Hydraulic propagation of pressure along immature and mature xylem vessels of roots of Zea mays measured by pressure-probe techniques. *Planta* 190: 263-270.

Frensch, J., T. C. Hsiao, and E. Steudle (1996) Water and solute transport along developing maize roots. *Planta* 198: 348-355.

Gong, J. M., D. A. Lee, and J. I. Schroeder (2003) Long-distance root-to-shoot transport of phytochelatins and cadmium in Arabidopsis. *Proceedings of the National Academy of Sciences of the United States of America* 100: 10118-10123.

Graham, L. E. (1993) *Origin of Land Plants*. Wiley New York.

Grossenbacher, K. A. (1939) Autonomic cycle of rate of exudation of plants. *American Journal of Botany* 26: 107-109.

Grubb, P. J. (1977) Control of forest growth and distribution on wet tropical mountains: With special reference to mineral nutrition. *Annual Review of Ecology and Systematics* 8: 83-107.

Hanson, J. B. and O. Biddulph (1953) The diurnal variation in the translocation of minerals across bean roots. *Plant Physiology* 28: 356-370.

Hartung, W. and W. D. Jeschke (1999) Abscisic acid: A long-distance stress signal in salt-stressed plants. In: *Plant Responses to Environmental Stresses*. Lerner, H. R., ed. Dekker, New York. pp. 333-348.

Harvey, H. P. and R. van den Driessche (1997) Nutrition, xylem cavitation and drought resistance in hybrid poplar. *Tree Physiology* 17: 647-654.

Helder, R. J. (1958) Studies on the absorption, distribution and release of labelled rubidium ions in young intact barley plants. *Acta Botanica Neerlandica* 7: 235-249.

Helder, R. J. (1964) The absorption of labelled chloride and bromide ions by young intact barley plants. *Acta Botanica Neerlandica* 13: 488-506.

Helder, R. J. (1967) Translocation in *Vallisneria spiralis. In: Encyclopedia of Plant Physiology*, Vol 13. Ruhland, W., ed. Springer, Berlin. pp. 20-43.

Hewitt, W. B. and M. E. Gardner (1956) Some studies of the adsorption of zinc sulfate in Thompson Seedless grape canes. *Plant Physiology* 31: 393-399.

Higinbotham, N., R. F. Davis, S. M. Mertz, and L. K. Shumway (1973) Some endence that radial transport in maize roots is into living vessels. In: *Ion Transport in Plants*. Anderson, W. P., ed. Academic Press, London. pp. 493-506.

Hinckley, T. M. and J. H. Braatne (1994) Stomata. In: *Plant-Environment Interactions*. Wilkinson, R. E., ed. Dekker, New York. pp. 323-355.

Hoagland, D. R. (1944) *Lectures on the Inorganic Nutrition of Plants*. Chronica Botanica, Waltham, MA.

Hodges, T. K. and Y. Vaadia (1964a) Chloride uptake and transport in roots of different salt status. *Plant Physiology* 39: 109-114.

Hodges, T. K. and Y. Vaadia (1964b) Uptake and transport of radiochloride and tritiated water by various zones of onion roots of different chloride status. *Plant Physiology* 39: 104-108.

Holder, C. B. and K. W. Brown (1980) The relationship between oxygen and water uptake by roots of intact bean plants Phaseolus vulgaris cultivar Blue Lake. *Soil Science Society of America Journal* 44: 21-25.

Hylmo, B. (1953) Transpiration and ion absorption. *Physiologia Plantarum* 6: 333-405.

Ivanoff, S. S. (1963) Guttation injuries of plants. *Botanical Reviezvs* 29: 202-229.

Jackson, G. and J. Grace (1994) Cavitation and water transport in trees. *Endeavour* 18: 50-54.

Jeschke, W. D., W. Stelter, B. Reising, and R. Behl (1983) Vacuolar Na/K exchange, its occurrence in roots cells of Hordeum, A triplex, and Zea and its significance for K/Na discrimination in roots. *Journal of Experimental Botany* 145: 964 979.

Karol, K. G., R. M. McCourt, M. T. Cimino, and C. F. Delwiche (2001) The closest living relatives of land plants. *Science* 294: 2351-2353.

Kerstiens, G., ed. (1996) *Plant Cuticles: An Integrated Functional Approach*. Environmental Plant Biology Series. BIOS Scientific Publishers Ltd. Oxford.

King, J. (1997) *Reachingfor the Sun: How Plants Work*. Cambridge University Press, Cambridge.

Klepper, B. and M. R. Kaufmann (1966) Removal of salt from xylem sap by leaves and stems of guttating plants. *Plant Physiology* 41: 1743-1747.

Kohler, B. and K. Raschke (2000) The delivery of salts to the xylem. Three types of anion conductance in the plasmalemrna of the xylem parenchyma of roots of barley. *Plant Physiology* 122: 243-254.

Kolattukudy, P. E. (1984) Biochemistry and function of cutin and suberin. *Canadian Journal of Botany* 62: 2918-2933.

Kolattukudy, P. E. (1996) Biosynthetic pathways of cutin and waxes, and their sensitivity to environmental stresses. In: *Plant Cuticles: An Integrated Functional Approach*. Kerstiens, G., ed. BIOS Scientific Publishers Ltd. Oxford. pp. 83-108.

Kramer, P. J. and J. S. Boyer (1995) *Water Relations of Plants and Soils*. Academic Press, San Diego, CA.

Lange, O. L., P. S. Nobel, C. B. Osmond, and H. Ziegler, eds. (1982) *Physiological Plant Ecology II: Water Relations and Carbon Assimilation. Encyclopedia of Plant Physiology* New Series, Vol. 12B. Springer, Berlin.

Lauchli, A. (1967) Untersuchungen uber Verteilung und Transport van Ionen in Pflanzengeweben mit der Rontgen-Microsonde. I. Versuche an vegetativen Organen van *Zea mays. Planta* 75: 185-206.

Lauchli, A. (1984) Mechanisms of nutrient fluxes at membranes of the root surface and their regulation in the whole plant. In: *Roots, Nutrient and Water Influx, and Plant Growth*. Soil Science Society of America, Madison, WI. pp. 1-25.

Lauchli, A. and E. Epstein (1971) Lateral transport of ions into the xylem of corn roots. I. Kinetics and energetics. *Plant Physiology* 48: 111-117.

Lauchli, A., A. R. Spurr, and E. Epstein (1971) Lateral transport of ions into the xylem of corn roots. II. Evaluation of a stelar pump. *Plant Physiology* 48: 118-124.

Le Bot, J. and E. A. Kirkby (1992) Diurnal uptake of nitrate and potassium during the vegetative growth of tomato plants. *Journal of Plant Nutrition* 15: 247-264.

Lee, J. S., T. J. Mulkey, and M. L. Evans (1983) Gravity induced polar transport of calcium across root tips of maize. *Plant Physiology* 73: 870876.

Li, H., E. L. Taylor, and T. N. Taylor (1996) Permian vessel elements. *Science* 271: 188-189.

Loneragan, J. F. (1981) Distribution and movement of copper in plants. In: *Copper in Soils and Plants*. Loneragan, J. F., A. D. Robson, and R. D. Graham, eds. Academic Press, New York. pp. 165-188.

Lucas, W. J. and S. Wolf (1993) Plasmodesmata: The intercellular organelles of green plants. *Trends in Cell Biology* 3: 308-315.

Lucas, W. J., B.-C. Yoo, and F. Kragler (2001) RNA as a long-distance information macromolecule in plants. *Nature Reviews Molecular Cell Biology* 2: 849-857.

Luttge, U. (1983) Import and export of mineral nutrients in plant roots. In: *Inorganic Plant Nutrition*. Lauchli, A. and R. L. Bieleski, eds. *Encyclopedia of Plant Physiology*, New Series, Vol. 15. Springer, Berlin. pp. 181-211.

Macklon, A. E. S. and A. Sim (1981) Cortical cell fluxes and transport to the stele in excised root segments of *Allium cepa*. 4. Calcium as affected by its external concentration. *Planta* 152: 381-387.

Marschner, H. (1995) *Mineral Nutrftion of Higher Plants*, 2nd Edition. Academic Press, London.

McClung, C. R. (2001) Circadian rhythms in plants. *Annual Review of Plant Physiology and Plant Molecular Biology* 52: 139-162.

McCully, M. (1995) How do real roots work some new views of root structure. *Plant Physiology* 109: 1-6.

McCully, M. E. and M. J. Canny (1989) Pathways and processes of water and nutrient movement in roots. In: *Structural and Functional Aspects of Transport in Roots*. Loughman, B. C., O. Gasparikova, and J. Kolek, eds. Kluwer Academic, Dordrecht. pp. 3-14.

McCully, M. E., M. J. Canny, and R. F. M. Van Steveninck (1987) Accumulation of potassium by differentiating metaxylem elements of maize roots. *Physiologia Plantarum* 69: 73-80.

McGrath, J. F. and A. D. Robson (1984) The movement of zinc through excised stems of seedlings of *Pinus radiata*. *Annals of Botany* 54: 231-242.

Meyer, W. S., E. L. Greacen, and A. M. Alston (1978) Resistance to water flow in the seminal roots of wheat. *Journal of Experimental Botany* 29: 1451-1462.

Milburn, J. A. (1996) Sap ascent in vascular plants: Challengers to the cohesion theory ignore the significance of immature xylem and the recycling of Munch water. *Annals of Botany* 78: 399-407.

Miller, R. H. (1986) The prevalence of pores and canals in leaf cuticular membranes. 2. Supplemental studies. *Annals of Botany* 57: 419-434.

Nagahashi, G., W. W. Thomson, and R. T. Leonard (1974) The Casparian strip as a barrier to the movement of lanthanum in corn roots. *Science* 183: 670-671.

Offler, C. E., D. W. McCurdy, J. W. Patrick, and M. J. Talbot (2003) Transfer cells: Cells specialized for a special purpose [sic]. *Annual Review of Plant Biology* 54: 431-545.

O'Leary, J. W. and P. J. Kramer (1964) Root pressure in conifers. *Science* 145: 284-285.

Palzkill, D. A., T. W. Tibbitts, and P. H. Williams (1976) Enhancement of calcium transport to inner leaves of cabbage for prevention of tipburn. *Journal of the American Societyfor Horticultural Science* 101: 645 648.

Parsons, L. R. and P. J. Kramer (1974) Diurnal cycling in root resistance to water movement. *Physiologia Plantarum* 30: 19-23.

Pate, J. S. and B. E. S. Gunning (1972) Transfer cells. *Annual Reviezu of Plant Physiology* 23: 173-196.

Pate, J. S. and W. D. Jeschke (1995) Role of stems in transport, storage, and circulation of ions and metabolites by the whole plant. In: *Plant Stems: Physiology and Functional Morphology*. Gartner, B. L., cd. Academic Press, San Diego, CA. pp. 177-204.

Peterson, C. A. (1988) Exodermal Casparian bands: Their significance for ion uptake by roots. *Physiologia Plantarum* 72: 204 208.

Peterson, C. A. and D. E. Enstone (1996) Functions of passage cells in the ends dermis and exodermis of roots. *Physiologia Plantarum* 97: 592-598.

Peterson, C. A., M. E. Emanuel, and G. B. Humphreys (1981) Pathway of movement of apoplastic fluorescent dye tracers through the endodermis at the site of secondary root formation in corn *Zea mays* cultivar Seneca-Chief and broad bean Vicia faba cultivar Windsor. *Canadian Journal of Botany* 59: 618 625.

Peterson, T. A., E. S. Swanson, and R. J. Hull (1986) Use of lanthanum to trace apoplastic solute transport in intact plants. *Journal of Experimental Botany* 37: 807-822.

Petit, C. M. and D. G. S. C. Van (1978) In-vivo measurement of cadmium (^{115}Cd) transport and accumulation in the stems of intact tomato plants *Lycopersicon esculentum*. I. Long distance transport and local accumulation. *Planta* 138: 137-144.

Pettersson, S. (1960) Ion absorption in young sunflower plants. I. Uptake and transport mechanisms for sulphate. *Physiologia Plantarum* 13: 133-147.

Pettersson, S. (1966) Artificially induced water and sulfate transport through sunflower roots. *Physiologia Plantarum* 19: 581-601.

Pitman, M. G. (1977) Ion transport into the xylem. *Annual Review of Plant Physiology* 28: 71-88.

Pitman, M. G. (1982) Transport across plant roots. *Quarterly Reviews of Biophysics* 15: 481-554.

Raven, J. A. (1997) Multiple origins of plasmodesmata. *European Journal of Phycology* 32: 95-101.

Reid, R. J., K. R. Dunbar, and M. J. McLaughlin (2003) Cadmium loading into potato tubers: The roles of the periderm, xylem and phloem. *Plant, Cell and Environment* 26: 201-206.

Renner, O. (1915) Theoretisches und experimentelles zur Kohasionstheorie der Wasserbewegung. *Jahrbuch der wissenshaftlichen Botanik* 56: 617-667.

Riederer, M. and L. Schreiber (2001) Protecting against water loss: Analysis of the barrier properties of plant cuticles. *Journal of Experimental Botany* 52: 2023-2032.

Ritchie, G. A. and T. M. Hinckley (1975) The pressure chamber as an instrument for ecological research. *Advances in Ecological Research* 9: 165-254.

Roberts, A. G. and A. J. Oparka (2003) Plasmodesmata and the control of symplastic transport. *Plant, Cell and Environment* 26: 103-124.

Rogers, E. E. and M. L. Guerinot (2002) Iron acquisition in plants. In: *Molecular and Cellular Iron Transport*. Templeton, D. M., ed. Dekker, New York. pp. 359-373.

Rufelt, H. (1956) Influence of the root pressure on the transpiration of wheat plants. *Physiologia Plantarum* 9: 150164.

Sabinin, D. A. (1925) On the root system as an osmotic apparatus. *Bulletin of the Institute of Biology University of Perm* 4: 1-136.

Schaefer, N., R. A. Wildes, and M. G. Pitman (1975) Inhibition by p-fluorophenyl alanine of protein synthesis and of ion transport across the roots in barley seedlings. *Australian Journal of Plant Physiology* 2: 61-74.

Scholander, P. F., H. T. Hammel, E. D. Bradstreet, and E. A. Hemmingsen (1965 Sap pressure in vascular plants. *Science* 148: 339-346.

Schroder, M., U. Kunz, R. Stelzer, and H. Lehmann (2002) On the evidence of a diffusion barrier in the outer cortex apoplast of cress-roots (*Lepidium sativum*), demonstrated by analytical electron microscopy. *Journal of Plant Physiology* 159: 1197-1204.

Schulze, E. D. and A. J. Bloom (1984) Relationship between mineral nitrogen influx and transpiration in radish and tomato. *Plant Physiology* 76: 827-828.

Singh, C. and L. Jacobson (1977) Polar movement of ions in barley roots. *Physiologia Plantarum* 39: 73-78.

Singh, C. and L. Jacobson (1979) The accumulation and transport of calcium in barley roots. *Physiologia Plantarum* 45: 443-447.

Skoog, F., T. C. Broyer, and K. A. Grossenbacher (1938) Effects of auxin on rates, periodicity, and osmotic relations in exudation. *American Journal of Botany* 25: 749-759.

Smith, R. C. (1979) Movement to the xylem exudate of rubidium accumulated in the apex of corn roots. *Plant Physiology* 63: 163-168.

Steudle, E. (2001) The cohesion-tension mechanism and the acquisition of water by plant roots. *Annual Review of Plant Physiology and Plant Molecular Biology* 51: 847-875.

Steudle, E. and). Frensch (1996) Water transport in plants: Role of the apoplast. *Plant and Soil* 187: 67-79.

Steudle, E. and W. D. Jeschke (1983) Water transport in barley roots. *Planta* 158: 237-248.

Steudle, E. and C. A. Peterson (1998) How does water get through roots? *Journal of Experimental Botany* 49: 775-788.

Stout, P. R. and D. R. Hoagland (1939) Upward and lateral movement of salt in certain plants as indicated by radioactive isotopes of potassium, sodium, and phosphorus absorbed by roots. *American journal of Botany* 26: 320-324.

Taiz, L. and E. Zeiger (2002) *Plant Physiology*, 3rd Edition. Sinauer Associates, Sunderland, MA.

Tanner, W. and H. Beevers (2001) Transpiration, a prerequisite for long-distance transport of minerals in plants? *Proceedings of the National Academy of Scfences of the United States of America* 98: 9443-9447.

Thomas, H. and J. L. Stoddart (1980) Leaf senescence. *Annual Review of Plant Physiology* 31: 83-111.

Tibbitts, T. W. (1979) Humidity and plants. *BioScience* 29: 358-363.

Tiffin L. O. and J. C. Brown (1962) Ion chelates in soybean exudate. *Science* 135: 311-313.

Tomos, A. D. and R. A. Leigh (1999) The pressure probe: A versatile tool in plant cell physiology. *Annual Review of Plant Physiology and Plant Molecular Biology* 50: 447-472.

Tukey, H. B., Jr. (1970) The leaching of substances from plants. *Annual Review of Plant Physiology* 21: 305-324.

Tyree, M. T. (1997) The cohesion-tension theory of sap ascent?urrent controversies. *Journal of Experimental Botany* 48: 1753-1765.

Tyree, M. T. and H. Cochard (2003) Vessel contents of leaves after excision: A test of the Scholander assumption. *Journal of Experimental Botany* 54: 2133-2139.

Tyree, M. T. and M. H. Zimmermann (2002) *Xylem Structure and the Ascent of Sap*, 2nd Edition. Springer, Berlin.

Van As, H., J. E. A. Reinders, P. A. De lager, P. A. C. M. Van de Sanden, and T. J. Schaafsma

(1994) In situ plant water balance studies using a portable NMR spectrometer. *Journal of Experimental Botany* 45: 61-67.

Varney, G. T. and M. J. Canny (1993) Rates of water uptake into the mature root system of maize plants. *New Phytologist* 123: 775-786.

WaLker-Simmons, M., H. Hollander-Czytko, J. K. Andersen, and C. A. Ryan (1984) Wound signals in plants: A systemic plant wound signal alters plasma membrane integrity. *Proceedings of the National Academy of Sciences of the United States of America* 81: 3737-3741.

Wallace, A., N. Hemaidan, and S. M. Sufi (1965) Sodium translocation in bush beans. *Soil Science* 100: 331-334.

Weatherley, P. E. (1969) Ion movement within the plant and its integration with other physiological processes. In: *Ecological Aspects of the Mineral Nutrition of Plants*. Rorison, I. H., ed. Blackwell Scientific, Oxford. pp. 323-340.

Weatherley, P. E. (1982) Water uptake and flow in roots. In: *Physiological Plant Ecology II: Water Relations and Carbon Assimilation. Lange, O. L., P. S. Nobel, C. B. Osmond, and H. Ziegler, eds. Encyclopedia of Plant Physiology*, New Series, Vol. 12B. Springer, New York. pp. 79-109.

Wei, C. F., E. Steudle, and M. T. Tyree (1999) Water ascent in plants: Do ongoing controversies have a sound basis? *Trends in Plant Science* 4: 372-375.

Wetselaar, R. and G. D. Farquhar (1980) Nitrogen losses from tops of plants. *Advances in Agronomy* 33: 263-302.

White, P. R. (1938) "Root pressure" an unappreciated force in sap movement. *American Journal of Botany* 25: 223-227.

Wiebe, H. J., H. P. Schaetzler, and W. Kuehn (1978) On the movement and distribution of calcium in white cabbage in dependence of the water status. *Plant and Soil* 48: 409-416.

Wray, F. J. and J. A. Richardson (1964) Paths of water transport in higher plants. *Nature* 202: 415-416.

Wylie, R. B. (1939) Relations between tissue organization and vein distribution in dicotyledon leaves. *American Journal of Botany* 26: 219-255.

Wylie, R. B. (1946) Relations between tissue organization and vascularization in leaves of certain tropical and subtropical dicotyledons. *American Journal of Botany* 33: 721-726.

Yu, G. H. and P. J. Kramer (1967) Radial salt transport in corn roots. *Plant Physiology* 42: 985-990.

Yu, G. H. and P. J. Kramer (1969) Radial transport of ions in roots. *Plant Physiology* 44: 1095-1100.

Zeiger, E., L. D. Talbott, S. Frechilla, A. Srivastava, and J. X. Zhu (2002) The guard cell chloroplast: A perspective for the twenty-first century. *New Phytologist* 153: 415-424.

Zimmermann, M. H. (1983) *Xylern Structure and the Ascent of Sap*. Springer, Berlin.

Zimmermann, U., H. Schneider, L. H. Wegner, H.-J. Wagner, M. Szimtenings, A. Haase, and F.-W. Bentrup (2002) What are the driving forces for water lifting in the xylem conduit? *Physiologia Plantarum* 114: 327-335.

6 먹이와 양분의 하향이동

근본적인 딜레마

물과 용질의 상향 이동이 가도관(tracheid)과 물관(vessel)을 통해 일어나는 것과 마찬가지로, 잎으로부터 물질의 하향이동(downward movements)은 체요소(sieve element), 즉, 피자식물에서는 체관요소(sieve tube elements), 그리고 나자식물에서는 체세포(sieve cells)라 불리는 신장되어 연결된 관형의 세포를 통해 일어난다. 이들 세포가 목본성 식물종의 수피에서 발견된 것은 백년도 넘는다. 줄기나 가지를 "환상박피(ringing)" 하면(즉, 수피를 환상으로 제거하면) 박피 위의 부위가 커지고 그 아래부위는 성장이 멈춘다는 것은 그 보다 훨씬 이전에 알려져 있었다. 결론적으로 수피는 식물체의 상부에서 하부로 즉, 더 정확하게는 (광합성을 하는) "공급부(sources)" 로부터 (광합성을 하지 않는)" 수용부(sink)" 로 양분이 수송되는 통로역할을 한다는 것이다. 환상박피로 양분의 흐름을 차단하면 생육촉진물질이 박피부위의 위에는 축적되고 아래에는 결핍됨으로써 성장의 차이가 남을 관찰할 수 있다. 관형의 세포(체요소)가 수피에서 발견되었을 때, 이들 세포가 물질의 하향수송에 관여한다고 논리적인 결론은 내릴 수 있었다.

그 후에 이러한 견해가 옳음을 입증하는 증거가 제시되었다. 면화 식물(*Gossypium barbadense*)을 이용한 Mason과 Maskell(1928)의 실험은 유명하다. 이들은 환상박피를 하면 박피부위 상부의 수피와 목질부에 당(주로 자당)이 축적되고 하부에는 당이 고갈됨을 화학적 분석을 통해 입증했다(그림 6.1). 이런 효과는 수피를 환상박피한 후 즉시 일어났으며, 이는 목질부보다는 수피가 당의 하향이동에 관여하는 증거이다. 목질부의 당 함량도 함께 증가하는 것

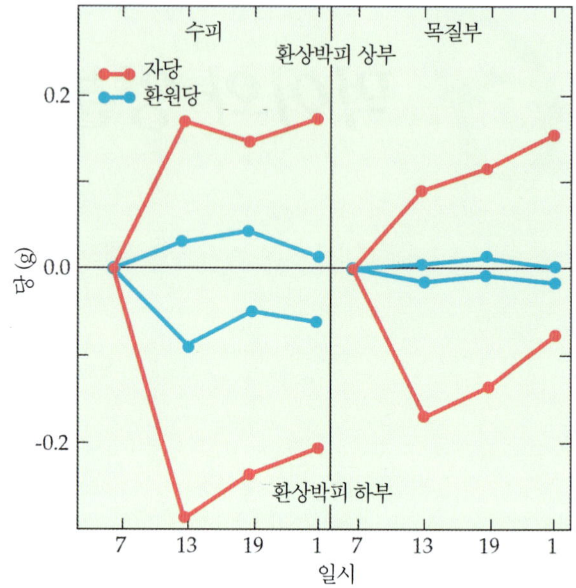

그림 6.1 면화 줄기의 환상박피가 목질부와 수피의 당 함량에 미치는 영향 결과는 환상박피 위와 아래 16.5cm 줄기 부위의 당 무게의 차이를 나타낸 것이다(Mason Maskell 1928)

은 수피(체관부)와 목질부(물관부)사이에 측면(lateral)이동됨을 입증한다.

이어서 Trip과 Gorham(1967), 그리고 Schmitz(1970)는 엄밀하게 말해 체요소가 체관부 수송의 통로라는 직접적인 증거를 제시하였다. 두 연구진은 방사성 동위원소인 3중수소(^{3}H)로 표지한 포도당 또는 자당(sucrose) 수용액을 호박(*Cucurbita* sp.)과 오이(*Cucumis* sp.) 잎에 처리했다. 두 실험 모두 4시간이 채 지나기도 전에 두 연구팀은 방사선자동사진법(autoradio-

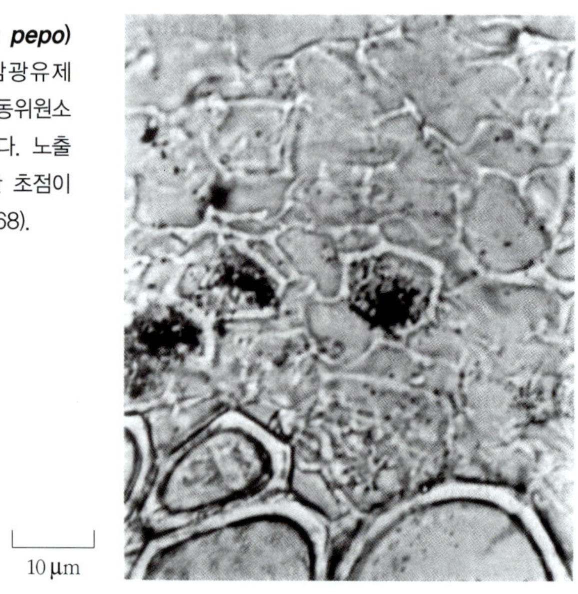

그림 6.2 ^{3}H-표지 포도당 처리후의 호박(*Cucurbita pepo*) 엽맥의 횡단면 초점은 조직단면 위의 사진감광유제(photographic emulsion)에 맞춰져 있으며, 방사성동위원소 표지물질이 존재함으로써 노출(검은색)되었음을 보여준다. 노출부위는 체관의 위치와 일치하며, 감광유제 아래에 약간 초점이 맞지 않게 나타나 있다(Schmidtz and Willenbrink 1968).

그림 6.3 ^{3}H-표지 포도당 처리후의 호박(*Cucurbita sativa*) 체관부의 종단면 (A) 초점은 체관에 맞춰져 있으며, 그 구조가 나타나 있다. (B) 초점은 조직단면 위의 사진 감광유제에 맞춰져 있으며, 방사성 표지물질이 존재함으로써 노출(검은색)되었음을 보여준다(Schmidt 1970).

graphy)을 이용하여 처리 부위 아래의 통도조직(conducting tissue)의 절단면을 조사하였다. 방사선 표지물질에서 방출된 방사선에 의한 필름의 감광부위는 체관요소의 위치와 일치하였다. 그림 6.2와 6.3은 각각 관다발의 횡단면과 종단면을 나타내며, 표지물질이 체관(soeve tibes)에 국한되어 있음을 보여준다.

다시: 공극, 파이프, 경로

5장에서 다룬바와 같이 성숙한 물관(xylem vessels)은 죽어 있고 세포 내용물이 소실된 세포로 구성되어 있으며, 이들은 용질의 장거리 수송에 명확하게 적합한 막히지 않은 긴 관형태를 취하고 있다. 이에 비해 피자식물의 체요소와 나자식물의 체세포는 원형질체를 지니고 있는 살아있는 세포이다. 더욱이 체요소는 말단 벽에 큰 공극이 없거나 혹은 말단 벽이 거의 없어진 대신, 공극이 있는 체역(sieve area)(비대해진 원형질연락사)을 지니고 있으며, 이 공극을 통해 세포질을 연결하는 연락사가 뻗어있다. 가장 고도로 발달된 체역은 피자식물의 체요소의 말단 벽에 있는 체역이다. 체역은 체판(sieve plates)이라 부르는 벽의 부위에 무리지어 위치하기도 한다(그림 6.4). 체역은 체요소의 관상 벽의 길이를 따라 존재하기도 하므로, 나란히 늘어서(side by side) 있는 세포들을 연결하여 측면 이동을 가능하게 한다.

체요소의 원형질체는 고도로 분화되어 있기 때문에 식물계에서 독특한 존재이다. 정상적인 기능을 발휘하는 성숙한 체요소의 핵은 골지체와 라이보좀과 같은 많은 통상적인 세포기관의 핵이 사라진 것과 마찬가지로 역시 사라졌다. 이렇게 쇠퇴한 세포질은 얇은 층을 형성하여 세포벽을 덮고 있으며, 액포막으로 구분되는 액포는 없다. 피자식물의 경우에, 체요소의 관강(lumen)에는 필라멘트-상의 단백질(P-

그림 6.4 체판의 구조 종단면에서 나타난 바와 같은 두 인접한 체관요소사이의 체판의 구조. 공극에는 캘로오스(callose)로 된 슬리브(sleeve)가 있다.

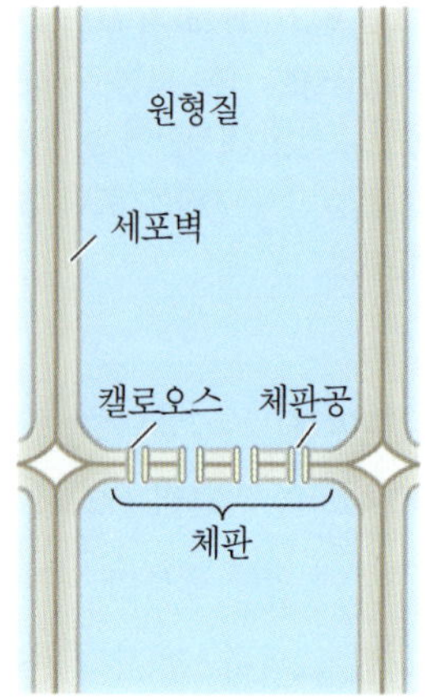

protein)이 세로방향으로 배열되어 있다. 관강은 이처럼 아주 분화가 잘 되었기 때문에 장애요인이 거의 없으며, 따라서 물과 양분의 이동에 설득력있는 경로가 될 수 있다. 체요소의 원형질이 퇴화됨으로써 상실된 세포의 기능은 반세포(companion cells)에 의해 수행되며, 이 반세포는 체요소와 붙어 있으며 수많은 분지된 원형질연락사를 통해 체요소에 연결되어 있다. 반세포는 기관을 완벽하게 갖추고 있으므로 인접한 체요소 세포질의 기능을 유지시켜준다. 즉, 반세포에는 핵이 들어 있으며 밀도가 높은 세포질에는 다수의 분화가 잘된 미토콘드리아가 들어 있다. 체요소-반세포 복합체(sieve element-companion cell complex)에 관한 상세한 사항은 van Bel(2003)의 좀 추상적인 제목을 붙인 논문을 참고하면 된다.

체관부 수송의 속도

체관부 수송(phloem transport)의 속도에 관한 가장 최초의 그리고 가장 유용한 실험은 Dixon과 Ball(1922)이 수행하였다. 감자 괴경(potato tuber)은 약 100일 후에 가지의 끝에 달렸다. 감자에는 약 50g의 탄수화물이 함유되어 있으며, 현재의 판단으로 그 대부분은 가지의 체관을 통해 괴경에 도달했음이 틀림없다. 체관부의 단면적은 0.422mm^{2}이다. 따라서 단위시간당 체관부 단위면적(cm^2)을 통해 통과하는 탄수화물의 양을 g으로 나타내면 다음과 같다.

$$\frac{50\text{g}}{(0.422\text{mm}^2)(10^{-2}\text{cm}^2\cdot\text{mm}^{-2})(100\text{d})(24\text{h}\cdot\text{d}^{-1})}=4.9\text{g}\cdot\text{cm}^{-2}\cdot\text{h}^{-1} \qquad (6.1)$$

Canny(1960)는 이 식을 "비물질전달(specific mass transfer)"이라 부르고, 단위시간당 단위면적당의 질량으로 나타낸다. 이는 모호한 한 가지 측정 즉, 수송에 관여하는 단면적만을 측정한다는 장점이 있다.

비물질전달은 길이(length)나 거리(distance) 단위가 없기 때문에 속도(velocity)가 아니다. 그러나 만약 수송이 용액의 유동을 통해 일어난다고 가정하고, 또 만약 그 용액의 농도가 알려져 있거나 그 값을 부여할 수 있으면, 비물질전달을 속도 단위로 나타낼 수 있다. 그렇다면 다음과 같이 나타낼 수 있다.

$$\text{속도}(\text{cm}\cdot\text{h}^{-1}) = \frac{\text{비물질전달}(\text{g}\cdot\text{cm}^{-2}\cdot\text{h}^{-1})}{\text{농도}(\text{g}\cdot\text{cm}^{-3})} \qquad (6.3)$$

이식이 실제로 Dixon과 Ball이 작성한 것이다. 이들은 괴경 속으로 이동하는 당 용액의 농도를 10%라고 가정했고, 그에 근거해서 유동량을 약 40cm^{-1}라고 계산하였다. 아이러니하게도 이들은 이 속도가 체관부내의 이동으로는 너무 빠르다고 생각해서, 유기물질은 물관부로 이동한다는 결론을 내렸다. 실험을 훌륭하게 하고도 그릇된 결론을 내린 적은 이번이 처음이 아니었다. 체요소가 체관부 단면적의 약 1/5에 불과하다는 점을 감안하면, Dixon과 Ball의 실험에서 체요소를 통한 유동속도는 40 × 5, 또는 약 200cm/hr이었음이 분명하다. 이 값은 많은 다른 식물 종의 수치와 비슷하다(Canny 1960).

체관내 용액의 농도가 10%라는 이들의 추측은 옳았고, 그 후 직접 측정한 결과도 그 사실을 입증했다. 이를 측정하기에는 Kennedy와 Mitter(1953)가 개발한 진딧물(aphids)의 탐침

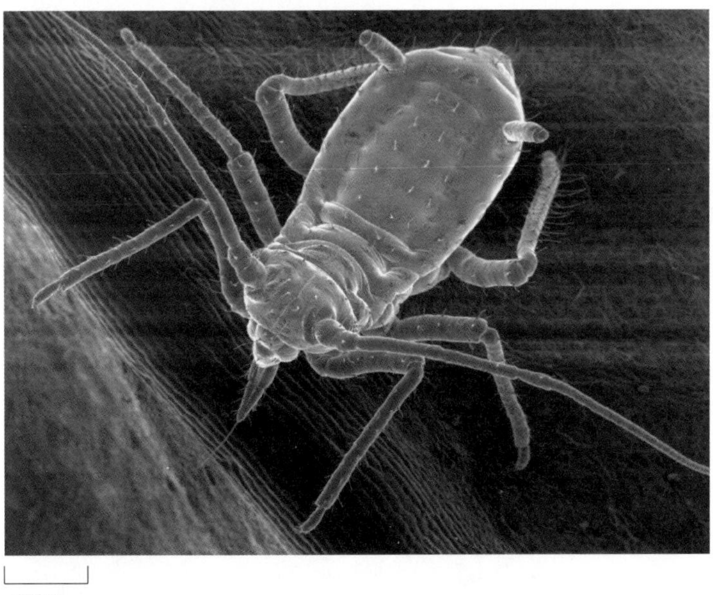

그림 6.5 야생화 속으로 탐침을 삽입한 진딧물 아래 왼쪽으로 뻗어있는 미세관이 탐침이다(SEM사진제공; Dartmouth 대학의 Louisa Howard).

기술(stylet technique)이 아주 유용하다. 어떤 진딧물은 입에 부착된 기관(즉, 탐침; 그림 6.5)을 식물체에 삽입해서 체요소 내부의 수액을 빨아 먹는다. 오늘날까지도 진딧물이 체요소의 내부를 찾아내는 메커니즘을 알지 못한다. 그럼에도 불구하고 식물생리학자들은 그 방법을 다음과 같이 잘 활용해 오고 있다.

일단 진딧물이 탐침을 식물체에 삽입하고 나면 진딧물의 몸을 잘라 내거나 전기충격을 가해 탐침이 손상되지 않게 한다(그림 6.6). 탐침의 잘린 부위로부터 몇 시간 또는 며칠 동안 체요소의 용액이 분출되며 이를 수집하여 용량을 재고, 성분을 분석한다. 이 기술을 사용하여 Weatherly와 Peel, Hill(1959)은 여러 버드나무(*Salix*)종의 체요소에서 분출되는 수액을 조사하였다. 수액은 주로 5~15%의 자당 용액이며, 이는 Dixon과 Ball이 1922년 예측한 수치와 비슷하다. 다른 연구자들도 비슷한 수치를 얻었다. 만약 체요소의 당 이동이 용액의 유동을 통한 것이라면, Dixon과 Ball이 최초로 추정한 값은 체요소의 단면만 보정해주면 옳으며, 수액의 유동은 200cm/hr나 됨을 나타내 준다. 전이속도(rate of translocation)를 측정하는 또 다른 방법은 보통 잎의 특정 지점에 방사성 물질을 공급한 후 그 이동 경로를 추적하는 것이다.

Zimmermann(1969)은 체관부내의 수송 속도를 측정하는 전혀 또 다른 현명한 방법을

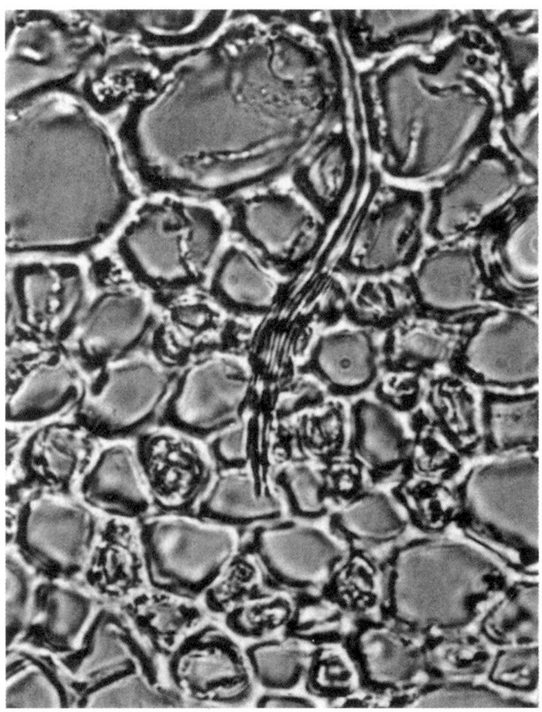

그림 6.6 체관 속으로 삽입된 강낭콩 진딧물(*Aphis fabae*)의 탐침 탐침은 나비난(St. Bernard's lily)(*Anthericum liliago*)의 체관내부로 삽입되어 있다(Ziegler 1963).

고안했다. 물푸레나무(white ash, *Fraxinus americana*)의 경우, 자당이외에 여러 당이 체관부를 통해 수송된다. 당의 비율은 낮 동안 어느 정도 변화하며, 그에 따라 "비율파동(ratio wave)"이 줄기를 따라 하부로 내려가며, 그 진행 속도를 측정할 수 있다. 그 속도는 30~70cm/hr사이이다. 이 수치는 다른 독자적으로 얻은 측정치와 같으며, 체관부내의 전이속도는 이 정도임을 알 수 있다. 의심할 바 없이 연중 매시 그리고 여러 다른 조건에 따라 식물종간에 또 심지어 동일 종내 각 개체 간에도 전이속도는 큰 차이가 난다. 실제로 체관내 수액의 유동속도를 조사한 결과 약 36~1,440cm/hr에 이르는 수치가 나왔다(Malone 1996).

체관부 수송의 방향

이번 장의 제목인 먹이와 양분의 하양이동(Downward Movement of Food and Nutrients)에서 우리는 *하향(downward)*이라는 단어를 불명확하고 부정확하게 사용한다. 이 용어는 오직 고등 녹색식물에서 암흑 상태의 뿌리가 상부의 잎에서 생성되는 동화산물(asimilates)을 수용한다는 의미에서만 유효하다. 그러므로 음식물의 이러한 이동은 주로 대부분 하향이동이지만, 유기성 용질(organic solutes)은 용질의 내보내는 기관 즉 "공급부"와 수용기관 즉 "수용부"의 위치에 따라 상향(upward) 그리고 측방향(sideways)으로 이동할 수 있다. 성숙한 잎이 1차적인 공급부이지만, 발아 중인 감자 괴경도 수용부로 작용하는 새로운 생육부위로 유기대사산물을 방출해 주는 공급부이다. 그렇다면, 상대적인 위치와 무관하게 공급부는 체관부를 경유해 용질이 유출되는 기관이나 조직을 총칭하며, 수용부는 체관부를 경유해 물질이 유입되는 기관 또는 조직을 총칭한다.

특정 시기에 특정 기관 또는 조직이 공급부나 수용부중 어느 역할을 하는지는 그 자체 내에 함유된 전이가 가능한 유기성 물질, 주로 가용성 당(soluble sugars)의 함량을 다른 기관 또는 조직의 함량과 비교함으로써 결정된다. 이는 Mason과 Maskell(1928)의 면화(cotton)에 대한 고전적인 실험에 나타나있다. 이들은 한 무리의 식물 줄기의 중간부위의 가지와 잎을 제거했다. 그러므로 이 부위에는 그 자체의 당 공급부가 없었다. 이 중간 부위아래의 잎을 제거하면, 탄수화물이 위로부터 중간 부위로 이동되어 들어왔다. 이에 반해 중간 부위 위의 잎을 제거하면, 탄수화물은 아래로부터 중간 부위로 이동되어 들어왔다. 즉, 탄수화물의 이동방향은 수용부(즉, 잎을 제거한 중간 부위)에 대한 공급부(즉, 식물체에 남겨둔 잎) 부위의 위치에 의해 결정되었다. 이어서 Nakata와 Leopold(1967)는 실험을 통해 하나의 잎 내에서 공급부와 수용부의 상대적인 위치를 이동시켰으며 체관부 수송의 방향은 그에 따라 이동됨을 보여주었다.

방금 언급한 실험에서 공급부와 수용부 부위는 실험적으로 조절되었지만, 체관부 이동의 방향은 식물체의 생육과정 중 자연스럽게 변화된다(Hendrix 2002). 많은 인자들이 체관부내 동화산물의 수송방향에 영향을 미치며, 따라서 동화산물의 최종적인 도착지를 결정한다. 성장 중인 어린잎은 완전히 성장하여 광합성산물을 내보내기 전까지는 수용부다. 뿌리와 포복지(stolons), 감자 괴경(식물학적으로는 줄기)과 당근(식물학적으로 뿌리), 땅콩(식물학적으로 열매)과 같은 지하 저장기관을 포함한 모든 지하 기관들이 그러하듯이, 어린 싹과 목본성 줄기, 열매도 광합성을 하지 않으므로 역시 수용부에 속한다. 탄소와 질소, 물의 유동을 정량적으로 모식화하였다(Jeschke and {pate 1991; Jeschke et al. 1996). 이들이 제시한 도식은 쌍방통행(two-way traffic), 우회로(diversions), 교차로(crossovers), 막다른길(dead ends)이 완비된 진짜 교통경로(traffic pattern)임을 보여준다. 공급부와 수용부 부위사이에 많은 측방향 통행이 체관과 인접 세포(반세포만은 아니다)사이에서 일어난다(van Bel 2003).

어느 한 순간에 여러 수용부 부위의 성장과 발달은 크게 변화한다. 어떤 점에서 수용부 부위들은 체관부를 통해 수송되는 광합성산물에 대해 경쟁한다. 식물이 공급부 부위에서 유래하는 유기물을 수용부에 분배(allocation)하는 조절 메커니즘은 아직 명확하게 밝혀지지 않았다(Lucas, Yoo, and Kragler 2001). 그러나 무기양분 분배의 조절 메커니즘은 더 불명확하다.

압력유동설

체관부 수송의 어떤 모형이나 메커니즘도 최소한 수송과정의 다음과 같은 특징을 설명할 수 있어야 한다. (1) 체관내의 이동속도는 시간당 수십 cm 또는 심지어 수 m정도로 빠르다. (2) 이동은 공급부 부위로부터 수용부 부위로 일어나며, 이동방향은 체관부조직의 상부와 하부의 기관이 발달하는 과정 중에 또는 실험 조작에 반응하여 체관부조직의 특정 지역에서 변할 수 있다. (3) 자당(대부분의 식물종에서 체관부에 의해 수송되는 주 탄수화물)이외에 여러 가지 다른 탄수화물과 질소화합물, 기타 유기대사산물, 무기 용질이 체관부를 통해 수송된다(Crafts and Crisp 1971; Jeschke, Atkins, and Pate 1985; Marschner, Kirkby, and Engels 1997; Hendrix 2002).

Münch(1930)는 체관부 수송의 "압력유동설(pressure-flow hypothesis)"을 주창했다. 그 후 많은 논란(예, Fensom 1981)에도 불구하고 압력유동설은 여전히 입지를 굳히고 있으며, 그 이론에 귀기울일만한 가치가 충분하다. 이 주제에 들어가기 전에 잠시 앞에서 논의한 물과 용질의 물관부내에서의 상향이동으로 되돌아가보자(5장). 증산은 용매(물)와 용질(이온) 모두의 장거리수송(long-distant transport)을 담당하는 주요 메커니즘이라는 결론에 도달했다. 순수한 물리적 과정인 증산은 물관부내에 용질의 상향 흐름 즉, 증산류(transpiration stream)를 형성시킨다. 증산이 무시할 정도로 작거나 없는 조건에서, 식물체내의 활발한 대사과정에 의해 물과 이온을 물관부 내부에서 위로 밀어 올리는 또 다른 메커니즘이 가동된다. 이 메커니즘은 바로 근압이다. 뿌리세포의 능동적 이온수송에 의해 뿌리의 물관부에 이온이 농축된다. 그 결과 뿌리 물관부내의 삼투포텐셜이 외부 배지보다 낮아짐으로서, 물관부속으로 물의 삼투적 이동이 촉진되어 근압이 형성되면, 물관내의 용액이 위로 밀려올라간다.

잎에서 합성된 당과 기타 대사산물의 이동에 대해 설명함에 있어, 이러한 장거리 수송을 설명하기 위해 습기가 많은 잎 세포로부터 증산과 같은 순수한 물리적 작용만을 생각해서는 안된다는 것을 분명히 해야 한다. 우리는 용액을 그 반대방향 즉, 잎으로부터 뿌리 쪽으로 또는 감자와 같은 근경 줄기 속으로 흐르게 하는 물리적 과정이 없음을 알고 있다.

용질의 하향이동에 관여할 가능성이 있는 메커니즘으로 증산작용과 유사한 메커니즘을 떨쳐버린다면, 우리는 물관부 수송의 다른 메커니즘인 근압 메커니즘을 자연적으로 떠올릴 수 있을 것이다. 잎에서, 체요소는 광합성산물인 유기 용질을 축적할 것이며, 그 결과 주변 조직에서 나온 물이 삼투압에 의해 체요소로 들어가, 뿌리 물관의 "근압"과 유사한 "엽압(leaf pressure)"이 형성된다. 1900년대 초에 근압에 관한 생각은 여전히 모호했다. 그러나 1930년 Münch는 많은 점에서 이미 기술한 근압 메커니즘과 유사한 체관부 수송 가설을 발표하였다.

잎 세포에서 합성된 탄수화물은 살아있는 체요소로 전달되며, 그 결과 체요소는 농축된 당용액을 함유하게 된다. 이렇게 되면 인근 조직으로부터 체관 속으로 물이 삼투적으로 이동되고, 체관의 팽압이 상승한다. 수용부 부위에서 당은 체관부로부터 제거되어 이용된다. 그 결과 체관의 공급부와 수용부 부위 사이에 수압(hydraulic pressure)의 차이가 발생되면 공급부로부터 수용부로 용액이 유동된다. 당이 경로의 공급부 말단의 체요소에 축적되고 수용부 말단에서 계속 제거되는 한 유동은 지속된다. 공급부 말단의 체관부 수송계로 들어가는 물은 주변 조직에서 빠져나오며 물관부를 통해 보충된다(Münch 1930).

그림 6.7 Münch의 체관부 수송에 대한 압력유동설 메커니즘 (Münch 1930)

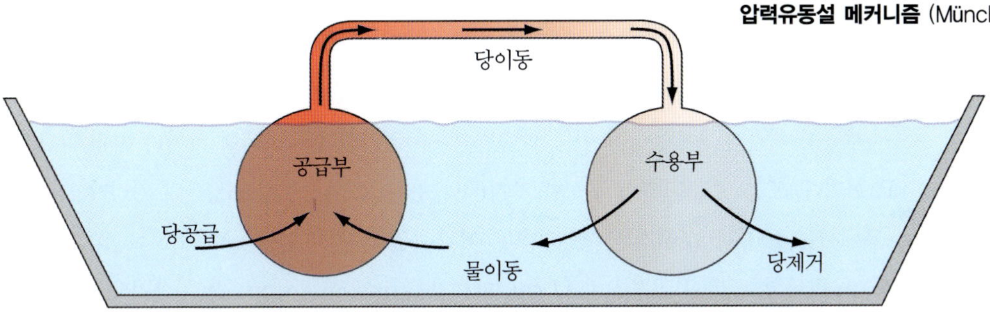

그림 6.7은 이러한 메커니즘을 보여주는 모형으로서 실험실에서 쉽게 만들 수 있다. 관 좌측 끝의 구획은 공급부 부위의 체요소를 나타낸다. 그곳에는 자당 용액이 담겨있으며 용기의 벽은 자당이 통과하지 못한다. 통(vessel)속의 물은 삼투작용에 의해 구획 속으로 들어가서, 내부에 수압이 증가하면 용액이 체관에 해당하는 관을 통해 이동된다. 우측의 용기는 수용부 부위를 나타낸다. 만약 한 메커니즘에 의해 당이 공급부 구획 속으로 지속적으로 공급되고 다른 메커니즘에 의해 수용부의 용액으로부터 당이 제거되면, 유동은 계속될 것이다.

식물체에서는 광합성에 의해 잎의 체요소에 당이 공급되며, 수용부 부위의 활발한 세포는 체관에서 공급된 당을 대사한다. 그러므로 생육중이며 광합성을 하는 식물의 상태는 압력유동(pressure flow)을 유지하기 위한 것이다. 공급부가 발아중인 괴경과 같이 광합성을 하지 않는 저장기관일 때, 체요소에 전달되는 당의 급원은 저장된 탄수화물이지만, 그렇지 않다하더라도 이 경우에도 체관부 수송에서와 같은 압력유동 메커니즘이 작용한다고 생각할 수 있다.

논의의 편의를 위해 Münch의 최초의 가설을 수정한 가설은 함축적일 수밖에 없다. 그의 가정은 압력유동이 일어나는데 필요한 당 농도의 기울기는 체관 자체를 통해서만 아니라 잎의 엽육세포로부터 체관 속으로까지 확장된다는 것이다. 그러나 오래전에 잎 엽육세포 내부의 당 농도는 체관 내부보다 낮을 것이라고 인식되었다(Mason, Maskell, and Phillis 1936). Mason 등은 당은 체관 속으로 활발하게 수송되는 것이 틀림없다고 주장했지만, "우리는 아직 농도에 영향을 주는 메커니즘에 관해 아주 무지하다"라고 인정했다. 그 이후 어떻게 용질이 공급부에서 체관 속으로 "적재(loading)" 되고 이 경로의 수용부 말단에서 "하적(unloading)" 되는가하는 문제를 해결하기 위한 수많은 연구가 수행되었다. 이 주제는 이 책의 영역을 벗어나는 것이며, Miranda와 Pattanagul, Madore(2002)와 Lalonde 등(2003)이 최근 철저하게 다룬 저서를 참고하면 된다.

이제 이번 절의 초반부에 열거한 요건(criteria)으로 되돌아가서, Münch의 체관부 압력유동설이 그 요건을 충족할 수 있는지 알아보자. 첫째, 유동속도는 공급부와 수용부사이의 삼투포텐셜의 차이에 따라, 그리고 경로를 따라서 체관 내부에 형성되는 저항(resistance)에 따라 좌우된다. 진딧물 탐침기술을 사용해서 얻은 체관일비액(sieve tube exudates)의 삼투포텐셜을 측정한 값은 −1500kPa(−218psi)정도로 낮았다(Weatherley, Peel, Hill 1959). 만약 수용부근처 체관의 용질농도가 아주 낮다면, 두 부위간의 삼투포텐셜 차이는 최대 약 1500 kPa이거나, 또는 공급부(잎이 무성한 가지)와 수용부(토양내 뿌리선단)간의 거리가 15 m인 나무에서는 100 kPa/m정도 될 것이다. 체관내부 용액의 점도(η)가 1.5 × 10^{-2}프와즈(Poiseulles)이고, 관의 직경(r)이 12 cm, 압력감소(pressure drop, Δp)가 1kPa/cm^{-1}라면,

프와즈의 층류(laminar flow)방정식을 사용하여 속도(v)를 cm/sec^{-1}로 계산할 수 있다. 방정식은 다음과 같이 쓸 수 있다.

$$v = \frac{10^6 \times \Delta p \times r^2}{8\eta} \tag{6.3}$$

결과는 v = 0.12 cm/sec^{-1} 즉 4.32 m/h^{-1}이다. 그렇다. 이 계산에는 체판을 고려하지 않았지만, 체판의 간격과 체판에 있는 공극의 수와 크기를 나타내는 합리적인 수치는 저항을 2~3배이상 증가시키지는 않는다(Weatherley 1969). 이를 근거로 압력유동 메커니즘에 의해 2m/h^{-1} 정도의 속도가 나올 수 있다는 결론을 내릴 수 있다. 거리가 더 먼 경우, 단위거리당 압력감소는 적을 것이며, 따라서 다른 조건이 일정하다면 그에 비례하여 계산상의 유동속도와 같을 것이다. 앞 절에서 체관부 수송 속도에 대해 다룬 바와 같이, 이 값은 실험값과 일치한다.

Münch의 가설이 충족해야 한다는 두 번째 요건은 용질의 이동방향은 공급부에서 수용부 쪽이며, 상황에 따라 변화되어야 한다는 것이다. 이미 앞 절에서 이 요건이 적용됨을 논의하였다.

마지막으로, 이 가설은 자당이외의 용질은 체관부에서 수송된다는 실험결과와 일치해야만 한다. 식물의 무기영양을 다룬 저서에서 이 주제는 특별한 주목을 받을 가치가 있다.

무기 용질의 체관부 수송

분별력이 있는 독자라면 이제껏 다뤄온 체관부수송에서 거의 광합성산물과 일부 기타 유기 대사산물의 수송에 대해서만 언급했음을 간파했을 것이다. 그에 대해 강조한 이유는 이들은 양적으로 가장 많이 체관부에서 수송되는 용질이기 때문이다. 체관부와 체관부수송 메커니즘이 진화(evolution)된 이유는 수생 조류와는 달리 육상식물은 햇빛이 미치지 않는 부위(특히 뿌리)가 많으며, 따라서 이들 뿌리는 다른 부위로부터 유기물질을 공급받아야 하기 때문이다. 체관부내의 광합성산물 수송이 중요하기 때문에, 식물학(plant biology) 논문의 체관부수송에 관한 많은 고찰에서 뿌리 조직내부에서 일어나는 무기 용질의 수송에 대해서는 언급조차 하지 않는다.

그럼에도 불구하고 발달과정 중 체관부 수송계는 무기 양분을 재분배하는 "역할을 떠맡지 않을 수 없게"되었다. Mason과 Maskell은 앞서 논의한 그들의 환상박피 실험에서 인과 칼륨은 박피부위 위에 축적되었고 그 아래 부위에는 고갈되었으며, 칼슘의 분배는 환상박피의 영향을 받지 않았음을 일찍 알았다. 인과 칼륨은 체관부로 수송되지만, 칼슘은 그렇지 않다는 결론을 내렸다. 후속 연구결과 그들은 황과 마그네슘, 염소도 체관부에서 이동됨을 알았다(Mason and Phillis 1937). 그 때 이후 모든 생리적으로 중요한 무기원소의 방사성동위원소를 이용하여 체관부 수송을 포함한 식물체내에서의 무기원소의 이동을 추적할 수 있게 되었다. 이러한 연구결과 "순환양식(circulation patterns)"이 입증되었다(O. Biddulph et al.1958; Jeschke, Atkins, and Pate 1985; Jeschke and Pate 1991; Marschner, Kirkby, and Cakmak 1996). 뿌리가 먼저 흡수한 무기 원소는 물관부를 통해 위로 이동된다. 그중 많은 원소가 체관부를 통해 재분배되며, 몇 가지는 재분배되지 않는다. 체관부에서 이동이 되지 않는 것은 아마 이들 원소가 체관을 통과하지 못하기 때문일 것이다.

이러한 선구적인 연구가 수행된 이래 수년에 걸쳐 무기 양분과 일부 비양분성 원소의 체관부 이동은 간헐적으로 주목을 받았다. 표 6.1에는 이들 원소를 이동성이 큼(mobile), 보통(intermediate), 없음(immobile)으로 개괄적으로 나타내고 있지만, 독자들은 이 분류가 결코 불변이 아님을 알아야 한다. 식물의 유전형과 많은 외부 및 내부 인자들에 따라, 특정 원소의 체관부 이동성(mobility)은 크게 달라지며 이에 대해서는 다음에 다룬다. 특히 "보통"으로 분류되는 원소들을 이동성이 크거나 없는 부류에 포함시키는 경우도 있다는 점은 문제이다.

위에서 나타낸 유의사항을 입증하기 위해 표 6.2를 살펴보자. 체관부내 원소들의 이동성 또는 비이동성으로의 분류는, 여러 요인들 중에서도, 물관부를 통한 최초의 공급량에 의해 결정됨이 분명하다. 만약 특정 원소의 소량만이 물관부를 통해 잎으로 전달된다면, 소량만이 잎으로부터 체관부를 통해 공급될 것이다. 따라서 표 6.2에 열거한 미량원소의 농도는 틀림없이 낮을 것이며, 칼륨과 같은 다량원소의 농도는 아주 높을 것이다.

공급부에서의 공급량에 의한 요인에도 불구하고, 체관부내의 여러 원소의 농도는 큰 차이가 있다. 예를 들어 칼륨은 체관부에서 2800~4400mg/L 범위의 농도에서 쉽게 이동된다(표

표 6.1 체관부내 무기원소의 이동성

이동성 큼	보통	이동성 없음
칼륨	나트륨	칼슘
루비듐	철	스트론튬
질소	망간	바륨
마그네슘	아연	리튬
인	구리	규소
붕소	몰리브덴	붕소
황		
염소		

표 6.2 고등식물의 물관부와 체관부 수액의 성분함량 범위

물질	농도(mg/L⁻¹)	
	물관부	체관부
당	0	140,000–210,000
아미노산	200–1000	900–10,000
P	70–80	300–550
K	200–800	2800–4400
Ca	150–200	100–400
Mg	30–200	100–400
Mn	0.2–6.0	0.9–-3.4
Zn	1.5–7.0	8–23
Cu	0.1–2.5	1–5
B	3–6	9–11
NO_3^-	1500–2000	0
NH_4^+	7–60	45–846

자료; Miranda, Pattanagul, Madore 2002.

6.2). 이들 평균값 즉, 3600mg/L을 몰로 나타내면, 체관부내 칼륨의 농도는 92mM이 된다. 같은 방식으로 거의 자당인 "당" 농도는 511mM이 된다. 그러므로 체관부에서 가장 이동성이 좋은 무기 용질인 칼륨의 농도는 자당농도의 20%미만이다. 항상 체관부 이동성이 좋은 기타 다량 무기원소는 아미노산이나 암모늄(질산은 아니다)과 같은 질소와 마그네슘, 인, 황이다.

다른 극단적인 예는 체관부에서 이동성이 없는 원소들이며, 그 중 생물학적으로 가장 중요한 원소는 칼슘과 붕소이다. 일반적으로 칼슘은 체관부에서 이동되지 않는다. 물관부에서의 수송과는 달리 체관부 수송계는 세포질을 통해 일어나며, 세포질의 칼슘 농도는 0.1~10 μM 정도로 항상 낮다(Raven 1977). 붕소는 앞서 체관부에서 이동성이 없는 것으로 간주되었으며, 표 6.1에 그렇게 분류되어 있다. 그러나 Campbell과 Miller, Loneragen(1975)은 이러한 일반적인 분류를 인정하면서도 붕소는 체관부에서 어느 정도 이동됨을 시사하는 여러 연구결과를 1960년대에 이미 발표하였으며, 붕소는 땅콩(*Arachis hypogaea*)과 지중해 클로버(*Trifolium subterraneaum*)의 가시(burrs)의 발달에 필수적이며 체관부를 통해 이들 기관으로 수송된다는 좋은 증거를 얻었다(Martini and Thellier 1980; Shelp et al. 1998 참고). 과수와 견과나무(nut trees) 등의 일부 종은 붕소-솔비톨 복합체(boron-sorbitol complex)를 형성하여 체관부에서 이동시킨다(Brown and Hu 1996; Brown et al. 1999).

식물체에서 규소는 증산류(즉, 물관부)를 따라 상승되며, 물관부 수액내의 농도는 밀리몰

정도로 상당히 높다(Casey et al. 2003). 그러나 규소는 체관부에서 이동되지 않으며 증산이 가장 왕성한 부위에 축적된다. 규소에 대해서는 8장의 무기물 대사에서 더 상세히 다룰 것이다.

표 6.1의 중간 줄에 있는 중금속은 약 알칼리성 pH(pH 7.0-8.0)인 체관부 수액에서 산화물이나 수산화물, 탄산염으로 침전되기 때문에 체관부에서 이동되지 않을 것이라 예상된다. 그러나 말산염(malate)과 기타 금속-킬레이트화 화합물(metal-chelating compounds) 등의 유기산과 복합체를 형성하면 이들 원소는 체관부 이동성이 증가한다(Miranda and Pattanagul, and Madore 2002).

체관부내 무기 양분의 이동성은 식물의 결핍증상에 대한 반응과 일치한다. 두드러진 예는 땅콩 식물의 칼슘 영양이다. 땅콩 식물은 땅위에 꽃을 형성한다. 즉, 꽃은 수정된 후 줄기-형태의 구조인 암술자루(gynophore 또는 peg)를 형성하며, 이 암술자루는 아래로 성장하여 땅속으로 뚫고 들어가서 지하에 열매를 형성한다. 그러므로 땅콩 식물은 증산류 경로를 거치지 않으며, 지상부로부터 체관부를 통해 무기 양분을 유입하거나 토양으로부터 직접 흡수하는 것 같다. Harris(1949)는 칼슘을 암술자루가 아닌 뿌리에 공급하면 땅콩은 거의 형성되지 않음을 알았다. 이 사실은 만약 칼슘의 체관부내 이동성이 제한되면 암술자루는 충분한 양의 칼슘을 얻을 수 없을 것이라는 예측과 일치한다. 이들 발견은 칼슘 방사성 동위원소를 이용한 실험에서 입증되었다(Bledsoe, Comar, and Harris 1949). 칼슘 방사성 동위원소가 뿌리가 있는 배지에 함유되어 있고 암술자루가 자라는 배지에는 함유되어 있지 않을 때, 칼슘 방사성 동위원소는 암술자루와 열매에는 거의 도달되지 않았다(그림 6.8). 만약 두 배지의 동위원소 표지를 바꾸면(즉, 암술자루를 표지한 배지에, 그리고 뿌리를 표지하지 않는 배지에 두면), 암술자루와 열매는 표지한 칼슘을 주변 배지로부터 흡수하였다.

땅콩과 같은 지하 열매이외에, 일상적인 형태로 줄기에 맺히는 열매도 증산류를 통해 열매에 물이 거의 도달하지 않는다는 사실(열매는 일반적으로 증산율이 아주 낮다) 때문에 수분 스트레스를 받는다. 발달중인 열매는 주요 수용부이므로 필요한 물의 대부분을 체관부를 통해 공급받는 듯하다. 이러한 물의 유동에 의해 체관부에서 이동될 수 있는 당과 모든 기타 필수 대사산물이 공급될 것이다. 칼슘은 이동성이 없으며, 이 사실이 왜 일반적으로 열매의 칼슘함량이 아주 낮은지를 설명해 준다(Wiersum 1966). 열매와 마찬가지로, 팽창하는 싹은 증산에 의한 수분이동의 본류에 속하지 않으므로 체관부를 통해 양분을 유입해야 함은 Burstrom(1948)이 인에 대해서 입증했다. 종자와 곡실은 증산을 하지 않으며, 하더라도 아주 미미하다. 그러므로 그들은 사실상 모든 구성원소와 유기물, 무기물을 체관부에 의존하여 유입한다(Wolswinkel 1999).

특정 무기양분은 체관부로 이동되지 않는다는 결과는 담배의 붕소 영양에 관한 실험에서

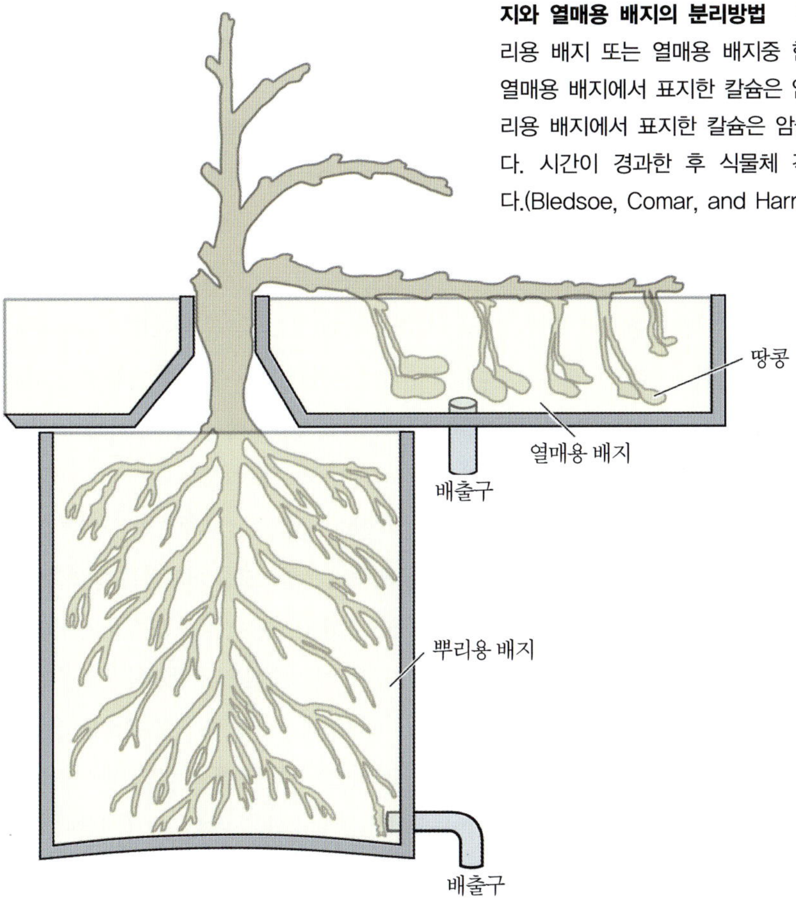

그림 6.8 땅콩내 칼슘의 방사성표지물질을 추적하기 위한 뿌리용 배지와 열매용 배지의 분리방법 땅콩식물(*Arachis hypogaea*)의 뿌리용 배지 또는 열매용 배지중 한 곳에 방사성 표지 칼슘을 넣는다. 열매용 배지에서 표지한 칼슘은 암술자루와 땅콩에 의해 흡수된다. 뿌리용 배지에서 표지한 칼슘은 암술자루와 땅콩에 거의 도달하지 않는다. 시간이 경과한 후 식물체 각 부위의 방사성동위원소를 검량한다.(Bledsoe, Comar, and Harris 1949)

도 입증되었다(Michael, Wilberg, and Kouhsiahi-Tork 1969). 담배 식물을 아주 습도가 높은 조건에서 생육시킬 때, 새로 발달하는 잎은 정상적인 생육을 하지 못하며 붕소결핍증을 일으키는 것이 입증되었다. 이 상황은 땅콩 암술자루에 관해 앞서 다룬 것과 비슷하다. 이 경우에는 대기 중의 습도가 아주 높기 때문에 증산이 최소화되었고, 따라서 주로 물관부로 이동되는 원소인 붕소는 어린잎에 적정속도로 공급되지 못했다.

체관부에서 쉽게 이동되는 양분의 경로는 당의 이동에 의해 결정되는 공급부-수용부 간의 상호관계와 같을 것으로 예측할 수 있다. O. Biddulph의 연구진(1958)은 고전적인 논문에서 구명한 것은, 강낭콩(*Phaseolus vulgaris*) 식물의 인(phosphorus) 이동은 앞서 당 이동에 대해 다룬 양상과 비슷하지만, 명백한 차이는 인은 처음 뿌리에서 흡수되어 물관부를 통해 뿌리로부터 상향 이동된다는 점이다. 그러나 일단 잎에 들어온 인은 뿌리쪽을 향한 하향이동과 발달중인 어린 성장부위로의 상향이동을 할 수 있으며, 그 방향은 이동부위와 인의 근접성에 의해 결정된다. 표지된 황과 인을 사용한 방사선자동사진법의 결과로 체관부를 통해 잎밖으로 이동됨이 밝혀졌다(S. Biddulph 1956).

이번 장과 전번 장에서 양분과 기타 무기 원소의 장거리수송에 대해 다루었다. 우리는 이들 원소의, 특히 체관부에서의, 이동성이 큰 차이가 있음을 알았다. 이들 결과는 양분 결핍의 가시적 증상을 관찰함으로서 입증되었다(3장). 몇 가지 예의 핵심적인 사항에 대해 알아보자.

질소는 이미 설명한 바와 같이 체관부에서 이동성이 아주 크다. 질소공급이 불충분하면 어린 발달중인 잎은 강력한 수용부가 되며, 질소는 오랜 성숙된 잎으로부터 체관부를 통해 빠져나와 왕성하게 생육하는 어린잎으로 수송된다. 그 결과 오랜 잎은 질소결핍증(연녹색 또는 노란색을 띰)을 보이지만, 어린잎은 정상적인 외관을 나타낸다. 체관부에서 이동성이 좋은 칼륨도 마그네슘과 인, 황(항상 그렇지는 않다)의 경우에서와 같이 비슷한 양상을 나타낸다.

그에 비해 칼슘은 일반적으로 체관부에서 이동성이 없다. 칼슘 공급이 낮으면, 물관부로 상승하는 수액은 성장중인 어린잎에 충분히 칼슘을 공급해 주지 못함으로써 어린잎은 칼슘결핍증상을 나타낸다(즉, 성장감소와 조직 특히, 성장점의 사멸). 오래된 잎은 건강한 모습을 유지한다. 그 이유는 칼슘이 체관부에서 어린잎으로 전이되지 않기 때문에 성숙된 잎에 잔류하기 때문이다.

그러므로 일반적으로 다음과 같이 말할 수 있다. 체관부에서 이동성이 큰 원소는 공급이 부족하면 오래된 잎에서 항상 결핍증상이 나타나며, 그 원인은 체관부를 통해 그 원소를 어리고 성장하는 부위로 보내기 때문이다. 체관부 이동성이 없는 원소의 경우에는 반대현상이 일어난다. 즉, 원소의 공급이 부적절하면, 결핍증상은 어린잎에서 먼저 나타나는 경향이다. 오래된 잎은 그 원소를 체관부를 통해 어린잎과 "나누기" 보다는 보유하므로 건강한 외관을 나타낸다.

논쟁의 본질

Munch의 압력유동설에서는 물과 유기 용질(주로, 자당)은 공급부로부터 수용부로 집단유동된다고 간주한다. 우리는 Münch의 가설이 그러한 집단유동의 속도와 방향, 융통성을 설명할 수 있음도 보았다. 그러면 왜 이 가설은 50년 이상 여전히 논란의 대상인가?

이러한 불확실함에 대한 설명은 실험생물학적 연구에서 누대에 걸쳐 계속 맞닥뜨리는 것으로써, 실험적 인위구조가 발생할 위험이 있기 때문이다. 현미경적 또는 기타 기술에 의한 체요소의 구조 관찰에는 조사용 조직을 준비하는 실험적인 조작이 수반된다. 많은 연구자들은 체판을 관찰하고는 체판의 공극은 단백질체(protein body) 또는 캘로오스(수화가 많이 된 다당류) 또는 두 가지 모두로 막혀있다고 기록했다. 물론 이러한 발견은 체관을 통한 집단유동설에 불리하게 작용했다(Spanner 1978). 관찰된 체판 공극의 막힘현상(plugging)은 이제 실험적 인위구조라는 것이 공통된 의견이다. 현미경 전문가의 치명적인 훼손보다 훨씬 가벼운 상처나 교란으로도 체판 공극이 막혔다. 그러나 아주 부드럽고 비파괴적인 기술을 사용하면, 체판 공극은 막히지 않았다. 체판 공극에서 이러한 장애물을 제거하면 Münch의 가설 수용에 대한 대부분의 장애물을 제거할 수 있다(Knoblauch and van Bel 1998; Thompson and Schultz; Lucas, Yoo, and Kragler 2001; van Bel, Ehlers, and Knoblauch 2002).

참고문헌

Biddulph, O., S. Biddulph, R. Cory, and H. Koontz (1958) Circulation patterns for phosphorus, sulfur and calcium in the bean plant. *Plant Physiology* 33: 293-300.

Biddulph, S. (1956) Visual indications of S^{35} and p^{32} translocation in the phloem. *American Journal of Botany* 43: 143-148.

Bledsoe, R. W., C. L. Comar, and H. C. Harris (1949) Absorption of radioactive calcium by the peanut fruit. *Science* 109: 329-330.

Brown, P. H. and H. Hu (1996) Phloem mobility of boron is species dependent: Evidence for phloem mobility in sorbitol-rich species. *Annals of Botany* 77: 497-505.

Brown, P. H., N. Bellaloui, H. Hu, and A. Dandekar (1999) Transgenically enhanced sorbitol synthesis facilitate phloem boron transport and increases tolerance of tobacco to boron deficiency. *Plant Physiology* 119: 17-20.

Burstrom, H. (1948) The rate of the nutrient transport to swelling buds of trees. *Physiologia Plantarum* 1: 124-135.

Campbell, L. C., M. H. Miller, and J. F. Loneragan (1975) Translocation of boron to plant fruits. *Australian Journal of Plant Physiology* 2: 481-487.

Canny, M. J. (1960) The rate of translocation. *Biological Reviews* 35: 507-532.

Casey, W. H., S. D. Kinrade, C. T. G. Knight, D. W. Rains, and E. Epstein (2003) Aqueous silicate complexes in wheat, *Triticum aestivum L. Plant, Cell and Environment* 27: 51-54.

Crafts, A. S. and C. E. Crisp (1971) *Phloem Transport in Plants*. W. H. Freeman, San Francisco.

Dixon, H. H. and N. G. Ball (1922) Transport of organic substances in plants. *Nature* 109: 236-237.

Esau, K. (1977) *Anatomy of Seed Plants*, 2nd Edition. Wiley, New York.

Fensom, D. S. (1981) Problems arising from a Munch-type pressure-flow mechanism of sugar-transport in phloem. *Canadian Journal of Botany* 59: 425-432.

Harris, H. C. (1949) The effect on the growth of peanuts of nutrient deficiencies in the root and the pegging zone. *Plant Physiology* 24: 150-161.

Hendrix, J. E. (2002) Production-related assimilate transport and partitioning. In: *Handbook of Plant and Crop Physiology*, 2nd Edition. Pessarakli, M., cd. Dekker, New York. pp. 421 448.

Jeschke, W. D. and J. S. Pate (1991) Modeling of the partitioning, assimilation and storage of nitrate within root and shoot organs of castor bean (*Ricinus communis* L). *Journal of*

Experimental Botany 42: 1091-1103.

Jeschke, w. D., C. A. Atkins, and J. S. Pate (1985) Ion circulation via phloem and xylem between root and shoot of nodulated white lupin. *Journal of Plant Physiology* 117: 319-330.

Jeschke, w. D., A. Peuke, E. A. Kirkby, J. S. Pate, and W. Hartung (1996) Effects of P deficiency on the uptake, flows and utilization of C, N and H20 within intact plants of *Ricinus communis* L. *Journal of Experimental Botany* 47: 1737-1754.

Kennedy, J. S. and T. E. Mittler (1953) A method of obtaining phloem sap via the mouth-parts of aphids. Nature 171: 528.

Knoblauch, M. and A. J. E. van Bel (1998) Sieve tubes in action. Plant Cell 10: 35-50.

Lalonde, S., M. Tegeder, M. Throne-Holst, W. B. Frommer, and J. W. Patrick (2003) Phloem loading and unloading of sugars and amino acids. *Plant, Cell and Environment* 26: 37-56.

Lucas, W. L B.-C. Yoo, and F. Kragler (2001) RNA as a long-distance information macromolecule in plants. *Nature Reviews Molecular Cell Biology* 2: 849-857.

Malone, M. (1996) Rapid, long-distance signal transmission in higher plants. *Advances in Botanical Research* 22: 163-228.

Marschner, H., E. A. Kirkby, and 1. Cakmak (1996) Effect of mineral nutritional status on shoot-root partitioning of photoassimilates and cycling. *Journal of Experimental Botany* 47: 1255-1263.

Marschner, H., E. A. Kirkby, and C. Engels (1997) Importance of cycling and recycling of mineral nutrients within plants for growth and development. *Botanica Acta* 110: 265-273.

Martini, F. and M. Thellier (1980) Use of an (n, alpha) nuclear reaction to study the long-distance transport of boron in *Trifolium repens* after foliar application. *Plania* 150: 197-205.

Mason, T. G. and E. J. Maskell (1928) Studies on the transport of carbohydrates in the cotton plant. 1. A study of diurnal variation in the carbohydrates of leaf, bark, and wood, and of the effects of ringing. *Annals of Botany* 42: 189-253.

Mason, T. G. and E. Phillis (1937) The migration of solutes. *Botanical Reviews* 3: 47-71.

Mason, T. G., E. J. Maskell, and E. Phillis (1936) Further studies on transport in the cotton plant. Ill. Concerning the independence of solute movement in the phloem. *Annals of Botany* 50: 23-58.

Michael, G., E. Wilberg, and K. Kouhsiahi-Tork (1969) Durch hohe Luftfeuch⌐tigkeit induzierter Bormangel. *Zeitschrift fur Pjlanzermahnmg und Bodenkunde* 122: 1-3.

Miranda, E. R, W. Pattanagul, and M. A. Madore (2002) Phloem transport of solutes in crop plants. In: *Handbook of Plant and Crop Physiology*, 2nd Edition. Pessarakli, M., ed. Dekker, New York. pp. 449-465.

Münch, E. (1930) *Die Stoffbewegungen in der Pjlanze.* Verlag von Gustav Fischer, [ena.

Nakata, S. and A. C. Leopold (1967) Radioautographic study of translocation in bean leaves. *Plant Physiology* 54: 769-772.

Raven, J. A. (1977) H+ and Ca2+ in phloem and symplast: Relation of relative immobility of the ions to the cytoplasmic nature of the transport paths. *New Phytologist* 79: 465-480.

Schmitz, K. (1970) The autoradiographic identification of tritiated water soluble material in the sieve tubes of *Cucurbita and Cucumis.* Planta 91: 96-110.

Schrnitz, K. and J. Willenbrink (1968) Zum Nachweiss tritierter Assimilate in den Siebrohren van *Cucurbita*. *Planta* 83: 111-114.

Shelp, B. J., A. M. Kitheka, R. A. Vanderpool, O. R. Van Cauwenberghe, and G. A. Spiers (1998) Xylem to phloem transfer of boron in broccoli and lupin during early reproductive growth. *Physiologia Plantarum* 104: 533-540.

Spanner, D. C. (1978) Munch hypothesis, freeze-substitution and structure of sieve-plate pores. *Annals of Botany* 42: 485-488.

Thompson, G. A. and A. Schulz (1999) Macromolecular trafficking in the phloem. *Trends in Plant Science* 4: 354-360.

Trip, P. and P. R. Gorham (1967) Autoradiographic study of the pathway of translocation. *Canadian Journal of Botany* 45: 1567-1573.

van Bel, A. J. E. (2003) The phloem, a miracle of ingenuity [sic]. *Plant, Cell and Environment* 26: 125-149.

van Bel, A. J. E., K. Ehlers, and M. Knoblauch (2002) Sieve elements caught in the act. *Trends in Plant Science* 7: 126-132.

Weatherley, P. E. (1969) Ion movement within the plant and its integration with other physiological processes. In: *Ecological Aspects of the Mineral Nutrition of Plants*. Rorison, I. H., ed. Blackwell Scientific, Oxford. pp. 323-340.

Weatherley, P. E., A. J. Peel, and G. P. Hill (1959) The physiology of the sieve tube. IJreliminary experiments using aphid mouth parts. *Journal of Experimental Botany* 10: 1-16.

Wiersum, L. K. (1966) Calcium content of fruits and storage tissues in relation to the mode of water supply. *Acta Botanica Neerlander* 15: 406-418.

Wolswinkel, P. (1999) Long-distance nutrient transport in plants and movement into developing grains. In: *Mineral Nutrition of Crops: Fundamental Mechanisms and Implications*. Rengel, Z., ed. Food Products Press, New York. pp. 91-113.

Ziegler, H. (1963) Der Ferntransport organisher Stoffe in den Pflanzen. *Naturwissenschaft* 50: 177-186.

Zimmermann, M. H. (1969) Translocation velocity and specific mass transfer in the sieve tubes of *Fraxinus americana* L. *Planta* 84: 272-278.

3부

대사와 생육

7 질소와 황: 두 양분 이야기

질소와 황은 대조적인 교훈을 주는 다량원소이다. 질소는 모든 아미노산과 핵산을 비롯한 많은 유기화합물에 들어있다. 따라서 식물은 어떤 다른 무기 양분보다 질소를 더 많이 필요로 하며(3장), 질소의 유효도는 일반적으로 자연 및 농업 생태계에서 식물의 생산성을 좌우한다(9장). 작물의 수확량을 증가시키기 위해, 전세계 농부들은 연간 8,000만 톤을 넘는 질소비료를 처리한다. 이 질소비료의 제조와 시비량은 농업에서 소비되는 총 에너지의 절반이상에 해당한다(Brown 1987). 불행하게도 작물에 처리된 질소비료 중 많은 부분이 지하수로 용탈되고 대기중으로 휘산되어(Cameron and Haynes 1986), 귀중한 자원을 낭비할 뿐만 아니라 인류의 건강을 위협한다(National Research Council 1989). 분명히 식물이 환경으로부터 질소를 획득하는 효율을 증진시키는 것은 아주 중요하다. 한편 황은 단 두 아미노산과 몇몇 보효소의 구성성분에 불과하다. 그러므로 식물에는 비교적 소량 즉, 질소의 3~5%에 불과한 수준의 황이 들어 있다(3장). 대부분의 토양에는 과도할 만큼의 황이 함유되어 있다(2장). 이는 황을 함유하는 비료에는 주로 더 부족한 양분의 반대이온(예, 황산암모늄)으로써 또는 pH조절을 위한 반대이온으로써 많은 양의 황이 함유되어 있기 때문이다.

그러나 질소와 황은 둘 다 산화-환원 반응에서 아주 다양한 기능을 지니며, 이러한 특성 때문에 질소와 황은 생물지화학적 순환(biogeochemical cycle)과 식물 대사에서 중추적인 역할을 담당한다. 한쪽 끝 영역에는 고도로 산화된 이온형태로 질산(NO_3^-)과 황산(SO_4^{2-})이 있으며, 이들 각각 질소의 원자가는 +5이며 황은 +6이다. 중간 영역에는 질소 기체(N_2)와 황 원소(S)가 있으며, 이들 원소의 원자가는 0이다. 반대편 영역 끝의 환원 화합물로는 암모늄(NH_4^+)과 황화수소(H_2S)가 있으며, 이들 질소와 황의 원자가는 각각 −3과 −2이다.

여러 질소와 황의 형태간 상호변환은 생명활동에서 가장 에너지 집약적인 반응이다. 엄청난 에너지가 관여함을 보다 자세하게 알아보기 위해 이들 과정은 아미노산으로 동화되는 무기질소 또는 황 한개당 12~18ATP에 해당하는 에너지를 소비하는 반면, 대부분의 생화학적 반응은 하나 또는 기껏해야 2개의 ATP에 해당하는 에너지를 소비함을 고려해보라. 더욱 인상적인 점은 이들 질소 또는 황의 역반응(가령 NH_4NO_3로부터 N_2로, 또는 S로부터 H_2S로)이 일어날 때, 이들이 신속하게 에너지를 방출하여 폭발한다는 것이다. 거의 모든 전통적인 폭발물(예, TNT, 나이트로글리세린, 다이너마이트, 화약)은 질소와 황 화합물의 신속한 산화의 원리를 이용한다. 공항의 폭발물 탐지기는 수화물내 질소의 농도를 검사한다. 절대 기내에서 질소비료를 휴대하면 안 된다.

환경에서의 질소

"완전히 우리 주위를 둘러싸고 있지만 희박한 것은 무엇인가?" 이 수수께끼에 대한 해답은 질소이다. 대기중에는 분자상 질소(N_2)가 부피로 78%정도로 엄청나게 들어있지만, 두 질소 원자간의 아주 안정한 3중 공유결합(N≡N)(triple covalent bond)이 비활성 또는 희유기체("noble" gas)의 성질을 띠게 하기 때문에, 대부분의 유기체는 이처럼 방대한 양의 질소를 직접 이용할 수 없다. 이 삼중결합을 끊어 더 반응성이 큰 형태 즉, 암모니아(NH_3) 또는 질산(NO_3)을 생성하려면 엄청난 에너지가 투입되어야 한다. 그럼에도 불구하고 그에 비길 정도의 화학적 반응이 질소고정이라고 알려진 자연적 또는 산업적 과정에서 일어난다.

자연적 질소고정(대기적 질소고정과 생물학적 질소고정의 합)량은 연간 190 × 10^{12}g N 정도로 일어난다(표 7.1). 이 총량중에서 번개가 약 8%를 차지한다. 번개는 수증기와 산소를 아주 반응성이 큰 수산화 자유라디칼과 유리 수소 원자, 유리 산소 원자로 전환시키며, 이들은 질소 분자를 공격하여 질산(HNO_3)을 생성시킨다. 이 질산은 이어서 비와 눈과 함께 지구상으로 떨어진다. 자연계에서 추가로 고정되는 2%의 질소는 기체상 산화질소(nitric oxide)와 오존간의 광화학반응(photochemical reaction)에서 유래한다. 나머지 90%는 이번 장에서 상세하게 설명할 과정인 세균이 질소 분자를 암모늄으로 고정하는 생물학적 질소고정에서 발생된다.

산업적 질소고정(industrial nitrogen fixation)에서 질소분자와 수소는 고온(400~650 ℃)과 고압(20~40MPa), 금속촉매(보통 철)를 첨가하면 암모니아를 형성한다. 이를 Harber-Bosch법(Harber-Bosch process)이라 부르며, 이는 화약과 기타 폭발물을 생산하기위해 고정 질소를 필요로 했던 독일이 칠레에서 채굴되던 초석(saltpeter)(질산나트륨)의 공급이 중단되자 제1차 세계대전 당시에 개발했다. 현재 우리는 칼을 두드려 쟁기를 만든다. 즉, 산업적 질소고정은 연간 80 × 10^{12}g N을 초과하는 농업용 비료를 생산하는데 주로 사용된다(Reich et

표 7.1 생물지화학적 질소순환을 구성하는 주요 과정[a]

과정	정의	고정량(10^{12}g/연)
산업적 고정	분자상 질소가 암모니아로 산업적으로 전환되는 과정	80
대기중 고정	번개와 광화학적 반응에 의해 분자상 질소가 질산으로 변환되는 과정	19
생물학적 고정	원핵미생물에 의해 분자상 질소가 암모니아로 전환되는 과정	170
식물흡수	식물에 의해 암모늄 또는 질산이 흡수 또는 동화되는 과정	1,200
부동화	미생물에 의해 암모늄 또는 질산이 흡수 또는 동화되는 과정	
암모니아화 작용	토양 유기물이 세균 및 진균의 이화작용에 의해 암모늄이 생성되는 과정	
질산화 작용	세균(*Nitrosomonas* sp.)에 의해 암모니아가 아질산으로 산화된 후 연이어 세균(*Nitrobacter* sp.)에 의해 아질산이 질산으로 산화되는 과정	
무기화	토양 유기물이 세균 및 진균에 의한 암모니아화 또는 질산화과정을 통해 무기태 질소로 분해되는 과정	
휘발	대기중으로 기체상 암모니아가 물리적으로 소실되는 과정	100
암모니아 고정	토양 입자내부에 암모늄이 도입되는 물리적 과정	10
탈질작용	질산이 세균에 의해 아산화질소와 분자상 질소기체로 전환되는 과정	210
질산 용탈	지하수에 용해된 질산이 표토로부터 최종적으로 해양으로 물리적으로 흘러들어가는 과정	36

[a] 육상 유기체와 토양, 해양에는 각각 약 5.2×10^{15}g과 95×10^{15}, 6.5×10^{15}의 순환에 관여하는 유기태 질소가 함유되어 있다. 대기중의 기체상 질소의 양이 일정(즉, 투입량 = 배출량)하다면 유기태 질소의 평균 체류기간은 약 370년[풀의 크기/고정에 의한 투입량 = (5.2×10^{15}g + 95×10^{15}g)/(80×10^{15}g · 연 + 19×10^{15}g/연 + 170×10^{15}g/연]이다. (출처; Schlesinger 1997.)

al. 2001).

질소는 일단 암모늄이나 질산으로 고정되면 생물지화학적 순환(biogeochemical cycle)을 개시하며, 여러 유기 또는 무기 형태를 거쳐 최종적으로 분자상 질소로 되돌아간다(표 7.1; 그림 7.1). 고정을 통해 생성되거나 토양 유기물의 분해를 통해 방출된 아미노산과 암모늄, 질산은 식물과 미생물간의 치열한 경쟁 대상이다. 결과적으로 식물에는 이들 질소 형태를 가능한 한 신속하게 낚아채는 다양한 메커니즘이 발달하였다. 이들 메커니즘은 일상적인 것에서부터 기묘한 것에 이르기까지—즉, 용질수송의 표준 메커니즘 1 또는 2(4장)에서부터 소동물을 포식하거나 미생물을 노예화하는 등— 다양하다.

공포의 작은 가게

식충식물(carnivorous plants)은 브로드웨이와 지역 양묘장의 주역을 담당하는 경우가 있다. 식물계에 산재한 약 600종의 식물이 육식성이다(Ellison and gotelli 2001). 질소가 부족한 지역에 자생하는 이들 식충식물은 이들과 불운하게 마주치는 작은 동물을 유인하여 죽이고 소화시켜서 질소를 얻는다(Darwin 1875; Adamec 1997). 예를 들어 중질소(^{15}N) 동위원소로 표지한 곤충을 먹었을 때, 끈끈이주걱(*Drosera* sp.)의 조직내 ^{15}N/^{14}N비를 분석한 결과 끈끈이

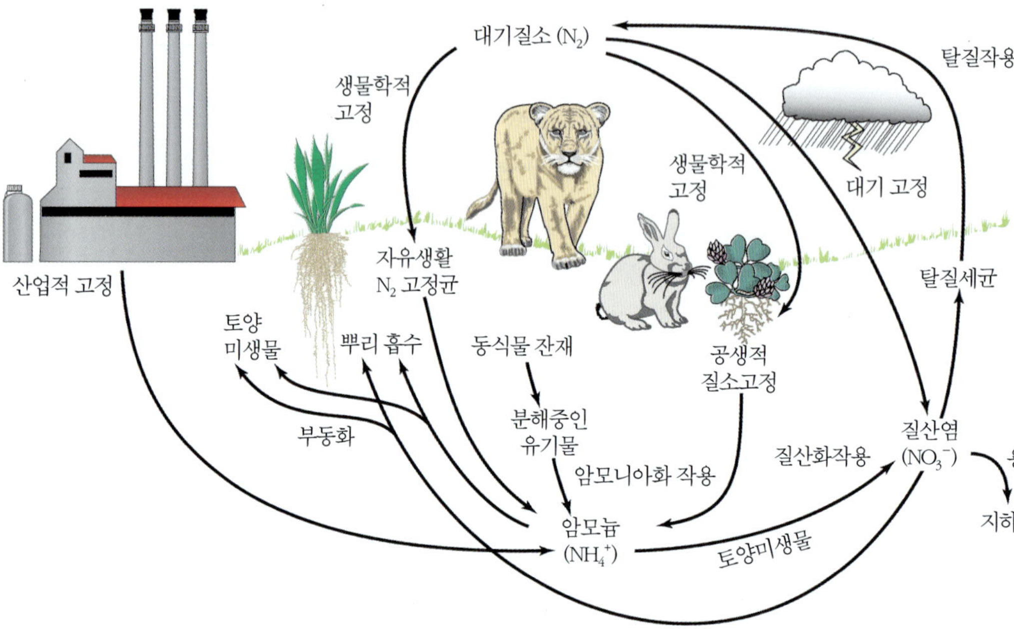

그림 7.1 육상의 질소순환 대기중의 질소(N_2)는 산업적 고정이나 자유생활 N_2고정균, 또는 공생 N_2 고정균을 통해 암모늄(NH_4^+)으로, 또는 대기중 고정을 통해 질산(NO_3^-)으로 전환된다. 토양미생물도 NH_4^+을 NO_3^-으로 전환시킨다(질산화과정). 식물(뿌리에 의한 흡수를 통해)과 토양미생물(부동화 과정을 통해)은 NH_4^+과 NO_3^-을 토양으로부터 흡수한다. 초식동물(예, 토끼)은 식물체를 섭취함으로써 필요한 질소를 얻으며, 육식동물(예, 사자)은 초식동물을 먹이로 한다. 낙엽과 식물의 사체를 포함한 이러한 모든 유기체로부터 나온 배설물과 사체도 토양에서 분해되는 전체 유기물의 일부이다. 토양미생물은 이러한 토양유기물을 분해하여 NH_4^+를 생성한다(암모니아화 작용). 특히, 혐기적 조건에서 다른 미생물들은 일부 토양 NO_3^-를 다시 N_2로 전환시킨다(탈질작용). 일부 NO_3^-는 지하수에 용해되며(탈질작용) 일부 NH_4^+는 기체상 NH_3로 전환되어 대기 중으로 휘산된다(휘발작용, 그림에 표시하지 않았음).

주걱은 필요한 질소의 15~87%를 식충활동을 통해 획득함을 보여준다(Dixon, Pate, and Bailey 1980; Schulze and Schulze 1990; Schulze et al. 1991). 호기심을 자극하기는 하지만 식충식물은 드문 편이다. 농업과 임업에 훨씬 더 일상적이고 중요한 것은 질소고정 세균이나 질소를 획득하는 진균과 밀접한 상호관계를 형성하는 식물들이다.

생물학적 질소고정(Nitrogen Fixation)

어떤 세균은 대기 중의 질소를 암모늄으로 전환시킬 수 있다(표 7.2). 이들 질소고정 세균의 대부분은 토양 속에서 자유생활을 하는 미생물이다. 그러나 그중 몇몇은 고등식물과 공생(symbiosis)("더불어 생활하는") 관계를 형성하며, 이 때 원핵생물은 숙주식물에게 직접 고정한 질소를 공급하는 대가로 다른 양분과 탄수화물을 얻는다. 가장 일반적인 형태의 공생은 콩과(leguminosae) (현재는 Fabaceae라고 부른다)식물들과 *Rhizobium*, *Bradyrhizobium*,

Azorhizobium, Sinorhizobium, Photorhizobium 속의 대표적인 균들을 망라하는 근류균류(rhizobia)로 총칭하는 토양세균 사이에서 일어난다(표 7.2와 표 7.3). 또 다른 공생적 질소고정의 보편적인 형태는 여러 목본성 식물종과 *Frankia* 속의 토양세균들이 관여하는 것이다(표 7.2). 남아메리카의 약초인 *Gunnera*와 작은 민물 양치류인 *Azolla*도 각각 남세균(cyanobacteria)인 *Nostoc*과 *Anabaena*와 협생(associations)관계를 형성한다(표 7.2). 3장에서 이미 언급한 바와 같이, 모든 질소고정 원핵생물은 자유생활을 하거나 공생생활을 하건 코발트(Co)를 필요로 한다.

생물학적 질소고정(biological nitrogen fixation)은 분자상 질소와 수소로부터 암모니아를 생성한다는 점에서 산업적 질소고정과 비슷하다. 전체 반응은 다음과 같다.

$$N_2 + 8e^- + 8H^+ + 16ATP \rightarrow 2NH_3 + H_2 + 16ADP + 16P_i \quad (7.1)$$

산업적 질소고정 과정과는 달리 질소고정 세균은 상온과 상압에서 이 반응을 일으킨다. 6개의 전자가 이동되어 N_2가 NH_3로 환원될 때 두개의 양성자가 환원되어 H_2가 생성된다. 이 반응은 질소고정효소(nitrogenase) 복합체에 의해 촉매된다.

표 7.2 질소고정을 수행하는 유기체의 예

공생적 질소고정		
형태	**식물**	**질소고정 원핵생물**
콩과식물	두류, 느릅나무속(*Parasponia*)	*Rhizobium, Bradyrhizobium, Azorhizobium, Sinorhizobium, Photorhizobium*
방선근 식물	오리나무(수목), 갈매기나무속(관목), *Casurina*(수목), *Datisca*(관목), *Chamaebatia*(관목)	*Frankia*
Gunnera	*Gunnera*	*Nostoc*
Azolla	*Azolla*(수생 양치류)	*Anabaena*
자유생활 질소고정		
형태		**질소고정 원핵생물**
남세균("남조류")		*Nostoc, Anabaena, Calothrix*
기타 세균		
호기성		*Azotobacter, Azospirillum, Beijerinckia, Derxia*
통성		*Bacillus, Klebsiela*
혐기성		
비광합성		*Clostridium, Methanococcus*(고세균의 일종)
광합성		*Rhodospirillum, Chromatium*

표 7.3 숙주식물과 근류균의 관계

숙주식물	공생 근류균
Parasponia[a]	*Bradyrhizobium* spp.
대두	*Bradyrhizobium japonicum*(완만생육형); *Sinorhizobium fredii*(신속생육형)
알팔파	*Sinorhizobium meliloti*
Sesbania(수생)	*Azorhizobium*(뿌리와 줄기 혹을 동시에 형성한다; 줄기에는 부정근이 형성된다)
Phaseolus	*Rhizobium leguminosarum bv. phaseoli; Rhizobium tropicii; Rhizobium etli*
클로버	*Rhizobium leguminosarum bv. trifolii*
완두	*Rhizobium leguminosarum bv. viceae*
Aeschenomene(수생)	*Photorhizobium*(부정근과 협생하는 듯한 줄기혹을 형성하는 광합성이 왕성한 근류균)

[a] 비콩과식물로서 이전에는 Trema라 불렀음.

질소고정효소 복합체는 Fe단백질과 MoFe단백질의 두 구성요소로 나뉘며, 둘 중 어느 것도 그 자체로는 촉매활성을 지니지 못한다(그림 7.2). Fe단백질은 두 구성요소 중 더 작은 크기이며 유기체에 따라 각각 30에서 72kDa의 두 동일한 소단위로 되어있다. 각 소단위에는 N_2를 NH_3로 전환시키는 산화환원반응을 수행하는 철-황 뭉치(cluster)(4Fe와 $4S^{2-}$)가 들어있다. MoFe단백질은 4개의 소단위로 구성되어 있으며, 총 분자량은 종에 따라 180에서 235kDa이다. 각 소단위는 두개의 Mo-Fe-S 뭉치로 구성되어있다. 전체적인 질소환원반응(그림 7.2)에서 페레독신(ferredoxin)은 Fe단백질에 대해 전자공여체(electron donor)역할을 한다. Fe단백질은 다시 ATP를 가수분해하고 MoFe단백질을 환원시킨다.

MoFe단백질은 자연조건에서 N_2와 H^+하고만 반응하지만, 여러 가지 기질을 환원할 수 있다(그림 7.4). 이들 다른 반응중 하나는 아세틸렌(acethylene)을 에틸렌(ethylene)으로 환원시키는 것이며, 이 반응은 기체 크로마토그래피로 손쉽게 측정할 수 있고 질소고정효소의 활성을 추정하는데 사용된다(Dilworth 1966). N_2가 NH_3로 환원될 때 8개의 전자가 필요한 데 반해(방정식 7.1), 아세틸렌환원법(acethylene reduction method)에는 $C_2H_2 + 2e^- + 2H^+ \rightarrow C_2H_4$와 같이 두개의 전자가 관여한다. 그러므로 4개의 에틸렌 분자가 환원되면 한 개의 N_2가 환원되는 것에 해당한다. 아세틸렌환원법에는 심각한 약점이 있다(Denison 1989). 아세틸렌은 근류 속으로의 가스 확산을 차단함으로써 질소고정을 저해한다. 또 근권(뿌리 표면근처의 토양) 미생물도 에틸렌을 생성한다. 이 때문에 아세틸렌환원법은 조심해서 사용해야만 한다.

질소고정의 에너지론(energetics)은 복잡하다. 이론적으로 N_2와 H_2가 NH_3를 형성하는 단순한 반응을 통해 $\Delta G^{0'}$(자유에너지 변화)값이 $-27 kJmol^{-1}$정도의 에너지를 방출한다(van Rhijn, Goldberg, and Hirsch 1998). 그럼에도 불구하고 산업적 및 생물학적 질소고정에는 N_2의 3중결합을 절단하는데 필요한 활성화에너지 때문에 아주 큰 에너지가 투입되어야 한다.

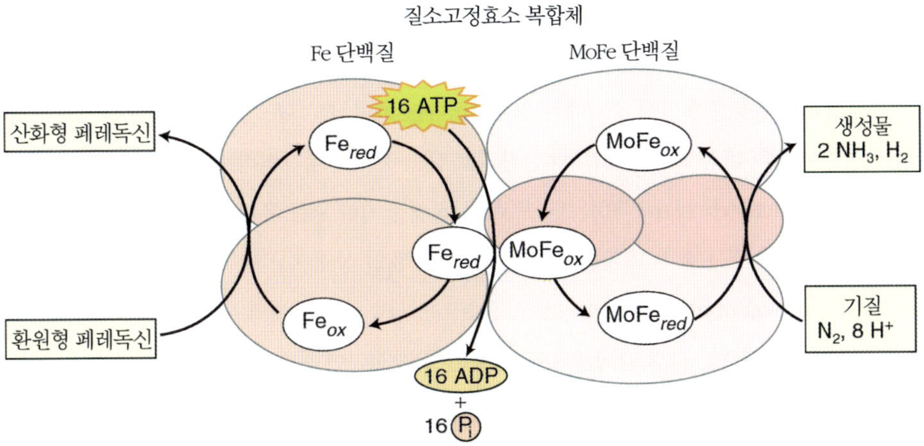

그림 7.2 질소고정효소가 촉매하는 환원반응 페레독신은 Fe단백질을 환원시킨다. ATP가 Fe단백질에 결합하여 가수분해되면 산화환원반응을 촉진하는 Fe단백질의 입체배열이 변화된다고 추정된다. Fe단백질은 MoFe단백질을 환원시키며, MoFe단백질은 N_2를 환원시킨다(Dixon and Wheeler 1986; Crawford et al 2000).

탄수화물대사에 근거해 계산하면 식물은 고정되는 N_2 g 당 유기탄소 12g을 소비함을 알 수 있다(Heytler, Reddy, and Hardy 1984). 방정식 7.1에 근거하면 전체 생물학적 질소고정 반응의 $\Delta G^{\circ\prime}$는 약 $-200\text{kJ} \cdot \text{mol}^{-1}$이다. 이 전체적인 반응으로 엄청난 양의 에너지가 방출되기 때문에, 암모니아 생성은 질소고정효소 복합체의 완만한 작용(단위시간당 환원되는 N_2분자의 수)에 의해 제한되는 것으로 생각된다(Ludwig and de Vries 1986).

자연조건에서 질소고정효소는 상당량의 H^+를 H_2 기체로 환원시키며, 이 과정은 N_2 환원과 경합한다(Evans et al. 1988). 근류균에서 질소고정효소에 공급되는 에너지의 30~60%는 H_2로 소실될 수 있으며, 그 결과 질소고정 효율이 감소된다(Schbert, Lennings, and Evans 1978). 그러나 일부 근류균은 형성되는 H_2를 분해하여 N_2환원에 필요한 전자를 생성할 수 있

표 7.4 질소고정효소가 촉매하는 반응

반응	과정
$N_2 \rightarrow NH_3$	질소고정
$N_2O \rightarrow N_2 + H_2O$	아산화질소 환원
$N_3^- \rightarrow N_2 + NH_3$	azide 환원
$C_2H_2 \rightarrow C_2H_4$	아세틸렌환원
$2H^+ \rightarrow H_2$	H_2생성
$ATP \rightarrow ADP + P_i$	ATP가수분해

자료; Miranda, Pattanagul, Madore 2002

는 효소인 수소화효소(hydrogenase)를 가지고 있으므로 질소고정 효율을 높일 수 있다(Marschner 1995).

질소고정 과정은 혐기적 조건에서 진행되어야만 하며, 그 이유는 Fe와 MoFe단백질은 둘 다 공기중에서 각각 약 30초와 10분의 반감기로 산소에 의해 비가역적으로 불활성화되기 때문이다(Dixon and Wheeler 1986). 그러므로 표7.2에 열거한 모든 유기체는 자연적인 혐기조건에서 작용하거나 또는 외부 대기중의 산소농도가 21%인 상태에서 내부환경을 혐기적으로 만든다. 남세균(cyanobacteria)은 이형세포라 부르는 특수한 세포에서 이러한 조건이 형성된다(그림 7.3). 이형세포는 사상 남세균에서 NH_4^+을 고갈시키면 분화되는 두꺼운 세포이다. 이들 세포에는 광합성에서 산소를 생성시키는 광계 II가 없으며, 혐기적 환경을 견뎌낼 수 있다(Burris 1976). 이형세포가 없는 남세균은 담수 포장에서 형성되는 것과 같은 혐기적 조건에서만 질소를 고정한다. 저지(lowland)의 벼논에서 질소고정 이핵형성(heterocyst) 및 비이핵형성(nonheterocyst)형의 남세균은 모두 화학비료를 시용하지 않고도 토양에 질소를 적절하게 공급해 줄 수 있는 주요 수단이다(Brady 1979). 미생물은 포장이 담수되면 질소를 고정하고, 포장이 건조되면 사멸하여 고정 질소를 토양에 방출한다. 담수 벼논에서 유효 질소를 공급해주는 또 다른 방식은 남세균 *Anabaena* 와 협생(Association)하는 수생 양치류인 *Azolla* 이다(그림 7.3A). *Azolla-Anabaena* 협생에 의해 매일 ha당 0.5kg이나 되는 공중질소가 고정된다.

질소를 고정할 수 있는 자유생활 세균은 호기성이거나 통성, 혐기성이다. *Azotobacter* 같은 호기성 질소고정세균은 호흡을 증가시킴으로써 산소조건을 낮게 유지하는 것으로 생각된다(Burris 1977). *Gloeotheca* 같은 기타 세균은 낮 동안에는 광합성을 하여 산소를 방출하고, 밤에는 질소를 고정한다. 호기적 및 혐기적 조건 모두에서 생육이 가능한 통성 유기체는 일반적으로 혐기적 조건에서만 질소를 고정한다. 호기성 질소고정세균에게 산소는 아무런 피해를 주지 않는다. 이들 혐기성 미생물은 *Rhodospirillum* 의 경우와 같이 광합성을 하거나 *Clostridium* 의 경우와 같이 광합성을 하지 않는다.

공생적 질소고정

식물과 질소고정 원핵생물 사이에 일어나는 협생의 형태는 다양하다. 내생(endophytic) 질소고정 세균은 당이 풍부한(12%의 자당) 사탕수수(*Sacchrum officinarum*)의 세포간 공간에 위치하며, 질소가 결핍된 조건에서 사탕수수의 질소 요구량의 상당부분을 공급해준다(Dong et al. 1994; Oliveira et al. 2002). 화본과식물에서 질소고정 세균은 주로 뿌리 표면의 신장대와 뿌리털에 서식한다(Raju, Evans, and Seidler 1972; Smith et al. 1976; Albrecht, Okon, and Burris 1977). *Azospirillum* 같은 세균은 옥수수와 기타 곡류작물의 재배에 응용할 가능

(A) (B)

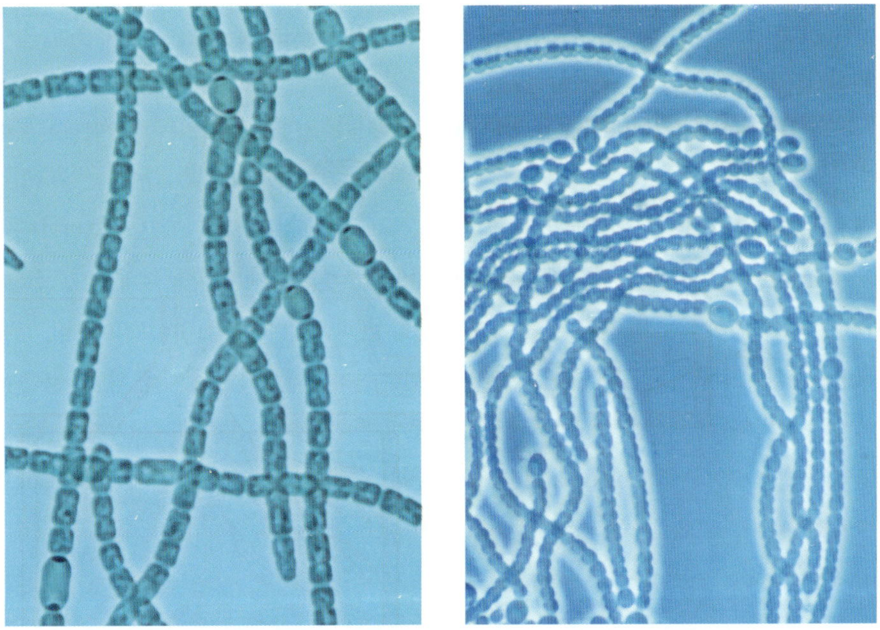

그림 7.3 자유생활 질소고정 남세균 (A) 자유생활 질소고정 남세균인 *Anabaena* sp. 각 끝의 몸체가 짙은 더 크고 더 둥근 세포는 질소고정이 일어나는 이형세포이다. (B) *Nostoc* sp.; 더 큰 세포는 이형세포이다.(J. Meeks, UC Davis)

성을 두고 집중적으로 연구되었다. 그러나 최근의 연구결과는 *Azospirillum*은 식물과 협생할 때는 질소를 거의 고정하지 않으며, 식물생육촉진은 세균이 생성하는 인돌초산(indole acetic acid)과 같은 식물호르몬에 기인할 수 있음을 보여준다(Vande Broek and Vanderleyden 1995). 식물과 미생물사이의 모든 이러한 느슨한 관계는 진정한 의미의 공생이 아니며, 이 기능을 협생적 질소고정(associative nitrogen fixation)이라 부른다. Ladha와 Reddy (2003)는 이런 방법을 사용하여 벼의 생산성을 증가시킬 수 있는 가능성과 난점에 대해 논의하였다.

이제 진정한 의미의 공생적 질소고정에 대해 논의해보자. 공생적 질소고정을 하는 원핵생물은 숙주식물의 특수한 기관내부에 서식하며, 식물 원형질막에서 유래한 막에 의해 식물의 세포질로부터 격리된다. *Gunnera* 의 경우, 이들 기관은 공생식물과는 무관하게 발달하는 표준적인 줄기샘(stem glands)이다. 콩과식물과 방선근 식물(actinorhizal plants)에서, 질소고정세균은 식물에 뿌리혹의 형성을 유도하며(그림 7.4 및 7.5), 뿌리혹은 이들 세균을 수용하는 숙주식물의 특수 기관이다.

콩과식물과 방선근 식물은 근류(nodules) 내부로의 기체 투과성을 조절함으로서, 근류 내부의 산소 농도를, 호흡을 하기에 충분하지만 질소고정효소의 불활성화를 방지하기에는 충분히 낮게, 유지시킨다(Kuzma, Hunt, and Layzell 1993). 기체 투과성은 명소에서는 증가하지만, 가뭄이나 NO_3^-에 노출되면 감소한다. 근류가 기체 투과성을 조절하는 메커니즘은 아직 밝혀지지 않았다.

근류에는 렉헤모글로빈(leghaemoglobin)이라 부르는 산소를 결합하는 헴단백질이 들어있다. 렉헤모글로빈은 감염된 근류세포의 세포질에 고농도(대두 근류에 700 mM)로 들어있으며 근류가 분홍색을 띠는 것은 이 때문이다. 숙주식물은 세균이 감염하면 렉헤모글로빈의 글로빈(globin) 부분을 생성하는 반면(Marschner 1995), 세균 공생자는 헴 부분을 생성한다(Appleby 1984). 렉헤모글로빈은 산소에 대한 친화성(즉 K_m값이 약 0.01 mM)이 사람 헤모글로빈의 β사슬보다 약 10배 더 크다. 렉헤모글로빈은 한때 근류내 산소에 대한 완충작용을 하는 것으로 생각되었으나, 최근의 연구결과는 몇 초 동안 근류의 호흡을 유지시키기에 충분한 만큼의 산소만 저장하며(Denison and Harter 1995), 주 기능은 동물 순환계에서 헤모글로빈과 비슷한 방식으로 호흡중인 공생세균의 세포에 산소 확산을 촉진시키는 것임이 밝혀졌다(Ludwig and de Vries 1986).

(A) (B)

그림 7.4 근류 (A) 이 대두(*Glycine max*)식물의 뿌리는 근류를 형성하고 있다(R.F. Denison). (B) 방선균 근류는 이 북미산 홍송(*Ceanothus americanus*) 표본의 뿌리에 명확하게 나타나있다(A.M. Berry).

(A) (B)

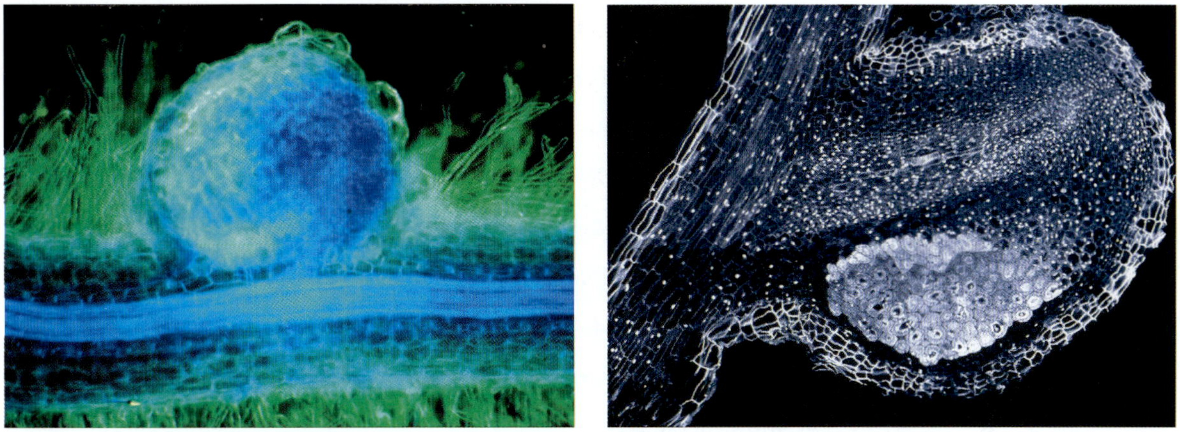

그림 7.5 질소고정 근류의 현미경사진 (A) 콩과식물인 흰토끼풀(white clover) 뿌리의 이 절단면에 뿌리털과 *Rhizobium leguminosarum*이 들어있는 근류를 볼 수 있으며, 이 근류에서 질소고정이 일어난다(Peter M. Gresshoff). (B) 이 사진은 *Datisma glomerata* 뿌리와 *Frankia* 속에 속하는 세균이 들어있는 근류의 절단면이다(Melinda Klein and Alison M. Berry).

콩과식물과 근류균의 우애

콩과식물과 근류균간의 공생은 필수적이지는 않다. 근류균은 토양에서 자유생활을 한다. 콩과식물의 유묘는 뿌리와 근류균간의 어떠한 공생이 없어도 발아되며, 생활주기를 통틀어 공생을 하지 않을 수도 있다. 그러나 질소가 제한된 조건에서 공생자들은 정교한 신호교환을 통해 서로를 찾는다. 이 신호와 그 이후의 감염과정, 질소고정 근류의 발달은 미생물과 식물간의 가장 잘 알려진 상호작용에 속한다. 아래의 문단에서는 이러한 과정과 콩과식물과 근류균에서 유도되는 수많은 유전자에 대해 기술한다.

근류에 특이적인 식물의 유전자를 노듈린 유전자(nodulin genes)(*Nod*)라 부르며, 근류형성에 참여하는 균류균의 유전자를 근류형성 유전자(nodulation genes)(*nod*)라 부른다(Heidstra and Bisseling 1996). *nod* 유전자는 일반적인 *nod* 유전자와 숙주특이적 *nod* 유전자로 구분된다. 일반적인 *nod* 유전자인 *nod*A와 *nod*B, *nod*C는 모든 균류균 균주에서 발견되지만, 숙주특이적 *nod* 유전자인 *nodP* 나, *nodQ* 및 *NodH*, *nodF*, *nodE*, *nodL*은 근류균 종에 따라 다르며 숙주 범위를 결정한다. *nod* 유전자중 조절작용을 하는 *nodD*만이 구조적으로 발현되며, 다음에 설명하겠지만 그 단백질 생성물(NodD)은 다른 *nod* 유전자의 전사를 조절한다.

공생관계 형성의 첫 단계는 세균이 숙주의 뿌리 쪽으로 이동하는 것이다. 이것은 뿌리가 분비하는 아이소(iso-)플라보노이드(flavonoids)와 베타인(betaines) 등의 화학적 유인물질에 의해 매개되는 주화성 반응이다. 이들 유인물질은 근류균의 NodD단백질을 활성화하고, 이어 이 단백질이 다른 *nod*유전자의 전사를 유도한다(Phillips and Kapulnik 1995). *nod*D를 제외한 모든 *nod*오페론의 프로모터(promoter)영역에는 *nod* box라는 고도의 연관이 있는 서열(highly conserved sequence)이 들어있다. 이 *nod* box에 활성화된 NodD가 결합하면 전사가 유도되는 것 같다(Long 1996).

NodD 유전자에 의해 활성화된 근류균의 *nod* 유전자들은 근류형성 단백질을 암호화하며, 그 대부분은 Nod 인자(Nod factors)의 생합성에 관여한다. Nod 인자는 리포-키틴 올리고당(lipo-chitin oligosaccharide) 신호분자들이며, 이들의 일반적인 구조[당 단위가 3-6개이며 β-1,4결합으로 연결된 N-acetyl-D-glucosamine 골격의 키틴과 비환원당의 C-2 위치에 지방산 아실(fatty acyl)사슬이 존재; 그림 7.6]는 비슷하지만, 숙주특이성을 결정하는 균주-특이적 특성을 지닌다.

nod 유전자 중에서 3가지(*nod*A와 *nod*B, *nod*C)는 이 기본 구조를 합성하는데 필요한 효소(각각 NodA와 NodB, NodC)를 암호화한다. NodA는 지방산 아실 사슬의 첨가를 촉매하는 *N*-아세틸기 전달효소(*N*-acetyltransferase)이다. NodB는 키틴-올리고당 아세틸기제거효소(chitin-oligosaccharide deacetylase)이며 말단의 비환원성 당으로부터 아세틸기를 제거한다. NodC는 키틴-올리고당 생성효소(chitin-oligosaccharide synthase)이며 N-acetyl-D-glucosamine 단량체를 연결한다.

근류균 종에 따라 차이가 있는 숙주-특이적 *nod* 유전자는 지방산 아실 사슬의 수식이나 숙주특이성을 결정하는데 중요한 기의 첨가에 관여한다(Carlson et al. 1995). NodE와 NodF는 지방산 아실 사슬의 길이와 포화도를 결정한다. 즉, *Rhizobium leguminosarum* bv. *viceae*와 *R. meliloti*의 NodE와 NodF는 각각 18:4와 16:2의 지방산 아실기를 합성한다.(콜론 앞의 숫자는 지방산 아실 사슬의 탄소수를 나타내며, 콜론 뒤의 숫자는 이중결합의 수를 나타낸다.)

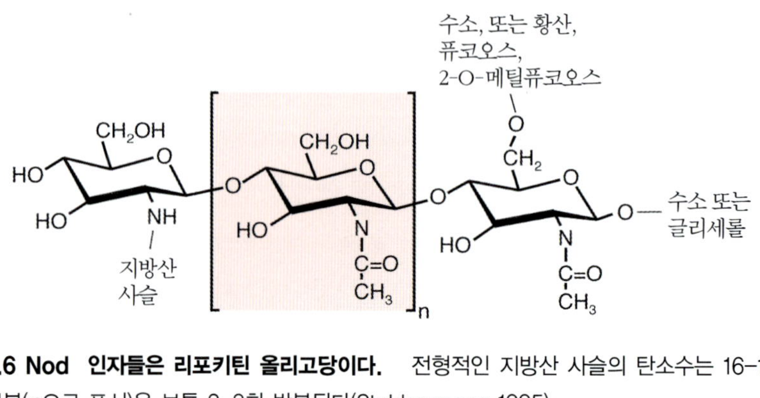

그림 7.6 Nod 인자들은 리포키틴 올리고당이다. 전형적인 지방산 사슬의 탄소수는 16-18개이다. 중간 부분(*n*으로 표시)은 보통 2-3회 반복된다(Stokkermans 1995).

NodL과 같은 다른 효소들은 키틴 골격의 환원당(reducing sugar) 및 비환원당(non-reducing sugar) 부분에 특이적 치환기를 첨가함으로써 Nod인자들의 숙주 특이성에 영향을 준다. 특정 숙주 콩과식물은 특이적 Nod인자에 반응한다. Nod인자들에 대한 콩과식물 수용체는 뿌리털에서 생성되는 특수한 렉틴(lectin)(당에 결합하는 단백질)으로 생각된다(van Rhijn, Goldberg, and Hirsch 1998; Etzler et al. 1999). Nod인자들은 이들 렉틴(lectin)을 활성화하여, 뉴클레오사이드이인산 및 삼인산(nucleoside di- and tri-phosphate)의 무수인산결합(phosphoanhydride bonds)의 가수분해를 증가시킨다. 이렇게 렉틴이 활성화되면 특정 근류균은 친화성이 있는 숙주에 이끌리게 되고 그 근류균은 뿌리털의 세포벽에 대한 부착(attachment)이 촉진된다.

감염과 근류의 기관발생(nodule organogenesis)이라는 두 과정은 근류가 형성되는 과정에서 동시에 일어난다. 감염과정 중 뿌리털에 결합된 근류균은 Nod 인자들을 방출하여 뿌리털 세포를 현격하게 말리게 한다(그림 7.7A). 근류균은 말림(curling)에 의해 형성된 작은 공간에 갇히게 된다. 또 Nod인자들에 반응하여 뿌리털의 세포벽은 이 부위에서 퇴화되어, 세균의 세포들은 식물 원형질막의 외부 표면에 직접 결합되게 된다(Lazarowitz and Bisseling 1997).

그 다음은 감염사(infection thread)가 형성(그림 7.7B)되는 단계로서, 감염사는 원형질막이 관형태로 내부로 확장된 형태이며, 감염부위에서 골지체에서 유래하는 막 소낭(vesicle)이 융합되어 형성된다. 감염사는 분비소낭(secretory vesicle)이 관의 말단에 융합되어 그 선단부위에서 성장한다. 감염된 뿌리의 피층세포는 퇴분화되어 분리되기 시작하여, 피층내부에 혹원기(nodule primordium)라는 특정 지역을 형성하며, 이 혹원기로부터 근류가 발달한다. 혹원기는 뿌리 유관속의 원생물관부극(protoxylem pole)의 반대편에 형성된다.

여러 신호화합물이 긍적적이건 부정적이건 혹원기의 위치를 조절한다. 뉴클레오사이드인 유리딘(uridine)은 중심주로부터 뿌리의 원생물관부(protoxylem) 지역의 피층 속으로 확산되어, 세포분열을 촉진한다(Lazarowitz and Bisseling 1997). 에틸렌은 내초(pericycle) 부위에서 합성되어, 피층 속으로 확산되어, 체관부극(phloem pole) 반대편의 세포분열을 방지한다.

증식하는 근류균으로 채워진 감염사는 뿌리털과 피층세포 층을 통해 혹원기 방향으로 신장한다. 감염사가 뿌리혹내의 특정 세포에 도달하면, 감염사의 선단이 숙주세포의 원형질막과 융합되어, 숙주세포의 원형질막에서 유래하는 막으로 감싸인 세균세포들을 방출한다(그림 7.7C). 감염사가 분지되면 세균은 많은 세포를 감염할 수 있다(그림 7.7D)(Mylona, Pawlowski, and Bisseling, 1995).

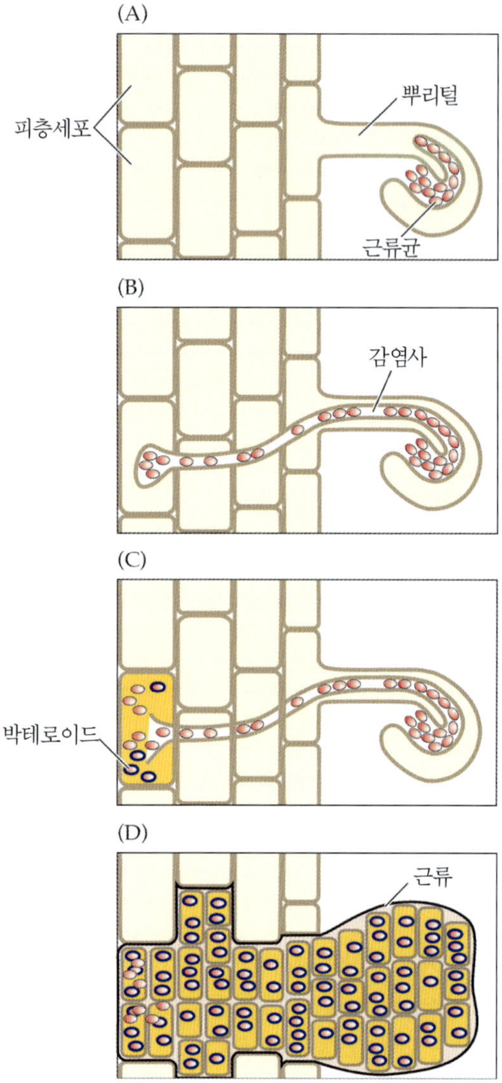

그림 7.7 콩과식물 뿌리혹의 발달 (A) 근류균이 뿌리털에 부착되어 뿌리털을 구부러지게 한다. 근류균은 뿌리털의 세포벽을 분해하여 식물의 원형질막이 함입되게 함으로써, 감염사를 형성한다. (B) 감염사는 뿌리 피층을 뚫고 들어간다. (C) 근류균은 피층세포 속으로 들어가 세포분열을 촉진하여, 박테로이드(분열하지 않는 내부공생적 소기관)가 된다. (D) 박테로이드를 함유하는 세포는 근류를 형성한다.

제일 먼저 세균은 계속 분열하며, 더 작은 소낭과 융합함으로써 그 주위의 막은 표면적이 증가하여 이러한 성장을 도와준다. 그 후 곧 식물체로부터의 미확인된 신호에 의해 세균은 분열을 중단하고, 비대해져, 질소를 고정하는 박테로이드(bacteroids)라 부르는 내부공생적 소기관(endosymbiotic organelles)으로 분화되기 시작한다. 박테로이드를 둘러싼 막을 페리박테로이드막(peribacteroid membranes)이라 부른다.

근류 발달의 전체적인 특징은 관다발계(박테로이드가 생성한 고정 질소와 식물이 공급하는 양분과의 교환을 촉진한다)와 근류 내부로부터 O_2를 배제시키는 세포층을 지니는 것이다. 일부 온대 콩과식물(예, 완두콩)의 근류는 근류분열조직이 존재하기 때문에 신장되어 있고 원통형을 띤다. 대두와 땅콩 등의 열대 콩과식물의 근류는 무한분열조직(persistent meristem)이 없으며 구형이다(Rlofe and gresshoff 1988).

공생적 질소고정 원핵생물은 독성을 나타낼 수 있는 암모니아를 방출한다. 그러나 암모니아는 뿌리혹에서 신속하게 유기태(아마이드 또는 ureide화합물)로 전환되어 배출된다. 완두(*Pisum*)와 클로버(*Trifolium*), 잠두(*Vicia*), 렌즈콩(*Lens*)등의 온대지역의 콩과식물이 아마이드 화합물(amides)(주로 아미노산인 아스파라진 또는 글루타민)을 배출하는 반면, 대두(*Glycine*)와 강낭콩(*Phaseolus*), 땅콩(*Arachis*), 광저기(*Vigna*)와 같은 열대 기원의 콩과식물은 유레이드(ureide) 화합물을 배출한다. 3가지 주요 ureide화합물은 알란토인(allantoin)과 알란토산(allantoic acid), 시트룰린(citrulline)이다(그림 7.8). 알란토인은 요산으로부터 퍼옥시솜에서 합성되며, 알란토산은 소포체에서 알란토인으로부터 합성된다. 아미노산인 오르니틴(ornithine)으로부터 시트룰린(citrulline)이 합성되는 부위는 아직 밝혀지지 않았다. 세 화합물 모두 최종적으로 물관부속으

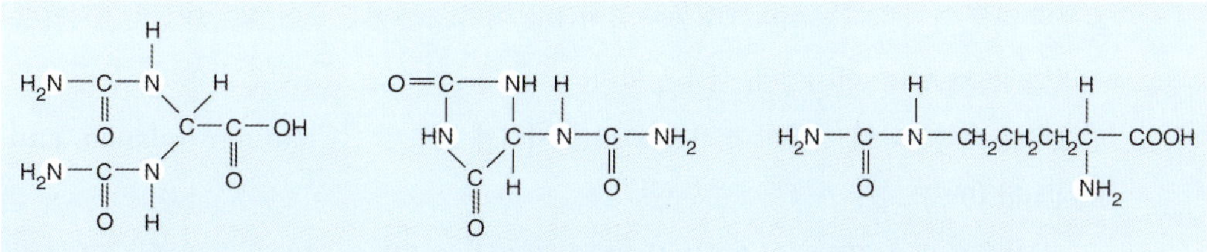

그림 7.8 질소고정 식물에서 질소를 수송하는데 사용되는 주요 ureide 화합물 알란토산과 알란토인, 시트룰린과 같은 이들 유레이드화합물은 질소고정 부위로부터 질소를 수송하여 아미노기제거반응에 의해 아미노산과 뉴클레오사이드 합성에 필요한 질소를 공급한다.

로 방출되어 지상부로 수송되어, 신속하게 암모늄으로 분해된다. 이 암모늄은 다음 절에서 기술할 동화경로로 들어간다. 식물과 공중 질소간의 진화관계를 Raven과 Yim(1988)이 광범위하게 다루고 있다.

균근 협생

생물학적 질소고정과는 달리, 균근균(mycorrhizal fungi)과 뿌리의 협생은 토양용액으로부터 무기 질소의 흡수를 조절하는데 도움이 된다. 균근(그리스어의 "균, *myco*"과 "뿌리, *rrhizae*"에서 유래)은 식물 분류군(taxa)에 널리 존재한다. 83%의 쌍자엽식물과 79%의 단자엽식물, 모든 나자식물은 균근협생을 형성한다(Wilcox 1996). 이에 비해 십자화과(Cruciferae)[Brassicaceae(양배추과)라고도 함]와 시금치과(Chenopodaceae), 프로테아과(Proteaceae)(Macadamia nuts)의 식물과 수생식물은 거의 균근을 형성하지 않는다. 균근은 아주 건조하거나 염류 토양, 침수토양, 토양비옥도가 극단적인—아주 높거나 낮은—지역에서는 거의 존재하지 않는다. 특히, 수경재배를 하는 식물이나 어리고 생육이 빠른 작물은 거의 균근을 형성하지 않는다. 식물영양에서 균근균의 역할은 질소보다는 인에 대해 더 철저하게 연구되어 왔으며, 이에 대해서는 11장에서 다룬다.

암모늄과 질산

식충, 또는 세균 혹은 곰팡이와의 공생에 관한 기본적인 호기심에도 불구하고, 대부분의 식물은 뿌리에 의해 암모늄(NH_4^+)과 질산(NO_3^-)을 흡수하여 토양으로부터 직접 필요한 질소를 얻는다(Williams and Miller 2001). 식물의 기능—그것이 적응이건, 수확량, 양분효율성, 생물학적 또는 환경적 스트레스에 대한 감수성이건—은 주로 NH_4^+이나 NO_3^-을 획득하는 식물의 능력에 의해 결정된다. 식충식물이나 질소고정식물, 균근식물은 NH_4^+이나 NO_3^-을 토양으로부터 얻을 수 있을 때는 이러한 활동이 줄어든다. 어떤 조건 예를 들어, 북극과 산악지역의 유기질 토양(organic soils)에서, 식물은 아미노산을 흡수하지만, 질소원으로 아미노산을 아주 선호하는 미생물과의 경쟁이 심하면 그러한 기회가 제한된다(Chapin, Moilanen, and Kielland 1993).

암모늄은 많은 식물이 선호하는 무기태의 질소원이다(Bloom 1997). 토양에서 NH_4^+ 유효도는 계절적으로나 공간적으로 다른 형태의 질소원 특히, NO_3^-의 유효도보다 훨씬 변화가 적다. 따라서 NH_4^+은 특정 시간과 장소에서 이용가능한 주된 질소형태이다.

뿌리의 NH_4^+흡수는 다른 이온의 이동이 필요없이 NH_4^+을 막을 통해 수송할 수 있는 체계인 담체에 의해 매개되는 NH_4^+ 단일수송(uniport)에 의해 일어난다(Ullrich 1987; Glass et al.1977). 비록 NH_4^+이 막에서 수송될 때 다른 이온이 즉각적으로 이동되지 않지만, 세포는 반대이온이 이동되어 전기적 중성(electronneutrality)이 복원되지 않으면 NH_4^+같은 양전하를 내부로 수송하지 못한다. NH_4^+에 더 장기간 노출되면, 세포는 흡수한 NH_4^+를 동화하여 양성자(H^+)를 생성한다. 이 양성자는 세포질의 pH를 낮추어 원형질막 H^+-ATPase를 자극함으로써 양성자를 세포 밖으로 방출시킨다(Hedrich and Schroeder 1989; Kurkdjian and Guern 1989; Serrano 1989). 세포외부의 산성도가 증가하면 음이온 유입(anion influx)이 촉진된다(Tyerman 1992). 그에 따른 H^+배출(H^+efflux)과 음이온 유입에 의해 NH_4^+ 유입의 균형이 맞춰진다(Smith and Raven 1979).

정상적인 근권 환경에서 형성되는 NH_4^+수송계는 NH_4^+에 대한 특이성이 아주 높다. 예를 들어 칼륨(K^+)은 NH_4^+와 비슷하며, NH_4^+와 K^+는 토양입자에 대등하게 결합되며(4장), NH_4^+은 뿌리가 K^+를 흡수할 때 직접 K^+와 경합하지만(Ruftyy, Jackson, and Raper 1982; Bloom and Finazzo 1986; Vale, Volk, and Jackson 1988; Smart and Bloom 1991; Wang, Siddiqi, and Glass 1996), 이러한 경합은 일방적이다, 즉 K^+은 뿌리의 NH_4^+흡수에 거의 영향을 미치지 않는다(Smart and Bloom 1988; Bloom and Sukrapanna 1990; Wang, Siddiqi, and Glass 1996). 식물은 NH_4^+에 비해 K^+이 최소 10배나 많은 토양에서 질소를 칼륨의 2배정도 많이 흡수한다(2장). NH_4^+에 친화성이 높은 뿌리 수송계는 식물의 기능에 중요함이 분명하다.

통기성이 좋은 온대토양에서의 NO_3^- 유효도는 NH_4^+보다 10배를 넘는 경우가 있다. 이런 토양에서 미생물은 유기태 질소를 NO_3^-으로 신속히 전환시킨다. 이 NO_3^-은 토양 내에서 비교적 자유롭게 이동하는데(Nye and Tinker 1977), 그 이유는 음이온인 NO_3^-은 토양의 양이온교환부위에 결합되지 않으며 또 모든 NO_3^-염은 용해도가 크기 때문이다. 이 때문에 온대지역의 대부분의 작물은 필요한 질소 요구량의 대부분을 NO_3^-으로 충당한다(Haynes 1986).

이 사실은 식물은 온대 생태계에서 NO_3^-을 유일한 질소원으로 사용한다는 의미가 아니라, 오히려 NO_3^-이 주된 질소원일 경우가 있다는 뜻이다.

뿌리가 토양용액으로부터 NO_3^-를 흡수할 때 많은 별개의 수송 메커니즘이 관여한다. 4장에서 설명한 바와 같이 그중 일부는 메커니즘 1(고-친화성)이며, 일부는 메커니즘 2(저-친화성)이다. 열역학적 조건(thermodynamic conditions)에 의해 NO_3^-의 원형질막을 통한 뿌리의 세포질속으로의 수동적 이동(passive movement)이 촉진되지 않는다. 즉, 세포질은 외부보다 퍼텐셜을 낮게 유지하며(−100~−250mV; Ullrich 1992), NO_3^-농도(5~30mM; Lee and Clarkson 1986; Zhen et al. 1991; King, Siddiqi, and Glass 1992; Walker, Smith, and Miller 1995)가 근권(0.1~1.0mM; Novoa and Loomis 1981)보다 높다. 따라서 전기적 및 화학적 퍼텐셜은 모두 NO_3^-유입에 불리하다. 이런 퍼텐셜을 거슬러 NO_3^-을 수송하려면 H^+의 공동수송 과정에서(King, Siddiqi, and Glass 1992; Ullrich 1992) 대사에너지가 소비되어야 한다(Bloom and Caldwell 1988; Glass et al. 1990; Bloom, Sukrapanna, and Warner 1992).

뿌리의 NO_3^-흡수는 양이온의 유효도에 민감하지만(Minotti, williams, and Jackson 1968), NH_4^+을 제외한 타 양이온 종의 영향을 받지 않는다(Lycklama 1963). NH_4^+을 독성을 나타내지 않을 수준으로 첨가하면 NO_3^-흡수를 저해하거나(Bloom and Finazzo 1986; Colmer and Bloom 1998; Kronzucker et al. 1999) 촉진할 수 있다(Bloom and Finazzo 1986; Smart and Bloom 1988). 뿌리의 NO_3^-흡수에 최적인 pH는 일반적으로 6이하이며(Munn and Jackson 1978; Marcus-Wyner 1983; Vessey et al. 1990), 그 원인은 공동수송에 필요한 H^+의 유효도가 증가하기 때문일 것이다.

고-친화성 NO_3^-수송계는 NO_3^-에 대한 특이성이 높다(Siddiqi et al. 1990). 이온교환칼럼에서 NO_3^-와 함께 용출되며 질산환원효소에 의해 쉽게 환원되는 염소산(ClO_3^-) 음이온은 이 수송계에서 NO_3^-과 경합하지 않는다(Siddiqi, King, and Glass 1992; Kosola and Bloom 1996). 또 이 NO_3^-수송계는 토양용액에 고농도로 존재할 수 있는 두 음이온 Cl^-와 SO_4^{2-}의 영향을 거의 받지 않는다(Glass and Siddiqi 1985; Bloom and Finazzo 1986; Deane- Drummond 1986). 이러한 선택성 때문에 작물은 다른 토양 구성요소로부터 간섭을 최소한으로 배제하면서 NO_3^-을 흡수할 수 있다.

질소동화

일단 뿌리가 토양에서 무기질소를 흡수하면, 식물체내에서 NH_4^+과 NO_3^-의 운명이 달라지는 경우가 있다. NH_4^+은 광합성 및 호흡적 전자수송에는 물론 액포내에 대사산물을 격리하는데 필요한 막내외의 양성자 기울기(그림 7.9)를 해소시킬 수 있기 때문에, 고농도의 NH_4^+은 식물은 물론 동물에 독성을 나타낸다. 위험 수준을 경고하기 위해, 동물은 NH_4^+ 냄새에 강한 거부감을 나타낸다. 즉, 방향염(smelling salts)의 주성분은 탄산암모늄이며, NH_4^+은 더러워진 기저귀에서 독특한 냄새가 나게 한다. 또 식물은 조직 속에 NH_4^+을 고농도로 축적되는 것을 방지하려는 경향이 있다. 식물은 NH_4^+을 흡수 또는 생성 부위 근처에서 아미노산으로 동화하며 남는 것은 즉시 액포에 저장한다.

NH_4^+과는 달리 NO_3^-은 식물에 고농도로 저장되거나, 아무런 나쁜 영향을 주지 않고 조직에서 조직으로 전이될 수 있다. 그러나 만약 가축이나 사람이 NO_3^- 함량이 높은 농산물을 섭취한다면, 메트헤모글로빈증(methemoglobinemia)에 걸릴 수 있다. 이 병은 간에서 NO_3^-이 NO_2^-(아질산)로 환원되고, 아질산은 헤모글로빈과 결합하여 헤모글로빈의 산소결합을 저해한다. 사람과 다른 동물도 NO_3^-을 발암성 물질인 나이트로사민(nitrosamines)으로 전환시킨다. 그러므로 일부 국가에서는 식용으로 판매되는 농산물의 NO_3^-함량을 제한하고 있다.

최종적으로 식물은 흡수한 NH_4^+과 NO_3^-을 아미노산으로 동화한다. NH_4^+과 (특히) NO_3^- 동화에 관여하는 생화학반응에는 에너지가 많이 소요되므로, 이들 과정에 의해 주로 식물의 질소 경비(nitrogen budget)뿐만 아니라 식물의 에너지(즉, 탄소)수지(energy balance)가 결정된다. 질소동화의 조절과 그의 탄소대사와의 상호작용에 관한 최신 자료에 대해서는 Foyer와 Ferrario-Mery, Noctor(2001)와 Stitt 등(2002)을 참고하기 바란다.

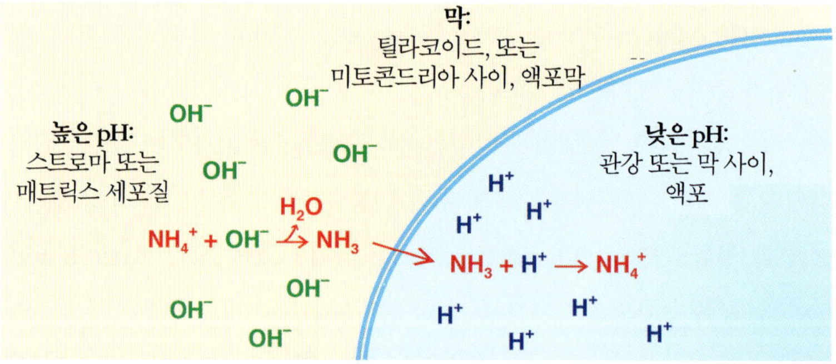

그림 7.9 pH 기울기 해소로 인한 암모늄 독성의 발달 막 외부의 pH가 더 높을 때, 생물막 내외의 pH 기울기를 나타내었다. 외부는 스트로마 또는 매트릭스, 세포질을 나타낸다. 내부는 관강이나 막사이의 공간, 액포를 나타낸다. 막이 나타내는 것은 각각 엽록체 또는 미토콘드리아, 뿌리세포의 틸라코이드 또는 내부미토콘드리아, 액포막이다. 만약 NH_4^+이 충분히 고농도로 존재하면, 암모늄은 막 외부의 OH^-와 반응하여 NH_3를 생성할 것이다. 이 NH_3는 막을 통과할 수 있으며 그 농도 기울기를 따라 막을 통해 확산될 것이다. 막의 내부에서, NH_3는 H^+과 반응하여 NH_4^+을 생성한다. 결과적으로 외부의 OH^-농도와 내부의 H^+농도는 모두 감소－즉, pH 기울기가 해소－된다.

질산동화

NO_3^- 동화(Nitrate Assimilation)(그림 7.10)의 첫 단계는 세포질에서 NO_3^-가 NO_2^-로 환원되는 것이다(Oaks 1994). 질산환원효소가 아래와 같이 이 반응을 촉매한다.

$$NO_3^- + NAD(P)H + H^+ + 2e^- \rightarrow NO_2^- + NAD(P)^+ + H_2O \quad (7.2)$$

여기서 NAD(P)H는 NADH 또는 NADPH를 나타낸다. 가장 일반적인 형태의 질산환원효소는 전자수용체로 NADH만을 사용하는 반면, 주로 뿌리와 같은 비광합성 조직에서 발견되는 또 다른 형태는 NADH 또는 NADPH를 사용한다(Warmer and Kleinhofs 1992).

고등식물의 질산환원효소는 2개의 동일한 소단위로 구성된 동질이량체(homodimer)이다(Campbell 1996). 각 소단위에는 3개의 보결분자단 즉, FAD와 헴, 몰리브덴 복합체가 들어있다(그림 7.11). 몰리브덴은 테린(pterin)이라 부르는 작은 유기분자와 복합체를 형성하여 그 효소에 결합되며, 테린은 몰리브덴의 킬레이트제(chelator)로 작용한다(Mendel and Stall-meyer 1995). 질산환원효소는 영양생장 조직내의 주된 몰리브덴-함유 단백질이며, 몰리브덴 결핍증의 한 증상은 질산환원효소(nitrate reductase) 활성의 감소로 인해 질산이 축적되는 것이다. C-말단의 FAD-결합 영역은 NAD 또는 NADPH로부터 두개의 전자를 받는다. 전자는 헴 영역을 통해 N-말단의 몰리브덴 복합체로 이동되어 NO_3^-로 전달된다.

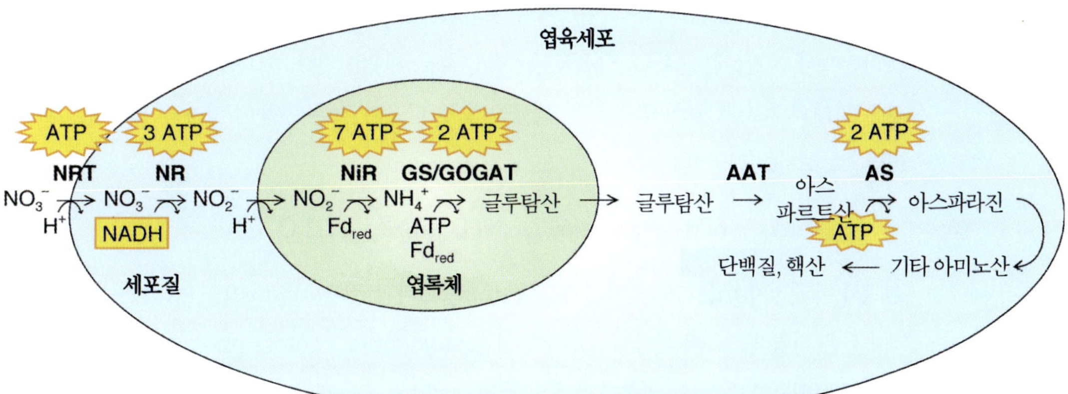

그림 7.10 잎에서의 질산획득 공동수송단백질(NO_3^- 수송단백질, NRT)은 NO_3^-와 양성자를 엽육세포 속으로 수송한다. 질산환원효소(NR)는 NO_3^-를 NO_2^-로 전환시킨다. NO_2^-는 HNO_2형태로 엽록체의 스트로마 속으로 전이되며, 여기서 아질산환원효소(NiR)은 6개의 환원형 페레독신(Fd_{red})의 에너지를 이용하여 NH_4^+로 전환시킨다. 글루타민합성효소(glutamine synthetase, GS)와 글루탐산생성효소(glutamate synthase)(GOGAT)의 연속적인 반응에 의해 NH_4^+는 글루탐산으로 전환된다. 글루탐산은 세포질내에서 다른 아미노산으로 전환된다. 질소의 획득에 높은 에너지(ATP)가 소요됨에 주목하라.

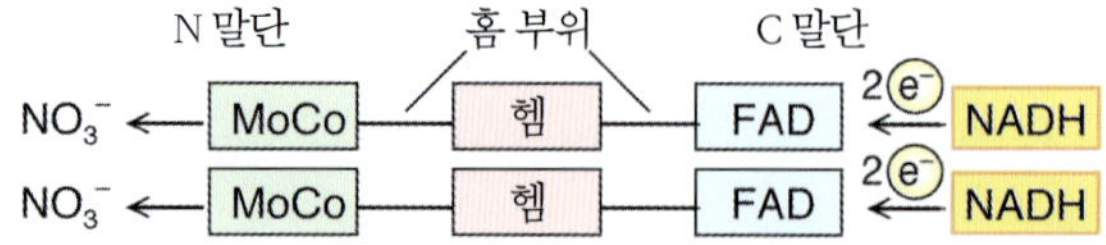

그림 7.11 질산환원효소 이량체의 모형 이 그림은 폴리펩타이드 서열이 진핵생물과 비슷한 3 결합영역 즉, 몰리브덴 복합체(MoCo)와 헴, FAD을 나타낸다. NADH는 각 소단위의 FAD-결합부위에 결합하여 카복시(C) 말단으로부터 아미노(N) 말단으로 각 전자전달 구성요소를 통해 두 개의 전자전달을 개시한다. 질산은 아미노 말단 부근의 몰리브덴 복합체에서 환원된다. 홈(hinge) 부위는 종간에 변이가 아주 심한 폴리펩타이드 서열로 구성되어 있다.

질산환원효소를 암호화하는 유전자의 발현과 효소의 활성은 NO_3^-농도 증가 및 빛 또는 탄수화물 농도가 증가함에 따라 증가한다. 이러한 환경 요인은 효소의 새로운(de novo) 합성을 유도하며(Sivasankar and Oaks 1996) 질산환원효소 단백질의 여러 세린 잔기를 탈인산화(dephosphorylation)하는 단백질인 인산가수분해효소(phosphatase)를 자극해서 활성화시킨다. 다른 요인들 특히, 암상태와 Mg^{2+}는 질산환원효소 단백질의 세린 잔기를 인산화(phosphrylation)하는 단백질인 kinase를 자극해서 불활성화시킨다(Kaiser and Huber 1994). 인산화와 탈인산화를 통해 질산환원효소의 활성을 조절(몇 분 소요)하면 그 효소의 합성이나 분해를 통해 조절(몇 시간 소요)하는 것 보다 더 신속하게 조절할 수 있다.

아질산(NO_2^-) 이온은 반응성이 높으며 독성이 강하다. 식물세포는 질산환원반응 중 생성된 NO_2^-을 세포질로부터 잎의 엽록체와 뿌리의 색소체(plastids)속으로 즉시 수송한다. 이들 소기관에서 아질산환원효소는 NO_2^-을 NH_4^+으로 환원시킨다. 엽록체와 뿌리의 색소체에는 다른 형태의 효소가 들어있지만, 두 형태는 모두 다음과 같은 반응에 따라 페레독신으로부터 NO_2^-로 전자를 전달한다.

$$NO_2^- + 6Fd_{red} + 8H^+ + 6e^- \rightarrow NH_4^+ + 6Fd_{ox} + 2H_2O \tag{7.3}$$

여기서 아래첨자 *red*와 *ox*는 각각 *환원형(reduced)*과 *산화형(oxidized)*을 나타낸다. 환원형 페레독신은 비녹색조직의 산화적 오탄당인산경로(oxidative pentose phosphate pathway)에 의해 생성된 NADPH와 엽록체의 광합성 전자전달에서 유래한다.

아질산환원효소의 엽록체와 전색소체(proplastids) 형태는 모두 63KDa의 단일 폴리펩타이드로 구성되어 있으며 두개의 보결분자단 즉, 철-황 뭉치(Fe_4S_4) (iron-sulfur clusters)와 특수한 헴기를 함유하고있다(Siegel and Wilerson 1989). 반응속도론 실험에 의하면 효소에 결합된 Fe_4S_4–헴 쌍은 NO_2^-에 결합하여 중간 산화환원상태의 질소화합물을 축적시키지 않고 곧장 NH_4^+로 환원시킴을 시사한다. 아질산환원효소는 핵에 의해 암호화되고 N-말단 통과 펩타이드를 운반하는 전구물질로서 합성되어, 그 펩타이드를 색소체에 targetting한다(Wray

1993). NO_3^-과 빛은 아질산환원효소의 mRNA의 전사를 유도한다. 이 mRNA의 전사는 아스파라진과 글루타민에 의해서는 억제되지만, 자당에 의해서는 증가된다.

대부분의 식물종의 뿌리와 지상부는 모두 NO_2^-를 통해 NO_3^-를 NH_4^+로 동화시키는 능력이 있다. 질산환원이 뿌리 또는 잎에서 일어나는 상대적 크기는 뿌리에 공급되는 NO_3^-의 양과 식물종을 포함하는 여러 인자에 따라 달라진다. 많은 식물에서 뿌리에 소량의 NO_3^-가 공급되면, 질산환원은 주로 뿌리에서 일어난다. NO_3^-공급이 증가하면, 흡수된 NO_3^-의 더 많은 양이 지상부로 전이되어 그곳에서 동화될 것이다(Marschner 1995). NO_3^-공급이 동일한 조건에서도 뿌리와 지상부 NO_3^- 대사간의 균형(두 조직 각각의 질산환원효소 활성의 비율 또는 물관부 수액내의 NO_3^-와 환원 질소의 상대적 농도로 측정한다)은 종에 따라 달라진다(Andrews 1986). 도꼬마리(*Xanthium* sp.)와 같은 식물에서 NO_3^-대사는 지상부에만 일어나는 반면, 화이트루핀(white lupine)(*Lupinus* sp.)과 같은 기타 식물에서는 뿌리에서 대부분의 NO_3^-대사가 일어난다(그림 7.12). 일반적으로 온대지역에 자생하는 식물종은 열대 또는 아열대 기원의 종보다 훨씬 더 뿌리로 NO_3^-를 동화한다.

최근 지상부의 NO_3^-동화는 광호흡(photorespiration)과 밀접한 관계가 있음을 밝혀냈다(Bloom et al. 2002; Searles and Bloom 2003; Rachmilevitch, Cousins, and Bloom 2004). 고농도의 CO_2 또는 저농도의 O_2에 노출시키면 NO_3^-동화는 저해되었으며(그림 7.13), 그 이유는 이 조건에서 (1) NO_2^-의 엽록체내부로의 전이가 저해되며(그림 7.14), (2) 엽록체 내부에서 탄소동화와 아질산환원간의 환원형 페레독신에 대한 경쟁이 증가하며, (3) 세포질을

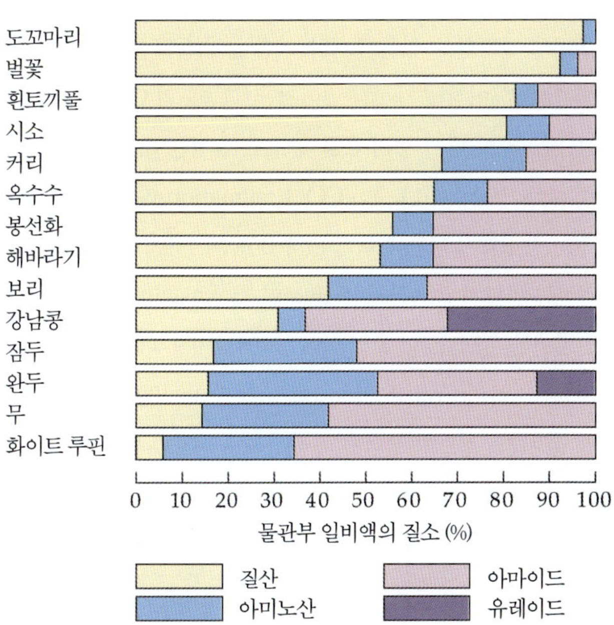

그림 7.12 일부 식물종의 물관부 일비액내 질소화합물의 상대적 양 식물체를 뿌리를 질산용액에 노출시켜 재배하고 줄기를 절단하여 물관부 수액을 모았다. 유레이드 화합물을 함유하는 강낭콩과 완두는 뿌리혹으로부터 유레이드 화합물을 배출함을 주목하라.(Pate 1973.)

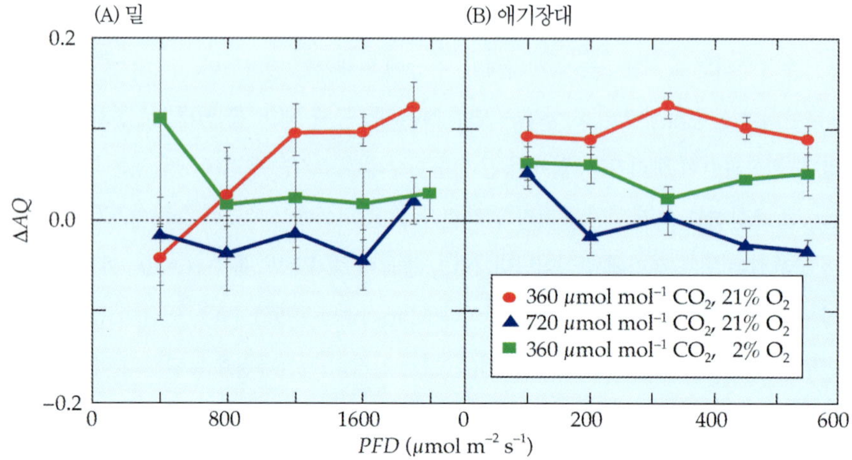

그림 7.13 질산동화는 광호흡에 의해 좌우된다. 이 그림은 빛강도(PFD)에 따른 두 식물종의 동화지수(ΔAQ)의 변화를 나타내고 있다. (A)와 (B)는 각각 밀(*Triticum sativum*)과 애기장대(*Arabidopsis thaliana*)의 평균 ±SE이다. 이들 자료는 NO_3^-의 광동화는 360ppm CO_2와 21% O2조건과 간혹 고광도 조건에서만 현저함을 보여준다. 지상부 주변 대기의 CO_2농도는 일반대기 중의 농도(360 μM mol^{-1})와 같거나 증가(720 μM mol^{-1})했고, O_2농도는 일반대기 중의 농도(21%)이거나 더 낮았다(2%). ΔAQ는 NO_3^-의 광호흡을 측정한 값이다.

통한 말산의 유동감소에 따른 질산환원에 필요한 NADH가 감소하기 때문이다(Igamberdiev et al. 2001). 따라서 밀 식물에 NH_4^+보다 NO_3^-를 공급하면, CO_2에 의한 지상부 생육 증가는 절반으로 줄어들었다(그림 7.15).

NO_2^-광동화가 광호흡에 의존하는 것이 식물종에서 보편적인 현상이라면, 식물이 CO_2 농도 증가에 대해 나타내는 여러 반응을 설명할 수 있을 것이다. 예를 들어, CO_2 농도가 2배 증가하면 C_3식물의 초기 탄소동화를 약 30%이상 증가시킬 것이지만, 고농도의 CO_2에 노출한 며칠에서 몇 주후에는 탄소동화는 감소하여 대기 중의 CO_2 농도로 유지한 대조군에서보다 12% 높은 속도에서 안정화된다(Curtis 1996). CO_2순화(CO_2 acclimation)라는 이 현상은 Calvin회로에 관여하는 효소 활성의 감소와 밀접한 관련이 있다(Bowes 1993; Moore et al. 1999). Calvin회로 효소활성의 변화는 반드시 선택적(selective)인 것이 아니라, 간혹 지상부의 단백질과 질소 총량의 감소에 기인한다(Makino and Mae 1999). 지상부의 질소함량은 CO_2가 2배 증가할 때마다 평균 14%감소하며(Cotrufo, Ineson, and Scott 1998), 이 차이는 생물량(biomass)이 증가함으로써 일정량의 질소가 희석될 때 예상되는 양보다 많다(Makino and Mae 1999). 저자들의 주장은 지상부의 단백질 그리고 궁극적으로 탄소동화는 CO_2 농도가 증가하면 NO_3^- 광동화가 감소하기 때문에 감소한다는 것이다.

CO_2와 NO_3^- 광동화 사이의 상호작용은 식량공급과 식물분포에 중요하다. 대기중 CO_2

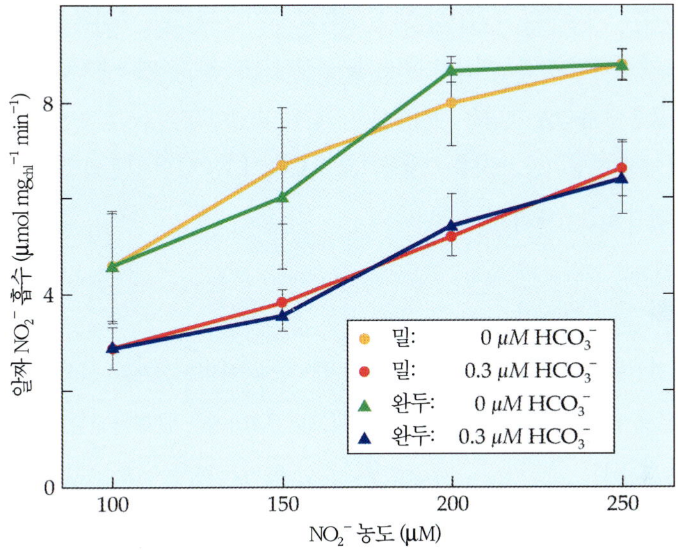

그림 7.14 아질산농도에 따른 엽록체의 아질산 흡수 그림은 배지에 0 또는 0.3mM HCO_3^-를 함유할 때 NO_2^-농도에 따른 분리한 밀과 완두 엽록체의 NO_2^- 알짜 흡수(μmol mg^{-1} 엽록체/min)를 나타낸다. 평균 ±SE(n = 3)은 각 처리구의 값이다.

농도는 1800년에서 현재까지 280에서 370 μM/mol로 증가했으며(Etheridge et al.1996; Qhorf and Keeling 1998), 금세기 후반에는 500~900 μM/mol까지 증가할 것이다(Joo et al. 1999). CO_2 농도가 증가하면 질소비료를 적량 시비한 밀의 수확량은 같거나 약간 감소하지만(Amthor 2001), 곡실의 단백질은 10%이상 감소한다(Fangmeier et al. 1999; Kimball et al. 2001). 이 사실은 CO_2 농도가 증가하면 곡실의 품질이 감소될 수 있음을 시사한다.

앞에서 언급한 바와 같이 식물종은 질소원인 NH_4^+과 NO_3^-에 대한 상대적 의존도

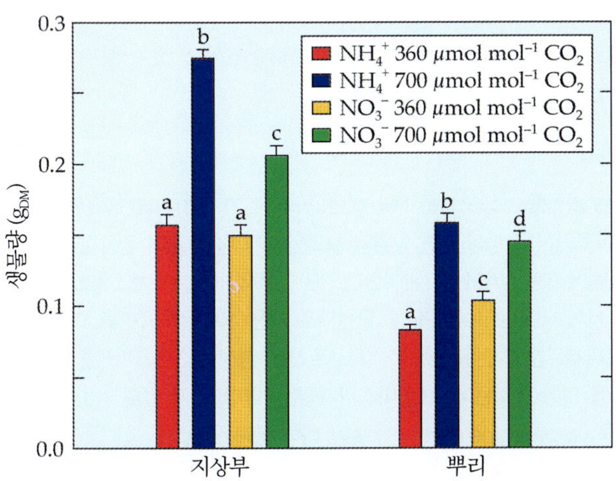

그림 7.15 CO_2농도가 다를 경우 암모늄- 및 질산-처리 유묘의 생물량 이 그림에서 360 또는 700μM/mol CO_2와 NH_4^+ 또는 NO_3^-첨가 조건의 생장상에서 14일간 재배한 밀 유묘의 생물량(g 건물중, g_{DM}으로 표시)을 나타낸다. 결과는 4반복 처리의 평균 ±SE이며, 각 처리구당 8~10 식물체를 사용하였다. 서로 다른 문자(a, b, c, d)로 표시한 처리구의 생물량은 유의차가 인정된다. ($p<0.05$).

(Bloom 1997)와, 지상부와 뿌리간의 NO_3^-동화의 수지가 다르다. 우리의 실험결과는 대기중의 CO_2 농도가 증가하면 질소원으로 NH_4^+를 우선적으로 흡수하거나 NO_3^-를 주로 뿌리에서 동화하는 식물종에 유리할 것임을 시사한다. 현재 우리는 NH_4^+과 NO_3^-농도를 조절한 상태에서 식물종에 대해 광범위한 조사를 수행함으로써 CO_2가 NO_3^-의 광동화를 저해하는 것이 일반적인 현상인지를 알아내려 하고 있다.

암모늄동화

식물세포는 질산동화 또는 광호흡에서 발생된 암모늄을 아미노산으로 신속하게 전환하여, 암모늄 독성을 제거한다. 이러한 전환의 주 경로(그림 7.16)에는 글루타민합성효소(glutamine synthetase; GS)와 글루타민-2-옥소글루타르산 아미노기 전이효소(glutamine-2-oxo-glutarate aminotransferase) (GOGAT)라고도 부르는 글루탐산생성효소(glutamate synthase)가 연속적으로 관여한다(Lea, Blackwell, and Joy 1992). 글루타민합성효소(GS)는 NH_4^+과 글루탐산을 결합시켜 다음의 반응을 통해 그 아마이드화합물인 글루타민을 형성한다.

$$\text{글루탐산} + NH_4 + ATP \rightarrow \text{글루타민} + ADP + P_i \tag{7.4}$$

이 반응에는 1개의 ATP가 가수분해되어야 하며, Mg^{2+} 또는 Mn^{2+}, Co^{2+} 등의 2가 양이온이 조효소로 관여한다. 글루타민합성효소는 분자량이 350kDa이며 크기가 거의 같은 8개의 소단위로 구성된다(Sivasankar and Oak 1996). 식물에는 두 종류의 글루타민합성효소가 있다. 하나는 세포질에 특이적이며, 또 하나는 뿌리의 색소체 또는 지상부의 엽록체에 특이적이다. 세포질에 특이적인 형태는 발아하는 종자에서, 그리고 뿌리와 지상부의 관다발에서 발현되며, 세포내 질소수송을 위해 글루타민을 생성한다. 뿌리 색소체의 글루타민합성효소는 국지적으로 사용되는 아마이드태 질소를 생성한다. 즉, 지상부 엽록체의 글루타민합성효소는 광호흡적 NH_4^+를 재동화한다(Lam er al. 1996). 빛과 탄수화물 함량은 그 효소의 색소체 형태의 발현을 변화시키지만, 세포질 형태의 발현에는 영향을 주지 않는다.

그림 7.16 암모늄 대사에 관여하는 화합물 암모늄은 여러 과정중의 한 가지에 의해 동화된다. (A) GS-GOGAT 경로는 글루타민과 글루탐산을 형성한다. 환원형 보조인자가 이 반응에 필요하며, 녹색잎에서는 페레독신과 비광합성 조직에서는 NADH가 관여한다. (B) 글루탐산탈수소효소(glutamate dehydrogenase) (GDH) 경로는 NADH 또는 NADPH를 환원제로 사용하여 글루탐산을 형성한다. (C) 글루탐산의 아미노기는 옥살로아세트산에 전달되어 아스파르트산을 형성한다[아스파라진 합성효소(aspartate aminotransferase)에 의해 촉매된다]. (D) 아스파라진은 아미노기가 글루타민으로부터 아스파르트산으로 전달되어 합성된다(asparagine synthetase에 의해 촉매된다).

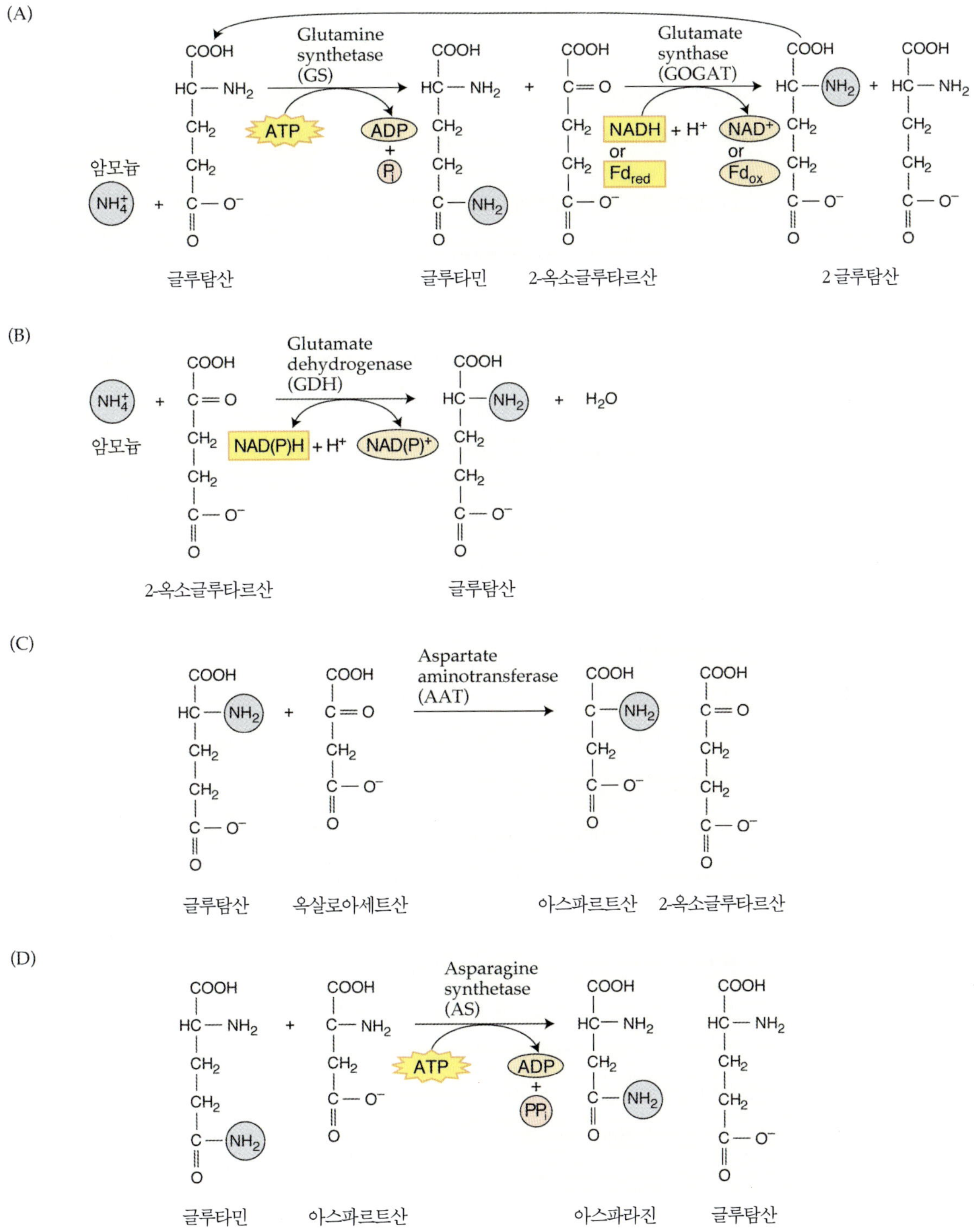
(A)
Glutamine synthetase (GS)
ATP
ADP + Pi
Glutamate synthase (GOGAT)
NADH + H+ or Fdred
NAD+ or Fdox
암모늄
글루탐산
글루타민
2-옥소글루타르산
2 글루탐산
(B)
Glutamate dehydrogenase (GDH)
NAD(P)H + H+
NAD(P)+
암모늄
2-옥소글루타르산
글루탐산
(C)
Aspartate aminotransferase (AAT)
글루탐산
옥살로아세트산
아스파르트산
2-옥소글루타르산
(D)
Asparagine synthetase (AS)
ATP
ADP + PPi
글루타민
아스파르트산
아스파라진
글루탐산

색소체의 글루타민 함량이 증가하면 글루타민생성효소(GOGAT) 활성을 자극한다. 이 효소는 글루타민의 아마이드 기를 2-옥소글루타르산(2-oxoglutarate)에 전달하여, 두 분자의 글루탐산을 생성한다. 식물에는 두 종류의 글루탐산생성효소가 있으며, 하나는 전자를 NADH로부터 얻으며, 나머지 하나는 페레독신(Fd)으로부터 얻는다.

$$\text{Glutamine} + \text{2-oxoglutarate} + \text{NADH} + \text{H}^+ \rightarrow 2\ \text{glutamate} + \text{NAD}^+ \qquad (7.5A)$$

$$\text{Glutamine} + \text{2-oxoglutarate} + \text{Fd}_{red} \rightarrow 2\ \text{glutamate} + \text{Fd}_{ox} \qquad (7.5B)$$

NADH형(NADH-GOGAT)은 뿌리 등의 비광합성조직의 색소체와 발육중인 잎의 관다발에 존재한다. 뿌리에서 NADH형은 근권에서 흡수한 NH_4^+의 동화에 관여하는 반면, 발육중인 잎의 관다발에서는 뿌리나 노화되어 가는 잎으로부터 전이된 글루타민을 동화한다.

페레독신-의존형 glutamate synthase(Fd-GOGAT)는 엽록체에서 발견되고 분자량은 165kDa이며, 엽록체 속으로의 수송에 필요한 통과 펩타이드(transit peptide)를 함유하고 있다. 지상부 Fd-GOGAT는 광호흡 질소대사에 관여한다. 단백질 양과 그 활성은 모두 광도가 증가하면 따라서 증가한다. 뿌리는 특히 NO_3^-존재하에서 색소체에 Fd-GOGAT를 함유한다. 뿌리 Fd-GOGAT는 NO_3^-동화과정중 발생하는 글루타민을 포합(incorporation)하는 것 같다.

글루타민과 글루탐산으로 동화된 후 질소는 아미노기전이(transamination)반응에 의해 다른 아미노산속으로 들어간다. 이들 반응을 촉매하는 효소는 아미노기전이효소(aminotransferase)이다. 이런 효소에는 아스파르트산 아미노기전이효소(aspartate aminotransferase)(AAT)가 있으며, 다음 반응을 촉매한다.

$$\text{Glutamine} + \text{oxaloacetate} \rightarrow \text{aspartate} + \text{2-oxoglutarate} \qquad (7.6)$$

여기서 글루탐산의 아미노기는 2-케토산(2-keto acid)의 카복실 원자에 전이된다. 아스파르트산(aspartate)은 말산-아스파르트산 셔틀에 관여하는 아미노산이며 미토콘드리아와 엽록체로부터 환원당량(reducing equivalent)을 세포질속으로 전달한다. 또 일부 C_4식물에서 아스파르트산은 엽육세포로부터 다발초로 탄소고정에 필요한 탄소를 수송하기도 한다. 모든 아미노기전이반응에는 조효소로서 피리독살 포스페이트(pyridoxal phosphate)(비타민 B_6)이 필요하다. 아미노기전이효소는 세포질과 엽록체, 미토콘드리아, 글리옥시솜, 퍼옥시솜에서도 발견된다. 엽록체에 존재하는 아미노기전이효소는 아미노산 생합성에 중요한 역할을 하는 듯한데, 그 이유는 방사성동위원소로 표지한 이산화탄소에 노출한 식물의 잎 또는 분리된 엽록체는 표지한 탄소를 글루타민과 아스파르트산, 알라닌, 세린, 글라이신 내부로 신속하게 포합하기 때문이다(Roberts, Keys, and Whittingham 1970).

독성을 나타내는 NH_4^+의 축적을 피하면서 생육에 필요한 질소 요구량을 충족하려면 뿌리의 NH_4^+ 흡수와 동화가 정교하게 조절되어야 한다. NH_4^+ 흡수량과 배출량의 차이인 알짜 흡수는 식물의 질소상태에 따라 신속하게 변화된다. 즉, 알짜 흡수는 질소영양상태가 좋으면 감소하고 질소가 감소하는 상태에서는 증가한다(Lycklama 1963; Morgan and Jackson 1988a,b, 1989). 정상적인 근권조건에서, 뿌리의 NH_4^+ 배출량은 흡수량의 일부에 지나지 않기 때문에(Bloom 1997), 알짜 NH_4^+ 흡수는 유입량과 동화량의 조절을 통해 조절되는 것 같다. 문제를 더 복잡하게 하는 것은 배지내의 NH_4^+는 식물종이나 조건에 따라 NO_3^-의 알짜 흡수를 촉진하거나 저해할 수 있으며(Bloom 1997) NO_3-reductase와 NO_2-reductase 모두의 활성을 조절할 수 있다(Aslam et al. 1996,1997).

근권 NH_4^+은 뿌리의 NH_4^+ 유입에 긍정적인 영향을 미치며, 뿌리의 글루타민은 부정적인 영향을 미친다(Feng, Volk, and Jackson 1994). 근권 NH_4^+에 노출시키면 질소가 부족한 식물은 NH_4^+ 흡수가 증가하지만(Goyal and Huffaker 1986; Morgan and Jackson 1988a), 이 현상은 NH_4^+ 흡수가 NH_4^+-특이적으로 유도되어서라기 보다는 질소부족이 경감되기 때문이다(NIcoulaud and Bloom 1998). 글루타민은 여러 미생물에서 NH_4^+유입을 억제한다(Kleiner 1985; Syrett and Peplinska 1988). 옥수수에 관한 자료를 보면 NH_4^+ 유입과 뿌리의 NH_4^+/글루타민 비(ratio)간에는 정의 상관관계가 있음을 시사한다(Lee et al. 1992). 그럼에도 불구하고 조직의 NH_4^+와 글루타민 수준은 뿌리의 NH_4^+ 흡수와는 무관하게 변화한다(Glass et al. 1997).

뿌리 NH_4^+ 동화의 조절에 관한 정보는 빈약하다(Oaks and Hirel 1985). 동화는 뿌리의 탄수화물 수준에 따라 변화하는 에너지-집약적 과정이다(Reisenauer 1978; Bloom and Caldwell 1988). 뿌리의 탄수화물 수준은 식물체의 질소 상태와 역의 관계에 있다(Brouwer and DeWit 1969; Talouizte et al. 1984). 그러므로 뿌리의 탄수화물 수준은 NH_4^+동화를 촉진시킨다. 유전공학을 통한 NH_4^+동화와 그 조절의 분자생물학은 이 과정의 조절을 밝히는 새로운 수단이다(Ameziane, Bernhard, and Lightfoot 2000; Harrison et al. 1997).

환경에서의 황

황은 생물학에서 가장 기능이 다양한 원소이다(Hell 1997).

- 아미노산인 시스테인의 황은 단백질의 입체배열을 결정하는 이황화결합(disulfide bridge)을 형성하므로, 황은 단백질 구조와 조절에 주된 역할을 담당한다.
- 황은 철-황 뭉치를 형성하여 광합성 및 호흡의 전자전달에 관여한다.
- 요소가수분해효소(urease)와 보효소A와 같은 여러 효소 및 보효소(coenzyme)의 촉매부위에는 황이 들어있다.

- 황의 2차 대신산물은 이번 장의 전반부에서 설명한 근류균의 Nod 인자에서부터 마늘의 항균물질인 alliin과 브로콜리의 항암물질인 sulforaphane에 이르기까지 다양하다.

황의 기능이 다양한 이유의 일부는 질소처럼 황이 다수의 안정한 산화상태를 유지하는 성질이 있기 때문이다. 토양속의 황산염은 주로 모재의 풍화에서 유래한다. 또 화석연료의 연소로 이산화황(SO_2)과 황화수소(H_2S)를 비롯한 여러 기체상 황이 방출되어 토양속으로 들어간다. 이산화황은 물에 용해되어 산성비의 주요 가해성분인 강산인 황산(H_2SO_4)을 생성한다. 식물은 기공을 통해 기체상 형태로 흡수한 이산화황을 대사할 수도 있다. 그럼에도 불구하고 대기중의 고농도(즉, > 0.3ppm)의 황에 장기간(즉, > 3시간)노출되면 황산이 생성됨으로써 조직이 심하게 손상된다.

황산염 동화

황산염이 시스테인으로 환원되면 황의 산화수는 +6에서 −4로 변하며, 그 결과 10개의 전자가 이동된다(그림 7.18). 글루타티온(glutathione)(그림 7.17)이나 티오리독신(thioredoxin), 페레독신, NAD(P)H, O-아세틸세린(O-acetyl serine)은 그 경로의 여러 단계에서 전자공여체 역할을 한다(그림 7.18). 잎의 황 동화(sulfur assimilation) 능력은 일반적으로 뿌리보다 몇 배 높으며, 그 이유는 광합성에 의해 환원형 티오리독신과 페레독신이 공급되고, 광호흡에 의해 O-아세틸세린 생성을 촉진하는 세린이 생성되기 때문일 것이다. 잎에서 동화된 황은 체관부를 통해 주로 글루타티온으로 단백질 합성 부위(예, 지상부와 뿌리선단, 그리고 열매)로 수송된다(Bergmann and Rennenberg 1993). 글루타티온은 뿌리의 황산염 흡수와 지상부의 황산염동화(sulfate assimilation)를 조정하는 신호역할도 한다.

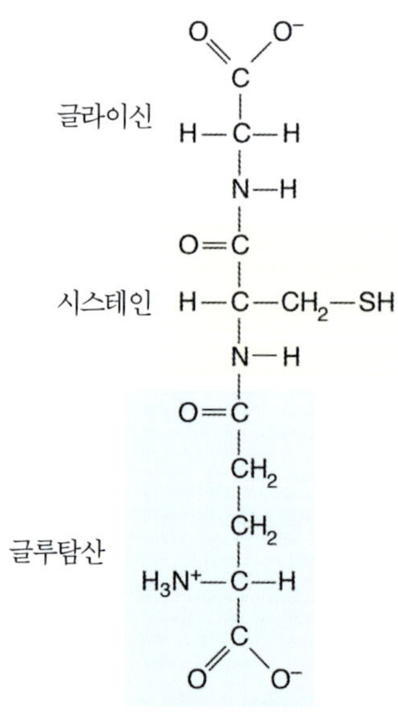

그림 7.17 환원형 글루타티온

함황 유기화합물 합성의 첫 단계는 황산염이 아미노산인 시스테인으로 환원되는 것이다(그림 7.18). 황산염은 아주 안정하므로, 다음 반응이 일어나기 위해서는 활성화되어야 한다. 활성화는 SO_4^{2-}와 ATP사이에 먼저 반응이 일어나고 adenosine 5′-phosphosulfate(APS)와 피로인산(pyrophosphate, PP_i)이 형성된다.

$$SO_4^{2-} + MgATP \rightarrow APS + PP_i + Mg^{2+} \quad (7.7)$$

이 반응을 촉매하는 효소인 ATP 황산분해효소(ATP sulfurylase)는 두 가지 형태가 있다. 주류를 이루는 형은 색소체에 존재하며, 드문 것은 세포질에 존재한다(Leustek et al. 2000). 활성화 반응은 에너지측면에서 불리

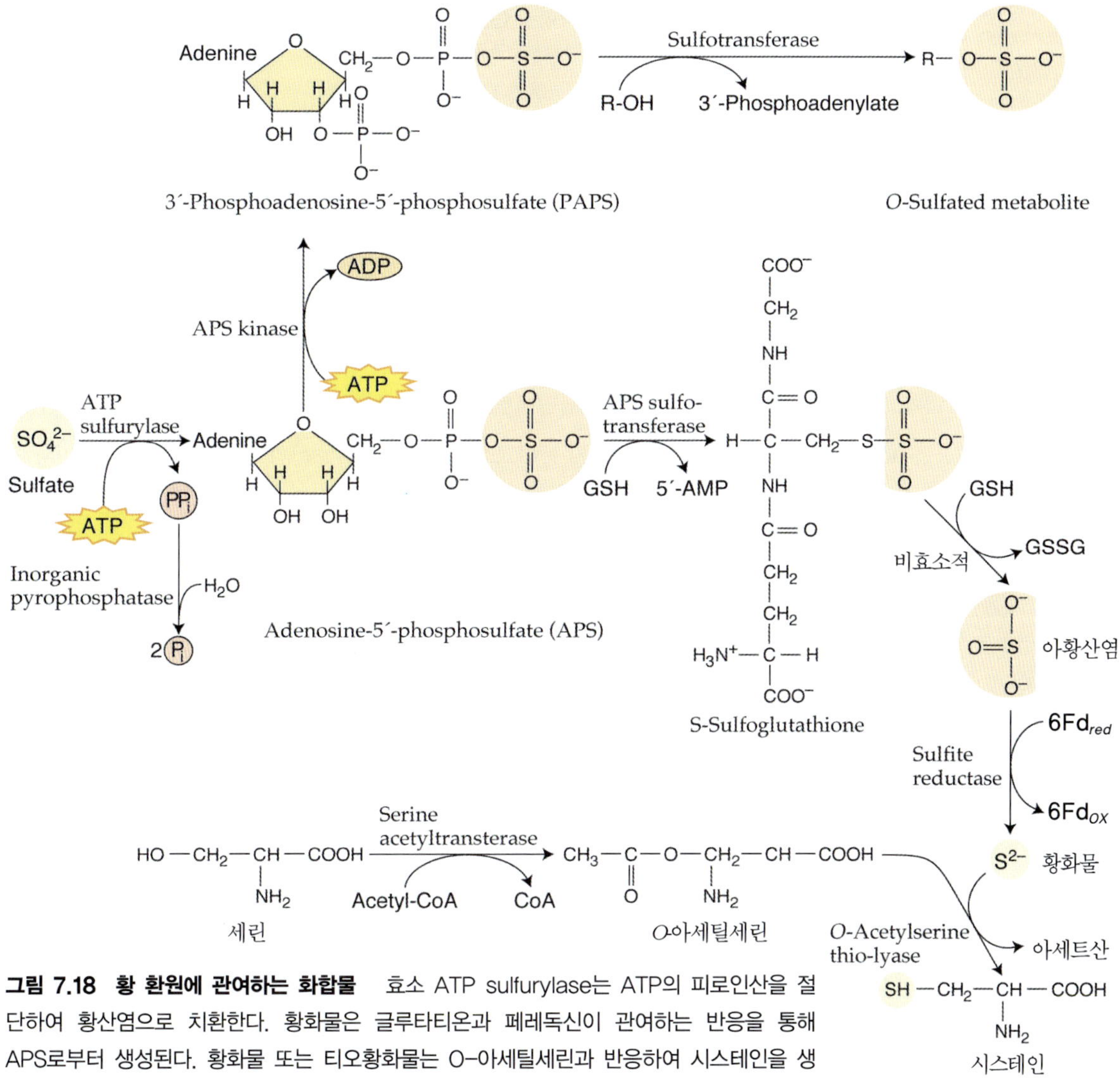

그림 7.18 황 환원에 관여하는 화합물 효소 ATP sulfurylase는 ATP의 피로인산을 절단하여 황산염으로 치환한다. 황화물은 글루타티온과 페레독신이 관여하는 반응을 통해 APS로부터 생성된다. 황화물 또는 티오황화물는 O-아세틸세린과 반응하여 시스테인을 생성한다. 시스테인은 더 변화되어 메티오닌을 생성한다.

하다. 이 반응을 진행시키려면 생성물인 APS와 PP_i가 즉시 다른 화합물로 전환되어야 한다. PP_i는 다음 반응에 따라 무기 피로인산을 거쳐 무기 인산(P_i)으로 가수분해된다.

$$PP_i + H_2O \rightarrow 2P_i \qquad (7.8)$$

다른 생성물인 APS는 신속히 환원 즉 황산염을 형성하며, 이때 환원반응이 주로 일어난다 (Leustek et al. 2000).

APS의 환원은 전적으로 색소체에서 일어나는 다단계 과정이다. 첫째, APS 환원효소

(APS reductase)는 아래와 같이 외형상 GSH로부터 두개의 전자를 전달하여 아황산(SO_3^{2-})을 생성한다.

$$APS + 2GSH \rightarrow SO_3^{2-} + 2H^+ + GSSG + AMP \qquad (7.9A)$$

둘째, 아황산환원효소(sulfite reductase)는 다음과 같이 6개의 전자를 페레독신(Fd_{red})으로부터 전달하여 황화물(sulfide)(S^{2-})을 생성한다.

$$SO_3^{2-} + 6Fd_{red} \rightarrow S^{2-} + 6Fd_{ox} \qquad (7.9B)$$

그 생성물인 황화물은 다시 O-아세틸세린(OAS)과 반응하여 세린아세틸기 전달효소(serine acetyltransferase)와 OAS 티올기 분해효소(OAS thiol-lyase)의 촉매에 의해 시스테인과 아세트산을 생성한다.

$$\text{세린} + \text{actylCoA} \rightarrow \text{OAS} + \text{CoA} \qquad (7.9C)$$

$$\text{OAS} + S^{2-} \rightarrow \text{시스테인} + \text{아세트산} \qquad (7.9D)$$

APS의 황화(sulfation)는 대체 경로이며, 세포질에서 일어난다. 첫째, APS 키나아제(APS kinase)는 APS를 ATP와 반응시켜 3′-phosphoadenosine-5′-phosphosulfate(PAPS)을 생성한다.

$$APS + ATP \rightarrow PAPS + ADP \qquad (7.10)$$

황산전달효소(sulfotransferase)는 다시 PAPS로부터 콜린(choline)과 brassinosteroids, 플라보노이드, gallic acid glucoside, glucosinolates, 펩타이드, 다당류를 비롯한 여러 화합물에 황산기를 전달한다(Leustek and Saito 1999).

단백질에 존재하는 또 다른 함황 아미노산인 메티오닌은 시스테인으로부터 색소체에서 합성된다. 시스테인과 메티오닌이 합성된 후, 황은 단백질과 아세틸 조효소A와 S-아데닐메티오닌과 같은 다양한 기타 화합물 속으로 도입된다. S-아데닐메티오닌은 에틸렌 합성과 리그닌 합성에서와 같이 메틸기의 전이가 관여하는 반응에 중요하다.

질소와 황 동화

질소와 황 동화는 한 원소가 결핍되면 다른 원소의 합성경로가 억제되면서 잘 상호 조정된다(Koprivova et al. 2000). 조절은 단백질 수준에서만 일어나는 것이 아니라—예상하는 바와 같이 아미노산에 질소와 황이 필요하다면—질소와 황 동화에 관여하는 효소를 암호화하는 mRNA 전사에서도 일어난다. 두 경로 즉, NO_2^-와 SO_3^{2-} 환원의 특정반응들은 색소체에서 일어나며 외형상으로 한 단계로 6개의 페레독신 분자로부터 6개의 전자가 전달된다. 이처럼 산화-환원상태가 건너뛰는 것은 생물학의 어디에서도 나타나지 않으며 아직 규명되지 않았다. 식물에 있어 이들 반응은 비정상적으로 에너지를 많이 소비한다. 즉, 식물의 질소와 황 함량은 2%미만이지만(3장), 이들 반응은 호흡적 전자전달의 약 25%를 차지한다(Bloom 1994). 색소체내의 환원제에 대한 경합이 이들 과정을 조절하는 역할을 함은 의심할 여지가 없다.

참고문헌

Adamec, L. (1997) Mineral nutrition of carnivorous plants: A review. *Botanical Reviews* 63: 273-295.

Albrecht, S. L., Y. Okon, and R. H. Burris (1977) Effects of light and temperature on the association between *Zea mays and Spirillum lipoferum. Plant Physiology* 60: 528-531.

Ameziane, R., K. Bernhard, and D. Lightfoot (2000) Expression of the bacterial gdhA gene encoding a NADPH glutamate dehydrogenase in tobacco affects plant growth and development. *Plant and Soil* 221: 47-57.

Amthor, J. S. (2001) Effects of atmospheric CO_2 concentration on wheat yield: Review of results from experiments using various approaches to control CO_2 concentration. *Field Crops Research* 73: 1-34.

Andrews, M. (1986) The partitioning of nitrate assimilation between root and shoot of higher plants. Plant, *Cell and Environment* 9: 511-519.

Appleby, C. A. (1984) Leghemoglobin and rhizobium respiration. *Annual Revuew of Plant Physiology* 35: 443-478.

Aslam, M., R. L. Travis, D. W. Rains, and R. C. Huffaker (1996) Effect of ammonium on the regulation of nitrate and nitrite transport systems in roots of intact barley (*Hordeum vulgare L.*) seedlings. *Planta* 200: 58 63.

Aslam, M., R. L. Travis, D. W. Rains, and R. C. Huffaker (1997) Differential effect of ammonium on the induction of nitrate and nitrite reductase activities in roots of barley (Hordeum vulgar) seedlings. *Physiologia Plantarum* 101: 612-619.

Bergmann, L. and H. Rennenberg (1993) Glutathione metabolism in plants. In: *Sulfur Nutrition and Assimilation in Higher Plants. Regulatory, Agricultural and Environmental Aspects.* De Kok, L. J., I. Stulen, H. Rennenberg, C. Brunold, and W. E. Rauser, eds. SPB Academic, The Hague. pp. 102-123.

Bloom, A. J. (1994) Crop acquisition of ammonium and nitrate. In: *Physiology and Determination of Crop Yield.* Boote, K. J., J. M. Bennett, T. R. Sinclair, and G. M. Paulsen, eds. ASA, CSSA, SSSA, Madison. pp. 303-309.

Bloom, A. J. (1997) Nitrogen as a limiting factor: Crop acquisition of ammonium and nitrate. In: *Ecology in Agriculture.* Jackson, L. E., ed. Academic Press, San Diego. pp. 145-172.

Bloom, A. J. and R. M. Caldwell (1988) Root excision decreases nutrient absorption and gas fluxes. *Plant Physiology* 87: 794-796.

Bloom, A. J. and J. Finazzo (1986) The influence of ammonium and chloride on potassium and nitrate absorption by barley roots depends on time of exposure and cultivar. *Plant Physiology*

81: 67-69.

Bloom, A. J. and S. Sukrapanna (1990) Effects of exposure to ammonium and transplant shock upon the induction of nitrate absorption. *Plant Physiology* 94: 85-90.

Bloom, A. J., S. S. Sukrapanna, and R. L. Wamer (1992) Root respiration associatcd with ammonium and nitrate absorption and assimilation by barley. *Plant Physiology* 99: 1294-1301.

Bloom, A. J., D. R. Smart, D. T. Nguyen, and P. S. Searles (2002) Nitrogen assimilation and growth of wheat under elevated carbon dioxide. *Proceedings of the National Academy of Sciences of the United States of America* 99: 1730-1735.

Bowes, G. (1993) Facing the inevitable?lants and increasing atmospheric CO_2. *Annual Review of Plant Physiology and Plant Molecular Biology* 44: 309-332.

Brady, N. C. (1979) *Nitrogen and Rice*. International Rice Research Institute, Manila.

Brouwer, R. and C. T. DeWit (1969) A simulation model of plant growth with special attention to root growth and its consequences. In: *Root Growth*. Whittington, W. J., ed. Butterworths, London. pp. 224-244.

Brown, L. R., W. U. Chandler, C. Flavin, J. Jacobson, C. Pollock, S. Postel, L. Starke, and E. C. Wolf (1987) *State of the World: A Worldwatch Institute Report on Progress toward a Sustainable Society*. W. W. Norton, New York.

Burris, R. H. (1976) Nitrogen fixation. In: *Plant Biochemistry*. Banner, J. and J. Varner, eds. Academic Press, New York. pp. 887-908.

Cameron, K. C. and R. J. Haynes (1986) Retention and movement of nitrogen in soils. In: *Mineral Nitrogen in the Plant Soil System*. Haynes, R. J., ed. Academic Press, Orlando. pp. 166-241.

Campbell, W. H. (1996) Nitrate reductase biochemistry comes of age. *Plant Physiology* 111: 355-361.

Carlson, R. W., L. S. Forsberg, N. P. J. Price, U. R. Bhat, T. M. Kelly, and C. R. H. Raetz (1995) The structure and biosynthesis of *Rhizobium leguminosarum lipid A*. *Progress in Clinical and Biological Research* 392: 25-31.

Chapin, F. S., m, L. Moilanen, and K. Kielland (1993) Preferential use of organic nitrogen for growth by a non-mycorrhizal arctic sedge. *Nature* 361: 150-153.

Calmer, T. D. and A. J. Bloom (1998) A comparison of NH_4^+ and NO_3^- net fluxes along roots of rice and maize. *Plant, Cell and Environment* 21: 240-246.

Cotrufo, M. F., P. Ineson, and A. Scott (1998) Elevated CO_2 reduces the nitrogen concentration of plant tissues. *Global Change Biology* 4: 43-54.

Crawford, R. M., M. L. Kahn, T. Leustek, and S. R. Long (2000) Nitrogen and sulfur. In: *Biochemistry and Molecular Biology of Plants*. Buchanan, B. B., W. Gruissem, and R. L. Jones, eds. American Society of Plant Physiologists, Rockville. pp. 786-849.

Curtis, P. S. (1996) A meta-analysis of leaf gas exchange and nitrogen in trees grown under elevated carbon dioxide. *Plant, Cell and Environment* 19: 127-137.

Darwin, C. (1875) *Insectivorous Plants*. John Murray, London.

Deane-Drummond, C. E. (1986) A comparison of regulatory effects of chloride on nitrate uptake, and of nitrate on chloride uptake into *Pisum sativum* seedlings. *Physiologia Plantarum* 66: 115-121.

Denison, R. F. (1989) Implications of competitive inhibition in the acetylene reduction assay for dinitrogen fixation. *Annals of Botany* 64: 167-169.

Denison, R. F. and B. L. Harter (1995) Nitrate effects on nodule oven permeability and leghemoglobin. *Plant Physiology* 107: 1355-1364.

Dilworth, M. I. (1966) Acetylene reduction by nitrogen-fixing preparations from *Clostridium pasteurianum. Biochimica et Biophysica Acta* 127: 285-294.

Dixon, K. W., J. S. Pate, and W. J. Bailey (1980) Nitrogen nutrition of the tuberous sundew *Drosera erythrorhiza* Lindl. with special reference to catch of arthropod fauna by its glandular leaves. *Australian Journal of Botany* 28: 283-297.

Dixon, R. O. D. and C. T. Wheeler (1986) *Nitrogen Fixation in Plants*. Chapman and Hall, New York.

Dong, Z., M. J Canny, M. E. McCully, M. R. Roboredo, C. F. Cabadilla, E. Ortega, and R. Rodes (1994) A nitrogen-fixing endophyte of sugarcane stems: A new role for the apoplast. *Plant Physiology* 105: 1139-1147.

Ellison, A. M. and N. J. Gotelli (2001) Evolutionary ecology of carnivorous plants. T*rends in Ecology & Evolution* 16: 623-629.

Etheridge, D. M., L. P. Steele, R. L. Langenfelds, R. J. Francey, J. M. Bamola, and V. I. Morgan (1996) Natural and anthropogenic changes in atmospheric CO_2 over the last 1000 years from air in Antarctic ice and firn. *Journal of Geophysical Research-Atmospheres* 101: 4115-4128.

Etzler, M. E., G. Kalsi, N. N. Ewing, N. J. Roberts, R. B. Day, and J. B. Murphy (1999) A nod factor binding lectin with apyrase activity from legume roots. *Proceedings of the National Academy of Sciences of the United States of America* 96: 5856-5861.

Evans, H. J., S. A. Russell, F. J. Hanus, H. Papen, L. Syavedra-Soto, and M. Zuber (1988) Hydrogenase and nitrogenase relationships in *Rhizobium*: Some recent developments. In: *Nitrogen Fixation: Hundred Years After*. Bathe, H., F. J. de Bruijn, and W. E. Newton, eds. Gustav Fischer, Stuttgart. pp. 577-582.

Fangmeier, A., L. De Temmerman, L. Mortensen, K. Kemp, J. Burke, R. Mitchell, M. van Oijen, and H. J. Weigel (1999) Effects on nutrients and on grain quality in spring wheat crops grown under elevated CO_2 concentrations and stress conditions in the European, multiple-site experiment "ESPACEwheat". *European Journal of Agronomy* 10: 215-229.

Feng, J., R. J. Volk, and W. A. Jackson (1994) Inward and outward transport of ammonium in roots of maize and sorghum: Contrasting effects of methionine sulphoximine. *Journal of Experimental Botany* 45: 429-439.

Foyer, C. H., S. Ferrario-Mery, and G. Noctor (2001) Interactions between carbon and nitrogen metabolism. In: *Plant Nitrogen*. Lea, P. J. and J.-F. MorotGaudry, eds. Springer, Berlin. Pp. 237-254.

Glass, A. D. M. and M. Y. Siddiqi (1985) Nitrate inhibition of chloride influx in barley: Implications for a proposed chloride homeostat. *Journal of Experimental Botany* 36: 556-566.

Glass, A. D. M., M. Y. Siddiqi, T. J. Ruth, and T. W. Rufty (1990) Studies of the uptake of nitrate in barley. 2. Energetics. *Plant Physiology* 93: 1585-1589.

Glass, A. D. M., Y. Erner, H. J. Kronzucker, J. K. Schjoerring, M. Y. Siddiqi, and M. Y. Wang (1997) Amrnonium fluxes into plant roots: Energetics, kinetics and regulation. *Zeitshriftfur Pflanzennahrung und Bodenkunde* 160: 261-268.

Goyal, S. S. and R. C. Huffaker (1986) The uptake of NO_3^-, NO_2^-, and NH_4^+ by intact wheat (*Triticum aestivum*) seedlings: I. Induction and kinetics of transport systems. *Plant Physiology* 82: 1051-1056.

Harrison, J., N. Brugiere, B. Phillipson, S. Ferrario-Mery, T. Becker, A. Limami, and B. Hirel (2000) Manipulating the pathway of ammonia assimilation through genetic engineering and breeding: consequences to plant physiology and plant development. *Plant and Soil* 221: 81-93.

Haynes, R. J. (1986) Uptake and assimilation of mineral nitrogen by plants. In: *Mineral Nitrogen in the Plant Soil System*. Haynes, R. J., ed. Academic Press, Orlando, FL. pp. 303-378.

Hedrich, R. and J. I. Schroeder (1989) The physiology of ion channels and electro genie pumps in higher plants. *Annual Review of Plant Physiology* 40: 539-569.

Heidstra, R. and T. Bisseling (1996) Nod factor-induced host responses and mechanisms of Nod factor perception. *New Phytologist* 133: 25-43.

Hell, R. (1997) Molecular physiology of plant sulfur metabolism. *Planta* 202: 138-148.

Heytler, P. G., G. S. Reddy, and R. W. F. Hardy (1984) In vivo energetics of symbiotic nitrogen fixation in soybeans. In: *Nitrogen Fixation and CO_2 Metabolism*. Ludden, P. W. and I. E. Burris, eds. Elsevier, New York. pp. 283-292.

Igamberdiev, A. U., N. V. Bykova, P. J. Lea, and P. Gardestrom (2001) The role of photorespiration in redox and energy balance of photosynthetic plant cells: A study with a barley mutant deficient in glycine decarboxylase. *Physiologia Plantarum* 111: 427-438.

Joos, F., G. K. Plattner, T. F. Stocker, O. Marchal, and A. Schmittner (1999) Global warming and marine carbon cycle feedbacks on future atmospheric CO_2. *Science* 284: 464-467.

Kaiser, W. M. and S. C. Huber (1994) Posttranslational regulation of nitrate reductase in higher plants. *Plant Physiology* 106: 817-821.

Kimball, B. A., C. F. Morris, P. J. Pinter, G. W. Wall, D. J. Hunsaker, F. J. Adamsen, R. L. LaMorte, S. W. Leavitt, T. L. Thompson, A. D. Matthias, and T. J. Brooks (2001) Elevated CO_2, drought and soil nitrogen effects on wheat grain quality. *New Phytologist* 150: 295-303.

King, B. J., M. Y. Siddiqi, and A. D. M. Glass (1992) Studies of the uptake of nitrate in barley. V. Estimation of root cytoplasmic nitrate concentration using nitrate reductase activity: Implications for nitrate influx. *Plant Physiology* 99: 1582-1589.

Kleiner, D. (1985) Bacterial ammonium transport. *FEMS Microbiological Reviews* 32: 87-100.

Koprivova, A., M. Suter, R. Op den Camp, C. Brunold, and S. Kopriva (2000) Regulation of sulfate assimilation by nitrogen in *Arabidopsis*. *Plant Physiology* 122: 737-746.

Kosola, K. R. and A. J. Bloom (1996) Chlorate as a transport analog for nitrate absorption by roots of tomato (*Lycopersicon esculentum*). *Plant Physiology* 110: 1293-1299.

Kronzucker, H. J., M. Y. Siddiqi, A. D. M. Glass, and G. J. D. Kirk (1999) Nitrateammonium synergism in rice. A subcellular flux analysis. *Plant Physiology* 119: 1041-1045.

Kurkdjian, A. and J. Guern (1989) Intracellular pH: Measurement and importance in cell activity. *Annual Review of Plant Physiology* 40: 271-303.

Kuzma, M. M., S. Hunt, and D. B. Layzell (1993) Role of oxygen in the limitation and inhibition of nitrogenase activity and respiration rate in individual soybean nodules. *Plant Physiology* 101: 161-169.

Ladha, J. K. and P. M. Reddy (2003) Nitrogen fixation in rice systems: State of knowledge and future prospects. *Plant and Soil* 252: 151-167.

Lam, H.-M., K. T. Coschigano, I. C. Oliveira, R. Melo-Oliveira, and G. M. Coruzzi (1996) Ihe molecular-genetics of nitrogen assimilation into amino acids in higher plants. *Annual Review of Plant Physiology and Plant Molecular Biology* 47: 569-593.

Lazarowitz, S. G. and T. Bisseling (1997) Plant development from the cellular perspective: Integrating the signals. *Plant Cell* 9: 1884-1900.

Lea, P. J., R. D. Blackwell, and K. W. Joy (1992) Ammonia assimilation in higher plants. In: *Nitrogen Metabolism of Plants*. Mengel, K. and D. J. Pilbeam, eds. Proceedings of the Phytochemical Society of Europe, Vol. 33. Clarendon Press, Oxford. pp. 153-186.

Lee, R. B. and D. T. Clarkson (1986) Nitrogen-13 studies on nitrate fluxes in barley roots. I. Compartmental analysis from measurements of ^13N efflux. *Journal of Experimental Botany* 37: 1753-1767.

Lee, R. B., J. V. Purves, R. G. Ratcliffe, and L. R. Saker (1992) Nitrogen assimilation and the control of ammonium and nitrate absorption by maize roots. *Journal of Experimental Botany* 43: 1385-1396.

Leustek, T. and K. Saito (1999) Sulfate transport and assimilation in plants. *Plant Physiology* 120: 637-643.

Leustek, T., M. N. Martin, J.-A. Bick, and J. P. Davies (2000) Pathways and regulation of sulfur metabolism revealed through molecular and genetic studies. *Annual Review of Plant Physiology and Plant Molecular Biology* 51: 141-165.

Long, S. R. (1996) Rhizobium symbiosis: Nod factors in perspective. *Plant Cell* 8: 1885-1898.

Ludwig, R. A. and G. E. de Vries (1986) Biochemical physiology of Rhizobium dinitrogerl fixation. In: *Nitrogen Fixation*, Vol. 4. Broughton, W. I. and S. Puhler, eds. Clarendon Press, Oxford. pp. 50-69.

Lycklama, J. C. (1963) The absorption of ammonium and nitrate by perennial rye-grass. *Acta Botanica Neerlandica* 12: 361-423.

Makino, A. and T. Mae (1999) Photosynthesis and plant growth at elevated levels of CO_2. *Plant and Cell Physiology* 40: 999-1006.

Marcus-Wyner, L. (1983) Influence of ambient acidity on the absorption of NO_3 and NH_4^+ by tomato plants. *Journal of Plant Nutrition* 6: 657 666.

Marschner, H. (1995) *Mineral Nutrition of Higher Plants*, 2nd Edition. Academic Press, London.

Mendel, R. R. and B. Stallmeyer (1995) Molybdenum cofactor (nitrate reductase) biosynthesis in plants: First molecular analysis. In: *Current Plant Science and Biotechnology in Agriculture*, Vol. 22. Terzi, M. R. C. and A. Falavigna, eds. Kluwer Academic Publishers, Dordrecht, Netherlands. pp. 577-582.

Minotti, P. L., D.C. Williams, and W. A. Jackson (1968) Nitrate uptake and reduction as affected by calcium and potassium. *Soil Science Society of America Proceedings* 32: 692-698.

Moore, B. D., S. H. Cheng, D. Sims, and J. R. Seemann (1999) The biochemical and molecular basis for photosynthetic acclimation to elevated atmospheric CO_2. *Plant, Cell and Environment* 22: 567-582.

Morgan, M. A. and W. A. Jackson (1988a) Inward and outward movement of ammonium in root systems: Transient responses during recovery from nitrogen deprivation in presence of ammonium. *Journal of Experimental Botany* 39: 179-191.

Morgan, M. A. and W. A. Jackson (1988b) Suppression of ammonium uptake by nitrogen supply and its relief during nitrogen limitation. *Physiologia Plantarum* 73: 38 45.

Morgan, M. A. and W. A. Jackson (1989) Reciprocal ammonium transport into and out of plant roots: Modifications by plant nitrogen status and elevated root ammonium concentration. *Journal of Experimental Botany* 40: 207-214.

Munn, D. A. and W. A. Jackson (1978) Nitrate and ammonium uptake by rooted cuttings of sweet potato. *Agronomy Journal* 70: 312-316.

Mylona, P., K. Pawlowski, and T. Bisseling (1995) Symbiotic nitrogen fixation. *Plant Cell* 7: 869-885.

National Research Council (1989) *Alternative Agriculture*. National Academy Press, Washington D. C.

Nicoulaud, B. A. L. and A. J. Bloom (1998) Ammonium does not induce ammonium absorption in tomatoes. *Journal of the American Society for Horticultural Science* 123: 787-790.

Novoa, R. and R. S. Loomis (1981) Nitrogen and plant production. *Plant and Soil* 58: 177-204.

Nye, P. H. and P. B. junker (1977) *Solute Movement in the Soil-Root System*. University of California Press, Berkeley.

Oaks, A. (1994) Primary nitrogen assimilation in higher plants and its regulation. *Canadian Journal of Botany* 72: 739-750.

Oaks, A. and B. Hirel (1985) Nitrogen metabolism in roots. *Annual Review of Plant Physiology* 36: 345-365.

Oliveira, A. L. M., S. Urquiaga, J. Dobereiner, and J. I. Baldani (2002) The effect of inoculating endophytic N_2-fixing bacteria on micropropagated sugarcane plants. *Plant and Soil* 242: 205-15.

Pate, J. S. (1973) Uptake, assimilation and transport of nitrogen compounds by plants. *Soil Biology & Biochemistry* 5: 109-119.

Phillips, D. A. and Y. Kapulnik (1995) Plant isoflavonoids, pathogens and symbionts. *Trends in Microbiology* 3: 58-64.

Rachmilevitch, S., A. B. Cousins, and A. J. Bloom (2004) Nitrate assimilation m plant shoots depends on photorespiration. *Proceedings of the National Academy of Sciences of the United States of America*. In press.

Raju, P. N., H. J. Evans, and R. J. Seidler (1972) An asymbiotic nitrogen-fixing bacterium from the root environment of corn. *Proceedings of the National Academy of Sciences of the United States of America* 69: 3474-3478.

Raven, J. A. and Z.-H. Yin (1998) The past, present and future nitrogenous compounds in the atmosphere, and their interactions with plants. *New Physiologist* 139: 205-219.

Reich, P. B., J. Knops, D. Tilman, J. Craine, D. Ellsworth, M. TjoeLker, T. Lee, D. Wedin, S. Naeem, D. Bahauddin, G. Hendrey, S. Jose, K. Wrage, J. Goth, and W. Bengston (2001) Plant diversity enhances ecosystem responses to elevated CO^2 and nitrogen deposition. *Nature* 410: 809-812.

Reisenauer, H. M. (1978) Absorption and utilization of ammonium nitrogen by plants. In: *Nitrogen in the Environment*, Vol. 2. Nielsen, D. R. and J. MacDonald, eds. Academic Press, New York. pp. 157-170.

Roberts, G. R., A. I. Keys, and C. P. Whittingham (1970) The transport of photosynthetic products from the chloroplast of tobacco leaves. *Journal of Experimental Botany* 21: 683 692.

Rolfe, B. G. and P. M. Gresshoff (1988) Genetic analysis of legume nodule initiation. *Annual Review of Plant Physiology* 39: 297-319.

Rufty, T. W., Jr., W. A. Jackson, and C. D. Raper, Jr. (1982) Inhibition of nitrate assimilation in roots in the presence of ammonium. The moderating influence of potassium. *Journal of Experimental Botany* 33: 1122-1137.

Schlesinger, W. H. (1997) *Biogeochemistry: An Analusis of Global Chance*. 2nd Edition. Academic Press, San Diego.

Schubert, K. R., N. T. Lennigs, and H. I. Evans (1978) Hydrogen reactions of nodulated leguminous plants. *Plant Physiology* 61: 398-401.

Schulze, E. D., G. Gebauer, W. Schulze, and J. S. Pate (1991) The utilization of nitrogen from insect capture by different growth forms of *Drosera* from Southwest Australia. *Oecologia* 87: 240-246.

Schulze, W. and E. D. Schulze (1990) Insect capture and growth of the insectivorous *Drosera rotundifolia* L. *Oecologia* 82: 427-429.

Searles, P. S. and A. J. Bloom (2003) Nitrate photoassimilation in tomato leaves under short-term exposure to elevated carbon dioxide and low oxygen. *Plant, Cell and Environment* 26: 1247-1255.

Serrano, R. (1989) Structure and function of plasma membrane ATPase. *Annual Review of Plant Physiology* 40: 61-94.

Siddiqi, M. Y., B. J. King, and A. D. M. Glass (1992) Effects of nitrite, chlorate, and chlorite on nitrate uptake and nitrate reductase activity. *Plant Physiology* 100: 644-650.

Siddiqi, M. Y., A. D. M. Glass, T. J. Ruth, and T. W. Rufty (1990) Studies of the uptake of nitrate in barley. 1. Kinetics of $^{13}NO_3^-$ influx. *Plant Physiology* 93: 1426-1432.

Siegel, L. M. and J. Q. Wilkerson (1989) Structure and function of spinach ferredoxin-nitrite reductase. In: *Molecular and Genetic Aspects of Nitrate Assimilation*. Wray, J. L. and J. R. Kinghorn, eds. Oxford Science Publications, Oxford. pp. 263-283.

Sivasankar, S. and A. Oaks (1996) Nitrate assimilation in higher plants the effect of metabolites and light. *Plant Physiology and Biochemistry* 34: 609 620.

Smart, D. R. and A. J. Bloom (1988) Kinetics of ammonium and nitrate uptake among wild and cultivated tomatoes. *Oecologia* 76: 336-340.

Smart, D. R. and A. J. Bloom (1991) Influence of root NH_4^+ and NO_3^- content on the temperature response of net NH_4^+ and NO_3^- uptake in chilling sensitive and chilling resistant *Lycopersicon* taxa. *journal of Experimental Botany* 42: 331-338.

Smith, F. A. and J. A. Raven (1979) Intracellular pH and its regulation. *Annual Review of Plant Physiology* 30: 289-311.

Smith, R. I., L. H. Bouton, S. C. Schank, K. H. Quesenberry, M. E. Tyler, T. R. Milam, M. H. Gaskins, and R. C. Littell (1976) Nitrogen fixation in grasses inoculated with *Spirillum lipoferum*. *Science* 193: 1003-1005.

Stilt, M., C. Muller, P. Matt, Y. Gibon, P. Carillo, R. Morcuendo, W. R. Scheible, and A. Krapp (2002) Step towards an integrated view of nitrogen metabolism. *Journal of Experimental Botany* 53: 959-970.

Stokkermans, T. J. W., S. Ikeshita, J. Cohn, R. W. Carlson, G. Stacey, T. Ogawa, and N. K. Peters (1995) Structural requirements of synthetic and natural product lipo-chitin oligosaccharides for induction of nodule primordia on *Glycine soja*. *Plant Physiology* 108: 1587-1595.

Syrett, P. J. and A. M. Peplinska (1988) Effects of nitrogen-deprivation, and recovery from it, on the metabolism of microalgae. *New Phytologist* 109: 289-296.

Talouizte, A., M. L. Champigny, E. Bismuth, and A. Moyse (1984) Root carbohydrate metabolism associated with nitrate assimilation in wheat previously deprived of nitrogen. *Physiologie Végétale* 22: 19-27.

Tyerman, S. D. (1992) Anion channels in plants. *Annual Review of Plant Physiology and Plant Molecular Biology* 43: 351-373.

Ullrich, W. R. (1987) Nitrate and ammonium uptake in green algae and higher plants: Mechanism and relationship with nitrate metabolism. In: *Inorganic Nitrogen Metabolism*. Ullrich, W. K., P. J. Aparicio, P. J. Syrett, and F. Castillo, eds. Springer, New York. pp. 32-38.

Ullrich, W. R. (1992) Transport of nitrate and ammonium through plant membranes. In: *Nitrogen Metabolism of Plants*. Mengel, K. and D. J. Pilbeam, eds. Proceedings of the Phytochemical Society of Europe, Vol. 33. Clarendon Press, Oxford. pp. 121-137.

Vale, F. R., R. J. Volk, and W. A. Jackson (1988) Simultaneous influx of ammonium and potassium into maize roots: Kinetics and interactions. *Planta* 173: 424-431.

van Rhijn, P., R. B. Goldberg, and A. M. Hirsch (1998) *Lotus corniculatus* nodulation specificity is changed by the presence of a soybean lectin gene. *Plant Cell* 10: 1233-1249.

Vande Broek, A. and J. Vanderleyden (1995) Review: Genetics of the *Azospirillum*-plant root association. *Critical Reviews in Plant Sciences* 14: 445-466.

Vessey, J. K., L. T. Henry, S. Chaillou, and C. D. Raper (1990) Root-zone acidity affects relative uptake of nitrate and ammonium from mixed nitrogen sources. *Journal of Plant Nutrition* 13: 95-116.

Walker, D. J., S. J. Smith, and A. J. Miller (1995) Simultaneous measurement of intracellular pH and K^+ or NO_3^- in barley root cells using triple-barreled, ion-selective microelectrodes. *Plant Physiology* 108: 743-751.

Wang, M. Y., M. Y. Siddiqi, and A. D. M. Glass (1996) Interactions between K^+ and NH_4^+: Effects on ion uptake by rice roots. *Plant, Cell and Environment* 19: 1037-1046.

Warner, R. L. and A. Kleinhofs (1992) Genetics and molecular biology of nitrate metabolism in higher plants. *Physiologia Plantarum* 85: 245-252.

Wharf, T. and C. D. Keeling (1998) Rising carbon. *New Scientist* 157: 54-54.

Wilcox, H. E. (1996) Mycorrhizae. In: *Plant Roots: The Hidden Half*, 2nd Edition. Waisel, Y., A. Eshel, and U. Kafkafi, eds. Dekker, New York. pp. 689-721.

Williams, L. E. and A. J. Miller (2001) Transporters responsible for the uptake and partitioning of nitrogenous solutes. *Annual Review of Plant Physiology and Plant Molecular Biology* 52: 659-688.

Wray, J. L. (1993) Molecular biology, genetics and regulation of nitrite reduction in higher plants. *Physiologia Plantarum* 89: 607-612.

Zhen, R. G., H. W. Koyro, R. A. Leigh, A. D. Tomos, and A. J. Miller (1991) Compartmental nitrate concentrations in barley root cells measured with nitrate-selective microelectrodes and by single-cell sap sampling. *Planta* 185: 356-361.

8 무기물 대사

지금까지 이 책에서 식물생리학의 초기 즉 획득 과정들 즉, 영양소는 무엇인지, 영양소는 주변 환경으로부터 어떤 방식으로 흡수되는지, 어떻게 양분을 식물체내에 분배 즉, 여러 부위로 할당하는지에 관해 중점적으로 다루었다. 이제 양분이 목적지에 도달한 후 어떤 *기능(functions)*을 수행하는가 하는 의문을 가져보자. 실제로 여러 기능은 어디에서 수행되는가?

세포의 조성

식물체의 기본적이고 궁극적인 기능단위는 세포이며, 방금 제기한 두 번째 물음에 대한 으뜸가는 답은 일단 획득한 양분의 최초의 목적지는 세포벽과 세포질, 액포라는 것이다. 세포벽에 대해서 먼저 알아보자.

세포벽

세포벽은 식물에서 양적으로 가장 많은 양을 차지하며 식물의 주요 구조적 특징이다. 세포벽의 주 구성성분은 자연계에서 연간 약 1,800억 톤정도 생성되는(Delmer 1999) 섬유상의 다당류인 섬유소(cellulose)이다(그림 4.4). 그 외의 세포벽 성분(그림 4.5)은 헤미셀룰로오스(hemicellulose)와 리그닌, 코르크질(suberin), 단백질(효소 포함), 왁스, 펙틴질, 칼슘, 붕소, 규소, 물이다. 더욱이 세포벽은 4장에서 설명한바와 같이 카복실기(---COO^-)의 하전 때문에 양이온교환물질로 작용한다. 결과적으로 세포벽은 양이온들로 둘러싸여 있으며, 그 양이온들은 주로 세포벽을 통과하는 용액의 조성에 의해 결정된다. 그러나 이들 양이온은 쉽게 치환이

되므로 세포벽의 구성성분은 아니다.

앞서 설명한 것처럼 세포벽을 구성하는 원소 중에서 단 3가지의 무기 원소 즉, 칼슘과 붕소, 규소에 대해서만 언급했다.(또, 질소와 황과 같이 세포벽 단백질과 효소를 구성하는 무기원소도 있다) 위의 3 원소의 상대적 양은 큰 차이가 있다. 이번 장의 말미에 설명하겠지만 규소의 경우 특히 그러하다. 우리가 관심을 가지는 3원소는 모두 세포벽의 물리적 성질 즉, 세포벽의 강도에 기여한다. 칼슘과 붕소, 규소의 역할에 대해서는 이 원소들을 다루는 절에서 설명하겠다. 세포벽에 관한 더 상세한 전문화된 내용은 Rose(2003)의 여러 장에 기록되어 있다.

액포

액포(vacuole)는 세포벽과 같이 식물의 세포대사에 있어서 주역이 아니다. 액포는 주로 중앙에 위치한 액상의 거대한 구획이며 무기 및 유기 용질이 이질적으로 혼합되어 있다. 그 조성은 특정 식물의 세포들 간에 큰 차이가 있으며 유전형들 간에는 더 큰 차이가 있다. 액포는 식물이 처한 환경에 따라 크게 달라진다. 예를 들어 칼륨이나 질산과 같은 일부 양분의 공급이 충분하고 일부 다른 인자가 성장을 제한한다면, 충분히 흡수한 양분은 이미 3장에서 다룬 "사치소비(luxury consumption)" 에 달할 것이다. 일시적으로 과도한 이들 양분이 주로 저장되는 구획이 액포이다. 배지 내에 양분이 풍부함으로 인해 일어나는 사치소비는 식물의 고도의 화학양론(chemical stoichiometry)을 방해하는 또 다른 인자이다. 따라서 식물체 내의 화학원소(특히 무기원소)는 고정된 일정한 비율로 존재하지 않는다. Sterner와 Elser(2002)는 식물의 화학양론을 동물의 경우보다 훨씬 더 변화가 심하게(즉, 융통성있게) 하는 많은 인자들에 대해 다루고 있다. 그러나 액포의 pH는 5.0에서 5.5의 좁은 범위에서 유지된다. 액포에 관한 전문 자료는 Leigh와 Sanders(1977)에 제시되어 있다.

세포질

모든 진핵 유기체의 살아있는 기계장치(machinery)가 들어있는 세포의 본체인 세포질(cytoplasm)은 세포벽과 액포에 비해 화학적으로 균일하다. 세포질은 특이적인 기능을 수행하는 소기관으로 구성되어 있다. 모든 소기관과 기타 분자적 구성체는 연결되어 있으며, 그들의 활동은 세포골격(cytoskeleton)인 섬유상 망으로 조정된다. 모든 진핵 생명체는 같은 조상으로부터 진화되었기 때문에, 생명체의 기본적인 세포질의 기계장치는 화학양론의 증거를 보여 줄 것이라 예측할 수 있다. 그러한 예측은 생명체의 원소조성(elemental composition)을 조사해보면 현실화된다. 세포는 액상 환경에서 작용하며, 그들의 내부 조성은 3장에서 설명한 바와 같이 물(H_2O)에 의해 좌우된다. 세포질의 용액인 세포질(cytosol)의 pH는 7.0을 약간 넘는다. 생체기계를 구성하는 분자—단백질과 지질, 탄수화물, 핵산, 기타—들은 탄소원자로 된 사슬(chains)이나 고리(rings), 나선(coils)형을 이루고 있다. 다른 보편적이며 양적으로 주요한 생체기계의 원소는 질소와 인, 황이다. Deevey(1970)는 "생명물질이라고 부르는 화학식이 $H_{2960}O_{1480}C_{1480}N_{16}P_{1.8}S$인 독특하고 거의 만물에 존재하는 화합물이 있다"고 기록했다.

생명체의 화학(Life 's chemistry)의 일관성은 진화론적으로 오랜 시간에 걸쳐 조사해보면 같다는 것이 분명해진다. 예를 들어 세상에서 제일 풍부한 효소인 식물 엽록체의 ribulose 1,5-bisphosphate carboxylase/oxygenase(Rubisco)는 *Chromatium vinosum*과 같은 원시 광합성 세균과 아주 비슷하다(Dey, Brownleader, and Harborne 1997). 생물권내 화학원소의 화학양론에 관해서는 Sterner와 Elser(2002)가 고찰했다.

그러므로 세포질은 고도의 화학양론을 기대할 수 있는 유일한 세포 구획이다. 그러나 세포질은 이제껏 다룬 3가지 세포 구획 중에서 부피(volume)와 질량(mass)이 가장 작다. 4장에서 언급했듯이 세포질은 얇은 층 즉, 그 외부 경계인 원형질막이 세포벽에 압착되어 있으며, 내부 경계인 액포막(tonoplast)이 세포질과 액포 사이에 있다. 식물체를 구성하는데 세포벽과 액포가 양적으로 두드러지기 때문에, 대부분의 화학원소의 함량은 상당히 큰 차이가 있다(표 3.4). Bowen(1979)과 Markert(1992)은 식물에서 발견되는 화학원소를 Ag(은)에서부터 Zr(지르코늄)에 이르기까지 망라하고 있다.

원소

무기 원소를 하나씩 설명하기에 앞서, 원소의 구조와 생화학적 기능에 따라 어느 정도까지 분류할 수 있는지 물어보자. 개략적으로 요약하여 분류하지만, 이러한 방식은 아무리 잘해도 문제가 있음을 독자들은 알아야 한다. 예를 들어 칼슘 원소는 다음의 기능을 수행한다.

- 세포벽, 특히 중엽(middle lamella)의 구성성분
- 막의 온전한 기능을 유지하는데 필수적임
- 세포표면에서 먼저 감지되는 세포외 신호 또는 자극에 반응하는 2차 전령(secondary messenger)
- 여러 효소의 활성화제(activator)
- 탄산칼슘(calcium carbonate) 또는 옥살산칼슘(calcium oxalate)으로 무기화됨

많은 다른 영양소도 칼슘과 같이 그들이 수행하는 기능이 다양하다.

이제 철저히 원소들의 기능에 따라 깔끔하게 무기 원소를 분류하려는 시도가 어렵다는 것을 알았지만, 이해를 돕기 위한 방식을 표 8.1에 제시한다. 이 표는 Frausto da Silva와 Williams(1991), Mengel과 Kirkby(2001), Taiz와 Zeigler(2002)가 제시한 표보다 정교하다. 한 부류 이상에 속한 원소는 몇 가지가 안 된다. 분류학자나 사서들은 이러한 다중목록(multiple listings)을 기피하지만, 여기서는 유용함을 알 수 있다. 불완전하지만 영양소를 분류했으므로, 이제 완전히 생각을 바꾸어 앞으로 각 영양소의 기능을 다룰 때 독자들의 편의를 위해 알파벳순으로 배열하겠다.

표 8.1 식물 무기영양소의 분류

무기영양소	설명
고유 기능	
탄소화합물의 구성원소가 되는 영양소	
N	질소는 모든 아미노산과 아마이드, 단백질, 핵산, 뉴클레오타이드, 폴리아민, 기타 여러 형태의 대사 분자의 구성성분
S	황은 시스테인과 시스틴, 메티오닌, 단백질, 조효소인 티아민과 바이오틴, coenzyme A, 기타 생화학 분자
에너지 획득과 이용, 및 유전체에 필수적인 원소	
P	인은 에너지 획득과 저장, 이용을 다루는 모든 대사물질 즉, 당인산과 아데노신 인산(AMP, ADP, ATP) 그리고 뉴클레오타이드와 핵산에서 주 역할을 하는 유일한 원소이다. 피트산, 또는 그 칼슘 또는 마그네슘염(피틴)은 인산저장화합물이다.
세포벽을 구성하는 영양소	
Ca*[a]	칼슘은 세포벽의 다당류에 결합한다.
B	칼슘과 같이 붕소는 세포벽의 펙틴 다당류에 결합하여 세포벽을 안정화시킨다.
Si	규소는 세포벽에 강도를 부여하여, 수화된 규산 즉, $SiO_2 \cdot nH_2O$인 고형 "오팔" 즉, "단백석"를 형성하기도 한다.
효소 또는 기타 필수대사 물질을 구성하는 원소	
Mg*	마그네슘은 엽록소의 구성성분이다.
Fe*	철은 헴 단백질과 페레독신, 철-황 단백질을 구성한다.
Mn	망간은 광계 II의 물-분해 효소 복합체와 효소 superoxide dismutase의 구성성분이다.
Zn	아연은 몇 안 되는 금속효소를 구성하는 금속이다.

[a] 별표는 한개 이상의 부류에 속하는 원소를 나타낸다.

붕소

붕소(B)는 연구자들을 곤란하게 만드는 원소이다. 1920년대 붕소의 필수성이 발견된 이래(3장) 수십년간, 식물생리학 또는 생화학적인 붕소의 역할은 불확실했으며 아직 할 것이 많다. 식물체 조직내 붕소의 함량 범위는 표 3.4에 제시한 바와 같이 건물중으로 5에서 300ppm에 이르기까지 아주 넓다. 붕소 함량의 수치는 단자엽식물보다 쌍자엽식물에서 더 높은 경향이다. 붕소는 pH 7이하의 토양용액에서 해리되지 않은 붕산, $B(OH)_3$으로 존재하며, pH가 더 증가할 때만 $B(OH)_4^-$로 해리된다. 그러므로 붕소는 넓은 pH 범위에서 이온보다는 중성분자로 존재하는 유일한 미량원소이다. 이 점에서 붕소는 양적으로는 훨씬 더 많은 규소와 비슷하다.

표 8.1 (계속)

무기영양소	설명
Cu	구리는 아연처럼 여러 금속효소를 구성하는 금속이며, 때로는 다른 금속원소와 공존한다.
Ni	니켈은 식물 효소인 urease에만 필요한 구성성분이다.
Mo	몰리브덴은 질소고정화효소와 질산환원효소의 구성성분이다.
효소활성을 촉진하거나 억제하는 원소	
K	칼륨은 많은 효소를 활성화한다.
Na	나트륨은 C_4와 CAM 식물에서 피루브산의 phosphoenol-pyruvate전환을 촉매하는 효소를 활성화한다. 나트륨은 칼륨을 대신해서 많은 효소를 활성화할 수 있다.
Cl	염소는 물은 분해하여 산소를 방출하는 광계 II의 효소를 활성화한다.
Mg*	마그네슘은 어떤 다른 원소보다 더 많은 효소를 활성화한다. 마그네슘은 인산 전이에 도움이 되는 효소를 특히 활성화한다.
Ca*	칼슘은 작은 단백질인 calmodulin에 결합하여 많은 효소의 활성조절과 신호전달에 중요한 역할을 한다.
Mn*	망간은 여러 구연산회로의 효소를 포함한 많은 효소를 활성화한다.
Ca*, Fe, Zn, Cu	칼슘과 철, 아연, 구리는 여러 효소를 활성화하지만, 대체로 특이성이 높지는 않다. 칼슘의 다른 기능은 교재에 상술되어 있다.
비특이적 기능	
양전하 또는 음전하에 대한 반대이온 역할을 하는 영양소 이온	
K^+, Na^+, NO_3^-, Cl^-, SO_4^{2-}, Ca^{2+}, Mg^{2+}	이들 이온은 하전을 띤 유기 분자에 대한 반대이온 뿐만 아니라 반대하전을 띤 이온에 대한 반대이온 역할을 한다.
주요 세포 삼투활성용질 역할을 하는 영양소이온	
K^+, Na^+, NO_3^-, Cl^-	모든 세포내 용질은 그들의 화학적 특징에 관계없이 삼투활성용질로 작용한다. 열거한 이온들은 양적으로 주요 무기이온들이다. 나트륨과 염소에 관한 세부 사항은 11장에 설명했다.

비록 붕소의 수많은 기능이 제안되었지만, 붕소의 대부분은 세포벽의 구조를 이루는데 사용되며, 특히 중엽에서 펙틴질과 결합하고 있다는데 의견이 일치하고 있다. 세포벽은 주로 섬유소와 같은 다당류와 그 보다 소량의 구조 당단백질(glycoproteins)과 효소, 페놀성 에스터, 이온결합 또는 공유결합으로 결합된 무기원소로 구성되어 있다(O' Neill and York 2003). 섬유소는 펙틴 매트릭스에 묻혀 있으며, 이들 구조물질은 양적으로 가장 많은 세포벽 단백질인 하이드록시-프롤린(hydroxy-proline) 함량이 많은 당단백질인 익스텐신(extensins)과 교차결합되어 구성된다(Dey, Brownleader, and Harborne 1997). 2차 세포벽이 성장하는 동안, 세포벽은 강화콘크리트의 철근과 같은 역할을 하는 리그닌과 코르크질로 보강된다. 붕소는 그림8.1에 나타낸 것과 같이 rhamnogalacturonan II(RG II)라 부르는 세포벽 다당류 두 분자를 교차결합하여(O' Neill and York 2003), 세포벽에 물리적 강도의 상당부분을 부여한다고 생각된다. 또 다른 증거는 세포벽 붕소의 상당량은 펙틴과 결합하고 있음을 보여주는 연구결과에서 나타난다(Hu and Brow 1994; Matoh and Kobayashi 1998; O' Neill et al. 2001). Dembitsky의 연구진(2002)은 식물과 조류, 미생물내의 붕소함유 화합물의 존재여부에 대해 검토했다.

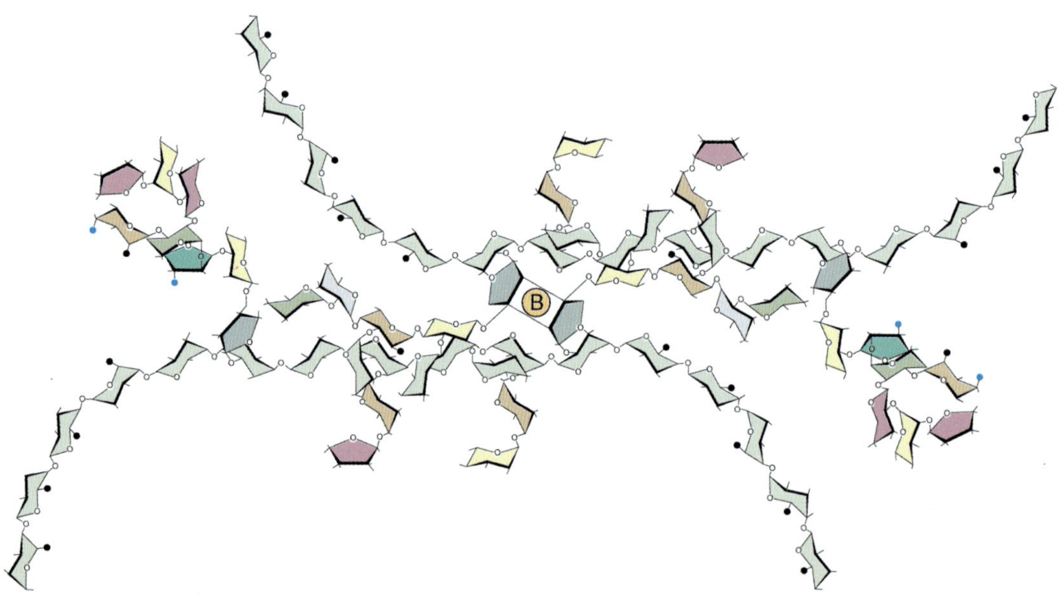

그림 8.1 Rhamnogalacturonan II(RG II)의 구조 이 세포벽 펙틴은 어떤 다당류보다도 더 다양한 당류와 결합구조를 지니고 있다. 중앙 부근의 5각형구조는 apiose이며, 이 당은 붕소에 두개의 diester결합으로 교차결합되어 있다. 오목한 직사각형은 이 분자에 아주 다양한 당이 존재함을 나타낸다. 메틸기와 아세틸기는 각각 작은 흑색 및 작은 청색 원으로 나타내었다.(Carpita and McCann 2000)

지금까지는 세포벽내 붕소의 구조적 역할에 국한해서 설명했다. 실제로 붕소의 구조적 역할이 붕소의 유일한 기능일 것이라는 견해가 발표되었다(Brown and Hu 1983). 그럼에도 불구하고 붕소는 리보핵산(RNA)의 대사(Pilbeam and Kirkby 1983; Ali and Jarvis 1988)와 막 기능(Parr and Loughman 1983)같은 기타 세포내 작용에 관여할 것이다. 독자들은 Power와 Woods(1997) 및 Blevins와 Lukaszewske(1998)의 문헌을 참고하면 된다. 오랫동안 그래왔듯이 붕소는 식물생리학자들에 지속적 도전과제이다.

칼슘

이번 장의 초반에서 언급했듯이, 칼슘(calcium, Ca)은 식물에서 수많은 기능을 수행한다. 칼슘은 세포벽 공간인 아포플라스트에 가장 많이 함유되어 있으며, 최소한 두 가지 기능을 수행한다. 즉, 칼슘은 붕소처럼 펙틴을 교차결합하여 안정화시키며(Matoh and Kobayashi 1998), 펙틴 겔(pectic gel)의 기계적 성질(물성)에 영향을 미친다.

칼슘은 식물세포의 원형질막의 기능유지 특히, 원형질막(plasmamembrane)이 수행하는 이온 수송의 선택성에 필수적이다. 이미 그림 4.11에서 보리 뿌리의 나트륨 존재 하에서 칼륨흡수의 선택성은 용액으로부터 칼슘을 결제하면 몇 분 이내에 불능화됨을 알았다. 보리 유묘는 실험을 시작할 때까지 칼슘이 함유된 용액에서 키웠으므로 칼슘이 결핍되는 경우가 없기 때문에, 칼슘은 원형질막의 외부 표면에서 칼륨 흡수의 선택성을 조절함이 틀림없다. 칼슘은 배지에서 결제되면 식물의 기능이 즉각 손상되는 유일한 원소이다. 또 칼슘은 칼슘이 결제될 때 나트륨 이온만큼 신속하게 막 기능을 손상시키는 수소 이온(pH 3.9)의 유해작용으로부터 원형질막을 보호한다(Rains, Schmid, and Epstein 1964). 칼슘의 이러한 기능은 여러 종에서 입증되었다. 이 기능에 적합한 환경내 칼슘 농도는 0.2~0.5mM정도이다. 여담이지만 근 1세기 전에 True(1914)가 칼슘은 "증류수의 유해작용"으로부터 식물을 보호한다고 결론내린 역사적 기록이 있다. 식물을 염류 스트레스(salinity stress)를 유발하기에 충분할 정도로 고농도의 나트륨에 노출시킬 때, 칼슘 농도가 몇 mM 정도로 높으면 식물에는 현저한 보호효과가 나타나며, 이는 11장에서 다룬다.

칼슘은 주변 환경으로부터의 신호전달(signal transduction)에 주 역할을 담당한다. 약 1990년 이래 칼슘의 이러한 기능에 관한 실질적으로 폭발적인 연구가 수행되었다. 이 주제와 관련한 Reddy와 Reddy(2002)의 논문은 353편이나 되며, 그중 1990년 이전에 발간된 것은 몇 편뿐이다. 칼슘이 매개하는 많은 환경신호는 비생물적(abiotic-) 및 생물적 스트레스(biotic stress)의 성질을 띠고 있다. 칼슘이 관여하는 비생물적인 스트레스 인자로는 염류도와 저산소증(hypoxia), 저온 및 열 충격(heat shocks), 접촉이나 바람과 같은 기계적 교란(mechanical disturbances), 알루미늄과 같은 금속의 농도증가를 들 수 있다. 생물적 인자로는 병원균과 *Rhizobium*에 의한 콩과식물 뿌리의 근류착생(nodulation)을 들 수 있다. 거의 예외 없이 이들 스트레스로 인해 세포질 내의 유리 칼슘농도[Ca^{2+}]가 증가된다(Sanders, Brewnlee, and Farper 1999; Knight 2000; reddy and Reddy 2002). 역으로 스트레스 자극이 중단되면, 세포질의 유리 칼슘농도는 정상적인 0.15 μM 정도의 저농도로 회복된다.

칼슘의 외부 농도는 이러한 아주 낮은 값보다 훨씬 높다. 바닷물의 칼슘농도는 10mM이며, 2장에서 설명한 바와 같이 Reisenauer(1966)가 분석한 토양용액(표 2.4)의 칼슘농도는 979개 시료의 75%에서 1.27 mM 이상이었다. 토양용액의 칼슘농도가 전형적으로 1.27 mM이라 가정한다면, 토양용액에 노출된 뿌리세포는 세포질의 유리 칼슘농도를 외부농도의 1/8467로 유지시킨다는 놀랄만한 결론에 도달한다. 이러한 큰 농도차이가 두께가 10 nm도 안 되는 뿌리의 세포막 내외에서 유지된다(Curtis and Barnes 1989).(참고로 사람 머리카락의 두께는 50,000 nm 이상이다)

그러므로 칼슘의 높은 외부농도와 그의 2가 양전하로 인해 칼슘의 내부로의 이동을 촉진하는 큰 전기화학적 퍼텐셜 기울기가 형성된다. 그러면 어떻게 세포는 앞서 언급한 세포질의 칼슘농도를 0.15 μM정도로 아주 낮게 유지시킬 수 있는가? 세 가지 방식에 의해 가능하다. 즉,

- 첫째, 칼슘은 액포막을 통과해 수송되어 액포에 격리된다.
- 둘째, 칼슘은 주로 calmodulin이라는 칼슘-결합 단백질(calcium-binding proteins)과, 미토콘드리아와 핵, 소포체(ER), 광합성 세포내의 엽록체와 같은 세포내 소기관에 결합된다. 결과적으로 세포질 칼슘의 대부분은 유리 칼슘 이온[Ca^{2+}]으로 존재하지 않는다.
- 셋째, 칼슘은 세포질로부터 원형질막을 통과하여 아포플라스트 즉 세포벽공간(cell wal space)으로 능동적으로 방출된다.

이 마지막 작용은 궁극적으로 가장 중요하며, 그 까닭은 액포가 칼슘을 흡수하는 용량은, 세포질의 칼슘-결합 물질의 총량에 한계가 있는 것과 마찬가지로, 한계가 있기 때문이다. 이처럼 칼슘이 수송 및 결합됨으로써 마침내 세포질내의 유리 칼슘농도가 낮게 유지된다. 외부 및 내부의 감지된 자극이 수용체 단백질에 전달되어 그 자극에 대한 적절한 반응이 유발되는 것은 이처럼 "정상적(normal)" 또는 "잠재적(resting)" 으로 유리 칼슘농도가 일정하게 조절되기 때문이다. 그림 8.2에 식물세포의 칼슘 이동 양상을 도식화하였다.

저분자량의 칼슘-결합 단백질인 칼모듈린(calmodulin)은 진핵 생명체에 널리 존재한다.

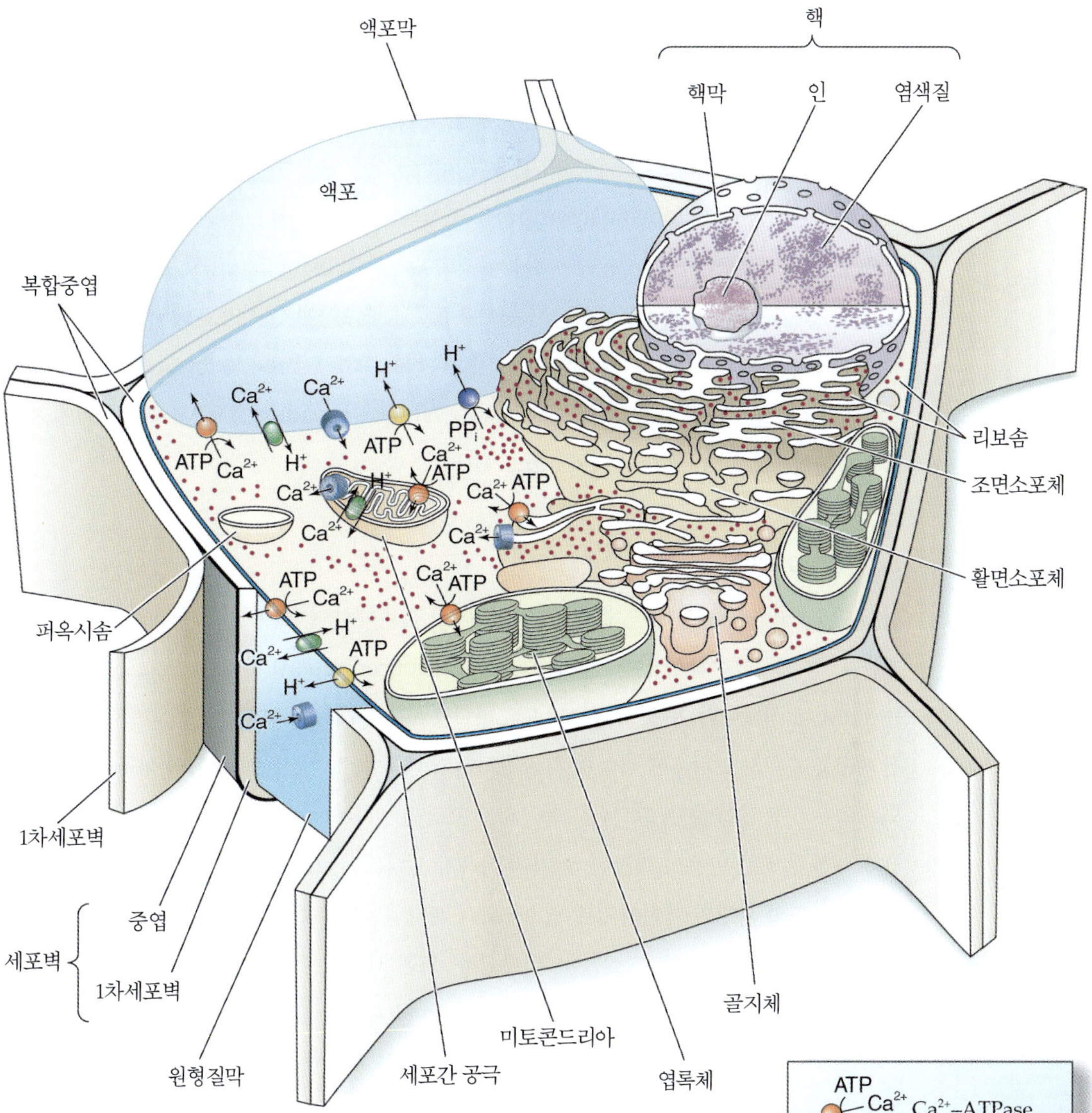

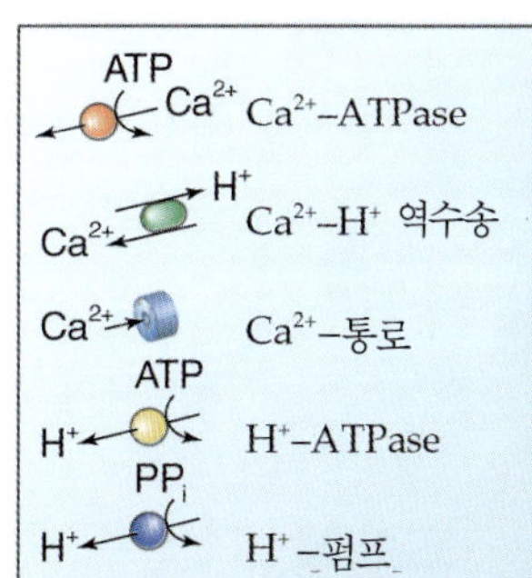

그림 8.2 고등식물의 잎 세포내의 칼슘(Ca^{2+}) 수송단백질 그림에 나타낸 것은 원형질막과 액포막, 미토콘드리아 내막, 소포체, 엽록체 막의 Ca^{2+}펌프에 의한 ATPase; 엽록체막을 제외한 동일한 모든 막내의 Ca^{2+}통로; 원형질막과 액포막, 미토콘드리아 내막의 Ca^{2+}–H^+ 역수송단백질; 전기화학적 기울기를 형성하여 Ca^{2+}통로를 통한 수송을 촉진하는 원형질막과 액포막의 양성자펌프.(Taiz and Zeiger 2002)

칼모듈린은 4개의 칼슘을 결합할 수 있다(그림 10.3). 이들 칼슘-리간드 복합체를 EF hands라 부른다. 칼모듈린은 칼슘이 결합되면 입체배열이 변화되어 표적 단백질을 감싸서 최초 자극에 대한 적절한 반응을 유발한다. 10장에는 이들 분자적 작용에 관한 정보가 더 제공되어 있으며, 11장에는 식물의 스트레스 반응에서의 칼슘의 역할에 대해 상술한다.

칼슘은 기공구경(stomatal aperture)을 조절하는 역할을 한다. 이번 장의 후반에 칼륨에 관한 절에서 기공구경 조절작용에서 칼륨이 삼투활성용질(osmoticum)로 아주 중요함을 설명할 것이다. 칼슘은 공변세포에서 삼투활성용질로는 중요하지 않지만, 기공구경을 조절하는 역할을 하며 그 메커니즘은 이제야 밝혀졌다(Ng et al. 2001; Schroeder et al. 2001).

식물의 칼슘에 관한 최근 연구 문헌으로는 White와 Broadley(2003)과 칼모듈린에 관한 상세한 문헌으로는 Snedden과 Fromm(2001)이 있다.

염소(*chlorine*)

원소 염소(Cl)는 토양용액 중에 염소 이온(Cl^-)으로 존재하며, 식물에 그 형태로 흡수되어 존재한다. 염소는 미량원소이며, "임계농도(critical concentration)"는 건물중으로 100ppm 또는 3 μM/g 정도이다(표 3.3). 궁극적으로 바닷물에서 유래하는 염소는 순환염으로 대기 중에서 지구를 순환하고 강우에 섞여 육지로 강하하기 때문에, 노지(open sky)의 식물에서는 결핍되는 경우가 좀처럼 없다. 그럼에도 불구하고 포장의 밀(*Triticum* ssp.)에 대한 염소 비료의 시용에 대한 분명한 반응이 관찰된 몇 가지 사례가 있다(Engel, Brucker, and Eckhoff 1998). 나트륨 농도의 과다와 마찬가지로 염소농도의 과다현상이 이들 원소의 결핍현상보다 대부분의 경우 문제가 되고 있다. 그로인한 "염류집적" 또는 "염류스트레스"에 대해서는 11장에서 다룬다. 여기서는 미량원소인 염소의 기능에 대해 알아본다.

Cl^-가 흡수되어 전이되는 정도는 유전형들간에 큰 차이가 있다. 이런 차이 때문에 식물조직 내의 염소농도는 건물중으로 10~80,000ppm에 달할 정도로 그 범위가 넓다(표 3.4). 나트륨을 제외하고 어떤 다른 원소도 식물체내의 농도범위가 그와 같이 8,000배가 되지는 않는다.

염소는 특이적(specific) 기능과 비특이적(nonspecific) 기능 모두를 수행한다. 염소 이온은 비특이적으로 삼투활성용질로 작용한다. 염소의 특이적 기능에는 3가지가 있다.

- 염소는 물을 분해하여 산소(O_2)를 생성하는 광계 II(photosystem II)에 필수적인 원소이다.
- 염소는 액포의 H^+-ATPase를 활성화시킨다.
- 염소는 일부 유전형과 조건에서 공변세포의 원형질막을 통해 유입됨으로써 기공(stomata)의 개폐를 조절하는 용질중의 하나이다.

염소의 염류스트레스와 관련한 삼투활성용질로서의 기능에 대해서는, 염소는 염류 스트레스 조건에서 그 삼투조절 역할이 가장 두드러지기 때문에, 11장에서 다루겠다. 여기서는 염소의 생화학적 및 생리적 두 특이적 기능 모두에 대해 다룬다.

광합성에서의 염소 교재의 염소와 기타 양분의 역할(그림 8.3)을 설명하기 위해 광합성의 특징에 대해 복습해보자. 1900년대 중반에 광합성의 산소 방출에 염소가 필요하다는 것이 발견되었다. 그 당시에 염소는 필수원소로 간주되지 않았기 때문에 그 발견은 당혹스러웠으며, 이러한 수수께끼는 3장에서 설명한 것과 같이 1954년 원소의 필수성이 확립되고서야 해결되었다.

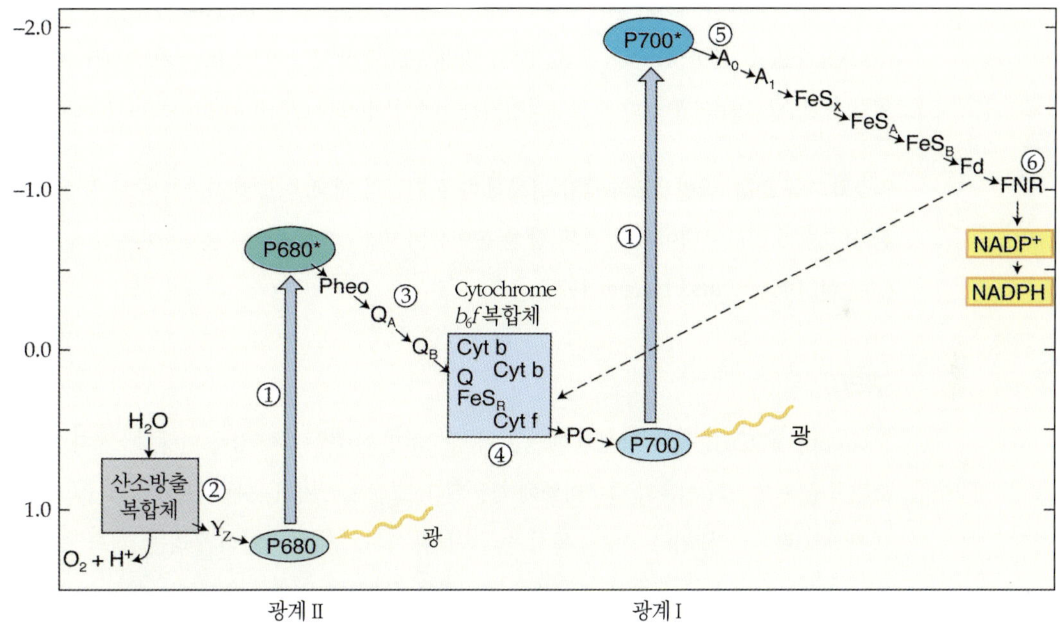

그림 8.3 O_2를 방출하는 광합성 유기체의 Z-체계 산화환원 담체의 산화환원전위를 중간값인 pH 7로 정한다. (1) 수직 화살표는 반응중심 즉, 광계 II(PS II)의 P680과 광계 I(PS I)의 P700인 엽록소에 의한 광자흡수를 나타낸다. 광계 II P680*의 반응중심 엽록소가 여기되면 전자가 페오피틴(pheophytin) (Pheo)에 전달된다. (2) PS II의 산화부위에서 빛에 의해 산화된 P680은 물이 산화되어 전자를 받은 Y_Z(PS II의 일부인 구조단백질의 핵심 아미노산)에 의해 환원된다. (3) PS II의 환원부위에서, pheophytin은 plastoquinpne인 수용체 Q_A와 Q_B에 전자를 전달한다. (4) cytochrome b_6f 복합체는 가용성 구리 단백질인 plastocyanin (PC)에 전자를 전달하고, PC는 다시 P700(산화된 P700)을 환원시킨다. (5) P700*(A_0)에서 나오는 전자수용체는 엽록소인 것으로 생각되며, 다음 수용체(A_1)는 quinone이다. 일련의 막-결합 철-황 단백질(FeS_x, FeS_w, FeS_B)는 전자를 가용성 페레독신(Fd)에 전자를 전달한다. (6) 가용성 flavoprotein인 ferredoxin-NADP 환원효소(FNR)는 $NADP^+$를 NADPH로 환원시키며, NADPH는 Calvin 회로에서 CO_2를 환원하는데 사용된다. 점선은 PS I 주변의 순환형 전자흐름을 나타낸다(원래 이 체계는 x축상에 산화환원 전위와 옆으로 배열되었지만, 여기서는 N-체계(scheme)라 부르는 것이 더 적절할 것이다). (Blankenship and Prince 1985.)

염소의 작용부위는 현재 광계 II라고 알려져 있으며, 여기서 염소는 또 다른 원소인 망간과 함께 그 계를 구성하는 요소이다. 망간의 기능은 순차적 산화(successive oxidations)에 관여하지만, 염소의 기능은 아직 규명되지 않았다(Itoh and Uwano 1986; Kochian 2000). 염소는 1가 음이온(Cl^-) 형태이므로 전자전달을 매개하지 못하기 때문에, 염소가 필요하다는 것은 아주 뜻밖이다. 그 가능성중 하나는 염소가 광계 II의 물-산화 부위에 물의 접근을 조절할 가능성이 있다(Bower and Leegood 1997).

염소와 액포막 H^+-ATPase 액포막 ATPase는 세포질로부터 액포속으로 H^+을 펌프질한다. 이 과정은 ATP의 가수분해에 의해 에너지가 공급된다. 그 결과 형성된 전기화학적 H^+-기울기로 인해 무기 이온과 유기화합물이 수송된다. 염소 농도가 높으면 이 ATPase의 농도가 증가한다(Ratajzak et al. 1995; Kirsch et al. 1996; Ballesteros et al. 1997; Ma et al. 2002). 저농도의 염소가 이 ATPase의 활성화에 필수적인지는 아직 분명하지 않다(Griffith et al. 1986).

염소와 기공 조절 공변세포의 팽압 변화에 따른 기공의 개폐; 이들 변화에는 주로 칼륨이 관여한다(그림 6.12). 반대이온은 간혹 말산 음이온이지만, 염소 등의 다른 음이온일 수도 있다(Zeiger, Bloom, and Helper 1978).

구리

구리(copper, Cu)는 이온형태일 때 농도가 증가하면 아주 독성이 강한 미량원소이다. 이 말은 모든 중금속 원소의 이온과 알루미늄에 적용된다. 그러므로 거의 모든 식물체내의 구리는 복합체 형태로 존재한다. 기타 잠재적 독성 중금속들과 마찬가지로, 과량의 구리는 "화학적 집개 발(chemical claws)"로 금속과 복합체를 형성하는 글루타티온에서 유래하는 함황 펩타이드인 파이토킬라틴(phytochelatins)("식물 집개 발"이란 뜻의 그리스어)에 결합된다.

구리는 제1구리(Cu^+)와 제2구리(Cu^{2+})의 두 가지 이온 형태로 용액에 존재한다. 제 1구리(cuprous)는 제2구리(cupric)로 쉽게 산화된다. 제 1구리는 유리 이온 즉, Cu^+로보다는 복합체 형태로만 존재한다. Cu^+ 복합체(Cu^+ complex)는 대체로 무색이지만, Cu^{2+}는 보통 청색 또는 갈색이다.

전자를 전달($Cu^{2+} \leftrightarrow Cu^+$)할 수 있는 전이원소인 구리는 산화적 단백질과 효소에 의한 전자수송과 에너지 포획 기능을 담당한다(Frausto da Silva and Williams 1991). 식물에는 구리를 함유하는 단백질 또는 효소가 수십 개나 된다. 표 8.2에 몇 가지 예와 그 기능에 대해 열거하였다. 잎 세포의 대부분의 구리는 광계 I에 즉시 전자를 주는 플라스토시아닌(plastocyanin)(그림

표 8.2 일부 구리-함유 단백질

단백질	기능
청색단백질	틸라코이드에서 전자전달
Ascorbate oxidase	ascorbate의 산화
Plastocyanin[a]	광계 I에서 전자전달
Phenol oxidase	미토콘드리아와 틸라코이드막에서 페놀의 산화
Diamine oxidase	putrescine과 cadaverine의 산화적 탈아미노반응
Superoxide dismutase[a]	초과산화물 라디칼인 O_2^-를 catalase에 의해 H_2O_2와 O_2로 산화하여 제독
Cytochrome oxidase	철과 함께 미토콘드리아의 전자전달 최종단계에서 O_2를 H_2O로 환원

[a] 구리의 대부분은 잎 세포에서 이들 단백질에 들어있다.

8.3)과 catalase와 함께 산화제(oxidants)를 제독하는 초과산화물 불균등화 효소(superoxide dismutase)에 들어있으며, 다음 절에서 다룬다. Maksymiec(1997)은 식물체내 구리의 역할에 대해 다루었다.

철

철(iron, Fe) 흡수에는 많은 철 대사작용(iron metabolism)이 관여한다. 따라서 이 주제는 막 수송을 다루는 4장에서 보다는 여기에서 다룬다. 호기적 토양조건에서 철은 주로 산화물(oxides)과 수산화물(hydroxides)을 형성하여 불용성으로 존재한다. 제2철(Fe^{3+})도 유기 킬레이트형태로 결합되는 경향이 있다. 따라서 토양용액내의 유리 철 농도는 많은 토양에서 아주 낮다. 따라서 식물은 철을 가용화하는 메커니즘을 발달시켜 뿌리로 흡수할 수 있게 한다.

이들 메커니즘 중의 일부는 철 흡수에 특이적이 아니다. 뿌리는 H^+을 방출하여 근권의 pH를 낮춘다. pH가 낮을수록 철의 용해도가 증가하고, 그에 따라 철의 유효도도 증가한다. 뿌리는 토양 속으로 유기산을 방출하기도 한다. 이 작용은 철의 유효도에 두 가지 영향을 미친다. 즉, 외부의 pH를 낮추고, 말산과 구연산(citrate)과 같은 많은 유기산은 철과 가용성 복합체를 형성한다. 인산도 뿌리에 의해 토양이 산성화(acidification)되면 가용성과 유효도가 증가한다.

그러나 철 흡수 필요성에 반응하여 특이적으로 진화한 메커니즘은 두 가지이다(Römheld and Marschner 1986a,b; Rogers and Guerinot 2002).

쌍자엽 및 비-화본과 단자엽식물의 특징인 이들 첫 과정에서, 양성자가 배출되어 근권을 산성화시킨다(그림8.4A). 제2철(Fe^{3+})은 유도성 Fe^{3+} 환원효소(inducible Fe^{3+} reductase)에 의해 뿌리 세포의 원형질막에서 제1철(Fe^{2+})로 환원된다. 이어 환원된 철은 Fe^{2+}-특이적 수송계(Fe^{2+}-specific transport system)에 의해 원형질막을 가로질러 수송된다. 보리와 옥수수, 귀

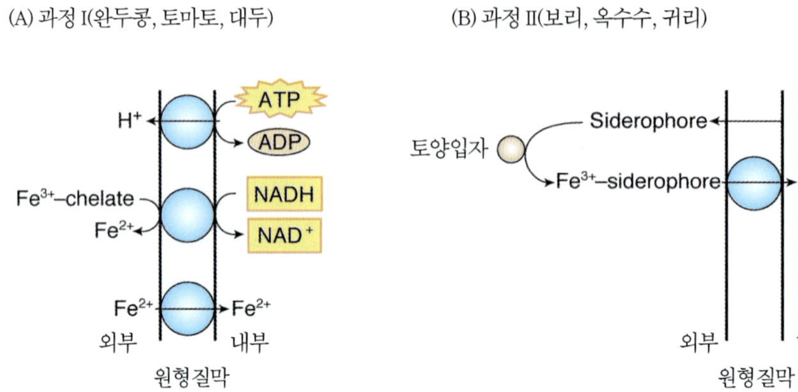

그림 8.4 철 흡수의 두 과정 (A) 완두콩과 토마토, 대두와 같은 쌍자엽 식물에서 일어나는 과정. (B) 보리와 옥수수, 귀리와 같은 단자엽 식물에서 일어나는 과정. (Guerinot and Yi 1994)

리와 같은 화본과 작물에 의해 일어나는 두 번째 철 흡수 모형(그림 8.4B)에서는 뿌리에 의한 phytosiderophores(식물 철 담체)라고도 부르는 siderophores("철 담체"를 의미하는 그리스어)가 분비된다. 이들 화합물은 뮤지네산(mugineic acids)계열에 속한다(Ma and Nomoto 1996). 이들은 분비되어 제2철(ferric iron, Fe^{3+})과 복합체를 형성한다. 이때 제1철(ferrous iron, Fe^{2+})로 환원되지는 않는다. Fe^{3+}-siderophore 복합체는 다시 뿌리세포의 원형질막을 통해 수송된다. 이들 두 가지 철 흡수모형은 모두 철-결핍조건에서 크게 증가한다.

두 과정의 용어에 대한 주석이 마련되어 있다. 지금까지 설명한 철 흡수의 두 가지 과정을 각각 *전략 I(strategy I)*과 *전략 II(strategy II)*라고도 부른다. 전략이라는 용어를 생리적 또는 생화학적 활동의 과정 또는 양상, 아니면 식물의 형질(traits)에 적용하는 것은 적절하지 못하다(Chapleau, Johnsen, and Williams 1988). "'전략'과 '전술' 같은 용어"를 식물과 하등동물에 적용하는 것은 분명히 옳지 않으며, 정치가와 군인, 운동감독에게 아주 적합하다(Kramer 1984).

식물에서 철이 기능을 수행할 수 있는 것은 용액 내에서 철이 두 산화상태 즉, 제1철(Fe^{2+})과 제2철(Fe^{3+})로 서로 손쉽게 전환되고, 또 리간드(ligands)와 8면체의 복합체(octahedral complex)를 형성하기 때문이다. 식물은 제2철을 포집하는 단백질인 페리틴(ferritin) 형태로 철을 저장한다.

철은 두 부류의 단백질 즉, 헴 단백질(heme proteins)과 철-황 단백질(iron-sulfur proteins)에 들어있다. 철은 이들 단백질에서 구성요소(integral part)이다. 또 철은 여러 효소를 활성화한다. 이들 상황에서 철-단백질 복합체형성은 가역적이다. 단백질(apoenzyme)은 철

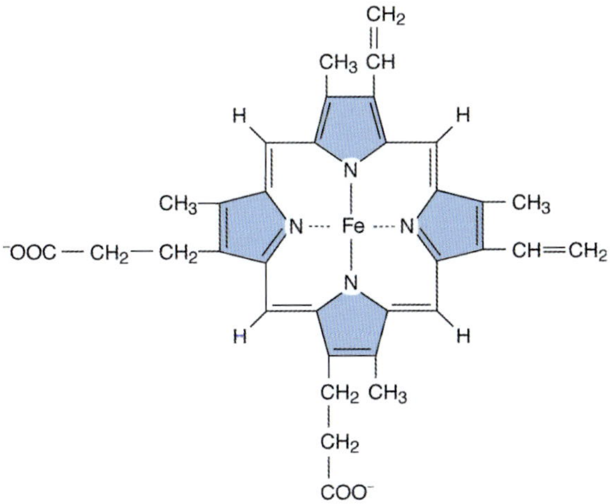

그림 8.5 헴 보결분자단 프로토포르피린 IX(protoporphyrin IX) 이 화합물은 *b*-형 사이토크롬에서 발견된다. Fe 이온은 환원형 사이토크롬에서 2^+의 산화상태이며, 산화형 사이토크롬에서 3^+의 산화상태이다.

을 함유하는 보조인자(cofactor)없이 존재할 수 있지만, 촉매활성은 소실된다. 헴 복합체에서(그림 8.5) 철은 Fe^{2+}형태로 효소 철 결합효소(ferrochelatase)에 의해 포르피린(porphyrin)고리 속으로 삽입된다(그림 8.6). 헴 복합체는 leghemoglobin(7장에서 설명)과 catalase를 비롯한 여러 단백질의 보결분자단(prosthetic group)이다. 퍼옥시솜(peroxisomes)의 catalase는 과산화수소를 제독하는 $H_2O_2 \rightarrow 2H_2O + 1/2O_2$ 반응을 촉매하며, 이 반응은 이번 장의 망간에 관한 절에서 설명한 것과 같이 침수와 같은 스트레스 조건에서 산소 라디칼 O_2^-를 집적시키는 모든 조건과 광호흡에서 중요한 과정이다.

철은 산화적 인산화(oxidative phosphorylation)에서 ATP의 대부분을 생성하는 미토콘드리아의 전자전달계에서 중요한 역할을 한다. 전자전달은 미토콘드리아내의 호기적 호흡을 구성하는 해당과정(glycolysis)과 구연산 회로(citric acid cycle) 이후에 일어나는 일련의 반응중 마지막 단계이다. 모든 미토콘드리아 전자전달계의 구성요소는 철을 함유하는 효소들이며, 마지막 효소인 사이크롬산화효소(cytochromes oxidase)는 2개의 철과 2개의 구리 원자를 지니는 보결분자단을 가지고 있다.

우리는 호흡적 전자전달에서 철의 역할에 대해 먼저 다루었으며, 그 까닭은 그것이 철의 역할이 처음 확립된 과정이었기 때문이다. 그러나 이들 반응의 최종 기질은 광합성의 빛에너지 흡수를 통해 형성된 최초 유기분자인 광합성산물이다. 여기서도 철의 특징은 두드러진다. 고등식물의 엽록체의 틸라코이드막(thylakoid membrane)에서 일어나는 광합성은 순차적으로 작용하는 두 계, 즉 광계 II와 광계 I에서 수행된다(그림 8.3). 빛 에너지는 광계 II의 엽록소에 의해 흡수되어, 물이 분리되고, 산소는 염소를 다룬 절에서 언급했듯이 망간과 염소를 함유하는 계에서 방출된다. 물에서 유래한 전자들은 여러 개의 철-함유 cytochromes을 지니는

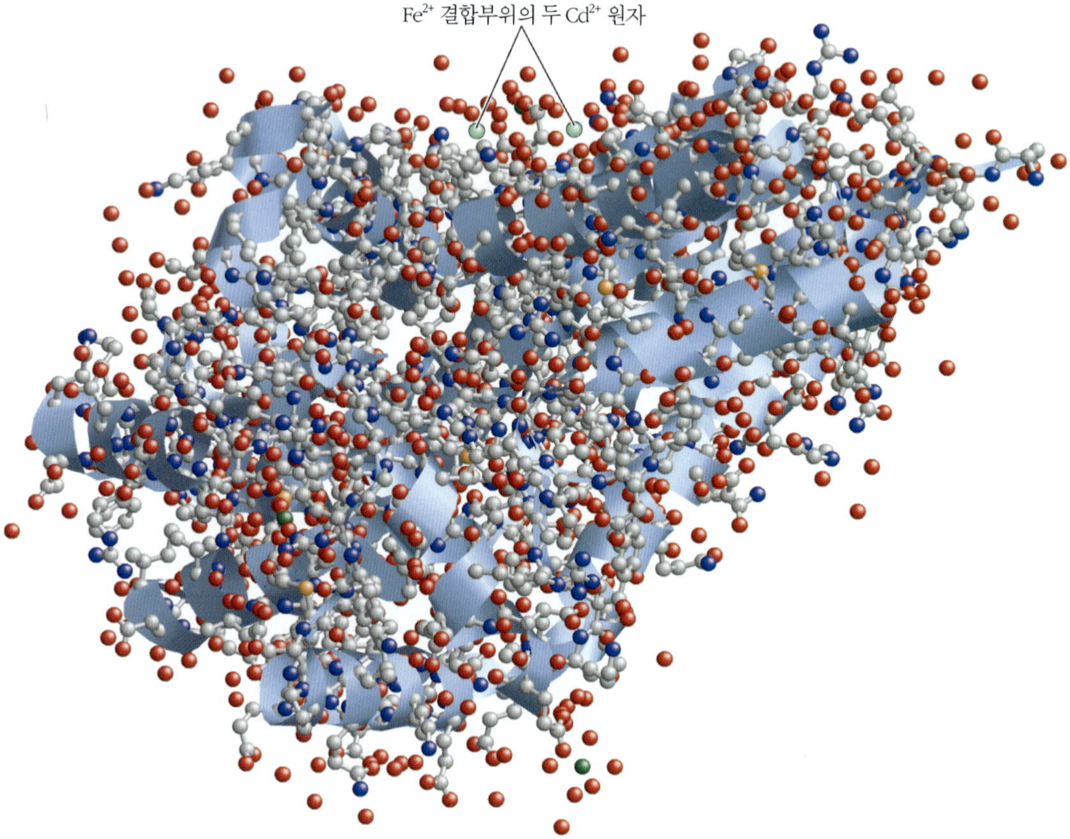

그림 8.6 세균 *Bacillus subtilis* 유래의 ferrochelatase 두 결합부위의 제1철(Fe^{2+})은 Cd^{2+}로 치환되었다. 탄소는 회색, 산소는 적색, 질소는 청색, 인은 오렌지색, 카드뮴은 연녹색, 마그네슘은 농녹색으로 나타내었다. 연청색 리본은 알파-나선구조를 나타낸다. 이 구조의 작업이 얼마나 힘들지를 생각해보라. 이 모형은 D. Lecerof와 M.N. Fodje, R.A. Leon, U. Olssem, A. Hansson, E. Sigfridsson, U. Ryde, M. Hansson, S. Al-Karadaghi의 X-선 회절분석 자료를 근거로 만들었다.

cytochrome b_6f 복합체를 거쳐 3개의 철-황 뭉치를 지니는 광계 I(photosystem I)에 전달되며(Ben-Shem, Frolow, and Nelson 2003). 이어 작은 철-황 단백질인 페레독신(ferredoxin)에 전달된다. 이러한 순차적인 전자전달(환원)의 결과로 환원형의 NADPH(nicotinamide adenine dinucleotide phosphate)와 ATP(adenosine triphosphate) 형태의 화학 에너지가 생성된다. cytochromes과 철-황 뭉치, 페레독신은 식물의 광합성에서 철을 함유하는 완전한 전자전달계이다. 광합성에서의 미량 금속원소에 대한 최신 정보는 Raven과 Evans, Korb(1999)를 참고하라.

질산환원효소와 아질산환원효소, 아황산환원효소, 질소고정효소 등의 질소와 황 대사에 관여하는 여러 효소는 7장에서 설명한 것과 같이 철을 함유하는 보결분자단을 이용한다.

식물의 철 영양과 사람의 철 영양의 중요성에 대해 설명하겠다. 철 결핍으로 인한 빈혈증(anemia)은 사람에게 있어 가장 흔한 무기물 장애이며, 20억 명의 인구가 앓고 있다(Grusak and DellaPena 1999, Welch and Graham 1999: Graham, Welch, and Bouls 2001). 다른 미량원소의 식이 결핍도 흔하다. 이에 관해서는 9장에서 상세하게 다루고 있다. 사람이 이용할 수 있는 철과 기타 미량원소를 다량 함유하는 작물을 육종하고 유전자조작하기 위한 많은 노력이 경주되고 있다.

마그네슘

마그네슘(magnesium, Mg)은 엽록소*a*와 *b*의 중심에 위치한다(그림 8.7). 두 엽록소의 유일한 차이점은 엽록소 *a*에는 메틸기(methyl group)가 있는 반면, 엽록소*b*에는 그 자리에 폼일기(formyl group, −COH)가 들어있다(그림 8.7). 엽록소의 porphyrin 구조는 헴 보결분자단의 중심원자인 철에서 이미 설명한 구조와 비슷하다. 마그네슘 원자는 엽록소 분자의 생화학에

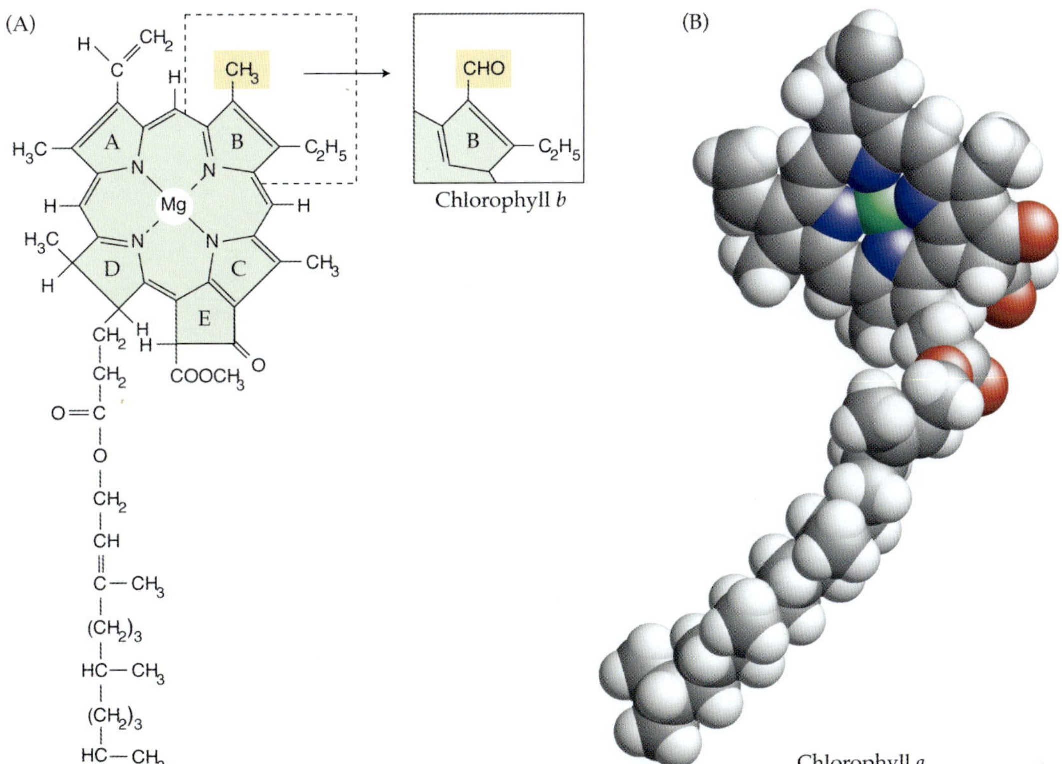

그림 8.7 엽록소a 엽록소*a*의 화학구조(A)와 공간충전모형(B). (A)의 네모 안에는 엽록소 *b*가 구조상으로 엽록소 *a*와 비슷하지만, B 고리에 메틸기 대신 폼일기를 가지고 있음을 보여준다. 탄소는 회색, 산소는 적색, 질소는 청색, 마그네슘은 진한 녹색, 수소는 흰색으로 나타내었다.

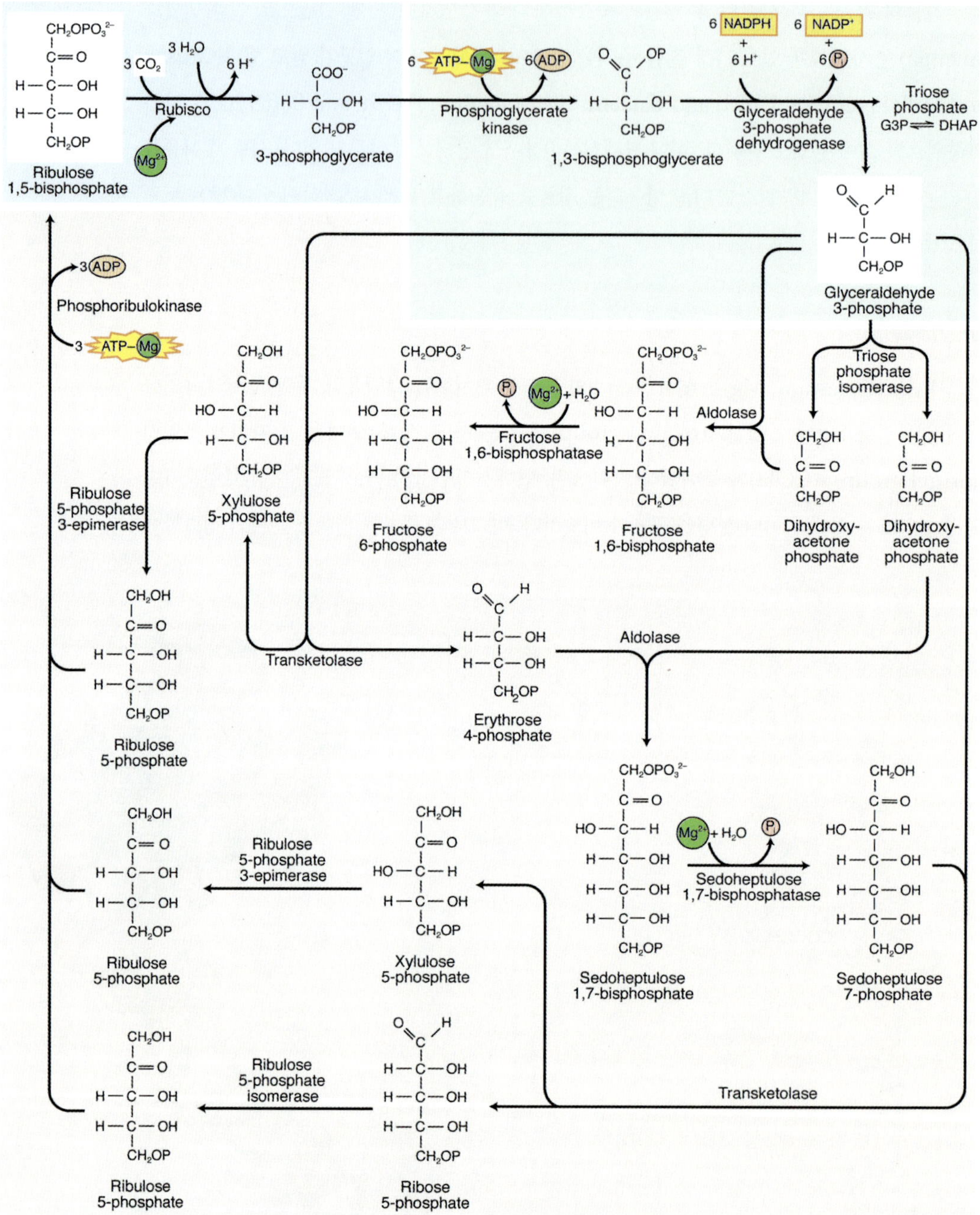

그림 8.8 Calvin-Benson 회로에서의 마그네슘(Mg^{2+})의 역할 Rusbicso의 활성화에 Mg^{2+}이 필요하다. ATP-Mg는 포스포글리세르산키나아제(phosphoglycerate kinase)와 포스포리뷸로키나아제(phosphoribulokinase)의 기질이다. 또 Mg^{2+}는 과당-1, 6-이인산가수분해효소(fructose-1,6-bisphosphase)과 세도헵튤로오스-1,7-이인산가수분해효소(sedoheptulose-1,7-bisphosphate)을 활성화한다.

직접 관여하지 않는다. 대신 그 기능은 엽록소에 어떠한 기능적 장애를 주지 않고도 엽록소의 입체 위치배열(steric configuration)을 유지해주는 듯하다(Frausto da Silva and Williams 1991). 마그네슘은 엽록소에서의 기능이외에도 많은 기능을 수행한다. 마그네슘 혹은 ATP에 결합된 마그네슘은 그림8.8에서와 같이 광합성의 여러 반응에 관여한다.

마그네슘은 어떤 다른 무기 원소보다 더 많은 효소를 활성화한다. 이들 효소의 활성화가운데 가장 두드러진 것은 ATP를 통한 에너지전달에 관여하는 효소의 활성화이다. ATP의 말단 인산기의 전이와 이러한 전이에서 방출된 대사에너지를 이용할 때, 실제로 ATPase는 ATP 단독으로보다는 Mg-ATP 복합체(그림 8.9)에 작용한다. 무기 피로인산(PP_i)의 가수분해를 촉매하는 액포 H^+-PPase가 액포 속으로 양성자를 펌프질하여 에너지를 전달하는데 필요한 기질은 이-마그네슘(di-magnesium) PP_i이다. 칼륨도 필요하다. 마지막으로 마그네슘은 RNA와 DNA의 구조를 형성하고 유지하는데 필요하다(Frausto da Silva and Williams 1991).

망간

망간(manganese, Mn)은 앞서 염소 항목에서 다룬바와 같이 물이 분해되어 산소 기체가 방출되는 광계 II의 구성성분이다. 물분해(water splitting)는 $2H_2O \rightarrow O_2 + 4H^+ + 4e^-$ 같이 산화과정이다. 즉, 물 분해 복합체의 망간은 순차적으로 산화되어, 최종적인 "S_4" 상태에서 물을 산화시키는 힘을 지니며, 물에서 유래하는 4개의 전자에 의해 환원된다.

망간이 구성요소인 다른 유일한 단백질은 망간을 함유하는 초과산화물 불균등화 효소(superoxide dismutase)이다. 이 효소는 호기성 유기체에 널리 존재한다. 앞 절에서 언급한

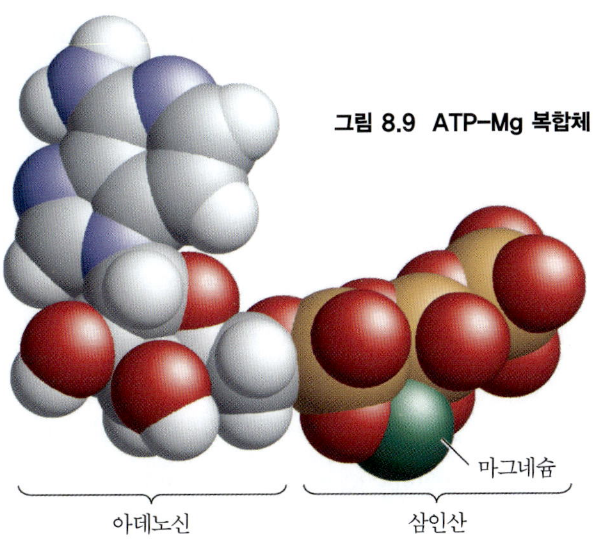

그림 8.9 ATP-Mg 복합체

바와 같이, 구리 등의 다른 금속을 지니는 또 다른 superoxide dismutase가 있다(Frausto da Silva and Williams 1991). 이 효소는 O_2가 단일 전자를 받을 때(즉, $O_2 + e^- \rightarrow O_2^-$) 형성되는 유리 산소 라디칼로부터 보호하는 기능을 한다. superoxide dismutases는 이 독성이 강한 O_2^- 유리 라디칼을 H_2O_2(과산화수소)로 전환시키며, $2O_2^- + 2H^+ \rightarrow H_2O_2 + O_2$ 반응을 촉매한다. 따라서 catalase 또는 여러 과산화효소(peroxidases)중의 하나는 과산화수소를 물로 분해한다.

망간은 상당히 많은 효소를 활성화시키기도 한다(Fraústo da Silva and Williams 1991). 이들 몇몇 활성화과정에서 망간과 마그네슘은 서로 대체 가능하다.

몰리브덴

몰리브덴(molybdenum, Mo)은 식물이 아주 소량 필요로 하는 미량요소이며, 이보다 더 소량이 필요한 원소는 니켈뿐이다(2장). 이런 사실은 식물은 몰리브덴을 단 몇 가지 기능에 필요로 함을 의미하며, 실제로 그러하다. 7장에서 언급한 것과 같이, 몰리브덴 복합체는 질산(NO_3^-)을 아질산(NO_2^-)으로 환원하는 질산환원효소(nitrate reductase)는 물론 질소고정세균이 질소기체(N_2)를 암모니아(NH_3)로 전환하는 질소고정효소(nitrogenase)를 구성하는 성분이다.

이제 또 다른 효소 즉, 잔틴(xanthine)을 요산(uric acid)으로 산화하는 효소인 잔틴탈수소효소/산화효소(xanthine dehydrogenase/oxygenase에 대해 설명한다. 잔틴(xanthine)은 퓨린(purines) 대사의 생성물이며, 요산으로 분해되는 과정을 다음과 같다. xanthine + $NAD^+ + H_2O \rightarrow$ 요산 $+ NADH + H^+$

식물에서의 몰리브덴의 기능에 대해서는 Mendel과 Hansch(2002)이 상세하게 설명하고 있다.

니켈

니켈(nickel, Ni)은 최근까지 식물의 필수원소로 취급되지 않았다. 그러나 1983년 Eskew와 Welch, Cary(1983)는 각고의 노력 끝에 니켈이 결핍된 식물을 확보했다. 그들은 크로마토그래피 정제과정(chromatographic purification procedure)을 통해 Ni의 99.99%를 제거하여 양액중의 잔존 Ni 농도가 0.06 μg/L에 불과한 양액을 첨가했다. 이처럼 고도로 정제한 양액에서 키운 대두 식물(*Glycine max*)은 작은 잎의 선단에 독성을 나타낼 정도의 요소를 축적해서, 작은 잎이 괴사(necrosis)되었다. Ni을 의도적으로 1 μg/L 첨가하자 잎 선단에 과량의 요소가 축적되지 않았으며, Ni-결핍 식물의 특징인 괴사증상도 나타나지 않았다. 후속 연구(Brown, Welch, and Cary 1987)결과 보리(*Hordeum vulgaris*)와 같은 다른 종에서도 니켈의 필수성이 입증되었다. 니켈-결핍은 질소대사와 기타 대사 작용을 심각하게 교란하는 것 같다(Brown, Welch, and Madison 1990).

식물의 니켈에 관한 연구는 요소를 이산화탄소와 암모니아로 분해하는 효소인 urease가 니켈을 함유하는 금속효소(metalloenzyme)임이 밝혀짐으로써 가속화되었다(Dixon et al. 1975).

$$H_2N-\overset{\overset{\displaystyle O}{\|}}{C}-NH_2 + H_2O \xrightarrow{\text{urease}} 2\,NH_3 + CO_2$$

최근의 자료로는 니켈은 식물대사에서 다양한 역할을 할 수 있다고 생각한 Gerendas의 연구진(1999)의 자료가 있다. 11장에서 다룬바와 같이 모든 중금속과 알루미늄의 경우와 마찬가지로, 니켈은 고농도에서 식물에 독성을 나타낸다.

질소

질소(N)의 흡수와 대사는 7장에서 다루었다. 탄소와 질소는 대기 중에서 공급되는 유일한 원소들이다. 광합성에서 탄소의 흡수는 식물과 더 나아가 지구상 모든 생명체의 생명활동에 필요한 *에너지획득(energy capture)*과정이다. 질소고정과 질산동화는 7장에서와 같이 주된 *에너지소비(energy expenditures)*과정이다. 즉, 식물은 고비용으로 질소 자원을 얻는다.

인

원소 인(P)은 식물대사에 반드시 필요하다. 다량으로 필요한 또 다른 음이온인 질산의 질소와 황산의 황과는 달리, 인산(phosphate)의 인은 식물생화학에서 여러 역할을 수행하는 동안 하전의 변화가 없다. 즉 인은 인산(PO_4^{3-})과 피로인산($P_2O_7^{4-}$) 모두에서 5가로 존재한다.

인산의 주 기능은 다섯 가지이다(Fraústo da Silva and Williams 1991). 즉,

- 인산은 DNA와 RNA, 막의 인지질 등의 거대분자 또는 분자구성체를 구성한다.
- 인산은 glucose phosphate과 여러 효소에서와 같이 기질의 운반체이며, 또 ATP에서와 같이 화학에너지의 운반체 및 전달체이다.
- 인산은 inositol triphosphate에서처럼 세포신호전달에 관여한다.
- 인산은 가역적으로 단백질을 수식한다.

• 인산은 동물에서 생체무기물(biomineral)을 구성하는 성분이다.

"생화학에서 어떤 다른 잔기도 인산의 다양한 역할을 수행할 수 없는 것 같다(Westheimer 1987). 이제 식물에만 있는 광합성 반응을 필두로 인산이 관여하는 주요 반응 순서에 대해 다루고자 한다.

광합성은 주로 탄소동화(carbon assimilation) 즉, 순광합성 측면에서 다루어져왔다. 그러나 선도적인 연구를 하면서 Arnon의 연구진은 1950년대에 광합성의 초기 과정은 환원형의 NADPH(nicotineamide adenine dinucleotide phosphate)와 ATP형태의 환원력(reducing power)의 생성 즉, 광인산화(photophosphorylation)라고 알려진 과정으로 구성됨을 발견했다. Arnon(1971)은 광합성에 관한 연속적인 아이디어의 전개에 대해 고찰했다. 그림8.3은 소위 광인산화의 "Z-체계(Z-scheme)"를 나타낸다. 전체적인 주 광합성 장치는 엽록체의 틸라코이드막에 존재한다. 두 광계—기능에 의해서가 아니라 발견 순서에 의해 광계 I과 II로 명명된—는 연속적으로 작용하며, 광계 II는 빛 에너지가 물을 분해하여 전자와 산소를 방출하는 초기단계에 관여한다. 방출된 전자는 퀴논(Quinones, Q)을 통해 광계 I로, 이어 cytochrome b_6f 복합체와 플라스토시아닌(plastocyanin, PC)으로 전달된다. 광계 I으로 들어간 전자는 빛에 의해 다시 여기되어 여러 단계를 거쳐 전달되어 페레독신(ferredoxin)을 환원시키며, 페레독신은 다시 $NADP^+$를 NADPH로 환원시킨다. 여러 운반체를 통한 전자수송에서도 틸라코이드막 내외에 양성자 농도기울기(proton concentration gradient)가 형성되며, 이 양성자 추진력(proton-motive force)에 의해 미토콘드리아에서의 과정과 같은 방식으로 ATP가 합성된다(Berg, Tymoczko, and Stryer 2002).

광-의존성 광합성반응(light-dependent photosynthesis)에 대해 간략하게 살펴봤음에도 인이 NADPH와 ATP, 광합성과정 중에 생성된 여러 중간물질에 중요한 역할을 함을 알 수 있다.

명반응에서 환원력 즉, NADPH와 ATP가 생성된 후, 광합성은 진행되어 광-비의존성 반응(light-independent reactions)을 통해 탄소가 동화된다. 그 반응회로(reaction cycle)를 1950년대에 동료들과 함께 그 회로를 발견한 Melvin Calvin과 Andy Benson의 이름을 따서 Calvin-Benson회로(Calvin-Benson cycle)라고 부르기도 한다(Benson 1998). 그 회로는 그림 8.8에 나타내었다. 연속적으로 생성되는 중간물질 (intermediates)은 인산화된 화합물(phosphorylated compounds)로써, 최초물질은 수용체 분자인 ribulose-1,5-bisphosphate이다.

앞에서 설명한 순서는 식물에 따라 다르다. 6탄당(hexose sugar) 화합물이 생성되면 식물이 생장하고 발달하고 결실하는데 사용하는 에너지가 제공된다. 지구상 거의 모든 생명체는 차례대로 식물에 의존하고 있다. 이제 인산이 그 에너지 이용에 중추적 역할을 담당함도 알게

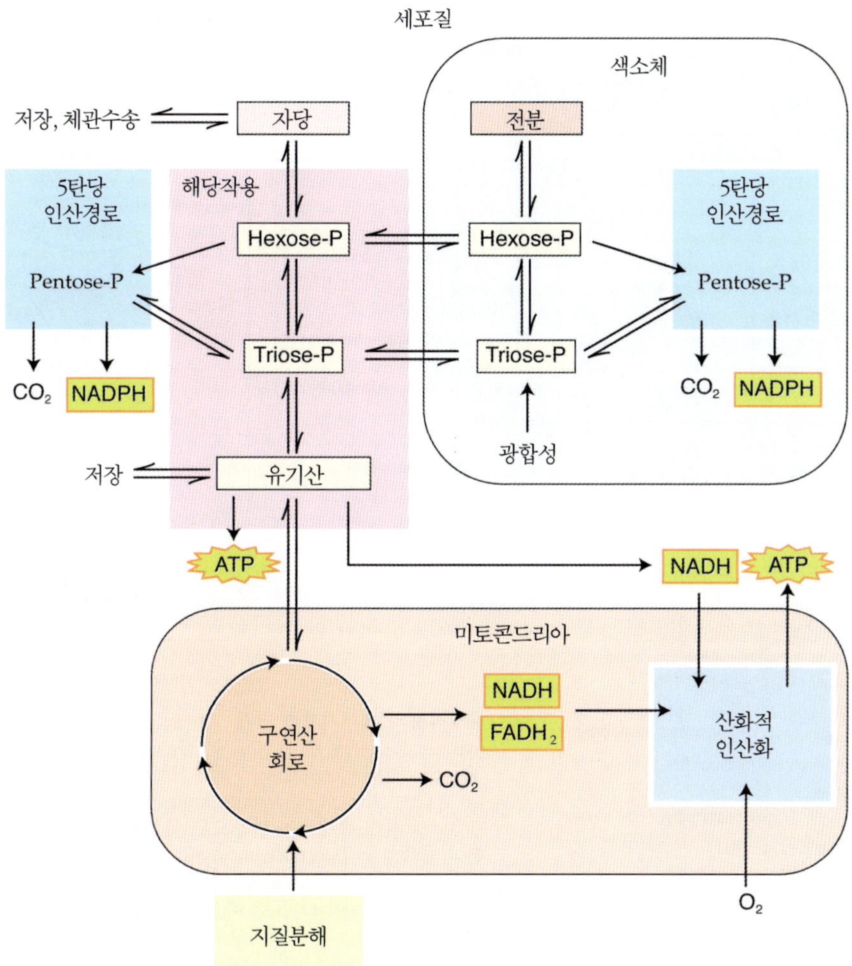

그림 8.10 호흡의 개괄도 호흡 기질은 세포의 다른 과정에서 생성되어, 호흡경로로 들어간다. 각각 세포질과 색소체에서 일어나는 해당작용과 5탄당인산경로에 의해 당은 hexose phosphate과 triose phosphate을 거쳐 유기산으로 전환되어, NADH 또는 NADPH 및 ATP를 생성한다. 유기산은 미토콘드리아의 구연산 회로에서 산화되며, 생성된 NADH와 $FADH_2$는 산화적인산화의 ATP synthase와 전자전달계에 의해 ATP 합성에 필요한 에너지를 공급한다. 당신생작용(gluconeogenesis)에서 지질의 분해에서 생기는 탄소는 glyoxysome에서 분해되어 구연산회로에서 대사되고, 이어 해당작용의 역반응에 의해 세포질에서 당을 합성하는데 사용된다.

될 것이다. 이제부터 설명할 호흡(respiration)의 개괄적인 대사순서는 그림 8.10과 같다.

그 에너지 이용반응의 첫 순서는 해당과정(glycolysis)이다. 이 과정은 세포질에서 일어난다. 이 일련의 반응은 모든 생명체에서 아주 동일하며, 탄수화물이 혐기적 생명체에서 이용되는 유일한 반응이다. 인산의 중요성은 그림 8.11에서와 같이 해당작용의 도표에 분명히 나타나 있다.

해당작용의 초기단계 기질의 출처가 달라도 triose phosphate가 생성된다. 자당 한 분자가 대사될 때마다 4개의 triose phosphate이 생성된다. 이 과정에는 4개의 ATP가 투입되어야 한다.

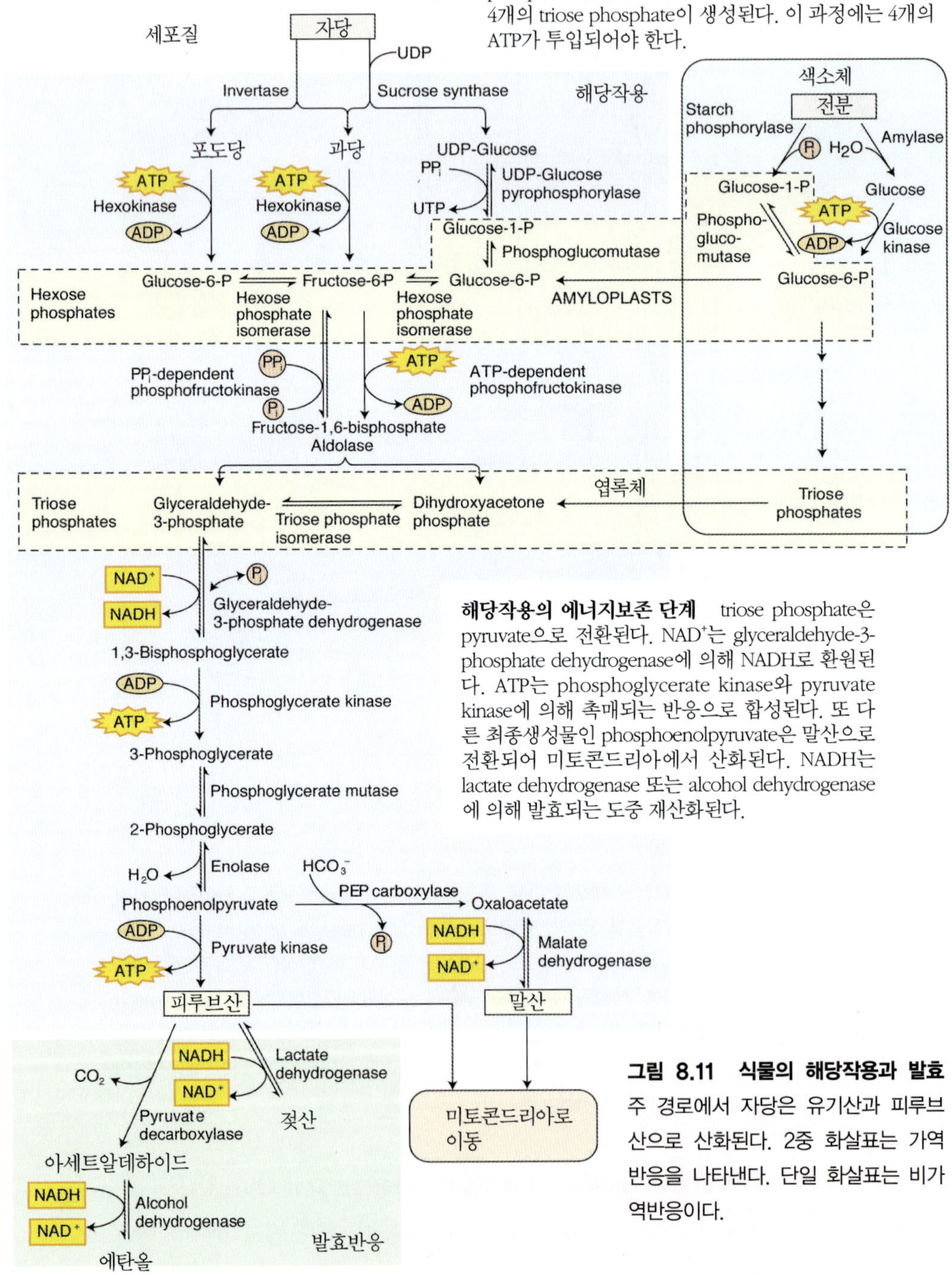

해당작용의 에너지보존 단계 triose phosphate은 pyruvate으로 전환된다. NAD^+는 glyceraldehyde-3-phosphate dehydrogenase에 의해 NADH로 환원된다. ATP는 phosphoglycerate kinase와 pyruvate kinase에 의해 촉매되는 반응으로 합성된다. 또 다른 최종생성물인 phosphoenolpyruvate은 말산으로 전환되어 미토콘드리아에서 산화된다. NADH는 lactate dehydrogenase 또는 alcohol dehydrogenase에 의해 발효되는 도중 재산화된다.

그림 8.11 식물의 해당작용과 발효 주 경로에서 자당은 유기산과 피루브산으로 산화된다. 2중 화살표는 가역반응을 나타낸다. 단일 화살표는 비가역반응이다.

피루브산(pyruvate)이 형성되면,

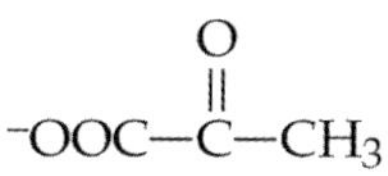

아세틸-Coenzyme A(acetyl Co-A)를 거쳐 TCA 회로에서 산화적으로 대사되어, 소량의 ATP가 생성된다. 이 반응은 미토콘드리아의 기질(matrix)에서 일어난다.

그러나 ATP가 가장 많이 생성되는 곳은 산화적 호흡대사의 마지막 단계—미토콘드리아 내막에 위치하는 호흡 전자전달계—이다. 사이토크롬(cytochromes)이 주류를 이루는 일련의 전자전달매체를 통해 전자는 최종적으로 cytochrome a–cytochrome a_3 복합체에 도달하고 전자는 산소에 전달된다.

$$2\,e^- + 2\,H^+ + {}^1/_2\,O_2 \rightarrow H_2O$$

대사과정 중 포도당 1몰이 산화되면 ADP로부터 38몰의 ATP가 생성된다.

이제 인이 광인산화에서부터 생명의 "에너지 통화"인 ATP 합성에 이르기까지 식물의 에너지 대사 전반에 걸쳐 절대적임을 알 수 있을 것이다. 식물학에서 인을 종합적으로 다룬 책은 Lynch와 Deikman(1998)의 저서이다.

칼륨

칼륨(potassium, K)은 비록 식물체 구성성분 중 가장 풍부한 양이온이며 건조중량의 10%나 되지만 어떤 대사물질의 구성성분도 아니므로 식물체로부터 분리할 수 없다. 그 대신 칼륨은 세포질과 액포 내에 유리 이온(K^+)으로써 고농도로 존재한다. 대부분의 상황에서 세포질내의 칼륨 농도는 약 120mM 정도로 일정하게 조절된다.

칼륨의 액포내 농도는 큰 차이가 있다. 칼륨의 외부농도가 높아 사치흡수를 촉진하면, 칼륨은 액포에 저장되고, 공변세포의 칼륨 농도는 몇 백 mM에 달하게 될 것임을 알게 될 것이다. 칼륨의 외부농도가 낮으면, 세포질내의 칼륨 농도는 칼륨을 저장하고 있는 액포로부터 빠져나와 유지되는 경향이 있다. 그러므로 액포 내부의 칼륨 저장에 사용되는 *사치흡수(luxury consumption)*라는 용어는 잘 못된 것이다. *우발위험공급(contingency supply)*이 액포 내의 칼륨을 풍부하게 유지하는 것에 대한 더 적절한 용어이다. 이 점은 다른 양분에 대해서도 그대로 적용된다. 질산이 관여하는 명확한 예는 Blumwald와 Poole(1985)에 제시되어 있다.

칼륨의 농도가 높을 경우 칼륨은 동일 농도의 무기 및 유기 음이온과 함께 세포의 주요 양이온 삼투활성용질 역할을 담당한다. 일부 유전형 특히, 나트륨 농도가 높은 염류 매질에 적응한 식물에서 나트륨 이온(Na^+)은 어느 정도까지는 K^+의 액포내 삼투활성용질로서 기능을 대신할 수 있지만, 세포질에서는 K^+을 대신할 수 없다. Subbarao의 연구진(1999)은 근대(red beet, *Beta vulgaris*)에서 나트륨이 칼륨을 상당부분 대체할 수 있음을 보고했다. 이 식물종은 명아주과에 속하며, 이 과의 식물들은 높은 염류농도에 저항성을 나타낸다. 두 품종중 하나는 양액내 칼륨의 98%를 나트륨으로 대체할 수 있었다. 칼륨을 나트륨으로 대체함으로써 식물체내의 칼륨 농도가 대조구(나트륨 결제구)의 5%정도로 크게 감소되더라도, 실험대상 식물의 성장은 저해되지 않았다. 11장에서 설명하겠지만, 염류-감수성 식물은 칼륨의 98%정도를 나트륨으로 치환하면 생육할 수 없었다. 그 이유는 감수성 식물종은 나트륨을 액포내에 격리할 수 없기 때문일 것이다. 그럼에도 불구하고 이 연구와 이와 비슷한 연구결과로부터 칼륨이 양적인 측면에서 삼투활성용질로서 주도적 역할을 함을 알 수 있다. 칼륨-특이적 기능에는 식물체내 총 칼륨의 일부분만이 관여한다.

이들의 기능은 무엇인가? 오래되었지만 아직도 중요한 자료에서 Evans와 Sorger(1966) 및 Evans와 Wildes(1971)는 칼륨의 효소활성화 기능에 대해 다루었다. 60종 이상의 효소가 활성화에 1가 양이온을 필요로 하며, 대부분의 효소는 칼륨이 그 기능을 수행한다. 더욱이 그 효소의 최대 활성에 필요한 칼륨농도는 50~100mM 정도로 높다. 만약 효소의 세포질내 칼륨에 대한 친화성이 그 정도로 낮으면, 통상적인 세포질내의 칼륨농도가 높은 것을 잘 설명할 수 있다.

효소활성화이외에, 칼륨은 세 가지 상호관련된 기능 즉, 막수송과 음이온의 중화, 삼투퍼텐셜의 유지 기능을 수행한다(Clarkson and Hanson 1980). 칼륨의 막수송과 칼륨의 기타 양분수송 기능은 4장과 10장에서 다룬다.

칼륨의 하전중화 기능은 식물생화학과 분자생물학 전반에 걸쳐 거의 대부분 나타난다. 칼륨의 역할에는 말산염과 같은 유기 음이온은 물론 염소나 질산과 같은 무기 음이온의 반대이온으로서의 기능이 있다. 더욱이 칼륨의 반대이온으로서의 기능은 이러한 단순한 상황에만 국한되지 않는다. 모든 다른 유기체와 마찬가지로, 거대분자의 조합체인 식물은 여러자리 전해질이온(polyelectrolytes)이다(Frausto da Silva and Williams 1991). 이들 중합체(polymers)의 입체배열은 다양하다. 즉, 단백질은 접혀지고, 표면이 굽혀지거나 뒤틀리는 반면, DNA는 거의 직선으로 배열된다. 칼륨 이온과 기타 이온들은 이들 중합체가 정상적인 기능을 수행할 수 있도록 위치배열을 안정화시킨다. 특이한 점은, 다가 음이온인 핵산은 반대이온이 필요하며, 칼륨은 그 기능을 수행하는 이온들 중의 하나이다(Lippard and Berg 1994).

우리는 이미 칼륨의 삼투활성용질로서의 역할에 대해 여러 차례 언급했다. 그런 기능중의

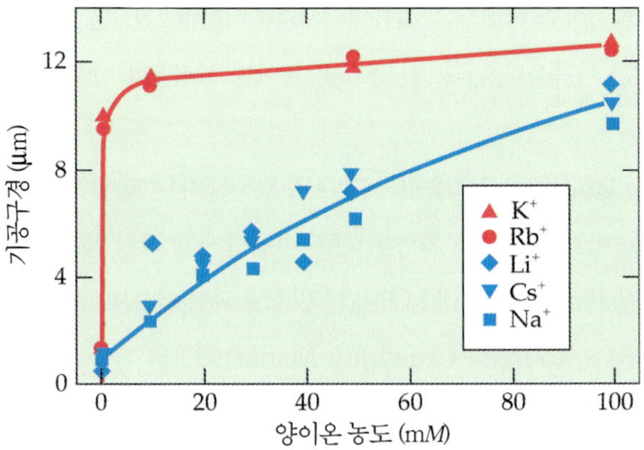

그림 8.12 1가 양이온 농도에 따른 기공 열림 이 그래프는 명소에서 표피 단편을 띄운 용액내에의 1가 양이온 농도에 따른 잠두의 기공 열림정도를 나타낸다(Humble and Hsiao 1969).

하나 즉, 칼륨의 공변세포 내 · 외로의 왕복은 특별히 설명할 필요가 있다. 1940년대 이미 Imura(1943)는 K^+은 기공열림(stomatal opening)에 관여하지만 그 영향은 칼륨 이온에 대해 아주 특이적 이지는 않은 것으로 관찰했다. 결과적으로 Humble과 Hsaio(1969)는 잠두(*Vicia faba*)의 표피 단편을 이용한 실험에서 칼륨(K^+)과 그와 화학적 유사체(analog)인 루비듐(Rb^+)이 광존재하에서 기공을 열게 한 반면, 다른 알칼리 양이온인 리튬(Li^+)과 나트륨(Na^+), 세슘(Cs^+)은 훨씬 효과가 적었음을 밝혔다(그림 8.12). K^+이온이 유입(유기 또는 무기 음이온, 주로 말산염과 염소와 함께)되어 기공이 열리는 것은 아침에 햇빛이 들면서부터라는 것이 최근 밝혀졌다(그림 8.13). 그 후 정오 무렵에 칼륨농도는 감소하고, 자당이 주로 삼투조절을 역할을 담당해서 먼저 기공을 열린상태로 유지시키고 이어서 기공을 닫히게 한다(Talbott and Zeiger 1996, 1998).

규소

규소(silicon, Si)는 "별종"(Epstein 1994) 즉 "식물학의 신비한 원소"(E[stein 2001)이다. 이

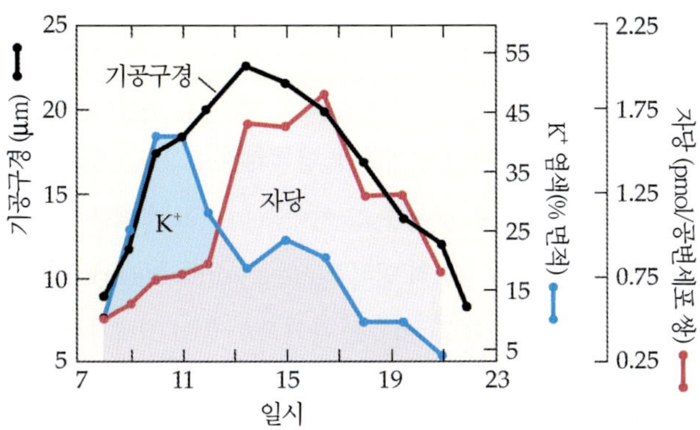

그림 8.13 기공구경과 잠두의 공변세포 K^+ 및 자당 함량의 주야간 변화 아침의 기공 열림은 K^+에 의해 좌우되며, 오후의 변화는 칼륨보다는 자당에 의해 좌우된다(Talbott and Zeiger 1998).

말에 투영된 당혹감은 고등식물의 생물학에만 국한되지 않는다. Wainwright(1997)은 평론에 "간과해온 규소의 미생물학......"이라는 제목을 붙였다. 이 원소의 특이한 성질을 감안하고 확실하게 알고 있는 것부터 다루어보자.

규소(silicon)는 규조식물문(Bacillariophyta)에 속하는 단세포 조류인 해양 및 담수 규조(diatoms)에 필수적인 다량원소이다. 이들 조류에는 확연히 간혹 아름답게 조각된 세포벽이 있으며, 이들 세포벽에는 무정형 규산(silica)($SiO_2 \cdot nH_2O$)이 다량 함유되어 있으며, 이들 구조를 피각(frustules)이라 부르기도 한다. Round와 Crawford, Mann(1990)은 이들 조류에 대해 기술할 뿐만 아니라 이들의 장엄한 현미경사진을 많이 제시하고 있다.

유관속 식물가운데서 단 한 부류 즉, 속새(Equisitaceae)만 규소를 절대적으로 그리고 다량 필요로 한다(Chen and Lewin 1969). 다른 부류의 식물에서 규소는 필수적이 아님이 밝혀졌다. 식물생리학 연구에서, 실험실이나 온실, 식물생장상에서 키우는 식물은 규소를 첨가하지 않은 Hoagland-형의 양액에서 정상적으로 자란다(표 2.3). 규소는 일반적으로 식물생리학적 기능을 수행하지 않는 것으로 간주한다.

이에 비해 실제 식물의 세계에서 규소는 중요한 의미를 지닌다. 지각에는 산소다음으로 많은 양의 규소가 함유되어 있다. 대부분의 토양은 규산염(silicates)과 규반염(aluminosilicates)으로 구성된다. 토양용액에서 규소는 약 0.1~0.6mM 정도의 농도로 규산(silicic acid, H_4SiO_4) 형태로 존재하며(Epstein 1994), 그 농도는 인산 농도보다 100~1,000배나 더 높다.

일반적인 식물(Epstein 1999)과 화본과 작물과 같은 특정 부류의 작물(Tamai and Ma 2003)조차 규소 흡수량은 크게 차이가 난다. 식물 건물 당 규소의 통상적인 함량은 대략 0.1%~10% 정도이며, 그 보다 낮거나 높은 경우도 있다. 규소의 낮은 함량은 표 3.4와 같이 황과 칼슘, 마그네슘 등의 다량원소의 낮은 수치와 비슷하다. 벼(*Oryza sativa*)의 경우에서와 같이 규소의 높은 함량은 질소를 비롯한 모든 다른 원소의 함량보다 높다. 요컨대 규소는 식물체내에서 다량원소 정도의 수준으로 존재한다.

이 사실은 자연 매질에서 생육하는 식물의 무기물 조성과 식물생리연구를 위한 양액재배에서 생육하는 식물의 무기물 조성은 큰 차이가 있음을 의미한다. 양액재배시 식물은 양액속의 불순물과 실험환경으로부터 미량의 규소만을 함유할 뿐이다. 그 차이는 너무 크기 때문에 저자 중의 한 사람은 전통적인 실험용 양액재배 식물을 "실험적 인위구조(experimental artifacts)"라고 단언했으며(Huang et al. 1992: Epstein 1994), 그 이유는 자연 또는 농업 생태계에는 그러한 "규산이 없는" 식물이 존재하지 않기 때문이다.

Epstein(1999, 2001)과 Ma와 Miyaki, Takahashi(2001)는 식물에 대한 규소의 중요성

표 8.3 규소와 관련된 특징과 구조, 작용

항목	설명
필수성	규조, 속새
생육촉진 및 수량증대	여러 야생 식물 및 작물
직립성 증대 및 도복방지	벼, 밀
잎의 광 수용 촉진	광합성 증대
표면 특성에 영향	외관 및 단단함
생물학적 스트레스에 대한 저항성	세균병 및 곰팡이병, 해충으로부터 포유동물에 이르는 초식동물
무생물학적 스트레스에 대한 저항성	중력(위 3번째 항목), 가뭄, 저온, 염류, 중금속, 알루미늄 독성
무기물 조성에 영향	질소와 인, 기타 원소 함량

에 관한 정보를 수집했다. Jones와 Handreck(1967)의 평론은 아직도 규소의 생물학에 관심을 가지고 있는 모든 이에게 가치가 있다. 규소가 식물의 기능과 관계있음을 나타내는 예시의 표는 시사하는 바가 크다. 많은 기능은 여러 스트레스 조건을 경감해주는 규소와 관련한 것이다.

규소를 다량 흡수하는 식물에서 규소는 지상부로 쉽게 수송된다. 물이 잎으로부터 증발할 때, 물에 용해된 규소는 과포화되어 최종적으로 중합체를 형성하여 단백석(opal) 또는 식물석(phytoliths) (그리스어로 "plant stones"의 뜻)라 부르는 고형의 무정형 규산체(silica bodies) 즉, $SiO_2 \cdot nH_2O$를 형성한다. 이들 규산체가 증산류에 의한 물 유동의 세포벽 말단 부위에 주로 침착되면 세포벽은 단단하고 거칠어진다. 이들 성질 때문에 표 8.3에 열거한 일부 특징이 나타난다. 세포벽이 단단해지면 도복이 방지되며, 세포벽에 식물석이 침착되면 병원성 미생물과 해충의 침입으로부터 보호된다. 식물 규소의 대부분은 중합체화되어 있거나 고형화되어 있지만, 규소의 병 저항성에 대한 역할은 주로 식물체내 용액내의 규소 비율에 기인한다. 즉, 이 규소는 쌍자엽식물에서 방어 화합물의 합성을 유도한다(Fawe et al. 2001). Rodrigues와 그 연구진(2004)은 최근 규소는 유기 방어화합물 즉, phytoalexins과 상호작용하거나 혹은 그를 유도하여 도열병(blast disease, *Magnaporthe grisea*)으로부터 벼(*Oriza sativa*)를 보호함을 알아냈다.

규소의 중요성이 두드러진 곳은 농업적으로 중요한 세 가지 측면이다. 첫째, Florida와 기타 지역의 유기물 함량이 높은 토양은 식물이 이용할 수 있는 규소가 부족하다. 규소 시비는 이들 지역에서 관례이며, 벼는 물론 사탕수수의 성장과 병 저항성에 도움이 된다(Deren 2001).

둘째, Asia와 Africa, 중남미의 대부분 지역의 많은 토양은 용탈이 심하고, 산성이며, 양분이 부족하고, 규소가 제거되어 있다. 일본 과학자들은 오랜 기간의 활발한 연구 끝에 벼에 대한 규소 시비의 유용한 효과 즉, 병에 대한 저항성과 금속 및 기타 독성에 대한 저항성 증대 효과를 증명했다(Ma and Takahashi 2002). 관수장치를 이용하여 벼를 집약재배하는 지역의 토양으로부터의 규소 수탈은 아주 심각하여 벼 수확량 감소의 원인으로 간주되었다(Savant, Datnoff, and Snyder 1997). 알루미늄과 망간, 기타 금속 이온은 산성토양에서 고농도 그리고 간혹 독성을 나타내는 수준으로 존재하는 경향이 있다. 규소가 이들 독성을 경감하는 메커니즘은 부분적으로만 밝혀졌다. 알루미늄 독성은 규소가 수산화규반염(hydroxyaluminosilicates, HAS)을 형성함으로써 중화될 수 있으며(Cocker, Evans, and Hodson 1998; Hodson and Sangster 2002), 기타 금속독성도 규소와 함께 여러 형태로 침전되어 경감될 수 있을 것이다.

셋째, 비록 아직 전 세계적인 문제는 아니지만 화훼와 같은 고가-작물에 대한 수경재배(7장)가 증가하고 있다. 양액에 규소를 첨가하면 수확량과 병 저항성이 증가한다(Voogt and Sommeveld 2001).

용액에서 가장 일반적인 규소의 형태는 산소와 정사면체 배위구조를 한 무기 규소이다.

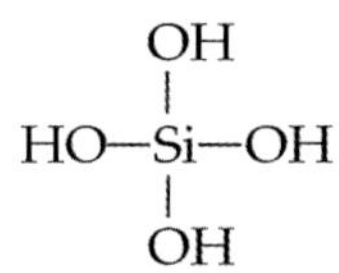

오랫동안 과학자의 흥미를 유도한 의문은 다음과 같다. 즉, 유기 규소화합물은 존재하는가? 만약 그렇다면, 이들 유기 규산염(organosilicates)은 무엇인가? 지금에 와서야 현대 기술 특히, 핵자기공명 분광학(NMR spectroscopy)에 의해 이들 의문이 성공적으로 풀리고 있다. 이러한 연구결과 실제로 유기 규산염이 존재하며, 그 규소는 다가 양이온임이 밝혀졌다(Kinrade et al. 2001; Knight et al. 2002). 이것은 놀랍게도 이들 유기 규산염은 4-가 아니라 5- 또는 6가의 배위화합물임을 의미한다. 십중팔구 우리는 규소 생화학의 새 시대에 접어들고 있다(Shimizu et al. 1998; Kimrade, Gillson, and Knight 2002).

농업에서 규소에 관한 최근의 두 국제회의의 회보와 함께 일본에서의 이 주제에 관한 집중적인 연구를 기술한 저서가 발간되었다. 그러므로 여러분들은 Datnoff와 Snyder, Korndorfer(2001)의 저서와 농업에서의 규소(Silicon in Agriculture, Organizing Committee and Japanese Society of Soil Society and Plant Nutrition)(2002), Ma와 Takahashi(2002)를 참고하면 된다. 분명히 규소가 식물에서 생물학적 역할이 없다는 것을 종식할 시점이 도래했다.

결론적으로 여러 식물과 식물이 봉착하는 여러 상황에서, 규소는 우리가 3장에서 선언한 새로운 필수원소의 정의에 관한 "식물은 특정 원소가 너무 결핍되면 덜 결핍된 식물에 비해 성장 또는 발달, 생식—즉, 그 식물의 '기능' —에 이상이 나타난다."는 두 번째 기준을 충족한다.

이미 설명한 여러 스트레스 조건에서 규소의 유효도가 부적합하면 식물의 기능에 그러한 이상이 일어난다. 다른 조건 특히, 최소한의 스트레스를 주는 미약한 조건에서 규소는 필수원소가 아닌 경우도 있다.

이 복잡한 상황을 어떻게 설명할 수 있을까? 다행히도, 그에 대해 이론적으로 설명할 수 있다. Kosko(1993)와 McNeill과 Freiberger(1993)는 "퍼지이론(fuzzy logic)"을 도입했다. 퍼지이론은 애매한 논리(logic that is fuzzy)가 아니라 애매한 조합(fuzzy set)을 바탕으로 한 논리(logic of fuzzy sets)를 말한다. 핵심은 추상적 개념에 대립하여 실제 세계에서 우리는 감자칩이 흰지 검은지 판단하기가 어려울 때가 있다는 것이다. 사물은 검거나 희지 않으며, 젊거나 나이가 들지 않았으며, 충분하거나 충분하지 않으며, 완전히 다르지 않은 경우가 있다. 특정 조합에서의 모든 사물은 정도문제일 수 있기 때문에, 오히려 이러한 분류는 의미가 없을 경우가 있다.

규소의 필수성 또는 비필수성은 이러한 예에 속한다. "필수원소" 또는 "필수원소인 것으로 알려지지 않음"이라는 평범하고 일반적인 표현은 규소에 대해 사용할 수 없다. 규소의 필수성은 경우에 따라 달라진다. 즉, 규소는 규조와 속새에 대해서는 분명히 필수원소이지만, 대부분의 식물에 대해서는 이미 설명한 바와 같이 여러 조건에 따라 필수성의 정도가 달라진다. 그러므로 규소에 대해서는 *준-필수원소(quasi-essential)*이라는 용어를 사용한다(Epstein 2002).

나트륨

일반적으로 나트륨(sodium, Na)은 식물에 필요하지 않다. 실제로 나트륨의 가장 큰 관심사는 지구상의 건조 및 반건조 지역에서 농도가 높아서 작물의 성장을 억제하거나 심지어 방해한다는 점이다. 그럼에도 불구하고 나트륨은 여러 경우에 나쁜 역할보다는 중요한 역할을 담당한다. 칼륨을 다룬 절에서 우리는 일부 경우에서 나트륨은 아주 놀랄 정도로 칼륨의 역할을 대신할 수 있음을 설명했다. 이는 명아주과 식물 그리고 상당한 염류저항성을 지니는 식물을 비롯한 다른 과의 식물에서 특히 그러하다(Marschner 1971). 이러한 대부분의 조건에서 나트륨은 칼륨을 대신하여 삼투압을 일정하게 유지하는 비특이적 기능을 수행한다.

필수 원소로서의 나트륨의 유일한 기능은 밝혀졌다. 그 발견은 엄밀하게 식물생리학 연구에서 일반적으로 사용하지 않는 식물의 무기영양에 관한 연구의 산물이다. 호주 과학자인 Brownell과 Wood(1957)는 호주의 bladder salt bush(*Atriplex vesicaria*)는 미량원소로 나트륨을 요구함을 밝혀냈다. 이어 이들은 모두 10종에 달하는 호주의 모든 *Atriplex* 종은 나트륨을 요구함을 알았다. 다른 여러 부류의 어떤 종과 비-호주의 *Atriplex* 종도 나트륨에 반응하지 않았다. 이 혼란스러운 사태는 나트륨을 요구하는 식물은 C_4 광합성 경로를 거치는 반면, C_3식물은 나트륨을 요구하지 않는다는 것이 밝혀지고서야 해결되었다(Brownell and Crossland 1972; Johnston, Grof, and Brownell 1984).

C_4식물은 C_3식물과 광합성의 광-의존적 반응과정중 형성되는 첫 번째 안정한 탄소화합물이 다르다. C_3식물에서, 첫 번째 화합물은 효소 Rubisco에 의해 촉매되는 반응을 통해 형성되는 3-phosphoglycerate(3-PGA)이다(그림 8.7). C_4식물에서 첫 번째 화합물은 4-C 유기산인 oxaloacetate(OAA)이며, 이는 이어서 식물종에 따라 말산 또는 아스파르트산으로 전환된다. 이 말산 또는 아스파르트산은 엽육세포로부터 관다발조직을 애워싸고 있는 분화된 관다발초

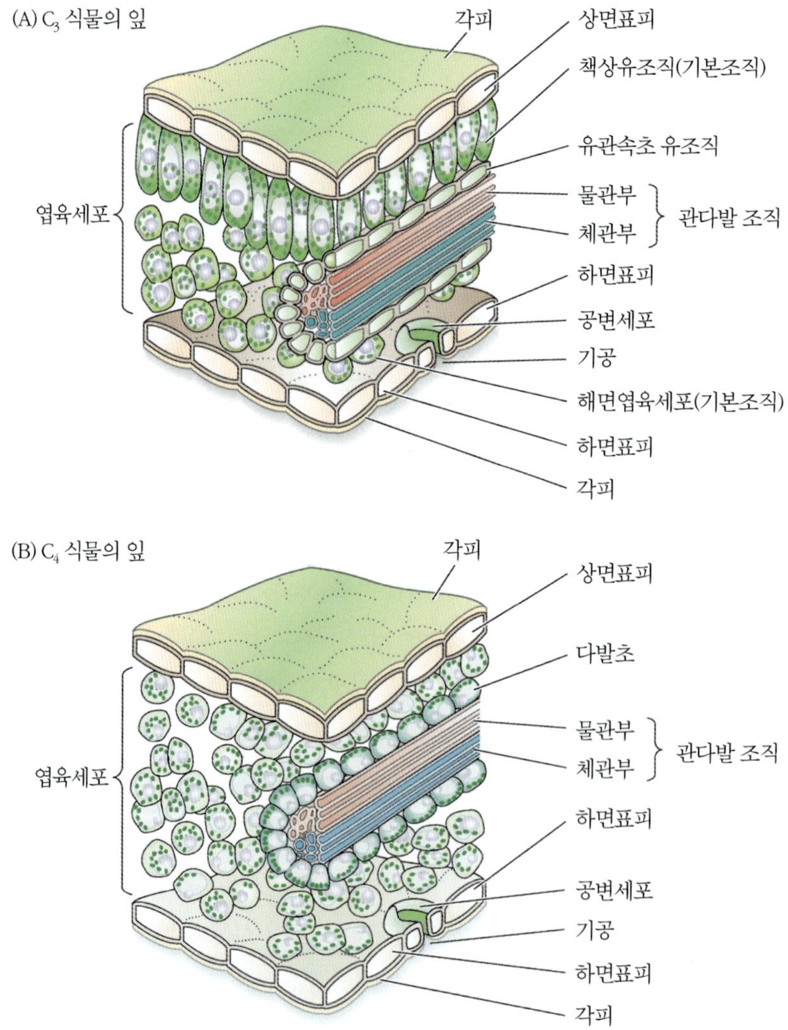

그림 8.14 C_3 및 C_4식물의 잎 구조 (A) C_3와 (B) C_4 식물 잎의 단면. C_4식물 잎의 다발초세포는 더 크고, 더 조밀하게 채워져 있으며, 엽록체가 더 많다.(Taiz and Zeiger 2002)

세포(bundle sheath cells)속으로 전이된다(그림 8.14). 말산 또는 아스파르트산은 관다발초에서 탈탄산되고, 방출된 CO_2는 C_3식물에서처럼 Rubisco를 거쳐 다시 고정된다.

나트륨이 C_4광합성에서 필수적인 기능을 담당한다는 것은 확실하지만, 그것이 생화학적(biochemical) 기능인지 생물물리학적(biophysical) 기능인지는 명확하지 않다. 다발초세포에서의 탄소고정반응은 C_3 대사연구를 통해 잘 밝혀져 있으며, 이들은 전혀 나트륨을 필요로 하지 않는 듯하다. 그러므로 엽육세포에서 일어나는 최초의 4-C 대사, 또는 두 형태의 세포들 간의 소통에 관심이 집중된다. 왜냐하면 이들이 C_4광합성을 차별화하는 과정이기 때문이다(Johnston, Grof, and Brownell 1989; Ohnishi et al. 1990).

Murata의 연구진(1992)은 나트륨은 아마도 피루브산 수송단백질을 활성화함으로써 엽육세포 엽록체(mesophyll chloroplasts)에 의한 피루브산 흡수를 촉진함을 시사하는 결과를 보고했다. Brownell과 Bielig(1996)은 나트륨은 엽육 엽록체의 기능적 완전성을 유지시킬 것이라는 결론을 내렸다. 마지막 말은 나트륨의 C_4광합성이나 탄소동화의 연관경로인 CAM에서의 역할에 대해 한 것 같지 않다(Bloom 1979).

C_4광합성에서의 나트륨 요구성을 발견한 내력에는 중요한 구체적 사례가 있다. 이미 설명했듯이, 그것은 Brownell의 연구진은 광합성연구에서 전통적으로 사용되지 않던 식물을 이용하여 실험을 수행했기 때문에 가능했다. 실제로 Kortschak과 Hartt, Burr(1965)이 C_4광합성을 발견한 것도 같은 경우이다. 이들은 이전에 이러한 종류의 광합성연구에 사용되지 않았던 사탕무(*Saccharum* sp.)를 이용하여 실험을 했으며, 사탕무의 탄소동화는 표준적인 Calvin-Benson회로와는 다름을 발견했다. 여기서 얻을 수 있는 교훈은 몇몇 모델 유전형만을 사용하여 연구를 하면 일반화를 보장할 수 없는 결론에 도달한다는 점이다.

황

황은 7장에서 질소와 함께 다루었다. 이번 장에서 철-황 단백질(iron-sulfur proteins)에 대해 다룰 때와 phytochelations과 관련하여 설명했다.

아연

아연(zinc, Zn)은 구리와 철, 망간과 같은 기타 중금속과는 달리 하전이 변화되지 않아 산화환원활성(redox activity)이 없는 2가 양이온 즉, Zn^{2+}이다. 아연을 함유하는 단백질은 80개 이상이 보고되어 있다(Bowen 1979). 많은 효소에서 아연은 활성부위에 필요하며, 이들 효소에는 탄산탈수소효소(carbonic anhydrolase)와 superoxidase dismutase(구리와 함께), 알코

올탈수소효소(alcohol dehydrogenase)가 있다(Fraústo da Silva and Williams 1991). 다른 효소에서 아연은 단백질의 구성요소이지만 활성부위의 근처에 존재하지 않는다. 이런 경우에 보통 아연은 4개의 시스테인 황 분자와 교차결합을 하고 있다.

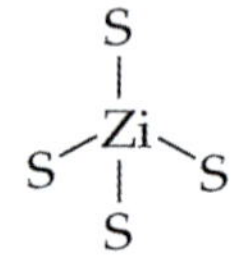

"아연손가락(zinc fingers)"은 DNA전사(transcription)에 중요한 단백질이다. 이런 단백질은 DNA서열과 결합하여 그를 확인한다(Takatsuji 1999). 그림 8.15에는 아연 이온이 DNA와 결합되는 단백질영역의 입체배열을 조절한다는 것을 체계적으로 타나내고 있다. 우리는 3장에서 아연 결핍은 생육을 심각하게 저해한다고 설명했다. 생육은 단백질합성에 의해 좌우되

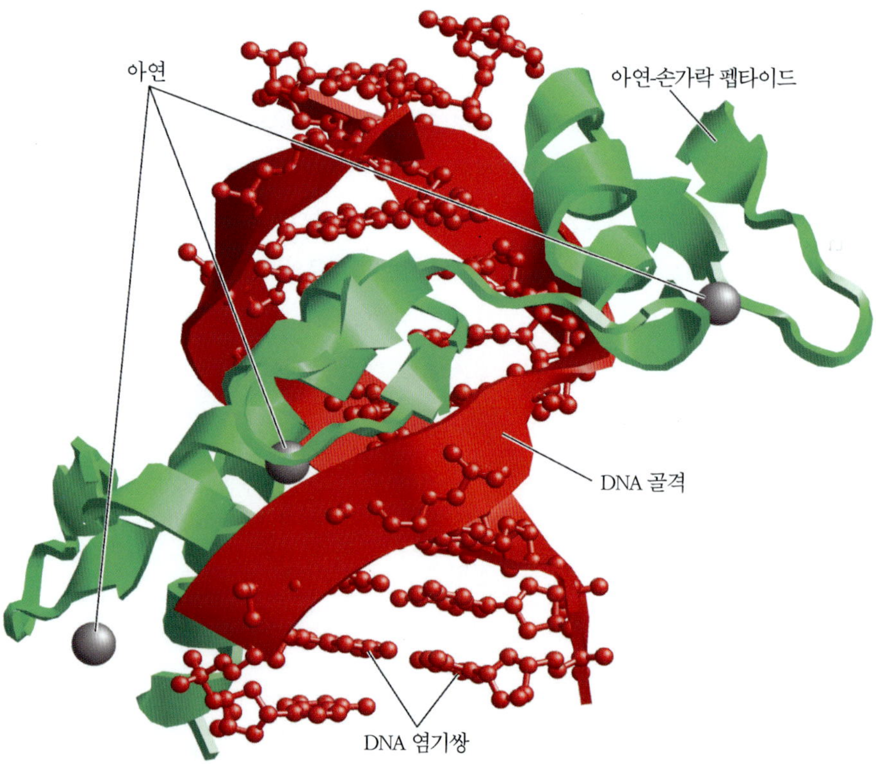

그림 8.15 아연 손가락-DNA 복합체 이 모형은 집쥐(*Mus musculus*)의 아연손가락-DNA 복합체를 나타낸다. DNA 골격은 적색 리본이며, 염기쌍은 적색 구로 나타내었다. 녹색 리본과 3개의 회색구는 각각 아연손가락 펩타이드와 3개의 관련 아연분자를 나타낸다.(Elrod-Erikson et al. 1996의 X-선 회절분석자료)

며, 단백질합성은 전사에 의해 좌우한다. 이러한 점들은 아연결핍이 생육을 저해하는 영향중의 하나가 아연-손가락 단백질을 적절하게 합성하지 못하기 때문임을 시사한다.

참고문헌

All, A. H. N. and B. C. Jarvis (1988) Effects of auxin and boron on nucleic-acid metabolism and cell-division during adventitious root regeneration. *New Phytologist* 108: 383-391.

Arnon, D. I. (1971) The light reactions of photosynthesis. *Proceedings of the National Academy of Sciences of the United States of America* 68: 2883-2892.

Ballesteros, E., E. Blumwald, J. P. Donaire, and A. Belver (1997) Na^+/H^+ antiport activity in tonoplast vesicles isolated from sunflower roots induced by NaCl stress. *Physiologia Plantarum* 99: 328-334.

Ben-Shem, A., F. Frolow, and N. Nelson (2003) Crystal structure of plant photosystem I. *Nature* 426: 630-635.

Benson, A. A. (1998) The path of carbon in photosynthesis: 1942-1955. In: *Discoveries in Plant Biology*. King, S.-D. and S.-F. Yang, eds. World Scientific, Singapore. pp. 197-213.

Berg, J. M., J. L. Tymoczko, and L. Stryer (2002) *Biochemistry*, 5th Edition. W.H. Freeman, New York.

Blankenship, R. E. and R. C. Prince (1985) Textbook errors: Excited-state redox potentials and the Z-Scheme of photosynthesis. *Trends in Biochernical Sciences* 10: 382-383.

Blevins, D. G. and K. M. Lukaszewski (1998) Boron in plant structure and function. *Annual Review of Plant Physiology and Plant Molecular Biology* 49: 481-500.

Bloom, A. J. (1979) Salt requirement for Crassulacean Acid Metabolism in the annual succulent, *Mesembryanthemum crystallinum. Plant Physiology* 63: 749-753.

Blumwald, E. and R. J. Poole (1985) Nitrate storage and retrieval in *Beta vulgaris*: Effects of nitrate and chloride on proton gradients in tonoplast vesicles. *Proceedings of the National Academy of Sciences of the United States of America* 82: 3683-3687.

Bowen, H. J. M. (1979) *Environmental Chemistry of the Elements*. Academic Press, London; New York.

Bowyer, J. R. and R. C. Leegood (1997) Photosynthesis. In: *Plant Biochemistry*. Dey, P. M., J. B. Harborne, and J. F. Bonner, eds. Academic Press, San Diego. pp. 49-110.

Brown, P. H. and H. N. Hu (1997) Does boron play only a structural role in the growing tissues of higher plants? *Plant and Soil* 196: 211-215.

Brown, P. H., R. M. Welch, and E. E. Cary (1987) Nickel: A micronutrient essential for higher plants. *Plant Physiology* 85: 801-803.

Brown, P. H., R. M. Welch, and J. T. Madison (1990) Effect of nickel deficiency on soluble anion, amino acid, and nitrogen levels in barley. *Plant and Soil* 125: 19-27.

Brownell, P. F. and L. M. Bielig (1996) The role of sodium in the conversion of pyruvate to phosphoenolpyruvate in mesophyll chloroplasts of C_4 plants. *Australian Journal of Plant Physiology* 23: 171-177.

Brownell, P. F. and C. J. Crossland (1972) The requirement for sodium as a micronutrient by species having the C_4 dicarboxylic photosynthetic pathway. *Plant Physiology* 49: 794-797.

Brownell, P. F. and J. G. Wood (1957) Sodium as an essential rnicronutrient element for *A triplex vesicaria*, Heward. Nature 179: 635 636.

Carpita. N. C. and M. McCann (2000) The cell wall. In: Biochemistry and Molecular *Biology of Plants*. Buchanan, B. B.; W. Cruissem, and R. L. Jones, eds. American Society of Plant Physiologists, Rockville, Maryland. pp. 52-108.

Chapleau, F., P. H. Johansen, and M. Williamson (1988) The distinction between pattern and process in evolutionary biology: The use and abuse of the term strategy. Gikos 53: 136-138.

Chen, C. H. and J. Lewin (1969) Silicon as a nutrient element for Equisetum arvense. Canadian Journal of Botany 47: 125-131.

Clarkson, D. T. and J. B. Hanson (1980) The mineral nutrition of higher plants.

Annual Review of Plant Physiology 31: 239-298.

Cocker, K. M., D. E. Evans, and M. J. Hodson (1998) The amelioration of aluϒJminum toxicity by silicon in higher plants: Solution chemistry or an in plania mechanism? Physiologia Planetarium 104: 608-614.

Curtis, H. and N. S. Barnes (1989) Biology, 5th Edition. Worth, New York. Datnoff, L. E., G. H. Snyder, and G. H. Korndorfer (2001) Silicon in Agriculture.

Elsevier, New York.

Deevey, E. S. (1970) Mineral cycles. Scientific American 221: 149-158.

Delmer, D. P. (1999) Cellulose biosynthesis: Exciting times for a difficult field of study. Annual Review of Plant Physiology and Plant Molecular Biology 50: 245-276.

Dernbitsky, V. M., R. Srnoum, A. A. Al-Quntar, H. Abu Ali, I. Pergarnent, and M.

Srebnik (2002) Natural occurrence of boron-containing compounds in plants, algae and microorganisms. Plant Science 163: 931-942.

Deren, C. W. (2001) Plant genotype, silicon concentration, and silicon-related responses. In: Silicon in Agriculture. L. E. Datnoff, G. H. Snyder, and G. H. Korndorfer, eds. Elsevier, Amsterdam. pp. 149-158.

Dey, P. M., M. D. Brownlcader, and J. B. Harborne (1997) The plant, the cell and its molecular components. In: Plant Biochemistry. Dey. P. M., J. B. Harborne, and J. F. Bonner, eds. Academic Press, San Diego. pp. 1-47.

Dixon, N. E., C. Gazzola, R. L. Blakeley, and B. Zerner (1975) Jack bean urease (EC 3.5.1.5). A metalloenzyme. A simple biological role for nickel? Journal of the American Chemical Society 97: 4131-4133.

Elrod-Erickson, M., M. A. Rould. L. Nekludova, and C. O. Pabo (1996) Zif268 protein-DNA complex refined at 1.6 angstrom: A model system for underϒJstanding zinc finger-DNA interactions. Structure 4: 1171-1180.

Engel, R. E., P. L. Bruckner, and J. Eckhoff (1998) Critical tissue concentration and chloride requirements for wheat. Soil Science Society of America Journal 62: 401-405.

Epstein, E. (1994) The anomaly of silicon in plant biology. Proceedings of the National Academy of Sciences of the United States of America 91: 11-17.

Epstein, E. (1999) Silicon. Annual Review of Plant Physiology and Plant Molecular Biology

50: 641-664.

Epstein, E. (2001) Silicon in plants: Facts vs. concepts. In: Silicon in Agriculture.

Datnoff, L. E., G. H. Snyder, and G. H. Korndorfer, eds. Elsevier, New York. pp.1-15.

Epstein, E. (2002) Silicon in plant nutrition. In: Second Silicon in Agriculture Conference. Japanese Society of Soil Science and Plant Nutrition, Tsuruoka, Yamagata. pp. 1-5.

Eskew, D. L., R. M. Welch, and E. E. Cary (1983) Nickel: an essential micro nutriϒ」ent for legumes and possibly all higher plants. Science 222: 621-623.

Evans, H. J. and G. J. Sorger (1966) Role of mineral elements with emphasis on the univalent cations. *Annual Review of Plant Physiology* 17: 47-76.

Evans, H. J. and R. A. Wildes (1971) Potassium and its role in enzyme activation. In: *Potassium in Biochemistry and Physiology, 8th Colloguium of the International Potash Institute.* International Potash Institute, Bern. pp. 13-39.

Fawe, A. J. G. Menzies, M. Cherif and R. B. Belanger (2001) Silicon and disease resistance in dicotyledons. In: *Silicon in Agriculture*. L. E. Datnoff, G. H. Snyder, and G. H. Korndorfer, eds. Elsevier, Amsterdam. pp. 159-169.

Frausto da Silva, J. J. R. and R. J. P. Williams (1991) *The Biological Chemistry of the Elements: The Inorganic Chemistry of Life*. Clarendon Press, Oxford.

Gèrendas, J., J. C. Polacco, S. K. Freyermuth, and B. Sattelmacher (1999) Significance of nickel for plant growth and metabolism. *Journal of Plant Nutrition and Soil Science* 162: 241-256.

Graham, R. D., R. M. Welch, and H. E. Bouis (2001) Addressing micronutrient malnutrition through enhancing the nutritional quality of staple foods: Principles, perspectives and knowledge gaps. *Advances in Agronomy* 70: 77-141.

Griffith, C. J., P. A. Rea, E. Blumwald, and R. J. Poole (1986) Mechanism of stimulation and inhibition of tonoplast H^+-ATPase of *Beta vulgaris* by chloride and nitrate. *Plant Physiology* 81: 120-125.

Grusak M. A. and D. DellaPenna (1999) Improving the nutrient composition of plants to enhance human nutrition and health. *Annual Review of Plant Physiology and Plant Molecular Biology* 50: 133-161.

Guerinot, M. L. and Y. Yi (1994) Iron: Nutritious, noxious, and not readily available. *Plant Physiology* 104: 815-820.

Hodson, M. J. and A. G. Sangster (2002) Silicon and abiotic stress. In: *Second Silicon in Agriculture Conference*. Japanese Society of Soil Science and Plant Nutrition Tsuruoka, Yamagata. Pp. 99-104.

Hu, H. I. and P. H. Brown (1994) Localization of boron in cell walls of squash and tobacco and its association with pectin: evidence for a structural role of boron in the cell wall.

Plant Physiology 105: 681-689.

Huang, Z.-Z., X. Yan, A. Jalil, D. Norlyn Jack, and E. Epstein (1992) Short-term experiments on ion transport by seedlings and excised roots: Technique and validity. *Plant Physiology* 100: 1914-1920.

Humble, G. D. and T. C. Hsiao (1969) Specific requirement of potassium for light activated opening of stomata in epidermal strips of *Viciafaba* D. *Plant Physiology* 44: 230-234.

Hughes, D. F., V. D. Jolley, and J. C. Brown (1992) Roles for potassium in the iron-stress response mechanism of strategy I and strategy II plants. *Joumal of Plant Nutrition* 15: 1821-1839.

Imamura, S. (1943) Untersuchungen uber den Mechanismus der Turgorschwankung der Spaltoffnungsschliesszellen. *Japanese Journal of Botany* 12: 251-346.

Itoh, S. and S. Uwano (1986) Characteristics of the Cl^- action site in the O_2 evolving reaction in PSII particles: Electrostatic interaction with ions. *Plant and Cell Physiology* 27: 5-36.

Johnston, M., C. P. L. Grof, and P. F. Brownell (1984) Responses to ambient CO_2 concentrations by sodium-deficient C_4 plants. *Australian Journal of Plant Physiology* 11: 137-141.

Johnston, M., C. P. L. Grof, and P. F. Brownell (1989) Chlorophyll *a/b* ratios and photosystem activity of mesophyll and bundle sheath fractions from sodiumdeficient C_4 plants. *Australian Journal of Plant Physiology* 16: 449-457.

Jones, L. H. P. and K. A. Handreck (1967) Silica in soils, plants, and animals. *Advances in Agronomy*. 19: 107-149.

Kinrade, S. D., A. M. E. Gillson, and C. T. G. Knight (2002) Silicon-29 NMR evidence of a transient hexavalent silicon complex in the diatom *Navicula pelliculosa. journal of the Chemical Society-Dalton Transactions* 307-309.

Kinrade, S. D., R. J. Hamilton, A. S. Schach, and C. T. G. Knight (2001) Aqueous hypervalent silicon complexes with aliphatic sugar acids. *Journal of the Chemical Society-Dalton Transactions* pp. 961-963.

Knight, C, T. G. A-Me. E., Giddson, E. W. Deguns, and S. D. Kinrade (2002) Organosilicates in nature. In: *Second Silicon in Agriculture Conference.* Japanese Society of Soil Science and Plant Nutrition, Tsuruoka, Yamagata. pp. 139-139.

Kirsch, M., A. Zhigang, R. Viereck, R. Loew, and T. Rausch (1996) Salt stress induces an increased expression of V-type H+-ATPase in mature sugar beet leaves. *Plant Molecular Biology* 32: 543-547.

Knight, H. (2000) Calcium signaling during abiotic stress in plants. *International Review of Cytology* 195: 269-324.

Kochian, L. V. (2000) Molecular physiology of mineral nutrient acquisition, transport, and utilization. In: *Biochemistry and Molecular Biology of Plants.* Buchanan, B. B., W. Gruissem, and R. L. Jones, eds. American Society of Plant Physiologists, Rockville, MD. pp. 1204-1249.

Kortschak, H. P., C. E. Hartt, and G. O. Burr (1965) Carbon dioxide fixation in sugarcane leaves. *Plant Physiology* 40: 209-213.

Kosko, B. (1993) *Fuzzy Thinking: The New Science of Fuzzy Logic.* Hyperion, New York.

Kramer, P. J. (1984) Misuse of the term strategy. *BioScience* 34: 405-405.

Leigh, R. A. and D. Sanders, eds. (1997) *The Plant Vacuole*. Academic Press, San Diego.

Lippard, S. J. and J. M. Berg (1994) *Principles of Bioinorganic Chemistry*. University Science Books, Mill Valley, CA.

Lynch, J. P. and J. Deikman, eds. (1998) *Phosphorus in Plant Biology: Regulatory Roles in Molecular, Cellular, Organismic, and Ecosystern Processes*. American Society of Plant Physiologists, Rockville, MD.

Ma, J. F., Y. Miyaki, and E. Takahashi (2001) Silicon as a beneficial element for crop plants. In: *Silicon in Agriculture*. Datnoff, L. E., G. H. Snyder, and G. H. Korndorfer, eds. Elsevier, New York. pp. 17-39.

Ma, J. F. and K. Nomoto (1996) Effective regulation of iron acquisition in graminaceous plants. The role of mugineic acids as phytosiderophores. *Physiologia Plantarum* 97: 609-617.

Ma, J. F. and E. Takahashi (2002) *Soil, Fertilizer, and Plant Silicon Research in Japan*, 1st Edition. Elsevier, Amsterdam.

Ma, T. J., Q. L. Liu, Z. Li, and X. J. Zhang (2002) Tonoplast H^+-ATPase in response to salt stress in *Populus euphratica* cell suspensions. *Plant Science* 163: 499-505.

Maksymiec, W. (1997) Effect of copper on cellular processes in higher plants. *Photosynthetica* 34: 321-342.

Markert, B. (1992) Multi-element analysis in plant materials: Analytical goals and biological questions. In: *Biogeochemistry of Trace Metals*. Adriano, D. C., ed. Lewis Publishers, Boca Raton, FL. pp. 401-428.

Marschner, H. (1971) Why can sodium replace potassium in plants? In: *Potassium in Biochemistry and Physiology. 8th Colloguium of the International Potash Institute*. International Potash Institute, Bern. pp. 50-63.

Matoh, T. and M. Kobayashi (1998) Boron and calcium, essential inorganic constituents of pectic polysaccharides in higher plant cell walls. *Journal of Plant Research* 111: 179-190.

McNeill, D. and P. Freiberger (1993) *Fuzzy Logic*. Simon & Schuster, New York.

Mendel, R. R. and R. Hansch (2002) Molybdoenzymes and molybdenum cofactor in plants. *Journal of Experimental Botany* 53: 1689-1698.

Mengel, K. and E. A. Kirkby (2001) *Principles of Plant Nutrition*, 5th Edition. Kluwer Academic Publishers, Dordrecht, Netherlands.

Murata, S., M. Kobayashi, T. Matoh, and J. Sekiya (1992) Sodium stimulates regeneration of phosphoenolpyruvate in mesophyll chloroplasts of *Amaranthus tricolor*. *Plant and Cell Physiology* 33: 1247-1250.

Ng, C. K. Y., M. R. McAinsh, J. E. Gray, L. Hunt, C. P. Leckie, L. Mills, and A. M. Hetherington (2001) Calcium-based signalling systems in guard cells. *New Phytologist* 151: 109-120.

Ohnishi, J., U. I. Flugge, H. W. Heldt, and R. Kanai (1990) Involvement of Na^+ in active uptake of pyruvate in mesophyll chloroplasts of some C_4 plants: Na^+/pyruvate cotransport. *Plant Physiology* 94: 950-959.

O'Neill, M. A. and W. S. York (2003) The composition and structure of plant primary cell walls. In: *The Plant Cell Wall*. Rose, J. K. C., cd., Blackwell, Oxford. pp. 1-54.

O'Neill, M. A., S. Eberhard, P. Albersheim, and A. G. Darvill (2001) Requirement of borate cross-linking of cell wall rhamnogalacturonan II for *Arabidopsis* growth. *Science* 294: 846-849.

Parr, A. J. and B. C. Loughman (1983) Boron and membrane function in plants. In: *Metals and Micronutrients: Uptake and Utilization by Plants*. Robb, D. A. and W. S. Pierpoint, eds. Academic Press, London. pp. 87-107.

Pilbeam, D. J. and E. A. Kirkby (1983) The physiological role of boron in plants. *Journal of Plant Nutrition* 6: 563-582.

Power, P. P. and W. G. Woods (1997) The chemistry of boron and its speciation in plants. *Plant and Soil* 193: 1-13.

Rains, D. W., W. E. Schmid, and E. Epstein (1964) Absorption of cations by roots. Effects of hydrogen ions and essential role of calcium. *Plant Physiology* 39: 274-278.

Ratajczak, R., A. Hille, J. B. Mariaux, and U. Luttge (1995) Quantitative stress responses of the V_0V_1-ATPase of higher plants detected by immune-electron microscopy. *Botanica Acta* 108: 505-513.

Raven, J. A., M. C. W. Evans, and R. E. Korb (1999) The role of trace metals in photosynthetic electron transport in O_2-evolving organisms. *Photosynthesis Research* 60: 111-149.

Reddy, A. S. N. (2001) Calcium: silver bullet in signaling. *Plant Science* 160: 381 404.

Reddy, A. S. N. and V. S. Reddy (2002) Calcium as a messenger in stress signal transduction. In: *Handbook of Plant and Crop Physiology*, 2nd Edition. Pessarakli, M., ed. Dekker, New York. pp. 697-733.

Reisenauer, H. M. (1966) Mineral nutrients in soil solution. In: *Environmental Biology*. Altrnan, P. L., and D. S. Dittmer, eds. Federation of American Societies for Experimental Biology, Bethesda, MD. pp. 507-508.

Rodrigues, F. A., D. J. McNally, L. E. Datnoff, J. B. Jones, C. Labbe, N. Benhamou, J. G. Menzies, and R. R. Belanger (2004) Silicon enhances the accumulation of diterpenoid phytoalexins in rice: A potential mechanism for blast resistance. *Phytopathology* 94: 177-183.

Rogers, E. E. and M. L. Guerinot (2002) Iron acquisition in plants. In: *Molecular and Cellular Iron Transport*. Templeton, D. M., ed. Dekker, New York. pp. 359-393.

Romheld, V. and H. Marschner 1986a Evidence for a specific uptake system for iron phytosiderophores in roots of grasses. *Plant Physiology* 80: 175-180.

Romheld, V. and H. Marschner (1986b) Mobilization of iron in the rhizosphere of different species. *Advances in Plant Nutrition* 2: 155-204.

Rose, J. K. C., ed. (2003) *The Plant Cell Wall*. Blackwell, Oxford.

Round, F. E., R. M. Crawford, and D. G. Mann (1990) *The Diatoms: Biology and Morphology of the Genera*. Cambridge University Press, Cambridge.

Sanders, D., C. Brownlee, and J. F. Harper (1999) Communicating with calcium. *Plant Cell* 11: 691-706.

Savant, N. K., L. E. Datnoff, and G. H. Snyder (1997) Depletion of plant-available silicon in soils: A possible cause of declining rice yields. *Communications in Soil Sciences and Plant Analysis* 28: 1245-1252.

Schroeder, J. I., G. J. Allen, V. Hugouvieux, J. M. Kwak, and D. Waner (2001) Guard cell signal transduction. *Annual Review of Plant Physiology and Plant Molecular Biology* 52: 627-658.

Shimizu, K., J. Cha, G. D. Stucky, and D. E. Morse (1998) Silicatein alpha: Cathepsin L-like protein in sponge biosilica. *Proceedings of the National Academy of Sciences of the United States of America* 95: 6234-6238.

Silicon in Agriculture Organizing Committee and the Japanese Society of Soil Science and Plant Nutrition (2002) *Second Silicon in Agriculture Conference*. Tsuruoka, Yamagata.

Snedden, W. A. and H. Fromm (2001) Calmodulin as a versatile calcium signal transducer in plants. *New Phytologist* 151: 35-66.

Sterner, R. W. and J. J. Elser (2002) *Ecological Stoichiometry: The Biology of Elements from Molecules to the Biosphere*. Princeton University Press, Princeton, NJ

Subbarao, G. V., R. M. Wheeler, G. W. Stutte, and L. H. Levine (1999) How far can sodium substitute for potassium in red beet? *Journal of Plant Nutrition* 22: 1745-1761.

Taiz, L. and E. Zeiger (2002) *Plant Physiology*, 3rd Edition. Sinauer Associates, Sunderland, MA.

Takatsuji, H. (1999) Zinc finger proteins: The classic zinc finger emerges in contemporary plant science. *Plant Molecular Biology* 39: 1073-1078.

Talbott, L. D. and E. Zeiger (1996) Central roles for potassium and sucrose in guard-cell osmoregulation. *Plant Physiology* 111: 1051-1057.

Talbott, L. D. and E. Zeiger (1998) The role of sucrose in guard cell osmoregulation. *Journal of Experimental Botany* 49: 329-337.

Tamai, K. and J. F. Ma (2003) Characterization of silicon uptake by rice roots. *New Phytologist* 158: 431-436.

True, R. H. (1914) The harmful action of distilled water. American *Journal of Botany* 1: 225-273.

Voogt W. and C. Sonneveld (2001) Silicon in horticultural crops in soilless culture. In: *Silicon in Agriculture*. L. E. Datnoff, G. H. Snyder, and G. H. Korndorfer, eds. Elsevier, Amsterdam. pp. 115-131.

Wainwright, M. (1997) The neglected microbiology of silicon: From the origin of life to an explanation for what Henry Charlton Bastian saw. *Society of General Microbiology Quarterly* 24: 83-85.

Welch, R. M. and R. D. Graham (1999) A new paradigm for world agriculture: Meeting human needs. Productive, sustainable, nutritious. F*ield Crops Research* 60: 1-10.

Westheimer, F. H. (1987) Why nature chose phosphates. *Science* 235: 1173-1178.

White, P. J. and M. R. Broadley (2003) Calcium in plants. *Annals of Botany* 92: 487-511.

Zeiger, E., A. J. Bloom, and P. K. Hepler (1978) Ion transport in stomatal guard cells: a chemiosmotic hypothesis. *What's New in Plant Physiology* 9: 29-32.

9 영양과 생육

식물의 영양과 생육은 상호관련이 있다. 발아로부터 노화에 이르는 생육과 발달과정에 따라 식물의 양분 요구가 변화된다. 다시 말하면 식물의 양분상태(nutrient status)에 따라 발달속도와 생육정도, 심지어 특이적인 형태적 특성까지 변화된다. 이번 장에서는 주요 발달단계 도중과 전 생육기간, 그리고 광합성능력과 생산성, 수량 등의 종합적인 척도와 관련하여 식물-양분간의 상관관계에 대해 다룬다.

종자의 영양

식물의 영양(nutrition)상태는 그 종자의 영양상태를 결정하며, 그에 따라 장차 몇 세대에 걸친 그 후대의 활력에 영향을 미친다(Miao, Bazzaz, and Primack 1991). 양분이 고갈된 식물은 종자의 크기나 종자의 양분함량을 낮추기보다는 종자의 수를 적게 맺음으로써 이 모계의 영향을 조절한다(Harrington 1960; Loomis and Conner 1992). 예를 들어 쥐엄나무(carob) 종자의 크기는 아주 균일해서 한때는 표준중량(standard weights)의 척도로 삼았던 시기도 있었다. 즉, 보석 평가에 사용되는 중량단위인 "캐럿(carat)"은 종자를 측정하여 결정했다. 많은 동물도 유사하게 질을 보전하기 위해 양을 줄인다. 즉, 새들은 품는 알의 수(clutch sizes)를 조절하며, 포유동물은 자원의 유효도에 따라 배태수(litter sizes)를 조절한다.

고등식물의 종자에 분배되는 무기양분의 양은 불균형하다. 곡물(cereal grains)에는 1.6%~3.0%의 질소(gN/g 건물중)와 0.2%~0.5%의 인이 들어있는 반면, 성숙한 작물의 잎에는 곡물의 절반도 들어있지 않다(Loomis and Conner 1992; Lott, Greenwood, and

Battem 1995; Robertson 1997). 따라서 종자는 식물의 다른 부위보다 사람을 비롯한 많은 동물에게 영양가가 더 높다.

종자에는 여러 형태로 양분이 저장된다. 질소와 황은 특이한 저장단백질로 축적된다(Vitale and Bollini 1995; Muntz 1998; Shewry and Halford 2002). 인과 다양한 양이온은 phytate(미오이노시톨 6인산, myoinositol hexakisphosphoric acid)형태로 존재한다(Lott, Greenwood, and Battem 1995; Raboy 2001). 이들 저장화합물은 인간의 식이(human diet)에 아주 중요하므로 많은 연구가 수행되었다.

저장단백질은 곡류 건조중의 8%~15%에 달하며, 콩과식물 종자의 20%~40%를 차지한다(Vitale and Bollini 1995; Shewry and Halford 2002). 종자는 소포체 또는 액포로부터 유래하는 단백체(protein bodies)라 부르는 특수한 막-결합 소기관에 저장단백질을 비축한다(Müntz 1998). 이들 단백질은 여러 추출용액에의 용해도에 근거해서 4부류로 나뉜다. 알부민(albumins)은 물로, 글로불린(globulins)은 묽은 염 용액으로, 프롤라민(prolamins)은 알코올-물 혼합물로, 글루텔린(glutelins)은 묽은 산 또는 알칼리로 추출된다. 종자내의 프롤라민은 화본과식물에만 존재한다. 프롤라민은 귀리와 벼를 제외한 모든 곡류의 저장단백질이다. 귀리와 벼의 주요 저장단백질은 글로불린 계열에 속한다. 콩과식물의 종자에는 크게 3종류의 저장단백질이 들어있다. 즉, 레규민(legumins)은 귀리와 벼의 저장단백질과 관련이 있는 글로불린이며, 비실린(vicilins)은 글로불린과 비슷하지만 크기가 더 작으며, 렉틴(lectins)은 대부분의 콩과식물의 종자에 소량 존재하는 탄수화물-결합 단백질이지만, Phaseolae 족(tribe)에 속하는 주요 저장단백질이다(Vitale and Bollini 1995). 실제로 모든 식물종은 각각 대사경로가 다른 특이적 형태의 저장단백질을 지닌다. 이러한 다양성은 포식자를 물리치는 역할을 한다.

피트산염(phytate)은 종자내 전체 인의 50%~80%를 차지한다(Lott, Greenwood, and Battem 1995). 각 phytate분자에는 양이온과 복합체를 형성하는 6개의 인산기가 들어있으므로, 종자내의 칼륨과 마그네슘, 망간, 칼슘, 철, 아연의 대부분은 피트산염 형태로 존재한다. 종자의 피트산염은 저장단백질과 함께 단백체에 저장되거나 구형체(globoids)라는 밀도가 높은 응집체에 저장된다. 인간과 비-반추동물은 피트산염을 대사할 수 없으므로 배설물에 피트산염에 결합된 양분을 그대로 배출한다. 이로 인해 주요 단백질 급원으로 피트산염 함량이 높은 곡류와 두류를 섭취하는 사람들에서 철과 아연 결핍증이 일어난다. 더욱이 곡류와 두류 성분의 닭이나 돼지, 물고기 사료에는 무기인산염 또는 피트산염을 분해하는 곰팡이 효소를 강화해야만 한다. 이러한 문제 때문에 수확량을 감소시키지 않으면서 곡류와 두류의 피트산염 함량을 낮추기 위한 노력을 기울여야만 한다(Raboy 2001).

유묘는 모체(parents)로부터 직접 양분을 받기도하지만, 모체가 주변환경에 야기시킨 변화물에서도 양분을 얻을 수 있다.

- 유묘는 모체가 만든 낙엽에서 발아할 수 있으며, 그 속의 일부 양분을 얻을 수 있다. 잔재층(litter layer)은 중요한 양분 급원이기도 하다(Zeller et al. 2000).
- 모체의 뿌리는 탄수화물과 유기산, 물, 과량의 무기양분을 비롯한 다양한 물질을 분비한다(Ryan, Delhaize, and Jones 2001). 이들 분비물은 질소전환과 같은 미생물의 활동을 촉진한다(Norton and Firestone 1996).
- 모체에 공생하는 유용 공생미생물인 질소고정균(Denison 2000)과 균근균(Azcon-Aguilar and Barea 1997)은 자손에게 접종되는 것이 일반적이다.
- 활성 뿌리의 수명은 유한하기 때문에, 뿌리 자신은 죽으면 새로 자라는 뿌리의 양분급원이 된다.

특히, 영년생 작물에서 이러한 이익은 빛과 같은 자원에 대한 모체와 자손간의 심한 경쟁비용, 또는 모체에 유인되는 해충으로부터의 손실에 대한 보상으로는 미미하다(Harms et al. 2000). 그러므로 유묘의 생존(seedling survival)은 모체로부터 멀리 떨어질수록 기하급수적으로 증가한다. 이에 비해 종자비산(seed dispersal)은 모체로부터 멀리 떨어질수록 기하급수적으로 감소한다. 결과적으로(그림 9.1) 유묘의 가입량(recruitment)은 모체로부터 약간 중간

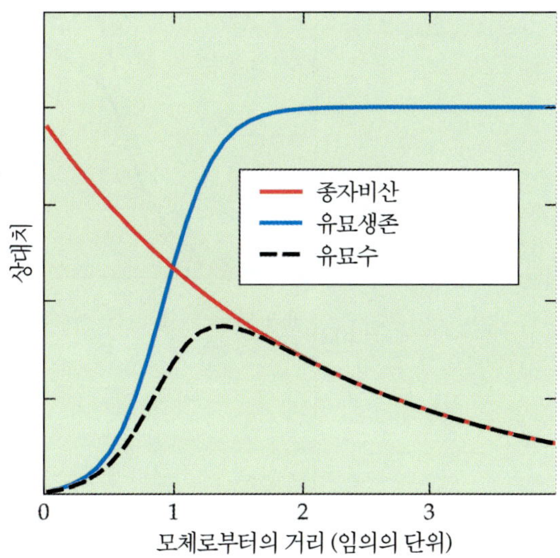

그림 9.1 유묘생존의 Janzen-Connell 모형 모체로부터 비산된 종자의 수는 모체로부터 멀어질수록 기하급수적으로 감소한다. 모체유래의 유묘가 생존할 수 있는 가능성은 모체로부터 거리가 멀어질수록 S자형으로 증가한다. 결과적으로 위 인자들의 곱인 생존할 수 있는 유묘의 수는 모체로부터 중간정도의 거리에서 최대가 된다.

정도의 거리에서 가장 많아진다(Wilson and Traveset 2000). 비록 "사과는 떨어져도 사과나무에서 멀리 떨어지지 않는다"(스웨덴 속담)고 하지만, 사과나무는 모체의 가장자리에 유묘를 발생시키는 경향이 있다.

발달단계와 뿌리성장

종자가 물을 흡수하여 발아하기 시작하면, 배는 종자에 저장된 양분을 가용화하고 충분한 삼투압을 얻어 종피(seed coats)를 뚫을 수 있게 된다. 종자가 가장 우선적으로 필요한 것은 양분과 물의 외부 급원을 확보하는 것이기 때문에, 발아중인 종자로부터 제일 먼저 나타나는 기관은 주근이다. 유묘는 개시기 즉, 유도기(lag phase)라 부르는 발달단계에는 근계가 확립될 때까지 서서히 성장한다(그림 9.2). 유묘가 충분한 양분과 물을 얻을 수 있게 되면, 유묘는 대수기(log phase 즉, exponential phase)에 들어가 지상부 성장이 가속화된다. 다음 단계인 직선기(linear phase)는 성체 식물이 일정한 속도로 성장하는 단계이다. 식물이 생식단계에 다다르면, 노화기(senescence phase)에 접어들어 생물량 축적이 둔화되고 사멸한다.

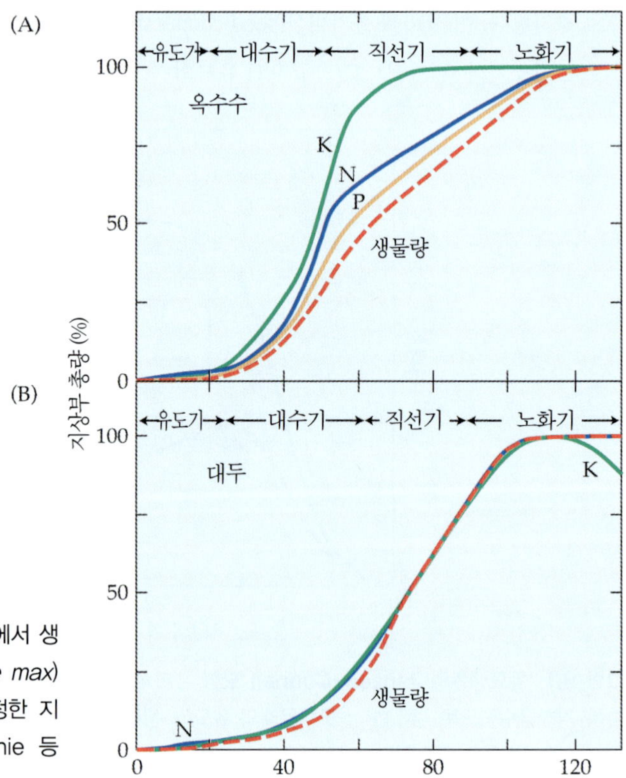

그림 9.2 작물의 생물량과 양분축적 아이오와주에서 생육하는 (A) 옥수수(*Zea mays*)와 (B) 대두(*Glycine max*)에서의 생물량과 양분축적을 정식후 일자별로 측정한 지상부 전체 생물량의 백분율로 나타내었다. (Ritchie 등 1993)

식물 양분은 총 생물량 생산에 더 큰 영향을 미친다. 영양 인자가 특정 식물기관의 성장과 형태에 특이한 방식으로 영향을 미치기도 한다. 뿌리는 식물의 양분 환경과 밀접하게 접촉하고 있는 기관이기 때문에 특히 환경의 영향을 받기 쉽다.

주근(primary root)은 방사상 대칭구조이며, 원통형으로 조직화된 세포와 영역으로 구성되어 있고, 분화된 세포형태(cell types)가 비교적 적기 때문에 식물의 기관발달을 연구하기에 비교적 단순한 모형이다(Aeschbacher, Schiefelbein, and Benfey 1994; Rost 1994; Rost and Bryant 1996). 뿌리 선단은 4영역 즉, 뿌리골무(root cap)와 분열조직(meristem), 신장대(elongation region)(분열조직과 분열이 중단되지만 신장을 계속되는 부위를 포함한다), 신장대와 중첩되는 성숙대(maturation region)로 나뉜다(그림 9.3). 이것은 서로 다른 작용이 일어나지만 명확한 경계는 실제로 존재하지 않으면서 각각의 세포 또는 세포들은 독자적으로 작용하는 경향이 있는 이러한 부위들을 표시하는데 합리적인 방법이다. 예를 들어 피층세포와 표피세포 또는 관다발 부위 세포의 경우 분열조직 사이의 경계는 서로 다르다(Rost 1994).

각 부위의 위치는 뿌리가 성장함에 따라 변화한다. 예를 들어 뿌리가 급속하게 성장함에 따라, 물관요소(xylem vessel members)가 성숙되는 부위와 뿌리정단(root apex) 사이의 거리가 증가한다(Rost and Baum 1988; Reinhardt and Rost 1995). 그러므로 뿌리는 세포분열과 신장, 분화 과정간의 공간적 상호관계를 변화시킬 수 있다.

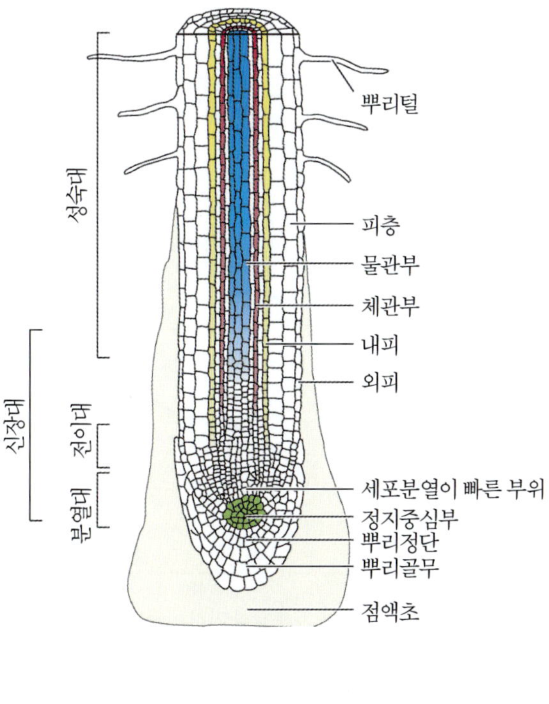

그림 9.3 대표적인 뿌리의 발달 부위

환경조건도 이들 부위의 위치에 영향을 미칠 수 있다. 예를 들어, 수분 스트레스는 분열조직의 세포신장 속도는 변화시키지 않고 세포분열 속도만을 감소시켜, 수분이 적합한 대조구에 비해 분열조직을 단축시키고 뿌리정단 근처의 세포를 신장시킨다(Sacks, Silk, and Burman 1997). 또 수분 스트레스는 신장대의 기저부의 신장속도를 감소시켜, 신장대를 단축시키고 최종적으로 세포길이를 감소시킨다(Fraser, Silk, and Rost 1990).

주근(primary root) 뿌리정단의 분열조직이 활성화되고 측근의 원기(primordia)가 발생되어 성장한다(Scheres, McKhann, and van den Berg 1996). 분열조직에서 세포분열은 기능성 뿌리 조직으로 분화되는 세포를 형성하면서 뿌리 기저부 방향으로 그리고 뿌리골무를 형성하면서 뿌리정단 방향으로 일어난다(그림 9.3). 뿌리의 몸체와 뿌리골무사이의 경계에서의 세포분열은 정지중심부(quiescent center)(정단 분열조직 선단에 있는 작은 부피의 세포들; 그림 9.3)에서는 비교적 느리다. 옥수수에서 몇 번 분열된 후 뿌리 정단이 약 0.1mm 자랐을 때, 뿌리세포는 더 신속하게 분열된다. 세포분열은 정단으로부터 약 0.4mm지점에서 감소되어, 세포는 모든 방향으로 동일하게 신장된다. 일부 연구자들은 이 부위를 전이대(transition region)라 명명했다(Baluska, Volkmann, and Barlow 1996; Baluska, Volkmann, and Barlow 2001).

신장대는 정단으로부터 0.7~1.5mm정도의 지점에서 시작된다(그림 9.3). 여기서 세포는 신속하게 길이가 신장되며 마지막으로 분열하여 원통형의 내피세포를 생성한다. 원통형의 관다발 조직에서, 체관부는 정단의 3mm 또는 4mm이내에서 분화되기 시작하며, 이는 세포분

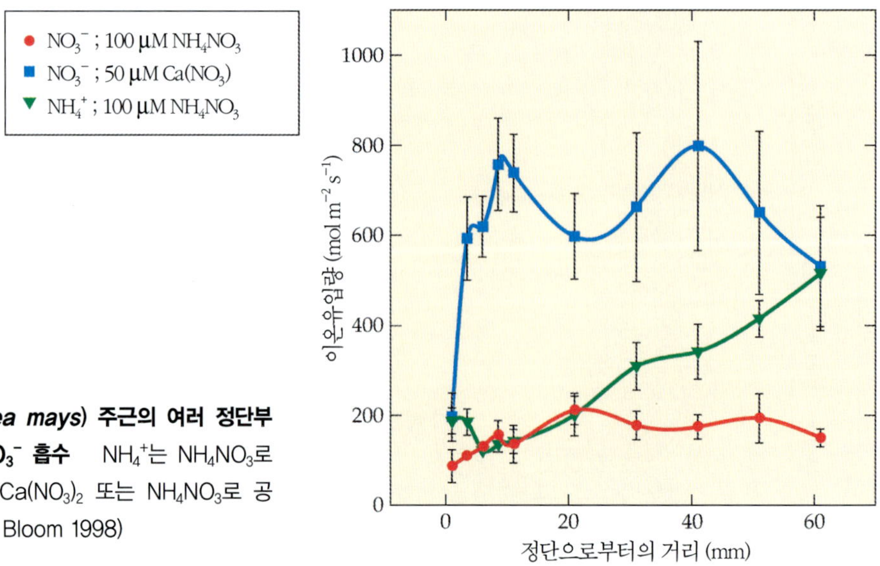

그림 9.4 옥수수(*Zea mays*) 주근의 여러 정단부위에서의 NH_4^+와 NO_3^- 흡수 NH_4^+는 NH_4NO_3로 공급했으며, NO_3^-는 $Ca(NO_3)_2$ 또는 NH_4NO_3로 공급했다. (Taylor and Bloom 1998)

열과 신장에 체관부의 기능이 중요함을 의미한다. 체관부를 통해 성장 중인 정단으로 이동하는 탄수화물은 에너지원 역할은 물론, 새로 합성되는 유기화합물에 필요한 탄소골격 역할, 삼투조절물질 역할을 담당한다. 체관부는 이들 조직에 질소를 공급하기도 한다(Lazof, Rufty, and Redinbaugh 1992). 체관부가 아직 발달하지 않은 가장 어린 조직 즉, 분열대 및 전이대에서는 탄소 혹은 무기 양분은 식물체의 더 성숙된 부위로부터 비교적 더디게 유입되는데, 그 이유는 세포에서 세포로 확산되기 때문이다(Bret-Harte and Silk 1994). 예를 들어 성숙대에서 흡수된 질소는 정단부위로 거의 이동하지 않는다(Siebrecht, Mack, and Tischner 1995). 그러므로 세포분열과 등방성 세포신장(isotropic cell expansion)에 필요한 무기 원소는 주로 정단부위에서 흡수되어 동화되는 이온들이다(그림 9.4). 실제로 정단부위는 흡수할 양분이 있는 처녀지로부터 양분을 아주 활발하게 흡수한다(Colmer and Bloom 1998; Taylor and Bloom 1998). 주근이 아래로 계속 성장해감에 따라, 정단에서 멀어지는 더 오래된 뿌리는 양분흡수 능력이 감소된다(Wells and Eissenstat 2002). 이렇게 되면 뿌리의 성장은 외부의 양분조건에 더욱 민감해진다.

그림 9.5는 외부 영양조건에 대한 뿌리신장의 반응을 측정하는 도구이다. 우리는 3일된 옥수수 유묘를 100μM NH_4^+ 또는 100 μM NO_3^-, 2 수준의 삼투용질을 첨가한 무질소 양액에 노출시켰다. 배지에 NH_4^+ 또는 NO_3^-이 존재하면 신장이 각각 29%와 14% 촉진되었다(그림 9.6). 삼투활성물질(KCl)를 배지에 첨가하면 신장촉진은 NH_4^+와 NO_3^-에 의해 감소되었으며, 이 사실은 이들 이온 또는 그 부산물이 부분적으로 삼투활성물질 역할을 함을 시사한다. 그러므로 유묘의 뿌리 신장은—질소보유량이 많은 유묘조차—외부 무기질소의 영향을 크게 받았다.

뿌리는 토양의 기계적 "견지성(strength)" 정도에 따라 다소간 뿌리의 진행을 방해하는 토양 매트릭스를 통해 뻗어나가야만 하므로, 토양의 물리적 조건은 뿌리의 성장에 큰 영향을 미친다. (Clark, Whalley, and

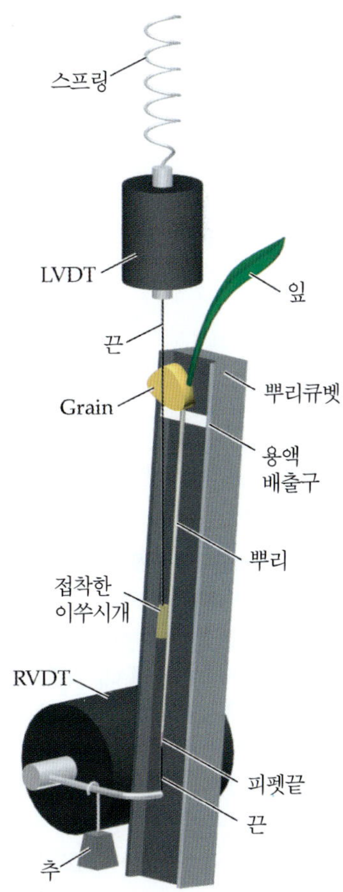

그림 9.5 근신장계 이 그림은 근신장계(differential root extensiometer)이며, 늘어나는 식물 뿌리의 신장을 측정하는데 쓰인다. 회전형 전위차계(rotational variable differential transformer, RVDT)는 뿌리골무의 위치를 검색하며, 직선형 전위차계(linear-variable differential transformer, LVDT)는 성숙대의 위치를 검색한다. 피펫끝을 뿌리골무에 접착시키고 이쑤시개를 성숙대에 접착시킨다. 추를 선단부근에 달아 뿌리의 소성과 탄성을 평가한다. 양액은 배출구로부터 흘러나와 뿌리를 적신다.

그림 9.6 3일된 옥수수(*Zea mays*)유묘 뿌리의 신장속도 뿌리를 1mM $CaSO_4$와 200 μM KH_2PO_4, 그리고 100 μM $NH_4H_2PO_4$(NH_4^+) 또는 100 μM KNO_3(NO_3^-), 무질소(0 μM N) 처리하였다. 용액의 pH를 5.6±0.2 또는 6.5±0.2로 유지하였다(평균±편차). 2수준의 서로 다른 삼투용질 농도에서의 뿌리신장을 나타내었다(평균±표준편차; n = 4처리구의 각 처리구에 6 개체의 식물).(Frensch and Bloom, 미발표 자료)

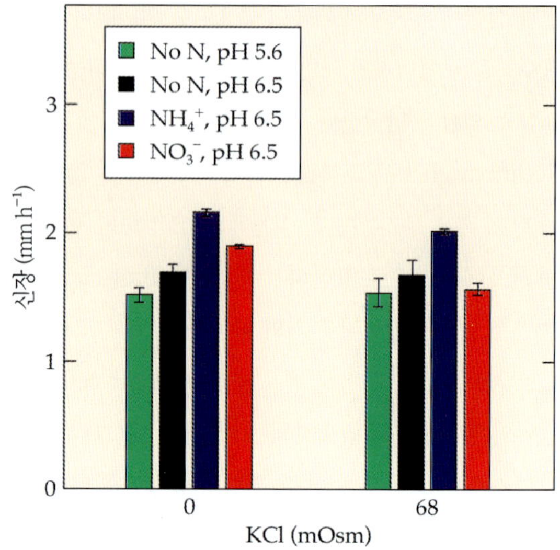

Barraclough 2003). 식물은 영양학적 방식을 비롯한 많은 방식으로 기계적 장애에 반응한다. 완전하게 팽창한 조직만이 장애가 되는 토양 매트릭스를 통해 뻗어나갈 수 있으며, 뿌리조직의 팽창은 주로 칼륨과 질산 등의 무기양분을 비롯한 세포내 고형물에 의해 좌우됨이 자명하다. 뿌리는 토양이 강우 또는 관수 후에 팽윤되면 늘어나기 쉬울 것이다.

세포주변의 pH는 세포벽의 신전성(extensibility)에 영향을 줄 것이다. 산성조건은 세포벽의 교차결합을 감소시키는 익스팬신(expansins) 등의 효소를 자극한다(Cosgrove 1999). 뿌리에서 외부 pH를 6.5에서 5.6으로 낮추면 신장성은 거의 2배가 되지만(그림 9.7), 신장속도(elongation rate)는 저해된다(그림 9.6). 이는 뿌리가 양분조건과는 무관하게 신장대 주변을 산성화시키기 때문이다(그림 9.8).

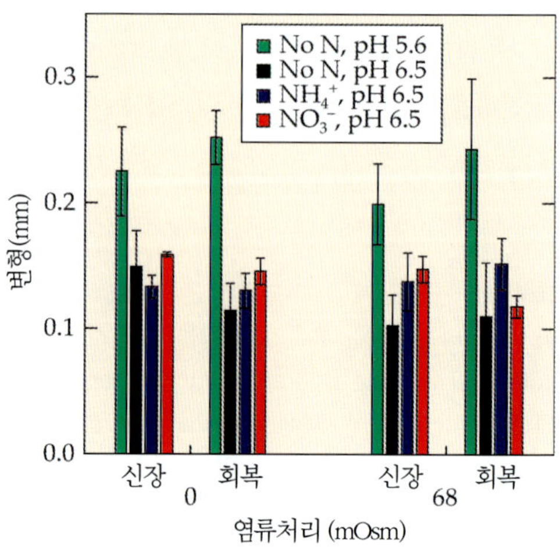

그림 9.7 하중과 삼투용질에 따른 3일된 옥수수 유묘의 뿌리절편의 신장 및 회복 정단과 정단에서 14mm 떨어진 부위의 이 절편에는 정단분열대와 신장대를 포함하고 있다. 뿌리를 1mM $CaSO_4$와 200 μM KH_2PO_4, 그리고 100 μM $NH_4H_2PO_4$(NH_4^+) 또는 100 μM KNO_3(NO_3^-), 무질소(0 μM N) 처리하였다. 용액의 pH를 5.6±0.2 또는 6.5±0.2, 그리고 0또는 68mOsm KCl로 유지하였다(평균±편차). 신장과 회복은 각 처리구별로 큰 차이가 없었는데, 이는 반응이 완전한 탄성이었음을 의미한다.(Frensch and Bloom, 미발표자료)

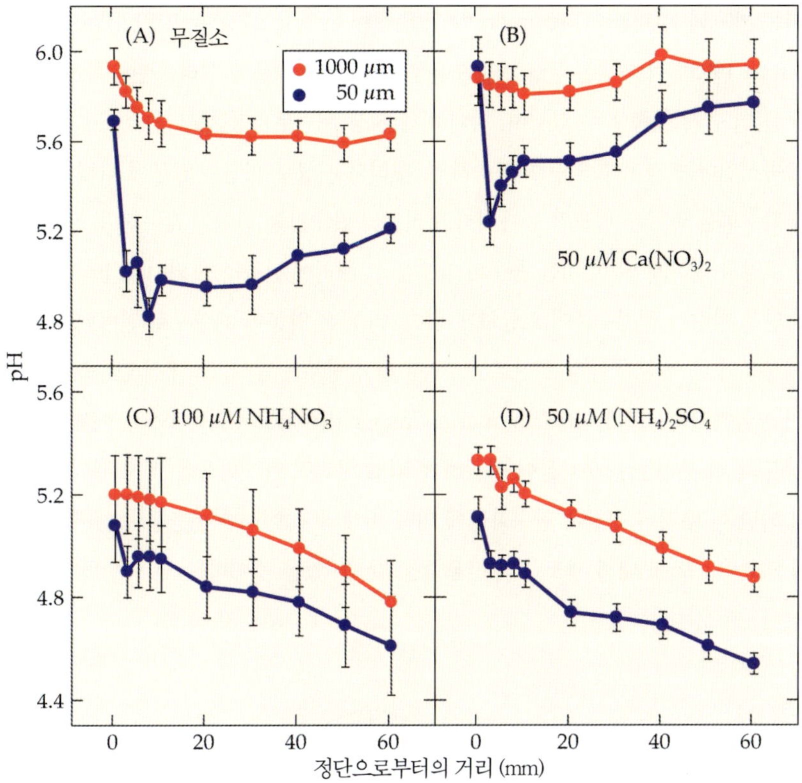

그림 9.8 뿌리 정단으로부터의 거리에 따른 뿌리표면에서 50 또는 1000 μm떨어진 부위의 pH 옥수수(*Zea mays*) 주근을 (A)무질소, (B)NO_3^-함유, (C)두형태의 질소함유, (D)NH_4^+함유 배지에 침지했다. (Taylor and Bloom 1998)

뿌리성장은 척박한 토양에서는 정단부근의 양분이 제한되기 때문에 최소화된다. 토양의 양분유효도가 증가함에 따라, 뿌리는 증식하기 시작하며(Drew 1975; Grime, Crick, and Rincon 1986; Granato and Raper 1989; Jackson and Caldwell 1989; Samuelson, Elisson, and Larsson 1991), 밀도가 높아진다(Fitter, Nichols, and Harvey 1988; Fitter and Stickland 1991). 토양의 양분함량이 적정수준을 초과하면, 뿌리 성장은 탄수화물에 의해 제한되며 마침내 중단된다(Boot and Mensink 1990; Durieux et al. 1994). 토양의 양분함량이 높으면, 일부 뿌리―봄밀(Robinson, Linehan, and Caul 1991) 근계의 3.5%와 상추의 12%(Burns 1991)―는 필요한 모든 양분을 공급하기에 충분하며, 따라서 식물체는 유기자원의 뿌리에 대한 배분을 감소시키고 지상부와 생식기관에 대한 배분을 증가시킬 것이다. 이것은 시비에 의해 작물의 수확량이 증가하는 한 메커니즘이다.

토양의 양분유효도를 뿌리성장에 맞게 최적화하는 것은 뿌리와 지상부간에 기능적 평형이 있다는 개념과 일치한다(Brouwer 1967; Brouwer and DeWit 1969; Bloom, Jackson, and Smart 1993). 이 개념은 공급부와 수용부 간의 거리 때문에 뿌리는 탄수화물보다 무기양분 요구를 더 쉽게 충족할 수 있으며, 이에 비해 지상부는 무기양분보다는 탄수화물 요구를 더 쉽게 충족시킨다는 것이다. 양분이 부족하면, 뿌리와 지상부 성장은 양분에 의해 저해되고, 지상부의 탄수화물 공급은 비교적 높아져서 뿌리로의 탄수화물 전이는 많아진다. 뿌리가 양분이 풍부한 토양과 접하게 되면, 처음 흡수된 양분은 그 뿌리에 잔류하게 되어 성장이 증가한다. 그 뿌리의 양분 함량이 적정수준에 도달하게 되면, 더 많은 양분이 지상부로 전이된다. 관다발 체계는 지상부의 한 부위가 특정 뿌리로부터 양분을 상당부분 받고, 그 대신 탄수화물을 그 뿌리에 먼저 공급하도록 결정한다(Watson and Casper 1984; Wardlaw 1990). 이제 양분이 충분한 지상부의 이 부위는 탄수화물이 부족하게 되고 비교적 탄수화물을 적게 뿌리로 전이한다. 그렇게 되면 이 뿌리의 성장은 탄수화물에 의해 저해된다. 이러한 반응을 통해 뿌리의 생성은 토양의 양분유효도에 대해 과도하게 반응함을 알 수 있을 것이다(그림 9.9; Durieux et al. 1994).

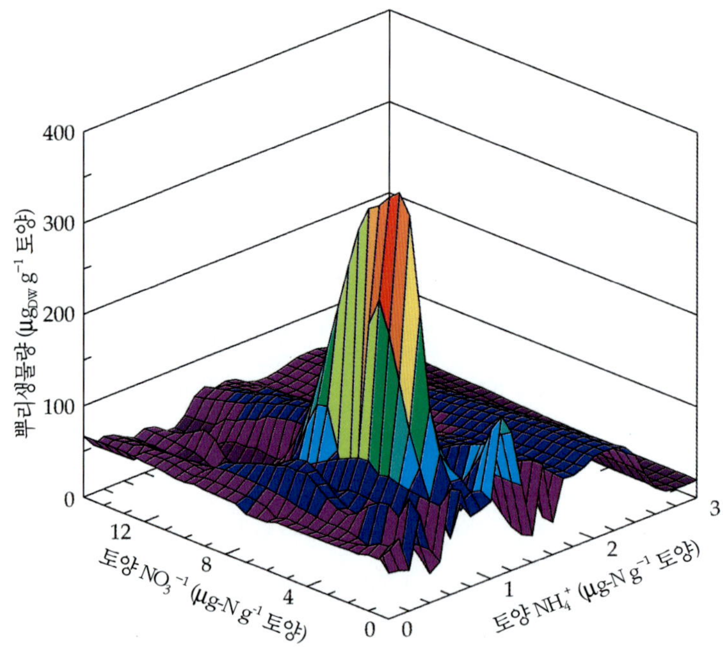

그림 9.9 침출성 토양 NH_4^+와 NO_3^-에 따른 뿌리 생물량 2년간 휴경한 관수포장에서 재배한 토마토(*Lycopersicon esculentum* cv T-5)뿌리의 생물량을 침출성 토양 NH_4^+와 NO_3^-(μg 침출성 N/g 토양)에 대한 μg 뿌리건물중/g토양으로 나타내었다. 색깔은 단순히 생물량간의 차이를 나타내기 위한 것이다. (Bloom, Jackson, and Smart 1993)

뿌리털과 측근

전형적인 주근의 성숙대는 정단으로부터 5~20mm사이에서 시작된다(그림 9.3). 이 부위에서 물관부가 발달하여 상당량의 물과 용질을 지상부로 전이할 수 있게 된다. 배지 속으로 비교적 표피세포가 얇게 신장된 뿌리털(root hairs)도 이 부위에 먼저 나타난다. 비록 뿌리털은 뿌리 선단의 성장 및 그와 연관된 이온유동에 관한 연구(예, Gassmann and Schroeder 1994; Ridge 1995; Felle and Helper 1997; Schiefelbein 2000; Bibikova and Gilroy 2002)의 모형계(model system)이지만, 주된 생리적 기능은 여전히 의문이다(Peterson and Ferquhar 1996; Raven and Edwards 2001).

뿌리털은 뿌리의 표면적(surface area)을 증가시키며 뿌리의 물과 양분 흡수를 촉진하는 것으로 예상된다. 뿌리털은 양분을 흡수한다(Jungk 2001).저농도의 양분에 노출되면 뿌리털의 신장이 촉진된다(질산, Fohse and Jungk 1983; Ewens and Leigh 1985; 인산, 그림 9.10, Bates and Lynch 1996; Gahoonia, Nielson, and Lyshede 1999). 더욱이 야생종 애기장대는 뿌리털이 없는 변이주보다 인산 획득(acquisition)이 훨씬 효율적이다(Bates and Lynch 2001). Ma 등(2001)은 애기장대 식물을 11개 원소 각각이 결제된 배지에서 키워 각 식물의 뿌리털 밀도를 측정했다. 인산이 결제 원소일 경우, 뿌리털의 밀도는 모든 다른 원소가 결제된 경우보다 더 컸다.

그럼에도 불구하고 일부 뿌리털은 양분흡수를 촉진하지 않았다. 이들 뿌리털은 이미 뿌리

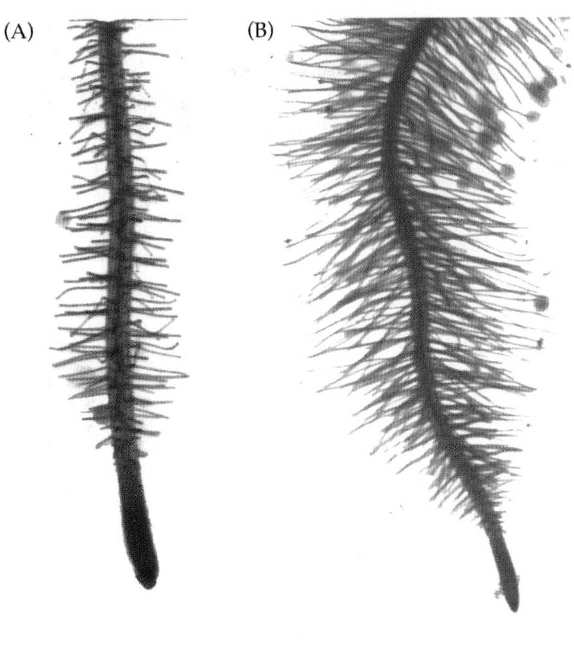

그림 9.10 고농도와 저농도의 인산을 함유하는 배지에서 생육하는 애기장대 뿌리 애기장대의 뿌리는 (B) 저농도의 인산함유 조건에서 조밀한 뿌리털이 발달한 것에 비해 (A) 고농도의 인산을 함유하는 배지에서 생육시키면 뿌리털 발달이 미약하다.(Lynch, Pennsylvania 주립대학)

의 정단에 의해 근권에서 물과 양분이 고갈되었거나(Clarkson 1985; Jungk 2001), 생육이 너무 느리거나, 뿌리털이 너무 가까이 위치하고 있어 고갈지역이 서로 겹치는 부위에 위치하고 있기(Clarkson 1991) 때문일 것이다. 이렇게 되면 더 건조한 토양으로부터 물을 흡수하거나 NH_4^+과 같은 비교적 부동성 양분을 흡수하는 뿌리털의 효율성이 저하될 것이다. 세포질 유동도 뿌리털에서 비교적 더디므로, 식물체의 나머지 부위로 신속하게 전이되는 것을 방해할 것이다(Raven and Edwards 2001).

뿌리털은 식물체를 토양에 고정시키는 역할을 할 것이다. 비록 전체 식물체를 지탱하는 것은 한계가 있겠지만(Bailey, Currey, and Fitter 2002), 뿌리털은 성숙 부위의 뿌리를 고정하여 굳건한 토대를 형성함으로써 뿌리 정단이 새로운 토양으로 확장할 수 있게 해 준다. 아마 이 때문에 수경재배의 뿌리는 뿌리털이 부족하게 되는 것 같다.

낮은 인산 유효도에 대한 또 다른 형태적 적응방식은 프로테오이드 뿌리(proteoid roots)이며(Bowen 1981) 발견자인 Purnell(1960)이 프로테아과(Proteaceae)의 식물에서 발견했기 때문에 그 같이 명명되었다. 이들 식물은 인산 결핍에 반응하여 조밀한 다발형태의 측근을 형성한다. 프로테오이드 뿌리는 그 이후 다른 과의 식물에서도 발견되었고, 인산이외에 다른 토양의 부동화된 원소의 흡수를 촉진하는 것으로 확인되었다(Marschner 1995). 그림 9.11은 루핀(*Lupinus albus*)의 프로테오이드 뿌리이다(Shane et al.2003).

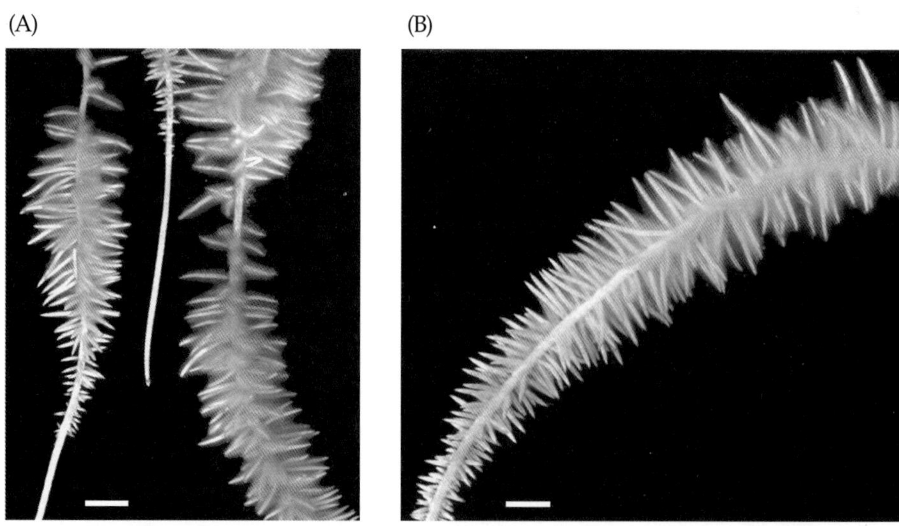

그림 9.11 수경재배한 루핀의 프로테오이드 뿌리 (A) 나머지 절반에 1μM P를 공급할 때, 인이 "결제된" 뿌리의 절반에서 발생한 군생 잔뿌리의 단속적인 발달. (B) 이분한 뿌리 모두를 P를 "결제할"때 발생한 새로운 잔뿌리의 지속적인 발달. 흰 척도 눈금의 길이는 0.5cm이다.(Michael Shane and Hans Lambers, Western Australian 대학)

무기 영양인자에 대한 또 다른 형태적 반응은 측근이 증식하는 것이다. 측근은 정단으로부터 5~200mm 부위의 어디서나 형성된다(Bloom et al. 2002). 이러한 변이는 측근의 발달에 개시(initiation), 기화(organization), 발생(emergence)의 3가지의 비교적 독자적인 단계가 필요함을 반영한다(Hinchee and Rost 1986). 측근의 개시는 뿌리 정단으로부터 1~2mm 이내에서 일어난다(Reihman and Rost 1990). 다음 단계인 기화에서 성숙한 내초 세포가 신속하게 분열하여 기능적 측근 원기(primordia)로 재분화한다(Laskowski et al. 1995; Malamy and Benfey 1997). 마지막 단계인 발생에서, 측근 원기세포는 분화하여 주변조직을 뚫고 나간다. 발생 단계의 초기에 측근에서 뿌리골무와 정단 분열조직이 발달한다. 물관부와 체관부가 충분히 분화한 한참 후에야 측근의 유관속주(vascular cylinder)와 그 친계가 결합한다(McCully 1975; Raven, Evert, and Eichhom 1992).

측근은 주근보다 토양표면에 더 가까이 위치한다. 측근은 인과 같은 부동성 양분의 흡수에 중요하지만, 질산과 같은 가동성 양분의 흡수에는 그렇게 중요하지 않다(Fitter er al. 2002). 주근과 마찬가지로 측근의 활력은 시간이 경과함에 따라 감소한다(Pregitzer et al. 2002).

식물에 의한 양분 조절

유기체는 다양한 작은 화학물질을 전령(messengers)으로 사용하여 먼 조직에까지 발달과정을 조절한다. 이러한 화학전령을 호르몬(hormones)이라 하며, 고등식물에서 발견되는 형태에는 옥신(auxins)과 지베렐린(gibberellins), 사이토카이닌(cytokinins), 에틸렌(ethylenes), 압시스산(abscisic acids), 파이토크롬(phytochromes), 자스몬산(jasmonic acids), 살리실산(salicylic acids), 시스테민(systemin), 노드인자(Nod factors), 브라시노스테로이드(brassinosteroids)가 있다. 이들 중 일부는 식물-양분 관계에 기여를 한다.

옥신은 주로 지상부에서 생성되어 체관부를 통해 뿌리로 수송된다. 이에 비해, 사이토카이닌은 주로 뿌리에서 생성되어 물관부를 통해 지상부로 수송된다. 옥신의 농도는 양분 함량이 높으면 감소하며(Forde 2002) 측근의 증식을 촉진하는 반면, 사이토카이닌은 식물의 양분상태가 좋으면 증가한다(Takei et al. 2002). 이들 반응은 앞 절에서 설명한 뿌리와 지상부사이의 기능적 평형에 관한 체계와 잘 부합한다(Bangerth, Li, and Gruber 2000). 즉, 양분 함량이 낮으면 사이토카이닌 함량이 낮아지고 옥신 함량이 높아져 지상부에 비해 뿌리의 발달을 촉진하고, 양분함량이 높으면 역으로 뿌리에 비해 지상부의 생육을 촉진한다(그림 9.12).

어떤 무기양분들은 그 자신이 전령역할을 한다. 칼슘이 가장 대표적이며 광범위한 반응에 2차 전령(secondary messengers) 역할을 한다(8장 및 10장). 마그네슘은 질소와 인 기

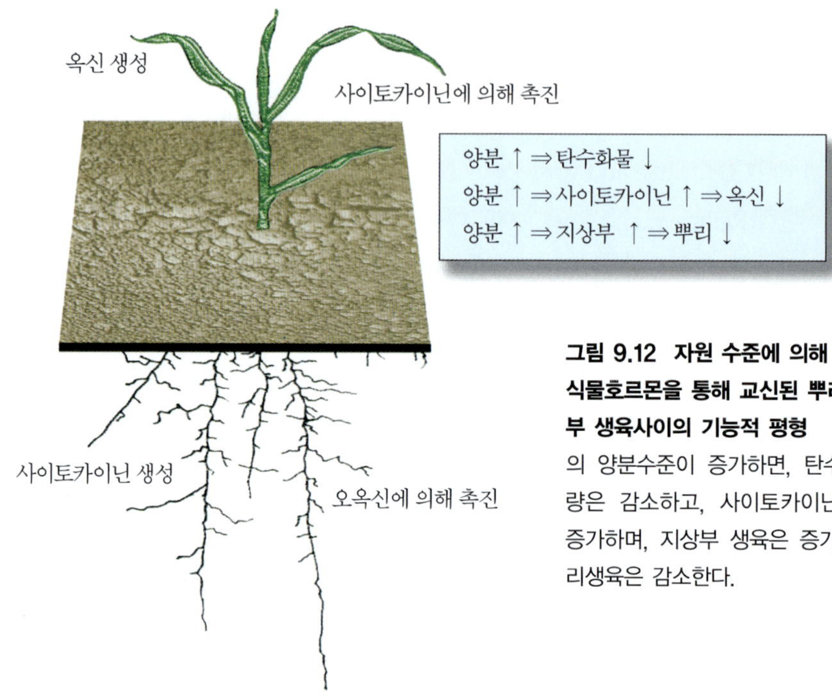

그림 9.12 자원 수준에 의해 결정되고 식물호르몬을 통해 교신된 뿌리와 지상부 생육사이의 기능적 평형 식물체내의 양분수준이 증가하면, 탄수화물 함량은 감소하고, 사이토카이닌 함량은 증가하며, 지상부 생육은 증가하고, 뿌리생육은 감소한다.

(group)를 연결하는 가교역할을 함으로써 많은 생화학적 반응에 중요한 보조인자이다.

마지막으로 대부분의 양분은 그 양분의 유효도에 대한 식물의 반응을 조절한다. 이러한 조절은 전사수준과 그 이후에서 작용한다. 예를 들어, 질산은 질산환원효소에 대한 mRNA의 전사를 유도하며 번역후조절(posttranslational regulation)을 통한 이 효소의 활성을 촉진한다(Kaiser, Weiner, and Huber 1999; Forde 2002). 인산함량이 낮으면 인산획득과 재순환을 촉진하는 생성물인 인산수송단백질과 인산가수분해효소(phosphatases), 리보핵산 가수분해효소(ribonuclease)를 부호화하는 유전자가 유도된다(Abel, Ticconi, and Delatorre 2002).

질소는 식물에 가장 많이 필요한 무기양분이며, 질소 흡수는 대부분의 생태계에서 1차 생산(primary production)을 제한한다(7장). 따라서 식물의 탄질비(C:N)는 지상부와 뿌리 기능간의 균형을 나타낸다(Foyer, Ferrario-Mery, and Noctor 2001). 아미노산인 아스파라진과 글루타민, 글루탐산은 탄소대 질소비가 각각 2N:4C, 2N:5C, 1N:5C로 서로 다르기 때문에 신호화합물로 작용한다(Lam et al. 1996). NH_4^+으로부터 글루타민과 글루탐산은 효소 glutamine synthetase(GS)와 glutamate synthase(GOGAT)를 통해 합성된다. 아스파라진 합성의 주 경로에는 효소 아스파라긴 합성효소(asparagine synthetase)(AS)가 관여하며, 이 효소는 아마이드태 질소를 글루타민에서 아스파르트산으로 전달시킨다. 에너지가 충분하면(즉, 빛과 탄수화물 함량이 높으면) GS와 GOGAT가 활성화되고 AS가 저해됨으로써, 탄소가 풍부하고 뿌리의 성장을 촉진하는 화합물인 글루타민과 글루탐산으로의 질소 동화가 촉진된다. 이에 비해 에너지가 부족하면 GS와 GOGAT가 저해되고 AS가 촉진됨으로써, 질소함량이 높고(또 장거리수송과 장기간의 저장에 아주 안정하며) 지상부 성장을 촉진하는 화합물인 아스파라진으로의 질소동화가 촉진된다(Lam et al. 1996). 따라서 이들 경쟁 경로를 조절하면 탄소와 질소 대사는 물론 지상부와 뿌리 성장을 조절할 수 있다.

계절적 변동(Seasonal Dynamics)

토양의 양분유효도는 생육기 초반 즉, (1) 토양의 가온과 강우에 의해 양분이 근권으로 유입되고, (2) 토양 양분에 대해 뿌리와 경합하는 미생물이 겨울의 휴면 또는 건기에서 회복하기 시작하며, (3) 새로운 식물뿌리가 처녀지를 탐색할 때에 가장 크다. 식물은 이 시기에 필요한 무기양분의 상당부분을 얻는다. 수목은 싹을 틔우고 왕성하게 돋는 새 잎에 이러한 양분을 공급한다. 유묘는 생리적으로 토양으로부터 다량의 양분을 흡수하여 이들 양분을 조직내에 저장하는데 능숙하기 때문에, 일년생 작물에 주는 기비는 아주 효과적이다. 예를 들어, 옥수수는 최종 생물량의 절반에 도달하기도 전에 필요한 칼륨량의 거의 전부를 축적한다(그림 9.2). 유묘단계에 중량으로 잎 질소함량이 5%에 달하는 작물은 식물체가 성숙해짐에 따라 질소함량이 점차 1%이하로 고갈된다.

토양 양분은 생육중반 무렵 즉, (1) 식물이 더 커지고 생육을 지탱하기위해 양분을 더 많이 필요로 할 때, (2) 뿌리로부터 유기탄소가 첨가됨으로써 활성화되는 미생물이 토양유기물 또는 무기 기질(inorganic substrate)로부터 방출되는 양분의 상당부분을 흡수하여, 성장하는 뿌리와 경합할 때, (3) 다른 식물의 뿌리와의 경합 역시 심화될 때에 더 부족하게 된다. 식물은 공생균류(symbiotic fungi)와 세균과 같은 더 작은 협생생물(associates)의 도움을 받아, 이런 조건에서 그들의 양분 요구를 충족한다. 식물뿌리에 균근이 감염되고 균사가 생성되면 양분흡수가 증가되고 보완된다(Merry- weather and Fitter 1995). 마찬가지로, 질소고정 식물의 근류착생과 근류활성은 식물의 질소함량이 감소하고 토양의 암모늄 또는 질산 유효도가 감소하면 증가한다(Huss-Danell 1997; Unkovich and Pate 2000). 식충식물(carnivorous plants)은 특정 성숙단계에 도달하면 덫에 걸린 곤충을 잡아먹는다(Ellison and Gotelli 2000).

생육기간이 끝날 무렵이면, 차거나 건조한 토양조건이 토양양분의 유효도를 제한하며, 식물은 저장된 양분에 더 의존하게 된다. 생식기관(reproductive stuructures)에 필요한 질소와 인의 90%이상은 영양생장부위로부터 재이동되어 이용된다(Marschner 1995). 평균적으로 식물은 노화하는 잎 조직으로부터 질소의 50%와 인의 52%를 회수한다(Aerts 1996). 놀라운 것은 토양중의 양분유효도와 잎의 양분함량은 양분재흡수 정도에 거의 영향을 주지 않는다. 낙엽수의 잎은 상록수 잎보다 약간 더 많이 질소를 재흡수하지만, 낙엽수 잎과 상록수 잎은 둘 다 인을 비슷하게 재흡수한다(Aerts 1996). 비록 식물은 관다발조직의 적재와 하적을 통해 조직간에 양분 재분배를 조절하지만, 이러한 정확한 조절방식은 더 규명이 되어야 한다(5장 및 6장).

광합성과 1차생산, 양분

잎의 광합성 능력(photosynthetic capacity)(광포화점에서의 순광합성)은 잎의 질소함량 변화가 식물종 또는 엽령, 토양의 질소유효도, 광도의 차이 때문인지 아닌지와는 무관하게 잎의 질소함량과 밀접한 상관관계가 있다(Chapin et al. 1999; Reich, Walters, and Ellsworth 1997; Peterson et al. 1999). 자연환경에 있는 식물에서, 이 상관관계는 식(9.1)과 같다.

$$A_{\text{max}} = aN^b \tag{9.1}$$

여기서 A_{max}는 광합성 능력(nmol CO_2 $g^{-1}s^{-1}$), a는 로그–로그 그래프의 기울기, N은 잎의 질소함량(mg g^{-1}), b는 척도지수(scaling factor)이다. 척도지수 b는 1보다 크며(Reich, Walters, and Ellsworth 1997), 이는 광합성 능력은 엽중 질소함량이 증가하면 기하급수적으로 증가하고(그림 9.13A), 광합성 질소이용 효율을 나타내는 곡선의 기울기(엽중 질소당 광합성능력)는 엽중 질소함량이 증가할수록 증가함을 의미한다(Cahapin et al. 1987). 질소함량이 낮은 잎은 한정된 자원을 생명유지에 필요한 모든 기능에 분배해야하는 반면, 질소함량이 높은 잎은 더 많은 양을 Rubisco와 광합성의 기타 효소와 색소에 투입해서, 광합성능력을 높여야하기 때문에, 이러한 광합성 질소이용 효율의 경향은 합리적이다(Gastal and Lemaire 2002; Lawlor 2002).

과다시비를 받기 쉬운 작물에서 엽중 질소함량이 더 증가하면 광합성 능력은 증가가 중단된다(그림 9.13B). 이러한 조건에서 광합성 질소이용 효율은 감소하며, 그 이유는 효소와 색소 함량은 더 이상 광합성을 저해하지 않으며, 더 많은 질산이 동화되지 않은 채 엽중 총질소의 상당부분을 차지하기 때문이다.(Porter and Evans 1998; Evans and Poorter 2001). 작물의 반응은 S자형을 나타낸다(Sinclair and Horie 1989).

$$A_{\text{max}} = \frac{a}{1+\exp\left(\dfrac{N_0 - N}{b}\right)} \tag{9.2}$$

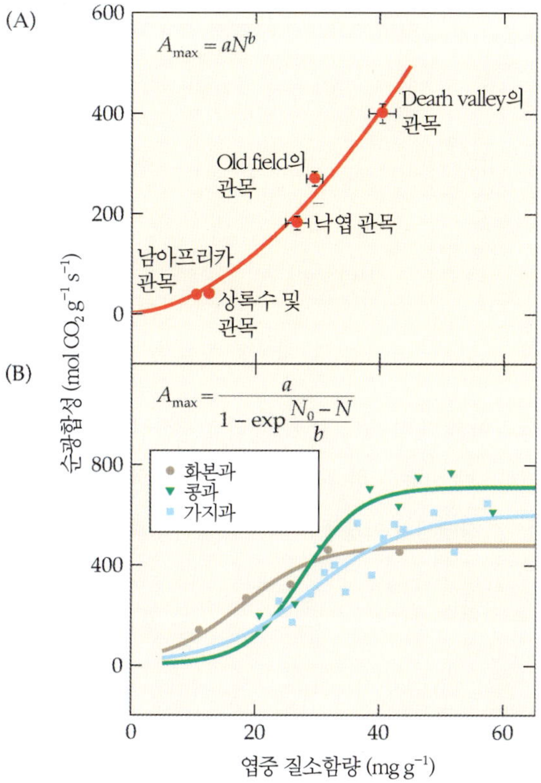

그림 9.13 A_{max}와 엽중 질소함량간의 상관관계 (A) 순광합성의 최대속도(A_{max},nmol · CO_2 · g^{-1}잎 · s^{-1})와 엽중질소 함량(N, mg · g^{-1})간의 상관관계를 5개의 상이한 생태계에서 분리한 21개의 야생 C_3식물종에 대해 나타내었다(Chapin등의 1987년 자료로부터 계산). 함수 $A_{max} = aN^b$에 대한 비선형회귀분석(SigmaPlot. SPSS-Scientific)결과는 척도지수 b가 1.73±0.20이었다. 6개의 생물군계(biomes)(Venezuela의 저지 열대우림; South Carolina의 아열대 해안평원삼림; New Mexico주의 사막관목지대; Wisconsin주의 냉온삼림, 습지, 평원; Colorado주의 고산대 툰드라와 아고산대 삼림) 에서 분리한 111개의 C_3 식물종에 대한 최대 광합성과 엽중 질소함량간의 상관관계는 이 결과와 일치했으며, 척도지수은 1.73±0.17임이 밝혀졌다. (B) 순광합성의 최대속도 A_{max}와 엽중 질소함량간의 상관관계를 3과당 C_3식물종 2작물에 대해 나타내었다. 화본과작물종은 벼와 밀, 콩과작물은 대두와 강낭콩, 가지과작물은 토마토와 감자였다. 4연속지점의 평균값으로 나타내었다. S자형 방정식에 대한 비선형회귀분석(SigmaPlot. SPSS-Scientific)결과는 b가 화본과작물종과 콩과작물종, 가지과작물종에 대해 각각 6.2±3.0과 4.6±2.0, 7.9±2.8이었다. (A, Reich, Walters, and Ellsworth 1997; B, Osaki et al. 2001의 자료에서 계산.)

여기서 "exp"는 괄호안의 멱으로 거듭제곱한 자연로그의 밑이며, N_0는 엽중 질소함량(곡류의 경우 18mg g^{-1}, 콩과작물 28mg g^{-1}, 가지과 식물 29mg g^{-1})의 역치(threshold value)이며, a는 질소포화도(nmol CO_2 g^{-1} s^{-1})이다(그림 9.13B). 역치 N_0이하의 엽중 질소함량의 경우, 작물의 반응은 자연생태계의 식물을 나타내는데 사용되는 멱함수와 구분할 수 없음을 유념하라. 그러므로 기본적으로 중요하다고 생각된 멱함수(예, Niklas 1994; Reich, Walters, and Ellsworth 1997)는 글자그대로 방정식의 일부분에 불과하다.

광합성 능력은 질소이외의 다른 양분에 의해서도 조절됨은 의심할 바 없다. 예를 들어, 엽중 인산은 호주의 인산-결핍 토양에서 생육하는 식물에서 질소보다 더 광합성 능력에 영향을 미친다(Wright, Reich, and Westoby 2001). 그러나 다른 양분의 엽중 함량은 질소와 아주 밀접한 상관관계가 있기 때문에 그들이 광합성에 미치는 영향은 질소가 미치는 영향과 구분할 수 없다(Sexton, Batchelor, and Shibles 1997). 따라서 광합성 능력과 질소이외의 양분들간의 상관관계에 관한 연구는 드물다.

보다 큰 규모의 생태계에서 순 1차생산은 양분 특히, 질소의 유효도가 증가함에 따라 증가

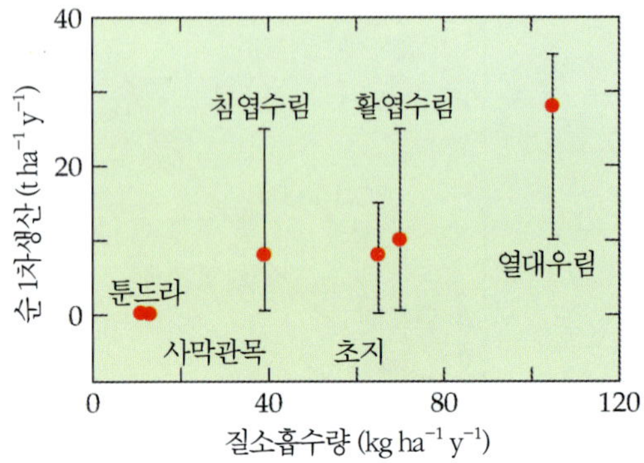

그림 9.14 순 1차생산과 질소흡수간의 상관관계 순 1차생산(MT ha^{-1}y^{-1})과 질소흡수(kg ha^{-1}y^{-1})의 상관관계를 나타내었다. 순 1차생산의 평균과 편차(Whittaker 1975) 그리고 평균 질소흡수량(Haynes 1986; Attiwill and Adams 1993)의 추정치를 나타내었다.

한다(Lawlor 1995)(그림 9.14). 질소와 간혹 인산 및 칼륨(N, P, K) 시비로 생산성은 거의 모든 자연 및 관리 생태계에서 급증한다. 이러한 양분반응은 현대농업의 근간이다. 한편 자급농업(subsistence farming)에서의 작물과 자연환경에서의 야생종은 대체로 양분부족상태에 처해 있다.

작물의 수량과 양분효율성

시비를 하지 않는 작물은 토양중의 잔여 양분이나 대기로부터 집적(deposition) 또는 관개수 등의 기타 공급원으로부터 얻는 양분을 이용한다. 이런 조건에서 작물의 수확량은 많지 않다(그림 9.15 및 9.16A). 적은 양이라 하더라도 시비를 하면 수확량이 급격하게 증가하는 경우가 있다. 20세기동안 증가한 작물 수확량의 절반은 비료 사용량이 증가했기 때문이었다(Baligar, Fageria, and He 2001). 시비량이 과다하면, 작물의 양분이용 효율성은 감소하며(그림 9.16), 농부들은 생산비용이 증가한다.

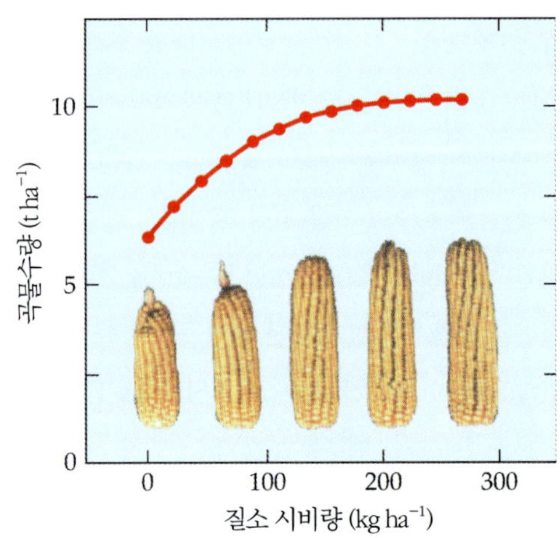

그림 9.15 질소비료 시용량에 따른 옥수수(*Zea mays*) 곡물의 수확량 질소비료 시용량(kg · ha^{-1})에 따른 옥수수 곡물의 수확량(MT · ha^{-1})을 1995년에서 1998년까지 30개의 Missouri주 농장의 평균값으로 나타내었다.(Scharf and Wiebold 2001의 자료를 토대로 그래프 작성; Below and Brandau 2001의 옥수수 그림 사진 인용)

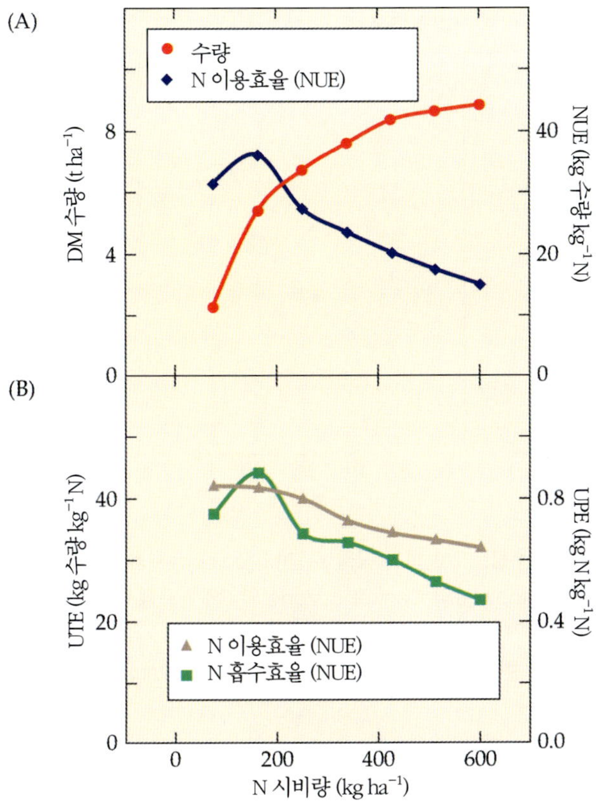

그림 9.16 질소시비량에 따른 톨 페스큐의 건물수량과 NUE, UTE, UPE 질소시비량에 따른 톨 페스큐의 건물수량(MT · ha^{-1})과 양분이용효율(NUE, kg yield · kg^{-1} 질소시비량), 이용효율(UTE, kg yield kg^{-1}질소흡수량), 흡수효율(UPE, kg^{-1}질소흡수량 · kg^{-1}질소시비량)을 나타내었다. 양분이용효율과 이용효율은 작물이 흡수한 토양 내 잔존 질소 또는 대기중으로부터 집적되거나 관개수에 존재하는 질소는 고려하지 않기 때문에, 그 값은 시비량이 가장 적을 때 가장 작다.(West 2001의 자료를 계산)

시비양분 단위당 작물 수량으로 나타낸 양분이용효율(*N*utrient *u*se *e*fficiency, NUE)은 두 인자의 즉, 식물이 흡수한 단위 양분당 수량을 나타내는 양분이용효율(nutrient *ut*ilization *e*fficiency, UTE)과 처리한 단위 양분당 흡수한 양분량을 나타내는 양분흡수효율(nutrient uptake efficiency, UPE)을 곱한 값이다(Moll, Kamprath, and Jackson 1982). 시비량이 적으면, 작물의 수량은 흡수양분량에 따라 직선적으로 증가하며(그림 9.17), 이러한 상관관계(UTE)의 기울기는 비교적 일정하게 유지된다. 시비량이 더 많으면, 식물은 "사치흡수"를 하여 수량증가는 거의 없으면서 여분의 양분을 저장함으로써 이용효율이 감소한다(van Keulen 1982)(그림 9.16B). 양분흡수효율(UPE)은 시비량이 더 증가하면 감소하는데(그림 9.16B), 그 이유는 식물이 수송 메커니즘을 하향조절하여 생육 요구를 충족시킬 만큼의 양분만 흡수하기 때문이다(그림 9.18).

양분이용효율은 장기간에 걸쳐 개선되었다. 사람이 성취한 가장 중요한 점은 현대의 농업 관리법으로 더 많은 수량을 낼 수 있는 작물 유전형을 개발한 것이다. 예를 들어 곡물 수확량은 지난 20세기의 40년간 꾸준히 증가해왔다(그림 9.19). 이러한 증가는 일정부분 시비량의 증가

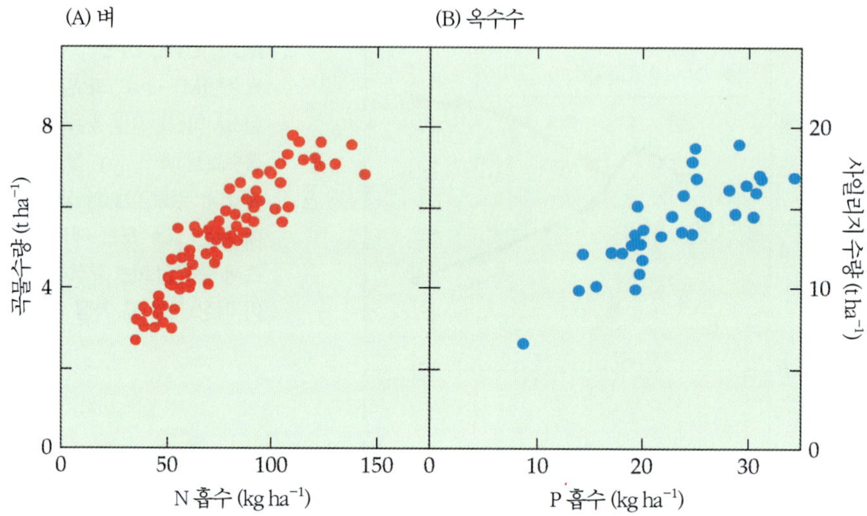

그림 9.17 질소와 인 흡수에 따른 작물의 수량 (A) 벼의 곡물 수량(M tons · ha^{-1})을 질소 흡수량(kg · ha^{-1})에 따라 나타내었다; 자료는 Philippines의 Central Luzon섬의 88개 포장시험의 결과이다. (B) 인산 흡수량에 따른 옥수수의 사일리지 수량(M tons · ha^{-1})이다; 자료는 Canada의 British Columbia의 한 포장시험의 결과이다. (A의 출처는 Kakau 1996; B는 Hountin과 Paul 2002이다)

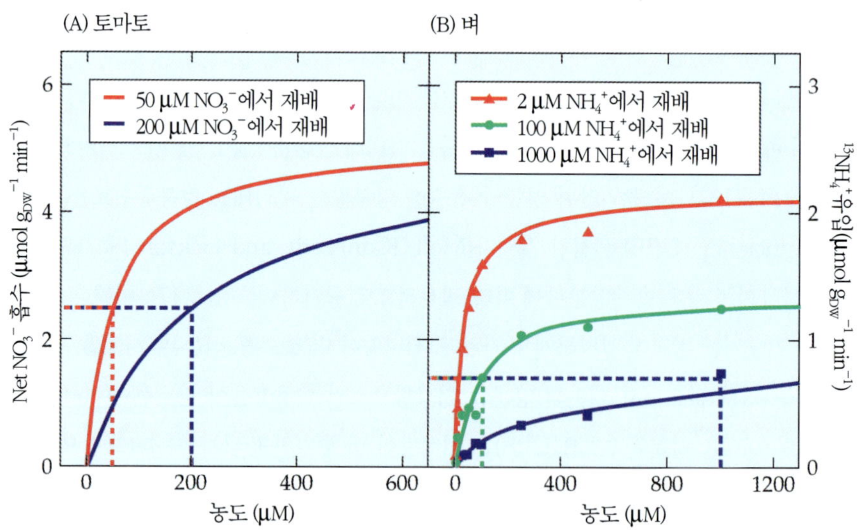

그림 9.18 중간 정도의 농도에 따른 질산과 암모늄 흡수 (A) 토마토의 질산 흡수와 (B) 벼의 암모늄 흡수를 영양액의 농도에 따라 나타내었다. 처음에 식물을 표기된 서로 다른 농도에서 키웠다. 식물들은 양분흡수 카이네틱을 조절하여 생육조건이 달라도 같은 속도로 그 양분을 흡수했다. (A의 출처는 Smart와 Bloom 1993; B는 Glass 등 2001)

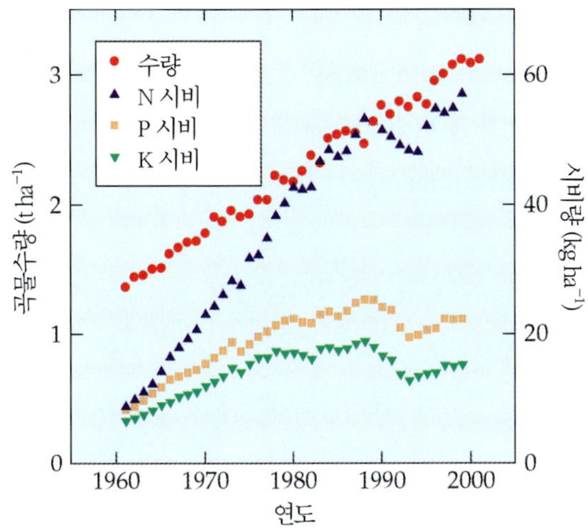

그림 9.19 1960년부터 현재까지의 전 세계 평균 곡물수량과 시비량 20세기 후반동안 경작지에 처리된 질소, 인산, 칼리 시비량(kg · ha^{-1})과 전 세계 평균 곡물 수량(M 톤 · ha^{-1})의 관계를 나타내었다. (출처 FAOSTAT 2003)

에 기인하지만, 1990년대에 수확량은 시비량이 감소했음에도 지속적으로 증가했다. 다수성 품종육종으로 인해 양분이용효율이 더 증가한 것은(그림 9.20A) 이용효율 증가와 함께 흡수효율이 증가했기 때문임을(그림9.20B) 면밀한 실험결과로 알 수 있다. 재배자의 관점에서, 이러한 식물을 자원 분배효율이 더 나쁜 식물보다 "수량지수(harvest index)"가 높다고 한다.

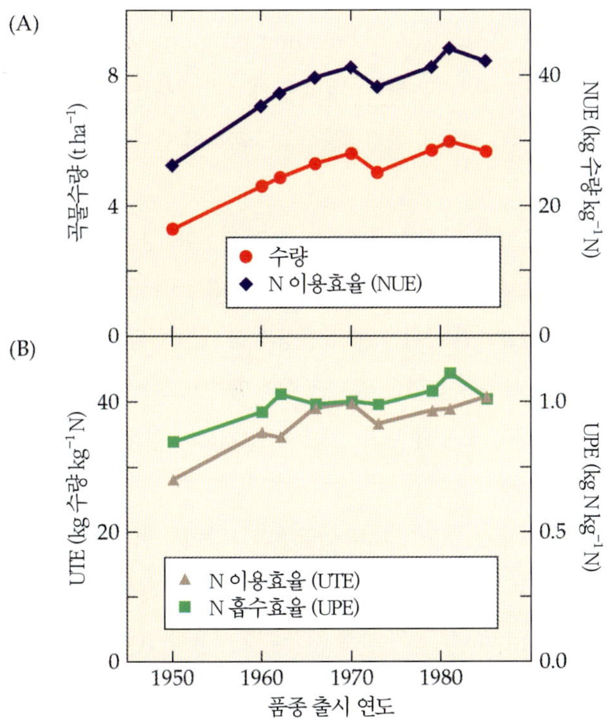

그림 9.20 품종 출시 연도에 따른 제빵용 밀 품종의 곡물수량과 NUE, UTE, UPE (A) 북서부 멕시코에서 재배한 제빵용 밀 품종의 곡물 수량(M tons · ha^{-1})과 양분이용효율(NUE, kg 수량 · kg^{-1}질소시비량), 그리고 (B) 이용효율(UTE, kg 수량 · kg^{-1}질소흡수량)과 흡수효율(UPE, kg 질소흡수량 · kg^{-1} 질소시비량)을 국제옥수수밀연구소(International Maize and Wheat Improvement Center, CIMMYT)가 품종을 출시한 연도별로 나타내었다. 1950년과 1960년도에 출시된 품종은 재래종 키 큰 품종인 반면, 그 후 출시된 품종들은 반왜성이었다. 수치는 3개년(1987년과 1988년, 1989년)과 3 질소 처리(75kg과 150kg, 300kg · kg^{-1})의 평균치이다. 작물은 토양중의 잔존 질소는 물론 대기 중으로부터 집적되거나 관개수로 공급되는 질소도 흡수하기 때문에 흡수 효율은 일관성이 결여되었다.

현대농업에서 균일한 초장과 잡초방제 때문에 포장에서 자라는 식물들 간의 빛에 대한 경쟁이 최소화된다. 이 때문에 그들 자원을 줄기(stalks and trunks)와 같은 구조를 지탱하기 보다는 수확부위로 더 많은 비율을 할당하는 단초장 품종(short-stature cultivars)을 개발할 수 있게 되었다. 그 결과 전통적인 장초장 품종(tall cultivars)보다 양분이용효율이 증가했다(그림 9.20B).

현대 농업은 곡류의 생산성을 엄격히 곡물수확량으로 간주한다. T.R. Sinclair(1998)는 많은 문화권에서는 짚은 가축의 깔짚(bedding)과 시비, 건축자재, 연료용으로 가치가 있음을 지적한다. 만약 짚 값이 비싸면, 재래종의 키 큰 품종의 양분이용효율이 현대 품종보다 더 유리하다.

현대품종은 근계(root system)도 더 얕다(Lynch and Brown 2001, Rubio et al. 2003). 물관리가 적절하면 뿌리가 땅 속 깊이 물을 찾을 필요가 없다. 더욱이 양분의 무기화는 토양의 상위층에서 활발하므로, 뿌리가 얕으면 시비한 비료뿐만 아니라 토양유기물에서 방출된 양분을 더 효율적으로 획득한다. 그 결과 양분흡수효율은 현대품종에서 증가했다(그림 9.20B)

과다 시비로 환경 퇴화를 가속화하지 않고 증가하는 인구를 부양하려면, 양분이용효율은 지속적으로 증가해야만 한다(Evans 1988). 불행하게도 양분이용효율이 높은 품종의 육종에 대한 요구가 수십년 전부터 제기되었음에도(Epstein and Jeffries 1964; Epstein 1983) 식물-양분과의 요인에 초점을 맞춘 작물-육종 프로그램(crop-breeding programs)은 거의 없다(Baligar, Fagera, and He 2001). 전부는 아니지만 양분이용효율 개선의 대부분은 단순히 곡물수량과 연관되어 있다. 이러한 접근방식은 농업의 환경영향을 최소화해야 한다는 압력이 증가한다면 충분하지 못할 것이다.

도전과제는 양분효율을 개선하는 적절한 기준을 선택하는 것일 것이다. 양분흡수효율은 선진국과 개발도상국에서 각각 평균적으로 약 42%와 29%에 불과하나(Raun and Johnson 1999), 양분흡수효율이 좋은 유전형을 선발하면 자원을 세근 생성에 더 많이 할당하여 수량을 낮출 것이다. 한마디로, 양분이용효율이 높은 유전형은 일부 조직의 양분농도가 더 낮아질 것이다. 그러므로 이러한 특징에 근거한 육종으로 수확 부위의 양분이 결핍되어 영양가가 떨어지는 의도하지 않은 유전형이 포함될 수 있다.

앞서 생산성을 엄밀히 수량측면으로만 본 태도에 대해 언급했다. 8장에서 이미 말했듯 그러한 접근방식의 문제점은 영양의 질은 고려하지 않는다는 점이다. 재배하는 대부분의 식량은 칼로리는 적절함에도 단백질과 비타민, 미량요소 등의 특정 영양소가 부족하다(Grusak and DellaPenna 1999; Graham, Welch, and Bouis 2001). 식물영양 연구의 가장 중요한 동기는 인간 영양(human untrition)과 관련이 있다. 인간의 식량은 식물이거나 식물에서 유래한다. 무기 영양과 생육이 아주 적절한 식물은 많은 사람들이 섭취할 때 부족하기 쉬운 영양소 특히, 미량영양소를 많이 함유할 수 있다. Grusak과 DellaPenna(1999)과 Graham과 Welch, Bouis(2001)이 제시한 수치는 정신이 번쩍 들게 해준다. 미량영양소인 철은 가장 관심을 끌며, 그 다음이 요오드이며, 칼슘과 아연, 셀레늄 결핍은 아직 보고는 많이 되지 않았지만 아마도 흔한 현상일 것이다. 몇 가지 구체적인 예를 들어보겠다.

인구 중 철 결핍증인 빈혈(anemia)은 1980년에서 1990년까지 약 30%에서 40%로 증가했으며, 이는 철 함량이 상대적으로 적은 곡물 섭취가 증가한 결과이다. 철 결핍은 임신부와 어린이, 유아에서 가장 많이 나타나며, 대부분 저개발국에서 만연하다. 예를 들어 이런 현상은 동남아시아에서 가장 심하며 인구의 39.5%가 철 결핍증인 빈혈을 앓고 있다. 요오드결핍증인 갑상선종(Goiter)은 전세계 인구의 15.6%가 앓고 있으며, 그로 인해 0.92%는 완전히 불구가 된다. 이런 영양소와 칼슘과 같은 기타 영양소 결핍증은 대부분 제 3세계에서 발생하지만 그 지역에 국한되지 않는다. 예를 들어 요오드 결핍증(갑상선종)(goiter)은 유럽 인구의 10.7% 즉, 그 지역의 9,300만 명이 앓고 있다. 그러므로 Graham과 Welch, Bouis(2001)과 기타 저자들은 농업생산에서 새로운 패러다임이 필요함을 주창했다. 즉, 생산량이 적절해야할 뿐만 아니라 환경적으로 문제가 없어야 하며, 영양학적으로도 적절해야만 한다. 그러므로 이와 같은 책에서 인간의 영양과 성장은 식물의 “영양과 생육”과 불가분의 관계가 있다.

양분 측정

최적 시비관리(optimal fertilizer management)를 위해서는 토양과 작물의 양분수준을 수시로 측정할 필요가 있다(Westerman 1990). 토양검정(soil tests)의 목적은 특정 지점의 개략적인 양분 유효도를 제공하는 것이다. 만약 작물의 유묘가 발달할 때 유효 양분의 상당부분을 얻을 수 있다면 이러한 정보는 작물재배이전의 시비지도에 아주 유효하다. 토양분석 시료의 채취지점을 결정하는 것은 일년생 작물이 성숙해 감에 따라, 또는 영년생 작물의 뿌리가 넓게 분포되고 양분흡수능력이 차이가 클 때 더욱 어려워진다. 또 토양용액의 조성을 평가하는 여러 방법에 따라 결과는 아주 달라진다(Dahgren 1993). 이 때문에 작물양분분석(crop nutrient analysis)은 토양분석보다 더 신뢰할 수 있는 양분유효도의 지표가 된다.

작물의 양분분석은 과거 양분흡수의 종합적인 척도이다. 보통 지역-특이적 측정(site-specific calibration)을 통해 생육 전 기간을 통해 채취한 지상부 시료가 양분이 결핍되었는지, 그리고 그에 따라 추비를 해야 하는지를 알 수 있다. 3장의 결핍증과 조직분석(tissue analysis)에 대한 설명을 참고하라. 간혹 개별 영양소의 형태(form)에 대한 정보가 양분 총량(total nutrient content)보다 더 유익할 수 있다. 예를 들어 지상부의 질산(nitrate) 또는 황산(sulfate) 함량이 질소(nitrogen) 또는 황(sulfur) 함량보다 작물이 흡수할 수 있는 양분 보유량을 더 잘 대변해줄 수 있으므로, 앞으로의 작물의 기능을 더 정확하게 예측하게 해준다(Marschner 1995). 한편, Harrison과 Hirel, Limani(2004)는 콩과작물 *Lotus japonicus*에서 지상부의 질산 함량은 질산 흡수에 의해 좌우되었으며 생물량 생산과 반드시 밀접한 관련이 있지는 않았다.

대체로 토양과 작물의 양분 분석치는 생육기간 중 여러 시기에 작물의 양분 관계를 변화시키는 농부의 능력에 따라 달라진다. 분석결과에 대해 대처할 수 있는 가능성이 제한된다면 왜 어떤 것을 분석해야 하는가? 전통적으로 농부는 파종이전부터 경운과 묘상 만들기, 잡초방제, 정식전 시비를 통해 양분과 근권 조절에 많은 노력을 기울인다. 입모(stand) 이후 측조시비(side-dressing) 또는 엽면시비(foliar application)를 통해 조절하는 것은 더 어려우며 효율이 적을 수도 있다. 생육기간중 시비와 근권의 조절을 개선할 수 있다는 점에서 미량관개(microirrigation) [즉, 점적관개(drip 즉 trickle irrigation)]는 농부가 양분 관계를 변화시킬 수 있게 해주므로 양분 검정에 대한 수요를 증가시킬 것이다.

이번 장에서는 식물 생태학의 주제와 밀접한 관련이 있는 주제인 무기 양분과 생육간의 상호관계에 대해 다루었다. 11장에서 식물 무기영양의 생태학에 관해 추가로 논의할 것이다.

참고문헌

Abel, S., C. A. Puccini, and C. A. Delatorre (2002) Phosphate sensing in higher plants. *Physiologia Plantarum* 115: 1-8.

Aerts, R. (1996) Nutrient resorption from senescing leaves of perennials: Are there general patterns? *Journal of Ecology* 84: 597-608.

Aeschbacher, R. A., J. W. Schiefelbein, and P. N. Benfey (1994) The genetic and molecular basis of root development. *Annual Review of Plant Physiology and Plant Molecular Biology* 45: 25-45.

Attiwill, P. M. and M. A. Adams (1993) Nutrient cycling in forests. *New Phytologist* 124: 561-582.

Azcon-Aguilar, C. and J. M. Barea (1997) Applying mycorrhizal biotechnology to horticulture: Significance and potentials. *Scientia Horticulturae* 68: 1-24.

Bailey, P. H. J., J. D. Currey, and A. H. Fitter (2002) The role of root system archi lecture and root hairs in promoting anchorage against uprooting forces in Allium cepa and root mutants of *Arabidopsis thaliana. Journal of Experimental Botany* 53: 333-340.

Baligar, V. C., N. K. Fageria, and Z. L. He (2001) Nutrient use efficiency in plants. *Communications in Soil Science and Plant Analusis* 32: 921-950.

Baluska, F., D. VoLkmann, and P. W. Barlow (1996) Specialized zones of development in roots: View from the cellular level. *Plant Physiology* 112: 3-4.

Baluska, F., D. Volkmann, and P. W. Barlow (2001) A polarity crossroad in the transition growth zone of maize root apices: Cytoskeletal and developmental implications. *Journal of Plant Growth Regulation* 20: 170-181.

Bangerth, F., C.-J. Li, and J. Gruber (2000) Mutual interaction of attain and cytokinins in regulating correlative dominance. *Plant Growth Regulation* 32: 205-217.

Bates, T. R. and J. P. Lynch (1996) Stimulation of root hair elongation in *Arabidopsis thaliana* by low phosphorus availability. *Plant, Cell and Environment* 19: 529-538.

Bates, T. R. and J. P. Lynch (2001) Root hairs confer a competitive advantage under low phosphorus availability. *Plant and Soil* 236: 243-250.

Below, F. and P. Brandau (2001) How much nitrogen does corn need? Agronomy Day 2001, *h ttp://www. cropsci. uiuc.edu/agronomyday/2001/tours/nitrogen-need/*, accessed May 6, 2002.

Bibikova, T. and S. Gilroy (2002) Root hair development. *Journal of Plant Growth Regulation* 21: 383-415.

Bloom, A. J., L. E. Jackson, and D. R. Smart (1993) Root growth as a function of ammonium and nitrate in the root zone. *Plant, Cell and Environment* 16: 199-206.

Bloom, A. J., P. A. Meyerhoff, A. R. Taylor, and T. L. Rost (2002) Root development and absorption of ammonium and nitrate from the rhizosphere. *Journal of Plant Growth Regulation* 21: 416-431.

Boot, R. G. A. and M. Mensink (1990) Size and morphology of root systems of perennial grasses from contrasting habitats as affected by nitrogen supply. *Plant and Soil* 129: 291-299.

Bowen, G. D. (1981) Coping with low nutrients. In: *The Biology of Australian Plants*. Pate, J. S. and A. J. McComb, eds. University of Westem Australia Press, Nedlands, Australia. pp. 33-64.

Bret-Harte, M. S. and W. K. Silk (1994) Nonvascular, symplasrnic diffusion of sucrose cannot satisfy the carbon demands of growth in the primary root tip of *Zea mays L. Plant Physiology* 105: 19-33.

Brouwer, R. (1967) Beziehungen zwischen Spross- und Wurzelwachstum. *Angewandte Botanik* 41: 244-250.

Brouwer, R. and C. T. DeWit (1969) A simulation model of plant growth with special attention to root growth and its consequences. In: *Root Growth*. Whittington, W. J., ed. Butterworths, London. pp. 224-244.

Burns, I. G. (1991) Short- and long-term effects of a change in the spatial distribution of nitrate in the root zone on N uptake, growth and root development of young lettuce plants. *Plant, Cell and Environment* 14: 21-33.

Chapin, F. S., m, A. J. Bloom, C. B. Field, and R. H. Waring (1987) Plant responses to multiple environmental factors. *BioScience* 37: 49-57.

Clark, L. J., W. R. Whalley, and P. B. Barraclough (2003) How do roots penetrate strong soil? *Plant and Soil* 255: 93-104.

Clarkson, D. T. (1985) Factors affecting mineral nutrient acquisition by plants. *Annual Review of Plant Physiology* 36: 77-115.

Clarkson, D. T. (1991) Root structure and sites of ion uptake. In: *Plant Roots, the Hidden Half.* Waisel, Y., A. Eshel, and U. Kafkai, eds. Dekker, New York. pp. 417-453.

Calmer, T. D. and A. J. Bloom (1998) A comparison of NH_4^+ and NO_3^- net fluxes along roots of rice and maize. *Plant, Cell and Environment* 21: 240-246.

Cosgrove, D. J. (1999) Enzymes and other agents that enhance cell wall extensibility. *Annual Review of Plant Physiology and Plant Molecular Biology* 50: 391-417.

Dahlgren, R. A. (1993) Comparison of soil solution extraction procedures: Effect on solute chemistry. *Communications in Soil Science and Plant Analysis* 24: 1783-1794.

Denison, R. F. (2000) Legume sanctions and the evolution of symbiotic cooperation by rhizobia. *American Naturalist* 156: 567-576.

Drew, M. C. (1975) Comparison of the effects of a localized supply of phosphate, nitrate, ammonium and potassium on the growth of the seminal root system, and the shoot, in barley. *New Phytologist* 75: 479-90.

Durieux, R. P., E. J. Kamprath, W. A. Jackson, and R. H. Moll (1994) Root distribution of corn the effect of nitrogen fertilization. *Agronomy Journal* 86: 958-962.

Ellison, A. M. and N. J. Gotelli (2001) Evolutionary ecology of carnivorous plants. *Trends in Ecology & Evolution* 16: 623-629.

Epstein, E. (1983) Crops tolerant of salinity and other mineral stresses. In: *Better Crops for Food*. Nugent, J. and M. O'Connor, eds. Pitman Books, London. pp. 61-82.

Epstein, E. and R. L. Jefferies (1964) The genetic basis of selective ion transport in plants. *Annual Review of Plant Physiology* 15: 169-184.

Evans, J. R. and H. Poorter (2001) Photosynthetic acclimation of plants to growth irradiance: The relative importance of specific leaf area and nitrogen partitioning in maximizing carbon gain. *Plant, Cell and Environment* 24: 755-767.

Evans, L. T. (1998) *Feeding the Ten Billion: Plants and Population Growth.* Cambridge University Press, Cambridge.

Ewens, M. and R. A. Leigh (1985) The effect of nutrient solution composition on the length of root hairs of wheat (*Triticum aestivum L*). Journal of Experimental Botany 36: 713-724.

PAOSTAT (2003) Agricultural Data. Pood and Agricultural Organization of the United Nations, *h t tp ://a pp s .f a 0 . org/page/form?collection=Production. Crops.Primary&Domain=Prod uction&servlet= 1 &1anguage=EN&hostname=apps.f ho. orderers ion =def ault*, accessed May 11, 2003.

Felle, H. H. and P. K. Hepler (1997) The cytosolic Ca^{2+} concentration gradient of Sinapis alba root hairs as revealed by Ca^{2+}-selective microelectrode tests and fura-dextran ratio imaging. *Plant Physiology* 114: 39-45.

Fitter, A. H., L. Williamson, B. Linkohr, and O. Leyser (2002) Root system architecture determines fitness in an *Arabidopsis* mutant in competition for immure bile phosphate ions but not for nitrate ions. *Proceedings of the Royal Society of London - Series B.: Biological Sciences* 269: 2017-2022.

Fitter, A. H., R. Nichols, and M. L. Harvey (1988) Root system architecture in relation to life history and nutrient supply. *Functional Ecology* 2: 345-351.

Fitter, A. H. and T. R. Stickland (1991) Architectural analysis of plant root systems: 2. Influence of nutrient supply on architecture in contrasting plant species. *New Phytologist* 118: 383-389.

Fohse, D. and A. Jungk (1983) Influence of phosphate and nitrate supply on root hair formation of rape, spinach, and tomato plants. *Plant and Soil* 74: 359-368.

Forde, B. G. (2002) Local and long-range signaling pathways regulating plant responses to nitrate. *Annual Review of Plant Physiology and Plant Molecular Biology* 53: 203-224.

Foyer, C. H., S. Ferrario-Mery, and G. Noctor (2001) Interactions between carbon and nitrogen metabolism. In: *Plant Nitrogen*. Lea, P. J. and J.-F. Morot-Gaudry, eds. Springer-Verlag, Berlin. pp. 237-254.

Fraser, T. E., W. K. Silk, and T. L. Rost (1990) Effects of low water potential on cortical cell length in growing regions of maize roots. *Plant Physiology* 93: 648 651.

Gahoonia, T. S., N. E. Nielsen, and O. B. Lyshede (1999) Phosphorus (P) acquisition of cereal cultivars in the field at three levels of P fertilization. *Plant and Soil* 211: 269-281.

Gassmann, W. and J. I. Schroeder (1994) Inward-rectifying K^+ channels in root hairs of wheat: a mechanism for aluminum-sensitive low-affinity K^+ uptake and membrane potential control. *Plant Physiology* 105: 1399-1408.

Gastal, F. and G. Lemaire (2002) N uptake and distribution in crops: An agronomical and ecophysiological perspective. *Journal of Experimental Botany* 53: 789-799.

Glass, A. D. M., D. T. Brito, B. N. Kaiser, H. J. Kronzucker, A. Kumar, M. Okamoto, S. R. Rawat, M. Y. Siddiqi, S. M. Silim, J. J. Vidmar, and D. Zhuo (2001) Nitrogen transport in plants, with an emphasis on the regulation of fluxes to match plant demand. *Journal of Plant Nutrition and Soil Science* 164: 199-207.

Graham, R. D., R. M. Welch, and H. E. Bouis (2001) Addressing micronutrient malnutrition through enhancing the nutritional quality of staple foods: Principles, perspectives and knowledge gaps. *Advances in Agronomy* 70: 77-141.

Granato, T. C. and C. D. J. Raper (1989) Proliferation of maize (Zea mays L.) roots in response to localized supply of nitrate. *Journal of Experimental Botany* 211: 263-275.

Grime, J. P., J. C. Crick, and J. E. Rincon (1986) The ecological significance of plasticity. In: *Plasticity in Plants*. Jennings, D. H. and A. J. Trewavas, eds. Company of Biologists Limited, Cambridge. pp. 5-29.

Grusak M. A. and D. DellaPenna (1999) Improving the nutrient composition of plants to enhance human nutrition and health. *Annual Review of Plant Physiology and Plant Molecular Biology* 50: 133-161.

Harms, K. E., S. J. Wright, O. Calderon, A. Hernandez, and E. A. Herre (2000) Pervasive density-dependent recruitment enhances seedling diversity in a tropical forest. *Nature* 404: 493-495.

Harrington, J. F. (1960) Germination of seeds from carrot, lettuce, and pepper plants grown under severe nutrient deficiencies. *Hilgardia* 30: 219-235.

Harrison, J., B. Hirel, and A. M. Limami (2004) Variation in nitrate uptake and assimilation between two ecotypes of *Lotus japonicus* and their recombinant inbred lines. *Physiologia Plantarum* 120: 120131.

Haynes, R. J. (1986) Origin, distribution, and cycling of nitrogen in terrestrial ecosystems. In: *Mineral Nitrogen in the Plant-Soil System*. Haynes, R. J., ed., Academic Press, Orlando. pp. 1-51.

Hinchee, M. A. W. and T. L. Rost (1986) The control of lateral root development in cultured pea seedlings. I. The role of seedling organs and plant growth regulators. *Botanical Gazette* 147: 137-147.

Hountin, J. A. and J. W. Paul (2002) Phosphorus availability for corn and ryegrass in organic-based fertilizer-amended soils. Purdue University, *http://www. ctic.purdue. edu/Core4/Nu trien t/ManureMgmt/Paper63.html*, accessed May 6, 2002.

Huss-Danell, K. (1997) Actinorhizal symbioses and their N_2 fixation. *New Phytologist* 136: 375-405.

Jackson, R. B. and M. M. Caldwell (1989) The timing and degree of root proliferation in fertile-soil rnicrosites for 3 cold-desert perennials. *Oecologia* 81: 149-153.

Jungk, A. (2001) Root hairs and the acquisition of plant nutrients from soil. *Journal of Plant Nutrition and Soil Science* 164: 121-129.

Kaiser, W. M., H. Weiner, and S. C. Huber (1999) Nitrate reductase in higher plants: A case study for transduction of environmental stimuli into control of catalytic activity. *Physiologia Plantarum* 105: 385-390.

Kakazu, H. (1996) Changing agricultural environments with particular emphasis on cereal production in China. GSID Nagoya University, *h lip ://www.gs id. nagoya-u.ac.jp/project/apec/ou tcomes/paper96/01/kakazu-en.html*, accessed May 6, 2002.

Lam, H.-M., K. T. Coschigano, I. C. Oliveira, R. Melo-Oliveira, and G. M. Coruzzi (1996) The molecular-genetics of nitrogen assimilation into amino acids in higher plants. *Annual Review of Plant Physiology and Plant Molecular Biology* 47: 569-593.

Laskowski, M. J., M. E. Williams, H. C. Nusbaum, and I. M. Sussex (1995) Formation of lateral root meristems is a two-stage process. *Development* 121: 3303-3310.

Lawlor, D. W. (1995) Photosynthesis, productivity, and environment. *Journal of Experimental Botany* 46: 1449-1461.

Lawlor, D. W. (2002) Carbon and nitrogen assimilation in relation to yield: Mechanisms are the key to understanding production systems. *Journal of Experimental Botany* 53: 773-787.

Lazof, D. B., T. W. Rufty, Jr., and M. G. Redinbaugh (1992) Localization of nitrate absorption and translocation within morphological regions of the corn root. *Plant Physiology* 100: 1251-1258.

Loomis, R. S. and D. J. Conner (1992) *Crop Ecology: Productivity and Management in Agricultural Systems.* Cambridge U. Press, Cambridge.

Lott, J. N. A., J. S. Greenwood, and G. D. Battem (1995) Mechanisms and regulation of mineral nutrient storage during seed development. In: *Seed Development and Germination.* Kigel, J. and G. Galili, eds. Dekker, New York. pp. 215-235.

Lynch, J. P. and K. M. Brown (2001) Topsoil foraging: An architectural adaptation of plants to low phosphorus availability. *Plant and Soil* 237: 225-237.

Ma, Z., D. G. Bielenberg, K. M. Brown, and J. P. Lynch (2001) Regulation of root hair density by phosphorus availability in *Arabidopsis thaliana. Plant Cell and Environment* 24: 459-467.

Malamy, J. E. and P. N. Benfey (1997) Organization and cell differentiation in lateral roots of *Arabidopsis thaliana. Development* 124: 33 44.

Marschner, H. (1995) *Mineral Nutrition of Higker Plants*, 2nd Edition. Academic Press,

London.

McCully, M. E. (1975) The development of lateral roots. In: *The Development and Function of Roots*. Torrey, J. G. and D. T. Clarkson, eds. Academic Press, London. pp. 105-124.

Merryweather, J. and A. Fitter (1995) Phosphorus and carbon budgets: Mycorrhizal contribution in *Hvacinihoidee non-scripta* (L.) Chouard ex Rothm. under natural conditions. *New Phytologist* 129: 619-627.

Miao, S. L., F. A. Bazzaz, and R. B. Primack (1991) Persistence of maternal nutrient effects in *Plantago major*: The 3rd generation. *Ecology* 72: 1634-1642.

Moll, R. H., E. J. Karnprath, and W. A. Jackson (1982) Analysis and interpretation of factors which contribute to efficiency of nitrogen utilization. *Agronomy Journal* 74: 562-564.

Müntz, K. (1998) Deposition of storage proteins. *Plant Molecular Biology* 38: 77-99.

Niklas, K. J. (1994) *Plant Allometry: The Scaling of Form and Process*. University of Chicago Press, Chicago.

Norton, J. M. and M. K. Firestone (1996) N dynamics in the rhizosphere of *Pinus ponderosa seedlings. Soil Biology and Biochemistry* 28: 351-362.

Osaki, M., T. Shinano, T. Kaneda, S. Yamada, and T. Nakamura (2001) Ontogenetic changes of photosynthetic and dark respiration rates in relation to nitrogen content in individual leaves of field crops. *Photosynthetica* 39: 205-213.

Peterson, A. G., J. T. Ball, Y. Luo, C. B. Field, P. S. Curtis, K. L. Griffin, C. A. Gunderson, R. J. Norby, D. T. Tissue, M. Forstreuter, A. Rey, and C. S. Vogel (1999) Quantifying the response of photosynthesis to changes in leaf nitrogen content and leaf mass per area in plants grown under atmospheric CO2 enrichment. *Plant, Cell and Environment* 22: 1109-1119.

Peterson, R. L. and M. L. Farquhar (1996) Root hairs: Specialized tubular cells extending root surfaces. *Botanical Review* 62: 1-40.

Poorter, H. and J. R. Evans (1998) Photosynthetic nitrogen-use efficiency of species that differ inherently in specific leaf area. *Oecologia* 116: 26-37.

Pregitzer, K. S., J. L. Deforest, A. J. Burton, M. F. Allen, R. W. Ruess, and R. L. Hendrick (2002) Fine root architecture of nine North American trees. *Ecological Monographs* 72: 293-309.

Purnell, H. M. (1960) Studies of the family Proteaceae. 1. Anatomy and mor¬phology of the roots of some Victorian species. *Australian Journal of Botany* 8: 38-50.

Rabey, V. (2001) Seeds for a better future: "Low phytate" grains help to over¬come malnutrition and reduce pollution. *Trends in Plant Science* 6: 458-462.

Raun, W. R. and G. V. Johnson (1999) Improving nitrogen use efficiency for cere¬al production. *Agronomy Journal* 91: 357-363.

Raven, J. A. and D. Edwards (2001) Roots: Evolutionary origins and biogeo¬chemical significance. *Journal of Experimental Botany* 52: 381-401.

Raven, P. H., R. F. Evert, and S. E. Eichhorn (1992) *Biology of Plants*, 5th Edition, Worth Publishers, New York.

Reich, P. B., M. B. Walters, and D. S. Ellsworth (1997) From tropics to tundra: Global convergence in plant functioning. *Proceedings of the National Academy of Sciences of the United States of America* 94: 13730-13734.

Reihman, M. A. and T. L. Rost (1990) Regeneration responses in pea roots after tip excision at different levels. *American Journal of Botany* 77: 1159-1167.

Reinhardt, D. H. and T. L. Rost (1995) On the correlation of primary root growth and tracheary element size and distance from the tip in cotton seedlings grown under salinity. *Environmental and Experimental Botany* 35: 575-588.

Ridge, R. W. (1995) Recent developments in the cell and molecular biology of root hairs. *Journal of Plant Research* 108: 399-405.

Ritchie, S. W., J. J. Hanway, G. O. Benson, C. Herman, S. J. Lupkes, and R. J. Salvador (1993) *How a Corn Plant Develops*. Iowa State University of Science and Technology, Cooperative Extension Service, Ames, Iowa.

Robertson, G. P. (1997) Nitrogen use efficiency in row-crop agriculture: Crop nitrogen use and soil nitrogen loss. In: *Ecology in Agriculture*. Jackson, L. E., ed. Academic Press, San Diego, CA. pp. 347-365.

Robinson, D., D. J. Linehan, and S. Caul (1991) What limits nitrate uptake from soil? *Plant, Cell and Environment* 14: 77-85.

Rost, T. L. (1994) Root tip organization and the spatial relationships of differentiation events. In: *Growth Patterns in Vascular Plants*. Iqbal, M., ed. Dioscorides Press, Portland, OR. pp. 59-76.

Rost, T. L. and S. Baum (1988) On the correlation of primary root length, meristem size and protoxylem tracheary element position in pea seedlings. *American Journal of Botany* 75: 414-424.

Rost, T. L. and J. A. Bryant (1996) Root organization and gene expression patterns. *Journal of Experimental Botany* 47: 1613-1628.

Rubio, G., H. Liao, X. L. Yan, and J. P. Lynch (2003) Topsoil foraging and its role in plant competitiveness for phosphorus in common bean. *Crop Science* 43: 598-607.

Ryan, P. R., E. Delhaize, and D. L. Jones (2001) Function and mechanism of organic anion exudation from plant roots. *Annual Review of Plant Physiology and Plant Molecular Biology* 52: 527-560.

Sacks, M. M., W. K. SiLk, and P. Burman (1997) Effect of water stress on cortical cell division rates within the apical meristem of primary roots of maize. *Plant Physiology* 114: 519-527.

Samuelson, M. E., L. Eliasson, and C.-M. Larsson (1991) Nitrate-regulated growth and cytokinin responses in seminal roots of barley. *Plant Physiology* 98: 309-315.

Scharf, P. and B. Wiebold (2001) Nitrogen prices how do they affect optimum N management? *Integrated Pest & Crop Management Newsletter*, University of Missouri-Columbia 11: Article 1.

Scheres, B., H. I. McKhann, and C. van den Berg (1996) Roots redefined: Anatomical and genetic analysis of root development. *Plant Physiology* 111: 959-964.

Schiefelbein, J. W. (2000) Constructing a plant cell. The genetic control of root hair development. *Plant Physiology* 124: 1525-1531.

Sexton, P. J., W. D. Batchelor, and R. Shibles (1997) Sulfur availability, rubisco content, and photosynthetic rate of soybean. *Crop Science* 37: 1801-1806.

Shane, M. W., M. De Vos, S. De Roock, and H. Lambers (2003) Shoot P status regulates cluster-root growth and citrate exudation in *Lupinus albus* grown with a divided root system. *Plant Cell and Environment* 26: 265-273.

Shewry, P. R. and N. G. Halford (2002) Cereal seed storage proteins: Structures, properties and role in grain utilization. *Journal of Experimental Botany* 53: 947-958.

Siebrecht, S., G. Mack, and R. Tischner (1995) Function and contribution of the root tip in the induction of NO_3^- uptake along the barley root axis. *Journal of Experimental Botany* 46: 1669-1676.

Sinclair, T. R. (1998) Historical changes in harvest index and crop nitrogen accumulation. *Crop Science* 38: 638-643.

Sinclair, T. R. and T. Horie (1989) Leaf nitrogen, photosynthesis, and crop radiation use efficiency: A review. *Crop Science* 29: 90-98.

Smart, D. R. and A. J. Bloom (1993) Relationships between the kinetics of ammonium and nitrate absorption and growth in the cultivated tomato *Lycopersicon esculentum* Mill. cv. T-5. *Plant, Cell and Environment* 16: 259-267.

Takei, K., T. Takahashi, T. Sugiyama, T. Yamaya, and H. Sakakibara (2002) Multiple routes communicating nitrogen availability from roots to shoots: A signal transduction pathway mediated by cytokinin. *Journal of Experimental Botany* 53: 971-977.

Taylor, A. R. and A. J. Bloom (1998) Ammonium, nitrate, and proton fluxes along the maize root. *Plant, Cell and Environment* 21: 1255-1263.

Unkovich, M. J. and J. S. Pate (2000) An appraisal of recent field measurements of symbiotic N_2 fixation by annual legumes. *Field Crops Research.* 65: 211-228.

van Keulen, H. (1982) Graphical analysis of annual crop response to fertilizer application. *Agricultural Systems* 9:113-126.

Vitale, A. and R. Bollini (1995) Legume storage proteins. In: Seed *Development and Germination*. Kigel, J. and G. Galili, eds., Dekker, New York. pp. 73-102.

Wardlaw, I. F. (1990) The control of carbon partitioning in plants. *New Phytologist* 116: 341-381.

Watson, M. A. and B. B. Casper (1984) Constraints on the expression of plant phenotypic plasticity. A*nnual Review of Ecology and. Systematics* 15: 233-258.

Wells, C. E. and D. M. Eissenstat (2002) Beyond the roots of young seedlings: The influence of age and order on fine root physiology. *Journal of Plant Growth Regulation* 21: 324-334.

West, C. P. (2001) Nutrient uptake by plants, ENSC 400 Plants and environmental conservation. Agronomy Department, University of Arkansas, *http://www. uark. edu/depts/agronomy/west/ENSC/n u treq.htm*, accessed May 8, 2003.

Westerman, R. L., ed. (1990) *Soil Testing and Plant Analysis*, 3rd Edition. Soil Science Society of America, Madison, WI.

Whittaker, R. H. (1975) *Communities and Ecosystems*. Macmillan, New York.

Willson, M. F. and A. Traveset (2000) The ecology of seed dispersal. In: *Seeds: The Ecology of Regeneration in Plant Communities*, 2nd Edition. Penner, M., cd., CAB International, Oxon, UK; New York. pp. 85-110.

Wright, I. J., P. B. Reich, and M. Westoby (2001) Strategy shifts in leaf physiology gy, structure and nutrient content between species of high- and low-rainfall and high- and low-nutrient habitats. *Functional Ecology* 15: 423-434.

Zeller, B., M. Colin-Belgrand, E. Dambrine, F. Martin, and P. Bottner (2000) Decomposition of ^{15}N-labelled beech litter and fate of nitrogen derived from litter in a beech forest. *Oecologia* 123: 550-559.

4부

유전과 환경

10 생리유전학 및 분자생물학

배경

토양의 기질(substrate)이 육상식물의 분포에 영향을 준다는 것은 수 세기동안 인식되어왔다. 예를 들어 영국제도(British Isles)는 면적은 넓지 않지만 아주 다양한 토양구(soil types)를 보유하고 있다. 특정 토양구에 번창하는 식물상(flora)의 종 조성은 다른 토양구와는 현저하게 다르다(Tansley, 1939). 분명한 것은 식물은 진화과정중 이처럼 영양학적으로 다양한 서식지에 적응해왔으며, 이는 양분획득 과정이 유전적으로 조절됨을 의미한다. 식물의 양분 획득과 관련한 유전학(genetics)을 연구하는 것은 두 가지의 목적 때문이다. 첫째, 특정 과정에서 명확히 대비되는 유전형(genotypes)— 예를 들어, 인산 흡수의 효율—을 조사하면 그와 관련된 메커니즘과 유전적 조절방식을 알 수 있다. 둘째, 양분획득을 유전적으로 조작하면 통해 작물의 효율을 증대시킬 수 있다.

Epstein과 Jeffries가 1964년 식물의 선택적 이온수송에 관한 유전적 기초에 대해 논했을 무렵, 이 주제에 대한 연구는 걸음마단계에 불과했다(Epstein and Jeffries 1964). 두 연구자는 이들은 식물생리학자들이 몇 종의 순계를 이용한 연구를 선호하는 이유에 대해 언급했고 그러한 선택의 명백한 이유에 대해 토의했다. 그러나 그들의 핵심은 새로운 비교 유전학적 방법(comparative genetic approach)의 필요성을 강조하는 것이었다. 두 저자는 고등식물에서 간단한 유전자 돌연변이에 기인하는 이온수송의 결함에 관한 기존에 알려진 5개의 예만를 인용하는데 그쳤는데, 이는 그 당시의 학문수준을 잘 나타내준다.

1985년에 이르러 상당한 진전이 있었다. 그럼에도 불구하고 Epstein은 작물의 염류저항성에 관한 주제뿐만 아니라 식물의 무기영양과 대사의 유전적 조절에 관한 전체적인 주제를 한 문헌에서 다룰 수 있었다(Epstein 1985). 오늘날 어떤 문헌도 한 문헌에 이러한 주제를 포괄적으로 다룰 수 없을 것이다.

공통적 방식

생물학자들은 다양한 종들이 특정 기능에 대해 유사한 생리적 메커니즘을 나타낸다는 논리로 비교적 소수의 종으로부터 얻은 결과를 전체 식물계에 대입하는 경우가 있다. 이러한 유사성이 생기는 이유는 서로 다른 종들이 진화과정 중 특정 시점에서 조상이 같거나 또는 환경 인자에 대해 반응한 결과로 같은 구조나 기능을 갖기[즉, *선택압(selection pressure)*] 때문이다. 예를 들어 고등식물의 C_3탄소고정은 이들 식물이 같은 형(types)의 녹조류에서 진화되었기 때문에 비슷하다. 한편 여러 군(groups)의 식물은 대기 중의 CO_2농도 감소에 적응하여 독자적으로 C_4탄소고정을 발달시킨 것으로 생각된다.

동일한 조상 즉 수렴(convergence)되었다는 가정은 지상부에서 작동하는 생리적 메커니즘을 설명하기에는 합당할 수 있다. 지상부에서 식물은 비교적 적은 환경변화에 노출된다. 즉, 지상부의 기체 농도는 10배 이상은 차이가 나지 않으며, 이용할 수 있는 빛 농도는 100배 이상 차이가 나지 않는다. 그러나 지하부에서는 기체와 용질농도는 보통 1,000~100,000배 이상 차이가 난다. 생리적 메커니즘이 비슷하다고 해서 그러한 다양한 환경에서 서식하는 서로 다른 식물종들의 무기영양 요구량이 충족될 수 있겠는가?

이 주제 다루기 위해 다음과 같은 비유를 상기해보자. 어느 늦은 밤 우리는 큰 주차장에서 주차해 놓은 차 방향으로 걸어가면서 가로등 아래에 엎드려 무엇인가를 열심히 찾고 있는 한 무리의 사람들을 보고 무엇을 하는지를 묻자 그들은 "이 주차장 어딘가에서 차 열쇄를 잃어 버렸습니다." 고 대답했다. "그런데 왜 하필 가로등 아래만 찾아봅니까?" 라고 묻자 "여기가 더 잘 보이기 때문이죠!" 라고 대답했다.

마찬가지로 생물학자들은 비록 자신들이 찾고 있는 장소가 유일하거나 또는 가장 좋은 장소가 아닐 수 있음에도 불구하고 쉽게 실행할 수 있는 것에 연구를 국한시키는 경우가 있다. 그러므로 그들의 연구결과의 공통성은 식물들이 나타내는 일부 기본적인 경향이기보다는 비슷한 재료 또는 방법을 사용한 것임을 반영해 줄 수 있다. 본 주제인 식물무기영양의 생리적 유전학(physiological genetics) 및 분자생물학(molecular biology)과 관련해서, 연구가 수행된 종은 비교적 소수(애기장대와 곡류작물)이다. 공통적인 방식은 효모에서 수송단백질(transporters)을 암호화(encoding)하는 DNA와 상동(homologous)하거나 또는 특정 양분의 수송이 결여된 효모 돌연변이주에 기능적으로 상보적인 DNA 염기서열을 찾는 것이다. 이러한 관점에서 보면, 무기영양요구를 충족하기 위한 고등식물과 기타 생물체의 메커니즘은 비슷한 경향을 보인다. 이번 장에서는 이를 입증하는 자료를 제시하고자 한다.

야생종과 순화종

식물육종가들에게 있어서 야생종(wild species)은 자신들이 순화시킨 종(domesticated kin)에 새로운 형질을 부여하는 유전재료의 보고이다(Stalker and Murphy 1992; Board on agriculture; Smartt and Simmonds 1995). 병원균(pathogens)과 같은 생물학적 스트레스에 저항성(resistance)을 나타내는 품종의 개발에는 보통 근연 야생종들과의 교잡을 이용해 왔다. 그러나 이러한 원연교잡(wide crosses)으로 환경 스트레스에 대한 저항성을 증대시킨 사례는 드물었다(Jackson and Koch 1997). Epstein(1983)은 식물의 무기양분 스트레스에 대한 작물의 저항성을 증진시키기 위한 유전적 방법의 개발이 더딘 이유를 나열하였다. 그러나 저항성 증대를 위한 가능성 때문에 많은 과학적 연구가 가속화되었다.

특히 양분이용효율이나 양분과다에 대한 저항성과 같은 영양학적 문제들은 전망이 밝다. 특히 자연서식지에서는 질소와 인산 등의 양분유효도가 일반적으로 식물생육을 제한한다(9장). 만약 야생 식물이 그러한 조건에서 생존하려면 비교적 저농도로 존재하는 양분을 적극적으로 흡수할 수 있어야 한다. 그에 비해 작물(crop plants)은 비교적 양분이 충분한 조건에서 높은 수확량을 얻을 수 있도록 육종되었다. 따라서 야생종은 양분흡수를 위한 친화력(affinity)이 높아야(더 낮은 K_m값, 4장 참조)하는 반면, 야생종을 순화한 종(domesticated relatives)은 양분흡수용량(capacity)이 더 커야(더 높은 V_{max}값; 4장 참조)할 것이라 가정할 수 있다. 실재로 여러 종의 야생분류군과 순화분류군을 비교해 보면 뿌리의 NH_4^+ 또는 NO_3^-의 흡수에 대한 친화력 또는 용량(표 10.1; 그림 11.1)은 큰 차이가 없음이 입증된다. 그 이유는 여러 가지 요인 때문이다(11장 참조).

표 10.1 야생 및 재배 분류군의 NH_4^+ 및 NO_3^-흡수의 겉보기 친화력 및 용량

속	분류군 수	NH_4^+		NO_3^-	
		K_m	V_{max}	K_m	V_{max}
		μM	μmol g^{-1} min^{-1}	μM	μmol g^{-1} min^{-1}
보리	8	20.8 ± 1.9	1.52 ± 0.09	62.9 ± 20.8	1.28±0.21
토마토	3	6.3 ± 0.3	2.26 ± 0.33	42.7 ± 5.9	4.53 ± 0.31
상추	2	14.7 ± 2.2	3.64 ± 0.10	57.2 ± 27.9	2.65 ± 0.29
황새풀	2	34.0 ± 8.0	0.27 ± 0.05	53.0 ± 20.0	0.51 ± 0.05

주; 숫자는 평균 ±SE이다.

출처; *Hordeum*은 Bloom 1985; *Lycopersicon*은 Smart and Bloom 1988; *Lactuca*는 Jackson, Koch, and Bloom, 미발표자료; *Eriphorum*은 Koch, Bloom, and Chapin 1991).

- 야생식물과 순화식물의 양분 흡수는 비슷한 지하부 환경에서 일어나기 때문이다. 농업토양에서 토양미생물은 시비 후 몇 일만에 양분 함량을 낮출 수 있다(Brown et al. 1989). 더욱이 작물은 야생종보다 생육밀도가 높으므로 한 식물체당 이용할 수 있는 토양부피는 작물이 훨씬 적다. 결과적으로 한 식물체가 실제로 이용할 수 있는 양분의 양, 즉 [(양분농도 · 토양부피) − 미생물에 의해 부동화된 양분량]은 야생식물과 순화식물 간에 큰 차이가 없을 것이다.
- 식물의 양분흡수는 아주 다양하다. 작물은 수량 안정성, 즉 지하부의 변화(Jackson and Koch 1997)를 포함한 급격한 환경변화에도 불구하고 적절한 수확량을 유지할 수 있는 능력을 지니도록 육종되며, 야생종은 이질적인 지하부 환경으로부터 양분을 획득하기 위한 강력한 선택압에 직면한다(2장). 그러므로 식물은 각 양분에 대해 다양한 수송기구를 가동하며(4장 및 이번장의 분자생물학적 고찰 참조), 이들 수송단백질들을 조절하여 적절히 양분을 공급함으로써 생육에 필요한 요구량을 충족시킨다(Mattsson et al. 1991). 예를 들어 질소를 충분하게(50 또는 200 mM NO_3^-) 공급해서 재배한 토마토는 NO_3^- 흡수의 반응속도론을 조절하여 여러 농도의 생육배지에서 같은 양의 NO_3^-를 흡수하였다(그림 9.19A).

야생식물과 순화식물은 양분흡수의 생리적 메커니즘이 비슷함에도 불구하고 양분 분배양상(allocation patterns)이 현격하게 다르다(Jackson and Koch 1997). 9장에서 언급한 바와 같이 "녹색혁명(Green Revolution)" 의 성공은—20세기 후반기 동안의 급격한 곡물생산량 증가—은 다량의 시비를 할 때 도복(바람에 넘어지는)에 강한 단초장(short stature) 품종의 개발에 힘입은바 크다. 이들 품종은 수량지수(harvest index)(식물의 수확부위에서 지상부 생물량의 비율)가 더 높다. 즉, 이들 품종이 양분을 곡실(grains)에 더 많이 분배하고 줄기와 뿌리에 더 적게 분배한다. 이같이 뿌리와 줄기로부터 곡실로의 양분자원 배분이 변화된 것이 현대 품종의 수확량이 증가한 주된 요인이다. 근계(root systems)가 더 작고 줄기(stems)가 더 짧더라도 시비와 관수를 해주고 수관(canopy)이 균일한 작물들에게는 문제가 되지 않는다.

특히 염류저항성이 원연교배(wide rosses)의 유망한 목표가 되는 이유는, 밀과 토마토와 같은 작물들의 야생 근연종은 토양내의 NaCl 및 기타 염류 농도가 그들의 순화종이 살아남을 수 없는 것으로 입증된 농도보다 몇 배나 높은 해안지역에서도 잘 생육하기 때문이다(11장 참조). 수송과정(흡수와 내부 분배)중 칼륨과 나트륨을 구분하는 것은 식물이 염류저항성을 나타내는데 중요하다(Rains and Epstein 1967). 유연관계가 높은 유전형들은 이 점에서 큰 차이가 난다(Rush and Epstein 1976, 1981;Dvorak et al.1992). 염류저항성종(salt tolerant species)과 염류감수성종(salt tolerant species)을 교잡한 후대(offsprings)는 나트륨에 대한 칼륨의 비가 나쁜 쪽으로 왜곡되는 환경에서도 활성 조직 내부를 칼륨농도는 높고 나트륨 농도는 낮게 유지한다는 점에서 중요하다(Schachtman, Bloom, and Dvorak 1989;Colmer,

Epstein, and Dvorak 1995). 이 분야의 집중적인 연구에도 불구하고 이러한 방법으로 개발된 염류저항성 품종이 시판된 것은 많지 않다.

식물-양분과 관련한 분자생물학

21세기가 시작되면서 생물학에 분자수준의 연구(molecular research)—특히, DNA와 단백질 서열의 특성—가 활발하게 진행되고 있다. 분자생물학자들(molecular biologists)은 많은 생명체에서 양분수송을 암호화하고 양분동화에 관여하는 효소를 암호화하는 유전자를 확인했고, 이들 유전자의 변이(variation)와 발현(expression)에 관해 연구하고 있다. 이제 식물의 무기물 수송단백질의 주요 형태와, 다른 생명체의 수송단백질과의 상동성(homology), 수송단백질을 암호화하는 유전자의 발현양식 등과 관련한 분자생물학에 대해 소개하고자 한다.

이후의 설명에서 4장에서 소개한 막수송(membrane transport)과 관련한 용어를 사용한다. 기억을 되살려 보면 막 펌프(membrane pump)는 ATP의 가수분해에서 발생하는 대사에너지를 이용하여 막의 전기화학적 퍼텐셜 기울기(electrochemical potential gradient)를 역행해서 막을 통해 용질을 이동시키는 단백질이다. H^+과 같은 용질을 세포질 밖으로 펌프질하면 전기화학적 기울기가 형성되어 다른 용질을 이동시킬 수 있다. 이러한 용질 이동에 관여하는 내재성 막단백질(integral membrane proteins)을 담체(carriers)와 통로(channels)라 부른다. 담체와 통로는 공동수송 또는 반대수송, 단일수송으로 구분한다. 공동수송은 한 개의 용질을 다른 용질 한 개와 함께 수송한다. 반대수송은 한 용질을 같은 하전의 다른 용질과 맞교환하여 이동시킨다. 단일수송은 다른 이온을 동반하지 않고 용질 하나를 이동시킨다.

다음 절에서 설명하는 수송단백질 즉, 펌프와 담체, 통로의 순서는 양이온과 음이온, 물, 기타 용질의 순이다. 양이온에 관한 절에서는 대략적으로 정보의 양을 기준으로 설명의 우선순위를 결정했다.

양성자 펌프

전기화학적 퍼텐셜을 역행하여 양성자(H^+)를 생물막 반대편으로 펌프질하기 위해서는 보통 ATP가 ADP로 가수분해되어 에너지가 공급되어야 한다(4장과 Sze 1985; Sze, Li, and Palmgren 1999의 고전적 고찰 참조). 따라서 이렇게 단백질을 수송하는 단백질을 H^+-APTase라 부른다. H^+-APTase는 광범위한 생물체에 있어서 유사하다(그림 10.1 및 10.2). 예를 들어 고등식물의 H^+-APTase의 특성은 효모와 여러 가지 측면에서 비슷하다. 즉, 효모와 식물의 액포 H^+-APTase(그림 4.15)의 구조를 서로 비교해보면 비슷한 수의 유사한 소단위의 숫자가 비슷하다(Ratajczak 2000). 또, 효모는 Tex-Mex 담배 식물(*Nicotiana plumbaginifolia*)

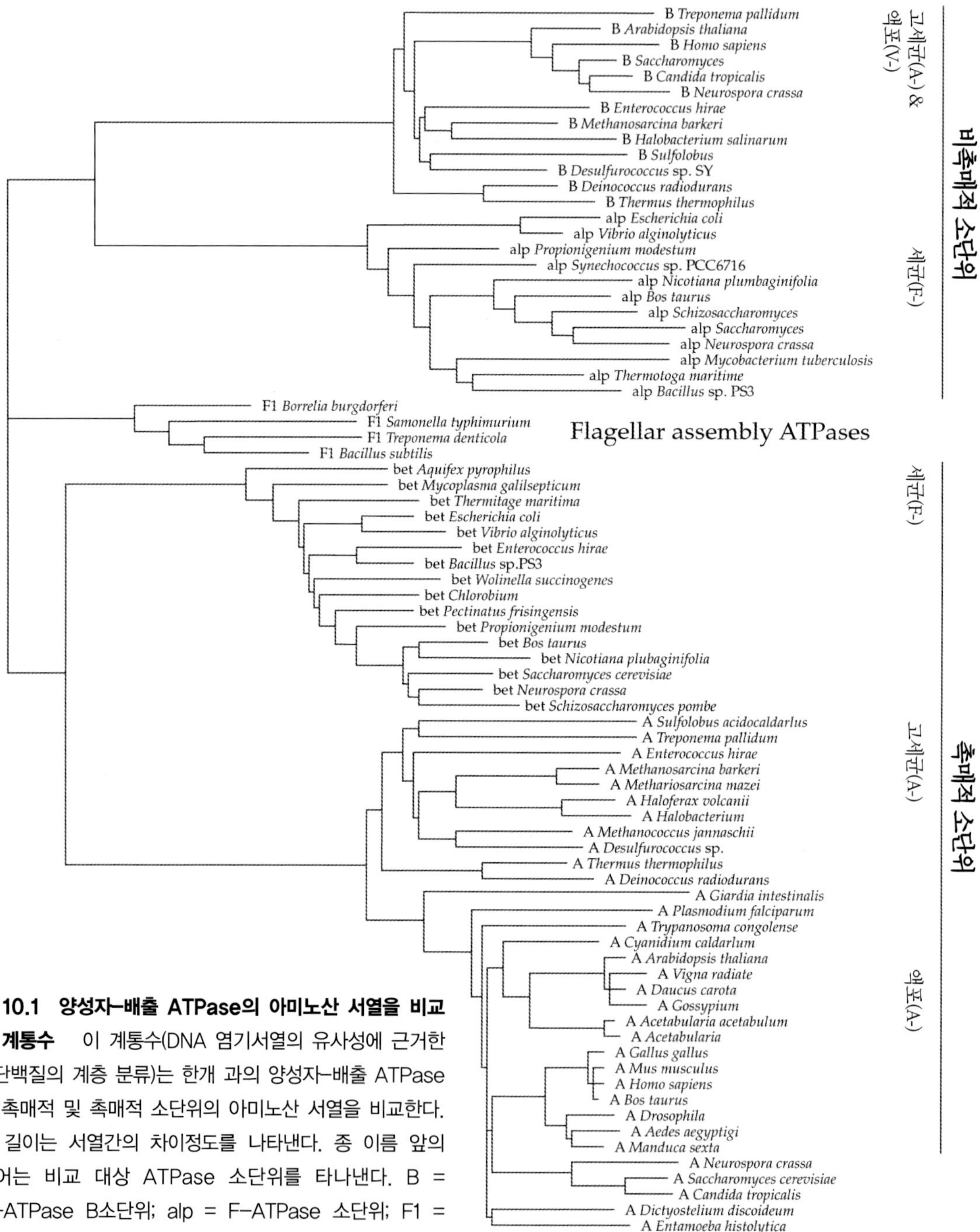

그림 10.1 양성자-배출 ATPase의 아미노산 서열을 비교하는 계통수 이 계통수(DNA 염기서열의 유사성에 근거한 수송단백질의 계층 분류)는 한개 과의 양성자-배출 ATPase의 비촉매적 및 촉매적 소단위의 아미노산 서열을 비교한다. 선의 길이는 서열간의 차이정도를 나타낸다. 종 이름 앞의 접두어는 비교 대상 ATPase 소단위를 타나낸다. B = A/V-ATPase B소단위; alp = F-ATPase 소단위; F1 = flagella assembly ATPase 소단위; bet = F-ATPase b 소단위; A = A/V-ATPase A 소단위. (Olendzenski et al. 2000)

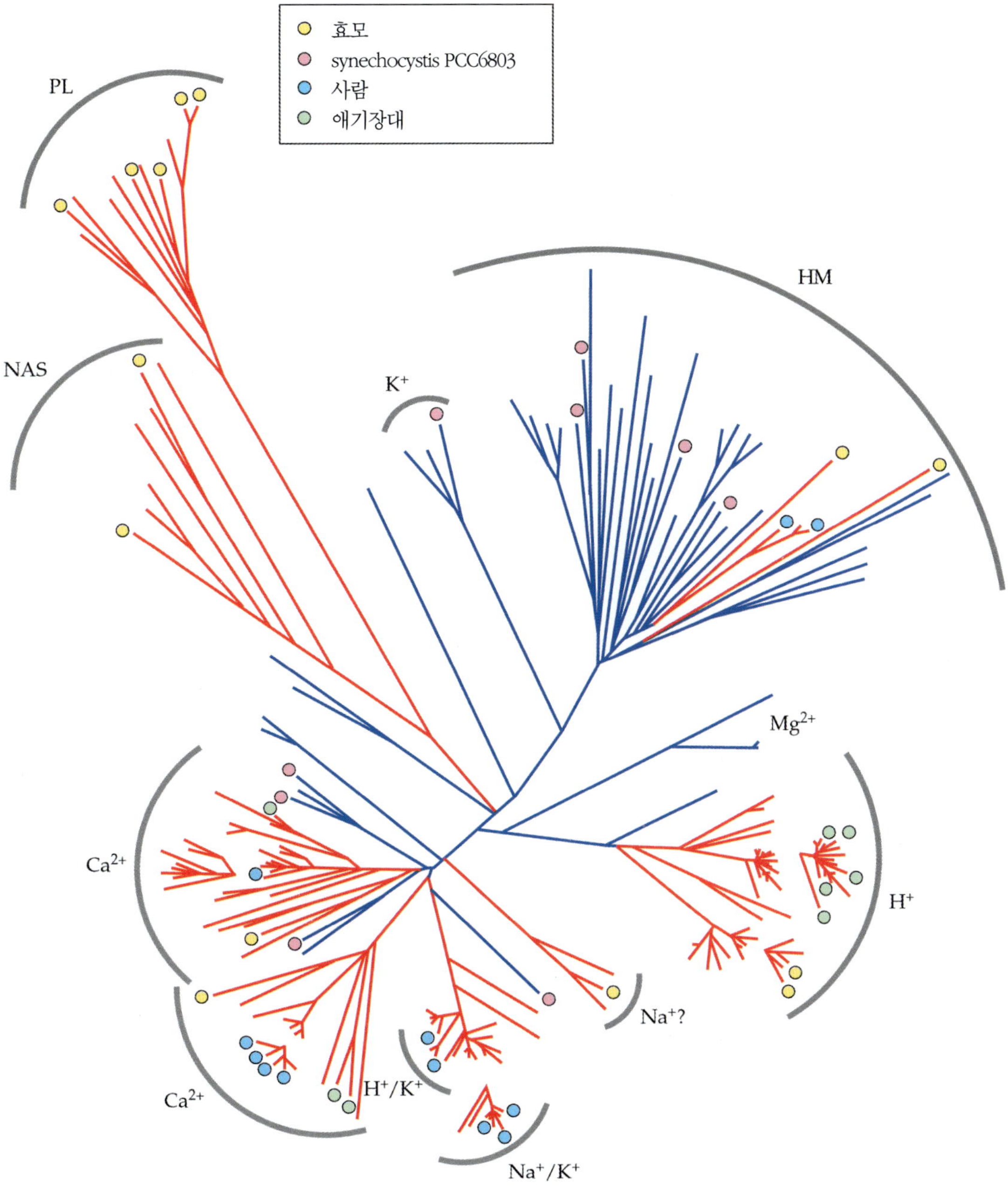

그림 10.2 P-형 ATPase를 암호화하는 DNA 염기서열을 나타내는 계통수(phylogenetic tree) 푸른색 가지는 세균과 고세균에서 유래하는 ATPase를 나타내며, 붉은색 가지는 진핵생물에서 유래하는 ATPase를 나타낸다. 다른 형의 수송단백질을 나타내는 가지를 표시했으며, 여기서 HM은 중금속을, NAS는 특이성 없음을, PL은 인지질을 나타낸다.(Kristian B. Axelsen)

유래의 원형질막 H^+-APTase로 자신의 H^+-ATPase가 치환되어도 정상적으로 성장한다(Morsomme and Boutry 2000). 결과적으로, 효모유래의 액포 및 원형질막의 H^+-ATPase의 구조와 기능은 식물막에도 적용된다.

식물은 원형질막과 액포 H^+-APTase를 암호화하는 동의유전자(multiple gene)를 가지고 있다. 유전체가 아주 작은 식물인 애기장대(*Arabidopsis*)는 최소한 액포 H^+-APTase 소단위에 대해 최소한 5개의 별도 유전자(Kluge et al. 2003)와 원형질막 H^+-APTase에 대해 최소한 10개의 별도 유전자(Arango et al. 2003)를 가지고 있다. 조직이 다르면 발현되는 유전자도 다르다. 애기장대의 경우 액포 H^+-APTase의 소단위 c에 대한 유전자중 두 가지는 모든 조직에서 구조적으로 발현되는 반면, 하나는 뿌리와 지상부의 정단에 한정되어 발현된다. 또 애기장대에서 원형질막 H^+-APTase의 한 형태는 뿌리털에 대해 특이적이며, 다른 하나는 체관부에 대해, 그리고, 나머지 하나는 발육중인 종자에 대해 특이적으로 발현된다.

양성자 펌프는 전사와 번역, 번역후(posttranslation) 과정 중에 조절된다(Portillo 2000). 이들 펌프의 mRNAs는 환경적 요인에 대해 반응하여 전사된다. 예로서 염류화(salinity)에 의해 액포 H^+-APTase는 물론 원형질막 H^+-APTase의 mRNA 전사가 촉진된다. 원형질막 H^+-APTase의 mRNAs내의 긴 선도서열(leader sequences)이 단백질로의 변역을 조절하는 것 같다. 효소활성의 조절(즉, 번역후 조절)은 펌프의 여러 분자 지역에서 일어난다. 특성규명이 가장 잘 되어있는 것은 펌프질을 촉진하는 원형질막 H^+-APTase의 카복시-말단 부위의 수식(modifications)에 관한 것일 것이다. 이들 수식에 관한 예로는 카복시-말단으로부터 아미노산의 제거, 또는 곰팡이 식물독소인 fusicoccin의 첨가, 14-3-3 단백질이라 부르는 특정 산성 단백질의 결합을 들 수 있다(Palmgren 2001). 그럼에도 불구하고 양성자 펌프의 조절에 관한 종합적인 골격은 아직 부실하다.

칼륨 수송단백질

칼륨과 기타 수송단백질의 존재에 관한 최초 증거는 4장에서 다룬바와 같이 반응속도론에 의한 증거에서 유래했다. 분자생물학은 이온수송에 관한 우리의 지식수준을 혁명적으로 발전시켰으며 그 속도는 앞으로 더 빠를 것이다. 여러 형태의 칼륨수송단백질(potassium transporters)이 한 식물체에 두루 존재한다(Very and Sentenac 2003). 칼륨수송단백질은 세 종류 즉, 막으로 둘러싸인 공간내부의 한쪽 방향으로만 K^+을 통과시키는 내향성통로(inward-rectifying channels)와 공간외부의 한쪽 방향으로만 K^+을 통과시키는 외향성통로(outward-rectifying channels), Na^+에 의해 에너지를 얻는 고친화성 담체(high-affinity carriers)로 분류된다(Schachtman 2000).

애기장대의 내향성 K^+통로인 KAT1(Anderson et al. 1992)과 AKT1(Sentenac et al. 1992)는 막수송체계가 원핵생물과 동물 유래의 K^+통로와 비슷하기 때문에 식물체중 분자수준에서 최초로 규명된 수송체계 중의 하나이다(4장). 흥미로운 것은 동물의 K^+통로는 외향성이지만, C-말단(단백질의 카복시 말단)근처의 한 개의 아미노산이 변화되면 통로는 내향성으로 전환될 수 있다. 식물의 경우 N-말단(단백질의 아미노 말단)부근 영역에 의해 내향성 또는 외향성이 결정된다. 식물의 내향성 K^+통로는 보통 4개의 동일한 소단위로 구성되지만, 아프리카발톱개구리(*Xenopus*)의 난모세포(oocytes)(이 개구리 종에서 난을 생성시키는 세포)에 다른 K^+통로의 혼합물을 암호화하는 RNA를 주입한 결과, 서로 다른 소단위들이 조합되어 구성된 통로들이 생성되어 완전한 기능을 발휘했다(Schachtman 2000). 이 사실은 이들 통로들이 서로 유사함을 한층 더 공고하게 해준다. 애기장대 KAT1과 그의 감자 상동체(homologues) KST1을 암호화하는 유전자는 주로 공변세포에서 발현되며, 이들 통로는 기공의 개폐에 관여한다. 애기장대 AKT1의 유전자는 뿌리에서만 발현되며, 이들 통로는, NH_4^+에 의해 더 심하게 억제되는 또 다른 수송계와 함께, 뿌리의 K^+ 흡수를 담당한다(Dennison et al. 2001).

두 가지 형태의 외향성 K^+통로가 애기장대에서 확인되었다. SKOR로 대표되는 한 통로 형태는 위에서 언급한 내향성 통로인 KAT1 및 AKT1와 비슷하다. SKOR을 암호화하는 유전자는 뿌리의 내초와 유조직 세포에서 발현되며, 활성 SKOR통로가 결여된 변이주를 이용하여 SKOR이 물관부로 K^+를 방출하는 기능을 수행함을 확인할 수 있다. KCO1 통로는 다른 생명체의 조성과 비슷한 두개의 공극을 가진다는 점에서 다른 형태의 외향성 K^+통로이다(그림 10.3). 세포내의 Ca^{2+} 수준에 의해 이 통로는 조절되며, 이 통로는 0.1 mM Ca^{2+}이하에서 닫히고, 0.3 mM이상에서 완전히 열린다.

식물에는 친화성이 높은 여러 다른 K^+수송단백질이 있다(Maser, Gierth, and Schroeder 2002; Very and Sentneac 2003). HAK/KUP형의 수송단백질은 뿌리가 토양의

종 및 통로	공극 1	공극 2
애기장대 KCO1	ALYFCI VTMTTVGYGDLVP	FYCVCSTVT TLGYGDKSF
Samanea saman SPOK1	A YFTI VTMTTVGYGDLVP	FYCVCCTIT TLGYGDKSF
사람 Twik-1	ALFFASTVLSTTGYGHTVP	FYFCF IS LSTIG LGDYVP
Rattus norvegicus Twik	ALFFASTVLSTTGYGHTVP	FYFCF IS LSTIG LGDYVP
효모 TOK1	ALYFCTVSLLTVG GDIL P	TYFCFLCLLTIGYGDY AP

그림 10.3 외향성 K^+통로에서 나타나는 두 공극의 아미노산 서열(amino acid sequence) 이들 K^+통로는 식물(애기장대와 *Samanea saman*)과 동물(사람과 *Rattus norvegicus*), 효모(*Sacchraomyces cerevisiae*)에서 유래한다. 문자는 서로 다른 아미노산을 나타낸다(예, "A"는 알라닌이다). (아미노산의 1-문자 암호에 대해서는 Buchanan, Gruissen, Jones 2000, p.415를 참고하라.)(출처; Schachtmann 2000.)

K^+를 흡수할 때 AKT1 등의 내향성 통로와 동시에 작용할 것이다. 이들은 NH_4^+의 수준이 적정하면 HAK/KUP 수송단백질을 저해한다는 점에서 내향성 통로와는 기능이 다르다. 애기장대는 최소한 6개의 HAK/KUP 수송단백질을 가지고 있으며, 외부의 K^+수준이 낮으면 이들 수송단백질을 암호화하는 유전자의 발현이 촉진된다. Fu와 Luan(1998)은 수송단백질 AtKUP1의 특성을 규명하였다. 이 수송단백질은 뿌리에 의한 고-친화성 칼륨흡수는 물론 저-친화성 칼륨흡수(각각 메커니즘1 및 메커니즘2; 4장)에 영향을 주지만, 이 수송단백질이 친화성이 서로 다른 입체배열들(conformations)로 분자간 상호전환(molecular switching)되는지는 규명되지 않았다. 질산 수송단백질도 이러한 이중친화성(dual affinity)을 나타내며, 이 경우에는 상호전환 메커니즘(switching mechanism)은 밝혀져 있음을 이번 장 후반에서 알게 될 것이다.

또 다른 형태의 고-친화성 수송단백질은 HKT1이다(Schachtman and Schroeder 1994). HKT1을 암호화하는 유전자는 K^+ 기아(starvation)조건에서 유관속 조직에 접하고 있는 잎 세포와 뿌리의 피층에서 발현된다. 그러므로 HKT1은 피층세포에서 누출되는 모든 K^+을 포획하여 K^+의 물관부 하역을 조절하는 것 같다. HKT1을 암호화하는 유전자가 효모 또는 개구리의 난모세포에서 발현될 때, 나트륨 이온(Na^+)은 유리한 농도기울기에 순응하여 Na^+을 유입하면서 불리한 농도기울기에 역행하여 K^+를 유입하는 Na^+-K^+ 공동수송을 통해 HKT1을 활성화시키지만, Na^+에 대한 이러한 반응은 고등식물에서는 아직 입증되지 않았다.

H^+-ATPase와 고-친화성 K^+수송단백질 간의 관련성은 명확하게 입증되지 않았다. 가장 믿을만한 메커니즘은 K^+이 원형질막 H^+-ATPase에 의해 이미 배출된 H^+와 동반해서 원형질막을 통과하는 것이다(즉, 공동수송 메커니즘). 아마 원형질막 H^+-ATPase에 의해 배출된 두 개의 H^+중에서 한 개의 H^+이 한 개의 K^+과 함께 세포내부로 다시 들어갈 것이다. 반대수송 메커니즘(H^+는 외부로, K^+는 내부로)도 배제할 수 없다. 마지막으로 이 두 메커니즘이 공존할 수도 있다. 어떤 경우에도 두 가지 모두 고-친화성 K^+수송(보리 뿌리 속으로의)은 반대이온의 종류 및 반대이온의 흡수속도와는 무관하다는 4장에서 다룬 결과와 일치한다.

칼슘 통로와 펌프

8장에서 다룬바와 같이 식물과 동물 세포내에서 칼슘 이온(Ca^{2+})은 2차 전령(second messenger)의 역할을 한다. 즉, Ca^{2+}은 생명체가 1차적으로 환경 자극을 감지하고 최종적으로 생물학적 반응을 하게 해주는 매개체이다(Rudd and Franklin-Tong 2001). 이 역할을 수행하기 위해 세포질내의 Ca^{2+}은 약 0.1~0.2 mM정도로 유지되는 반면, 주변 공간(즉, 세포벽과 액포, 조면소포체, 세포소기관)의 농도는 약 1mM로 10,000배 이상 높다.

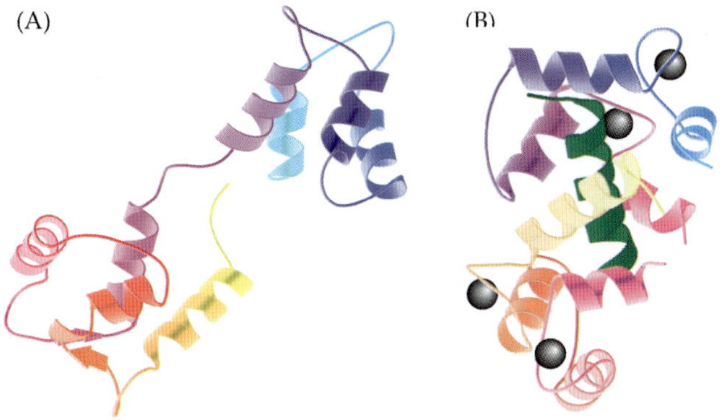

그림 10.4 칼모듈린 (A) 개구리(*Xenopus laevis*)로부터 분리한 칼모듈린을 칼슘이 결합되지 않은 상태로 나타내었다. 리본은 단백질내의 α-나선구조를 나타낸다.(Kuboniwa et al. 1995) (B) 소(*Bostaurus*) 유래의 칼모듈린은 4개의 Ca^{2+}(짙은 구형)과 단백질 kinase II의 칼모듈린-결합 영역(중앙의 짙은 녹색 리본)과 복합체를 형성하고 있다.(Meador, Means, and Quiocho 1993).

Ca^{2+}이 전령으로 작용하는 방식에는 원형질막 등의 막의 Ca^{2+}통로를 직접 또는 간접적으로 개방하고 이어서 높은 농도 기울기 때문에 Ca^{2+}이 신속하게 세포질로 들어가게 해주는 압시스산(ABA)과 같은 신호가 관여한다. 세포질속의 Ca^{2+}농도가 증가하면 여러 효소의 활성이 변화되며, 이는 간혹 4개의 Ca^{2+}에 특이적으로 결합하는 단백질인 칼모듈린(calmodulin)을 통해 일어난다(8장 참조, Snedden and fromm 2001). 칼모듈린은 종간에 고도의 연관이 있다. 즉, 식물과 동물 칼모듈린의 아미노산은 150개 중 12개 정도만 다르다. 일단 Ca^{2+}이 칼모듈린에 결합되면, 단백질의 입체배열이 변화되어(그림 10.4) 소수성 부위가 노출되고, 그에 따라 다른 세포질 단백질(예, 미오신 V와 kinesin, glutamate decarboxylase, 여러 kinase)상의 특이적 결합 부위에 결합되어, 단백질은 활성이 변화된다. 칼슘-칼모듈린이 Ca^{2+}-ATPase(ATP에 의해 추진되는 칼슘 펌프)와 H^+/Ca^{2+} 역수송단백질(antiporters)에 결합되면 이들 단백질은 세포질로부터 액포 또는 조면소포체, 세포소기관, 세포외부로의 칼슘 방출을 촉진하여, 세포질내부의 칼슘 농도를 낮게 회복시킨다.

칼슘통로는 모든 생물막에 존재한다(White 2000). 몇몇 통로가 활성화되는 것은 특정 역치(threshold)만큼 주변보다 구획의 음전하가 증가하거나[예, 세포질이 초분극화(hyperpola-rization)될 때] 혹은 양전하가 증가할 때[예, 세포질이 탈분극화(depolarization)될 때]이다. 다른 통로는 막이 당겨지면 열리게 된다. 또 다른 통로는 칼슘-칼모듈린 또는 이노시톨 삼인산(inositol triphosphate, IP_3)과 같은 화학신호에 반응한다. 식물의 원형질막과 액포막, 소포체의 Ca^{2+} 통로의 특성은 널리 알려져 있지만, 이들 통로를 암호화하는 유전자는 아직 확인되지 않았다(White and Broadley 2003).

일반적으로 Ca^{2+}-ATPase(Ca^{2+}펌프)는 세포질의 Ca^{2+}수준을 낮게 조절해주는 역할을 하며, 식물종이 달라도 그 구조는 유사하다(Geisler et al. 2000). 애기장대에는 최소한 11개의 서로 다른 Ca^{2+}-ATPase가 있으며, 두 가지로 분류된다. 하나(그림 10.5)는 모든 세포 생명체에

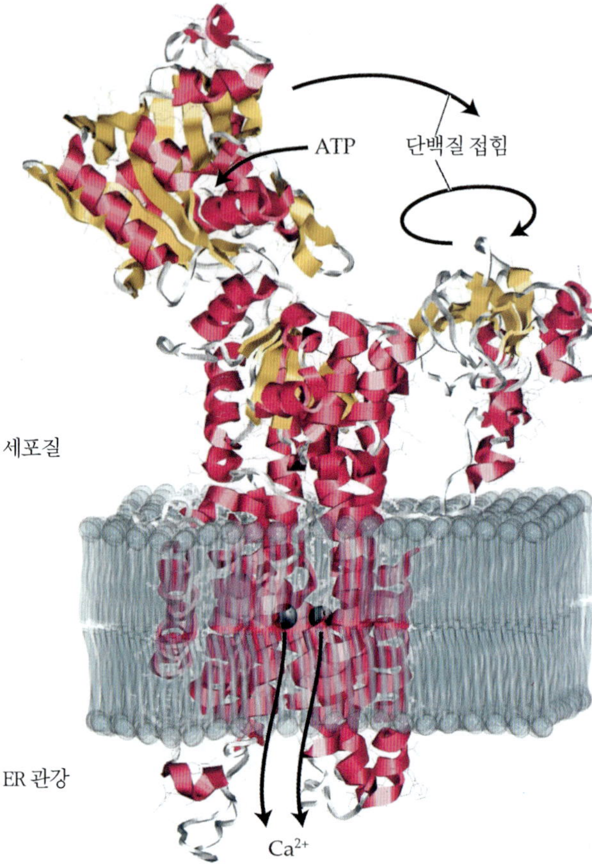

그림 10.4 칼모듈린 (A) 개구리(*Xenopus laevis*)로부터 분리한 칼모듈린을 칼슘이 결합되지 않은 상태로 나타내었다. 리본은 단백질내의 α-나선구조를 나타낸다.(Kuboniwa et al. 1995) (B) 소(Bostaurus) 유래의 칼모듈린은 4개의 Ca^{2+}(짙은 구형)과 단백질 kinase II의 칼모듈린-결합 영역(중앙의 짙은 녹색 리본)과 복합체를 형성하고 있다.(Meador, Means, and Quiocho 1993).

공통으로 존재하며, 기질인 ATP에 강한 특이성을 나타내고 칼모듈린의 영향을 받지 않는다. 다른 하나는 진행생물에만 존재하고 발생 기원이 더 짧으며, 기질로서 ATP는 물론 GTP 또는 ITP를 사용할 수 있으며, 칼모듈린에 의해 조절된다. 동물의 경우 첫 번째 유형은 소포체 또는 근소포체(sarcoplasmic reticulum)에만 존재하고 두 번째 형은 원형질막에만 존재하는 반면, 식물은 소포체와 원형질막에 두 형태가 모두 존재한다.

나트륨 수송단백질

식물학자들은 나트륨(Na^+)수송을 주로 염류저항성과 관련하여 연구했다(Maser, Gierth, and Schroeder 2002). 비록 K^+와 Na^+은 물리적으로 유사하지만, 염생식물(halophytes) 즉, "염류를 좋아하는(salt-loving)" 식물의 수송체계는 Na^+/K^+비가 나쁜 방향으로 일탈하는 토양환경에서도 세포질의 Na^+농도는 낮게 또 K^+농도는 비교적 높게 유지시킬 수 있다(11장). 이들 수송단백질에는 K^+에 대한 선택성이 높은 내향성 K^+통로(4장 참조)와 전기발생학적으로 유리한 기울기를 따라 양성자(H^+)를 유입시킴과 동시에 농도기울기를 거슬러 Na^+을 유출시키는 Na^+/H^+역수송단백질이 있다(Blumwald, Aharon, and Apse 2000). 애기장대에서 유래하는 Na^+/H^+역수송단백질의 하나인 NHX1은 세포질로부터 Na^+를 제거하여 액포에 저장하는 역할을 하는 듯한 저-친화성 수송단백질이다(Apse et al.1999). NHX1은 효모와 벼, 인간에서 발견되는 Na^+/H^+역수송단백질과 그 서열은 물론 기능이 비슷하다. 애기장대에는 동형(isoforms)의 NHX1수송단백질이 최소한 4개가 있다. NHX1을 암호화하는 mRNA전사체는 고농도의 염에 노출된 식물에서 몇 배나 증가하며, 이 수송단백질을 과다발현시킨 형질전환 애기장대 또는 카놀라(canola)식물은 야생종 식물보다 염류저항성이 더 크다(Zhang and Blumwald 2001).

암모늄 수송단백질

암모늄(NH_4^+)과 암모니아(NH_3)는 용액상태에서 $NH_4^+ \leftrightarrow NH_3 + H^+$와 같이 쉽게 상호전환되지만, 이 반응에서의 반응물과 생성물은 알칼리 pH에서 평형을 이룬다($pK_a = 9.25$). 따라서 토양과 식물체내에서 일반적으로 형성되는 중성 또는 약산성 pH에서는 주로 NH_4^+형태로 존재한다. NH_4^+의 물리적 특징은 K^+와 아주 비슷하며, NH_4^+은 이미 다룬바와 같이 K^+수송을 방해할 수 있다. 그러나 NH_4^+의 뿌리흡수는 K^+와는 무관하며(7장), 이는 NH_4^+수송단백질은 선택성이 매우 높음을 의미한다. 생명체에서 최초로 확인된 NH_4^+수송단백질 중의 하나는 애기장대 AMT1:1이며, NH_4^+수송이 결손된 효모변이주의 기능적 상보성(functional complementation)을 통해 분리되었다. 즉, 변이주에서 이 단백질을 발현시키면 변이주는 저농도의 NH_4^+에서 성장하는 능력을 회복하였다(von Wiren et al. 2000). 분자생물학자들은 세균과 효모, 벼, 토마토, 동물에서 AMT1:1을 암호화하는 서열과 상동한 DNA서열을 발견했다(Sonoda et al. 2003). 실제로 식물의 AMT1수송단백질은 아미노산 서열이 70%이상 같다.

애기장대에는 최소한 5개의 AMT1 동족체(homologs)가 있다(von Wiren et al. 2000). AMT1:1을 부호하하는 mRNA는 식물체 전부위에서 발견되며, 그 수준은 NH_4^+유입에 따라 (특히 질소가 제한된 조건에서는) 달라진다(Ludwig, von Wiren, and Frommer 2002). 이 수송단백질은 효모변이주에서 발현될 때 K_m값이 0.2 mM미만일 정도로 NH_4^+에 대한 친화성이 높다. 이에 비해 AMT1:2와 AMT1:3를 암호화하는 mRNA는 뿌리에서만 발견되며, NH_4^+이 유입되어도 변화가 없다. 이들 수송단백질이 효모변이주에서 발현될 때 K_m값은 40 mM정도로 NH_4^+에 대한 친화성이 100배 적어진다.

NH_4^+수송이 결손된 효모변이주의 DNA서열 상동성과 기능적 상보성을 통해 여러 다른 NH_4^+수송단백질이 확인되었다. 이 중 애기장대에서 유래하는 AMT2 수송단백질의 DNA서

열은 AMT1 계의 수송단백질과는 25%밖에 동일하지 않다. AMT2는 비교적 고농도의 NH_4^+(1mM)에서 작용하는 듯 하다. 또 다른 NH_4^+수송단백질인 SAT1은 대두의 뿌리혹에서 분리되었으며, AMT1 또는 AMT2 수송단백질과 어떠한 확장된 아미노산 서열을 공유하지 않는다. SAT1은 뿌리혹의 세균으로부터 숙주의 뿌리세포로 NH_4^+이동을 촉진하는 역할을 하는 것 같다.

중금속 수송단백질

식물은 중금속과 관련하여 "딜레마"에 빠져있다. 어떤 중금속(Cu^{2+}, Zn^{2+}, Mn^{2+}, Fe^{2+}, Ni^{2+}, Co^{2+})은 저농도에서는 생존에 필수적이지만, 이들 조차 필수원소가 아닌 금속(Cd^{2+}, Pb^{2+}, Hg^{2+})과 마찬가지로 고농도에서는 독성을 나타내며, 이는 경금속인 Al^{3+}의 경우와 같다(3장). 식물은 토양으로부터 이들 원소를 저농도로 흡수하여 조직 내에 다량 저장한다. 이러한 능력은 중금속으로 오염된 인간의 오염지를 정화하는데 이상적인 것 같으며, 이러한 "식물복원(phytoremediation)"의 가능성 때문에 식물의 중금속수송단백질(heavy metal transporters)에 관한 연구가 폭발적으로 일어났다(Brooks 1998; Salt, Smith, and Raskin 1998: Clemens, Palmgren, and Krämer 2002).

식물의 중금속 수송단백질은 4가지 즉, CPx-형 ATPase와 Nramp, 양이온확산촉진단백질, ZIP(Williams, Pittman, and Hall 2000; Hall 2002; Kochian et al. 2002; Rogers and Guerinot 2002)로 명확하게 분류된다. CPx-형 ATPase는 인산화된 중간체가 관여하며 앞서 설명한 H^+-ATPase와 Ca^{2+}-ATPase와 관련이 있다. 사람의 질병인 Menke병과 Wilson병은

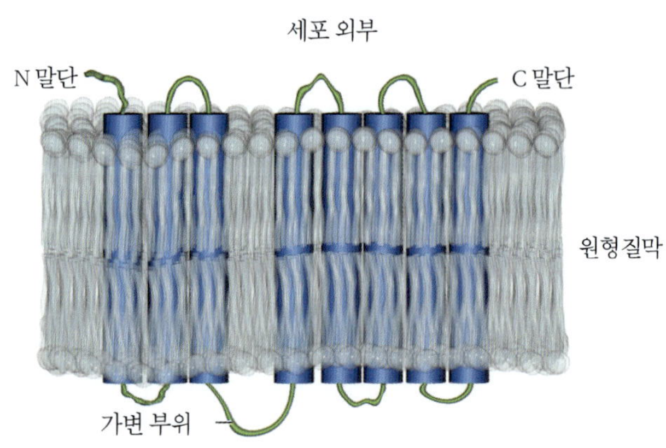

그림 10.6 ZIP계열에서 유래하는 수송단백질의 예상 해부도 원통으로 나타낸 8개 영역은 막을 가로지른다. 영역3과 4사이에 놓여있는 가변지역에는 세포질에 위치한다.(Guerinot 2000)

각각 Cu^{2+}수송에 관여하는 CPx-형 ATPase인 ATP7A와 ATP7B의 결함에서 생긴다. 애기장대 CPx-형 ATPase인 RAN1의 아미노산 서열은 ATP7A와 동일하며, Cu^{2+}수송이 결손된 효모변이주에 정상적인 기능을 복원할 수 있다.

Nramp계열의 수송단백질은 2가 양이온농도를 조절함으로써 자신이 삼킨 세균의 증식을 막는 포유동물의 대식세포에서 처음 확인되었다. 이러한 수송단백질은 애기장대에는 최소한 6개의 동족체가 있으며, 벼에는 최소한 3개가 있다. 효모에서 애기장대의 Nramp단백질을 발현시키면 Cd^{2+} 감수성과 축적이 증가하며, 이들 중 2가지 즉, Nramp3과 4는 효모의 Fe^{2+} 수송변이주를 기능적으로 보완해준다(Thomine et al 2000). 애기장대에서 Fe^{2+}가 결여되면 Nramp3와 4를 암호화하는 mRNA의 발현이 유도되며, Nramp3이 과다발현되면 Cd^{2+} 감수성과 Fe^{2+}축적이 증가한다.

양이온확산촉진단백질(Cation Diffusion Facilitator, CDFs)은 원핵생물은 물론 진핵생물에서 Zn^{2+}과 Cd^{2+}, Co^{2+}의 수송단백질 역할을 담당하며, Zn^{2+}을 효과적으로 방출시키는 포유동물의 ZNT1-1과 -2, -3, -4의 특성이 가장 잘 규명되어 있다. 애기장대의 두 가지 유전자는 이들 수송단백질을 암호화하는 DNA와 염기서열이 40%정도 동일하며, 유전자산물(gene products)에 관한 기능분석이 진행 중이다.

아연 또는 철에 의해 조절되는 단백질(zinc or *i*ron regulated *p*roteins)에서 따온 ZIP계열(그림 10.6)은 철이 결손된 애기장대 식물에서 처음 확인되었다(Guerinot 2000). 애기장대에는 최소 11개의 동형(isoforms)이 있다. 이중 하나인 IRT1은 철 기아에 의해 유도되며, 효모에서 발현되면 Fe^{2+} 또는 Mn^{2+}, Zn^{2+}, Cd^{2+}을 수송한다. 나머지 3가지인 ZIP1과 ZIP2, ZIP3는 본래 Zn^{2+}수송단백질이 결여된 효모변이주에 Zn^{2+}흡수를 복원할 수 있다. 동일한 효모변이주를 사용하여, Zn^{2+}-과다축적종(hyperáccumulating species)인 알파인페니크래스(*Thlaspi caerulescens*)로부터 그리고 Zn^{2+}-비축적근연종(non-accumulating relative)인 말냉이(*T. arvense*)로부터 이 계열의 또 다른 Zn^{2+}수송단백질인 ZNT1을 분리하였다(Pence et al. 2000). *T. caerulescens* 유래의 ZNT1의 아미노산 서열은 애기장대 유래의 ZIP 단백질과 88% 동일하다. ZNT1은 *T. caerulescens*의 뿌리와 잎에서 고농도로 발현되지만, *T. arvense*에서는 발현되지 않으므로, 이 수송단백질이 Zn^{2+}의 과다축적에 관여함을 입증해준다.

Fe^{2+}의 수송은 두 가지 대두 유전형과 그 후대를 이용한 Brown과 Weber, Caldwell (1967)의 고전적 방식으로 연구되었다. 분자생물학적 연구결과 이제 Fe^{2+} 수송은 Nramp와 ZIP, 기타 계열에 속하는 많은 단백질의 영향을 받는 것으로 밝혀졌다(Curie and Briat 2003).

질산 수송단백질

NO_3^-의 화학 유사체인 염소산(ClO_3^-)에 노출된 식물은 보통 이를 독성 이온인 ClO_2^-으로 전환시켜 죽게 된다. ClO_3^-에 대한 저항성은 ClO_3^- 흡수의 감소와 간섭에 의한 NO_3^-흡수의 감소에 기인한다. 1970년대 초기(분자생물학적 시기로 오래전) 애기장대의 ClO_3^-저항성 변이주를 분리하여 NO_3^-수송단백질의 주요 부류를 확인하였으며(Oostindier-Braaksma and Feenstra 1973), 이는 지금 펩타이드 수송단백질(*p*eptide *t*ransporte*r*, PTR) 즉, PTR1 계열로 알려져 있다(Crawford and Glass 1998). 이어서 또 다른 부류의 NO_3^-수송단백질인 질산 및 아질산 수송단백질(*n*itrate and *n*itrite *p*orter, NNP) 즉, NRT2 계열이 곰팡이인 *Aspergillus nidulans*의 ClO_3^-저항성 변이주를 통해 확인되었다(Forde 2000).

비록 PTR 수송단백질은 일반적으로 원핵생물과 진핵생물 모두에서 원형질막을 가로질러 펩타이드를 이동시키지만, 이 계열과 아주 가까운 몇 가지는 식물의 NO_3^- 수송에 관여한다. 이들 수송단백질은 아주 유리한 양성자 수송을 이용하여 불리한 NO_3^-수송(식물에서 NO_3^-은 하전은 물론 농도기울기를 거슬러 이동해야만 한다)을 수행한다(4장 참고). 식물에서 이 계열에 속하는 대부분의 수송단백질은 친화성이 낮은 NO_3^-수송단백질인 것 같지만, 유채(*Brassica napus*)유래의 한 수송단백질인 NRT1:2도 히스티딘과 같은 아미노산을 수송할 수 있다. 애기장대 유래의 또 다른 수송단백질인 NRT1:1은 NO_3^-에 대해 2중 친화성(개구리 난모세포에서 50 mM과 4mM의 K_m값)을 나타낸다. 트레오닌 잔기가 인산화되면 NRT1:1는 저-친화성의 NO_3^- 수송단백질에서 고-친화성 수송단백질로 전환된다(Liu and Tsay 2003).

조류인 *Chamydomonas reinhardtii* 유래의 NRT2 수송단백질은 개구리 난모세포에서 발현될 때 고-친화성의 NO_x^-/H^+ 공동수송단백질(x = 2 또는 3)로 작용한다. 이들 중 하나인 NRT2:1은 NO_3^-와 NO_2^-에 대한 친화성이 같다. 또 다른 NRT2:2는 NO_3^-에 특이적이다. 세 번째의 NRT2:3은 NO_2^-에 특이적이다. NRT2 계열의 수송단백질을 암호화하는 많은 유전자는 고등식물에서 DNA염기서열의 상동성분석을 통해 확인되었다. 보리에는 10개나 되는 근연 유전자가 있는 반면, 애기장대에는 최소한 4개가 있다.

NO_3^-수송의 조절은 연구가 활발한 분야이다(7장 참조, Crawford and Forde 2002). 뿌리를 NO_3^-에 노출시키면 대부분의 NRT1과 모든 NRT2 수송단백질을 암호화하는 mRNA의 발현이 강력하고 신속하게 유도된다(Wang et al. 2000). 이에 비해 최소한 두 가지의 NRT1 수송단백질 즉, 애기장대 유래의 NRT1:2와 토마토 유래의 NRT1:1을 암호화하는 mRNA는 구조적으로 발현된다. 글루타민과 같은 질소대사의 하류부문 생성물(downstream product)은 NRT2수송단백질을 암호화하는 유전자의 발현을 억제할 수 있지만, NRT1수송단백질을 암호화하는 유전자에 대해서는 영향이 적다. NRT1과 NRT2 수송단백질 모두를 암

호화하는 mRNA는 식물체의 다른 부위보다는 뿌리에서 더 많다.

7장에서 설명한 바와 같이 NO_3^- 또는 NH_4^+ 이온은 일단 흡수되면 질소화합물로 동화된다. 이 화합물들의 수송단백질과 이들을 암호화하는 유전자에 대해 기술하고 있다(Willians and Miller 2001).

인산 수송단백질

이미 9장에서 설명했듯이 토양용액 중의 인산농도는 아주 낮으며, 뿌리-토양의 접촉부위를 증대시켜 인산흡수를 촉진시키는 형태적 적응이 발달했다. 11장에서 인산흡수에 효과적인 식물 뿌리와 균류(균근균)간의 공생적 상호작용에 대해 알아본다.

인산의 막수송에 대해 살펴보면 인산수송은 전기화학적 기울기는 물론 농도기울기에 역행해서 작용해야만 한다. 인산은 pH 7.0이하에서 주로 $H_2PO_4^-$ 또는 pH가 더 증가하면 HPO_4^-로 존재하므로, 인산의 세포내부(음전하를 띠는)로의 유입은 전기화학적 기울기에 역행한다. 농도의 경우, 외부 인산농도는 mM정도로 낮지만, 세포질내부는 mM수준이다. 사실이 그러하다면 인산 흡수에는 아주 에너지가 많이 필요하다.

거의 모든 양분의 경우에, 식물은 인산 흡수에 고-친화성 메커니즘과 저-친화성 메커니즘 모두를 보유한다(Raghothama 1999, Kochian 2000, and Rauch and Bucher 2002). 고-친화성 P수송단백질인 PH084는 효모에서 확인되었으며, 유사한 수송단백질이 애기장대에서 발견되었다. 수송 방식은 아마 H^+/P_i 공동수송일 것이다(Smith 2002). Rausch와 Bucher(2002)는 인산 수송단백질과 이들의 계통발생적 상관관계(phylogenetic relationship)에 대해 열거하고 다루었다.

황산 수송단백질

고-친화성 황산(SO_4^{2-})수송단백질은 열대 콩과식물인 *Stylosnathes hamata*(cheesy toes)에서 Smith 등(1995)에 의해 최초로 언급되었다. 이들은 3가지 수송단백질 즉, *SHST*1과 *SHST*2, *SHST*3를 암호화하는 유전자를 분리하였다. 4번째 수송단백질인 *HVST*1은 보리에서 발견되었다(Smith et al. 1997). *SHST*1과 *SHST*2, *SHST*3, *HVST*1은 뿌리의 H^+/SO_4^{2-}공동수송단백질을 암호화하는 유전자의 아과(subfamily)이다. 이들 수송단백질은 SO_4^{2-}에 대한 친화성이 높으며, K_m값은 10 mM로 이 값은 40년 전 보리 뿌리에 의한 고-친화성 SO_4^{2-} 흡수시 측정된 값(9.5 mM)과 거의 같다(Leggett and Epstein 1956). Smith와 그 연구진(1997)은 *HVST*1이 그 이전의 저자들(Leggett and Epstein)이 반응속도론 용어로 기술한 뿌리의 SO_4^{2-} 흡수에 영향을 미치는 수송단백질인 것 같다고 결론을 내렸다. *SHST*3은 뿌리뿐만 아니

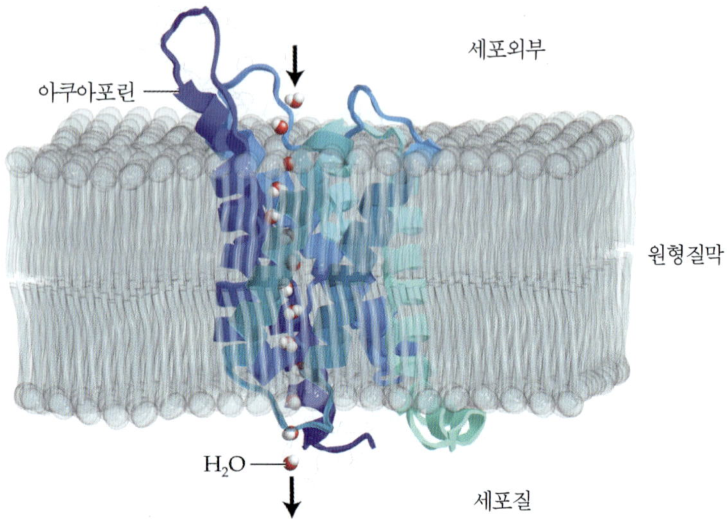

그림 10.7 적혈구세포의 물 통로인 Aquaporin Aqp1의 공극을 통한 물의 이동 막횡단 나선구조는 리본으로 나타내었다. (Sui et al. 2001의 X-선 경정한 자료에 의거)

라 잎에서도 발현되며, K_m값이 100 mM인 저-친화성 SO_4^{2-}수송단백질을 암호화한다. 그러므로 고-친화성 및 저-친화성 수송단백질은 별개의 폴리펩타이드이다(Smith et al. 1995). 이들 유전자 계열의 또 다른 부류는 애기장대에서 분리되었다(Takahashi et al. 1997).

물 수송단백질

물분자는 작고 하전을 띠지 않으므로 이전에는 확산에 의해 지질이중층을 통과하여 생물막을 가로질러 이동하는 것으로 생각되었다(4장). 그러나 물의 막투과성은 확산을 통해 일어나리라 예상되는 것보다는 실제로 몇 배나 더 높으며, 지질 조성이 변화될 때보다 더 빠르게 변화한다(Tyerman et al. 1999). Preston 등(1992)은 사람의 적혈구세포에서 분리한 단백질은 물 수송에 특이적인 막 통로인 아쿠아포린(*aquaporin*) 역할을 한다는 것을 처음으로 증명했다(그림 10.7). 분자생물학자들은 현재 이 아쿠아포린과 서열이 비슷한 내재성 막단백질(*m*embrane *i*ntrinsic *p*roteins, MIPs)을 암호화하는 유전자를 150개 이상—애기장대에서만 35개 이상(Javot and Mautel 2002)—확인했다(Maurel and Chrispeels 2001). 이들 MIPs는 전체 막단백질의 5~10%를 차지하며, 물에 대한 막의 투과성 변화가 높고 신속한 것은 이들 MIPs때문인 것 같다(Johansson et al. 2000).

식물의 MIPs는 3가지로 분류할 수 있다. 한 부류는 원형질막(PIPs)에 특이적이며, 또 다른 부류는 액포막(TIPs)에 특이적이며, 세 번째 부류는 대두의 근류에서 발견되는 MIP와 비슷하지만, 근류-무착생종에서는 발견되지 않았다(non-nodulated species)(근류형 MIPs 혹은 NLMs). MIPs의 종류가 이처럼 다양하기 때문에 여러 조직들의 유전자발현이 크게 차이가 나는 것은 당연하다. 항상 명확하지는 않지만, MIPs를 암호화하는 mRNA의 농도는 유관속조직과 분열조직, 대사산물 또는 물 유입이 신속한 조직에서 가장 높다.

식물 유래의 많은 MIPs의 성질은 aquaporin의 기능과 일치한다. 애기장대 유래의 7가지 PIPs와 3가지 TIPs를 *Xenopus* 난모세포에서 발현시키면 물의 흡수가 증진된다. 유전공학적으로 PIPs수준을 낮춘 애기장대 식물막의 물투과성은 대조(야생종)식물의 30%에 지나지 않는다. 수분부족상태에서 시금치의 PIP가 탈인산화(dephosphorylation)되면 막의 물투과성이 감소하는 것 같다.

기타 수송단백질

효모 변이주의 기능적 상보성, 또는 미생물 수송단백질과의 DNA서열 상동성을 이용하여, 분자생물학자들은 식물체내의 무기 및 유기 영양소 수송단백질로 추정되는 단백질을 확인했다. 이들은 기타 양이온(Maser et al. 2001)과 기타 음이온(Babier-Brygoo et al.2000; Smith, Rae, and Hawkesford 2000), 아미노산과 펩타이드(Delrot, Atanassova, and Maurousset 2000; Ortiz-Lopez, Chang, and Bush 2000), 탄수화물(Ward et al. 1998; Buttner and Sauer 2000; Delrot, Atanassova, and Maurrousset 2000; Lemoine 2000) 수송단백질이다. 이들의 수송특성을 규명하는 주된 수단은 이들 단백질을 효모 변이주 또는 *Xenopus* 난모세포에서 발현시키는 것이었다. 이러한 정보는 작물 개량을 위해 활용되기 시작하고 있다. 비록 유전적으로 조작되긴 했지만, 수확량과 시비효율, 스트레스 저항성, 생물복원, 식품의 영양가를 증진시킬 수 있는 가능성은 연구자들을 고무시키는 훌륭한 당근이었다.

양분 수송단백질에 관한 분자생물학의 개요와 그에 관한 연구 성과를 알고자 하는 독자는 Smith(1999)의 논평을 참고하면 된다. 마지막으로 이 교재의 주제와 관련하여 저자는 이번 장에서 무기 이온에 관해 집중했다. 그러나 Tanner와 Caspari(1996), 그리고 Lalonde와 Wipf, Frommer(2004)는 무기 및 유기 용질의 막 수송의 큰 특징은 공통점이 많다는 것을 분명히 밝히고 있다.

참고문헌

Anderson, J. A., S. S. Huprikar, L. V. Kochian, W. J. Lucas, and R. F. Gaber (1992) Functional expression of a probable *Arabidopsis thaliana* potassium channel in *Saccharomyces cerevisiae. Proceedings of the National Academy of Sciences of the United States of America* 89: 3736-3740.

Apse, M. P., G. S. Aharon, W. A. Snedden, and E. Blumwald (1999) Salt tolerance conferred by overexpression of a vacuolar Na^+/H^+ antiport in *Arabidopsis. Science* 285: 1256-1258.

Arango, M., F. Gevaudant, M. Oufattole, and M. Boutry (2003) The plasma membrane proton pump ATPase: The significance of gene subfamilies. *Planta* 216: 355-365.

Barbier-Brygoo, H., M. Vinauger, J. Colcombet, G. Ephritikhine, J. M. Frachisse, and C. Maurel (2000) Anion channels in higher plants: Punctional characterization, molecular structure and physiological role. *Biochimica et Biophysica Acta: Biomembranes* 1465: 199-218.

Bloom, A. J. (1985) Wild and cultivated barleys show similar affinities for mineral nitrogen. *Oecologia* 65: 555-557.

Blumwald, E., G. S. Aharon, and M. P. Apse (2000) Sodium transport in plant cells. *Biochimica et Biophysica Acta: Biomembranes* 1465: 140-151.

Board on Agriculture (1993) *Managing Global Genetic Resources: Agricultural Crop Issues and Policies.* National Academy Press, Washington DC.

Bowman, D. C., J. L. Paul, W. B. Davis, and S. H. Nelson (1989) Rapid depletion of nitrogen applied to Kentucky bluegrass turf. *Journal of the American Society for Horticultural Science* 114: 229-233.

Brooks, R. R., ed. (1998) *Plants that Hyperaccumulate Heavy Metals: Their Role in Phytoremediation, Microbiology, Archaeology, Mineral Exploration and Phytomining.* CAB International, New York.

Brown, J. C., C. R. Weber, and B. E. Caldwell (1967) Efficient and inefficient use of iron by two soybean genotypes and their isolines. *Agronomy Journal* 59: 459-462.

Buchanan, B. B., W. Gruissem, and R. L. Jones (2000) *Biochemistry and Molecular Biology of Plants.* American Society of Plant Biologists, Rockville, MD.

Buttner, M. and N. Sauer (2000) Monosaccharide transporters in plants: Structure, function and physiology. *Biochimica et Biophysica Acta: Biomembranes* 1465: 263-274.

Clemens, S., M. G. Palmgren, and U. Kramer (2002) A long way ahead: Understanding and engineering plant metal accumulation. *Trends in Plant Science* 7: 309-315.

Colmer, T. D., E. Epstein, and J. Dvorak (1995) Differential solute regulation in leaf blades of various ages in salt-sensitive wheat and a salt-tolerant wheat × *Lophopyrum elongatum* (Host) A. Love amphiploid. *Plant Physiology* 108: 1715-1724.

Crawford, N. M. and B. G. Forde (2002) Molecular and developmental biology of inorganic nitrogen nutrition. In: *The Arabidopsis Book.* Somerville, C. and E. Meyerowitz, eds. American Society of Plant Physiologists, Rockville, MD. dot /10.1199/ tab .0011, www.aspb.org /publications / arabidopsis /

Crawford, N. M. and A. D. M. Glass (1998) Molecular and physiological aspects of nitrate uptake in plants. *Trends in Plant Science* 3: 389-395.

Curie, C. and J. F. Briat (2003) Iron transport and signaling in plants. *Annual Review of Plan t Biology* 54: 183-206.

Delrot, S., R. Atanassova, and L. Maurousset (2000) Regulation of sugar, amino acid and peptide plant membrane transporters. *Biochimica et Biophysica Acta: Biomembranes* 1465: 281-306.

Dennison, K. L., W. R. Robertson, B. D. Lewis, R. E. Hirsch, M. R. Sussman, and E. P. Spalding (2001) Functions of AKT1 and AKT2 potassium channels determined by studies of single and double mutants of *Arabidopsis. Plant Physiology* 127: 1012-1019.

Dvorak, J., E. Epstein, A. Galvez, P. Gulick, and J. A. Omielan (1992) Genetic basis of plant tolerance of soil toxicity. In: *Plant Breeding in the 1990s.* Stalker, H. T. and J. P. Murphy, eds. CAB International, Wallingford, UK. pp. 201-217.

Epstein, E. (1983) Crops tolerant of salinity and other mineral stresses. In: *Better Crops for Food.* Nugent, J. and M. O'Connor, eds. Pitman Books, London. pp. 61-82.

Epstein, E. (1985) Salt-tolerant crops: Origins, development, and prospects of the concept. *Plant and Soil* 89: 187-198.

Epstein, E. and R. L. Jeffexies (1964) The genetic basis of selective ion transport in plants. *Annual Review of Plant Physiology* 15: 169-184.

Forde, B. G. (2000) Nitrate transporters in plants: Structure, function and regulation. *Biochimica et Biophysica Acta: Biomembranes* 1465: 219-235.

Fu, H. H. and S. Luan (1998) AtKUP1: A dual-affinity K^+ transporter from *Arabidopsis*. *Plant Cell* 10: 63-73.

Geisler, M., K. B. Axelsen, J. F. Harper, and M. G. Palmgren (2000) Molecular aspects of higher plant P-type Ca^{2+}-ATPases. *Biochimica et Biophysica Acta: Biomembranes* 1465: 52-78.

Guerinot, M. L. (2000) The ZIP family of metal transporters. *Biochimica et Biophysica Acta: Biomembranes* 1465: 190-198.

Hall, J. L. (2002) Cellular mechanisms for heavy metal detoxification and tolerance. *Journal of Experimental Botany* 53: 1-11.

Jackson, L. E. and G. W. Koch (1997) The ecophysiology of crops and their wild relatives. In: *Ecology in Agriculture*. Jackson, L. E., ed. Academic Press, San Diego, CA. pp. 3-37.

Javot, H. and C. Maurel (2002) The role of aquaporins in root water uptake. *Annals of Botany* 90: 301-313.

Johansson, I., M. Karlsson, U. Johanson, C. Larsson, and P. Kjellbom (2000) The role of aquaporins in cellular and whole plant water balance. *Biochimica et Biophysica Acta: Biomembranes* 1465: 324-342.

Kluge, C., J. Lahr, M. Hanitzsch, S. Bolte, D. Golldack, and K.-J. Dietz (2003) New insight into the structure and regulation of the plant vacuolar H^+ATPase. *Journal of Bioenergetics and Biomembranes* 35: 377-388.

Koch, G. W., A. J. Bloom, and F. S. Chapin, III (1991) Ammonium and nitrate as nitrogen sources in two *Eriophorum* species. *Oecologia* 88: 570-573.

Kochian, L. V. (2000) Molecular physiology of mineral nutrient acquisition, transport, and utilization. In: *Biochemistry and Molecular Biology of Plant*. Buchanan, B. B., W. Gruissem, and R. L. Jones, eds. American Society of Plant Biologists, Rockville, MD. pp. 12001249.

Kochian, L. V., N. S. Pence, D. L. D. Letham, M. A. Pineros, J. V. Magalhaes, O. A. Hoekenga, and D. F. Garvin (2002) Mechanisms of metal resistance in plants: Aluminum and heavy metals. *Plant and Soil* 247: 109-119.

Kuboniwa, H., N. Tjandra, S. Grzesiek, H. Ren, C. B. Klee, and A. Bax (1995) Solution structure of calcium-free calmodulin. *Nature Structural Biology* 2: 768-776.

Lalonde, S., D. Wipf, and W. B. Frommer (2004) Transport mechanisms for organic forms of carbon and nitrogen between source and sink. *Annual Review of Plant Biology* 55: 341-372.

Leggett, J. E. and E. Epstein (1956) Kinetics of sulfate absorption by barley roots. *Plant Physiology* 31: 222-226.

Lemoine, R. (2000) Sucrose transporters in plants: Update on function and structure. *Biochimica et Biophysica Acta: Biomembranes* 1465: 246-262.

Liu, K. H. and Y. F. Tsay (2003) Switching between the two action modes of the dual-affinity nitrate transporter CHL1 by phosphorylation. *EMBO Journal* 22: 1005-1013.

Ludewig, U., N. van Wiren, and W. B. Frommer (2002) Uniport of NH_4^+ by the root hair plasma membrane ammonium transporter LeAMT1;1. *Journal of Biological Chemistry* 277: 13548-13555.

Maser, P., M. Gierth, and J. I. Schroeder (2002) Molecular mechanisms of potassium and sodium uptake in plants. *Plant and Soil* 247: 43-54.

Maser, P., S. Thomine, J. I. Schroeder, J. M. Ward, K. Hirschi, H. Sze, I. N. Talke, A. Amtmann, F. J. M. Maathuis, D. Sanders, J. F. Harper, J. Tchieu, M. Gribskov, M. W. Persans, D. E. Salt, S. A. Kim, and M. L. Guerinot (2001) Phylogenetic relationships within cation transporter families of *Arabidopsis*. *Plant Physiology* 126: 1646-1667.

Mattsson, M., E. Johansson, T. Lundborg, M. Larsson, and C. M. Larsson (1991) Nitrogen-utilization in N-limited barley during vegetative and generative growth. 1. Growth and nitrate uptake kinetics in vegetative cultures grown at different relative addition rates of nitrate-N. *Journal of Experimental Botany* 42: 197-205.

Maurel, C. and M. J. Chrispeels (2001) Aquaporins. A molecular entry into plant water relations. *Plant Physiology* 125: 135-138.

Meador, W. E., A. R. Means, and F. A. Quiocho (1993) Modulation of calmodulin plasticity in molecular recognition on the basis of X-ray structures. *Science* 262: 1718-1721.

Morsomme, P. and M. Boutry (2000) The plant plasma membrane H^+-ATPase: Structure, function and regulation. *Biochimica et Biophysica Acta: Biomembranes* 1465: 1-16.

Olendzenski, L., L. Liu, O. Zhaxybayeva, R. Murphey, D. G. Shin, and J. P. Gogarten (2000) Horizontal transfer of archaeal genes into the Deinococcaceae: Detection by molecular and computer-based approaches. *Journal of Molecular Evolution* 51: 587-599.

Oostindier-Braaksma, F. J. and W. J. Feenstra (1973) Isolation and characterization of chlorate-resistant mutants of *Arabidopsis thaliana*. *Mutation Research* 19: 175-185.

Ortiz-Lopez, A., H. C. Chang, and D. R. Bush (2000) Amino acid transporters in plants. *Biochimica et Biophysica Acta: Biomembranes* 1465: 275-280.

Palmgren, M. G. (2001) Plant plasma membrane H^+-ATPases: Powerhouses for nutrient uptake. *Annual Review of Plant Physiology and Plant Molecular Biology* 52: 817-845.

Pence, N. S., P. B. Larsen, S. D. Ebbs, D. L. D. Letham, M. M. Lasat, D. F. Garvin, D. Eide, and L. V. Kochian (2000) The molecular physiology of heavy metal transport in the Zn/Cd hyperaccumulator *Thlaspi caerulescens*. *Proceedings of the National Academy of Sciences of the United States of America* 97: 4956-4960.

Portillo, F. (2000) Regulation of plasma membrane H^+-ATPase in fungi and plants. *Biochimica et Biophysica Acta: Reviews on Biomembranes* 1469: 31-42.

Preston, G. M., T. P. Carroll, W. B. Guggino, and P. Agre (1992) Appearance of water channels in *Xenopus* oocytes expressing red-cell chip28 protein. *Science* 256: 385-387.

Raghothama, K. G. (1999) Phosphate acquisition. *Annual Review of Plant Physiology and Plant Molecular Biology* 50: 665-693.

Rains, D. W. and E. Epstein (1967) Sodium absorption by barley roots: Its mediation by mechanism 2 of alkali cation transport. *Plant Physiology* 42: 319-323.

Ratajczak, R. (2000) Structure, function and regulation of the plant vacuolar H+translocating ATPase. *Biochimica et Biophysica Acta: Biomembranes* 1465: 17-36.

Rausch, C. and M. Bucher (2002) Molecular mechanisms of phosphate transport in plants. *Planta*

216: 23-37.

Rogers, E. E. and M. L. Guerinot (2002) Iron acquisition in plants. In: *Molecular and Cellular Iron Transport*. Templeton, D. M., ed. Dekker, New York. pp. 359-393.

Rudd, J. J. and V. E. Franklin-Tong (2001.) Unravelling response-specificity in Ca^{2+} signalling pathways in plant cells. *New Phytologist* 151: 7-33.

Rush, D. W. and E. Epstein (1976) Genotypic responses to salinity: Differences between salt-sensitive and salt-tolerant genotypes of the tomato. *Plant Physiology* 57: 162-166.

Rush, D. W. and E. Epstein (1981) Comparative studies on the sodium, potassium, and chloride relations of a wild halophytic and a domestic salt-sensitive tomato species. *Plant Physiology* 68: 1308-1313.

Salt, D. E., R. D. Smith, and I. Raskin (1998) Phytoremediation. *Annual Review of Plant Physiology and Plant Molecular Biology* 49: 643-668.

Schachtman, D. P. (2000) Molecular insights into the structure and function of plant K+ transport mechanisms. *Biochimica et Biophysica Acta: Biomembranes* 1465: 127-139.

Schachtrnan, D. P. and J. I. Schroeder (1994) Structure and transport mechanism of a high-affinity potassium uptake transporter from higher plants. *Nature* 370: 655-658.

Schachtman, D. P., A. J. Bloom, and J. Dvorak (1989) Salt-tolerant Triticum x Lophopyrum derivatives limit the accumulation of sodium and chloride ions under saline-stress. *Plant, Cell and Environment* 12: 47-55.

Sentenac, H., N. Bonneaud, M. Minet, F. Lacroute, J. M. Salmon, F. Gaymard, and C. Grignon (1992) Cloning and expression in yeast of a plant potassiumion transport-system. *Science* 256: 663 665.

Smart, D. R. and A. J. Bloom (1988) Kinetics of ammonium and nitrate uptake among wild and cultivated tomatoes. *Oecologia* 76: 336-340.

Smartt, J. and N. W. Simmonds (1995) *Evolution of Crop Plants*, 2nd Edition. Longman Scientific and Technical-Wiley, New York.

Smith, F. W. (1999) Molecular biology of nutrient transporters in plant membranes. In: *Mineral Nutrition of Crops: Fundamental Mechanisms and Implications*. Rengel, Z., ed. Haworth Press, New York. pp. 67-88.

Smith, F. W. (2002) The phosphate uptake mechanism. *Plant and Soil* 245: 105-114.

Smith, F. W., A. L. Rae, and M. J. Hawkesford (2000) Molecular mechanisms of phosphate and sulphate transport in plants. *Biochimica et Biophysica Acta: Biomembranes* 1465: 236-245.

Smith, F. W., P. M. Ealing, M. J. Hawkesford, and D. T. Clarkson (1995) Plant members of a family of sulfate transporters reveal functional subtypes. *Proceedings of the National Academy of Sciences of the United States of America* 92: 9373-9377.

Smith, F. W., M. J. Hawkesford, P. M. Ealing, D. T. Clarkson, P. J. Vanden Berg, A. R. Belcher, and G. S. Warrilow (1997) Regulation of expression of a cDNA from barley roots encoding a high affinity sulphate transporter. *Plant Journal* 12: 875-884.

Snedden, W. A. and H. Fromm (2001) Calmodulin as a versatile calcium signal transducer in plants. *New Phytologist* 151: 35-66.

Sonoda, Y., A. Ikeda, S. Saiki, N. van Wiren, T. Yamaya, and J. Yamaguchi (2003) Distinct expression and function of three ammonium transporter genes (OsAMT1;1-1;3) in rice. *Plant and Cell Physiology* 44: 726-734.

Stalker, H. T. and T. P. Murphy, eds. (1992) *Plant Breeding in the 1990s*. C.A.B. Intemational, Wallingford, UK.

Sui, H. X., B. G. Han, J. K. Lee, P. Walian, and B. K. lap (2001) Structural basis of water-specific transport through the AQP1 water channel. *Nature* 414: 872-878.

Sze, H. (1985) H^+-translocating ATPases: advances using membrane-vesicles. *Annual Review of Plant Physiology and Plant Molecular Biology* 36: 175-208.

Sze, H., X. H. Li, and M. G. Palmgren (1999) Energization of plant cell membranes by H^+-pumping ATPases: Regulation and biosynthesis. *Plant Cell* 11: 677-689.

Takahashi, H., M. Yamazaki, N. Sasakura, A. Watanabe, T. Leustek, J. D. A. Engler, G. Engler, M. Van Montagu, and K. Saito (1997) Regulation of sulfur assimilation in higher plants: A sulfate transporter induced in sulfate-starved roots plays a central role in *Arabidopsis thaliana*. *Proceedings of the National Academy of Sciences of the USA* 94: 11102-11107.

Tanner, W. and T. Caspari (1996) Membrane transport carriers. *Annual Review of Plant Physiology and Plant Molecular Biology* 47: 595 626.

Tansley, A. G. (1939) *The British Islands and Their Vegetation*. University Press, Cambridge.

Thomine, S., R. C. Wang, J. M. Ward, N. M. Crawford, and J. I. Schroeder (2000) Cadmium and iron transport by members of a plant metal transporter family in Arabidopsis with homology to Nramp genes. *Proceedings of the National Academy of Sciences of the USA* 97: 4991-4996.

Toyoshima, C. and H. Nomura (2002) Structural changes in the calcium pump accompanying the dissociation of calcium. *Nature* 418: 605 611.

Tyerman, S. D., H. J. Bohnert, C. Maurel, E. Steudle, and J. A. C. Smith (1999) Plant aquaporins: Their molecular biology, biophysics and significance for plant water relations. *Journal of Experimental Botany* 50: 1055-1071.

Véry, A. A. and H. Sentenac (2003) Molecular mechanisms and regulation of K+ transport in higher plants. *Annual Review of Plant Biology* 54: 575-603.

von Wiren, N., S. Gazzarrini, A. Gojon, and W. B. Frommer (2000) The molecular physiology of ammonium uptake and retrieval. *Current Opinion in Plant Biology* 3: 254-261.

Wang, R., K. Guegler, S. T. LaBrie, and N. M. Crawford (2000) Genomic analysis of a nutrient response in Arabidopsis reveals diverse expression patterns and novel metabolic and potential regulatory genes induced by nitrate. *Plant Cell* 12: 1491-1509.

Ward, J. M., C. Kuehn, M. Tegeder, and W. B. Frommer (1998) Sucrose transport in higher plants. In: *International Review of Cytology* 178: 41-71.

White, P. J. (2000) Calcium channels in higher plants. *Biochimica et Biophysica Acta-Biomembranes* 1465: 171-189.

White, P. J. and M. R. Broadley (2003) Calcium in plants. *Annals of Botany* 92: 487-511.

Williams, L. E. and A. J. Miller (2001) Transporters responsible for the uptake and partitioning of nitrogenous solutes. *Annual Review of Plant Physiology and Plant Molecular Biology* 52: 659-688.

Williams, L. E., J. K. Piltman, and J. L. Hall (2000) Emerging mechanisms for heavy metal transport in plants. *Biochimica et Biophysica Acta-Biomembranes* 1465: 104-126.

Zhang, H.-X. and E. Blumwald (2001) Transgenic salt-tolerant tomato plants accumulate salt in foliage but not in fruit. *Nature Biotechnology* 19: 765-768.

11 생태학과 환경 스트레스

개념

생태학과 진화

왜 특정 종류의 생명체는 특정 서식지에서만 서식하고, 다른 장소에서는 서식하지 않는가? 이 표현은 생태학(ecology)이 추구하는 핵심적인 의문이다. 더 공식적으로 표현하면 생태학은 어떠한 생명체가 서식하는 환경에는 다른 생명체도 서식한다는 점을 이해하면서 생명체와 주변 환경간의 상호작용에 대해 연구하는 학문이다. 우리가 지금 관찰하는 환경에 서식하는 생명체는 장기간 지속된 역사적인 과정의 결과로써 점진적으로 분포하게 되었다. 그러므로 진화와 관련된 문제는 생태학적 문제점과 밀접하게 연계되어 있다.

이들 문제점의 가장 핵심적인 개념은 적응(adaptation)이다. 생명체는 자신이 번창하고 있는 환경에 적응되어 있다. 이러한 적응성은 표현형(phenotype)과 관련한 특성(property)이다. 즉, 특정 생활 조건(condition of life)에 직접 노출되어 시험받는 것은 표현형이다. 100년 전에 Darwin(1859)이 처음 주장하고 그 이후에 더욱 다듬어진 진화론적인 관점(evolutionary view)은 오늘날 아주 간략하게 다음과 같이 설명할 수 있다.

잠재적 표현형(potentialities of phenotypes)의 범위는 유전적 특성(genetic constitution) 즉, 유전형(genotype)으로 정의할 수 있다. 돌연변이(mutations)와 재조합(recombinations)에 의한 무작위적인 유전형의 변화는 잠재적 표현형을 변화시키며, 이러한 혁신은 다시 자연선발(natural selection)이라는 선발과정(screening action)을 거치게 된다. 유전형이 변화되어 주어진 환경에 더 적응한(즉, 적합한) 개체들은 그렇지 못한 개체들보다 후 세대의 유전자 풀(genetic pool)이 그에 비례해서 증가한다. 2배체(diplody)의 진화와 유전물질의 유성교환(sexual exchange)을 통해 고등 유기체의 개체군의 잠재적 변이풀(pool of latent variability)은 크게 증가했으며, 그 풀로부터 자연선발을 통해 생활조건의 변화에 반응하여 새로운 형태의 유기체가 우점종이 될 수 있다. 유전자의 상호교환을 방해하는 지리적, 해부적, 생리적 장벽으로 인해 개체군은 유전적으로 고립되어 종분화(speciation)가 일어나며 간혹 온갖 종류의 환경에 대해 아주 특수한(심지어 기괴한) 적응방식이 나타나기도 한다.

생활환경조건에는 생명체가 다음 세대에 종족을 번식하는 성패여부와 관계가 있어서 그 유전자풀(gene pool)에 영향을 미치는 모든 것이 포함된다. 여기에는 온도와 햇빛, 바람, 물, 무기원소의 명확한 물리적 · 화학적 특징 그리고, 동일한 종의 생명체는 물론 동일한 환경에 존재하는 서로 다른 종의 생명체가 포함된다. 이러한 것이 가장 극단적으로 불리한 환경 조건—완전한 건조와 극단적인 열과 같은—만을 제외하고는 생명체를 부양할 수 있게 해 주는 잠재적 유전물질(potentialities of genetic material)이다.

성공적인 적응(adaptive success)이란 그 유기체가 생리적 요구 때문에 환경을 유리하게 사용하는 것과, 그 유기체가 자신에게 불리한 그러한 환경적 특징에 잘 대처하는 것을 의미한다. 생명체의 영양을 고려할 때, 육상식물과 동물간의 영양적인 측면에서 가장 중요한 차이점은 육상의 성숙한 동물은 이동성이지만 성숙한 식물은 그렇지 않다는 것이다. 동물은 먹이를 찾거나 다른 동물의 먹이가 되는 것을 피하기 위해 이동한다. 식물은 정주성이므로 동물이 환경에 대처할 때 자신의 뜻대로 사용하는 이동 및 행동적 적응방식(locomotive and behavioral adaptations)이 결여되어 있다. 그러나 비록 식물은 성숙단계에서는 정착생활을 하지만 꽃가루(pollen) 또는 종자(특히 바람에 의해 비산되는 것들)와 같은 초기 생활단계에서는 아주 이동성이 크다(9장). 식물종이 이동할 수 있는 범위는 어디까지인가? 답은 바람에 날리는 대로 퍼져간다는 것이다.

공간적 분포(spatial distributions)와 더불어 시간적 분포(temporal distributions)를 이용하여 생태학을 세부학문 분야로 나눈다(표 11.1). 세부학문분야의 시간적 크기(temporal scales)는 한 세대로부터 여러 세대에 달하며, 여기서 한 세대는 자손 또는 묘목이 성적으로 성숙기에 도달하는데 필요한 시간이다. 고등식물의 한 세대는 대학 식물학 실험과정의 "속성식물(fast plant)" 인 순무(*Brassica rapa*) 또는 *Camissonia claviformis*와 같은 사막의 일년생 식물의 경우와 같이 4주정도로 짧거나, *Welwitschia mirabilis*의 경우처럼 20년이거나 가시오엽송(bristlecone pine)(*Pinus longaeva*)처럼 가장 장수한 개체의 수령이 약 4,500~5,000년에 달하는 것도 있다.

식물영양을 고려하는 생태학자라면 지하 즉, 전혀 속이 보이지 않는 서식지에서 일어나는

표 11.1 생태학의 여러 세부 학문분야 및 그들의 영역과 시간 규모, 공간 규모

세부분야	생리생태학	개체군생태학	군집생태학	생태계생태학	생물군계 또는 경관	생물권 또는 지구생태학
관점	개체	종내의 구성요소 간의 상호작용	종간 상호작용	군집과 물리적 환경	생태계의 종합적 형태	지구의 살아 있는 부분
시간적 개념	세대	몇 세대	몇세대에 걸쳐 서식한 종들	몇세대에 걸쳐 서식한 종들	여러 세대	여러 세대
공간적 개념	개체의 서식공간	한 지역	한 지역	한 지역	여러 지역	지구

과정과 씨름해야 한다(Epstein 1977; Bohm 1979; Epstein 1990; McCully 1999). 앞서 언급한 것처럼(2장), 생물학자들은 우리 발 바로 아래의 토양속의 삶에 대해서보다는 깊은 바다 속의 또는 극지방 만년설위의 삶에 대해 더 많이 알고 있을 것이다. 이제 생태계 내의 생리생태학과 관련한 개념에서 식물-양분 관계의 몇몇 주제에 대해 다루고자 한다. 이번 장의 대부분을 환경 스트레스 특히, 온도와 물, 무기물과 관련한 주제에 대해 설명하는데 할애한다. 식물영양이 규모가 더 큰 생물군계와 생물권에 미치는 영향에 대해서는 다음 장에서 설명할 것이다.

식물의 생리생태학

"생명체는 자신들의 서식지에 적응하고 있다"는 것이 생리생태학의 핵심 이론(tenet)이다. 이것은 자명한 것 같지만, 생명체가 특정 환경에 성공적으로 적응할 수 있게 해주는 주요 특성을 확인하는 것은 과학수준(science)을 넘어 예술(art)에 가깝다. Sprengel-Liebig의 최소율법칙(Law of the Minimum)(1장)에 따르면, 유기체의 생육은 그 환경에서 삶을 유지하는데 필요한 가장 적은 자원의 양에 의해 제한될 것이다. 실제로 생명체는 보유 자원의 분배를 변화시켜 다수의 상호의존적 요인들이 동일하게 제한 인자가 되게 할 것이다(Bloom, Chapin, and Mooney 1985). 이들 인자의 본질은 집중적으로 관찰한 다음 명확해 질 것이다. 예를 들어 물은 사막에서 식물의 생산성을 제한하는 명백한 인자이지만, 보다 면밀히 조사해보면 질소 유효도도 그에 못지않게 중요하다는 것을 알 수 있다(Gutierrez and Whiteford 1987).

이러한 복잡성 때문에 연구자들은 오판하기 쉽다. 재배종(cultivars)과 그 야생 근연종(wild relatives)에 의한 무기 질소 흡수의 핵심적 특성이라 생각되는 것이 무엇인지 생각해보자(Bloom 1985; Smart and Bloom 1988). 그 가정은 시비조건 하에서 수확량이 많도록 육종한 재배품종은 암모늄이나 질산을 흡수하는 능력이 큰(V_{max}값이 더 크다) 반면에, 비교적 척박한 조건에 적응한 그 야생 근연종은 이들 이온에 대한 친화성이 높을(K_m값이 더 낮다) 것이라는 것이다(10장). 예상과는 달리, 야생 및 재배종은 무기 질소흡수에 대한 친화성과 능력이 거의 같다(토마토에서의 암모늄 흡수 능력을 제외하고, 그림 11.1; 표 10.1). 여러 예측하지 못한 인자들이 우리의 결과를 설명해 줄 것이라는 것이다(10장).

- 재배 및 야생 식물 서식지의 질소 유효도는 예상과는 달리 크지 않을 것이다. 비록 재배품종은 질소시비를 받지만, 이 질소는 식물에 의한 사치소비(luxury consumption), 또는 미생물에 의한 부동화(microbial immobilizatin), 질산용탈(nitrate leaching)이나 암모니아

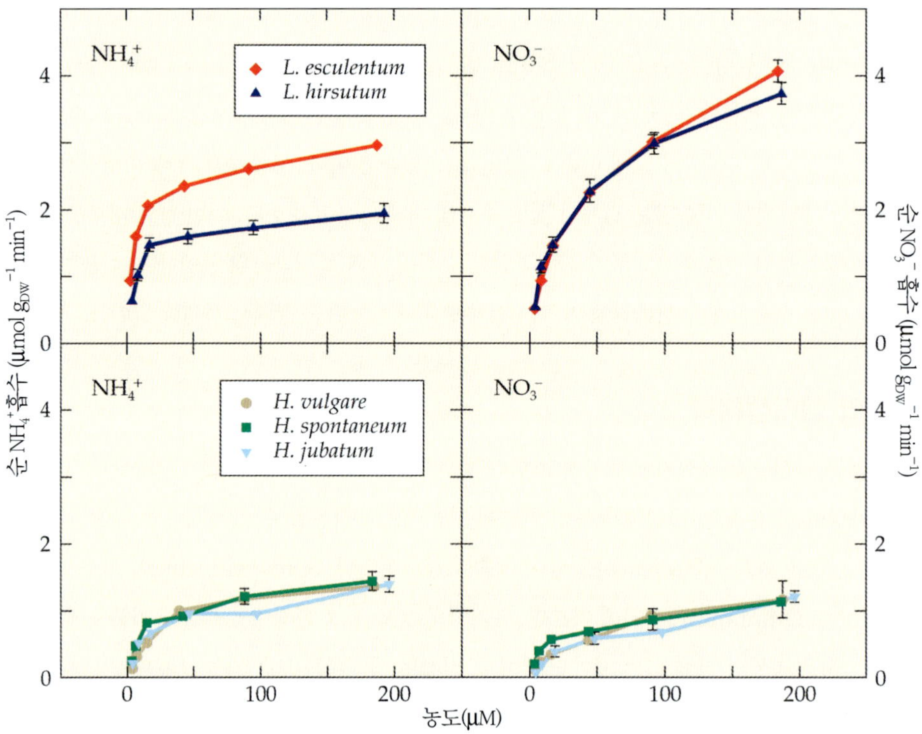

그림 11.1 질산암모늄 농도에 따른 토마토와 보리 종의 뿌리에 의한 알짜 암모늄 및 질산 흡수 *Lycopersicon*종(토마토, 위)과 *Hordeum*종(보리, 아래) 뿌리에 의한 암모늄(NH_4^+; 좌측) 및 질산(NO_3^-; 우측)의 알짜 흡수(분당 뿌리건물중 g당 이온의 μmol)를 배지의 질산암모늄 농도(μM)에 따라 나타내었다. 재배종 토마토인 *Lycopersicon esculentum*은 갓 구입한 "T5"품종을 사용했다. 야생종인 *L. hirsutum*은 재배종 토마토와 교잡이 가능했지만, 일방적 불화합성(unilateral incompatability)은 *L. esculentum*을 암술 친계로 사용했음을 나타낸다(Martin 1964). 이들 두 *L. hirsutum*의 품종(accessions)은 Peru에서 수집했다. 보리 품종 *Hordeum vulgare*는 "Kombar"였으며, 이는 Oregon과 Washington주에서 생육한다. *H. spontaneum*은 재래종 보리의 후대이며(Smart and Simmonds 1995), 이는 Israel의 해변지역에서 수집했다. 또 다른 야생종인 *H. jubatum*은 재래종 보리와 교잡될 수 있지만, 그 후대는 불임성이다(Morrison 1959).이는 California주의 Davis 인근에서 수집했다. (*Lycopersicon*자료, Smart와 Bloom 1988; *Hordeum*자료, Bloom 1985)

휘산(ammonia volatilization)과 같은 환경 유실(environmental losses)을 통해 신속히 사라질 것이다. 예를 들어 Bowman의 연구진(1989)은 잔디에 50kg/ha의 질소 시비 후 2일 만에 사실상 토양에 남은 질소는 없었다고 보고했다. Bloom(1985) 그리고 Bloom과 Smart(1987)가 조사한 토마토(*Lycopersicon*) 및 보리(*Hordeum*) 종은 봄철에 양분이 급증하는 교란된 지역에서 자생한다. 그러므로 재배품종을 파종하는 농경지 토양은 생육기간 중의 상당기간동안 저자들의 예상보다는 비옥하지 못한 반면, 야생종이 발견되는 자연 토양은 예상보다 때때로 더 비옥할 수 있다.

- 재배종은 야생종에 비해 생육밀도가 더 높으며 근계발달이 더 얕다(9장). 따라서 재배종은 야생종보다 차지하는 토양부피가 더 적다. 그러므로 비록 질소의 *농도(concentration)*가 재배종을 부양하는 농경지 토양이 더 높다고 할지라도, 식물이 이용할 수 있는 총 질소(토양부피 · 농도)는 두 집단이 비슷할 것이다.
- 수송체계는 생명체간에 고밀도의 연관이 있다(10장). 재배종과 그 근연 야생종은 암모늄과 질산 수송단백질, 그리고 흡수 조절 메커니즘(regulatory mechanism)이 비슷할 것이다.
- 식물은 그들의 수송체계를 조절하여 생육요구에 비례하여 질소를 흡수한다(9장). 재배종과 야생종의 성장속도는 비슷하지만, 토마토는 약 0.28g · g^{-1} · d^{-1} 정도 성장하는(Samrt and Bloom 1993) 반면, 보리는 0.13g · g^{-1} · d^{-1} 정도 성장한다(Bloom, Sukrapanna, and Warner 1992). 무기 질소흡수의 각 속내(within genus) 유사성과 종간(between genera)의 차이점 때문에 이러한 성장속도가 나타난다(그림 11.1).

야생종과 재배종인 토마토속(*Lycopersicon*)과 보리속(*Hordeum*)에 관한 연구결과는 결론을 내리기 전에 모든 증거를 조사하는 것이 중요함을 강조하고 있다.

표현형 가변성

다른 생명체와 마찬가지로 식물은 각 개체(individuals) 즉, 유전적으로 동일한 개체의 집단이 어느 정도 변화하는 조건에 대처하는 성질인 *표현형 가변성(phenotypic plasticity)*을 나타낸다. Duncan과 Ohlrogge(1958)는 시비처리를 달리한 인접한 토양 용기 사이에 어린 옥수수 식물의 근계를 나누었다. 근계의 일부를 시비하지 않은 토양에서 키우고 나머지 부분을 질소와 인산을 동시에 공급한 토양에서 키우면, 시비토양(fertilized soil)의 뿌리는 대조구(control)(무처리) 토양의 뿌리보다 더 많았다. 즉, 시비토양의 뿌리 모양은 더 가늘고 부드러웠으며, 총 중량은 거의 2배나 많았다. 시비토양의 수많은 미세한 머리카락 같은 뿌리는 어느 정도 뿌리의 중량증가에 기여했지만 총 뿌리와 토양의 접촉면적(root-soil interface) 증가에 더 많은 기여를

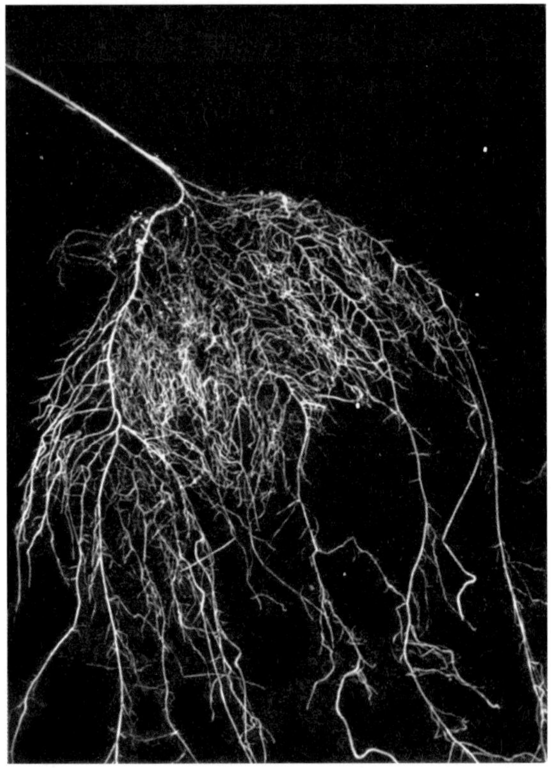

그림 11.2 대두 뿌리의 시비 토양과 무시비 토양에서의 증식 양상 대두(*Glycine max*)의 뿌리는 질소와 인을 동시에 시비한 토양의 부위로 증식해 들어간다. 뿌리의 나머지(그림 위)는 무시비 토양 부위에 있다. (Wilkinson 1961)

함으로써 양분흡수능력을 증가시켰음이 분명하다. 실험을 약간 달리하여, 시비한 흙을 하부에 함유하고 시비하지 않은 흙을 상부에 함유하는 일정부피의 토양에서 뿌리를 키웠다. 그림 11.2는 시비한 토양에서 뿌리가 증식한 모양을 나타낸다. 자연상태 식물의 형태적 가변성(morphological plasticity)을 보여주는 예로써, E.V. Martin과 Clemens(1939)의 고전적인 연구를 소개하겠다. 그들은 California주 Santa Barbara의 서부 19 km에 있는 돌출지대(ridge garden)와 침강지대(shelter garden)를 포함한 여러 지역에서 여러 종의 사구식물(dune plants)을 키웠다. 돌출지대는 지하수위(water table)의 높이를 결정짓는 석호(lagoon)보다 6 m 높은 작은 모래언덕에 있다. 침강지대는 돌출지대로부터 90 m 떨어진 모래언덕의 꺼진 땅에 위치한다. 그림 11.3은 각각 돌출 및 침강지대에서 *Franseria bipinnatifida*의 생육습관을 나타낸다. 노출(exposure)과 지하수위의 높이, 염, 기타 인자들의 차이에 의해 생기는 두 서식지의 대조적인 조건에 현저하게 표현형 적응(phenotypic adaptation)되었음이 분명하다. Lyr과 Hoffman(1967) 및 9장에서 국지적인 토양조건(원래는 척박하지만 부분적으로 시비를 해준 것과 같은)에 대해 개개 식물 뿌리가 성장반응을 한 다른 예들을 제시했다.

어떤 점으로는 형태적 가변성은 생리적 가변성(physiological plasticity)이기도 하며, 그

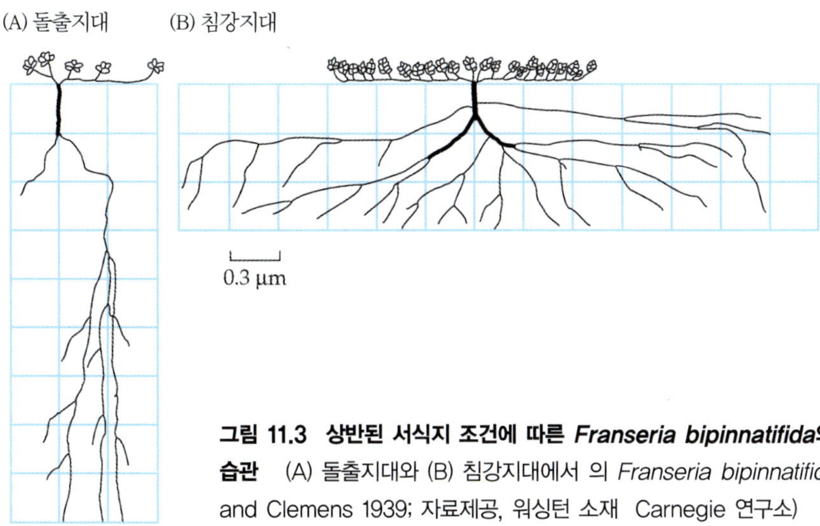

그림 11.3 상반된 서식지 조건에 따른 *Franseria bipinnatifida*의 두 생육 습관 (A) 돌출지대와 (B) 침강지대에서 의 *Franseria bipinnatifida* (Martin and Clemens 1939; 자료제공, 워싱턴 소재 Carnegie 연구소)

까닭은 식물 또는 그 기관들이 현재의 크기와 형태를 취하는 것은 생리적인 성장과 발달과정의 결과이기 때문이다. 그럼에도 불구하고 환경의 차이에 대해 전적으로 생리적인 반응도 일어나며, 이는 생리적 가변성의 증거이다. 식물의 유기물 대사는 적절한 사례이다. 식물의 유기산 수준의 질적 · 양적 두 측면은 모두 대부분 식물이 생육하는 무기 배지에 따라 달라진다. 이것은 Conneticut 농업연구소의 Vickery와 그 연구진(1940)에 의한 고전적인 연구에서 나온 중요한 핵심 중의 하나였다. 이들은 질산/암모늄 비율을 달리하고 전체 질소함량은 동일한 양액에서 담배(*Nicotiana tabacum*)식물을 재배하였다. 질소의 공급형태는 식물체내 여러 화합물의 함량에 큰 영향을 미쳤다. 표 11.2에는 암모늄태 질소를 0%와 60% 공급하고 나머지 부분은 질산태 질소로 공급한 용액에서 재배한 담배 식물의 3가지 유기산 함량을 나타내었다. 공급되는 질소의 형태에 때문에 나타나는 여러 유기산 함량의 차이는 가시적인 근계의 크기(size)와 분

표 11.2 공급 질소형태에 따른 담배 식물(*Nicotiana tabacum*)의 3가지 유기산 함량

	암모늄태로 공급한 양액내의 N 백분율			
	잎		줄기	
	0%	60%	0%	60%
말산	3.70	0.099	1.80	0.67
시트르산	1.20	0.54	0.227	0.113
옥살산	1.28	0.606	0.676	0.508

출처: Vickery et al. 1940.

주: 모든 수치는 g · Kg^{-1} 생체중 임

지정도(extent of branching)와 마찬가지로 표현형 가변성임을 나타내 준다.

무기영양적 측면과 관련한 생리적 다양성(versatility)의 다른 예는 많다. 예로서 Jeffries와 그 연구진(1996)은 식물이 생육하고 있는 배지의 이온 조성변화에서 기인하는 효소의 표현형 수식(phenotypic modifications)에 대해 기술했다. Baker(1995)는 토양과 관련한 표현형 가변성에 대한 다른 예를 제시하고 있으며, Ho와 McCannon, Lynch(2004)는 그에 대해 명확히 다루고 있다.

Stebbins(1950)는 그의 고전적인 저서 *식물의 변이와 진화(Variation and Evolution in Plants)*에서 영양적(regetative) 특성이 생식적(reproductive) 특성에 비해 가변적 변이(plastic variability)를 받기 쉽다고 지적했다. 분열조직의 장기적인 활동 이후에 형성세포가 점차적으로 커지면 영양을 비롯한 외부인자들이 영향을 미칠 가능성이 커진다. 이에 반해 생식 생장기관의 발달은 유한하며 비교적 단기간에 작은 구조 즉, 종자를 형성시키므로, 환경의 영향은 최소화된다. 뿌리의 성장습관—즉, 뿌리의 연속적이고 무제한적인 발달, 마디와 절간의 결여, 유한한 구조—때문에 뿌리를 보고 지금까지 설명한 표현형 가변성 정도를 알 수 있다.

생태형의 개념

뿌리의 다양한 생리적 대처능력에 대해 설명한 점을 모든 식물의 뿌리가 모든 영양배지에 대처할 능력을 지니는 것으로 해석해서는 안 된다. 특정 유전형의 환경에 대한 표현형 반응의 범위(latitude)에는 한계가 있다(Bradshaw, McNeilly, and Gregory 1965). 식물은 광범위한 유전형으로의 진화를 통해 모든 다른 생활조건에 적응해 왔기 때문에, 지구상의 무기 서식지에 아주 다양하게 적응해왔다. 서식지에 대한 식물의 유전형적 반응은 스웨덴 과학자 Göte Turesson(1922)이 종 내에서도 진화적 변형(evolutionary diversification)이 있음을 실증하고, "생태형(ecotype)" 의 개념을 창안함으로써 실험적으로 입증되었다.

Turesson은 지리적으로 분리된 지역에서 자라는 동일종에 속하는 식물을 수집했다. 여러 지역의 식물은 그들의 서식지와 관련한 특징을 나타내었다. 예를 들어 노출된 해변지역의 *Atriplex litorale*(salt bush) 식물은 키가 작고 도복성인 반면, 가려진 지역의 식물은 키가 크고 직립성이었다. 대조적인 두 지역의 이 일년생 식물종을 동일한 실험지역에서 여러 해동안 같이 키우면, 이들 식물은 원래 서식지의 특징을 보유하였다. 다시 말해, 그 식물은 상이한 서식지에 적응한 종들의 품종 또는 변종(race 혹은 variety)이다. Turesson은 이러한 생태적 품종을 생태형(ecotypes)이라 불렀다. 생태형은 "식물종들의 서식지에 대한 유전형적인 반응" 을 말한다. 그 이후부터 생태적 분화(ecotypical differentiation)는 자연선발의 일반적인 결과로 인식되었다.

Turesson의 실험 계획은 실행되지는 않았지만 Darwin(1859)의 *종의 기원(On the Origin of Species)* 2장에서 예상되었다고 말할 수 있다. 다윈은 직접적인 환경 영향에 대한(즉, 앞의 표제어에서 다룬 표현형 반응에 대한) 변화를 일컫는 의미로 사용된 *변이(variation)*라는 용어에 대해 다음과 같이 기록하고 있다. "..... 그러나 Baltic해의 염수에 서식하는 왜소한 조개 또는 알프스산 정상의 왜소한 식물, 또는 북위도 지역에 사는 동물의 두꺼운 털은 어떤 경우에는 최소한 몇 세대에 걸쳐 유전된 것이 아니라고 누가 말할 수 있는가? 이 경우에 나는 그 형태를 변종(variety)이라 부르고 싶다."

이러한 유전형적 분화를 야기하는 가장 주목을 받은 환경 요인들은 기후 즉, 이미 설명한 온도와 빛, 기타 변수와 관련이 있다. 토양과 관련한 즉, 토양 생태형(edaphic ecotypes)에 대한 증거도 있다(Epstein and Jeffries 1964; Bradshaw 1969; Baker 1995; Kruckerberg 2002). 특정 종의 영양생태형(nutritional ecotypes)은 다른 종보다 실험에 더 적합하다. 그 이유는 동일한 종의 식물을 비교할 때는 "모든 다른 조건이 동일한" 조건이 훨씬 더 잘 충족되기 때문이다. 이제부터 종과 생태형 두 차원 모두의 연구결과에 대해 다룰 것이다.

개체군생물학(Population biology)

일반적으로 상호교배(interbreeding)가 가능한 개체의 집단으로 구성되는 것을 개체군(population)이라 한다. 이 정의는, 비록 척추동물(vertebrate animals)의 연구에는 잘 적용되지만, 식물에는 적합하지 않다. 식물은 동물보다 생식방법이 훨씬 더 다양하며, 따라서 개체를 구성하는 경계(boundary)가 모호하다. 유전적으로 다른 개체와 물리적으로 다른 개체를 구분하기 위해, 식물개체군생물학자(plant population biologists)들은 모든 구성원의 유전적 출처(genetic sources)가 동일한 단위를 나타내는 제네트(genet), 그리고 genet의 일부이면서 genet의 나머지와 분리하면 독립적인 기능을 할 수 있는 라미트(ramet)라는 용어를 만들었다(Harper 1977). 예를 들어 "King Clone"은 수백의 ramet로 구성된 16m 환을 형성하는 크레오소트 나무(*Larrea tridentate*)(creosote bush, 그림 11.4)의 단일 genet이며, 이는 약 10,000년 전에 California의 Old Springs에 처음 정착했다(Vasek 1980). 이보다 더 크고 더 오래된 genet은 "Pando"("나는 팽창한다"라는 뜻이다)이며, 이는 Utah주의 Wasatch 산맥의 43ha를 차지하며 47,000 ramet을 포함하고 있는 사시나무(aspen)(*Populus tremula*, 그림 11.5)의 수컷 클론(clone)이다(Mitton and Grant 1996).

지상부에 분리되어 나타나는 ramet 또는 genet은 뿌리줄기(rhizome)나 뿌리 접목(root

그림 11.4 캘리포니아주 Stovepipe Wells의 모래둔덕에 생육하는 크레오소트 나무(*Larrea tridentata*)의 클론

그림 11.5 Yellowstone 국립공원에 서식하는 사시나무(*Populus tremula*)의 클론(자료제공; National Park Service)

graft)을 통해 지하부와 연결될 수 있고 따라서 양분측면에서 상호의존적이다. 이러한 연결의 정도는 뿌리접목을 통해 전염되는 네덜란드 느릅나무병(Dutch elm disease)과 참나무시들음병(oak wilt)과 같은 곰팡이 병의 발생으로 확인할 수 있다. 뿌리줄기와 뿌리접목을 통한 양분의 이동—수관을 통한 탄수화물의 이동과 유사하다—은 해부학적 구조와 공급부-수용부(source-sink)크기에 따라 달라진다(Headley, Callaghan, and Lee 1988; Abrahamson, Anderson, and McCrea 1991; De Kroon and Hutchings 1995).

genets 또는 ramets의 뿌리간 경쟁은 심하다(Casper and Jackson 1997). 비록 근계는 토양 부피의 5% 이상을 차지하는 경우가 드물지만(Russel 1977), 뿌리는 주변 토양으로부터 물과 양분의 대부분을 고갈시켜, 다른 뿌리가 들어오는 것을 막는다(Nye and Tinker 1977). 더욱이 일부 종의 뿌리는 다른 식물의 생육을 저해하는 물질을 분비하는 "화학전(chemical warfare)"을 수행한다(MaHall and Callaway 1992; Brisson and Reynolds 1994; Ridenour and Callaway 2001). 다른 식물종의 뿌리가 이 화학전에 관여할 때, 그 과정을 *타감작용*(*allelopathy*, 그리스어로 "다른 종에 영향을 미치는"의 뜻)이라 부른다.

특정 개체군의 기본적 특징을 나타내는 것은 그 개체군의 정도(extent)와 조성(composition)이다. 이들 특징의 변화를 예측하기 위해 개체군생물학자들은 미래의 특정 시점에 생존할 동령군(cohort, 나이가 같은 개체군들)의 비율을 예측하는 생명표(life tables)[사람의 보험통계표(actuarial tables)에 해당한다]를 작성한다. 뿌리의 수명(life span)은 사과와 딸기의 경우에서와 같이 2주에서부터 일부 소나무의 경우에서와 같이 2년에 이르기까지 다양하다(Eissenstat and Yanai 1997). 최소한 수명과 관련해서는 크기도 중요하다. 예를 들어 사과 뿌리의 월동비율은 직경에 따라 큰 차이가 있었으며, 직경 0.3mm인 뿌리의 경우는 3%~12%에서부터, 그리고 직경 0.3~0.5mm의 경우는 30%, 0.5~1.1mm의 경우는 60%에 달했다(Wells and Eissenstat 2001). 뿌리의 활력(activity)도 중요했다. 사과 뿌리의 수명은 흡수하는 질산의 양에 비례했으며, 이는 식물이 효율성이 더 높은 뿌리의 수명을 연장하기 위해 탄수화물과 방어화합물을 더 많이 할당함을 시사한다(Eissenstat, Wells, and Wang 2001). 불행하게도 근계의 크기와 활력에 관한 정보는 많지 않으므로, 우리는 뿌리의 개체군생물학에 관한 연구가 늘어나기를 기대할 뿐이다(Ho, McCannon, and Lynch 2004).

군집

상부 토양층(soil layers)의 환경은 자원이 풍부하다. 토양표면 근처는 산소가 충분하므로 토양 유기물의 분해 대사가 촉진되어 탄수화물과 양분이 방출된다. 토양표면 하부는 상부보다 수분이 더 많다. 이러한 풍부한 자원 때문에 지하부에는 지상부의 어느 곳과도 비길 수 없을 만큼 활발하고 다양한 생물학적 활성이 높은 군집(communities)이 생성된다. 식물뿌리는 지하부 군집에 에너지를 공급해주는 주요 급원이므로, 이러한 활동의 핵심이라 할 수 있다.

수목의 수관과 마찬가지로 근계는 여러 생명체가 머무는 다양한 서식지이다.

- 단일 뿌리 수준에서, 정단근처로 펌프질해서 방출되는 수소이온은 기저부위에 가깝거나 또는 뿌리에서 어느 정도 떨어진 배지보다 pH 1정도 근권을 산성화시킨다(그림 9.8; Taylor and Bloom 1998; Nichol and Silk 2001).
- 뿌리의 정단도 항생물질을 방출하는 변두리세포(border cells)를 누출하며, 그에 따라 뿌리 정단근처의 토양미생물의 행동에 급격한 변화를 미친다(Hawes et al. 2000).
- 뿌리는 축방향을 따라 당을 분비하는 양이 다르다. 즉, 자당은 뿌리 정단근처 토양에 가장 많으며(Jaeger et al. 1999), galactoside는 뿌리털과 발달중인 2차 뿌리근처에서 더 많다(Bringhurst, Cardon, and Gage 2001),

뿌리가 토양을 통과해 감에 따라 토양 내에서 일어나는 이러한 토양의 환경적 변화는 여러 토양미생물 개체군의 등락을 야기한다(Semenov, van Bruggen, and Zelenev 1999). 이들 미생물중 일부는 뿌리에 기생하며, 다른 미생물은 양분전환(nutrient turnover)을 촉진하며, 어떤 미생물은 뿌리와 호혜적 공생관계(beneficial symbioses)를 형성한다. 호혜적 공생가운데 이미 7장에서 질소고정세균에 대해 설명했다. 조류(algae)와 곰팡이(fungi) 간의 공생체계인 지의류(lichens)는 호혜적 공생관계의 또 다른 예이다(Nash 1996; Sanders 2001). 이제 주로 고등식물과 호혜적 공생을 형성하는 균근균에 대해 설명한다.

균근 협생

지구상 대부분의 식생의 뿌리는 균근균(mycorrhizal fungi)(*mycorrhizae*; 그리스어의 "균류, fungus"와 "뿌리, root"에서 유래)과 협생(association)을 하고 있다. 쌍자엽식물의 약 83%와 단자엽식물의 79%, 전체 나자식물은 균근 협생을 형성하는 것이 일반적이다(Wilcox 1996; Smith, Read, Harley 1997; Mukerji, Chamola, and Singh 2000). 극단적으로 십자화과(예, 양배추)와 명아주과(예, 시금치), 프로테아과(예, macadamia nut)의 식물에 균근이 형성되는 경우는 흔치않다. 균근(mycorrhizae)은 대체로 아주 건조하거나, 염류가 집적되거나, 담수상태의 토양, 또는 토양비옥도가 극단적인 즉, 양분함량이 아주 높거나 낮은 곳에는 존재하지 않는다. 그러나 이러한 일반화는 어떤 상황에서는 적용되지 않는다(Gupta and Kumar

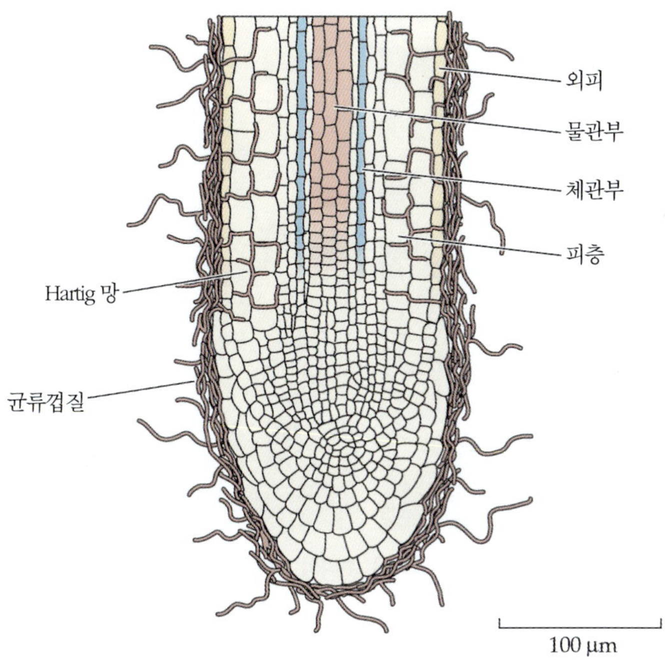

그림 11.6 외생근균에 감염된 뿌리 감염된 뿌리에서 근균의 균사는 뿌리를 애워싸서 촘촘한 균류 껍질을 생성하며, 피층의 세포내 공간으로 침투한다.(Rovira, Bowen, and Foster, 1983)

2000). 예를 들어 Brown과 Bledsoe(1996)는 조수가 드나드는 해수소택지(tidal salt marsh)에 서식하는 염생식물의 뿌리는 서식장소가 침수 및 염분이 있는 상태임에도 불구하고 수지상체 균근균(arbuscular mycorrhizal fungi)이 감염된다. 수경재배 식물과 생육이 빠른 어린 작물에는 균근이 거의 없다. 균근뿌리(mycorrhizal roots)도 균류의 서식이 균일하지 않을 수 있으며, 균근이 많이 정착한 뿌리가 균류가 없는 뿌리와 서로 교차하는 경우도 있다.

균근균(mycorhizal fungi)은 균사(복수형 hyphae, 단수형 hypha)라 부르는 미세한 관상의 필라멘트로 구성되어있다. 균사체(mycelium)는 균류의 지하부위 몸통을 형성하는 균사 덩어리이다. 균근균은 크게 외생균근(ectotrophic mycorrhizae)과 수지상체균근[vesicular-arbuscular(VA 또는 VAM) mycorrhizae](Smith, read, and Harley 1997; Mukerji, Chamola, and Singh 2000)의 두 부류가 있다. 균근균은 철쭉과(ericaceous) 균근 및 난초과(orchidaceous) 균근으로 세분할 수 있으며, 이들은 양분흡수에는 중요한 것 같지 않다.

외생균근균(외생균근)만이 수목과 나자식물을 포함한 기타 목본성 식물에 감염한다. 이들은 전형적으로 뿌리주위에 균류 균사체의 두꺼운 껍질(sheath) 즉 "외투막(mantle)"을 지니며, 균사체의 일부는 피층세포 사이를 관통한다(그림 11.6). 피층세포 자체는 균근의 균사가 침입하지 않지만 Hartig망(Hartig net)이라 부르는 망상의 균사로 둘러싸여 있다. 간혹 균류 균사체의 양이 너무 많아 그 총량이 뿌리의 양과 같은 경우도 있다(그림 11.7). 균류의 균사체는

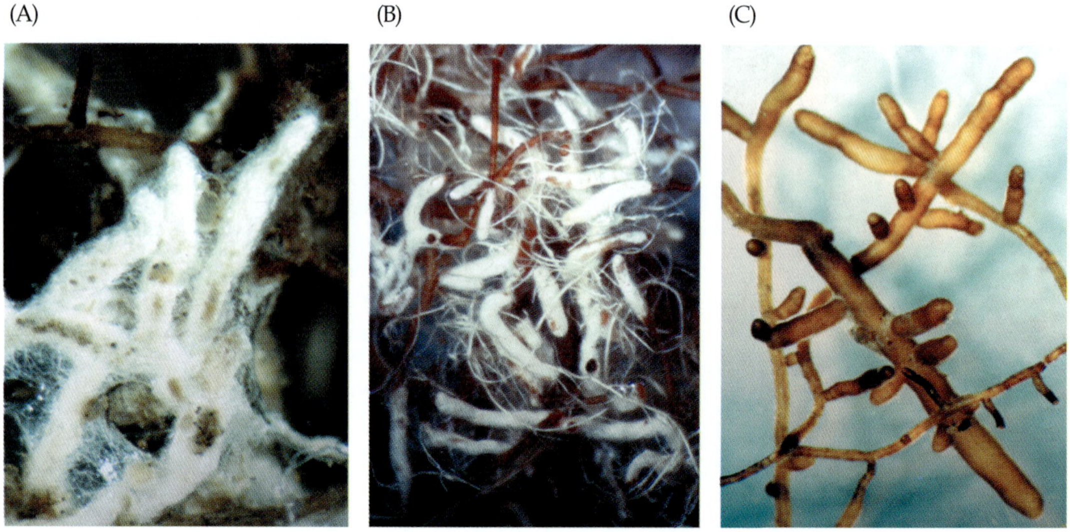

그림 11.7 로바타참나무(valley oak, *Quercus lobata*) 뿌리의 외생균근균의 3가지 형태 (C. Bledsoe, UC Davis)

촘촘한 외투막에서 벗어나 토양 속으로도 신장되어, 독립된 균사, 혹은 자실체(fruiting body)를 함유하는 가닥(strands)을 형성하기도 한다. 근계가 양분 특히 인을 흡수하는 능력은 외부 균사의 존재에 의해 증가하는데, 그 이유는 외부 균사가 식물뿌리보다 더 가늘어 뿌리근처의 양분이 고갈된 토양 공간 너머로 도달할 수 있기 때문이다(Clarkson 1985).

수지상체 균근균(vesicular-arbuscular mycorrahizal fungi, VAM)은 대부분의 작물 종을 포함하는 초본성(herbaceous) 및 화본과(graminaceous)식물에 감염한다(Smith, Read, and Harley 1997; Mukerji, Chamola, and Singh 2000). 이들은 뿌리주위에 촘촘한 균류 균사체의 외투막을 생성하지 않는다. 대신 균사는 뿌리 자체의 내부는 물론 뿌리바깥의 주변토양 속으로 신장되면서 덜 촘촘한 상태로 생육한다(그림 11.8). 뿌리털부근의 표피를 통해 뿌리 속으로 들어간 후, 균사는 세포사이의 지역을 통해 신장할 뿐만 아니라 피층의 각 세포 속으로 침입한다. 세포내부에서, 균사의 전형적인 형태는 소낭(vesicles)이라 불리는 구형구조와 수지(arbuscules)라 불리는 분지상 구조이므로, 수지상체균근(VAM)이라는 이름이 붙여졌다. 수지는 균류와 숙주식물간의 양분전달 부위인 듯하다.

뿌리외부에서 외부 균사체는 뿌리로부터 몇 cm까지 신장되며 포자를 지니는 구조를 지닐 수 있다. 외생균근과 비교할 때 VAM은 뿌리 중량의 10%를 넘지 않을 정도로 균사 형성량이 적다.

식물뿌리와 VAM의 협생으로 인한 가장 두드러진 현상은 인과 아연 및 구리와 같은 미량

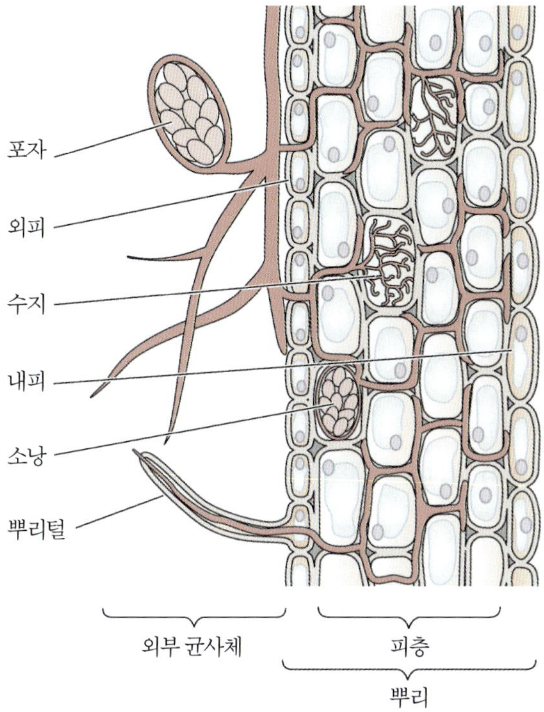

그림 11.8 식물뿌리의 단면과 VAM 균근균의 협생 균류의 균사는 피층의 세포사이의 세포벽 공간속으로 성장해서 개별 피층세포를 침입한다. 세포속으로 신장되면서 균사는 원형질막이나 액포막을 손상시키지 않는다. 대신 균사는 이들 막에 둘러싸여 수지라는 구조를 형성하며, 이 수지는 숙주식물과 균류간의 양분 이온교환에 관여한다.(Mauseth 1988)

금속의 흡수가 촉진되는 것이다. 뿌리 주위의 인산이 고갈된 지역너머로 신장됨으로써 외부 균사체는 인 흡수를 촉진한다. 계산에 의하면 균근균과 협생하는 뿌리는 균근과 협생을 하지 않는 뿌리보다 4배 이상 인산을 많이 수송한다(Nye and Tinker 1977). 또 외생균근은 토양 유기물에서 번식하여 유기 인산을 가수분해함으로써 뿌리에 전달을 촉진시킬 수 있다(Smith, Read, and Harley 1997).

균근균이 흡수한 무기양분이 식물 뿌리의 세포에 전달되는 메커니즘을 거의 밝혀지지 않았다. 외생균근에서 무기 인산은 Hartig망의 균사로부터 단순하게 확산되어 나와 뿌리의 피층세포에 의해 흡수될 것이다. VAM의 경우에 상황은 더 복잡하다. 양분은 손상되지 않은 수지로부터 뿌리의 피층세포로 확산될 것이다. 또 다른 방식은 일부 뿌리의 수지는 지속적으로 퇴화되고 새로운 수지가 생성되기 때문에, 퇴화되는 수지는 내용물을 숙주의 뿌리세포 속으로 방출할 것이다.

균근이 식물 뿌리와 협생함에 있어 주된 인자는 숙주식물의 양분상태이다. 인과 같은 양분이 적당하게 결핍되면 감염이 촉진되는 경향이 있지만, 양분이 많은 식물은 균근 감염을 억제하는 경향이 있다. 시비를 해주는 토양에서 균류는 숙주식물로부터 여전히 탄수화물을 얻지만 숙주식물은 양분흡수효율이 증가하여 더 이상 이익을 받지 못한다는 점에서, 균근 협생은 공생관계에서 기생관계로 전환될 수 있다. 이런 조건에서 숙주식물은 균근균을 병원성 세균 또는 균류로 간주한다. 다시 말하면 숙주식물은 조직을 분리시키는 항균물질을 방출하는 방어반응을 나타내기 시작한다(Brundrett 1991; Marschner 1995).

Mukerji와 Cahmola, Singh(2000)는 전문가들이 균근 생물학(mycorrhizal biology)의 다양한 측면에 대해 상세히 설명하고 있는 책을 편집했다. Smith와 Read, Harley(1997)의 저서는 균근에 대한 훌륭한 조사서이다. Read와 Perez-Moreno(2003)는 균근이 토양내 유기 복합체로부터 질소와 인을 직접 무기화시킨다는 많은 증거에 대해 다루었다. 식물영양학의 모든 점에서 볼 때, 분자생물학적 방식은 균근 공생의 연구에 도움이 된다(Barker and Larkan 2002). VAM의 분자적 · 세포적 특성은 Harrison(1999)이 다루었다. 균근이 농업생산에 큰 영향을 미칠지는 의문이지만(Barker and Graham 2002), Bethlenfalvay와 Linderman(1992)은 긍정적인 평가를 내리고 있다.

기생식물

피자식물의 약 4,000종 즉, 대략 1%정도는 탄수화물이나 물, 양분을 숙주식물로부터 얻는 기생식물이다(Press and Gurney 2000). 기생식물(parasitic plants)은 대부분의 생태계에서 발견된다. 예를 들어 직경 91cm와 11kg의 세계에서 가장 큰 꽃을 맺는 것으로 기네스북에 올라있는(Young 2000) *Rafflesia arnoldi*(그림 11.9)는 동남아시아의 열대우림지역에서 cissus

그림 11.9 인도네시아 수마트라 섬에 서식하는 식물에 기생하는 *Rafflesia arnoldi*의 꽃

그림 11.10 Spitzbergen섬의 *Pedicularis hirsute* 이 식물은 1997년 7월말 북위 78° 에 위치했다. (Bo Jasson/Alamy Images)

vines에 기생한다. 또 다른 극단적인 형태로써, 영광스럽게도 "hairy lousewort"라는 일반명으로 불리는 *Pedicularis hirsute*는 북극의 Spitzbergen섬에 서식한다(그림 11.10). 돌연변이에 의해 독자적 생존에 필요한 기능이 손상되었을 때에도, 기생생활(parasitism)은 피자식물에서 독자적으로 최소한 8번이나 진화되었다(Press and Gurney 2000).

겨우살이(misltetoes)는 키스를 허락하는 크리스마스 장식용으로 유명하지만, 기생식물 종의 약 절반을 차지한다. 겨우살이는 보통 자신의 탄수화물 요구를 충족하기 위해 충분한 광합성을 하지만, 뿌리가 없기 때문에 숙주로부터 물과 양분을 빼앗아야 한다. 겨우살이는 숙주의 줄기를 에워싸고 숙주의 관다발계를 이용하는 기생근(haustorium)(그림 11.11)이라는 특

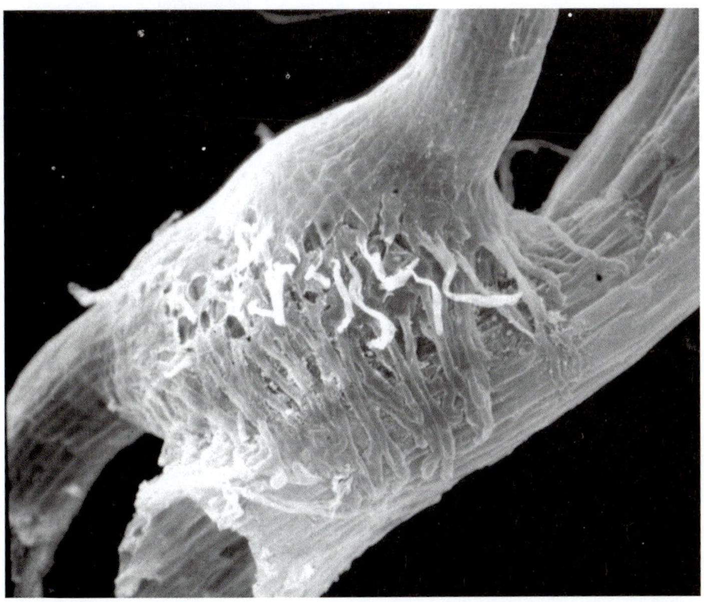

그림 11.11 기생식물의 기생근 이 주사현미경 사진은 애기장대 뿌리에 기생하는 yellowbeak owl's clover(*Triphysaria versicolor*)의 기생근을 보여준다.(자료제공; John I. Yoder)

그림 11.12 잎을 감염한 실새삼(*Cuscuta* sp.)
(자료제공; David McIntyre)

수한 구조를 발달시킴으로써 양분을 약탈한다.

겨우살이는 숙주보다 기공전도도를 더 높이 유지하기 때문에 숙주로부터 물관부의 물과 양분을 유용할 수 있다(Ehleringer, Cook, and Tieszen 1986). 이처럼 물과 양분이 유실되면 숙주는 쇠약해져, 성장이 둔화되고 다른 생물학적 및 환경적 스트레스에 대한 감수성이 증가한다. 실제로 미국 서부의 침엽수에 기생하는 난쟁이 겨우살이(dwarf mistletoes, *Arceuthobium* spp.)는 목재 생산성을 20% 감소시키며, 이 양은 매년 100만 채의 집을 지을 수 있을 만큼 충분하다(Hawksworth et al. 1996).

다른 종의 기생식물은 탄수화물에 대한 숙주 의존성이 상이하다. 실새삼(dodder, *Cuscuta* spp., 그림 11.12)과 같은 종은 엽록소 함량이 적으므로 이산화탄소 고정량이 많지 않다. 초종용류(broomrape, *Orobanche* spp.)와 같은 다른 식물종은 엽록소가 없으므로 모든 탄수화물을 숙주로부터 얻어야 한다.

악마의 발톱(witchweeds, *Striga* spp.)은 지하에서 발아하고 머물기 때문에 발아하고 녹색 잎이 발달해서 탄수화물의 일부를 생성할 때까지의 4~6주 동안 전적으로 숙주에게 의존한다. 이러한 기생은 옥수수와 사탕수수, 기장, 밭벼의 수확량이 최소한 20% 감소되는 아프리카에서는 재앙이다. 악마의 발톱은 모든 피자식물의 기생식물 중에서 가장 흔하고 피해가 심각하다(Slife 1983). 악마의 발톱을 경감시키는 방법의 한 가지는 토양의 질소함량을 증가시키는 것이다. 왜냐하면 토양질소 함량이 높으면 악마의 발톱의 발아와 부착, 그 이후의 유식물 발달에 나쁜 영향을 주지만, 숙주의 생육은 촉진되기 때문이다(Press and Gurney 2000). 불행하게도 경제적 어려움 때문에 아프리카의 시비량은 턱없이 부족한 평균 5kg/ha에 지나지 않는다(FAOSTAT 2003).

스트레스

식물생물학자들의 책장에는 스트레스(stress)라는 제목의 많은 책이 있으며, 그 중 일부 책에서만 '스트레스란 무엇인가?' 라는 질문을 한다. 분명한 것은 스트레스는 특정 생명체가 스트레스가 없는 어떤 표준(norm)에서 일탈하는 것을 의미하지만, 조금만 숙고해보면 식물생활의 실제 세계에서 "스트레스가 없는(stresslessness)" 조건은 거의 존재하지 않는다(Grierson 1999). 두 가지 상황 즉, 지상부에 관한 상황과 뿌리에 관한 또 하나의 상황에 대해 간략히 언급해보자.

식물의 지상부 즉, 줄기와 가지, 잎, 모든 다른 지상부의 부위는 중력의 영향을 받는다. 중력은 곡류를 포함한 화본과 작물을 도복(기울어지거나 땅에 넘어지게)시켜, 모든 형태의 손상 즉, 광합성의 감소 또는 도복된 화본과 작물의 이삭이 땅에 닿아 짓밟히거나 썩을 때 결실불량을 야기한다. 그러므로 지구상에서 피할 수 없는 중력은 상존하는 피할 수 없는 스트레스이다.

뿌리는 간혹 불충분한 무기 자원을 얻기 위해서 고체 기질인 토양을 뚫고 들어가야만 한다. 토양입자를 밀어내고 통과하기 위해서는 대사에너지가 소비되어야 하며, 그 에너지는 수생식물이나 수경재배 식물에서는 절약된다. 다시 말해서 토양 내에서의 생육은 또 다른 피할 수 없는 스트레스를 받는다. 상상력이 풍부한 독자라면 쉽게 또 다른 예를 제시할 수 있을 것이다.

그럼에도 불구하고 스트레스가 많은 조건에 대해 다룬 책들이 많음은 "스트레스가 없는" 조건에 대한 명확한 정의가 없음에도 불구하고 스트레스는 실제 현상이라 인식하고 있음을 반영한다. 우리는 식물이 스트레스를 받고 있거나 혹은 스트레스를 받고 있지 않다고 생각하지 않는 것이 가장 좋다고 간주한다. 오히려 "퍼지이론(fuzzy logic)" 개념에 의해(Kosko 1993; McNeill and Freiberger 1993), 식물은 직면하는 여러 생활조건에 대해 아주 양호한 조건에서부터 아주 불리한 조건에 걸친 연속적인 상황에 놓인다고 우리는 결론을 내린다. 더욱이 한 식물체의 상황은 간혹 정적 또는 영구적이 아니라 공간과 시간에 따라 변화한다. 예를 들어 뿌리는 어느 정도 척박한 토양에서 양분이 결핍되지만, 두더지가 죽어[주로 성촉절(Groundhog Day)이외의 어떤 날에] 부패된 토양 부위에서는 국지적으로 양분이 풍부한 환경과 접하게 된다. 연속적 조건 즉, 양호한 조건에서 불리한 조건사이의 어느 지점에서 스트레스가 시작되는지는 어떤 특정 상황에서의 판단 문제이며, 이와 관련해서 상당히 신중하게 관찰하여 엄격한 규칙을 정해야만 한다.

전형적인 스트레스는 온도(동결, 또는 저온, 고온)과 물(가뭄과 침수), 양분(결핍 또는 과잉)이다. "행운은 겹쳐오지 않고 재앙은 항상 겹쳐온다"는 중국속담처럼 환경 스트레스는 주로 동시에 발생한다(Mooney, Winner, and Pell 1991). 예를 들어 염류화는 가뭄(drought)을 야기하며, 가뭄은 고온 스트레스를 유발할 수 있다. 대체로 식물의 환경 스트레스에 대한 생리적 반응은 다면적이다. 즉 상이한 스트레스가 유사한 저항성 메커니즘을 야기하며, 그에 따라 한 가지 스트레스에 노출되면 다른 스트레스에 대한 저항성이 증가한다(Grierson 1999). 예를 들어 열 충격(heat shock)을 받은 식물은 그 후에 더 큰 염류저항성을 나타낸다. 아래에서 개개의 환경 스트레스와 식물무기영양 간의 관계에 대해 다룬다.

온도 스트레스

온도는 모든 식물의 반응에 어느 정도 영향을 미친다. 고등식물의 최적온도는 15~35℃범위이다. 온도가 최적온도에서 10℃ 떨어지면, 생화학적 반응은 최대 속도의 1/2에서 1/3(Q_{10} = 2와 3사이)로 진행되는 반면, 물리적 반응은 최대속도의 약 2/3(즉, Q_{10} = 1.5)로 진행된다. 토마토의 경우 능동수송이 관여하는 생화학적 과정인 암모늄 유입의 Q_{10}은 1.9이며, 수동수송이 관여하는 물리적 과정의 Q_{10}은 1.2에 불과하다(Bloom et al.1998). 보리와 토마토의 순 암모늄 또는 질산 흡수속도(net ammonium or nitrate uptake rate)(유입－유출)의 Q_{10}은 약 2.0이다(Bloom 1985; Smart and Bloom 1988).

냉각(chilling)

일대 또는 아열대 기원의 일부 식물은 빙점이 아닌 저온에서 냉해(chilling injury)를 받는다. 재배종 토마토(*Lycopersicon esculentum*)는 전형적인 냉해-감수성(chilling-sensitive) 식물이다. 온도가 10℃로 떨어지면 토마토의 생육과 발달은 모든 생활단계에서 심각하게 저해되며, 6℃이하에서는 피해가 커진다(Geisenberg and Stewart 1986). 이에 비해 고도 3300m의 페루 안데스산맥에서 자라는 야생종 토마토((*Lycopersicon hirsutum*)는 재배종 토마토에게는 치명적인 저온에서도 잘 생육한다(Patterson, Paull, and Smillie 1978; Wolf et al. 1986; Jung, Steffen, and Lee 1998; Venema et al. 1999). 이러한 냉해-감수성의 차이는 여러 가설이 제시되었음에도 불구하고 그 생리적 근거는 아직 밝혀지지 않았다.

가설의 하나는 냉각으로 인해 막 지질이 액상으로부터 고상으로 전환되어 막의 투과성이 손상된다는 것이다(Lyons and Raison 1970). 이 가설은 많은 비판을 불러일으켰다(Martin 1986; Raison and Lyons 1986; Nishida and Murata 1996; Pearce). 냉해감수성인 재배종 토마토와 냉해감내성(chilling-tolerant)인 야생종 토마토의 특이한 사례에서 잎 막지질의 상전환(phase transition)은 두 종 모두 비슷한 온도에서 일어난다(Dalziel and Breidenbach 1982; Marangoni and Stanley 1989; Raison and Brown 1989). 따라서 지질의 상 전환은 최소한 토마토에서는 단기적인 저온장애의 주요 인자가 아닌 것 같다.

또 다른 가능성은 냉각은 에너지 대사를 저해하거나 유해 부산물을 축적시킬 수 있다는 것이다(Guy 1994). 재배종 토마토를 냉각시키면 스트로마의 thioredoxin/ ferredoxin 환원을 저해하고(Sassenrath, Ort, Portis 1990), 틸라코이드의 독성 지방산함량을 배가시키며(Garstka and Kaniuga 1991), rubisco 활성화효소(rubisco activase)를 제한하며(Byrd, Ort, and Ogren 1995), 한계 일주기성(key circadian rhythms)을 교란한다(Jones, Tucker, and Ort 1998). 그럼에도 불구하고 엽록체의 이러한 변화는 햇빛이 강하면 몇 시간 후에만 발생하며, 토마토의 광합성에 즉각적이거나 지속적인 영향을 주지 않는다(Martin and Ort 1985; Yakir, Rudich, and Bravdo 1986; Vallejos and Pearcy 1987; Sassenrath, Ort, and Portis 1990; Venema, Villerius, and van Hasselt 2000).

냉각은 뿌리에도 나쁜 영향을 미친다. 온대 또는 북부지역 기후의 주된 문제점은 토양의 열용량으로 인해 뿌리가 저온으로부터 보호되는 가을철에 작물 지상부에 발생하는 냉해이기 때문에 이러한 가능성은 주목을 거의 받지 못했다. 그러나 캘리포니아와 같은 지중해성 기후의 냉해감수성 작물은, 개방수관(open canopy) 아래의 토양온도가 대기온도보다 낮고 또 토양표면근처의 뿌리온도의 주간 변동이 잎보다 더 큰 봄철에, 냉해를 입는 경우가 많다(Nobel 1999). 토양표면부위의 과정은 종자가 발아할 때 뿌리가 그 지역에 국한되기 때문에 식물생존에 중요하다. 대부분의 유묘는 찬 토양에 노출되면 시들 것(wilting)이다(Allen and Ort 2001). 따라서 작물의 정착과 계절초기의 생육은 일반적으로 냉각에 대한 뿌리의 반응에 의해 결정된다.

냉각은 냉해감수성 종의 뿌리생육을 저해한다. 재배종 토마토의 뿌리는 10° C에서 생육이 중단되며, 온도가 회복된 후에도 생육의 회복이 늦다(Scott and Jones 1986). 또 다른 냉해감수성 종인 옥수수는 5℃에서 세포벽의 신장도가 70%감소하기 때문에 뿌리성장이 사실상 멈춘다(Pritchard et al. 1990). 이러한 세포벽은 온도가 회복되어도 신장성을 다시 회복하지 못하므로 재성장을 하기 위해서는 뿌리의 분열조직에 의해 생성된 새 세포가 신장되어야 한다.

압시스산(ABA) 함량은 냉각조건에서 뿌리에서 증가하는 경향이 있지만(Dale and Campbell 1981; Capell and Doerffling 1993), ABA함량과 냉해감내성은 토마토(Bagnall, Wolfe, and King 1983; Li 1994) 또는 옥수수(Ristic et al. 1998)에서 큰 관련은 없다. ABA는 한때 저온기간 중의 기공 폐쇄와 저온후의 뿌리와 지상부 생육조절에 관여하는 것으로 생각되었다(Bagnall, Wolfe, and King 1983). 그러나 최근 ABA-결핍 토마토를 이용한 결과는 기공폐쇄에 뿌리에서 ABA가 생성될 필요가 없음을 보여준다(Holbrook et al. 2002).

그림 11.13 뿌리 온도에 따른 두 토마토 식물종의 절단한 뿌리를 통한 상대적 물 유동량 냉해-감수성 *Lycopersicon esculentum* cv. T5와 냉해-감내성 *L. hirsutum* LA1778의 절단 뿌리를 통한 상대적 물 유동량을 뿌리온도에 따라 나타내었으며, 25°C에서의 유동량을 기준점으로 삼았다. 기호의 작은 오차막대는 평균 ±SE (n = 5개 식물체)를 나타낸다. 녹색 실선은 물의 점도 변화에서 기인하는 비활성 관을 통한 물 유동량의 이론적 반응을 나타낸다. (Bloom et al. 2004)

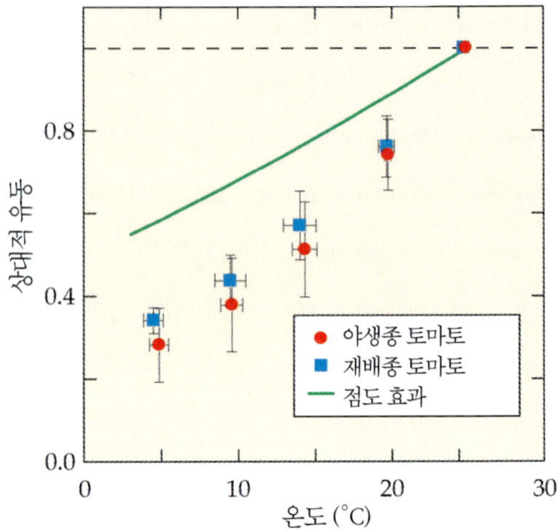

재배종 토마토의 뿌리를 냉각처리하면 암모늄 흡수는 저해되지만, 질산흡수 또는 암모늄 배출은 저해되지 않는다(Bloom et al. 1998). 2시간 미만만 노출해도 장애를 유발하기에 충분하지만, 회복에는 적온에서 8시간이상이 걸린다. 이에 반해 암모늄과 질산 흡수는 냉해-감내성 동속종(congener)에서 신속하게 회복된다.

이미 1727년에 Stephen Hales는 냉각은 뿌리의 물 흡수를 저해하기 때문에 식물은 찬 토양에서 시든다는 사실을 확인한 실험을 수행했다(Markhart et al.1979). 야생종 또는 재배종 토마토의 뿌리를 냉각에 노출시키면 뿌리의 수분전도도(hydraulic conductance)가 감소하고 그에 따라 약 9kcal/mol^{-1}의 Arrhenius활성화에너지(E_a)가 감소한다(그림 11.13). 이러한 온도감수성은 식물체를 통한 물의 이동은 엄밀한 물리적-화학적 과정이 아님을 시사한다. 그 이유는 저온에서 물의 점도가 증가하면 약 4kcal/mol^{-1}의 활성화에너지가 감소할 뿐이기 때문이다(Finkelstein 1987). 참고로 용해-확산을 통해 물이 지질이중층을 통과하는데 필요한 활성화에너지는 보통 10kcal/mol^{-1}이지만, aquaporin(10장)과 같은 수분 통로를 통한 이동에 필요한 활성화에너지는 6kcal/mol^{-1}이하이다(Elmoazzen, Elliott, and McGann 2002). 그러므로 여기서 관찰된 수치($\approx$ 9kcal/mol^{-1})는 일부 막 장벽이 뿌리를 통한 물 이동을 제한함을 시사한다.

냉각에 더 오래 노출되면, 식물체는 기공폐쇄(stomatal closure) 또는 뿌리의 이온흡수 증대와 탄수화물 축적을 통해 위조(wilting)에서 회복한다(Markhart et al. 1979; bagnall, Wolfe, and King 1983; Ali et al. 1996). 냉해-감내성 야생 토마토종은 온도가 내려가면 기공을 폐쇄하여(그림 11.14C), 수분감소를 최소화함으로써 잎의 수분퍼텐셜이 약 0.1MPa만 감소했다(그림 11.14A). 이에 반해 냉해-감수성 토마토 품종은 잎의 수분퍼텐셜이 0.3MPa이상 감소한 이후(그림 11.14A)에야 기공을 폐쇄하기 시작했으며(그림 11.14C), 식물체는 이미

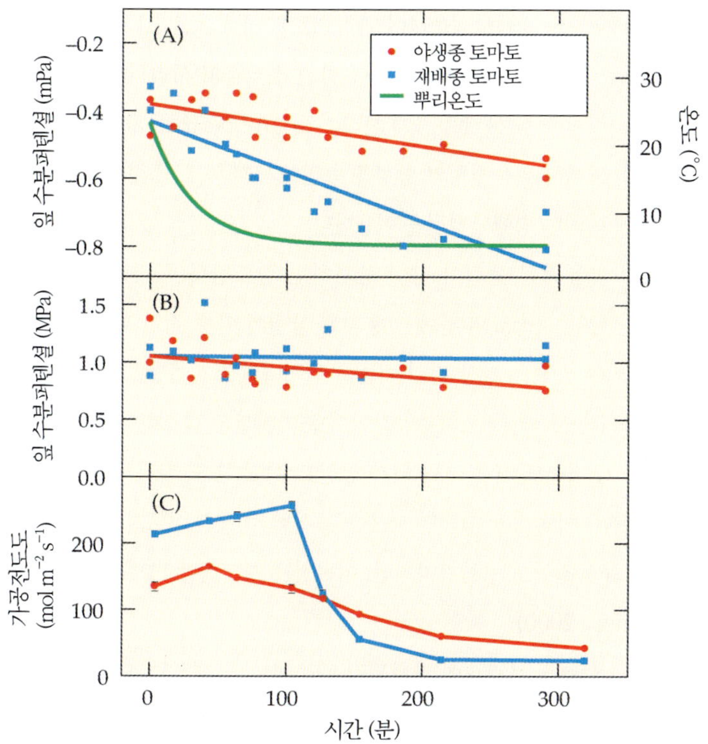

그림 11.14 온도변화에 따른 두 토마토 종의 수분관계 변화 *Lycopersicon esculentum* cv. T5와 *L. hirsutum* LA1778의 수분관계변화를 뿌리온도를 25℃에서 5℃(녹색 선)로 감소시키면서 기록하였다. (A) 잎 수분퍼텐셜의 온도반응성. 각 유전형의 3개 식물체의 평균 자료와 이들 자료의 직선회귀식이다. (B) 잎 삼투퍼텐셜의 온도반응성. 각 유전형의 3개 식물체의 평균 자료와 이들 자료의 직선회귀식이다. (C) 기공전도도의 온도반응성. 기호의 작은 오차막대는 평균 ±SE(n = 5개 식물체)를 나타낸다. (Bloom et al. 2004)

회복할 수 없는 피해를 입었다. 두 토마토 종의 잎 수분퍼텐셜은 온도에 비교적 둔감했다(그림 11.14B). 옥수수 유전형가운데 냉해-감내성의 차이는 냉각기간에 기공을 폐쇄하는 옥수수종의 성향과 밀접한 관련이 있다는 점에서, 옥수수는 토마토와 비슷한 반응을 나타낸다(Capell and Doerffling 1993; Perez, Irigoyen, and Sanchez-Diaz 1997; Aroca et al. 2001).

기공 반응의 차이는 다른 작물에서도 나타난다. 현대의 면화와 밀 품종의 기공은 옛날 품종에 비해 환경 스트레스에 더 늦게 반응한다(Lu et al. 1998). 다수성 품종의 선발에서는 수분 스트레스가 시작되었음에도 불구하고 농부가 적기에 물을 공급해 줄 것이라 믿고(작물이 믿을 것처럼) 식물체의 기공을 열어 놓고 있는 "다걸기 전략(go-for-broke strategy)" 의 품종이 선발된다.

동결

수용액상 베지에서 수행되는 여러 반응에 의존하는 생명체와 마찬가지로 지구상의 생명체는 (2장) 세포내 수분이 0°C이하에서 고체로 변하면 생명현상이 중지된다. 일반적으로 동결(freezing)은 빙핵중심(nucleation centers)이라 부르는 얼음결정이 고체 표면에 형성되면서 개시된다. 빙핵중심이 없는 계에서, 물은 −40°C로 과냉각(supercooling)된 후 즉각 동결이 개시된다. 일부 식물 예를 들어, 수목은 빙핵중심을 최소화함으로써 과냉각된다(Pierce 2001). 이에 반해 병원성 세균은 아주 효율적인 빙핵중심으로 작용하면서 식물의 서리피해를 촉진하는 단백질을 생성함으로써, 식물이 방어를 하지 못하게 한다(Gurian-Sherman and Lindow 1993). 빙핵단백질은 더 높은 온도에서 얼음결정의 형성을 촉진하기 때문에, 스키장에서는 인공눈(artificial snow) 제조기에 이러한 빙핵단백질을 이용한다.

용액의 어는점은 용액 내에 용해된 물질의 양이 증가하면 감소한다(즉, 어는점 내림, freezing point depression). 아포플라스트의 물에는 용해된 물질이 아주 적기 때문에, 인접한 세포의 세포벽 사이의 세포외부 공간은 가장 먼저 어는 부위이다(4장 및 5장). 얼음이 형성되면, 세포외부 공간의 액상 물의 농도 즉, 세포외부공간의 수분퍼텐셜은 감소한다. 물은 고농도에서(즉, 세포내 공간으로부터) 저농도로(즉, 세포외부 공간으로) 흐른다. 따라서 동결로 인해 식물세포로부터 물이 제거된다. 이렇게 탈수되면 세포는 동결될 때 수분스트레스를 심하게 받는다. 물이 제거되면, 세포내의 용질농도는 증가하지만, 어는점은 기껏해야 1℃에서 2℃밖에 감소되지 않는다(Xin and Browse 2000).

동결과정 중 탈수되면 막의 선택적 투과성이 파괴되기 때문에 식물 세포는 손상된다(Xin and Browse 2000; Crowe, Oliver, and Tablin 2002). 식물의 동결 감수성 평가에는 일반적으로 전해질 유출(electrolyte leakage)이 이용된다(Pearce 2001). 겨울철에 샐러드를 먹으려는 알래스카 사람이라면 누구나 느낄 수 있듯이, 동결로 인해 막의 선택적 투과성이 손상되면 순식간에 양상추는 흐물흐물해 진다. 분명한 것은 식물체 내부에 영양소를 보유하는 능력은 생존에 중요하다. Bracale과 Coraggio(2003)는 저온과 동결에 대한 식물의 반응을 종합적으로 검토하였다.

열

온도가 올라감에 따라, 생체막의 온전한 구조는 흐트러진다.

- 막의 인지질은 유동성이 증가한다.
- 막의 수송단백질과 같은 단백질은 입체배열이 변화된다.
- 특정 농도기울기에서의 막 전위는 더 증가한다.
- 분자들이 열에 의해 더 교란되면 확산이 증가한다.

이 모든 인자들은 고온에서 무기양분의 누출을 증가시킨다. 특정 온도이상이면 양분유입은 양분유출량을 따라가지 못해, 알짜 양분흡수는 감소하기 시작한다.

식물이 치사온도에 못 미치는 고온에 노출되면 열충격 단백질(heat shock proteins)의 전사와 번역이 유도된다. 열충격 단백질은 여러 종류가 있으며 그 중 일부는 모든 생명체에서 거의 동일하다. 이에 비해 12에서 14kDa 크기의 많은 작은 열충격 단백질은 식물에 따라 특이적으로 존재한다(Leone, Perrotta, and Maresca 2003). 이들 단백질 중 다수는 스트레스조건에서 다른 단백질을 정상적인 입체배열로 유지시키거나 또는 스트레스에 의해 손상된 다른 단백질의 재접힘(refolding)을 도우는 보호자 역할을 한다(Bray, Bailey-Serres, and Weretilnyk 2000). 열충격 단백질이 식물영양에 관여하는 역할에 관한 정보는 효모의 열충격 단백질이 원형질막 H^+-ATPase의 활성을 낮추어 지속된 열 스트레스기간 중, 에너지를 절약해준다는 것 이외에는 미약하다(Portillo 2000).

수분스트레스

육상식물은 "매역취속 증후군(Goldilocks syndromes)"을 겪는다. 이들 식물이 이용할 수 있는 유효수분의 양이 "적정한" 경우는 드물다. California의 많은 식물은 폭우로 과다한 물이 공급되는 것을 제외하고는 수개월을 아주 적은 물로 견뎌야만 한다. 5장에서 물과 식물체내에서의 양분이동간의 종합적인 관계에 대해 다루었다. 여기서는 극단적인 가뭄과 침수에 대해 다룬다.

가뭄

식물은 양분고갈 또는 염류, 열과 동시에 가뭄피해(drought)를 받는다. 이들 스트레스로 인해 식물의 잎의 신장(leaf expansion)이 지연되고 기공이 더 현저히 폐쇄되는 복합적인 식물반응이 일어난다. 한때 이들 반응은 지상부의 수분퍼텐셜 변화에 기인하는 것으로 생각되었다. 수분퍼텐셜(2장 및 5장)의 열역학(thermodynamics) 개념에 근거한 식물-수분 관계에 대한 이론은 식물생리학의 중요한 성과였다(Kramer and Boyer 1995). 그러나 1980년대에 식물의 수분퍼텐셜로는 가뭄에 대한 식물의 반응을 충분히 설명할 수 없다는 증거가 잇달았다. 근계의 일부를 건조토양에 노출시키고 나머지 부위는 적절한 수분을 공급하는 뿌리분할 처리(split-root treatment)를 하더라도 잎의 신장이 지연되고 기공폐쇄가 증가하는 반응이 나타났다(Blackman and Davies 1985). 더욱이 J.B. Passioura와 기타 연구자들은 온전한 식물체의 뿌리를 chamber에 넣어 밀봉하고, 압력을 증가시켜 토양이 건조해짐에 따라 식물수분퍼텐셜은 일정하게 유지시키는 압력 포트실험(pressure pot experiments)(그림 11.15)을 수행했다(Gollan, Passioura, and Munns 1986; Passioura 1988). 이때도 지상부는 토양수분퍼텐셜

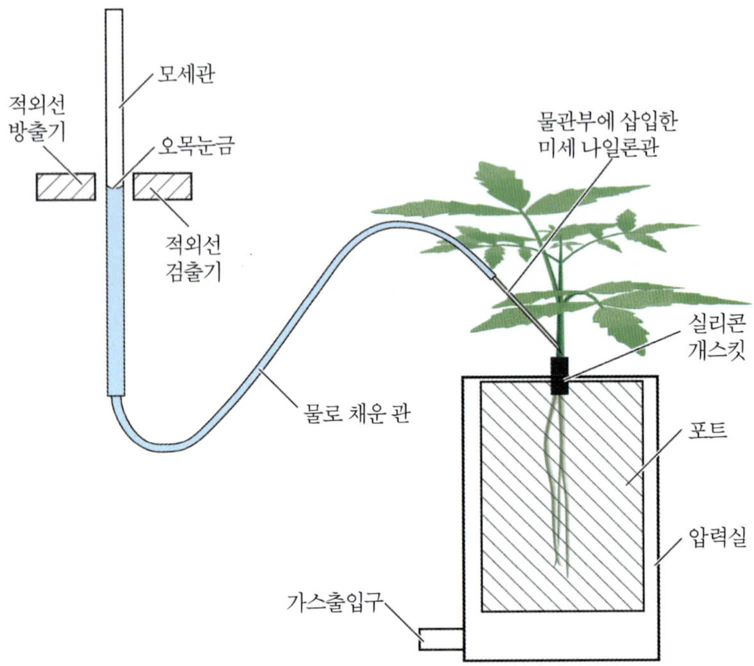

그림 11.15 엽병의 수분퍼텐셜과 온전한 식물체를 통한 수분전도도를 검량하는 압력 포트장치 실리콘 개스킷으로 뿌리를 압력실속에 밀봉한다. 미세한 나일론 관을 줄기 기저부위의 물관부의 절개부위에 삽입하고 물로 채운 관에 연결한다. 나일론관은 친수성이어서 물관부 수액과 연결된 관 사이에 물은 서로 연결되기 때문에, 물관부 수액은 대기압에 가깝다. 만약 압력실내의 압력이 너무 높으면, 수액은 물관부 밖으로 누출되며, 모세관내의 오목눈금은 올라가서 적외선 빛을 차단한다. 만약 압력이 너무 낮으면, 수액은 물관부로 되돌아가서 눈금을 낮추므로 적외선 빛이 노출된다. 조절장치(그림에 나타내지 않음)는 눈금이 일정한 수준으로 유지되게 압력실내의 압력을 조절해 준다. (자료제공; J. Passioura)

보다는 토양수분함량에 더 영향을 받았다(Passioura 2002). Sinclair와 Ludlow(1985)의 논문 제목은 다음과 같이 요약되었다. "누가 식물에게 열역학을 가르쳤는가? 식물수분퍼텐셜의 잠재력은 무한하다."

최근 가설의 하나는 물관부 수액의 pH는 뿌리와 지상부의 신호역할을 한다는 것이다(Wilkinson 1999; Netting 2000). 근권이 스트레스 상태에 놓이면 뿌리의 양분균형이 급격하게 변화되고, 관다발계속으로 펌프질되는 양성자가 감소하며, 그에 따라 물관부 수액의 pH가 증가한다. 가뭄뿐만 아니라 침수 또는, 가용성 질소, 곰팡이 감염도 물관부 수액의 pH를 0.5 또는 그 이상 증가시킨다(Wilkinson 1999). 물관부 수액은 0.1~17.0mm/s의 속도로 흐르며(Lambers, Chapin, and Pons 1998), 그에 따라 뿌리의 pH변화도 지상부에 신속하게 전달된다. 지상부에서 물관부 수액의 pH는 아포플라스트의 pH를 결정하며, 스트레스 조건에서와 같이 pH가 더 알칼리성이 되면 아포플라스트에 ABA가 축적된다(Wilkinson and Davies 2002). 아포플라스트의 ABA 수준이 증가하면 분열조직 주변세포 또는 공변세포 표면의 적절한 수용체를 촉발하여, 칼슘에 대한 막 투과성을 변화시켜 잎의 신장이 느려지거나 기공이 폐쇄된다(Holbrook et al. 2002). 이 가설은 가뭄이나 양분고갈 등의 근권 스트레스가 지상부의 적절한 반응에 영향을 미치는 이온의 식물체내 이동과 밀접한 관련이 있음을 잘 설명해 준다.

그러나 특수한 상황이 가뭄과 양분고갈 간의 상호관계를 변화시킬 수 있을 것이다.

- 일부 사막에서 강우는 간헐적이므로 토양 유기물을 무기화하는 토양미생물이 정착할 기회가 드물다. 그러므로 강우 후, 식물은 수분은 적절하지만 양분은 부족할 것이다(Gutierrez and Whitford 1987). 다른 극한 상황인 북극과 산악지대에서도 비슷한 상황이 일어난다. 즉, 토양이 해빙됨에 따라 유효수분은 증가하지만, 빙점근처의 온도에서 무기화가 억제되어 양분유효도가 저해된다(Chapin and Shaver 1985).
- 수압상승(hydraulic lift)은 근계가 야간에 수분함량이 높고 양분이 부족한 심토층으로부터 물을 흡수하여 얕고 더 건조하고 양분이 풍부한 토양층으로 수동적으로 방출하는 과정이다(Caldwell, Dawson, and Richards 1998). 약초나 화본과, 관목, 수목은 수압상승에 영향을 줄 수 있으며, 밤에 상승한 물의 양은 낮에 식물이 증산한 총 수분량의 14%~33%에 달한다. 얕은 토양층위에 방출된 물은 세근과 그 관련 미생물을 유지시켜, 토양의 양분유효도와 식물양분의 획득을 증가시킨다.
- 수분스트레스(water stress)를 받는 동안 용해된 이온은 토양의 수분보유 공간과 식물조직에 농축된다. 이같이 이온의 농도가 더 증가하면 가뭄기간 중의 양분결핍으로부터 식물을 완충해줄 수 있다. 예를 들어 옥수수는 증산이 감소하면 물관부 수액내의 질산 농도가 증가하므로 잎에 같은 양의 질산이 공급된다(Shaner and Boyer 1976).

가뭄에 대한 뿌리 공생자의 반응은 아주 다양하다. 일부 콩과작물, 특히 대두(*Glycine max*)와 광저기(cowpea, *Vigna unguiculata*)의 경우 질소고정이 잎 증산(leaf transpiration)과 같은 다른 생리적 과정보다 가뭄에 대한 감수성이 훨씬 더 크며, 땅콩(*Arachis hypogea*)과 병아리콩(chickpea, *Cicer arietinum*)의 경우 질소고정이 감수성이 더 작다(Serraj, Sinclair, and Purcell 1999). 가뭄은 균근 감염을 억제하지만(Runion et al. 1997), 균근 협생은 숙주식물의 가뭄저항성(drought resistance)에 일관된 영향을 주지 않는 것 같다(Auge 2001). 종합적으로 가뭄에 대한 식물의 반응에 균근 협생이 미치는 영향은 아직 규명되지 않았다(Gupta

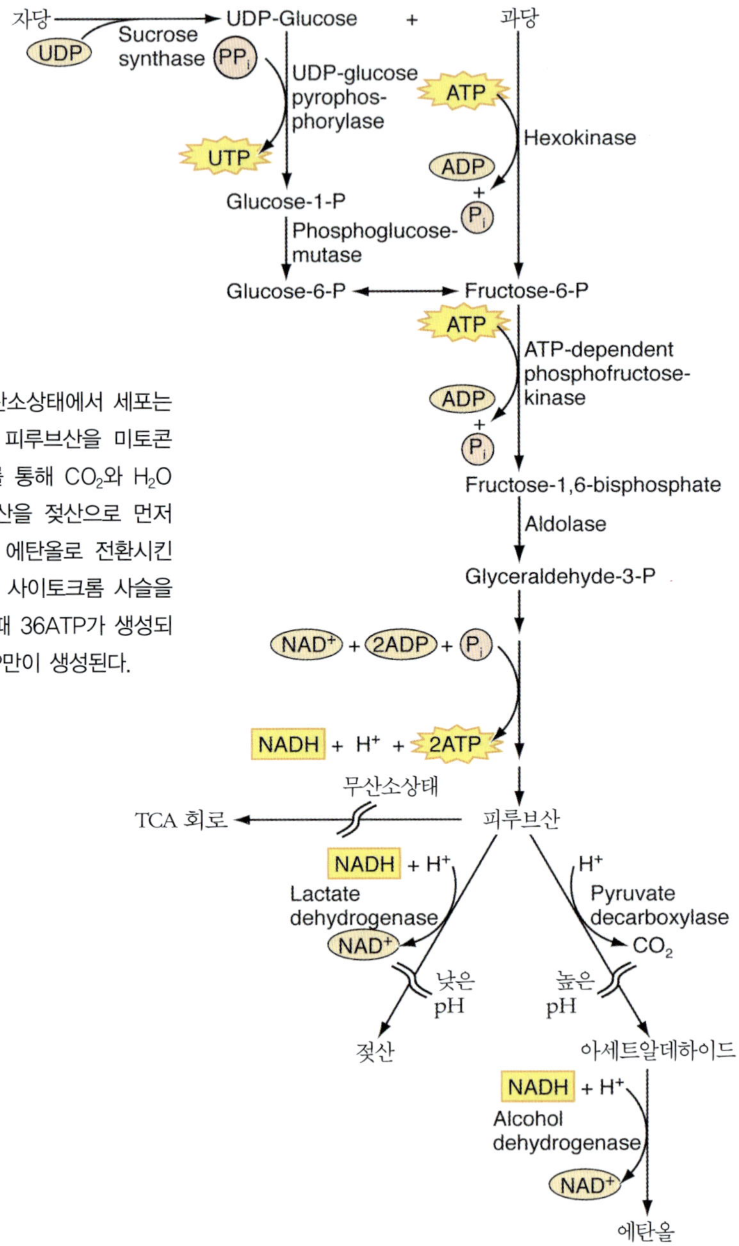

그림 11.16 발효의 생화학적 경로 무산소상태에서 세포는 해당과정에 의해 자당으로부터 생성되는 피루브산을 미토콘드리아의 산소를 필요로 하는 TCA회로를 통해 CO_2와 H_2O로 대사할 수 없다. 대신 세포는 피루브산을 젖산으로 먼저 전환시키고 이어서 pH가 강산성이 되면 에탄올로 전환시킨다. 세포에서 자당 한 분자가 TCA회로와 사이토크롬 사슬을 통해 호흡에 의해 CO_2와 H_2O로 전환될 때 36ATP가 생성되는데 반해 에탄올로 전환될 때는 약 2ATP만이 생성된다.

and Kumar 2000).

침수

토양은 침수(flooding)된 후 지하부위의 산소가 빨리 소모되어 몇 시간이내에 저산소상태(hypoxia)가 되며—식물뿌리는 통상적으로 지상부보다 더 빠른 속도로 호흡하고(Amthor

1989), 토양미생물은 더욱 빠르게 호흡한다.(Paul and Clark 1996)—또한, 물로 채워진 토양 공극을 통한 대기 중의 풍부한 산소의 확산(oxygen diffusion)은 공기로 채워진 토양공극을 통해서보다 10,000배는 더디다. 토양미생물이 산소이외의 전자수용체(electron acceptors)를 환원시킬 수밖에 없을 때, 토양의 산화환원전위(redox potential)(토양이 전자를 얻는 능력)는 감소한다. 첫째, 미생물은 질산(NO_3^-)을 아질산(NO_2^-)으로, 다시 산화질소(NO) 또는 아산화질소(N_2O), 질소 기체(N_2)로 전환시키며, 이 과정을 탈질작용(denitrification)이라 한다. 탈질작용에 의해 토양으로부터 질소가 소실될 뿐만 아니라 광화학스모그(photochemical smog)와 지구온난화(global warming), 오존고갈(ozone depletion)을 유발하는 대기 오염물질(air pollutants)이 발생된다. 미생물은 토양의 질산을 고갈시키고 나면 산화망간(manganese oxides)과 제2철(ferric iron, Fe^{3+})을 각각 망간(Mn^{2+})과 제1철(ferrous iron, Fe^{2+})로 환원시킨다. 마지막으로 미생물은 황산(SO_4^{2-})을 습지(marsh)와 소택지(swamp)에서 나는 악취의 원인물질인 황화수소(H_2S)로, 이산화탄소를 메탄(CH_4)으로 환원시킨다.

토양의 산화환원전위가 급격히 감소하기 한참 전에 토양에 산소결핍이 진행됨에 따라, 뿌리는 대사를 변화시킨다(Drew 1997). 토양중 산소함량이 적으면 미토콘드리아의 전자전달과 산화적 인산화, 삼탄산(TCA) 회로는 감소한다. 해당작용(glycolysis)에 이어 피루브산이 젖산으로 발효되지만(그림 11.16), TCA회로에서 36개의 ATP가 생성되는데 비해 발효를 통해 분해되는 6탄당 분자당 소량 즉, 단 2개만의 ATP가 생성된다. 액포막의 H^+-전이 ATPase(H^+-

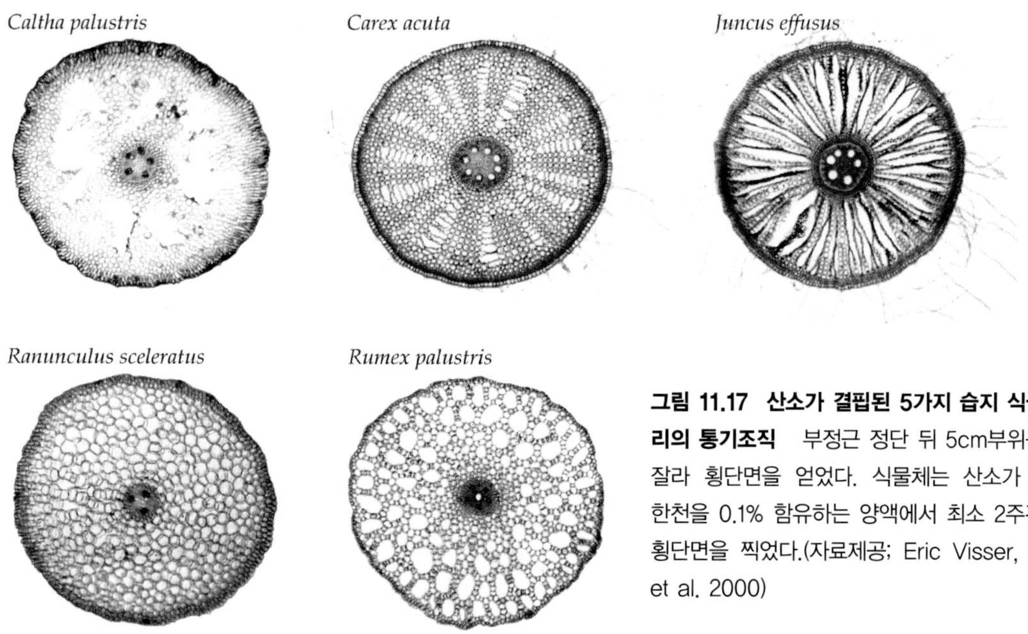

그림 11.17 산소가 결핍된 5가지 습지 식물종 뿌리의 통기조직 부정근 정단 뒤 5cm부위를 칼로 잘라 횡단면을 얻었다. 식물체는 산소가 제거된 한천을 0.1% 함유하는 양액에서 최소 2주간 키워 횡단면을 찍었다.(자료제공; Eric Visser, Visser et al. 2000)

translocating ATPase)의 작용은 ATP 부족으로 저하되며, 그와 함께 젖산이 축적되어 세포질이 산성화된다. pH가 낮으면, 발효경로는 이동되어 젖산대신 에탄올 또는 알라닌이 최종전자수용체(terminal electron acceptor) 역할을 한다. 그러나 뿌리는 발효조건에서 몇 시간밖에 생존할 수 없으며, 이러한 에너지가 제한된 조건에서 양분흡수 또는 흡수양분의 지상부 전이가 중단된다. 이 점에서 벼나 돌피(barnyard grass, *Echinochloa phyllopogon*)와 같은 침수-저항성(flooding-tolerant)종의 뿌리는 침수-감수성(flooding-sensitive)인 옥수수 또는 보리의 뿌리만큼 산소 고갈에 대해 민감해진다(Drew 1997).

통기조직(aerenchyma)—지상부로부터 뿌리까지 산소의 신속한 확산을 촉진해 주는 식물조직내부의 길고 공기로 채워진 조직—은 침수-저항성 식물의 공통된 특징이다(그림 11.17). 이런 식물에서 통기조직은 외부자극과 무관하게 발달하는 것이 일반적이다. 일부 비습지 식물도 저산소 조건에서 통기조직을 발달하며, 산소결핍에 의해 뿌리에 ACC(1-aminocyclopropane-1-carboxylic acid)합성을 촉진한다. 이 ACC가 에틸렌($CH_2=CH_2$)으로 산화되면 뿌리 피층의 특정세포는 사멸하여 붕괴되어, 통기조직을 형성하는 공간이 남게 된다(Drew, He, and Morgan 2000; Grichko and Glick 2001). 침수-저항성 식물의 다른 해부학적 변화는 뿌리 정단의 몇 mm이내 부위에 목질화 및 코르크화된 2차세포벽이 발달함으로써 통기조직을 통해 정단으로 이동하는 산소의 보유를 증가시키는 것이다.

무기물 스트레스

지금까지 다룬 온도와 물, 산소와 관련한 스트레스는 사람을 비롯한 모든 생명체에 공통된 사항이다. 이제 뿌리가 가장 직접 경험하는 스트레스 조건, 비록 결과적으로 식물전체에도 해당되지만, 에 대해 알아보자. 저자들은 식물의 무기영양에 특이적으로 관련된 조건 즉, 응용토양(토양과 관련한) 인자에 대해 설명하고자 한다(표 11.3). 우리는 스트레스에 특이적으로 적응하

표 11.3 식물에 무기물 스트레스를 주는 주요 토양조건

무기물 스트레스	해설
염류도	염류, 주로 나트륨의 고농도 집적
나트륨도	토양의 양이온교환부위에 흡착된 나트륨 비가 높다(1%이상).
중금속 및 알미늄 독성	산성토양에서 많이 나타나며, 이들 금속은 용해된다. 사문암 토양에서 흔하다.
미량원소 결핍	석회질 토양에서 이들 원소는 침전되며 식물에 대한 이용성이 감소된다.
낮은 Ca^{2+}/Mg^{2+}비	일반 토양의 Ca^{2+}/Mg^{2+}비가 2:1~3:1인데 반해 Ca^{2+}/Mg^{2+}비가 1:1 또는 그 이하인 사문암 토양에서 나타난다.
낮은 비옥도	양분 특히 질소와 인뿐만 아니라 다른 양분도 유효도가 낮다.

지 못한 식물에 스트레스를 부여하는 주요 토양인자에 대해 간략하게 기술할 것이다. 다음에 식물이 이러한 조건에 대응하여 진화한 적응에 대해서 설명할 것이다.

(주로)나트륨 염의 농도가 높은 토양(즉, 염류토양)은 지구상 여러 건조 및 반-건조지역의 농업에 큰 문제가 되고 있다. 강우에 의한 용탈이 심하지 않기 때문에, 이들 지역의 토양은 거의 모든 작물 종을 포함한 많은 식물의 성장이 훼손될 정도로 염이 서서히 축적된다. 이들 지역 대부분에서 필수적인 관개도 사용하는 관개수가 토양에 염류를 공급하기 때문에, 그러한 문제를 심화시키는 경우가 있다.

"염도(salinity)"의 형태는 다양하므로 "염도"보다는 "염류도(salinities)"로 표시하는 것이 더 적합하다(Epstein and Rains 1987). 다른 토양 형태에서와 마찬가지로, 여러 이온의 농도는 pH와 기타 특성이 다른 것과 마찬가지로 큰 차이가 난다. "나트륨(sodic)" 토양은 토양용액내의 나트륨농도가 반드시 높지는 않지만 양이온교환복합체에 나트륨이 다량 흡착되어 있어 식물이 다량 흡수할 수 있다. 붕소독성과 미량 금속원소 결핍과 같은 다른 가능성이 더해지면, 염류의 영향을 받는 토양이 복잡해짐은 명확해진다.

산성토양(acid soils)은 용탈이 심한 열대지역과 지구상 많은 다른 곳에서도 많이 나타난다. 수소 이온 자체의 유해한 영향이외에, 이들 토양은 또 다른 무기물 스트레스를 일으킨다. 즉, 알루미늄(Al^{3+})이 주를 이루는 금속은 토양에 들어가 대부분의 작물종에 독성을 일으킨다. 더욱이 산성토양은 양분 공급이 불량한 경향이 있어(즉, 산성토양은 비옥도가 떨어지기 쉽다), 농업생산성을 악화시킨다. 알루미늄뿐만 아니라 망간(Mn^{2+})과 납(Pb^{2+}), 카드뮴(Cd^{2+})과 같은 중금속도 식물에 아주 독성이 강하며, 아래에서 설명한다.

석회질 토양(calcareous soils)은 또 다른 스트레스를 부여한다. 이들 토양의 특징은 탄산칼슘($CaCO_3$)함량이 높으며, pH가 높다. 따라서 중금속 미량원소 특히, 철(Fe^{3+})과 간혹 망간(Mn^{2+})과 아연(Zn^{2+}), 구리(Cu^{2+})도 산화물과 탄산염 형태로 침전되는 경향이 있다. 그렇게 되면 이들 금속의 식물에 대한 유효도가 감소하여, 많은 작물에서 석회-유도성 황백화(lime-induced chlorosis)라 부르는 결핍증이 발생한다[석회는 주로 탄산칼슘을 일컫는 말이지만, 이 말은 산화칼슘(calcium oxides)과 수산화칼슘(calcium hydroxides)과 같은 물질을 나타내기도 한다.].

사문암 토양(serpentine soils)은 마그네슘/칼슘비가 높고, 독성 중금속 농도가 높으며, 일반적으로 척박하다. 대체로 이들 인자들은 경작에 나쁜 영향을 미치지만, 지역적으로 흥미로운 식물상을 형성시킨다.

마지막으로 식물이 이용할 양분이 부족한 상태를 나타내는 척박함(infertility)은 아주 흔한 현상이다. 무엇보다 질소결핍은 실제로 모든 자연계 및 농업계에서 중요하며, 식생(야생 및 작물)의 모든 질소의 절반은 인위적으로 고정된 질소에서 유래한다. 다른 양분 결핍도 안타깝게도 흔하다. 인은 질소다음의 제한요소이며, 인의 유효도는 농업생산성을 감소시킨다. 칼륨은 세 번째로 중요하다. 그러나 다량원소건 미량원소건 거의 모든 영양소는 최소한 지구상 일부지역에서 결핍된다. 표 11.3에는 식물에 스트레스를 야기하는 주요 토양조건이 요약되어있다.

이렇게 식물에 스트레스를 부여하는 주요 토양조건에 대해 간략히 열거했다. 이제 하나씩 식물이 스트레스에 대해 적응하거나 적응에 실패하는 메커니즘을 중심으로 스트레스에 대해 상세하게 알아보자.

염류도

전 세계적으로 형성된 염류 토양의 추정치는 평가자에 따라 다르지만, 많게는 10억 ha에 달한다(Epstein et al. 1980). 지구상 육지 면적을 130억 ha이라 가정하면(Dudal 1977), 그중 약 8%에 염류가 집적되어 있다. 염류가 집적되지 않은 대륙은 하나도 없다(Pessarakli and Szabolcs 1999)(그림 11.18). 그럼에도 불구하고 이들 자료로도 염류도가 농업에 실제로 영향을 미치는 정도를 제대로 나타낼 수 없다. 그 이유는 증산이 강우보다 많은 곳이면 염류도는 어디서건 자연적으로 일어나는 현상이기 때문에, 인간의 관개활동은 염류화(salinization)에 크게 기여한다. 관개수 자체에는 반드시 염류가 용해되어 있으며, 부적절한 관개로 토양에 염이 축적될 수 있다. 전 세계적으로 약 2억 63백만 ha의 땅이 관개되고 있으며, 그 대부분의 지역에서 염류집적의 위험성이 증가하고 있다. 전체 경작지 면적을 13억4천만 ha라고 가정하면(Evans 1998), 관개지는 전 경작지 면적의 20%에 달한다(Sharma and Goyal 2003). 관개지

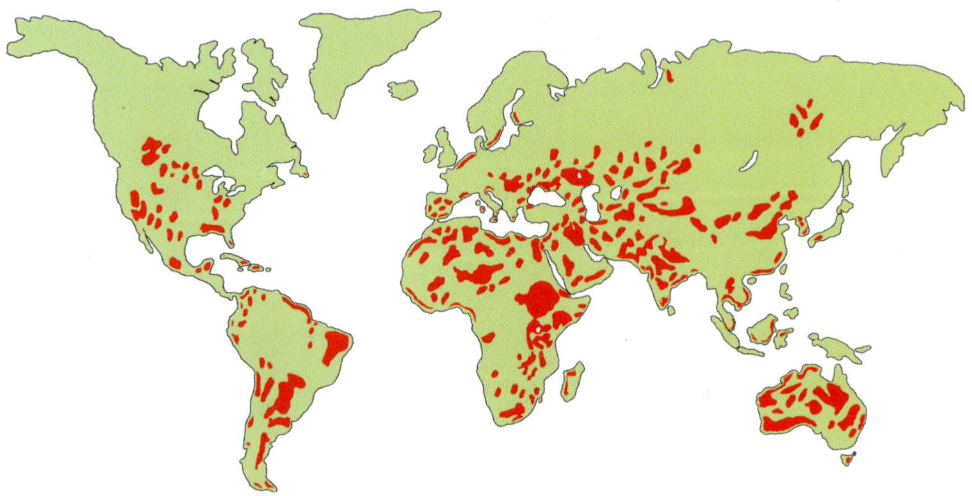

그림 11.18 염류화 토양의 세계적 분포양상(Pessarakli 1999) (Pessaraki 1999)

의 대부분은 아시아에 존재하며, 이 지역에서 염류화작용의 면적은 이미 놀라울 정도로 증가하고 있다(Rains and Goyal 2003).

이러한 당혹스러운 통계이외에도, 다음과 같은 문제도 있다.

- 부양해야 할 인구는 현재의 63억 명에서 2050년이면 100억 명으로 증가할 것이다(Evans 1998).
- 도시화와 산업화로 좋은 물에 대한 경쟁이 심화될 것이다(Evans 1998; Rains and Goyal 2003).
- 해안가에서 관개농업을 위해 물을 퍼 올림으로써 우물 속으로 해수 침투가 증가한다(Vengosh and Rosenthal 1994).
- 전쟁과 관리부실과 같은 정치 · 문화적 요소도 이들 문제를 심화시킨다(Hillel 1994; National Academy of Sciences 1999).

농업에서 염류화 문제를 해결하는 전통적인 방법은, 만약 뿌리가 접하고 있는 환경이 훼손되면, 농부는 그 환경을 복구한다는 식이었다. 즉 농부는 (a) 질 좋은 물로 근권 아래로 염을 용탈시켜 염류로 오염된 토양을 개선하며, (b) 염류의 집적을 최소화할 우수한 관개기술을 사용하며, (c) 황산칼슘(석고)과 같은 개량제를 첨가하여 토양의 양이온교환복합체에 흡착된 나트륨을 치환시킨다. 근본적으로 농부는 염류집적 토양을 염류-감수성 작물에 적합하도록 교정하는 것이다. 이러한 시도에는 대규모 사업, 그리고 막대한 시간과 노력, 자원, 재정의 투자가 필요하다. 환경적, 사회적, 경제적, 및 심지어 법률적 요소까지 현재 관개농업에 한층 더 위협적인 도전이 되고 있다(National Research Council 1989).

오래 전에 Hilgard(1886)는 캘리포니아의 관개농업에서 떨쳐버릴 수 없는 '재앙' 에 대해 우려했다. 그 후 Pillsbury(1972)는 "캘리포니아의 관개농업은 영원할 수 있을까?" 라는 의문을 가졌다. 최근에는 미국 National Research Council(1989)가 "관개농업은 무한하게 지속 가능한가? 혹은 염류화 또는 그와 관련된 문제들로 인해 항상 실패할 운명인가?" 라는 의문을 제기했다. 요약하면 "관개농업은 지속가능한가?" 하는 것이다(von Schilfgaarde 1990).

분명히, 착근환경(rooting medium)을 관리하는 "기술적 복구(technological fix)" 와 더불어, 우리는 작물을 염류조건에 유전적으로 적응시키는 "생물학적 복구(biological fix)" 를 추가해야만 한다(Epstein and Jefferies 1964; Epstein 1976). 이러한 전략은 두 가지 사실에 기초하고 있다. 첫째, 우리는 나트륨과 염소를 포함한 이온의 수송은 유전적으로 조절되며 유전적으로 조절될 수 있다는 사실을 잘 알고 있다(10장). 둘째, 식물은 염류집적이 더 심한 배지에서도 서식할 수 있다. 지구의 해양(대략 0.5M NaCl)에 서식하는 거의 모든 생명체는 녹색조류를 먹고 산다. 일반적으로 강어귀와 특히 염늪지(salt marsh)는 매우 생산성이 높은 곳이다(Teal, Teal, and Fish 1969; Drake et al. 1996; Bertness, Silliman, and Jeffries 2004). 심지어 작물종 간 및 작물종 내에서도 내염성은 상당한 차이가 있다(Epstein 1976). 만약 염도가 나쁜 단어가 되었다면, 그것은 단지 염도가 주로 협의의 농업적인 의미로 다뤄지기 때문이다.

염류 문제의 유전학적 해결방법은 두 가지 관점 즉, 염류 저항성 유전자를 기존의 작물종에 도입하는 방법(Rush and Epstein 1981; Schachtman , Bloom, and Dvorak 1989)과 야생 염생식물에 경제적 유용성을 부여하는 방법(Goodin et al. 1990)에서 봐야할 것이다. 유용하기는 하지만, 그 차이는 크지 않다. 예를 들어 사탕무(*Beta vulgaris*)는 대추야자(date palm, *Phoenix dactylifera*)와 같이 염생식물 종이다.

다음 책에는 염도와 관련한 모든 내용에 대해 충분하게 다루고 있다. Szabolcs(1989) 그리고 Ghassemi와 Jakeman, Nix(1995)는 염류집적 토양에 초점을 맞추고 있으며, Lauchli와 Luttge(2002), 그리고 Goyal과 Sharma, Rains(2003)가 편집한 책에는 주로 식물과 염도에 대한 식물의 반응에 대해 다루고 있다.

염류 스트레스의 생리학

Reams는 염류도에 대한 식물의 생리적 반응에 대해 기술하였다. 그럼에도 불구하고 식물의 염류와 관련한 주요 특징은 적지만 명확하다.

(1) 모든 세포가 정상적 기능을 수행하는 데는 물이 필요하다.
(2) 세포 구획간에 수분은 항상 수분 퍼텐셜이 더 높은 곳(음의 값이 더 적다)으로부터 수분 퍼텐셜이 더 낮은 곳((음의 값이 더 크다)으로 이동한다.
(3) 어떤 종류의 용질도 수분퍼텐셜을 낮춘다.
(4) 세포질이 제 기능을 발휘하기 위해서는 100mM 정도의 칼륨 농도가 필요하다.
(5) 세포질내의 나트륨과 칼슘 농도는 μM 수준으로 낮게 유지되어야 하며, 그 이유는 그 이상의 농도에서는 독성을 나타내기 때문이다. 특히 광합성 장치에는 이들 이온이 고농도로 축적되어서는 안 된다.
(6) 식물 세포막의 외부표면의 칼슘 농도는 mmole미만(약간) 또는 mmole수준으로 높아야 한다. 그렇지 않으면 세포막의 온전성과 선택적 이온수송 능력이 훼손된다.

이들 중 항목(1)의 경우, 이것은 생물학적 "정설(dogma)" 이며 이미 3장에서 논의되었다. 물의 이동과 용질에 의한 수분퍼텐셜의 저하에 관한 항목(2)와 (3)도 2장의 삼투퍼텐셜을 참고해보면 논란의 여지가 없다. 항목(4)의 경우, 실제로 세포질의 칼륨농도는 100mM 또는 그 이상이라는 증거는 많으며, 설명(8장에서 소개한)한 바에 따르면 3배나 많다. 첫째, 칼륨은 세포질 내에서 양이 가장 많은 양이온성 "화합성 용질(compatible solute)" 이다. 즉, 칼륨은 수분퍼텐셜을 낮게 유지시켜주는 주요 용질이므로, 세포를 적절하게 수화시켜 팽압을 유지시키는 주 인자이다. 둘째, 칼륨은 단백질과 핵산, 유기산과 같은 세포 대사물질의 음전하를 상쇄해주는 주요 무기 양이온이다. 셋째, 칼륨은 많은 효소를 활성화시키며, 나트륨이나 어떤 다른 양이온도 이 기능을 대체하지 못한다.

항목(5)는 세포질내의 나트륨과 칼슘 농도를 낮게 유지시켜 줌을 말한다. 화학적으로 칼륨과 밀접한 관련이 있는 나트륨은 칼륨이 효소를 활성화하여 단백질의 입체구조를 결정해주는 여러 부위에서 칼륨을 대체할 가능성이 있다. 그러나 나트륨은 이들 부위의 일부에 존재하여 칼륨의 기능을 대신하지 못하고, 그 기능을 상실시킨다. 세포질내의 칼슘 농도가 높으면 최소한 두 가지 장애가 발생한다. 첫째, 칼슘은 인산을 침전시켜 에너지 대사를 교란한다. 둘째, 칼슘의 상대적 변동(relative fluctuation)이 크면 세포대사에 필수적인 복잡한 화학적 항상성을 교란시키기 때문에, 칼슘의 신호전달 기능은 교란될 것이다. 세포질의 Ca^{2+} 농도가 낮으면, 상대적 변동이 크더라도 그러한 교란은 일어나지 않을 것이다.

마지막으로 항목(6)은 원형질막 외부표면의 칼슘 농도가 높아야 한다는 것이다. 배지에 칼슘이 없을 경우에 나트륨이 비교적 저농도로 존재하더라도 보리 뿌리는 칼륨 흡수의 선택성을 몇 분 이내에 소실함을 우리는 이미 4장(그림 4.11)에서 알고 있다. 대부분의 식물, 심지어 강낭콩과 같은 염류-감수성 식물도 칼슘 농도가 리터당 몇 mmole정도로 증가하면 염류-저항성이 훨씬 증가함은 다음에서 다룰 것이다.

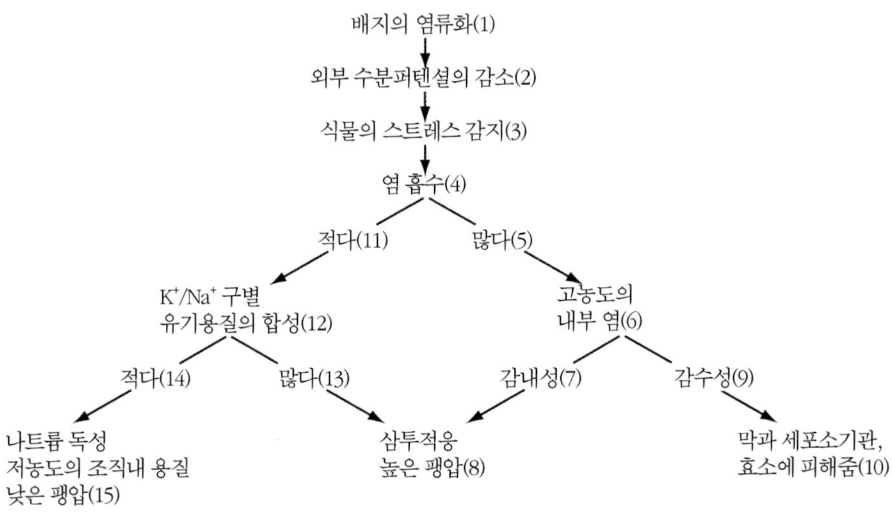

그림 11.19 염류도에 대한 식물의 주요 반응 (Epstein 1980)

이들도 염류도에 대한 식물의 반응에 관여하는 주요 인자이다. 이제 그림 11.19을 총괄표로 사용하여 그 증거에 대해 생각해보자. 여러분은 이미 많은 항목들에 대해 잘 알고 있을 것이다.

가장 필요한 것은 물에 대한 것이다. 그림 11.19의 (1)처럼 환경이 염류화되면 외부의 수분퍼텐셜이 감소한다(2). 식물은 먼저 뿌리부터 "불로 불을 끄서(이열치열)" 내부의 수분퍼텐셜을 더 낮추어, 내부로 물이 삼투적으로 유입되도록 유지하여야 한다. 에너지측면에서 가장 저비용으로 이를 해결하는 방법은 염류도를 유발하는 염의 이온—NaCl인 경우가 많지만 항상 그렇지는 않다—을 외부에서 흡수하는 것이다(4). 염을 흡수하는 염생식물의 반응은 그와 같으며(5), 이는 비교적 염류도에 내성인 보리와 같은 비염생식물의 경우에서와 같다(Stelzer, Kuo, and Koryo 1988). 이것이 혁명적으로 성공적인 반응인 까닭은 4가지 이유 때문이다.

- 염은 정의상 그러한 배지에 많이 존재하며 쉽게 흡수된다.
- 이온은 증산류를 통해 대사에너지를 적게 소모하면서 지상부로 장거리 수송된다.
- 삼투조절제로 사용되는 범위 내에서 무기 이온을 사용하면 유기 이온의 합성에 필요한 에너지를 절약할 수 있다.
- 뿌리의 삼투조절제로 염을 사용하면 유기 삼투활성용질(osmolytes) 합성에 필요한 에너지를 절약할 수 있을 뿐만 아니라, 체관부를 통해 지상부로부터 삼투활성용질을 수송하는데 필요한 에너지도 절약할 수 있어, 에너지 소비를 두 번 "절약"할 수 있다.

그러나 내부의 염농도가 높으면(그림 11.19의 6) 세포질은 고농도의 염에 노출될 위험이 커진다. 그러면 고농도의 내부 염농도를 어떻게 견뎌낼 것인가(7)? 그 해답은 세포벽과 액포는 실제로 고농도의 염을 함유하는 반면, 염을 흡수하는 식물의 세포질은 칼륨 흡수를 증가시킴과 동시에 유기 삼투조절용질을 합성함으로써 삼투적으로 조절하는 것이며, 이때 칼륨과 유기 삼투조절용질은 둘 다 "화합성" 용질(즉, 세포질의 기능을 교란하지 않는다)이다(Wyn Jones et al. 1977). glycine betaine은 중요한 화합성 유기 삼투조절용질이지만, 다른 것들도 많다; 그에 관한 자료로는 Rhodes와 Nadolska-Orczyk, Rich (2002)이 있다. 이렇게 유기 삼투조절용질을 사용하면 대사 에너지가 많이 소비되지만, 이는 세포질이 차지하는 비교적 적은 세포공간에만 적용된다.

만약 이들 내성 메커니즘이 실패한다면(그림 11.19의 9), 식물은 손상을 입어 생존할 수 없을 것이다(10). 액포는 성숙세포 부피의 대부분을 차지하므로, 우리의 논란은 내염성 식물은 액포에 아주 효율적인 나트륨 수송메커니즘을 지니고 있음을 의미하며, 실제로도 그러하다(Apse et al. 1999; Blumwald, Aharon, and Apse 2000).

이제 염을 배출하는 경향이 있는 식물을 나타내는(11) 그림 11/19의 좌측을 살펴보자. 대부분의 작물종은 이 범주에 속하지만, 일부 염생식물도 두 가지 능력에서 "염 배제식물(salt extruders)"이다. 이들 식물은 염류지역에서 생존하려면 "염축적식물(salt includers)"보다 두 가지 능력이 좋아야 한다는 사실이 이전의 설명에서 명확해진다. 즉, 이들 식물은 칼륨과 나트륨을 아주 효율적으로 구분하여 나트륨을 배출할 수 있어야 하며(Schachtman, Bloom, and Dvorak 1989), 염축적식물 보다 유기 삼투조절용질을 더 많이 합성해야 한다(12). 이들 기능 중 한 가지라도 결여되면(14) 피해를 입거나 죽게 된다(15). 그러나 많은 염생식물은 이들 메커니즘을 이용하며(13), 또한 내염성 작물도 빈도는 낮게 그리고 염류도가 더 낮은 조건에서 이들 메커니즘을 이용한다.

그림 11.19에는 표면적에 비해 비정상적으로 수분함량이 많은 다육질(succulence)은 포함시키지 않았으며, 다육질은 건생식물(Xerophytes, 희랍어로 "건조 식물"의 뜻)뿐만 아니라 일부 염생식물에서도 나타난다. 이들 식물은 사막과 같은 건조한 환경에 적응되어 있다.

염에 대한 저항성과 감수성의 일부 특징에 대해 자세하게 설명할 필요가 있다. 그림 11.19의 (4) "염 흡수"는 좀 모호한 점이 있다. 4장과 5장을 되돌아보면, "흡수"는 뿌리에 의한 이온의 흡수뿐만 아니라 뿌리로 그리고 이온의 지상부로의 수송까지도 해당될 수 있다. 책에 간혹 나오는 식물에 적용되는 다음 용어 즉, 염축적식물과 염 배제식물도 모호하기는 마찬가지이다. 즉, 뿌리로부터의 배제인가, 아니면 뿌리에 의한 흡수 및 보유인가(즉, 지상부로부터만 배제되는가)?

일부 염생식물뿐만 아니라 대부분의 작물종을 비롯한 대부분의 비염생식물은 *염 배제식물*이다. 거의 모든 이들 식물의 뿌리는 특히 나트륨 흡수를 제한하며, 흡수된 모든 나트륨은 지상부로 효율적으로 수송되지 못한다. 특히 광합성 장치는 나트륨이 유입되지 않게 보호되는 경향이 있다.

이러한 보호효과는 전적으로 배지내에 칼슘이 상당히 고농도로 존재하기 때문이다. 예를 들어, 염류-감수성인 강낭콩(*Phaseolus vulgaris*) 식물을 이용한 실험에서(La-Haye and Epstein 1971), 식물을 바닷물 농도의 1/10정도인 50mM NaCl에서 키웠다. 대조구(칼슘 결제구)에서 나트륨은 잎속으로 다량 유입되었다. 칼슘의 농도를 높여 갈수록 잎의 나트륨 농도는 급격히 감소했고, 칼슘 농도가 3mM 또는 10mM일 때 나트륨 농도는 대조구(칼슘 결제구)의 6.3%였다. 이러한 나트륨 배제는 점진적으로 일어난다. 즉, 6주후에 식물체내 나트륨은 뿌리에 거의 대부분(65.8%), 줄기에는 적게(27.8%), 잎에는 가장 적게(6.6%) 함유되어 있었다. 식물체내의 전체 나트륨은 식물체의 중량과 직선적으로 비례하여 증가했다. 생육과 나트륨 함량이 같이 증가하기 때문에 조직의 나트륨 함량은 변화가 없었다. 식물체는 염에 노출되어도 전혀 손상을 받지 않고 성숙기에 도달했다. 벼(*Oryzae sativa*)를 이용한 실험에서 Yan과

Zheng, Knang(1992)은 염 배제는 뿌리에 의한 흡수과정은 물론 지상부로의 전이과정에서도 일어남을 알았으며, 다른 식물종에 대해서도 유사한 결과가 보고되었다.

어떻게 나트륨은 이처럼 점진적으로 감소되는가? 우리는 이미 5장에서 이 문제에 대해 다루었다. 염 용액이 증산류를 따라 상부로 이동할 때, 물관에 인접한 세포는 물관으로부터 나트륨을 제거하여, 물관내의 용액으로부터 나트륨을 고갈시킨다. 분명히 나트륨 배제 메커니즘은 여러 단계에서 작용하지 못할 것이다. 그림 11.19의 좌측을 보라.

마지막으로 염생식물의 저항성(그림 11.19의 7)에는 비염생식물에서는 보기 드문 또 하나의 메커니즘 즉, 5장의 말미에서 이미 언급한 잎에 들어있는 염선(salt glands)에 의한 염의 배설이 작용할 것이다. 염선은 두 가지 과 즉, 갯질경이과(Plumbaginaceae)와 Frankeniaceae의 식물종과 이들 과에 속하지 않는 일부 속 즉, *Avicennia*와 *Aegialitis*, *Spartina*, *Tamarix*에서는 흔히 나타난다. 이런 식물의 잎에는 염 결정이 반짝이는 꽃처럼 덮여있는 경우가 있다. 염선은 수가 많다. 예를 들어 Atkinson과 그 연구진(1967)은 맹그로브(*Aegialitis annulata*)의 잎 윗면에서 cm^2당 약 900개의 염선을 확인했다.

염선의 구조는 식물종에 따라 다르다. 염선은 잎 표면에 2개 또는 그 이상의 세포로 구성되어 존재하며, 이들은 분비에 관여하는 여러 단계—즉, 염선이 들어있는 잎 조직으로부터 염의 제거와, 최종적으로 염을 배출할 염선 세포로 염의 이동, 능동수송과정인 배출작용 그 자체—를 공동으로 수행한다. 그렇다고 하더라도, 바닷물에서 자라는 맹그로브(*Avicennia marina*)와 같은 염생수목의 염 경제(salt economy)는 주로 뿌리 표면에서의 염 배제에 의존하며, 이에 의해 뿌리로 들어가는 특정 부피의 물속에 들어있는 염의 약 80%가 배제된다(Waisel 1991; Lüttge 2002).

그럼에도 불구하고 맹그로브는 잎으로 전이되는 나트륨과 염소를 상당량 흡수한다. 따라서 잎 조직 그 자체는 칼륨과 나트륨을 구분할 수 있으리라 예상할 수 있으며, 실제로 그러하다. 10mM 칼륨과 10mM 칼슘(바닷물의 농도) 용액에 노출된 맹그로브(*Avicennia marina*)의 잎 조직을 이용한 실험에서, NaCl 농도를 500mM(대략 바닷물의 농도)까지 증가시키면 칼륨 흡수는 교란되지 않았고 심지어 흡수가 증가했다(Rains and Epstein 1967).

맹그로브의 염 관계에 관한 증거로부터 중요한 사항을 알 수 있다. 염축적식물과 염 배제식물로 구분하는 전통적인 이분법은 현실성이 없다. 염류도에 노출된 모든 식물은 염 흡수(그림 11.19의 5)와 염 배제(11)의 두 메커니즘을 어느 정도 다 이용한다. 그러한 구분은 정도에 따른 구분에 불과하다. 따라서 여러분은 다시 "퍼지 이론"을 참고할 필요가 있다. 특정 물품(item)이 특정한 한 벌(set)에 반드시 속할 필요가 없거나 혹은 속하지 않지만 부분적으로, 한 벌을 구성하는 요소가 될 수 있다. 축척(*inclusion*)과 배제(*exclusion*)는 염 흡수라는 반응연속체의 양쪽 극단을 의미한다.

그림 11.19에서 살펴본 바와 같이 여러 과정이 염류저항성에 관여함을 명확히 알 수 있다. 다시 말하면 염류저항성은 다유전자 형질(polygenic trait)이다. 많은 증거가 그러한 결론을 뒷받침하고 있다. 명확한 예를 한 가지만 들어보자. 염류저항성 밀의 근연종인 *Lophopyrum elongatum*(tall wheatgrass)의 7가지 염색체를 한번에 하나씩 밀(*Triticum aestivum*)에 도입했다. 7개의 *L. elongatum* 염색체중에서 한 개를 제외한 나머지 염색체는 염류화된 토양에서 실시한 포장실험에서 밀의 염류저항성을 증가시켰다(Omielan, Epstein, and Dvorak 1991). 도입한 모든 염색체가 같은 효과를 나타내지는 않았지만, 밀에 염류저항성을 부여하는 데 가장 효과적인 염색체들은 나트륨을 배제하고 칼륨/나트륨 비를 증가시켰다.

이를 포함한 많은 다른 증거는 염류저항성 품종육종의 가능성을 보여주며, 이 주제에 관한 논평 자료는 넘친다. 이제 분자생물학적 방법을 이용하면 염류저항성 작물을 설계할 수 있는 가능성이 크게 높아진다(Santa-Maria 2003). 이미 언급한 바와 같이 식물은 고유의 효과적인 메커니즘인 염 흡수를 이용하여 염류저항성을 나타낸다. 그러나 그러한 식물의 잎에는 식량이나 사료로의 사용을 불리하게 만드는 많은 염이 들어있다. 그러므로 Epstein(1983)의 주장은 식용부위(useable parts)가 식물학적으로 열매(곡실, 토마토와 같은 장과, 이과 등)인 작물에 염류저항성을 부여하기 위한 노력을 경주해야 한다는 것이다. 그 이유는 용질이 열매 속으로 유입될 때 주로 체관부를 통하며, 체관부가 염의 상당부분을 이들 기관으로부터 걸러내는 경향이 있기 때문이다.

확보된 지식을 염류저항성 작물의 육종에 적용하는 등, 염류저항성 메커니즘과 그의 유전적 · 분자적 특징에 대한 연구는 엄청난 발전을 거듭하고 있다.

알루미늄

지각에 가장 많이 존재하는 금속인 알루미늄은 pH5 또는 그 이하에서 가용성 Al^{3+}이온으로 존재한다(2장). 대부분의 3가 이온과 마찬가지로 Al^{3+}은 식물에 독성을 나타낸다. 뿌리 정단의 세포신장이 Al^{3+}에 가장 취약한 것으로 보인다(Ciamporova 2002). 산성토양에서 주로 나타나는 Al^{3+}수준(10~100 μM)에 노출되면 즉시 심각하게 성장이 저해된다.

알루미늄 피해의 생리적 근거는 밝혀지지 않았다. 알루미늄은 많은 산소를 지니는 카복실산과 인산, 황산 기 등의 리간드에 강하게 결합하므로, 단백질과 핵산과 같은 세포의 조성물은 물론 세포벽과 원형질막과도 반응한다. 알루미늄은 막의 누출과 경도를 증가시키는 등 여러 변화를 초래하지만, 여러 메커니즘은 Al^{3+}에 노출된 후 몇 시간 후에 반응하며, 뿌리 신장을 억제하는 원인이 아니라 뿌리신장이 억제된 결과인 것으로 추정된다(Yamamoto, Kobayashi, and Matsmoto 2001; Yamamoto et al. 2002).

식물종에 따라 그리고 간혹 종간의 품종에 따라 알루미늄 스트레스에 대한 저항성은 다르다. 저항성을 나타내 주는 한 요소는 유기산—식물종에 따라 말산 또는 구연산, 옥살산이거나 말산 및 구연산—을 뿌리에서 방출하여 근권에서 Al^{3+}과 복합체를 형성하는 것이다(Jones 1998; Ma, Ryan, and Delhaize 2001; Kataoka et al. 2002). 일부 종은 가장 민감한 조직인 뿌리 정단부근에만 그리고 근권에 Al^{3+}이 존재할 때 그에 반응해서만 유기산을 분비하여, 알루미늄 저항성의 대사비용을 낮춘다. 밀과 옥수수 뿌리에서 Al^{3+}은 원형질막의 통로를 활성화시켜 그 통로를 통해 유기산이 분비되며, 이들 통로는 알루미늄-저항성 유전형보다 알루미늄-저항성 유전형에서 더 활성화된다(Ma, Ryan, and Delhaize 2001).

메밀(buckwheat)과 수국속(*Hydrangea*)과 같은 일부 종은 피해 증상을 나타내지 않고 고농도의 알루미늄을 축적할 수 있으며, 열대우림지역의 한 종인 *Melastoma malabathricum*은 고농도의 알루미늄에서 더 잘 생육한다. 수국속에서 세포 수액의 알루미늄 농도는 13.7mM에 달하며(Ma et al. 1997), 꽃받침(sepal)은 알루미늄이 축적됨에 따라 핑크색에서 보라색으로 변한다(Ma, Ryann, and Delhaize 2001). 이들 모든 알루미늄-축적식물은 한개 또는 또 다른 유기산을 이용하여 알루미늄을 내부적으로 격리시켜, 알루미늄이 ATP와 같이 더 중요한 기질과 복합체를 형성하는 것을 방지한다.

중금속

중금속은 이온 형태로 독성을 나타낼 수 있는 고밀도($5gcm^{-3}$)의 금속이다. 중금속에는 비소(As)와 카드뮴(Cd), 니켈(Ni), 셀레늄(Se), 아연(Zn)이 있다. 이들은 이들과 기타 금속의 채광(mining)과 같은 인간활동의 결과로 토양에 문제수준으로 축적되는 경우가 많다.

비록 이들 중금속에 대한 식물의 반응이 다를지라도, 우리는 이들 원소를 한 집단으로 간주할 것이다. 예를 들어, 식물은 구리와 철, 니켈, 아연을 효소촉매반응에 관여하는 미량원소로 소량 필요로 하지만(8장), 나머지 이들 원소들은 식물에 존재할 때 알려진 기능이 없다. 상이한 금속이 고농도로 존재하면 현저하게 다른 생리적 영향을 나타낸다. 구리 독성은 막 누출을 야기하지만, 아연 독성은 그렇지 않다(Hall 2002). 담배의 한 원형질막 수송단백질은 고농도의 니켈에 대한 저항성을 부여하지만, 납에 대한 감수성을 증가시킨다(Arazi 1999). 그럼에도 불구하고 중금속에 대한 식물반응의 유사성이 차이점보다 크다.

식물은 8장에서 설명한 바와 같이 여러 메커니즘을 통해 중금속을 흡수한다. 화본과 식물의 뿌리는 Fe^{3+}과 아주 안정한 복합체를 형성하는 작은 유기화합물인 식물철운반자(phytosiderophores, 희랍어의 "식물 철을 가지는" 의 뜻)를 분비하여 철을 얻는다. 또 화본과

그림 11.20 중금속 내성식물 노란 꽃을 피우는 노랑원숭이꽃(*Mimulus guttatus*)은 캘리포니아 주의 Copperopolis 인근 폐구리 광산의 광재에서 생육한다. 바위의 선명한 녹색을 주목하라. (자료제공; L. Wu, Uc Davis)

식물의 세포는 원형질막에 그 복합체를 흡수하는 Fe^{3+}-phytosiderophore 수송단백질을 지닌다. 쌍자엽식물과 비화본과 단자엽식물의 뿌리는 또 다른 방식을 취한다. 즉, 이들은 두 가지 메커니즘으로 토양내 유리 Fe^{2+}의 유효도를 증가시킨다. 이들은 수소 이온을 펌프질함으로써 근권을 산성화시키고[$Fe(OH)_2 + 2H^+ \leftrightarrow Fe^{2+} + 2H_2O$], 철환원 효소(ferric reductase)를 분비하여 세포외부의 Fe^{3+}를 환원시킨다. 이들의 뿌리세포는 또 Fe^{2+}을 흡수하는 막 수송단백질을 지닌다(10장). 이들 Fe^{2+}수송단백질의 일부는 다른 중금속의 흡수를 매개한다. 예를 들어 완두콩 뿌리의 RIT1은 Fe^{2+}뿐만 아니라 Zn^{2+}과 Cd^{2+}도 수송한다(Kochian 2000). 그러나 현재까지 확인된 대부분의 중금속 수송단백질은 특정 이온에 대해 특이성을 나타낸다(10장).

중금속은 식물조직에 축적되면 여러 가지 이유로 독성을 나타낸다(Hall 2002). 중금속은 티올기(sulphydryl group, -SH기)와 복합체를 형성하여 단백질의 입체배열을 변화시킨다. 일부 중금속은 필수원소를 치환하여(예, 셀레늄은 황을 치환한다) 양분결핍을 유발한다. 구리와 같은 기타 중금속은 산화적 스트레스를 일으키는 자유라디칼(free radicals)과 반응성 산소종의 발생을 촉진한다. 알루미늄 피해와 같이 중금속의 피해는 그 범위가 넓기 때문에, 이들 메커니즘의 상대적 중요성을 평가하기는 어렵다(di Toppi and Gabbrielli 1999).

식물이 중금속 노출에 견디는 능력은 상이하다(그림 11.20 및 11.21; Hall 2002). Bradshaw는 Wales의 광산 인근에 100년 가까이 생육하고 있는 *Agrotis* sp.("벤트그라스")에 대해 연구했다(Bradshaw 1952). 광재(mine tailings) 토양은 구리 또는 납, 아연 함량이 높았고, 식물은 그 지역에 발견되는 중금속에 대해서만 내성을 나타내었다(Symeonidis,

그림 11.21 중금속 저항성의 생태형 분화 *Lotus purshlanus*의 이런 표본들은 정상수준의 20배인 0.6ppm의 Cu^{2+}를 함유하는 Hoagland 용액에서 재배했다(표 2 참고). 좌측 식물은 구리광산의 광재로부터 수집했고 우측 식물은 인근의 포장에서 수집했다.

McNeilly, and Bradshaw 1985). 예를 들어 구리로 오염된 토양에서 자란 벤트그라스식물은 구리를 20 또는 2000ppm (0.2%) 함유하는 배지에서도 잘 생육했지만, 고농도의 납 또는 아연을 함유하는 배지에서는 생육하지 못했다. 중금속에 대한 저항성이 클수록, 생육속도는 늦었다. 따라서 오염되지 않은 토양에서 광산 유래의 벤트그라스식물은 광산에서 먼 곳에서 채집한 벤트그라스식물보다 경쟁력이 낮았다. 이런 결과로부터 식물은 100년 미만에 중금속에 적응할 수 있으며, 저항성은 금속에 특이적이며, 저항성을 부여하는 생리적 메커니즘은 성장을 감소시킨다는 것을 알 수 있다(Antonovics, Bradshaw, and Turner 1971).

저항성 식물은 다른 많은 독성 물질의 경우와 같이 중금속을 액포에 분획시키는 경향이 있다. 또 저항성 식물은 세포질 내의 금속을 시스테인 함량이 높은 두 종류의 펩타이드 즉, 파이토킬라틴(phytochelatin) 또는 메탈로티오네인(metallothionein)을 이용하여 킬레이트를 형성한다. 중금속에 노출된 식물에서 신속하게 유도되는 파이토킬라틴의 아미노산 서열은 (γ-GluCys)$_n$-Gly이며, n = 2−11이다. 파이토킬라틴이 카드뮴 제독에 명백한 역할을 함을 여러 증거로부터 확인 수 있다. 파이토킬라틴을 적게 축적하는 애기장대 변이주는 많이 축적하는 애기장대보다 카드뮴에 더 민감했다. 파이토킬라틴 생성 효소(phytochelatin synthase)를 암호화하는 애기장대 유전자를 효모에서 발현시키면 효모의 중금속 저항성이 증가했다(Cobbett 2000). 재미있는 것은 파이토킬라틴은 애기장대에서 카드뮴을 뿌리에서 지상부로 장거리 수송하는 것으로 밝혀졌다(Gong, Lee, and Schroeder 2003). metallothionein은 구리 제독에 비슷한 역할을 하는 것 같다. 애기장대에서 서로 다른 생태형(ecotypes)의 구리에 대한 감수성은 metallothionein을 암호화하는 유전자의 발현과 밀접한 관련이 있다. 효모를 이 애기장대 유전자로 형질전환하면 구리 저항성이 부여된다(Hall 2002).

규소는 금속 독성으로부터 식물을 보호하는 것으로 알려져 있지만(8장), 금속이온에 의한 스트레스와 일부 다른 비생물적 스트레스(abiotic stress)에 관한 대부분의 연구에서 그 역할은 주로 간과되어 왔음을 Hodson과 Sangster(2002)가 지적했다.

Brooks(1998)는 중금속을 과다축적하는 식물에 관한 종합적인 책을 편집했다. 이들 식물은 순전히 과학적인 이유와 금속으로 오염된 지역의 식물복원(phytoremediation)과 심지어 "식물채광(phytomining)"의 가능성 때문에 아주 흥미롭다. 그럼에도 불구하고 식물복원은 아직 실용화되지 못했다(Ernst 2000).

참고문헌

Abrahamson, W. G., S. S. Anderson, and K. D. McCrea (1991) Clonal integration: Nutrient sharing between sister ramets of *Solidago altissima* (Compositae). *American Journal of Botany* 78: 1508-1514.

Ali, I. A, U. Kafkafi, I. Yamaguchi, Y. Sugimoto, and S. Inanaga (1996) Effects of low root temperature on sap flow rate, soluble carbohydrates, nitrate contents and on cytokinin and gibberellin levels in root xylem exudate of sandgrown tomato. *Journal of Plant Nutrition* 19: 619-634.

Allen, D. J. and D. R Ort (2001) Impacts of chilling temperatures on photosynthesis in warm-climate plants. *Trends in Plant Science* 6: 36-42.

Arnthor, J. S. (1989) *Respiration and Crop Productivity*. Springer, New York. Antonovics, LAD. Bradshaw, and R G. Turner (1971) Heavy metal tolerance in plants. *Advances in Ecological Research* 7: 1-85.

Apse, M. P., G. S. Aharon, W. A Snedden, and E. Blumwald (1999) Salt tolerance conferred by overexpression of a vacuolar Na ‘ /H+ antiport in *Arabidopsis. Science* 285: 1256-1258.

Arazi, T., R Sunkar, B. Kaplan, and H. Fromm (1999) A tobacco plasma membrane calmodulin-dinding transporter confers Ni2+ tolerance and Pb2+ hypersensitivity in transgenic plants. *Plant Journal* 20: 171-182.

Areca, R, F. Tognoni, J. J. Irigoyen, M. Sanchez-Diaz, and A Pardossi (2001) Different root low temperature response of two maize genotypes differing in chilling sensitivity. *Plant Physiology and Biochemistry* 39: 1067-1073.

Atkinson, M. R, G. P. Findlay. A B. Hope, M. G. Pitman, H. D. W. Saddler, and K. R West (1967) Salt regulation in the mangroves *Rhizophora mucronata* Lam. and *Aegialitis annulaia*

R Br. *Australian Journal of Biological Sciences* 20: 589-599.

Auge, R M. (2001) Water relations, drought and vesicular-arbuscular mycorrhizal symbiosis. *Mycorrhiza* 11: 3-42.

Bagnall, D., J. Wolfe, and R W. King (1983) Chill-induced wilting and hydraulic recovery in mung bean plants. *Plant, Cell and Environment* 6: 457-464.

Baker, H. G. (1995) Aspects of the genecology of weeds. In: *Genecology and Ecogeographic Races*. Kruckeberg, A R, R B. Walker, and A Leviton, eds. American Association for the Advancement of Science, Washington DC. pp. 189-224.

Barker, S. J. and N. J. Larkan (2002) Molecular approaches to understanding mycorrhizal symbioses. *Plant and Soil* 244: 107-116.

Bertncss. M., B. R Silliman, and R 1.. Jefferies (2004) Salt marshes under siege. *American Scientist* 92: 52.

Bethlenfalvay, G. J. and R G. Linderman, eds. (1992) *Mycorrhizae in Sustainable Agriculture.* ASA Special Publication Number 54. ASA, CSA, SSSA, Madison, WI.

Blackman, P. G. and W. J. Davies (1985) Root to shoot communication in maize plants of the effects of soil drying. [sic] *Journal of Experimental Botany* 36: 39-48.

Bloom, A J. (1985) Wild and cultivated barleys show similar affinities for mineral nitrogen. *Oecologia* 65: 555-557.

Bloom, A L F. S. Chapin, III, and H. A Mooney (1985) Resource limitation in plants: an economic analogy. *Annual Review of Ecology and Systematics* 16: 363-92.

Bloom, A. L S. S. Sukrapanna, and R 1.. Warner (1992) Root respiration associated with ammonium and nitrate absorption and assimilation by barley. *Plant Physiology* 99: 1294-1301.

Bloom, A. LL.B. Randall, P. A Meyerhoff, and D. A St. Clair (1998) The chilling sensitivity of root ammonium influx in a cultivated and wild tomato. *Plant, Cell and Environment* 21: 191-199.

Bloom, A L M. A Zwieniecki, J. B. Passioura, L. B. Randall, N. M. Holbrook, and D. A St. Clair (2004) Water relations under root chilling in a sensitive and tolerant tomato species. *Plant, Cell and Environment*. 27: 971-979.

Blumwald, E. (2000) Sodium transport and salt tolerance in plants. *Current Opinion in Cell Biology* 12: 431-434.

Blumwald, E., G. S. Aharon, and M. P. Apse (2000) Sodium transport in plant cells. Biochimica et *Biophysica Acta: Biomembranes* 1465: 140-151.

Bohm, W. (1979) *Methods of Studying Root Systems*. Springer, Berlin.

Bowman, D. c., J. L. Paul, W. B. Davis, and S. H. Nelson (1989) Rapid depletion of nitrogen applied to Kentucky bluegrass turf. *Journal of the American Society for Horticultural Science* 114: 229-233.

Bracale, M. and 1. Coraggio (2003) Chilling and freezing stresses in plants: Cellular responses and molecular strategies for adaptation. In: *Abiotic Stresses in Plants*. Sanitá di Toppi. L. and B. Pawlik-Skowronska, eds. Kluwer Academic, Dordrecht, Netherlands. pp. 23-51.

Bradshaw, A D. (1952) Populations of *Agrostis ienuis* resistant to lead and zinc poisoning. *Nature* 169: 1098.

Bradshaw, A D. (1969) An ecologist' s viewpoint. In: *Ecological Aspects of the Mineral Nutrition of Plants*. Rorison, 1. H., ed. Blackwell, Oxford. pp. 415-427.

Bradshaw, A D., T S. McNeilly, and R P. G. Gregory (1965) Industrialization, evolution and the development of heavy metal tolerance in plants. In: *Ecology and the Industrial Society*. Goodman, G. T, R W. Edwards, and J. M. Lambert, eds. Blackwell Scientific, Oxford. pp. 327-343.

Bray, E. A, J. Bailey-Serres. and E. Weretilnyk (2000) Responses to abiotic stresses. In: *Biochemistry and Molecular Biology of Plants*. Buchanan, B. B., W. Gruissem, and R L. Jones, eds. American Society Plant Physiologists, Rockville, MD. pp. 1158-1203.

Bringhurst, R M., Z. G. Cardon, and D. J. Gage (2001) Galactosides in the rhizosphere: Utilization by *Sinorhizobium meliloti* and development of a biosensor. *Proceedings of the National Academy of Sciences of the United States of America* 98: 4540-4545.

Brisson, J. and J. F. Reynolds (1994) The effect of neighbors on root distribution in a creosotebush (*Larrea tridentata*) population. *Ecology* 75: 1693-1702.

Brooks, R R, ed. (1998) *Plants that Hyperaccumulate Heavy Metals: Their Role in Phutoremediation, Microbiology, Archaeology, Mineral Exploration and Phytomining*. CAB International, New York.

Brown, A M. and C. Bledsoe (1996) Spatial and temporal dynamics of mycorrhizas in *Jaumea carnosa*, a tidal saltmarsh halophyte. *Journal of Ecology* 84: 703-715.

Brundrett, M. C. (1991) Mycorrhizas in natural ecosystems. *Advances in Ecological Research* 21: 171-313.

Byrd, G. T, D. R Ort, and W. L. Ogren (1995) The effects of chilling in the light on ribulose-Lfi-bisphosphate carboxylase-oxygenase activation in tomato (*Lycopersicon esculentum Mill.*). *Plant Physiology* 107: 585-591.

Caldwell, M. M., T E. Dawson, and J. H. Richards (1998) Hydraulic lift: Consequences of water efflux from the roots of plants. *Oecologia* 113: 151-161.

Capell, B. and K. Doerffling (1993) Genotype-specific differences in chilling tolerance of maize in relation to chilling-induced changes in water status and abscisic acid accumulation. *Physiologia Planiarum* 88: 638-646.

Casper, B. B. and R B. Jackson (1997) Plant competition underground. *Annual Review of Ecology and Systematics* 28: 545-570.

Chapin, F. S., III and G. R. Shaver (1985) Arctic. In: *Physiological Ecology of North American Plant Communities*. Chabot, B. F. and H. A. Mooney, eds. Chapman and Hall, New York. pp. 16-40.

Ciamporova, M. (2002) Morphological and structural responses of plant roots to aluminium at organ, tissue, and cellular levels. *Biologia Planiarum* 45: 161-171.

Clarkson, D. T. (1985) Factors affecting mineral nutrient acquisition by plants. *Annual Review of Plant Physiology* 36: 77-115.

Cobbett, C. S. (2000) Phytochelatins and their roles in heavy metal detoxification. *Plant Physiology* 123: 825-832.

Crowe, J. H., A. E. Oliver, and F. Tablin (2002) Is there a single biochemical adaptation to anhydrobiosis? *Integrative and Comparative Biology* 42: 497-503.

Dale, J. W. and R. F. Campbell (1981) Response of tomato plant to stress temperature: Increase in abscisic acid concentration. *Plant Physiology* 67: 26-29.

Dalziel, A. W. and R. W. Breidenbach (1982) Physical properties of mitochondrial lipids for *Lycopersicon hirsuium, Plant Physiology* 70: 376-380.

Darwin, C. (1859) *On the Origin of Species by Means of Natural Selection, or, The Preservation of Favoured Races in the Struggle for Life.* J. Murray, London.

De Kroon, H. and M. J. Hutchings (1995) Morphological plasticity in clonal plants: The foraging concept reconsidered. *Journal of Ecology* 83: 143-152.

di Toppi. L. S. and R. Gabbrielli (1999) Response to cadmium in higher plants. *Environmental and Experimental Botany* 41: 105-130.

Drake, B. G., G. Peresta, E. Beugeling, and R. Matamala (1996) Long-term elevated CO2 exposure in a Chesapeake Bay wetland: Ecosystem gas exchange, primary production, and tissue nitrogen. In: *Physiological Ecology Series: Carbon Dioxide and Terrestrial Ecosystems*. Koch, G. W. and H. A. Mooney, eds. Academic, San Diego. pp. 197-214.

Drew, M. C. (1997) Oxygen deficiency and root metabolism: Injury and acclimation under hypoxia and anoxia. *Annual Review of Plant Physiology and Plant Molecular Biology* 48: 223-250.

Drew, M. C.; C.-]. He, and P. W. Morgan (2000) Programmed cell death and aerenchyma formation in roots. *Trends in Plant Science* 5: 123-127.

Dudal, R. (1977) Inventory of the major soils of the world with special reference to mineral stress hazards. In: *Plant Adaptation to Mineral Stress.* Wright, M. L ed. Special Publication of Cornell University Agricultural Experiment Station, Ithaca, NY. pp. 3-13.

Duncan, W. G. and A. J. Ohlrogge (1958) Principles of nutrient uptake from fertilizer bands. II. Root development in the band. *Agronomu Journal* 50: 605-608.

Ehleringer, J. R., C. S. Cook, and L. L. Tieszen (1986) Comparative water-use and nitrogen relationships in a mistletoe and its host. *Oecologia* 68: 279-284.

Eissenstat, D. M. and R. D. Yanai (1997) The ecology of root lifespan. *Advances in Ecological Research* 27: 1-60.

Eissenstat, D. M., C. E. Wells, and L. Wang (2001) Root efficiency and mineral nutrition in apple. *Acta Horticuliurae* 564: 165-184.

Elmoazzen, H. Y., J. A. W. Elliott, and L. E. McGann (2002) The effect of temperature on membrane hydraulic conductivity. *Cryobiology* 45: 68-79.

Epstein, E. (1976) Genetic potentials for solving problems of soil mineral stress: Adaptation of crops to salinity. In: *Plant Adaptation to Mineral Stress in Problem Soils.* Wright, M. Led. Special Publication of Cornell University Agricultural Experiment Station, Ithaca, NY. pp. 73-82.

Epstein, E. (1977) The role of roots in the chemical economy of life on earth. *BioScience* 27: 783-787.

Epstein, E., D. J. D. Norlyn, D. W. Rush, R. W. Kingsbury, D. B. Kelley, G. A. Cunningham, and A. F. Wrona (1980) Saline culture of crops: a genetic approach. *Science* 210: 399-404.

Epstein, E. (1983) Crops tolerant of salinity and other mineral stresses. In: *Better Crops for Food*. Nugent, J. and M. O' Connor, eds. Ciba Foundation Symposium 97. Pitman, London. pp. 61-82.

Epstein, E. (1990) Roots: New ways to study their function in plant nutrition. In: *Measurement Techniques in Plant Science*. Hashimoto, Y., P. J. Kramer, H. Nonarni, and B. R. Strain, eds. Academic Press San Diego. pp. 291-318.

Epstein, E. and R. L. Jefferies (1964) The genetic basis of selective ion transport in plants. *Annual Review of Plant Physiology* 15: 169-184.

Epstein, E. and D. W. Rains (1987) Advances in salt tolerance. In: *Genetic Aspects of Plant Mineral Nutrition*. Gabelman, H. W. and B. C. Loughman, eds. Martinus Nijhoff. Dordrecht, Netherlands. pp. 113-125.

Epstein, E., J. D. Norlyn, D. W. Rush, R. W. Kingsbury, D. B. Kelley, G. A. Cunningham, and A. F. Wrona (1980) Saline culture of crops: A genetic approach. *Science* 210: 399-404.

Ernst, W. H. O. (2000) Evolution of metal hyperaccumulation and phytoremediation hype. *New Phytologist* 146: 357-358.

Evans, L. T. (1998) *Feeding the Ten Billion: Plants and Population Growth*. Cambridge University, Cambridge.

FAOSTAT (2003) *Fertilizer Usage*. http://apps.fao.org/lim500/nphwrap.pl?Fertilizers&Domain=LUI&servlet=1, accessed May 11, 2003.

Finkelstein, A. (1987) Water movement through lipid bilaycrs, pores, and plasma membranes: Theory and reality. *Distinguished Lecture Series of the Society of General Physiologists*, Vol. 4. Wiley, New York.

Garstka, M. and Z. Kaniuga (1991) Reversal by light of deleterious effects of chilling on oxygen evolution, manganese and free fatty acid content in tomato thylakoids is not accompanied by restoration of the original membrane conformation. *Physiologia Planiarum* 82: 292-298.

Geisenberg, C. and K. Stewart (1986) Field crop management. In: *The Tomato Crop: A Scientific Basis for Improvement*. Atherton, J. G. and J. Rudich, eds. Chapman & Hall, London. pp. 511-557.

Ghassemi, F., A. J. [akernan, and H. A. Nix (1995) *Saiinisation of Land and Water Resources: Human Causes, Extent, Management and Case Studies*. CAB International, Wallingford, UK.

Gollan, T., J. B. Passioura, and R. Munns (1986) Soil water status affects the stomatal conductance of fully turgid wheat and sunflower leaves. *Australian Journal of Plant Physiology* 13: 459-464.

Goodin, J. K., E. Epstein, C. M. McKell, and J. W. O' Leary (1990) *Saline Agriculture: Salt-Tolerant Plants for Developing Countries*. National Academy Press, Washington, DC.

Gong, J-M., D. A. Lee, and J. 1. Schroeder, eds. (2003) Long-distance root-to-shoot transport of phytochelatins and cadmium in *Arabidopsis*. *Proceedings of the National Academy of Sciences of the United States of America* 100: 10118-10123.

Goyal, S. S., S. K. Sharma, and D. W. Rains, eds. (2003) *Crop Production in Saline Environments: Global and Integrative Perspectives*. Food Products, New York.

Crichko, V. P. and B. R. Glick (2001) Ethylene and flooding stress in plants. *Plant Physiology and Biochemistry* 39: 1-9.

Grierson, W. (1999) Beneficial aspects of stress on plants. In: *Handbook of Plant and Crop Stress*, 2nd Edition. Pessarakli, M., ed. Dekker, New York. pp. 1185-1198.

Gupta, R. K. and P. Kumar (2000) Mycorrhizal plants in response to adverse environmental conditions. In: *Mycorrhizal Biology*. Mukerji, K. G., B. P. Chamola, and J. Singh, eds. Kluwer Academic/Plenum, New York. pp. 67-84.

Gurian-Sherman, D. and S. E. Lindow (1993) Bacterial ice nucleation: significance and molecular basis. *Federation of American Societies for Experimental Biology Journal* 7: 1338-1343.

Gutierrez, J. R. and W. G. Whitford (1987) Chihuahuan desert New Mexico USA annuals: Importance of water and nitrogen. *Ecology* 68: 2032-2045.

Guy, C. L. (1994) Low temperature and crop yield. In: *Physiology and Determination of Crop Yield*. Boote, K. J., J. M. Bennett, T. R. Sinclair, and G. M. Paulsen, eds. SSSA, ASA, CSA, Madison, WI. pp. 417-424.

Hall, J. L. (2002) Cellular mechanisms for heavy metal detoxification and tolerance. *Journal of Experimental Botany* 53: I-II.

Harper, J. L. (1977) *Population Biology of Plants*. Academic, London.

Harrison, M. J. (1999) Molecular and cellular aspects of the arbuscular mycorrhizal symbiosis. *Annual Review of Plant Physiology and Plant Molecular Biology* 50: 361-389.

Hawes, M. c. U. Gunawardena, S. Miyasaka, and X. Zhao (2000) The role of root border cells in plant defense. *Trends in Plant Science* 5: 128-132.

Hawksworth, F. G., D. Wiens, B. W. Geils, and R. G. Nisley (1996) *Dwarf Mistletoes: Biology, Pathology, and Systematics*. United States Dept. of Agriculture, Forest Service, Washington, DC.

Headley, A. D., T. V. Callaghan, and J. A. Lee (1988) Phosphate and nitrate movement in the clonal plants *Lycopodium annotinum* L. and *Diphasiastrum complanaium* (L.) Holub. *New Phytologist* 110: 487-495.

Hilgard, E. W. (1886) *Irrigation and Alkali in India*. College of Agriculture, University of California, Bulletin #86, Berkeley.

Hillel, D. (1994) *Rivers of Eden: The Struggle for Water and the Quest for Peace in the Middle East*. Oxford University, New York.

Ho, M. D., B. C. McCannon, and J. P. Lynch (2004) Optimization modeling of plant root architecture for water and phosphorus acquisition. *Journal of Theoretical Biology* 226: 331-340.

Hodson, M. J. and A. G. Sangster (2002) Silicon and abiotic stress. In: *Second Silicon in Agriculture Conference*. Japanese Society of Soil Science and Plant Nutrition, Tsuruoka, Yamagata. pp. 99-104.

Holbrook, N. M., V. R. Shashidhar, R. A. James, and R. Munns (2002) Stomatal control in tomato with ABA-deficient roots: Response of grafted plants to soil drying. *Journal of Experimental Botany* 53: 1503-1514.

Jaeger, c. H., S. E. Lindow, W. Miller, E. Clark, and M. K. Firestone (1999) Mapping of sugar and amino acid availability in soil around roots with bacterial sensors of sucrose and tryptophan. *Applied and Environmental Microbiology* 65: 2685-2690.

Jefferies, R. L., D. Laycock, G. R. Stewart, and A. P. Sims (1969) The properties of mechanisms involved in the uptake and utilization of calcium and potassium by plants in relation to an understanding of plant distribution. In: *Ecological Aspects of the Mineral Nutrition of Plants*. Rorison, I. H., ed. Blackwell Scientific, Oxford. pp. 281-307.

Jones, D. L. (1998) Organic acids in the rhizosphere: A critical review. *Plant and Soil* 205: 25-44.

Jones, T L., D. E. Tucker, and D. R. Ort (1998) Chilling delays circadian pattern of sucrose phosphate synthase and nitrite reductase activity in tomato. *Plant Physiology* 118: 149-158.

Jung, S., K. L. Steffen, and H. J. Lee (1998) Comparative photo inhibition of a high and a low altitude ecotype of tomato (*Lycopersicon hirsutum*) to chilling stress under high and low light conditions. *Plant Science* 134: 69-77.

Kataoka, T, A. Stekelenburg, T. M. Nakanishi, E. Delhaize. and P. R. Ryan (2002) Several lanthanides activate malate efflux from roots of aluminium-tolerant wheat. *Plant, Cell and Environment* 25: 453-460.

Kochian, L. V. (2000) Molecular physiology of mineral nutrient acquisition, transport, and utilization. In: *Biochemistry and Molecular Biology of Plants.* Buchanan, B. B., W. Gruissem, and R. L. Jones, eds. American Society of Plant Physiologists, Rockville, MD. pp. 1204-1249.

Kosko, B. (1993) *Fuzzy Thinking: The New Science of Fuzzy Logic.* Hypcrion, New York.

Kramer, P. J. and J. S. Boyer (1995) *Water Relations of Plants and Soils.* Academic, San Diego.

Kruckeberg, A R. (2002) *Geology and Plant Life: The Effects of Landforms and Rock Types on Plants.* University of Washington, Seattle.

LaHaye, P. A and E. Epstein (1971) Calcium and salt toleration by bean plants. *Physiologia Plantarum* 25: 213-218.

Lambers. H, F. S. Chapin, and T L. Pons (1998) *Plant Physiological Ecology.* Springer, New York.

Läuchli, A. and U. Luttge, eds. (2002) Salinity: *Environment-Plants-Molecules.* Kluwer Academic, Dordrecht, Netherlands.

Leone, A, C. Perrotta, and B. Maresca (2003) Plant tolerance to heat stress: Current strategies and new emergent insights. In: *Abiotic Stresses in Plants.* Sanitá di Toppi, L. and B. Pawlik-Skowronska, eds. Kluwer Academic, Dordrecht, Netherlands. pp. 1-22.

Li, P. H (1994) Crop plant cold hardiness. In: *Physiology and Determination of Crop Yield.* Boote, K. L J. M. Bennett, T R. Sinclair, and G. M. Paulsen, eds. SSSA, ASA, CSA, Madison, WI. pp. 395-416.

Lu, Z. M., R. G. Percy, C. O. Qualset, and E. Zeiger (1998) Stomatal conductance predicts yields in irrigated Pima cotton and bread wheat grown at high temperatures. Journal *of Experimental Botany* 49: 453-460.

Lüttge. U. (2002) Mangroves. In: *Salinity: Environment-Plants-Molecules.* Läuchli. A and U. U.Lüttge, eds. Kluwer Academic, Dordrecht, Netherlands. pp. 113-135.

Lyons, J. M. and J. K. Raison (1970) Oxidative activity of mitochondria isolated from plant tissues sensitive and resistant to chilling injury. *Plant Physiology* 45: 386-389.

Lyr, Hand G. Hoffmann (1967) Growth rates and growth periodicity of tree roots. *International Review of Forestry Research* 2: 181-236.

Ma, J. F., P. R. Ryan, and E. Delhaize (2001) Aluminium tolerance in plants and the complexing role of organic acids. *Trends in Plant Science* 6: 273-278.

Ma, J. F., S. Hiradate, K. Nomoto, T. Iwashita, and H. Matsumoto (1997) Internal detoxification mechanism of Al in Hydrangea. Identification of A1 form in the leaves. *Plant Physiology* 113: 1033-1039.

Mahall, B. E. and R. M. Callaway (1992) Root communication mechanisms and intracommunity distributions of two Mojave Desert shrubs. *Ecology* 73: 2145-2151.

Marangoni, A. G. and D. W. Stanley (1989) Phase transitions in microsomal membranes from chilling sensitive and chilling resistant tomato plants and fruit. *Phytochemistry* 28: 2293-2301.

Markhart, A. H., E. L. Fiscus, A. W. Naylor, and P. J. Kramer (1979) Effect of temperature on water and ion transport in soybean and broccoli systems. *Plant Physiology* 64: 83-87.

Marschner, H. (1995) *Mineral Nutrition of Higher Plants*, 2nd Edition. Academic, London.

Martin, B. (1986) Arrhenius plots and the involvement of thermotropic phase transitions of the thylakoid membrane in chilling impairment of photosynthesis in thermophilic higher plants. *Plant, Cell and Environment* 9: 323-331.

Martin, B. and D. R. Ort (1985) The recovery of photosynthesis in tomato subsequent to chilling exposure. *Photosynthesis Research* 6: 121-132.

Martin, E. V. and F. E. Clements (1939) *Adaptation and Origin in the Plant World. I. Factors and Functions in Coastal Dunes*. Carnegie Institute of Washington Publication 521, Washington DC.

Martin, F. (1964) The inheritance of unilateral compatibility in *Lycopersicon hirsutum. Genetics* 50: 459-469.

Mauseth, J. D. (1988) *Plant Anatomy*. Benjamin/Cumunings, Redwood City, CA.

McCully, M. E. (1999) Roots in soil: Unearthing the complexities of roots and their rhizospheres. *Annual Review of Plant Physiology and Plant Molecular Biology* 50: 695-718.

McNeill, D. and P. Freiberger (1993) *Fuzzy Logic*. Simon & Schuster, New York.

Mitton, J. B. and M. C. Grant (1996) Genetic variation and the natural history of quaking aspen. *BioScience* 46: 25-31.

Mooney, H. A., W. E. Winner, and E. J. Pelt (1991) *Response of Plants to Multiple Stresses*. Academic, San Diego.

Morrison, J. W. (1959) Cytogenetic studies in the genus Hordeum. I. Chromosome morphology. *Canadian Journal of Botany* 37: 527-538.

Mukerji, K. G., B. P. Chamola, and J. Singh (2000) *Mycorrhizal Biology*. Kluwer Academic/Plenum Publishers, New York.

Nash, T. H., ed. (1996) *Lichen Biology*. Cambridge University Press, Cambridge.

National Academy of Sciences (1999) *Waterfor the Future: The West Bank and Gaza Strip, Israel, and Jordan*. National Academy Press, Washington, DC.

National Research Council (1989) *Irrigation-Induced Water Quality Problems*. National Academy of Sciences Press, Washington DC.

Netting, A. G. (2000) pH, abscisic acid and the integration of metabolism in plants under stressed and non-stressed conditions: Cellular responses to stress and their implication for plant water relations. *Journal of Experimental Botany* 51: 147-158.

Nichol, S. A. and W. K. SiLk (2001) Empirical evidence of a convection-diffusion model for pH patterns in the rhizospheres of root tips. *Plant, Cell and Environment* 24: 967-974.

Nishida, I. and N. Murata (1996) Chilling sensitivity in plants and cyanobacteria: The crucial contribution of membrane lipids. *Annual Review of Plant Physiology and Plant Molecular Biology* 47: 541-568.

Nobel, P. S. (1999) *Physicochemical and Environmental Plant Physiology*, 2nd Edition. Academic Press, San Diego.

Nye, P. H. and P. B. Tinker (1977) *Solute Movement in the Soil-Root System*. University of California, Berkeley, CA.

Omielan, J. A., E. Epstein, and J. Dvorak (1991) Salt tolerance and ionic relations of wheat as affected by individual chromosomes of salt-tolerant *Lophopyrum elongatum*. *Genome* 34: 961-974.

Passioura, J. B. (1988) Root signals control leaf expansion in wheat seedlings growing in drying soil. *Australian Journal of Plant Physiology* 15: 687-694.

Passioura, J. B. (2002) Soil conditions and plant growth. *Plant, Cell and Environment* 25: 311-318.

Patterson, B. D., R. Paull, and R. Smillie (1978) Chilling resistance in *Lycopersicon hirsutum* Humb. & Bonpl., a wild tomato with a wide attitudinal distribution. *Australian Journal of Plant Physiology* 5: 609-617.

Paul, E. A. and F. E. Clark (1996) *Soil Microbiology and Biochemistry*, 2nd Edition. Academic Press, San Diego.

Pearce, R. S. (1999) Molecular analysis of acclimation to cold. *Plant Growth Regulation* 29: 47-76.

Pearce, R. S. (2001) Plant freezing and damage. *Annals of Botany* 87: 417-424.

Perez, D. J. J., J. J. Irigoyen, and M. Sanchez-Diaz (1997) Chilling of droughthardened and non-hardened plants of different chilling-sensitive maize lines: Changes in water relations and ABA contents. *Plant Science* 122: 71-79.

Pessarakli, M. and I. Szabolcs (1999) Soil salinity and sodicity as particular plant/crop stress factors. In: *Handbook of Plant and Crop Stress*, 2nd Edition. Pessarakli, M., ed. Dekker, New York. pp. 1-15.

Pillsburv. A. F. (19721 Is California's irrigated agriculture permanent? *California Agriculture* 26: 2.

Portillo, F. (2000) Regulation of plasma membrane H^+-ATPase in fungi and plants. *Biochimica et Biophysica Acta: Reviews on Biomembranes* 1469: 31-42.

Press, M. C. and A. L. Gumey (2000) Plant eats plant: Sap-feeding witchweeds and other parasitic angiosperms. *Biologist* 47: 189-193.

Pritchard, J., P. W. Barlow, J. S. Adam, and A. D. Tomos (1990) Biophysics of Me inhibition of the growth of maize roots by lowered temperature. *Plant Physiology* 93: 222-230.

Rains, D. W. and E. Epstein (1967) Preferential absorption of potassium by leaf tissue of the mangrove, *Avicennia marina*: An aspect of halophytic competence in coping with salt. *Australian Journal of Biological Sciences* 20: 847-857.

Rains, D. W. and S. S. Goyal (2003) Strategies for managing crop poduction in saline environments: An overview. In: *Crop Production in Saline Environments: Global and Integrative Perspectives*. Goyal, S. S., S. K. Sharma, D. W. Rains, and R. L. Morgan, eds. Haworth, New York. pp. 1-10.

Raison, J. K. and M. A. Brown (1989) Sensitivity of attitudinal ecotypes of the wild tomato Lycopersicon hirsutum to Shilling injury. *Plant Physiology* 91: 1471-1475.

Raison, J. K. and J. M. Lyons (1986) Chilling injury: A plea for uniform terminology. *Plant, Cell and Environment* 9: 685-686.

Read, D. J. and J. Perez-Moreno (2003) Mycorrhizas and nutrient cycling in ecosystems: A journey towards relevance? *New Phytologist* 157: 475-492.

Rhodes, D., A. Nadolska-Orczyk, and P. J. Rich (2002) Salinity, osmolytes and compatible solutes. In: *Salinity: Environment-Plants-Molecules*. Lauchli, A. and U. Luttge, eds. Kluwer Academic, Dordrecht, Netherlands. pp. 181-204.

Ridenour, W. M. and R. M. Callaway (2001) The relative importance of allelopathy in interference: The effects of an invasive weed on a native bunchgrass. *Oecologia* 126: 444 450.

Ristic, Z., G. Yang, A. Sterzinger, and L. Zhang (1998) Higher chilling tolerance in maize is not always related to the ability for greater and faster abscisic acid accumulation. *Journal of Plant Physiology* 153: 154-162.

Rovira, A. D., C. D. Bowen, and R. C. Foster (1983) The significance of rhizosphere microflora and mycorrhizas in plant nutrition. In: *Inorganic Plant Nutrition, Encyclopedia of Plant Physiology*, Vol. 15A, New Series. Lauchli, A. and R. L. Beleski, eds. Springer, Berlin. pp. 61-93.

Runion, G. B., R. J. Mitchell, H. H. Rogers, S. A. Prior, and T. K. Counts (1997) Effects of nitrogen and water limitation and elevated atmospheric CO_2 on ectomycorrhiza of longleaf pine. *New Phytologist* 137: 681-689.

Rush, D. W. and E. Epstein (1981) Breeding and selection for salt tolerance by the incorporation of wild germplasm into a domestic tomato. *Journal of the American Societyfor Horticultural Science* 106: 699-704.

Russell, R. S. (1977) *Plant Root Systems. Their Function and Interaction with the Soil*. McGraw-Hill, London.

Ryan, M. H. and J. H. Graham (2002) Is there a role for arbuscular mycorrhizal fungi in production agriculture? *Plant and Soil* 244: 263-271.

Sanders, W. B. (2001) Lichens: The interface between mycology and plant morphology. *BioScience* 51: 1025-1035.

Santa-Maria, G. E. (2003) Molecular approaches to improve salt resistance in crops: Facts and perspectives. In: *Crop Production in Saline Environments*. Goyal, S. S., S. K., Sharma, and D. W. Rains, eds. The Haworth Press, New York. pp. 67-98.

Sassenrath, G. F., D. R. Ort, and A. R. Portis, Jr. (1990) Impaired reductive activation of stromal bisphosphatases in tomato leaves following low-temperature exposure at high light. *Archives of Biochemistry and Biophysics* 282: 302-308.

Schachtman, D. P., A. J. Bloom, and J. Dvorak (1989) Salt-tolerant *Triticum* × *Lophopyrum* derivatives limit the accumulation of sodium and chloride ions under saline-stress. *Plant, Cell and Environment* 12: 47-55.

Scott, S. J. and R. A. Jones (1986) Cold tolerance in tomato: II. Early seedling growth of Lycopersicon spp. *Physiologia Plantarum* 66: 659-663.

Semenov, A. M., A. H. C. van Bruggen, and V. V. Zelenev (1999) Moving waves of bacterial populations and total organic carbon along roots of wheat. *Microbial Ecology* 37: 116-128.

Serraj, R., T. R. Sinclair, and L. C. Purcell (1999) Symbiotic N_2 fixation response to drought. *Journal of Experimental Botany* 50: 143-155.

Shaner, D. L. and J. S. Boyer (1976) Nitrate reductase activity in maize (Zea mays L.) leaves: 1. Regulation by nitrate flux. *Plant Physiology* 58: 499-504.

Sharma, S. K. and S. S. Goyal (2003) Progress in plant salinity resistance research: Need for an integrative paradigm. In: *Crop Production in Saline Environments: Global and Integrative Perspectives*. Goyal, S. S., S. K. Sharma, D. W. Rains, and R. L. Morgan, eds. Haworth, New York. pp. 387-407.

Sinclair, T. R. and M. M. Ludlow (1985) Who taught plants thermodynamics? The unfulfilled potential of plant water potential. *Australian Journal of Plant Physiology* 12: 213-217.

Slife, F. W. (1983) Weeds and higher-plant parasites. In: *Challenging Problems in Plant Health*. Kommendahl, T. and P. H. Williams, eds. American Phytopathological Society, St. Paul, MN. pp. 291-300.

Smart, D. R. and A. J. Bloom (1988) Kinetics of ammonium and nitrate uptake among wild and cultivated tomatoes. *Oecologia* 76: 336-340.

Smart, D. R. and A. J. Bloom (1993) Relationships between the kinetics of ammonium and nitrate absorption and growth in the cultivated tomato *Lycopersicon esculentum* Mill. cv. T-5. *Plant, Cell and Environment* 16: 259-267.

Smartt, J. and N. W. Simmonds (1995) *Evolution of Crop Plants*, 2nd Edition, Longman Scientific and Technical-Wiley, New York.

Smith, S. E., D. J. Read, and J. L. Harley (1997) *Mycorrhizal Symbiosis*. Academic, San Diego, CA.

Stebbins, G. L. (1950) *Variation and Evolution in Plants*. Columbia University, New York.

Stelzer, R., J. Kuo, and H. W. Koyro (1988) Substitution of Na^+ by K^+ in tissues and root vacuoles of barley (*Hordeum vulgare* L. cv. Aramir). *Journal of Plant Physiology* 132: 671-677.

Symeonidis, L., T. McNeilly, and A. D. Bradshaw (1985) Differential tolerance of three cultivars of *Agrostis capillaris* L. to cadmium, copper, lead, nickel and zinc. *New Phytologist* 101: 309-315.

Szabolcs, I. (1989) *Salt-Affected Soils*. CRC, Boca Raton, FL.

Taylor, A. R. and A. J. Bloom (1998) Anunonium, nitrate, and proton fluxes along the maize root. *Plant, Cell and Environment* 21: 1255-1263.

Teal, J., M. Teal, and R. G. Fish (1969) *Life and Death of the Salt Marsh*. Little Brown, Boston.

Turesson, G. (1922) The genotypical response of the plant species to the habitat. *Hereditas* 3: 211-350.

Vallejos, C. E. and R. W. Pearcy (1987) Differential acclimation potential to low temperatures in two species of Lycopersicon: Photosynthesis and growth. *Canadian Journal of Botany* 65: 1303-1307.

Vasek, F. C. (1980) Creosote bush: Long-lived clones in the Mojave Desert. *American Journal of Botany* 67: 246-255.

Venema, J. H., L. Villerius, and P. R. van Hasselt (2000) Effect of acclimation to suboptimal temperature on chilling-induced photodamage: Comparison between a domestic and a high-altitude wild *Lycopersicon* species. *Plant Science* 152: 153-163.

Venema, J. H., F. Posthumus, M. de Vries, and P. R. van Hasselt (1999) Differential response of domestic and wild *Lycopersicon* species to chilling under low light: Growth, carbohydrate content, photosynthesis and the xanthophyll cycle. *Physiologia Plantarum* 105: 81-88.

Vengosh, A. and E. Rosenthal (1994) Saline groundwater in Israel: Its bearing on the water crisis in the country. *Journal of Hydrology* 156: 389-430.

Vickery, H. B., G. W. Pucher, A. J. Wakeman, and C. S. Leavenworth (1940) Chemical investigations of the tobacco plant. VIII. The effect upon the composition of the tobacco plant of the form in which nitrogen is supplied. *Connecticut Agricultural Experiment Station Bulletin 442*. New Haven, CT.

Visser, E. J. W., T. D. Colmer, C. W. P. M. Blom, and L. A. C. J. Voesenek (2000) Changes in growth, porosity, and radial oxygen loss from adventitious roots of selected mono- and dicotyledonous wetland species with contrasting types of aerenchyma. *Plant, Cell and Environment* 23: 1237-1245.

van Schilfgaarde, J. (1990) Irrigation agriculture: Is it sustainable? In: *Agricultural Salinity Assessment and Management*. American Society of Civil Engineers, New York. pp. 584-594.

Waisel, Y. (1991) Adaption to salinity. In: *Physiology of Trees*. Raghavendra, A. S., ed. Wiley & Sons, New York. pp. 359-383.

Wells, C. E. and D. M. Eissenstat (2001) Marked differences in survivorship among apple roots of different diameters. *Ecology* 82: 882-892.

Wilcox, H. E. (1996) Mycorrhizae. In: *The Plant Root-The Hidden Half*, 2nd Edition. Waisel, Y., A. Eshel, and U. Kafkafi, eds. Dekker, New York. pp. 689-721.

WiLkinson, S. R. 1961. Influence of Nitrogen and Phosphorous Fertilizers on the Morphology and Physiology of Soybean Roots. Ph. D. thesis, Purdue University, West Lafeyette, IN.

WiLkinson, S. (1999) pH as a stress signal. *Plant Growth Regulation* 29: 87-99.

Wilkinson, S. and W. J. Davies (2002) ABA-based chemical signalling: The co-ordi-nation of responses to stress in plants. *Plant, Cell and Environment* 25: 195-210.

Wolf, S., D. Yakir, M. A. Stevens, and J. Rudich (1986) Cold temperature tolerance of wild tomato species. *Journal of the American Societyfor Horticultural Science* 111: 960-964.

Wyn Jones, R. G., R. Storey, R. A. Leigh, N. Ahmad, and A. Pollard (1977) A hypothesis on cytoplasmic osmoregulation. In: *Regulation of Cell Membrane Activities in Plants*. Marre, E. and O. Ciferri, eds. Elsevier/North Holland . Biomedical Press, Amsterdam. pp. 121 -136.

Xin, Z. and J. Browse (2000) Cold comfort farm: The acclimation of plants to freezing temperatures. *Plant, Cell and Environment* 23: 893-902.

Yakir, D., J. Rudich, and B. A. Bravdo (1986) Adaptation to chilling: Photosynthetic characteristics of the cultivated tomato and a high altitude wild species. *Plant, Cell and Environment* 9: 477-484.

Yamamoto, Y., Y. Kobayashi, and H. Matsumoto (2001) Lipid peroxidation is an early symptom triggered by aluminum, but not the primary cause of elongation inhibition in pea roots. *Plant Physiology* 125: 199-208.

Yamamoto, Y., Y. Kobayashi, S. R. Devi, S. Rikiishi, and H. Matsumoto (2002) Aluminum toxicity is associated with mitochondrial dysfunction and the production of reactive oxygen species in plant cells. *Plant Physiology* 128: 63-72.

Yan, X., S. Zheng and Y. Kuang (1992) Rice genotypes differing in salt tolerance. II: Short term kinetics of NaCl absorption and translocation in intact plants. *Journal of Plant Nutrition* 15: 1667-2678.

Young, M. C. (2002) *Guinness World Records, 2002*. Bantam Books, Westminster, Maryland.

12 큰 그림: 과거, 현재, 미래

지구의 약사

외계 물체의 지구 충돌과 지진활동에 의한 화산분출, 빙하작용, 기타 대변동을 야기하는 현상들은 우리의 관심과 지구과학자들의 주의를 끌지만, 식물들이 지구상의 조건을 더 크게 변화시켰다. 지구는 약 45억년전(4.5 billion years ago, bya)에 생성되었으며, 약 38억년전에 원시지구의 표면은 물의 끓는점(100℃) 이하로 냉각되었고, 대기는 주로 분화구에서 방출된 고농도의 이산화탄소와 일산화탄소, 수증기, 질소, 염화수소를 포함하는 기체로 구성되었음을 고려하자. 약 37.3억년전의 이른 시기에 광합성 유기체(남세균)가 비교적 단기간에 증식하여 광합성을 통해 방출한 산소에 의해 지각 근처에 있던 철이 산화되고, 그 결과 호상철광층(Banded Iron Formations)이라 부르는 암석층이 생성되었다.

그 후 20억년동안(그림 12.1) 남세균(cyanobacteria)에서 방출된 산소는 지표면 근처의 제1철(ferrous iron)과 황 원소 등의 환원형 광물(reduced minerals)을 대부분 고갈시켰기 때문에, 대기 중의 산소량은 상승하기 시작했다. 대기 중의 산소량이 증가하자 생명체에 해로운 자외선을 차단하는 오존층이 높은 대기층에 생성되었다. 세포에 광합성(엽록체)과 산소를 이용한 호흡(미토콘드리아)에 적합한 세포소기관을 지니고 있는 생명체인 진핵 조류(eukaryotic algae)는 약 16억년전에 출현했다. 대기 중의 산소농도가 21%에 도달한 시점인 약 6.5억년전에 다세포 유기체가 출현한 것은 우연이 아니다. 즉, 산소농도 21%에서 호흡효율이 더 좋아져, 이러한 더 복잡한 유기체가 그들의 외부 환경으로부터 어느 정도 떨어진 거리에서도 제 기능을 발휘할 수 있게 되었고, 또 형성과정 중이던 대기의 오존층(ozone layer)덕택

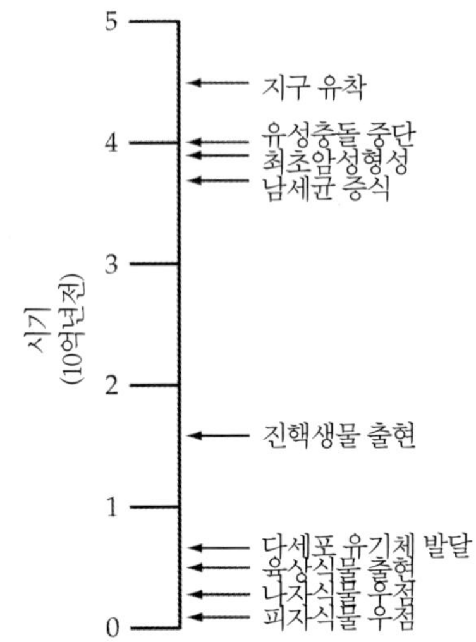

그림 12.1 지구상 주요사건의 스케줄 지구는 약 45억년전에 우주물질로부터 최초로 형성되었다. 지구표면에 유성 충돌이 중단된 것은 약 40억년전이었으며, 가장 오랜 암석은 이 안정화된 표면에 약 39억년전에 형성되었다. 생명체는 이미 37억년전에 번성했다. 진핵생물과 다세포 유기체, 육상식물, 나자식물, 피자식물은 대략 표시된 시기에 번성했다.

에 심각한 자외선의 손상을 입을 가능성이 더 줄어들어 비교적 긴 생활환을 완성할 수 있게 되었다.

그때까지도 생명체는 빛을 크게 약화시켜주며 이산화탄소의 확산을 방지해주는 환경인 바다에 얽매여 있었다. 그들 조상 대대의 수중 서식지(aquatic habitats)에서 모든 세포는 물과 그 용액내의 양분에 잠기거나 그 부근에 존재했었다. 따라서 고체 매트릭스가 생육을 억제하는 경우는 없었고, 식물체로부터 수분을 "빨아내는" 건조한 대기도 없었다. 물과 무기양분의 장거리 수송에 필요한 고도로 분화된 구조는 필요하지 않았다. 유기체를 둘러싼 액체 환경은 유동적이기 때문에, 유기체와 배지사이의 경계층에서는 흡수할 수 있는 양분이 고갈되지 않았다.

식물은 먼저 수중 서식지로부터 약 4.3억년전에 출몰하여 육지를 점거했다. 식물이 물로부터 육지로 올라온 것은 글자그대로 지구상 생명체의 역사에서 기념비적 사건이었다. 육상으로 진출하면서 식물은 온화한 수중 배지를 떠나게 되었다. 육상의 물과 무기 양분은 무기물로 된 고체 매트릭스의 표면에 존재하거나 파묻혀 있었다. 글자그대로 이제 급진적인 새로운 출발이 필요했다(Epstein 1977). 식물은 고체 매트릭스로부터 물과 양분을 얻어야했으며, 그러한 획득과정은 광범위해야만 했다. 이전의 액상 배지와는 달리 새로이 맞닥뜨린 고체 매트릭스는 물과 양분의 흐름을 방해했다. 이들 자원은 더 이상 식물에 자동적으로 전달되지 못했으므로, 식물은 만만치 않은 배지에서 물과 양분을 "찾아나서야" 했다. 따라서 그 배지에서 뿌리라는 진화학적으로 혁신적인 광범위한 분지 기관이 필요하게 되었다. 표 12.1에는 "뿌리의 토목명세(engineering specifications)"를 열거하였다.

육상에 진출함으로써 식물은 빛과 이산화탄소라는 중요한 자원에 더 가깝게 접근했을 뿐

표 12.1 뿌리의 "토목명세"

토양조건	"토목명세"	"토목명세"의 실현방법
고형물의 존재로 인한 물리적 뿌리뻗음 장애	가는 탐침	가늘고 원통형의 생장하는 뿌리
	보호된 선단	뿌리골무
물리 · 화학적 이질성	고정 또는 대칭형 형태이기보다는 가변적	무한생장 습관; 표현형 가변성
저농도의 양분 및 제한된 양분 이동성	새로운 토양부피 속으로 점진적으로 신장됨	분지를 포함한 생육
	큰 표면적	피층세포의 원형질막과 뿌리털, 균근, 프로테오이드 뿌리의 큰 표면적을 비롯한 뿌리의 생육 및 해부학적 구조

출처: After Epstein 1977.

만 아니라 아직도 바다에 서식하는 포식자로부터 도망칠 기회를 얻었다. 지구의 1차 생산성은 급등했다. 광활한 밀림이 곧 대륙을 뒤덮었다. 그러나 이러한 밀림의 키는 처음에는 몇 mm에 불과했으므로, 원시식물의 경우에, 토양에서 지상부 부위로의 물 수송과 햇빛을 받지 않는 뿌리로의 광합성산물 유동은 전적으로 효율성이 좋지 않은 세포-세포 연결(심플라이트 경로, 5장 참고)을 통해 일어났다. 그러므로 물질의 이동이 제한되었기 때문에 이런 식물은 몇 mm밖에 크지 못했다.

약 3.8억년전에 종자 및 관다발계가 등장하면서, 식물은 키를 키울 수 있었다. 작은 식물은 더 큰 식물에 가리게 되었다. 따라서 큰 키는 빛을 얻기 위한 맹렬한 싸움에서 강점으로 작용했다. 종자식물에서 종실에 들어있는 배(embryo)는 건조에 대해 상당히 강하다. 관다발 식물에서 특수한 관다발 조직은 물과 광합성산물이 몇 미터 또는 그 이상까지 쉽게 이동할 수 있는 효과적인 관 역할을 한다(5장 및 6장 참조). 관다발식물의 높은 숲이 석탄기(Carboniferous period)(3.7~2.8억년전)에 번성했으며, 석탄기라는 명칭은 이들 숲으로부터 만들어진 유기물이 현재의 산업화 시대(Industrial age)에 동력을 공급해주는 석탄 퇴적물을 생성했기 때문이다. 식물 진화의 다른 과정으로는 약 2.7억년전에 시작된 나자식물의 등장과, 약 2억년전의 쌍자엽식물로부터 단자엽식물의 분기(divergence), 약 0.9억년전의 전 세계적인 피자식물의 우점을 들 수 있다.

육상의 모든 생명체는 이제껏 아주 간단하게 설명한 진화적 발달의 결과이다. 이 심오한 주제에 대해 더 깊이 연구하고자 하는 사람은 Chapman(1987)과 L.E. Graham(1993)의 저서와 Raven과 Edwards(2001)의 고찰을 참고하기를 권한다.

대기

미항공우주국(NASA, the National Aeronautics and Space Administration of the USA)의 과학자와 기술자가 화성탐사선을 고안할 때, 저명한 영국 대기 화학자인 James Lovelock에게 태양계내의 생명체 존재의 증거를 평가해 줄 것을 부탁했다. 이를 고려하여 Lovelock은 지구상의 생명체는 능동적인 조절계(control system) 역할을 담당하여 지구의 물리적 환경 및 화학적 조성을 안정화시켰다는 "가이아 이론(Gaia hypothesis)"을 창안했다 (Lovelock 1979, 1988). 이 가설을 더 확장하는 것은 신학적인 영역에 해당하므로(Milne 1990) 이 책과 같은 과학서적에서는 어디서도 찾아볼 수 없다. 그 대신 사람들은 일반적으로 지구환경을 형성하는 생물학적, 물리적, 화학적 과정들 간의 복잡한 상호작용에 초점을 맞춰 설명한다.

예를 들어 생물학적, 물리적, 화학적 과정들의 균형에 의해 대기 중의 산소농도는 지난 6억 5천년동안 약 21%로 고정되었다. 지구전체로 볼 때 호흡에 의해 소비된 양과 거의 같은 산소가 광합성을 통해 방출(release by photosynthesis)되었다. 마찬가지로 유기탄소의 고정에 의해 방출된 양만큼의 산소가 암석의 풍화로 소비되었다. 수많은 무기 및 유기태의 질소와 황화합물도 산소를 방출하거나 소비했다(7장). 산소농도가 21%인 것은 절대 우연한 결과가 아님을 명심하라. 많은 물질들은 15%이하의 산소농도에서는 반응하지 않지만, 축축한 유기물은 산소 농도가 25% 이상이면 잘 연소된다. 따라서 21%의 산소 농도는 이 두 극단의 중간이다.

대기중의 산소 농도에 비해 이산화탄소 농도는 변동이 심했다(그림 12.2). 초기 지구의 대기중 이산화탄소 함량은 10%가 넘었다. 이 농도는 식물이 광합성을 통해 이산화탄소를 유기탄소로 고정함에 따라 감소했으며 유기탄소는 격리되었다. 쥬라기(Jurassic periods)(2억1천만

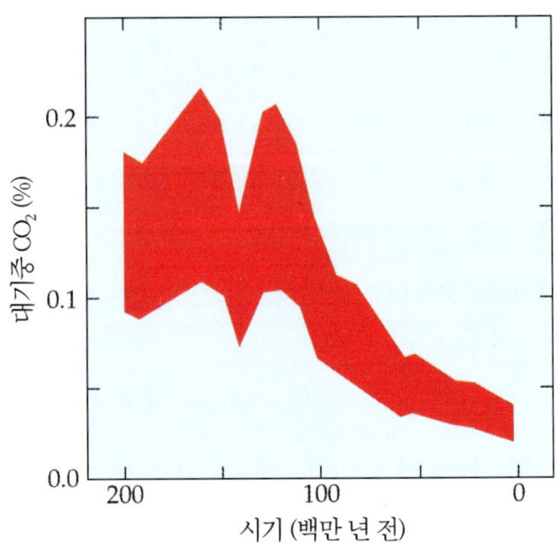

그림 12.2 지난 2억년에 걸친 CO_2농도의 변화 이 그래프에는 지구의 지화학적 탄소순환모형으로 예측한 지난 2억년간의 CO_2 농도를 나타내었다. (Berner 1991, 1997; Conway and Berner 2001; and Ehleringer, Cerling, and Dearing 2002)

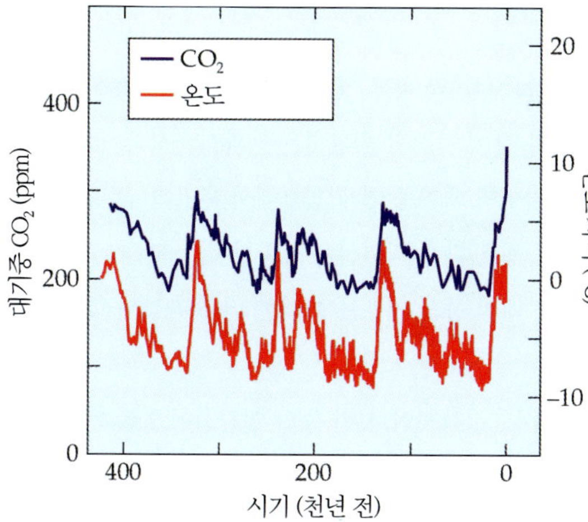

그림 12.3 남극의 Vostok기지에서 깊이별로 채취한 얼음 코어에 포집된 CO_2의 농도 이 얼음은 지난 450,000년에 걸쳐 쌓였다. 그 당시의 온도는 물속의 중수소의 상대치로부터 예측되었으며, 이를 1960~1990년의 지구 평균온도와의 차이로 나타내었다. (Petit et al. 1999)

~1억4천만년전)무렵에, 이산화탄소 농도는 1,000~2,000ppm(0.1~0.2%)정도였다(그림 12.2 및 Berner 1991). 1차 생산성이 더 큰 피자식물이 등장하면서 대기 중의 이산화탄소는 더 감소했다. 지난 700,000년에 걸쳐 이산화탄소는 빙하기의 180ppm에서 간빙기(interglacial periods)의 300ppm으로 등락을 거듭했다(그림 12.3). 화석연료의 연소와 집약적 농업생산 등의 인간활동으로 인해 이 같은 대기 중 이산화탄소 농도의 빙하기 순환이 교란되었다. 지난 200년간, 대기 중 이산화탄소 농도는 약 280에서 370ppm으로 기하급수적으로 증가했고(그림 12.4)(Etheridge et al. 1996; Whorf and Keeling 1998), 금세기 말에는 0.060~0.100%까지 증가할 것이다(Cox et al. 2000). 이러한 대기중 이산화탄소 농도의 상승은 지구 환경에 큰 영향을 미친다.

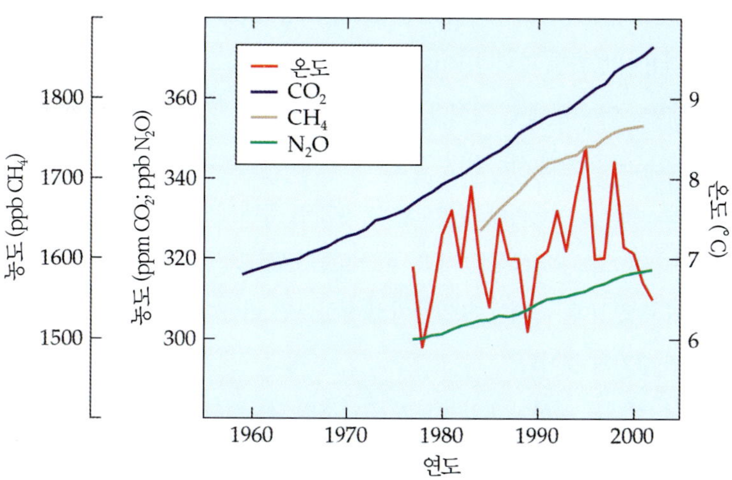

그림 12.4 1960년부터 현재까지 연평균 기온과 온실가스 농도 연평균기온과 온실기체인 CO_2와 CH_4, N_2O농도를 Hawaii의 큰 섬에 설치된 Mauna Loa 관측소(고도 3,400m)에서 기록했다.(Keeling 1998)

지구의 기온변화

이산화탄소(CO_2)는 메탄(CH_4) 및 아산화질소(N_2O)와 함께 "온실기체(Greenhouse gases)"이다. 이러한 기체는 온실을 덮고 있는 유리와 같이 가시광선의 빛은 투과시키지만, 적외선 영역의 빛을 흡수한다. 가시광선은 온실 혹은 지구의 대기를 쉽게 침투해서, 온실의 의자나 지구 표면의 여러 물질에 의해 흡수된다. 이러한 물질은 다시 적외선을 포함한 더 장파장의 이런 에너지의 일부를 재방출한다. 온실의 유리 또는 대기 중의 기체는 이러한 더 장파장의 빛을 흡수하여, 온실 또는 지구의 온도를 증가시킨다.

화석연료의 연소와 삼림벌채, 습지의 배수, 경작지의 시비 등의 인간활동으로 인해 전례없이 많은 양의 이산화탄소와 메탄, 이산화일질소가 대기 중으로 방출되었다. 이러한 방출의 영향을 평가하기 위해, 전 세계적인 연구소 망(FLUXNET)이 구축되어 이들 기체의 대기 중 농도를 감시하고 있다. 농도는 Hawaii의 큰 섬에 위치한 화산 Mauna Loa정상의 관측소에서 가장 집중적으로 측정되고 있다. 고도 3,400m의 이 지역은 산업활동의 직접적인 영향으로부터 멀리 떨어져있기 때문에, 지구 전체 대기의 개략적인 평균농도를 나타낸다. 이 지역의 이산화탄소와 메탄, 아산화질소는 연간 약 0.5% 증가했다(그림 12.4). 해마다 큰 변화가 있음에도 불구하고 연 평균기온은 연간 약 0.05°C증가했다. 모형 예측상으로 온실기체의 농도가 2배 증가하면 지구의 평균기온은 1.4°C~7.7°C정도 증가할 것이며(Forest et al. 2002), 이는 참으로 우울한 전망이다.

이들 변화가 식물의 무기영양에 미치는 영향이 증가할 것이다(Kramer 1981; Eamus and Jarvis 1989; Bazzaz 1990; Sage 1994; McGuire, Melillo, and Joyce 1995; Drake, Gonzalez-Meler, and Long 1997; Geiger et al. 1999; Sinclair et al. 2000; Oren et al. 2001). 토양의 온도가 더 높으면 토양으로부터의 양분방출과 토양미생물 활동, 뿌리대사를 비롯한 화학적 · 생물학적 작용이 증가할 것이다(Rustaed et al. 2001). 양분순환이 더 빨라질 것이며, 유효양분에 대한 경쟁도 더 치열해 질 것이다.

대기중 이산화탄소 농도도 식물에 직접적인 영향을 미친다. 이산화탄소 농도가 증가할수록 탄소고정은 증가되므로, 식물은 이산화탄소 농도가 더 증가한 상태에서 탄수화물 보유량이 증가된다. 이렇게 되면 부수적으로 뿌리생육 그리고, 균근 또는 질소고정세균 등의 양분흡수를 촉진하는 공생미생물들이 촉진된다. 이러한 요인들이 발생한다면 이산화탄소가 증가하는 조건에서 식물의 양분흡수가 증가할 것이다.

놀랍게도 식물의 질소 상태는 이산화탄소 농도가 증가하면 감소한다. 평균적으로 이산화탄소가 2배 증가하면, 지상부의 질소 함량은 14%감소하는 반면(Cortrufo, Ineson, and Scott 1998) 지상부 생물량은 12%미만 증가한다(Curtis 1996). 그러므로 만약 생물량이 추가로 증가하여 일정량의 질소가 희석되면, 지상부의 질소함량은 예상보다 더 감소한다(Makino and Mae 1999). 따라서 이산화탄소 농도가 높은 조건에서 생육하는 식물은 낙엽 잔재(leaf litter)가 더 많지만, 엽중 질소함량은 7.1%미만이다(Norby et al. 2001). 이러한 현상을 여러 가지로 설명할 수 있다.

- 뿌리 성장은 이산화탄소 농도가 증가하면 증가하는 경향이지만, 지상부 성장과 비례하지는 않을 수 있다(Norby and Jackson 2000). 대기중 이산화탄소가 증가하면 단위 뿌리당 질소 흡수량은 변화가 없거나 감소할 수도 있다(Jackson and Reynolds 1996).
- 균근 활동은 대기중 이산화탄소 농도의 변화에 영향을 받지 않는 경우도 있다(Treseder and Allen 2000)
- 질소고정은 이산화탄소 농도가 증가하면 증가하지만, 단위 식물 질량당 고정량이 증가해서라기보다는 주로 식물의 성장이 촉잔되기 때문에 증가한다(Vitoussek and Field 1999).
- 고농도의 이산화탄소에서 생육하는 식물은 낙엽 생성이 많지만, 이 잎의 탄소함량은 더 많지만 질소함량은 더 적다. 이 조건에서 토양미생물의 활성이 촉진되어(Rustard et al. 2001) 토양 질소의 부동화가 촉진된다(Nicklaus et al. 2001).
- C_3 탄소고정 경로(Calvin-Benson회로)의 첫 효소인 Rubisco(ribulose-1,5-bisphosphate carboxylase oxygenase)는 엽중 단백질의 절반이나 차지한다. 이산화탄소 농도가 증가하면 산소화(광호흡)반응보다 이 효소의 카복실화반응(carboxylation)을 유리하게 하여, 이산화탄소 농도가 높은 조건에서 식물은 Rubisco가 더 적게 필요하며 식물의 질소이용 효율(단위 식물체 질소당 증가한 탄소량)이 증가한다. 그러나 이산화탄소와 관련한 Rubisco의 변화는 이 효소에만 특이적인 것은 아니다. 오히려 지상부 단백질과 질소의 총 함량이 변화된 결과일 수도 있다(Makino and Mae 1999).
- 이산화탄소는 식물 지상부의 질산동화를 선택적으로 억제한다(7장). 따라서 이산화탄소의 농도가 증가하면 유리 질산이 식물조직에 축적되고, 단백질 함량이 감소하며, 질소대사에 관여하는 효소 활성이 타 단백질보다 더 저하된다(Bloom, Smart, Nguyen, and Searles 2002).

전부는 아니고 이들 중 여러 요인들은 이산화탄소 농도가 높을 때 지상부의 질소 함량을 감소시키는 공동 요인이다. 결론적으로 말하면, 이산화탄소의 공급이 제한되지 않을 때 질소가 식물의 생산성을 더 제한한다고 할 수 있다.

그것이 시사하는 바는 7장에서 설명한 것과 같이 엄청나다. (1) 우리가 먹는 음식의 단백질 함량은 이산화탄소 농도가 증가함에 따라 결핍되기 쉽다(Fangmeier et al. 1999; Kimball et al. 2001). 질소비료를 추가 시비하면 단백질 함량을 보충할 수 있지만(Fanmeier et al. 1999; Sinclair et al. 2000), 경제성이 떨어지며, 질산용탈과 암모늄 휘산, 아산화질소 방출을 심화시킨다. (2) 뿌리에서 질산 또는 암모늄을 동화하는 식물은 지상부에서 질산을 동화하는 식물에 비해 경쟁 우위를 점하기 때문에, 지구상의 식물종 분포는 변화될 수 있다(Bloom, Smart, Nguyen, and Searles 2002). (3) C_3와 C_4식물간의 균형은 확실하지 않다. 지상부의 낮은 질소함량과 고온은 C_4식물에 유리하지만, 고농도의 이산화탄소는 C_3식물에 유리하다 (Sage and Kubien 2003). 대체로, 세계적인 기후변화를 해결하기 위한 적절한 전략은 현재보다 식물영양과 양분순환에 훨씬 더 많은 관심을 기울이는 것이다.

양분순환

각 영양 원소는 여러 형태로 존재한다. 일부 형태는 생물학적 작용에 의해 최근에 생성되며, 나머지는 순전한 물리적 또는 화학적 작용에 의해 생성된다. 양분의 생물지화학적 순환으로 각 양분형태의 1차적인 출처와 소비처를 확인할 수 있으며, 양분 형태간의 유동속도와 유동규모를 정량화할 수 있다. 이제, 앞에서 다룬 질소와 황 순환(7장)과는 달리 주요 대기 조성성분이 결여되며 주요한 미생물 전환을 받지 않는 몇몇 양분순환에 대해 설명한다.

인

인(phosphorus)(그림 12.5)은 보통 지구의 생물학적 활성을 나타내는 부분인 생물권에 인산 (PO_4^{3-})형태로 존재한다. 인산의 대부분은 암석에 들어있으며, 칼슘 또는 철, 마그네슘, 알루미늄 산화물과 복합체를 형성하고 있다. 암석이 자연 풍화되면 아주 서서히 이러한 인산이 가용화된다. 많은 식물과 그와 관련한 미생물은 유기산을 분비하여 이 작용을 가속화한다(11장). 식물 또는 미생물은 토양용액으로부터 인산을 흡수한 후 인지질과 핵산 등의 유기화합물 속으로 도입시킨다(8장). 유기 인산은 육상생태계에서 유기체 간에 밀접하게 순환되지만, 이 인산의 일부는 분해 과정중 무기태로 전환되어 저용해성 화합물로써 토양으로 유실되거나 바다 및 해양으로 씻겨 내려간다. 바다로 흘러들어간 인산은 표면 근처에서 며칠동안만 유기태로 존재한 후 수천년간 바다 속 깊이 가라앉아 최종적으로 새로운 암석이 된다. 영겁에 걸친 지질학적 힘에 의해 이러한 해양침전물은 지상위로 융기되어 다시 풍화에 노출되고, 순환계가 완성된다.

인의 유효도가 부족하여 식물의 생육이 저해되는 지역이 많다(Vance, Uhde-Stone, and Allan 2003). 극단적인 예는 호주의 고대 토양이며, 이 토양은 지구상 타 지역 토양의 총 인산 함량은 평균 0.6%인데 비해 장기간에 걸친 침식과 용탈에 의해 토양의 총 인산이 0.04%이하로

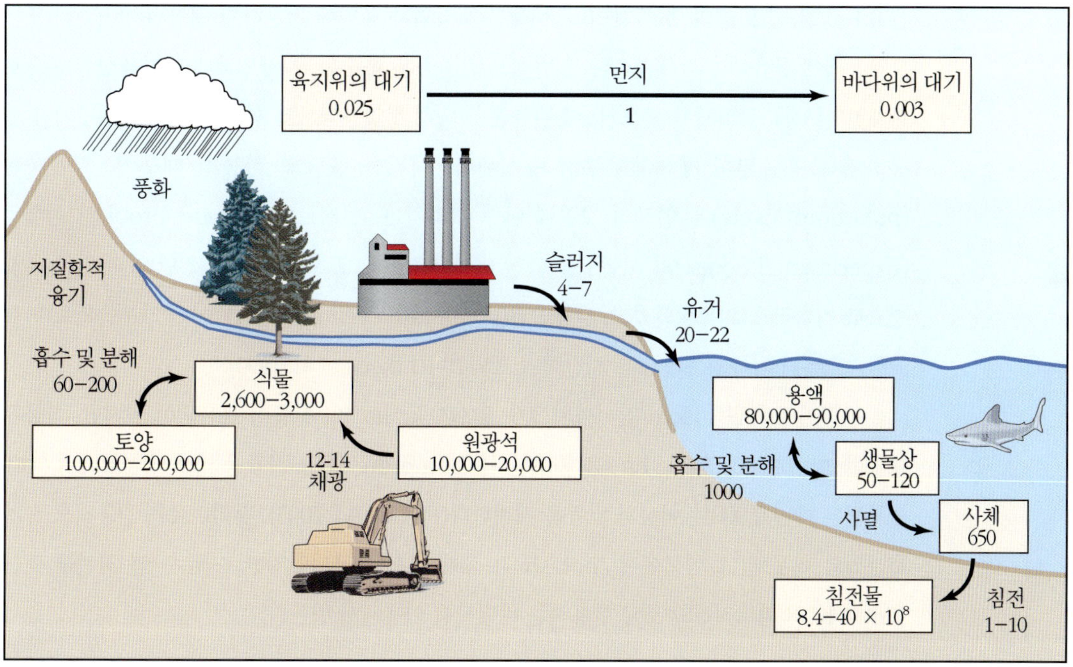

그림 12.5 지구상의 인 순환 네모는 여러 저장형태와 그 추정량을 10^{12}g P로 나타내고 있다. 화살표는 저장형태간의 전환량을 10^{12}g P yr^{-1}으로 나타낸 것이다.(Schlesinger 1997)

고갈되었다. 인산이 고갈된 토양의 농업생산성을 유지하기 위해, 호주 농부들은 연간 100만톤의 인산 비료를 처리한다(FAOSTAT 2003). 전 세계적인 인산 시비량은 이제 연간 3,000만톤을 상회한다. 이들 비료의 대부분은 인산함량이 많은 해양침전물에서 추출된다. 양질의 인산자원은 흔치 않다. 전 세계 인산자원의 거의 절반은 Morocco가, 그리고 미국과 중국, 남아프리카가 나머지 40%를 차지한다(Steen 1998). 인산자원이 골고루 분포되어 있지 않고, 인산이 육지로부터 해양으로 심각하게 유실되며, 농업생산에서 인산이 절대적으로 필요하다는 전제하에서, 전세계의 인산 가격은 예측불허로 증가할 것이다(Smil 2000). 새로운 OPEC(인산수출국기구, Organization of *P*hosphate *E*xporting Countries)이 생겨날 수 있다.

칼륨

칼륨(potassium)은 지각의 약 2.5%를 차지할 정도로 자연계에 비교적 풍부하다. 토양에 가장 많은 형태(그림 12.6)는 운모(mica)와 장석(feldspar) 등의 칼륨-알루미늄 규산염이며, 이들은 뜨거운 용액이 지각근처에서 굳을 때 형성된다. 이들 물질은 서서히 칼륨을 토양용액 속으로 방출한다(Singer and Munns 2002). 그러므로 식물과 미생물에 칼륨을 공급하는 주 공급원은 0.1~0.2%인 토양의 총 칼륨이며, 이들은 토양입자 표면에 느슨하게 결합되거나(2장) 또는 토양용액에 함유된 이온(K^+)이다. 일반적으로 칼륨은 흡수된 후 생명체내에 가용성 이온으로 존재한다(3장). 생명체가 죽으면, 이 칼륨은 신속히 토양용액으로 환원되어 다른 생명체가 이용하거나 용탈되어 생태계로부터 유실된다. 이러한 용탈의 가능성 때문에, 칼륨순환(potassium cycle)은 인간의 교란에 아주 취약하다. 실례로, Hubbard Brook의 시험림(Experimental Forest)의 시험구를 완전 벌채함으로써 그 후 수년간 엄청난 양의 칼륨이 하천으로 지속적으로 유실되었고, 칼륨순환(potassium cycling)은 다른 어떤 양분순환보다 이 교란으로부터 회복되는데 많은 시간이 소요되었다(Likens et al. 1994).

농경지토양에는 15cm 깊이까지 300~50,000 kg ha^{-1}의 칼륨이 보유되어 있지만, 작물은 수확할 때마다 200~700kg ha^{-1}을 흡수한다(Thompson 2002). 칼륨을 적절히 공급하기 위해, 농부들은 매년 2,000톤 이상의 칼륨을 시비한다(FAOSTAT 2003). 칼리비료는 전통적으로 가축분뇨와 나뭇재(그 이름에서 "potash"가 유래)에서 공급되었지만, 지금은 염 침전물 또는 10mM K^+의 비교적 고농도로 함유하는 바닷물을 이용해서 만든다.

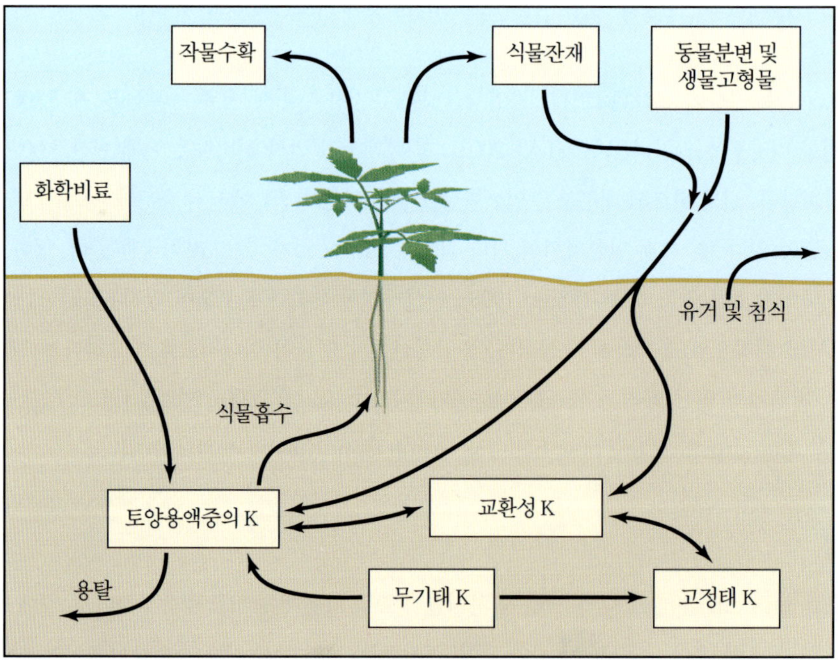

그림 12.6 농경지에서의 칼륨 순환 네모는 저장형태를 나타내며, 화살표는 저장형태간의 이동을 나타낸다.

염

염순환(salt cycle)은 물순환과 밀접한 관련이 있다(그림 12.7). 바다와 기타 수자원으로부터 증발되는 물은 거의 순수하다. 이 수증기가 육지 위에서 응축되면, 강수에 의해 노출된 토양으로부터 염이 씻겨나간다. 바다로 흘러들어가면서 이 강수의 일부는 증발되거나 관수용으로 제거되어, 나머지 물속의 용해된 염의 농도는 높아진다. 유기체는 칼슘과 칼륨 이온은 물론 인산염과 규산염, 황산염과 같은 많은 염류를 제거한다. 나트륨과 염소가 주를 이루는 다른 염류는 용액에 잔류하여 해양으로 흘러들어가, 바닷물에서의 농도를 약 500mM로 증가시킨다(표4.1). 해양비산(ocean spray)에 의해 이 염화나트륨의 일부는 대기중으로 휩쓸려 올라가 내륙에 살포되고, 육지를 순환하며, 마침내 비와 눈으로 내린다("순환염, cyclic salt").

11장에서 이미 염류도와 그에 대한 식물의 반응에 대해 다루었다. 그 곳에서 다룬 염류-저항성 작물개발의 가능성이 있다하더라도 토양과 물을 적절하게 관리하지 않을 수 없다. 이들 두 방법은 병행되어야만 한다(Epstein and Rains 1987). 염생식물(고농도의 염류도에 저항성을 나타내는 식물)을 이용하여 토양으로부터 염을 제거하고, 이어 그 식물을 그 지역에서 제거하는 식물복원의 성공 가능성이 제기되었지만, 11장에서 언급한 바와 같이 아직 대규모로 적용하기에는 어려움이 있다. 염과 기타 양분순환에 대해 더 많은 관심을 기울여 인간이 천연자원을 교란함으로 인한 환경영향을 완화해 줄 필요가 있다.

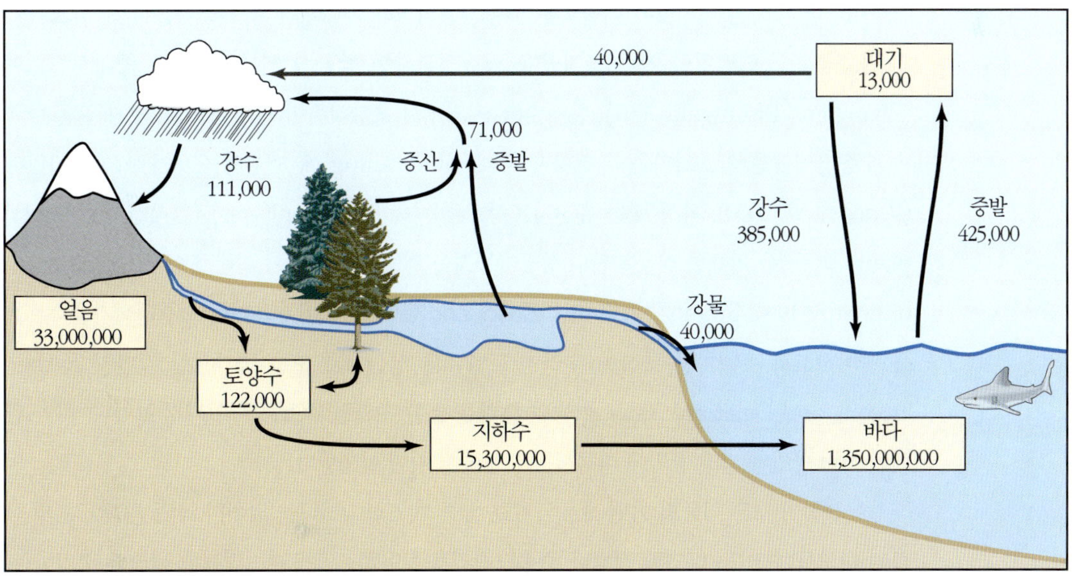

그림 12.7 지구의 물순환 네모는 여러 저장형태와 그들의 개략적인 양을 km^3으로 나타낸다. 화살표는 저장형태간의 이동을 km^3/연으로 나타낸다. (Schlesinger 1997)

예측

마지막 장—특히 전 세계 및 지구적 순환의 역사와 같은 광범위한 문제를 다루는 장—에서 저자들은 관례적으로 미래에 관해 통찰한다. 공상과학소설에서와 같은 이러한 통찰은 사태의 현실을 직시할 수 있게 해주며, 계획수립을 촉진하고, 흥미를 유발하지만, 적절하게 지속되는 경우는 거의 없다. 그러므로 이번 절의 내용이 더 구식이 될 수록 저자들은 이 책의 후속 판을 준비할 한층 더 큰 동기를 얻게 될 것이다.

수송단백질

분명한 것은 분자생물학자들이 양분수송단백질을 암호화하는 더 많은 유전자를 확인할 것이며 또 이들 유전자의 조절방식을 규명할 것이라는 점이다. 특히, 서로 다른 환경조건과 상이한 조직에서 어떻게 발현이 달라질 것인지를 규명할 것이다(10장). 암호화된 단백질에 X-선 회절 분석법을 적용하면 형태가 기능과 어떻게 부합하는지—수송단백질의 구조가 어떻게 그 수송 특징을 결정짓는지—를 알 수 있다. 그 결과는 MacKinnon 등(1998)이 칼륨 통로에 대해 얻은 결과와 Dutzer 등(2002)이 염소 통로에 대해 얻은 결과와 비슷할 것이다. Zhang 등(2001)이 단일형질(액포의 나트륨 축적)을 과발현시킴으로써 염류저항성 유채속(*Brassica*)식물을 유전공학적으로 만든 것은 고무적이다. 이는 앞에서 예상한 것보다 훨씬 더 쉽게 성공했다.

이러한 지식은 머지않아 식물학분야에 적용되리라 기대된다. 유전공학을 통해 효모유래의 나트륨 수송단백질을 지니는 작물을 형질전환하여 작물의 염류저항성을 증대시켰으며(Zhang and Blumwald 2001), 현재 여러 지역에서 포장시험이 진행 중이다. 납과 같은 중금속 수송단백질을 암호화하는 유전자가 광재(mine tailing)에 자생하는 종에서 확인되었다(Pence et al. 2000). 자생 또는 유전자조작 "금속식물(metallophytes)"(그리스어로 "metal plants"의 뜻)을 이용한 식물복원의 성공가능성을 검증하는 작업이 진행 중이다(Department of Energy 1994; Brooks; McGrath, Zhao, and Lombi 2001). 유기산이나 인산가용화효소를 분비하도록 유전자를 조작한 뿌리는 토양내의 인산 유효도를 증가시킬 것이지만(Abel, Ticconi, and Delatorre 2002), 이들의 분비를 통한 수확량 감소는 확인되지 않았다. 이와 관련한 이런 방법과 기타 방법에 대해서는 11장에서 이미 설명했다.

핵심적인 것은 식물의 어떤 작용이 수송에 의해 제한되느냐는 것이다. 식물은 대부분의 상황에 대처할 수 있는 다양한 적절한 수송단백질을 보유하는 듯하며, 적절한 시기와 적절한 위치에 뿌리를 유지하는 것이 더 중요할 수 있다(Bloom 1997; Lynch 1997). 예를 들어 토양용액의 질산 농도를 10μM에서 10nM로 고갈시킬 수 있는 수송단백질로 전환하면 상당량의 대사

에너지가 더 소모될 것이지만, 식물에 추가로 공급되는 질소는 별로 없을 것이다. 대신 식물은, 토양내의 질산 농도가 10mM에 달하는 질산이 풍부한 지역을 발견함으로써 그리고 친화성이 더 낮은 수송단백질을 이용하여 이 질산을 흡수함으로써, 더 큰 이익을 얻을 것이다. 식물이 양분을 감지하여 적시 · 적소에 뿌리를 발달시켜 적절히 반응하는 능력인 양분 굴화성(nutrient chemotropism)은 성장 잠재력이 큰 연구 분야이다(Bloom, Meyerhoff, Taylor, and Rost 2002).

양분 굴화성(Nutrient chemotropism)

양분은 뿌리성장과 발달에 직접적인 영향을 미치는 필수 물질이다. 이러한 영향은 뿌리 정단에서 아주 두드러지며, 여기서 세포분열과 등방성(isotropic) 세포신장을 가능케 하는 양분은 정단 조직 자체에 의해 근권으로부터 주로 흡수된다. 정단에는 거대 액포는 물론 완전하게 분화된 체관부 조직이 없다. 따라서 정단은 양분을 많이 저장할 수 없을 뿐만 아니라 더 성숙한 조직으로부터 양분을 신속하게 유입할 수도 없다. 뿌리 정단이 토양내의 양분이 고갈된 지역으로부터 양분이 풍부한 지역으로 이동되면, 세포분열과 신장이 가속화되어 양분이 풍부한 지역에 뿌리가 증식된다(Drew, Saker, and Ashley 1073; Drew 1975; Drew and Saker 1975, Grime, Crick, and Rincon 1986; Sattelmacher and thomas 1989; Bing- ham, Blackwood, and Stevenson 1997). 양분의 직접적인 자극만으로는 충분하지 않으며, 식물은 각 방향으로 뿌리를 신장시켜 양분이 풍부한 지역을 찾을 필요가 있을 것이다.

멀리서 양분이 풍부한 지역을 찾아내어 옳은 방향으로 뿌리를 우선적으로 신장할 수 있다면 식물은 더 효율적일 것이다. 이러한 메커니즘에는 뿌리가 토양내 미량의 양분을 감지하고 농도 차이를 구분할 수 있어야 한다. 불행히도 현재까지 대부분의 연구는 뿌리를 양분농도가 거의 균일한 환경에 노출시키거나 기껏해야 같은 식물체의 뿌리를 두 가지 균일한 환경에 분할했다(Gersani and Sachs 1992; Bingham, Blackwood, and Stevenson 1997). 다른 연구에서 연구자들은 뿌리를 먼저 고농도(4.8mM)의 질산에 노출하거나(Wang, Carvin, and Kochian 2001) 뿌리에서 갑자기 인산을 제거하여(Abel, Ticconi, and Delatorre 2002) 유도한 수많은 mRNA 전사체를 수집했다. 이러한 처리는 자연 토양의 조건과 다르다.

Zhang과 Forde(1998)와 Zhang et al.(1999)의 연구결과 뿌리의 발달은 양분이 균일한 환경에 비해 양분 구배가 있는 환경에 대한 반응이 다르다는 것이 입증되었다. 한천 평판배지에서 생육하는 애기장대는 배지의 질산함량이 높으면 측근 신장이 저해되었다. 질산을 좁은 지역과 적절한 농도(0.1mM 또는 그 이상)로 국한시켜 증가시키면, 측근의 신장은 그 지역에서 2

배 증가했다. NO_3^-환원효소가 결여된 변이주는 국지적인 질산농축에 대해 유사한 반응을 나타냈으며, 이는 질산에 의한 측근성장의 촉진은 질소 영양과는 무관함을 입증해준다. 그러나 이런 실험에서 질산은 고전적인 모형에 의한 화학적 신호로 작용하는 것 같지는 않다.

화학적 신호의 고전적 모형은 (1) 보통 1 μM이하의 농도로 존재하는 미량의 신호가 세포 표면의 특이적인 수용체에 결합하고, (2) 수용체-신호 복합체가 단계적 연쇄 화학반응(cascade of chemical reactions)을 일으키며, 이때 각 반응의 강도는 증폭되며, (3) 증폭된 화학반응이 비교적 큰 반응을 야기한다. 식물 화학신호의 예로는 호르몬[예, 에틸렌, 옥신, 사이토카이닌, 지베렐린, 압시스산, 쟈스몬산(jasmonate)]과 병원균 표면의 항원성 단백질(antigenic proteins)이 있다. 비록 무기 영양소가 뿌리의 성장과 발달, 그리고 식물의 양분분배 양상을 유도하는 신호임은 틀림없지만, 수용체와 단계적 연쇄신호(signal cascade)는 아직 확인되지 않았다.

양분동화와 격리

자연 토양의 식물이 과다한 질소 또는 인, 칼륨, 중금속 농도에 노출되는 경우는 드물지만, 인간의 활동으로 식물은 과다한 또는 간혹 독성 농도의 이들 양분에 노출될 수 있다. 양분 동화 또는 저장 능력이 향상된 식물 유전형질의 개발은 실제로 도움이 된다. 예를 들어 농부는 암모늄 동화능력이 향상된 작물에 암모늄태 비료를 더 직접 처리할 수 있을 것이다. 이 전략은 수확량을 증대시키고, 암모늄 독성을 예방하고, 암모니아 휘산 또는 질산 용탈로 인한 환경오염을 감소시킬 수 있다(Hirel et al. 1997; Ameziane, Bernhard, and Lightfoot 2000). 마찬가지로 중금속 킬레이트화 능력을 증대시킨 식물체(Brooks 1998; Hall 2002)는 오염지 복원에 도움이 된다. 양분 획득(acquisition)과 격리(sequestration)를 조절하면 작물개량의 가능성이 증가한다.

사람에게 필요한 미량 영양소를 다량 함유하는 작물을 육종하는 것은 아주 중요하다. 수백만의 인구가 철과 기타 미량영양소 결핍증을 앓고 있다. 예를 들어 세계은행(The World Bank)은 Bangladesh 인구 중에서 철 결핍증으로 인한 장애는 국내총생산의 약 11%에 달한다고 추산한다(Graham, Welch, and Bouis 2001). 아연 결핍증에 대해서는 알려진 자료가 없으나, 관심을 기울일 필요가 있다.

원예 및 농업 기술

선진국에서 널리 시행되고 있는 고가 작물에 대한 점적(미량)관개(micro irrigation) 및 그와 관련한 관비(fertigation)(2장 참고)는 물과 양분을 효율적으로 처리하는데 유망하다

(Mmolawa and Or 2000). 그러나 이 기술은 많은 점에서 아직 완성되지 않았으며, 여전히 흩어뿌림(broadcast application) 또는 수경법의 지침을 거의 따르며, 점진적으로 자체 표준을 개발하고 있을 뿐이다. 비료의 제조와 살포에 선진국 농업에서 사용되는 에너지의 1/3이상이 소요되고 있다(McLaughlin et al. 2000). 분명히 비료 사용을 감축해야 한다는 요구 때문에 이 기술은 더 정교하게 발전할 것이다.

극단적인 방식—이전에 제안되었으나 분자생물학 기법으로 실현가능성이 높아진 방식—은 바닷물(seawater)을 이용한 작물생산이다(Epstein and Norlyn 1977; Epstein et al. 1979). 해안 사막은 거의 30,000 km에 달하며, 모래 사구는 약 1.3×10^9 ha에 걸쳐 펼쳐져있다. 관개에 사용된 바닷물이 다공성의 반응성이 없는 모래를 통해 최종적으로 바다로 회수되고, 해수재배(seawater culture)를 위해 유전공학적으로 작물을 육종한다면, 바닷물을 이용한 작물재배법은 실현가능하다. 그 가능성에 대한 증거는 방금 인용한 Epstein과 그 연구진의 논문에 제시되어 있고, 더 많은 연구가 진행되고 있으며 진전이 있다(예, Ashraf 2002).

세계적인 인구과잉(population pressure)은 계속될 것이다. 예를 들어 아프리카의 인구는 매년 4% 증가하고 있지만, 식량생산은 매년 2%에 그치고 있다. 남아프리카를 제외한 아프리카의 화학 질소비료 사용량은 연간 경작지 ha당 평균적으로 약 1 kg이다. 아프리카 여러 지역의 토양이 척박함을 감안하면 더 많은 비료를 사용하면 수확량이 급격히 증가할 것이지만, 사회경제적 문제점(socioeconomic issues)때문에 이러한 전략은 차질이 빚어지고 있다. 어려운 점은 식량가격 억제와 지역 비료제조시설의 부족, 농부에 대한 대출 부족, 불충분한 배급체계, 농촌인구의 교육 부족 등 많다. 질소비료를 폭발물로 사용할 가능성을 많은 정부에서는 위협으로 간주하기도 한다. 그럼에도 불구하고 중국의 경험은 시사하는 바가 크다. 가족계획의 시행과 더불어 화학비료 사용량을 늘려 농업생산성을 증대시킴으로써 중국은 식량자급(food sufficiency)을 달성했다.

전 세계 농산품 시장과 지역 정치사이의 긴장은 고조될 것이다. 일부 경제학자는 "왜 비싼 땅과 비싼 물, 고임금 노동력을 저가의 제품을 생산하는데 사용해야 하는가?" 면서 미국과 이스라엘 등의 기술적으로 진보된 지역은 기업농업을 포기해야 한다고 주장한다(Blank 1998). 그러나 최근 미국에서 농부의 시장(farmer' s market)이 급증하고 있는 것을 보면 기술 선진국에서 소비자들은 고품질의 지역 제품에 기꺼이 프리미엄을 지불한다. 더욱이 국가안보를 위해 식량자급률을 높일 필요가 있다. 제2차 세계대전 중 미국에서 장려된 "승리의 정원(Victory Gardens)" 은 국가간 분쟁이 일어날 경우에 또다시 필요할 것이다. 평화기에도 농산업(agricultural industries)이 활기차면 국민의 복지가 보장된다. 합리적인 시비는 농업을 경제적으로 활기차고 환경친화적으로 유지하는데 중요하다. 무엇보다도 식물의 무기영양은 절대

선거운동의 쟁점이 되어서는 안 되지만, 점점 전 세계 힘의 균형을 결정하는 중요한 요소가 될 것이다.

맺음말

글자그대로 무기영양의 뿌리에 대해 다시 알아보면서 마무리해보자. 뿌리의 외부 세포는 그 이웃(주로 미생물)을 제외하고는 다른 어떤 생활 세포가 접하는 것보다 위치와 시간상으로 훨씬 더 변이가 심하며, 물리적, 화학적, 생물학적으로 훨씬 더 이질적인 불응 배지(refractory medium)과 접하고 있다. 이러한 배지에 노출된 뿌리세포는 육상생물권이 필요로 하는 거의 모든 화학 원소를 육상 생물권으로 배출하여, 외부 막을 통해 유입시키며 그 거리는 약 1 μm이다. 이들 막에서 구별 메커니즘에 의해 외부의 불균일한 저장고로부터 원자들이 선택되고 이 원자들이 조립되어 지구상의 생명계가 구성된다.

참고문헌

Abel, S., C. A. Marconi, and C. A. Delatorre (2002) Phosphate sensing in higher plants. *Physiologia Plantarum* 115: 1-8.

Ameziane, R., K. Bernhard, and D. Lightfoot (2000) Expression of the bacterial gdhA gene encoding a NADPH glutamate dehydrogenase in tobacco affects plant growth and development. *Plant and Soil* 221: 47-57.

Ashraf, M. (2002) Salt tolerance of cotton: Some new advances. *Critical Reviews in Plant Sciences* 21: 1-30.

Bazzaz, F. A. (1990) The response of natural ecosystems to the rising global CO_2 levels. *Annual Review of Ecology and Systematics* 21: 167-196.

Berner, R. A. (1991) A model for atmospheric CO_2 over Phanerozoic time. *American Journal of Science* 291: 339-376.

Berner, R. A. (1997) Paleoclimate: The rise of plants and their effect on weathering and atmospheric CO_2. *Science* 276: 544 546.

Bingham, I. J., J. M. Blackwood, and E. A. Stevenson (1997) Site, scale and timecourse for adjustments in lateral root initiation in wheat following changes in C and N supply. *Annals of Botany* 80: 97-106.

Blank, S. C. (1998) *The End of Agriculture in the American Portfolio*. Quorum Books, Westport, CT.

Bloom, A. J. (1997) Nitrogen as a limiting factor: Crop acquisition of ammonium and nitrate. In: *Ecology in Agriculture*. Jackson, L. E., ed. Academic Press, San Diego. pp. 145-172.

Bloom, A. J., P. A. MeyerhoK, A. R. Taylor, and T. L. Rost (2002) Root development and absorption of ammonium and nitrate from the rhizosphere. *Journal of Plant Growth Regulation* 21: 416 431.

Bloom, A. J., D. R. Smart, D. T. Nguyen, and P. S. Searles (2002) Nitrogen assimilation and growth of wheat under elevated carbon dioxide. *Proceedings of the National Academy of Sciences of the USA* 99: 1730-1735.

Brooks, R. R., ed. (1998) *Plants that Hyperaccumulate Heavy Metals.* CAB International, Wallingford, UK.

Chapman, A. R. O. (1987) *Functional Diversity of Plants in the Sea and on Land.* Jones and Bartlett, Boston.

Cotrufo, M. F., P. Ineson, and A. Scott (1998) Elevated CO^2 reduces the nitrogen concentration of plant tissues. *Global Change Biology* 4: 43-54.

Cox, P. M., R. A. Betts, C. D. Jones, S. A. Spall, and I. J. Totterdell (2000) Acceleration of global warming due to carbon-cycle feedbacks in a coupled climate model. *Nature* 408: 184-187.

Crowley, T. J. and R. A. Berner (2001) Paleoclimate: CO_2 and climate change. *Science* 292: 870-872.

Curtis, P. S. (1996) A meta-analysis of leaf gas exchange and nitrogen in trees grown under elevated carbon dioxide. *Plant, Cell and Environment* 19: 127-137.

Department of Energy (1994) Summary Report of a Workshop on Phytoremediation Research Needs. U.S. Department of Energy, Washington, DC.

Drake, B. G., M. A. Gonzalez-Meler, and S. P. Long (1997) More efficient plants: A consequence of rising atmospheric CO_2? *Annual Review of Plant Physiology and Plant Molecular Biology* 48: 609-639.

Drew, M. C. (1975) Comparison of the effects of a localized supply of phosphate, nitrate, ammonium and potassium on the growth of the seminal root system, and the shoot, in barley. *New Phytologist* 75: 479-90.

Drew, M. C. and L. R. Saker (1975) Nutrient supply and the growth of the seminal root system in barley. II. Localized compensatory increases in lateral root growth and rates of nitrate uptake when nitrate supply is restricted to only part of the root system. *Journal of Experimental Botany* 26: 79-90.

Drew, M. C., L. R. Saker, and T. W. Ashley (1973) Nutrient supply and the grown of the seminal root system in barley. I. The effect of nitrate concentration on the growth of axes and laterals. *Journal of Experimental Botany* 24: 1189-1202.

Dutzler, R., E. B. Campbell, M. Cadene, B. T. Chait, and R. MacKinnon (2002) X-ray structure of a ClC chloride channel at 3.0 Ang reveals the molecular basis of anion selectivity. *Nature* 415: 287-294.

Earnus, D. and P. G. Jarvis (1989) The direct effects of increase in the global atmospheric CO_2 concentration on natural and commercial temperate trees and forests. *Advances in Ecological Research* 19: 1-55.

Ehleringer, J. R., T. E. Cerling, and M. D. Dearing (2002) Atmospheric CO_2 as a global change driver influencing plant-animal interactions. *Integrative and Comparative Biology* 42: 424-430.

Epstein, E. (1977) The role of roots in the chemical economy of life on earth. *BioScience* 27: 783-787.

Epstein, E. and J. D. Norlyn (1977) Seawater-based crop production: A feasibility study. *Science* 197: 249-251.

Epstein, E. and D. W. Rains (1987) Advances in salt tolerance. *Plant and Soil* 99: 17-29

Epstein, E., R. W. Kingsbury, J. D. Norlyn, and D. W. Rush (1979) Production of food crops and other biomass by seawater culture. In: *The Biosaline Concept: An Approach to the Utilization of Underexploited Resources.* Hollaender, A., J. C. Alter, E. Epstein, A. San Pietro, and O. R. Zaborsky, eds. Plenum Press, New York. pp. 77-99.

Etheridge, D. M., L. P. Steele, R. L. Langenfelds, R. J. Francey, J. M. Barnola, and V. I. Morgan (1996) Natural and anthropogenic changes in atmospheric CO_2 over the last 1000 years from air in Antarctic ice and firn. *Journal of Geophysical Research-Atmospheres* 101: 4115-4128.

Fangmeier, A., L. De Temmerman, L. Mortensen, K. Kemp, J. Burke, R. Mitchell, M. van Oijen, and H. J. Weigel (1999) Effects on nutrients and on grain quality in spring wheat crops grown under elevated CO_2 concentrations and stress conditions in the European, multiple-site experiment 'SPACE-wheat'. *European Journal of Agronomy* 10: 215-229.

FAOSTAT (2003) Fertilizer Usage.http://apps.fao.org/lim500/nphwrap.pl?Fertilizers&Domain=LUI&servlet=1, accessed May 11, 2003.

Forest, C. E., P. H. Stone, A. P. Sokolov, M. R. Allen, and M. D. Webster (2002) Quantifying uncertainties in climate system properties with the use of recent climate observations. *Science* 295: 113-117.

Geiger, M., V. Haake, F. Ludewig, U. Sonnewald, and M. Stitt (1999) The nitrate and ammonium nitrate supply have a major influence on the response of photosynthesis, carbon metabolism, nitrogen metabolism and growth to elevated carbon dioxide in tobacco. *Plant, Cell and Environment* 22: 1177-1199.

Gersani, M. and T. Sachs (1992) Development correlations between roots in heterogeneous environments. *Plant, Cell and Environment* 15: 463-469.

Graham, L. E. (1993) *Origin of Land Plants*. Wiley, New York.

Graham, R. D., R. M. Welch, and H. E. Bouis (2001) Addressing micronutrient malnutrition through enhancing the nutritional quality of staple foods: Principles, perspectives and knowledge gaps. *Advances in Agronomy* 70: 77-141.

Grime, J. P., J. C. Crick, and J. E. Rincon (1986) The ecological significance of plasticity. In: *Plasticity in Plants*. Jennings, D. H. and A. J. Trewavas, eds. Company of Biologists Limited, Cambridge. pp. 5-29.

Hall, J. L. (2002) Cellular mechanisms for heavy metal detoxification and tolerance. *Journal of Experimental Botany* 53: 1-11.

Hirel, B., B. Phillipson, E. Murchie, A. Suzuki, C. Kunz, S. Ferrario, A. Limami, S. Chaillou, E. Deleens, N. Brugiere, M. Chaumont-Bonnet, C. Foyer, and J. F. Moroto-Gaudry (1997) Manipulating the pathway of ammonia assimilation in transgenic non-legumes and legumes. *Zeitschriftfur Pflanzenerndhrung und Bodenkunde* 160: 283-290.

Jackson, R. B. and H. L. Reynolds (1996) Nitrate and ammonium uptake for single-and mixed-species communities grown at elevated CO_2. *Oecologia* 105: 74-80.

Jouzel, J., J. R. Petit, R. Souchez, N. I. Barkov, V. Y. Lipenkov, D. Raynaud, M. Stievenard, N. I. Vassiliev, V. Verbeke, and F. Vimeux (1999) More than 200 meters of lake ice above subglacial Lake Vostok, Antarctica. *Science* 286: 2138-2141.

Keeling, C. D. (1998) Rewards and penalties of monitoring the earth. *Annual Review of Energy and the Environment* 23: 25-82.

Kimball, B. A., C. F. Morris, P. J. Pinter, G. W. Wall, D. J. Hunsaker, F. J. Adamsen, R. L. LaMorte, S. W. Leavitt, T. L. Thompson, A. D. Matthias, and T. J. Brooks (2001) Elevated CO_2, drought and soil nitrogen effects on wheat grain quality. *New Phytologist* 150: 295-303.

Kramer, P. (1981) Carbon dioxide concentration, photosynthesis, and dry matter production. *BioScience* 31: 29-33.

Likens, G. E., C. T. Dirscoll, D. C. Buso, T. G. Siccama, C. E. Johnson, G. M. Lovett, D. F. Ryan,

T. Fahey, and W. A. Reiners (1994) The biogeochemistry of potassium at Hubbard Brook. *Biogeochemistry* 25: 61-125.

Lovelock, J. E. (1979) *Gaia, a New Look at Life on Earth.* Oxford University Press, Oxford.

Lovelock, J. E. (1988) *The Ages of Gaia: A Biography of our Living Earth.* Norton, New York.

Lynch, J. P. (1997) Root architecture and phosphorous acquisition efficiency in common bean. In: *Radical Biology: Advances and Perspectives on the Functioning of Plant Roots.* Flores, H. E., J. P. Lynch, and D. Eissenstat, eds. American Society of Plant Physiologists, Rockville, MD. pp. 81-91.

MacKinnon, R., S. L. Cohen, A. L. Kuo, A. Lee, and B. T. Chait (1998) Structural conservation in prokaryotic and eukaryotic potassium channels. *Science* 280: 106-109.

Makino, A. and T. Mae (1999) Photosynthesis and plant growth at elevated levels of CO_2. *Plant and Cell Physiology* 40: 999-1006.

McGrath, S. P., F. J. Zhao, and E. Lombi (2001) Plant and rhizosphere processes involved in phytoremediation of metal-contaminated soils. *Plant and Soil* 232: 207-214.

McGuire, A. D., J. M. Melillo, and L. A. Joyce (1995) The role of nitrogen in the response of forest net primary production to elevated atmospheric carbon dioxide. *Annual Review of Ecology and Systematics* 26: 473-503.

McLaughlin, N. B., A. Hiba, G. J. Wall, and D. J. King (2000) Comparison of energy inputs for inorganic fertilizer and manure based corn production. *Canadian Agricultural Engineering* 42: 9-17.

Milne, A. (1990) Gaian test. *Nature* 345: 27.

Mmolawa, K. and D. Or (2000) Root zone solute dynamics under drip irrigation: A review. *Plant and Soil* 222: 163-190.

Niklaus, P. A., E. Kandeler, P. W. Leadley, B. Schmid, D. Tscherko, and C. Komer (2001) A link between plant diversity, elevated CO_2 and soil nitrate. *Oecologia* 127: 540-548.

Norby, R. J. and R. B. Jackson (2000) Root dynamics and global change: Seeking an ecosystem perspective. *New Phytologist* 147: 3-12.

Norby, R. J., M. F. Cotrufo, P. Ineson, E. G. O'Neill, and J. G. Canadell (2001) Elevated CO_2, litter chemistry, and decomposition: A synthesis. *Oecologia* 127: 15-165.

Oren, R., D. S. Ellsworth, K. H. Johnsen, N. Phillips, B. E. Ewers, C. Maier, K. V. R. Schafer, H. McCarthy, G. Hendrey, S. G. McNulty, and G. G. Katul (2001) Soil fertility limits carbon sequestration by forest ecosystems in a CO_2 enriched atmosphere. *Nature* 411: 469-472.

Pence, N. S., P. B. Larsen, S. D. Ebbs, D. L. D. Letham, M. M. Lasat, D. F. Garvin, D. Eide, and L. V. Kochian (2000) The molecular physiology of heavy metal transport in the Zn/Cd hyperaccumulator *Thlaspi caerulescens. Proceedings of the National Academy of Sciences of the United States of America* 97: 4956 4960.

Petit, J. R., J. Jouzel, D. Raynaud, N. I. Barkov, J. M. Barnola, I. Basile, M. Bender, J. Chappellaz, M. Davis, G. Delaygue, M. Delmotte, V. M. Kotlyakov, M. Legrand, V. Y. Lipenkov, C. Lorius, L. Pepin, C. Ritz, E. Saltzman, and M. Stievenard (1999) Climate and atmospheric history of the past 420,000 years from the Vostok ice core, Antarctica. *Nature* 399: 429-436.

Raven, J. A. and D. Edwards (2001) Roots: Evolutionary origins and biogeochemical significance. *Journal of Experimental Botany* 52: 381-401.

Rustad, L. E., J. L. Campbell, G. M. Marion, R. J. Norby, M. J. Mitchell, A. E. Hartley, J. H. C. Cornelissen, J. Gurevitch, and N. Gcte (2001) A meta-analysis of the response of soil respiration, net nitrogen mineralization, and aboveground plant growth to experimental ecosystem warming. *Oecologia* 126: 543-562.

Sage, R. F. (1994) Acclimation of photosynthesis to increasing atmospheric CO_2: The gas exchange perspective. *Photosynthesis Research* 39: 351-368.

Sage, R. F. and D. S. Kubien (2003) Quo vadis C_4? An ecophysiological perspective on global change and the future of C_4 plants. *Photosynthesis Research* 77: 209-225.

Sattelmacher, B. and K. Thoms (1989) Root growth and ^{14}C-translocation into the roots of maize (Zea mays L.) as influenced by local nitrate supply. *Zeitshrift fur Pflanzennahrung und Bodenkunde* 152: 7-10.

Schlesinger, W. H. (1997) *Biogeochemistry: An Analysis of Global Change*, 2nd Edition. Academic Press, San Diego.

Sinclair, T. R., P. J. Pinter, B. A. Kimball, F. J. Adamsen, R. L. LaMorte, G. W. Wall, D. J. Hunsaker, N. Adam, T. J. Brooks, R. L. Garcia, T. Tompson, S. Leavitt, and A. Matthias (2000) Leaf nitrogen concentration of wheat subjected to elevated (CO_2) and either water or N deficits. *Agriculture Ecosystems and Environment* 79: 53-60.

Singer, M. J. and D. N. Munns (2002) *Soils: An Introduction, 5th Edition*. Prentice Hall, Upper Saddle River, NJ.

Smil, V. (2000) Phosphorus in the environment: Natural flows and human interferences. *Annual Review of Energy and the Environment* 25: 53-88.

Steen, I. (1998) Phosphorus availability in the 21st century: Management of a new renewable resource. *Phosphorus & Potassium* 217: 25.

Thompson, W. R., Jr. (2002) Potassium. In: *Efficient Fertilizer Use Manual*. IMC Global Inc., Lake Villa, IL. pp. 1-13.

Treseder, K. K. and M. P. Allen (2000) Mycorrhizal fungi have a potential role in soil carbon storage under elevated CO_2 and nitrogen deposition. *New Phytologist* 147: 189-200.

Vance, C. P., C. Uhde-Stone, and D. L. Allan (2003) Phosphorus acquisition and use: critical adaptations for securing a nonrenewable resource. *New Phytologist* 157: 423-447.

Vitousek, P. M. and C. B. Field (1999) Ecosystem constraints to symbiotic nitric Ben fixers: A simple model and its implications. *Biogeochernistry* 46: 179-202.

Wang, Y.-H., D. F. Garvin, and L. V. Kochian (2001) Nitrate-induced genes in tomato roots. Array analysis reveals novel genes that may play a role in nitrogen nutrition. *Plant Physiology* 127: 345-359.

Wharf, T. and C. D. Keeling (1998) Rising carbon. *New Scientist* 157: 54-54.

Zhang, H. M. and B. G. Forde (1998) An *Arabidopsis* M ADS box gene that controls nutrient-induced changes in root architecture. *Science* 279: 407-409.

Zhang, H. M., A. Jennings, P. W. Barlow, and B. G. Forde (1999) Dual pathways for regulation of root branching by nitrate. *Proceedings of the National Academy of Sciences of the USA* 96: 6529-6534.

Zhang, H.-X. and E. Blumwald (2001) Transgenic salt-tolerant tomato plants accumulate salt in foliage but not in fruit. *Nature Biotechnology*, 19: 765-768.

Zhang, H. -X., J. N. Hodson, J. P. Williams and E. Blumwald (2001) Engineering salt-tolerant Brassica plants: Characterization of yield and seed oil quality in transgenic plants with increased vacuolar sodium accumulation. *Proceedings of the National Academu of Sciences of the United States of America* 98: 12832-12836.

국문 찾아보기
I N D E X

ㄱ

ㄷ

ㄹ

ㅁ

ㅅ

ㅇ

ㅈ

ㅊ

ㅌ

ㅍ

ㅎ

A

B

C

L

M

N

P

R

S

T

W

X

Z

영문 찾아보기
SUBJECT INDEX

Page numbers in italics indicate that the information will be figure or a table.

A

B

D

E

H

I

J

K

L

M

N

O

P

Q

R

S

T

U

V

W

X

Y

Z